U0265163

技术哲学经典文本

吴国盛 编

清华大学出版社
北 京

图书在版编目(CIP)数据

技术哲学经典文本/吴国盛编. —北京：清华大学出版社，2022.5（2025.2重印）
ISBN 978-7-302-60490-7

Ⅰ. ①技… Ⅱ. ①吴… Ⅲ. ①技术哲学－研究 Ⅳ. ①N02

中国版本图书馆 CIP 数据核字(2022)第 054287 号

责任编辑：张　宇
封面设计：马术明
责任校对：王淑云
责任印制：刘　菲

出版发行：清华大学出版社
网　　址：https://www.tup.com.cn，https://www.wqxuetang.com
地　　址：北京清华大学学研大厦 A 座　　邮　　编：100084
社 总 机：010-83470000　　邮　　购：010-62786544
投稿与读者服务：010-62776969，c-service@tup.tsinghua.edu.cn
质量反馈：010-62772015，zhiliang@tup.tsinghua.edu.cn
印 装 者：三河市东方印刷有限公司
经　　销：全国新华书店
开　　本：170mm×240mm　　印　　张：33.75　　字　　数：678 千字
版　　次：2022 年 5 月第 1 版　　印　　次：2025 年 2 月第 2 次印刷
定　　价：149.00 元

产品编号：091641-01

编者前言

我们正在由一个发展中国家迅速走进技术时代。信息技术产业和生物技术产业几乎与发达国家同步发展的事实,充分显示了我们进入技术时代的深度。为了应对技术时代的迅猛来临,我们迫切需要有足够的思想储备与文化资源。正因为此,作为对技术进行批判性反思的新兴学科,技术哲学越来越引起学界和读书界的关注。

但是目前我们还几乎无书可读。大部分技术哲学的专业文献尚未翻译出来,西方先行的技术思想家的文字散布各处。还没有一本供本科生和研究生教学使用的"技术哲学读本"。本书就是想填补这个空白。

一、技术哲学的兴起

1. 什么是技术哲学

技术哲学向来可以从两个角度来理解,一个是作为部门哲学、哲学的分支学科、哲学关注的特殊领域,另一个是作为一种新的哲学传统、哲学视角、哲学眼光。前者从属于一种或几种哲学传统和哲学纲领,后者本身就是一种哲学纲领。作为哲学纲领的技术哲学往往具有原创性和革命性,作为部门哲学的技术哲学则相对比较平庸,往往从属于某种既有的哲学传统,在这个哲学纲领指导下做具体工作,拓展领域、解决难题,属于科学哲学家库恩所谓的"常规活动"。

作为部门哲学和作为哲学纲领的区分不仅适合技术哲学,也适合科学哲学和自然哲学。通常,作为部门哲学的繁荣依赖于其开端处哲学纲领的强有力——科学哲学的繁荣很大程度上依赖于维也纳学派之逻辑经验主义哲学的强有力。科学哲学的历史是先有 scientific philosophy,后有 philosophy of science。自然哲学的历史也是先有 natural philosophy,后有 philosophy of nature。科学哲学的历史比较简单,在 20 世纪初期兴起,此后成为强有力的哲学分支部门。自然哲学因为古老,所以两起两落,目前正处在第三次复兴的历史时期。[①]

技术哲学非常奇特。第一,它的兴起最晚,直到 20 世纪后半叶。第二,它在 20 世纪兴起的主要标志,不是任何意义上的 technological philosophy,相反,是某种

① 参见吴国盛:"第二种科学哲学"和"自然哲学的复兴",均载于吴国盛《由史入思》,北京师范大学 2018 年版。

anti-technological philosophy。也就是说,20 世纪后半叶的技术哲学从一开始就是以它对“技术”的反思和批判而引人注目的。而科学哲学一开始是以对科学的弘扬、辩护而宣告自己诞生的。

如果不着眼于作为第一哲学的技术哲学的建设,那么作为部门哲学的技术哲学就会是平庸的,就会是学者们为自己划定的一块自留地。划定自留地,是学术职业化时代的通病,也是中国学术界的通病。热衷于对新学科的划分和命名,曾经是中国学术大跃进的重要标志。因此,当代中国的技术哲学家应该始终扣住“技术何以能够成为哲学的核心问题”这个基本问题,否则,无非是把业已出现的相关话题和相关领域,一厢情愿地划到自己的领地上。甚至还有可能与相邻学科之间扯皮打架,比如与 STS(Science,Technology,and Society)争领地,与应用伦理学(通常与高技术有关),与环境问题研究、与全球化问题研究、与媒介研究争夺地盘。现代社会是一个技术社会,技术渗透到社会生活的每一个角落,但并不是任何关于技术的研究都可以列入技术哲学的范围。要搞清楚什么是技术哲学,就应该从这个学科的内在历史发展中寻找根据。

2. 技术哲学的历史性缺席

技术与人类相伴而生,异常古老,人类漫长的史前时期是由它来标识的(新石器、旧石器、青铜黑铁等等)。有文字记载的历史以来,技术对人类社会的发展也有着不可估量的巨大影响。近代科学只有差不多四百多年历史,相对于技术而言,近代科学犹如汪洋中的孤岛。然而,技术尽管古老而重要,但向来没有进入哲学思考的核心。翻开西方哲学史,常见的讨论主题有理性、真理、自由、实在、上帝、灵魂、信仰、德性、正义、知识、逻辑、艺术、美、政治、法律、自然、科学,但就是没有技术。

技术哲学在整个西方哲学史上不曾有一席之地,这不是偶然的。这种历史性的缺席与西方哲学的基本走向有关。从苏格拉底开始,哲学就被规定为一种理性的事业,而所谓理性即是内在性的根据。正是根据这个内在性的原则,“自然”被开辟出来。所谓“自然”,就是在自身中具有运动根源的那些事物(自然物)的运动根源。哲学—形而上学(metaphysics)作为后(meta)物理学(physics,自然学),追随(after)的就是“自然”这种内在的根据。

也是从苏格拉底开始,技术被规定成一个缺乏内在性的东西,并且因此受到贬低。智者们以高超的言辞技巧而引人注目,但苏格拉底、柏拉图师徒瞧不上这种翻手为云、覆手为雨的把戏。“理性主义兴起于希腊民主政治热烈论辩的土壤之中。讨论、辩论、争论是否没完没了?是否‘公说公有理、婆说婆有理’?苏格拉底一反智者们为辩论而辩论的风气,要把辩论引向一个崇高的目标,在那里道理显明而又有约束的力量,并且这种力量并不来自你的能言善辩,而来自道理‘自身’。道理显明地拥有‘自身’,因而‘自足’‘自主’‘自律’。这就是本质世界的‘内在性’原则,而满足内在性原则的'自身'就有规约性的力量。"[1]技术因为缺乏自身固有的目的而受到轻视。在《理想国》里,柏拉图把理念放在本体论的最高位置,工匠的制作物其次,艺术家的作品作为对制作物的模仿最次。亚里士多德把全部学术分成三个等级,第一等级是理论科学,包括第一哲学(或神学)、自然哲学、数学;第二等级是实践科学,包括政治学、伦理学、家政学;第三等级是创制科学,包括手工制作、艺术创作等。技术的存在论位置一直不高。

亚里士多德明确区分了自然物与制作物。前者是自己由自己的种子、靠着自己的力量而生长出来的,而后者没有自己的种子,也不能靠着自己的力量生长出自己来。一个木头做的床不可能成为一张床的种子,自动再生长出一张新床来,尽管种下一张床有可能长出一棵树来。使床成为床的那个东西,不在床的自身内部,而在床的外部。而树相反,在自身内部拥有使自己如此这般的"根据"。自然物的本质是内在的,制作物的本质是外在的。作为自然物的本质的"自然",体现的是"自主性原则""内在性原则"。而作为制作物之本质的"技艺"(techne),体现的是"他律性原则""外在性原则"。形而上学作为对物理学(自然哲学)的追随,错失技术就是理所当然的。因此,我们也许可以说,技术哲学与自然哲学的历史性际遇必须结合在一起思考,不理解自然哲学为何处于西方哲学的主流地位,就不能理解技术哲学何以处于被遗忘的边缘。

3. 技术哲学作为哲学分支学科的兴起

技术进入哲学,是在科学革命和工业革命之后,走的是一条隐蔽的路线和一条显明的路线。隐蔽的路线孕育了作为哲学纲领的技术哲学,显明的路线成就了作为哲学分支学科的技术哲学。

隐蔽的路线指的是,在科学革命中诞生的现代科学,实际上使自己走上了一条有别于希腊理性科学的技术性科学的道路。对世界的认识与对世界的改造结合在一起,数学与实验结合在一起。自然物与人工物之间在希腊时代曾经是不可逾越的界限被消除。在"自然物"某种意义上成了"制作物"之后,"技术"的原则就开始支配了"自然"的科学。观察结果的可重复性、实验程序的可操作性,处处体现了技术的有效性原则。然后,近代科学的这种技术性特征本身并没有立即成为一个被关注的主题而受到哲学的关注,相反,"技术"作为近代科学的隐蔽的主题,直到20世纪才被揭示出来。技术哲学的真正兴起,依靠的正是这个隐蔽的主题的明朗化。这个明朗化过程,我们放到下一节去展开。

显明的路线指的是,在为理论科学奠定形而上学基础之外,始终有其他思想家关注技术活动及其社会影响和社会后果。作为科学革命的吹鼓手,弗兰西斯·培根呼吁重视手工操作,重视技术发明。18世纪的启蒙运动思想家重视工艺成就,在狄德罗主编的《百科全书》里有很大的分量来叙述工艺过程。狄德罗把技术与科

[1] 吴国盛:"自然的发现",《北京大学学报》2008年第2期。

学、艺术并列为三大知识的类别，在《百科全书》中为工艺和发明留下了大量的篇幅。这些条目往往加上精美的插图，实际上在公众中传播了技术知识，确立了技术的地位，为法国的工业革命做好了准备。到了19世纪中叶，工业革命正向纵深发展，由蒸汽动力革命向电力革命转移，技术的社会影响有如昭昭白日，对技术的研究于是提上了日程。

与此同时，黑格尔之后的哲学一时告别宏大体系，似乎进入了一个"部门哲学"的时代。自然哲学、精神哲学、历史哲学、艺术哲学纷纷登场。科学哲学大约也在这时候出现（休厄尔《归纳科学的哲学》，1840）。1877年，一位德国的新黑格尔派哲学家卡普（Ernst Kapp，1808—1896）在书名中使用"技术哲学"一词，可以看作是让"技术哲学"作为部门哲学登上哲学史舞台的首次努力。此后，以工程师为主体的业余哲学爱好者，力图将"技术哲学"打造成一个真正的部门哲学。1894—1911年间，俄国工程师恩格尔麦尔（Englemeier，P. K.，1855—1941）用德文发表了以"技术哲学"（Philosophie der Technik）为标题的系列文章。1913年，第二本以"技术哲学"为书名的著作问世，作者是德国工程师齐墨尔（Eberhard Zschimmer，1873—1940）。第三本以"技术哲学"为书名的著作，是德国另一位工程师、X射线专家德绍尔（Friedrich Dessauer，1881—1963）于1927年出版的。1956年，德国工程师学会成立了专门的"人与技术"研究小组，小组又分成教育、宗教、语言、社会学和哲学等工作委员会，使"技术哲学"的发展有了一个体制上的依靠。1966年，美国技术史学会（成立于1958年）所属的《技术与文化》杂志出版"走向技术哲学"（Toward Philosophy of Technology）专辑，是技术史这个兄弟学科对于技术哲学的一次重要的提携。1978年，美国"哲学与技术学会"（Society for Philosophy and Technology，简称SPT）正式成立，首任主席是卡尔·米切姆（Carl Mitcham）。同年出版了学会的会刊《哲学与技术研究》（*Research in Philosophy & Technology*），同年举行的第16届世界哲学大会确认技术哲学为一门新的哲学分支学科。从这一年起，技术哲学的学科建制慢慢开始在北美乃至全世界建立起来。

从卡普以来100多年过去了，与科学哲学相比，技术哲学作为学科的地位并不见突出。作为部门哲学的技术哲学，目前的论题高度发散（这一点与中国的自然辩证法非常相似），其作为哲学的合法性始终是一个问题。美国的SPT目前仍然是"哲学与技术学会"，而不是"技术哲学学会"。

主要原因是，那些致力于技术哲学分支学科建设的人们，虽然意识到现代技术对社会的巨大影响，意识到对技术的社会研究和文化研究迫在眉睫，因而急于把这个学科开创出来，但往往缺乏哲学背景方面的革新动力，或者准确说，未能开辟出作为哲学纲领的技术哲学。因此，一方面，技术哲学家身陷于日益增多的由于当代技术发展带来的伦理问题和社会问题（比如在德国）之中，技术哲学与技术伦理学、技术社会学等混在一起，身份非常模糊；另一方面，技术哲学家则面临着传统分析哲学家对他们身份的质疑：技术能不能（像科学那样）有自己独特的认识论和推理逻辑问题？在美国，在强大的分析哲学和科学哲学传统下，技术哲学家甚至还在为自己作为“哲学”的合法性苦恼。

二、技术哲学的四个思想来源

技术哲学的真正问世，有赖于哲学本身的彻底变革，有赖于建立自己独特的哲学纲领。对于中国技术哲学界而言，目前最要紧的，一是掌握和消化来自西方的技术哲学思想资源，二是挖掘中国本土的技术哲学思想宝藏。本书试图追溯当代西方技术哲学的思想源流，想在前一方面做一些努力。

本书由五编共25篇文章组成。第一编是“历史概述”，收入一篇文章。米切姆发表于1980年的这篇文章，相对于我们时代的快速变迁以及技术哲学这门新兴学科的快速发展来说，显然有一些过时，但对技术哲学的来龙去脉，以及当代技术哲学面对的理论问题（技术的概念辨析）和实践问题（技术的伦理和政治问题），均做了条理清晰的叙述，特别对中国读者而言，仍然是一篇很好的“技术哲学导论”。文章后面的参考文献也十分有用。

此后的四编概括整理了“社会—政治批判传统”“哲学—现象学批判传统”“工程—分析传统”和“人类学—文化批判传统”四个思想谱系。米切姆把技术哲学分成工程派技术哲学（Engineering Philosophy of Technology）和人文派技术哲学（Humanities Philosophy of Technology）[①]两大类，前者的主要代表人物有卡普、恩格尔麦尔和德绍尔，后者的主要代表人物有芒福德、敖德嘉、海德格尔和埃吕尔。[②]这个分类大约对应于我所谓的作为分支学科的技术哲学与作为哲学纲领的技术哲学。在本书中，第一类技术哲学只选了卡普、德绍尔和邦格的著作片断，归入第四编“工程—分析传统”，而对第二类技术哲学则进行了比较详细的收录，并且进一步分成了三大“批判传统”。当然，“社会—政治批判传统”“哲学—现象学批判传统”和“人类学—文化批判传统”，并没有穷尽来自西方的所有思想资源。比如，来自宗教（主要是基督教）的技术批判就没有纳入。这首先是考虑到这本书要尽量汇聚哲学性较强的文章，其次是考虑到引进基督教的思想资源对中国技术哲学界还不是当务之急。还需要说明的是，这三个传统的划分也并不是严格的。特别是归入“社会—政治批判传统”和“哲学—现象学批判传统”的大部分思想家，他们的思想相互影响，密不可分；加之他们背景复杂、视野宏阔、思想主题涉猎广泛，如此划分也只是权宜之计。

我把全书的大部分篇幅留给了“批判”传统，这表达了我对当前中国技术哲学研究和研究生教育的一种希望：要着眼于建立作为哲学纲领的技术哲学。唯有着

---

① 许多人把它译成“人文主义的技术哲学”，大谬不然。人文学者不一定是人文主义者。海德格尔是明确反对人文主义（Humanism）的。

② 参见Carl Mitcham，*Thinking through Technology*，The University of Chicago Press，1994.

力建设作为哲学纲领的技术哲学，技术哲学作为学科才可能是“一个有着伟大未来的学科”[①]。下面结合选文对四个传统略作陈述。

1. 社会—政治批判传统

作为哲学纲领的技术哲学，要求哲学中的实践取向压倒理论取向，要求意识到技术在存在论上高于科学（而不只是科学的应用），要求意识到技术比科学有更漫长的历史和更深刻的人性根源。正是基于这种看法，我们把马克思放在技术哲学史上一个重要的位置中：他是技术哲学中社会—政治批判传统的开创者。

马克思对于技术哲学的意义有三：第一，他是实践哲学的创始者；第二，他认为正是技术这种物质力量决定了物质生产的方式，而物质生产又是人类一切活动中最基本、最本质的活动；第三，他提出了异化劳动的概念，对工业发展给人性带来的反作用有十分深刻的认识。马克思最早涉及“理性与权力”“压抑与解放”等现代性话题，对技术的革命性力量有深刻的理解。“手推磨给人们以封建领主为首的社会，蒸汽机给人们以工业资本家为首的社会”，这句名言至今仍然有巨大的启发意义。

马克思的异化劳动学说和对资本主义的批判由非正统的马克思主义者所继承，开辟了20世纪技术哲学的一个很大的流派：技术的社会批判理论。这个流派的第一代代表人物马尔库塞是海德格尔的学生，但他走上了社会批判和文化批判的激进道路。他强调现代技术社会的单向度化，无所不在的技术控制使得这个社会丧失批判性。作为压抑和奴役的技术之网密不透风，使人绝望。第二代代表人物哈贝马斯则认为，科学技术作为第一生产力极大地提高了人民的生活水平，成为了今日统治的合法性基础。它并不是过去那种政治的、从上取得的意识形态，而是经济的、从下取得的意识形态，因而并不具有压抑和奴役的功能。技术对哈贝马斯而言是某种具有中性的工具手段。对他来说，现代问题的要害不是否定技术，打碎机器，而是引入交往理性，以平衡现代科技这种工具理性。作为马尔库塞的学生，芬伯格重新强调技术的政治负载，但是与马尔库塞和哈贝马斯不同的是，他认为技术本身并不是僵硬不可更改的，也不是铁板一块的，相反，技术一直在与多种社会文化特别是政治因素的互动之中变动不已。因此，他试图在技术乐观主义和技术悲观主义之外走出第三条道路。他通过深入技术结构的内部，解构技术的细节处所包含的政治诉求，而完成对技术的政治学批判和重建。

阿伦特是“二战”之后著名的政治哲学家。她近接马克思、海德格尔，远承亚里士多德的思想资源，通过对当代人类处境的深刻洞察和批判，指出了在公共空间中恢复人的存在的可能性条件。她在《人的条件》一书中对人的三种生活方式（劳动、制作、公共活动）做了极为独特的阐释，从而把“技术”纳入到人的存在方式的高度进行思辨。

---

① 参见吴国盛：“技术哲学，一个有着伟大未来的学科”，《中华读书报》1999年11月17日。

埃吕尔是法国著名的社会学家。他的《技术社会》(法文原名"技术——世纪之赌")译成英文发表后,产生了世界性的影响。英译者称这本书可以与黑格尔的《精神现象学》相比,因为它建立了一种"心灵之技术状态的现象学"。埃吕尔本人则自认是马克思方法的继承人:"我确信……如果马克思在 1940 年还活着的话,他不会再研究经济学或资本主义结构,而是研究技术。因此我开始使用一种与马克思 100 年前用于研究资本主义的方法尽可能相似的方法来研究技术。"①埃吕尔提出的技术自主论,成为 20 世纪后半期以来对技术进行专题反思的一个醒目的标志,之后的人们都不能绕过他。非常遗憾的是,埃吕尔的著作尚未有中译本问世。本书选译的他的这篇文章,似乎也是他第一篇被译成汉语的文字。②

温纳是目前仍很活跃的美国技术政治学家—哲学家,将埃吕尔的技术自主论进一步发挥,提出了"自主技术"(autonomous technology)的概念。由于加入了更多细节性的研究,相比马克思和埃吕尔,温纳的技术决定论更加温和。

在技术的社会学批判和政治学批判路线上,人们或多或少地认识到:技术是一种在现代社会渗透一切的、起支配性作用的"现象";技术不是属人的工具,不是人用来追求达到某种目的的手段,不是简单的改造世界,而是意识形态,是对世界的构造,是具有相当自主性的不以人之意志为转变的东西。实际上,有更多的社会学家(如马克斯·韦伯)、经济学家(如 E. F. 舒马赫)、历史学家(如施本格勒、汤因比)和哲学家(如米歇尔·傅科、桑德拉·哈丁、唐娜·哈拉维、卡罗琳·麦茜特)属于这条路线,因为这条路线是 20 世纪反思技术的主流,吸引了最多的学者加入。但是作为选读,我们难免挂一漏万。

2. 哲学—现象学批判传统

由于哲学本身的变革而导致用全新的眼光去打量技术的那些哲学家,被我归入"哲学—现象学批判传统"。这个传统主要包括杜威的实用主义,以及舍勒-敖德嘉-海德格尔的现象学。

杜威的实用主义是美国土生土长的哲学。他颠倒了几千年来理论与实践之间的优先关系,变"知先行后"为"行先知后",填平了理论与实践之间的鸿沟,为重新看待技术的地位打下了独特的基础,因而受到当代美国技术哲学家的高度重视。

正如分析哲学为科学哲学提供了背景和动力一样,现象学作为 20 世纪欧洲大陆最有影响的哲学传统,为技术哲学的浮现提供了绝好的背景和强劲的哲学动力。现象学往往与胡塞尔的名字联系在一起,但并不总是、必然地与之相联。现象学是多元的。除了胡塞尔本人的强调意识意向性分析、最后走向先验主体的超验现象学之外,还有舍勒的人类学现象学,海德格尔的存在现象学和解释学现象学,梅

---

① 转引自 Carl Mitcham, *Thinking through Technology*, The University of Chicago Press, 1994, pp. 57-58.

② 埃吕尔的追随者、荷兰的舒尔曼(Ebgert Schuurman)的《技术与未来》(*Technology and the Future*, 1980)已经被译成中文,中译本改名为《科技文明与人类未来——在哲学深层的挑战》(李小兵等译,东方出版社 1995 年出版)。

洛·庞蒂的知觉现象学。不同的人通过研讨不同现象学大师的著作，结合各自的兴趣和背景，会获得不完全一样的走向现象学的道路。比如，从胡塞尔出发的，比较重视逻辑；从海德格尔出发的，比较重视历史。

相比于科学思维的客观性、现成性，现象学研究注重意向性和构成性，而意向构成分析是现象学研究的基本进路。

对于现象学家来说，成为分析对象的并不仅仅是映入眼帘的这些事物，始终有更多的东西与之关联纠结。如果你的分析对象是意识，那么意识的意向性就把意向行为、意向对象、意向内容等一并带了出来。如果你的分析对象是一个物体，那么这个物体之为这个物体，依赖于它的在场方式、它的场域、它的世界，一言以蔽之，依赖那些不在场的东西。该物体的在场与不在场处在动态的关联之中，而且让这个物体显现的世界始终先行。如果你的分析对象是人的存在，那么人的"在世界之中"始终是第一位的现象。由于"在世"就不能不"牵挂""操心"，因此对人的研究就绝无可能把"人"当成一个现成的东西、独立不依的东西。一旦持有这样的现成性思想态度，就必定错失人的研究的可能性。敖德嘉说"我就是我加上我的环境"，表达的就是这样的意思。在现象学家的眼中，充满了"相互牵引"的势场。那些表面看来独立不依的对象，实际上处在一个隐蔽的势场之中，唯有把握住这个势场，这个"预先被给予者"，才有可能理解这个对象（被给予者）的所是。

正因为一切被给予者始终携带着一个"预先被给予者"，现象学的使命就是去寻找这个预先被给予者，从而发掘事情的真相或曰实事本身。由于现象学思想的路径是对"预先"的发掘，因而是一种逆向运思，故似可称之为"逆思"。但凡本质直观、知识考古、追溯先定结构和意义构成，研究"可能性条件"，都属此种"逆思"。由于意向构成的无所不在，预先的结构（比如背景、动机、语境等）也无所不在，是故"逆思"的任务无穷无尽。在这种"逆思"中，现象学如同逻辑分析和经验概括一样可以提供新知，而且，很显然，现象学所提供的新知严格意义上并非"新"知，相反倒是"旧"知，但这个内在固有的"旧"知始终处于隐蔽状态，发现它并非易事。柏拉图早就认识到，一切真知识都只能是通过"回忆"才能得到。所谓"回忆"，无非指知识事先以某种方式为我们所知但我们又不自知（即遗忘）。所谓回忆，也就是把预先给予的但又处在隐蔽状态的东西，明示出来。因此，作为逆思的现象学其实一开始就是哲学的真正任务。真正的哲学都是现象学。

现象学首先要突破自然主义思维、现成性思维，而这常常是我们科学技术哲学界同行不自觉坚持的思维定式。自然主义思维、现成性思维把许多东西视为"理所当然"，不予置评。现象学却要通过"悬搁"的方式，打破这种"理所当然"，对原本视为理所当然的东西进行本质还原，找出它之中预先被给予的东西、意义结构、世界构成、不在场者的牵引等等。如果说我们的经验构成了一个地平面的话，那么，自然科学就是在这个土壤之上长成的一棵大树，这棵树从土壤中吸取营养，进一步往高处攀升、四面延伸新的枝杈。但人们往往忘记了，这株大树之所以能够长这么大,是因为它的根扎得深。这个扎根过程是隐蔽的,但却是作为先决条件“预先给予的”。现象学就好比是一种寻根工作:也是从经验这个地平面出发,往地下深处开掘,追寻这棵大树的扎根过程。现象学经常被比喻成考古工作,原因也在于此。

现象学运用于对技术的透视中,展开了一大堆过去完全没有意识到的东西。技术不再只是单纯的、赤裸裸的工具,而是生活方式,是世界构成的主要环节。从身体的技能到文化礼仪,从手工制作到自动化机器,从流水线生产到社会制度,无不散发出人性和时代的光辉。

舍勒被认为是现象学运动中的第二号人物,是一位像谢林一样的哲学天才,具有把现象学运用到人类文化各个领域的能力。因此,他最早从现象学的角度去看待技术问题。他明确指出技术的根基在于种种无目的的欲望,欲望的内容是关注“不变性”“规则性”“稳定性”和“一致性”。随着预见和预测的被验证,就出现了控制的欲望。有目的的技术起源于无目的的欲望。在此基础上,舍勒揭示了现代技术与现代科学、现代经济的共同基础和并行关系。

敖德嘉(通常译为“奥尔特加”,但译者高源厚有意为他起一个雅致的名字)是20世纪最著名的西班牙语哲学家和散文作家,他的著作还不为中国读者所熟悉。他的“关于技术的思考”一文是一篇存在主义技术哲学的典范之作,写得生动有趣而又发人深省。他把技术置于人的生存境况之中考虑,把技术看成是人类“必需的多余”。

20世纪对技术哲学的发展影响最大的恐怕要属德国哲学家马丁·海德格尔。第一,海德格尔无疑是以实践取向取代理论取向的哲学家,他在《存在与时间》中很详细地描述了人与世界的关系如何首先是一种操作的关系,其次才是认识观照的关系。在人的在世存在中,技术实践优先于科学理论。第二,海德格尔充分认识到技术是现代最突出的一种现象,即一种起支配和揭示作用的本质。他提出技术的本质不是技术的东西,技术是真理的开显方式,现代科学的本质在于现代技术。第三,海德格尔是第一个把技术提到哲学最重要位置的哲学家,他说现代技术是形而上学的完成形态。技术成为“座架”,成为现代人的命运。

海德格尔因其哲学上的影响力而成为研究技术的人们绕不过去的一座高峰。之后的现象学技术哲学家,或扩展其论题,或深入细节,或反其道而行之。约那斯指出技术塑造人类的生活世界,从而呼唤一种基于责任的技术伦理学;德雷弗斯用现象学透视人工智能的路线缺陷,指出缺乏意向性的无机的机器绝无可能实现人类智能,因为人类智能充满了意向性,总是超出形式化、程序化之外;伊德通过意向分析,提出人与技术的四种关系(具身关系、解释学关系、它异关系和背景关系);鲍尔格曼提出焦点物的概念,扩展海德格尔的“汇聚”概念,并且借此强调,技术装备总是会体现或实现各种各样隐蔽的文化诉求,必须通过确定火炉、桥梁、教堂这样的焦点物,来规约我们的技术实践;斯蒂格勒认为,技术作为身外之物恰恰是人自我构建的内在之物,技术先于此在,从而试图把技术置于时间性的核心来考虑。

3. 工程—分析传统

所谓工程—分析传统，首先指的是工程师和技术专家为澄清自己行业的性质所做的概念辨析工作，因此可以称为“工程派技术哲学”或“工程师的技术哲学”。正像“科学家的科学史”代表了科学史学科发展的早期形态，“科学史家的科学史”才标志了科学史学科成熟的形态一样，“工程师的技术哲学”也只代表了技术哲学学科的早期形态，而“技术哲学家的技术哲学”才标志着技术哲学的成熟形态。但由于目前技术哲学的学科还不成熟，工程派的技术哲学仍然是有待整合的重要思想资源。

这些辨析通常会借助某些既有的哲学理论，并试图做些引申和发挥，虽然这些工作往往并不被职业哲学家所重视。第一个使用“技术哲学”作为书名的卡普是一位新黑格尔主义者，他提出的技术的器官延伸理论，显示了对技术之内在结构进行考察的细致程度。第二本技术哲学著作的作者齐墨尔继续用黑格尔主义来阐释技术，把技术看成是物化的自由。第三本技术哲学著作的作者德绍尔则试图扩展康德的批判哲学，在纯粹理性批判、实践理性批判和判断力批判之外引入第四种批判，即技术制造批判。德绍尔相信，通过技术发明可以触及科学认识所不能触及的自在之物。

20 世纪 50 年代之后，工程派技术哲学更多的受分析哲学的影响，把目光转向技术的定义问题、科学与技术的关系与划界问题、技术发明与工程设计的逻辑结构和方法程序问题，以及技术的社会后果和社会责任的明确界定问题。许多英美分析哲学阵营里的哲学家也从这个角度切入对技术的哲学思考。典型的如德国技术哲学家拉普(Friedrich Rapp)于 1974 年编辑出版的《技术哲学文集——对技术科学的思维结构的研究》(*Contributions to a Philosophy of Technology, Studies in the Structure of Thinking in the Technological Sciences*)①，以及于 1978 年出版的《分析的技术哲学》(*Analytical Philosophy of Technology*)②。本书只选了其中邦格的文章作为代表③。

4. 人类学—文化批判传统

在美国，实用主义传统一度式微，杜威的哲学并没有真的被用于锻造独特的技术哲学。新大陆对技术哲学产生最深刻最持久影响的反而是一位全才作家，被誉为“公众知识分子”的刘易斯·芒福德(L. Mumford, 1895—1990)。他的技术哲学或许可以被称为人类学的，因为他把对技术的理解建立在他对人性的重新理解之

① 该书于 1988 年译成中文由吉林人民出版社出版，中文版改名为《技术科学的思维结构》(刘武等译)。

② 该书于 1981 年译成英文纳入《波士顿科学哲学研究丛书》中出版，1986 年译成中文由辽宁科学技术出版社出版，中文版改名为《技术哲学导论》(刘武等译)。

③ 国内的科学哲学家张华夏、张志林的《技术解释研究》(科学出版社 2005 年出版)代表了技术哲学的分析传统，可供读者参考。

上。“对人性的独到理解以及与之相关的对技术的广义理解，以‘巨机器’、概念为标志的对现代技术之本质的揭示以及对现代技术之起源的独特历史阐释，是芒福德对当代技术哲学最重要的两大贡献。”[①]

德国哲学家盖伦的理论也被称为哲学人类学，是一种试图把人类生物学(Human Biology)上的成就运用于对人性的哲学反思的努力。盖伦把人类在生物学意义上的“本能的缺乏”的特征，转化为“人以世界的开放性为其标志”的哲学洞察。由于世界的开放性所代表的极大不稳定性根本不能满足生物学上维持生存的需要，因此，人类就通过“制度化”这种活动方式，来为自己建造出稳定的结构。运用“制度化”概念，盖伦对技术特别是现代技术的本质做了深刻的透视。

把麦克卢汉纳入技术哲学家的范围，是因为他对于当代最重要的技术之一——大众媒介有深刻的洞察和入木三分的批判。他的“媒介即讯息”“媒介是人的延伸”等命题，以及“地球村”“冷媒体和热媒体”等概念，在传媒理论和传媒批评界广为人知，影响极大。他提出“分割是机械工业的本质”；认为现代技术对人的奴役已经使人成为技术的生殖机器，有如蜜蜂之于花朵。所有这些观点，使他实际上成了一位在传媒文化界对技术进行哲学批判的思想家。追随麦克卢汉之后的还有美国的媒体理论家和批评家尼尔·波斯曼(Neil Postman，1931—2003)，他的脍炙人口的“媒介批评三部曲”[②]完全可以当成技术哲学著作来读。

三、思考题

本书收录了自马克思以来的重要技术哲学家或技术思想家的代表文章25篇。作为编者，我不能代替读者来消化这些思想和理论。我只想通过开列出若干思考题，来对各篇文章的主要内容做一个提示，也供读者进一步思考。有些选文来自一本书的一章或一节，因此，为了深入理解这部分内容，往往还需要阅读该书的其他章节甚至全书。

1. *米切姆　技术哲学*

(1) 在米切姆看来，技术哲学的史前时期有哪些重要的技术思想家?

(2) 米切姆把当代技术哲学分成西欧、英美和苏联—东欧三个学派，你认为这种分法是否合理。如果合理的话，请分别给出三个学派的基本特征；如果不合理的话，请给出你自己的划分。

(3) 米切姆把技术的定义分成四大类：作为客体、作为过程、作为知识、作为意志，你认为这种分法是否合理。如果合理的话，请分别给出四种类似的典型定义。如果不合理的话，请给出你自己的划分。

---

① 吴国盛：“芒福德的技术哲学”，《北京大学学报》2007年第6期。

② 均已译成中文：《童年的消逝》(吴燕莛译，广西师范大学出版社2004年出版)、《娱乐至死》(章艳译，广西师范大学出版社2004年出版)、《技术垄断：文化向技术投降》(何道宽译，北京大学出版社2007年出版)。

(4) 古代技术与现代技术的根本区别是什么？

(5) 米切姆把技术哲学的研究内容概括为两个方面，一个是关于“什么是技术”的概念问题(他称之为形而上学问题)，一个是伦理和政治问题。你认为除此之外，技术哲学的合法研究领域还应该包括哪些方面？

(6) 米切姆把技术哲学的未来发展定位于对技术人性化问题的阐明，你是否同意这一看法？

2. 马克思　劳动过程

(1) 马克思把生产劳动看成是首要的和基本的人类活动，试评价它在西方思想史上的革命性地位？

(2) 劳动作为人类的身体活动，与动物的活动有什么根本的区别？

(3) 在什么意义上，自然物可以成为人类活动的无机的器官？

(4) 为什么说“各种经济时代的区别，不在于生产什么，而在于怎样生产，用什么劳动资料生产”？

(5) 马克思认为“劳动产品本身会接着成为劳动对象(原料)和劳动资料(工具)”，试据此分析人类劳动的历史性和条件依赖性。

3. 马克思　机器的发展

(1) 为什么在资本主义社会，机器的使用并不会减轻工人的辛劳？

(2) 工具与机器的区别是什么？

(3) 为什么说工具机是18世纪工业革命的起点？

(4) 工业手工业生产和机器生产之间本质的区别是什么？

(5) 试举例说明，现代机器工业是一个有机整体，仿佛具有自组织能力一样，一个部门的技术发明和革新，必然带来另一个部门的技术革新。

(6) 为什么说“劳动过程的协作性质，现在成了由劳动资料本身的性质所决定的技术上的必要了”？

4. 马尔库塞　技术合理性和统治的逻辑

(1) “思想和行为在多大程度上同既定现实相符合，它们就在多大程度上表达着一种对维护事实虚假程序的任务作为响应和贡献的虚假意识。这种虚假意识已经具体化在反过来再生产它的流行技术装置之中。”以这段话为契机，阐明批判理论之“批判”意味着什么，“技术批判理论”何以可能？

(2) 如何理解“在纯科学中仍然存在着科学应用固有的一般方向”？

(3) 作为观察、测量和计算中心的主体，与作为伦理、审美或政治的行为主体有什么区别？

(4) 在马尔库塞看来，善和美、和平和正义，为何在当今科技时代丧失了它们的普遍有效性？

(5) 为什么马尔库塞认为，工具主义、功能主义、操作主义的科学哲学，体现的正是技术理性和技术的本质？“科学”在什么意义上就是“技术”？

(6) 马尔库塞反对什么样的“实在”概念，又推崇什么样的“实在”概念？

(7) 为什么说工具理性将会为极权主义社会提供合理性辩护？

(8) 马尔库塞认为，胡塞尔在《危机》中对伽利略物理学的解析，意味着对某种“定性物理学”和目的论哲学的诉求。你如何评价这个论断？马尔库塞为什么又把这种诉求称为蒙昧主义观点，不予肯定？

5. 阿伦特　制作的本质

(1) 工作(work)与劳动(labor)以及工匠人与劳动者的根本区别是什么？阿伦特为什么要建立并强调这些区别？

(2) 为什么说，“劳动的动物，虽然可能是一切生物的统治者和主宰，但他仍然是自然和地球的仆人”？

(3) 为什么说“唯有工匠人才表现为整个地球的统治者和主宰”？

(4) 为什么阿伦特会说柏拉图的理念论是基于创制或制造活动中的经验？

(5) 为什么说“工匠人发明的用以帮助劳动的工具，一旦为劳动的动物所使用，就会丧失其工具特性”？

(6) 在阿伦特看来，机器与工具的本质区别是什么？为什么说“即使是最精密的工具也不过是人的奴仆，它无法操纵或取代人手；然而，即使是最原始的机器，也主导着人体的劳动，并最终取而代之”？

(7) 为什么说“现代技术已经改变了人工制品的物性”？

(8) 在阿伦特看来，自然物与制作物的区别是什么？

(9) 现代技术的发展使得工作与劳动的界限消失了，这种消失带来了哪些后果呢？

(10) 为什么说“建立在意义基础上的实用性产生了无意义”？

(11) 在阿伦特看来，现代技术以及现代人类中心主义是如何使世界彻底无意义化的？

6. 埃吕尔　技术秩序

(1) 什么是埃吕尔的“技术”？

(2) 在通常关于技术问题的讨论中，哪些被埃吕尔认为是伪问题？为什么他认为这些问题实际上是伪问题？

(3) 埃吕尔认为在工具世界里人并不能保证成为主人，人类实际上并不能控制技术，为什么？

(4) 有哪些人认为“技术的发展会自动解决人类面临的一切问题”？埃吕尔是如何批判这种观点的？

(5) 有哪些人认为“技术进步使人陷于危险之中，唯有人类警醒起来、调整自己才有可能避免危险”？埃吕尔是如何批判这种观点的？

(6) 什么是“技术神话”，人类已经构造了哪些“技术神话”？

(7) 为什么说，简单的评判技术进步是好或坏，都是不可能的？

(8) 埃吕尔“技术后果的不可预测性”理论与贝克的“风险社会”理论有什么关联？

7. 哈贝马斯　作为“意识形态”的技术与科学

(1) 哈贝马斯与马尔库塞的相同与不同之处是什么？

(2) 哈贝马斯与马克思的相同与不同之处是什么？

(3) 哈贝马斯是如何用劳动和交互这对范畴，代替生产力和生产关系这对范畴的？

(4) 合理性与合法化的区别与联系是什么？

(5) 为什么哈贝马斯要恢复某种意义上的“技术中性论”？

(6) 为什么哈贝马斯认为，在科学技术成为第一生产力之后，马克思的劳动价值学说不再有效？

8. 芬伯格　技术代码

(1) 什么是芬伯格的“第三条道路”？

(2) 什么是双面理论？

(3) 什么是“技术代码”？

(4) 技术代码理论如何与技术中性论区别开来？

(5) 技术代码理论如何与技术自主论区别开来？

(6) 什么是“形式偏见”？建立这个概念的意义何在？

(7) 芬伯格提供了何种方案，以供在技术社会中争取自由？

9. 温纳　人造物有政治吗？

(1) 什么是技术的社会决定论？它与技术决定论的区别是什么？

(2) 纽约长岛的公园大道上的天桥被温纳认为是典型的带有政治意图的技术制品，请注意寻找一下你周围的带有明显政治意涵的人工物。

(3) 为什么说“技术革新”并不总是价值中立的，而往往带有强烈的政治利益偏向？

(4) 你是否同意技术可以分成独裁技术和民主技术两大类？如果不同意，说明理由；如果同意，举出几个典型的独裁技术和民主技术的例子来。

(5) 为什么说原子武器必定要求被置于一种权威主义的社会系统之中？为什么越大型、越精密的技术系统要求越集中化、越等级化的管理体系？

10. 杜威　逃避危险

(1) 在杜威看来，为什么会有理论与实践的截然二分？

(2) 为什么西方思想史上纯理智活动一直被置于实际事务之上？为什么人们喜爱认知甚于喜爱运作？

(3) 杜威认为，“希腊哲学乃是以一种理性的形式把希腊宗教和艺术信仰加以系统化罢了”，你是否同意？为什么？

(4) 如何理解“确定性的寻求已经支配着我们的根本的形而上学”？

(5) 杜威是如何破除理论与实践之间的传统二分的?

11. 舍勒　科学、技术与经济的现象学

(1) 什么是"内驱力结构"?

(2) 什么是哲学与实证科学之间的本质差异?

(3) 为什么技术不能看成是科学的应用? 它们的共同基础是什么?

(4) 在舍勒看来,为什么古代希腊和罗马并没有出现近代的大工业?

(5) 为什么舍勒认为,近代科学的兴起并不依赖古典希腊文化的复兴?

(6) 在舍勒看来,在宗教改革与科学革命之间的共同精神态度是什么?

(7) 在近代科学革命的背景下如何理解舍勒所谓的"爱对于知识的优先性"?

(8) 现代科学表现了"控制意志"的一种什么样的新发展方向? 舍勒所说的"控制意志"与培根提出的"控制自然"理论有何异同之处?

(9) 为什么现代以来量的范畴高于质的范畴,关系范畴高于实体范畴?

(10) 什么是施本格勒所谓的"浮士德式的文明"和舍勒所谓的"浮士德式的人"?

(11) 为什么说机械论是二元论之根源?

(12) 为什么说"正是科学在自己特有的纯粹逻辑上的、不断自我合法化的进步过程中,发展出永远是崭新的、技术方面的各种可能性",在这之后,这些技术方面的可能性才受到来自技术专家和企业家的影响?

(13) 为什么说"资本主义经济植根于进行不受任何限制的获取过程的意志,而不是植根于追求获取物的意志"? 这种意志在现代科学上的表现是什么?

(14) 舍勒认为技术发展有哪四个历史时期? 分别对应了哪些自然观?

12. 敖德嘉　关于技术的思考

(1) 什么是人特有的"技术行为"?

(2) 为什么敖德嘉说不是"活着"而是"活好"才是人的基本需求? 你是否同意他的观点,说明理由。

(3) 如何理解"技术是生产多余的东西"的论断?

(4) 为什么说"要想成为工程师的话,仅做个工程师是不够的"?

(5) 人与自然存在哪三种可能的关系? 使人成为天地间独一无二的东西的,是哪一样特征?

(6) 为什么说"人的生存似乎在本质上是成问题的"?

(7) 为什么说"认为动物可以通过神奇地被赋予技术天赋而转变成人,这是一个根本性的错误"?

(8) 在敖德嘉看来,为什么工匠艺人技师的社会地位不高?

(9) 敖德嘉认为,不同的人生方案会发展出不同的技术类型,试举例说明。

(10) 敖德嘉划分的技术演化的三个阶段是什么? 各有什么特征?

(11) 为什么说我们这个最技术化的时代,也是人类历史上最空虚的时代?

(12) 为什么敖德嘉指望西方技术与亚洲技术有一个交会?

13. 海德格尔　周围世界的周围性与此在的空间性

(1)"在之中"与"在之内"的区别是什么?

(2)"上手事物"与"在手事物"的区别是什么? 用具如何通过"上手状态"得以规定?

(3) 为什么说上手事物的"切近"不能由衡量距离来确定,而要由"寻视"来规定?

(4) 为什么太阳运动在空间方位的划定方面具有优先性?

(5) 为什么说"此在本身就其在世看来是具有空间性的"?

(6) 如何理解"通常以为最近的东西根本不是离我们距离最短的东西"? 举例说明。

(7) 什么是"去远"和"定向"?

(8) 根据海德格尔的思路,试讨论"技术"在"空间"构成中的作用。

14. 海德格尔　技术的追问

(1) 如何理解海德格尔所说的"技术不同于技术的本质""技术的本质完全不是什么技术因素"?

(2) 什么是工具论的和人类学的技术规定?

(3) 如何理解"单纯正确的东西还不是真实的东西"?

(4) 为什么讨论技术的本质却要追溯到亚里士多德的四因说?

(5) 如何理解 techne 是一种去蔽?

(6) 现代技术与古代技术的根本区别是什么?

(7) 如何理解"不是水电站建在莱茵河上,而是莱茵河建在水电站上"?

(8) 什么是"座架"? 座架概念如何表达了一种悲观主义的技术哲学?

(9) 既然从时间顺序上看,现代技术后于现代科学出现,为什么海德格尔还要说现代数理科学奠定在现代技术的本质之上?

(10) 海德格尔意义上的"危险"是什么意思? 为什么他说"危险的并非技术"? 如何理解"座架是最高意义上的危险"?

(11) 如何理解"在技术的本质之中蕴含着救渡的生长"?

(12) 请思考,艺术是否能够作为技术的根本性的沉思之地和决定性的解析之地?

15. 约那斯　走向技术哲学

(1) 什么是"技术的形式动力学"和"技术的实质内容"?

(2) 在约那斯看来,现代技术与古代技术的根本区别是什么?

(3) 现代技术为何能够无休止的进步?

(4) 古今交通工具、古今人类居所具有哪些实质的不同?

(5) 自动化作为人类技术的最高成就却将人类自身驱逐到了一边,试借此评价技术与人之间的辩证关系。

(6) 分子生物技术是技术革命的最后阶段吗?

(7) 如何由现代技术的危机和危险,引导出约那斯的责任伦理学?

16. 德雷弗斯　计算机不能做什么

(1) 为什么说“技艺”不只是对规则的遵循?为什么说“师傅们真正掌握的东西并没有写在师傅们的教科书里”?

(2) “上下文环境”(context,语境)在智能表达中起什么作用?人类下棋与计算机下棋的本质区别是什么?

(3) 德雷弗斯以椅子为例说明,任何一件技术产品事实上都很有可能是无限多的预设,这些预设有些被我们意识到,有些并不被意识到,请用另一个例子,进行类似的预设分析。

(4) 为什么说“情态、重要性及躯体化的技能不能够用信念的形式网来捕捉”?

(5) 实践背景、语境能否被处理成另一种事物,从而用表达任何日常事物的那种结构描述来表达它?海德格尔为什么对此持否定态度?

(6) 德雷弗斯所批判的人工智能界流行的观点是什么?他的批判基于一种什么样的哲学立场?

17. 伊德　技术现象学

(1) 试举例说明,什么是“具身”,什么是“技术的具身化”,什么是“具身关系”?

(2) 照伊德的看法,技术的哪些特征构成了乌托邦和敌托邦的根源?

(3) 试举例说明,具身技术在将知觉扩展方面有哪些积极的方面,有哪些消极的方面?

(4) 为什么说“具身关系仍然揭示了我在此的优先性”?

(5) 举例说明什么是人与技术的解释学关系,为什么在技术的具身关系之外还要引入解释学关系?

(6) 如何理解具身技术表达了工具意向性的水平方向,而解释学技术表达了垂直方向?

(7) 乐器在音乐实践中的使用与技术在科学实践中的使用有何不同的后果?

(8) 举例说明什么是它异关系,为什么在技术的具身关系和解释学关系之外还要引入它异关系?

(9) 在伊德看来,人类为什么会迷恋自动机?

(10) 试用它异关系理论,解释电影电视等影像技术对于现代人生活的影响。

(11) 举例说明什么是背景关系,为什么在技术的具身关系、解释学关系和它异关系之外还要引入背景关系?

18. 鲍尔格曼　设备范式与焦点物

(1) “物”与“设备”的区别是什么?什么是“设备”的隐蔽性?

(2) 如何理解设备中手段的彻底可变性与目的的相对稳定性,以及手段的隐蔽性和目的的显著可用性？

(3) 什么是鲍尔格曼所谓的“焦点物”？“焦点”一词在西方语言中经历了什么样的变化？

(4) 鲍尔格曼如何从两个方面超越海德格尔关于“物”的理论？

(5) 在鲍尔格曼看来，宴会与快餐有哪些本质的不同？

(6) 什么是焦点实践？为什么说技术不是一种焦点实践？

(7) 试举例说明，焦点实践如何限制某些技术的发展，又鼓励某些技术的发展。

19. 斯蒂格勒　技术与时间

(1) 按照斯蒂格勒的观点，技术为什么一开始就没有受到哲学的重视？

(2) 如何理解“技术化就是丧失记忆”？

(3) 如何理解“历史性也就是一种实际性”？

(4) 如何理解“技术的装饰使得存在本身在向我们显现的同时又自行隐退”？

(5) 在斯蒂格勒看来，海德格尔和哈贝马斯有哪些异同之处？

(6) 如何理解技术与时间的关系？

(7) 什么是普罗米修斯原则和爱比米修斯原则？为什么说这两个原则构成了时间的不可分割的两个方面？

20. 卡普　蒸汽机与铁路

(1) 在卡普看来，蒸汽机的意义何在？

(2) 按照卡普的观点，动物与机器之间有没有根本的区别？如果没有，说明理由；如果有，区别何在？

(3) 试举例说明，机械的完善符合有机生命的发展理论。

(4) 什么是器官投射说？

(5) 用器官投射说如何解释交通运输技术的发展？

(6) 在思考技术问题时，如何理解费尔巴哈的话“人类的对象不是别的，而正是他的对象性本质自身”？

21. 德绍尔　技术的恰当领域

(1) 为什么德绍尔认为，在考虑技术问题时，我们仍然需要批判的形而上学？

(2) 如何理解技术发明是由“人类目的”“自然律”和“内在实现”三部分构成的？

(3) 什么是德绍尔所谓的第四王国？为什么在科学知识、道德经验和审美判断的王国之外还有必要引入第四王国？

(4) 为什么说在第四王国中，物自体不再缺席？

(5) 如何理解“技术是凡人在尘世中最伟大的体验”？

(6) 为什么德绍尔说“唯物主义世界观是一种悲观得无法形容的世界观”？他认为什么东西可以纠正这种悲观？

(7) 通过技术来研究观念，是德绍尔对技术哲学之可能性和合法性的辩护方案。你认为这个方案是否可行？为什么？

22. 邦格　作为应用科学的技术

(1) 你是否同意把“技术”等同于“应用科学”？为什么？

(2) 纯粹科学与应用科学的划分是否合理？是否必要？为什么？

(3) 什么是技术的实体性理论和操作性理论？它们各自的特点是什么？

(4) 为什么错误的理论有时在实践上却能取得成功，而正确的理论却不能？你是否同意邦格的“实践不能证实理论”的观点？

(5) 什么是“技术规则”？为什么邦格说对技术规则的研究是技术哲学的中心问题？

(6) 什么是“技术预测”？科学预见与技术预测有哪些区别？

(7) 什么是“专家预测”？技术预测与专家预测有哪些区别？

23. 芒福德　技术与人的本性

(1) 什么是“巨技术”？

(2) 为什么芒福德认为，把人定义为使用工具的动物是错误的？为什么说把人视为制造工具的动物就错失了人类史前史的重要篇章？

(3) 在他看来，什么是人区别于动物的根本标准？为什么他重视人的身体、大脑和语言对于人类进化的意义？

(4) 为什么说早期技术的主要形态不是进攻性的工具，而是守成性的器具？

(5) 什么是“巨机器”？为什么说古埃及的金字塔是由巨机器建立起来的？

(6) 生命技术与权力技术之间的根本区别是什么？

(7) 如何才能解除对巨机器的盲目依赖？

24. 盖伦　人与技术

(1) 如何理解“人是一种先天不足的物种”？

(2) 如何理解人类技术的进步植根于如下的神秘法则：“无机自然要比有机自然更加为人所知”？

(3) 为什么说巫术是一种超自然的技术？巫术背后的动机是什么？

(4) 技术背后的无意识动机(或非理性冲动)是什么？技术与巫术有何异同？

(5) 什么是施密特的技术发展三阶段论？为什么说“行动循环”和“省力化”是一切技术发展的最后决定因素？

(6) 在盖伦看来，技术活动与生命过程之间有何内在的相通之处？

25. 麦克卢汉　媒介即是讯息

(1) 为什么说“媒介即是讯息”？这一论断将把技术置处何种本体论地位上？

(2) 麦克卢汉举了哪些例证以批判“技术中性论”？

(3) 试举例说明，不同的媒介塑造了不同的历史。

(4) 如何理解“媒介成为囚禁其使用者的无墙的监狱”？

(5) 如何理解“一切媒介均是人的感觉的延伸”?

本书第一版于2008年由上海交通大学出版社出版,书名是《技术哲学经典读本》。北大刘华杰教授和交大出版社时任社长韩建民先生当时建议我编一本科学哲学读本。我考虑到目前国内出版的中英文科学哲学读本已有好几种,而技术哲学作为我所谓的“一个有着伟大未来的学科”,还没有自己的读本,遂提出了本书的编写计划。本书25篇文章,其中13篇采用了已有的中译本,余下的总字数更多的12篇文章是新译的。原有译文的文章尊重原译者,各类人名、名词术语原样保留,不做统一;新译文则尽量做了统一。14年过去了,这个《读本》仍然受到学界欢迎,但坊间早已售罄。本次应出版社之邀更名为《技术哲学经典文本》纳入《清华科史哲教材系列》出版,以应读者之需。本版选文基本不变,只订正了个别字句,刷新了作者信息。欢迎专家同仁继续提出批评意见。

吴国盛

2022年4月5日于清华荷清苑

目 录

第一编 历史概述

第二编 社会—政治批判传统

第三编 哲学—现象学批判传统

第四编 工程—分析传统

第五编　人类学—文化批判传统

第一编

历史概述

米切姆

作者简介

卡尔·米切姆(Carl Mitcham,1941—),1966年和1969年先后在科罗拉多大学获哲学学士和哲学硕士学位,1988年在弗达姆大学获哲学博士学位。1970—1972年他在贝瑞亚学院当哲学教师;1972—1982年在美国圣凯瑟琳学院当哲学和社会科学讲师;1982—1990年在布鲁克林理工大学先后任人文学科副教授和教授;1989—1999年在宾州州立大学先后任哲学和STS副教授和教授;1999年以来,在科罗拉多矿业学校任文科和国际研究教授;2014年起出任中国人民大学讲座教授。他主编(与Robert Mackey合作)过《哲学与技术:技术的哲学问题读本》(*Philosophy and Technology: Readings in the Philosophical Problems of Technology*, 1972),《西班牙语国家的技术哲学》(*Philosophy of Technology in Spanish Countries*, 1993),4卷本,《科学、技术与伦理学百科全书》(*Encyclopedia of Science, Technology, and Ethics*, 2005)。他自己的著作有《通过技术思考:工程与哲学之间的道路》(*Thinking through Technology: The Path between Engineering and Philosophy*, 1994)。他是美国技术哲学学术活动的热情组织者、多种技术哲学刊物的编委、多种技术哲学会议文集的主编,是美国"哲学与技术学会"(Society for Philosophy and Technology,简称SPT)的首任主席以及学会机关刊物《哲学与技术研究》(*Research in Philosophy and Technology*)的主编。他对于技术哲学这门学科的历史和现状的概述性文字,在国际技术哲学界具有广泛的影响。

文献出处

本文译自Carl Mitcham, "Philosophy of Technology", in Paul T. Durbin, ed., *A Guide to The Culture of Science, Technology, and Medicine*, The Free Press, 1980. 张卜天译。

技术哲学

引　言

就最一般的意义而言，技术就是制造和使用人造物。如果这样来理解技术，那么技术哲学无非就是要对这种基本人类活动的性质和意义作出合理说明。所以初看起来，技术哲学似乎是一种与伦理学有关的实用哲学，或者说，是对人的行为及其结果的合理说明。而工业化的社会后果、核武器的危险、环境污染、生物医学工程的道德困境等议题则加深了人们的这一印象。

然而，由于现代技术涉及对物体进行科学制造，所以技术哲学也有较强的理论性。要想对技术的性质和意义等基本问题给出全面的回答，就必须对工程科学技术的认知结构进行分析，并且说明人造物的存在或实在性在何种意义上区别于自然物。技术哲学不仅要对制造活动及其实际后果作出伦理评价，还要包括技术知识的认识论以及人造物的本体论。对技术的哲学探讨同时涉及实践和理论两方面。

为了全面地理解技术哲学，我们不妨从它的历史发展开始讲起。

一、技术哲学的历史

1. 背景

技术哲学可以追溯到西方近代早期对人类制作或制造活动的反思。在文艺复兴之前，制造在人类思想中的位置并不突出，所以并没有成为系统反思的主题。在古人看来，制造，哪怕是艺术形式的制造，往往都是有害于德行的。它不利于追求最高的善，因为它所关注的是物质现实。唯一能为技术革新辩护的是贫困和军事需要。人们并不认为制造活动会有助于我们理解人的生活目的或者关于存在的第一原理。

例如，亚里士多德就把“制造”（making，*poiesis*）和“行动、从事”（doing，*praxis*）区分开来，为的是关注行动这一方面。我们**制造**船、房子、雕像或钱，我们**从事**体育运动、政治或哲学。制造的目标是一个不同于制造活动的对象，行动的‘目标’却是圆满的行动本身。生活是一种行动，不同类型的生活根据其所能从事或最能从事的东西而区别开来。人所关心的基本问题是，什么样的行动最适合于人。亚里士多德在其《伦理学》中所给出的回答是，最适合人的才能的活动也许不是体育运动和政治，更不是感官快乐和物质生产。最适合于人的活动是从事哲学，是自由而超然地对自然进行沉思。

古代基督教继承了这种希腊观点，对技术仍然持不信任的态度。不过，拉丁中世纪起开始把技艺看成一种对理智的运用(即使它最终仍然是“多余的、危险的和有害的”)，用圣奥古斯丁的话说，“这种理智的敏锐性已经达到了极高的程度，它揭示了我们被赋予的人性是多么地丰富。”“人的技巧已经取得的进步和达到的完美程度”也显示了神的慈爱(《上帝之城》，第 22 卷，第 24 章)。本笃会的修院传统认为，手工劳作体现了一种自愿的精神苦行，可以用来洗刷人的傲慢这一耻辱。它呼吁人们过一种“祈祷和劳作”(ora et labora)的生活。后来，对技术效用的肯定扩展为这样一种认识，即技术有助于进行物质上的施舍。毫无疑问，这两种看法都为重新评价人的制造活动开辟了道路。不过，由于中世纪更注重人的内在转变，而不是外在的世俗之物，所以制造仍然明显地低于行动。根据圣奥古斯丁的说法，上帝之城与尘世之城的主要区别就在于，“前者通过世界来享受上帝，后者则通过上帝来享受世界。”(《上帝之城》，第 15 卷，第 7 章)

随着马基雅维利、培根和笛卡儿等人对古典思想展开彻底批判，这种态度立即遭到了质疑。马基雅维利反对传统基督教所倡导的“在谦卑中寻求幸福，蔑视世俗事物”等美德，而主张“灵魂的高贵、身体的强健以及所有能够使人变得强大的品质”。他对基督教作了重新解释，认为这种宗教有利于这些理想，并鼓励人们肯定自己正当的自由(《君主论》，第 6 章)。培根则认为，印刷术、火药和罗盘的发明要比一切政治征服或哲学争论更有益于人类(《新工具》，第 1 卷，第 129 节)。笛卡儿的怀疑方法不仅是为了建立一种无可置疑的思想体系，而且也要使人成为“自然的主宰者和拥有者”(《方法谈》，第 6 节)。

对于现代人来说，生活首先不再是行动，而是制造。于是便逐渐发展出一种将认识与制造联系在一起的认识论，以及在人类幸福的意义上重新评价制造活动价值的政治学。此前的知识被批判为“缺乏事功”(barren of works)。为了弥补这一缺憾，培根提出要对科学进行重建，做出“一系列发明，在一定程度上征服和战胜人类的贫困和苦难”。人将不再作为被动的观察者来看待自然，心甘情愿地让自然“自行其是”，而是应当利用自己的技艺和双手，迫使自然“离开其自然状态，对它进行压榨和塑造”，因为“事物的本性在技艺的挑衅下要比在其天然的自由状态中更易暴露出来”(《伟大的复兴》，前言和概要)。康德曾把培根的名言收入《纯粹理性批判》(1787)，他认为，这个问题与其说涉及实际效用，不如说是自我意识的问题。把沉思的观察者当作理想，这是一种幻觉。事实上，“理性只能洞察它依照自己的方案所产生的东西”“换句话说，它不会让自己被自然牵着走。”在启蒙运动统一科学与技术的纲领中，这种新的态度第一次走向了理论上的成熟，其实际成果便是工业革命。

正是在对这种典型的近代态度的质疑中，真正意义上的技术哲学才开始形成。在历史上，这种质疑是由浪漫主义运动提出的。卢梭在《论科学与艺术》(1750)一文中，批判了一种启蒙运动思想，即科技进步可以将财富与美德统合起来，从而自发地推动社会进步。要想得到启蒙运动的这种乐观主义,需要将美德重新解释为力量。卢梭在批判时作了不同的理解,他将美德看成一种近乎自由的天真或单纯——它是古人的一种理想,但被人造物和文明的习俗掩盖了。后来,诗人布莱克(William Blake)等浪漫主义者强烈抨击工业革命的恶果,以此来加强这一论证。他们还质疑科学技术知识的适用范围,从而使批判进一步拓展。柯勒律治(Samuel Taylor Coleridge)主张,想象力是心灵的一种至关重要的能力,较之理智,它更能接近世界的真理。

在卢梭看来,文明是虚伪的,是对真正自由的剥夺。(所谓真正的自由,就是个人真正按照自己的内在现实而行动的自由。)这一批判可以拓展至技术。到了19世纪,它成为马克思主义批判资本主义的基础。在这种批判中,现代科学技术之所以被质疑,不是因为它所追求的目标,而是因为它无法实现这些目标——至少就其当前的社会表现来说是这样。卢梭认为,文明败坏了人的真实本性;马克思也认为,资本主义这种特殊形式的文明败坏了现代技术。技术在资本主义形态下被束缚住了,无法达到其真正目标。资本主义的技术是不可靠的和不自由的。要想使它达到真正的目的,即人的解放,就必须把技术从其社会枷锁中解脱出来。

对技术的这些批判已经成为现代社会理论的重要组成部分,它们在各种文学及政治运动中起着重要作用。然而只是到了20世纪,技术才真正成为哲学关注的对象。这种转变之所以发生,主要是由于两个方面:一是存在主义的影响,二是工程师们力图对本行业的性质进行分析。此外,历史学家希望理解历史中的技术因素,以及关于工业社会的社会科学研究,都对这种转变产生了影响。在反思由晦暗走向明朗的过程中,西欧、英美、苏联—东欧这三个学派或传统对于技术哲学贡献最大。

2. 西欧学派

欧洲的(主要指德国和法国)技术哲学传统最为古老,也最为多样化。它从存在主义、社会学、工程学以及神学角度对技术的本性和意义进行了反思,其多样性和深刻性是其他传统所不及的。其弱点在于,与东欧学派相比,它缺少内在的综合;与英美学派相比,它没有很好地利用历史知识以及经验性的社会科学研究。

20世纪初,有一些存在主义者主张:人,作为制造自身的存在者,首先是一种技术造物。同被动地、非历史地存在于世界之中的自然物不同,人的基本特征就在于他的生产能力和历史性。这种对"人的生活世界"的分析冲击了浪漫主义关于自然人与技术人之间的流行区分。西班牙哲学家敖德嘉(José Ortega y Gasset)在《关于技术的思考》(1933[1939,1972])一文中提出,技术是人性的一个本质要素。"人通过技术这一行动系统,力图实现人本身这样一种超自然的筹划",技术是为了人的某种理想而进行的一种物质活动(《关于技术的思考》,1933[1972,第301页])。这里所说的理想并不必然是个人理想。任何文化都要以人的自我观念为基础,这种自我观念需要有一种合适的技术来帮助它实现自身。敖德嘉试图将物质发明与生产建立在一种先行的精神发明的基础上，认为其根源就在于人的某种理想的自我创造或意愿，并对这种关系的结构作了人类学的说明。所有这些见解都很有独创性。

由敖德嘉的观点可以得出一个推论，那就是现代技术正在使人的境况发生一种世界性的历史转变，这种转变超出了其使用者的特定意图。由于科学技术能够有效地实现制造活动或工作的目标，所以它渐渐会抹平一切制造活动的价值，使制造个别事物不再具有什么意义。现代人认识到，在掌握一项特殊技术之前，他必须掌握一般意义上的技术。“技术只不过是人的一般技术功能的具体实现”（第 311 页）。由于把一般技术当成了自觉研究和系统发展的对象，现代人不知不觉间便削弱了自己的力量。虽然制造本身并不是目的，但许多人除制造活动之外别无目标。敖德嘉一针见血地指出：“成为工程师（而且也只有成为工程师），就意味着潜在地成为一切而实际上又什么都不是……这就是我们这个技术鼎盛的时代也是整个人类历史上最空虚的时代的原因。”（第 310 页）

根据这种解释，现代技术表现出一种超越个人的近乎自主的特征。如果技术的影响超出了其使用者的意图，就不能再把它说成是一种中性的手段。技术的问题并不在于它的可能应用，而在于它对世界产生的历史影响，而这是不受任何具体的使用或使用者所支配的。在其他一些存在主义思想家，特别是雅斯贝尔斯（Karl Jaspers，1949）的历史哲学思考中也可以看到类似的观点。存在主义者对社会现实的强调有助于促进另一门学科——欧洲技术社会学的发展。在这种社会理论中，技术自主性问题占据着最核心的位置。社会学研究方法自然会提出这个问题，因为它视技术为当今世界的显著特征，并试图考察技术对人和社会政治秩序的影响。弗里德曼（Georges Friedmann）的工业社会学，以及法兰克福社会研究学派（Frankfurt School of Social Research）的马克思主义修正主义，就是两个典型的例子。浪漫主义作家曾经讨论了劳动分工对工人的影响，弗里德曼则用大量经验研究为他们的观点和批判提供科学支持。以马尔库塞（Herbert Marcuse）为代表的法兰克福学派强调了现代技术在政治、艺术、文学甚至哲学领域的支配作用。与此同时，这些理论家还试图将技术放在特定的历史条件下进行考察，而不是谈论技术本身。技术只有在某种特定的历史情境下才是自主的。

关于技术社会，欧洲社会学的实证主义传统提供了一种不同的解释。根据孔德、圣西门及其追随者的看法，罪恶的产生不是因为技术的自主，而恰恰是因为技术实际上还不够自主。社会需要在组织上变得更加合理，政客需要由技师所替代。由于工程师是唯一能够完全掌握技术的人，所以让工程师行使权力将会使技术有效地发挥作用。凡勃伦（Thorstein Veblen）的思想以及美国的技治主义（technocracy）运动显然与这种主张有关。

温纳（Langdon Winner，1977）曾对技术自主性思想做过广泛研究，这主要是因为它已经对政治思想产生了影响。如其所言，正是埃吕尔（Jacques Ellul）以最坚决的态度和最有影响的方式提出了技术自主性问题。在埃吕尔看来，一方面，实证论对工程师的理解有问题。工程师并不能完全驾驭技术，他只是技术理性的工具。另一方面，马克思主义理论没有认识到，在一定程度上，技术对社会主义国家和资本主义国家的影响是类似的。事实上，由于在意识形态上倡导通过技术获得自由，社会主义实际上已经成为一种乌托邦式的空想。

尽管存在主义者和欧洲社会理论家的研究方法存在着关联，但仍有必要将它们区分开来。我们不妨对比一下埃吕尔和海德格尔的观点。埃吕尔属于最杰出的社会理论家，他视技术为“时代的赌注”(*l'enjeu du siècle*)。技术是人与他尚未完全理解的力量(这种力量大得足以吞没他)之间的一场赌博；海德格尔则属于最伟大的存在主义者，他以类似的情绪将“现代技术的全球运动”说成是“一种力量，它对历史所起的决定性作用怎样强调都不过分”(Heidegger，1976，第276页)。因此他认为，“思想的任务就在于，在思想所允许的范围内帮助人获得有关技术本质的恰当认识”(第280页)。海德格尔试图理解技术在什么意义上与人性密切关联着，就好像有一种无意识的力量在后面推动；而埃吕尔所关心的与其说是技术的本质或技术的人类学基础，不如说是技术与社会的关系，以及如何认识在这些关系中起作用的客观原理。社会理论强调技术是一种外在的力量，无意识地决定着人的大部分生活；存在主义则强调技术本身就是人性某个方面的无意识的表现。

存在主义者和社会理论家都试图通过训练有素的分析和敏锐的洞察力来思考技术，这些尝试均可合理地称为技术哲学。不过他们都没有使用“技术哲学”一词。这一说法是在一些制造业者、工程师和经济学家试图反思他们所从事的技术行业的本性的过程中产生的。

“技术哲学”这种说法在苏格兰化学技术专家安德鲁·尤尔(Andrew Ure)的“制造业哲学”(philosophy of manufactures)思想中已初显端倪。在以此为标题的书(1835)中，尤尔说他旨在“对用自动机来经营生产行业的一般原理进行说明”。由这种说明产生了一些概念问题，直到今天仍被技术哲学家所讨论，比如制造与加工的区别、机器的分类、发明是否有规则可循等等。但是由于尤尔的技术讨论是在极力捍卫工厂体制，所以他的那些更具分析性的解释往往被忽视了。此后，对于机器本性和工业组织的技术研究主要沿着两个方向进行：一个方向上发展出了控制论和系统论，这是一种暗含的技术哲学；另一个则产生了为现代工业工程辩护的严格意义上的“技术哲学”。

第一部以“技术哲学”命名的著作是卡普(Ernst Kapp)的《技术哲学纲要》(*Grundlinien einer Philosophie der Technik*，1877)。卡普是左翼的黑格尔主义者，在工具和机器方面有丰富的实践经验。他不仅对技术工具做了细致的分析，而且思考了它的人文含义或文化含义，这两者的结合预示了后来的讨论方向。他的具体结论是，工具可以充当器官的延伸。他的两条基本原理更为重要，那就是：有必要对机器进行哲学上的细致考察；应当对技术进行更深入的批判，而不能仅限于社会评论家或文学评论家所作的外在判断。卡普所说的“技术哲学”特指从工程角度捍卫这一行业，使之免遭浪漫主义传统的敌视，亦指通过对工程经验进行认真的思考，力争使其与工程实践的完整的社会内涵协调一致。

技术哲学最初是与工程联系起来的，讨论技术实践的内在结构和技术的社会意义，这些讨论为后来技术哲学的大量核心议题提供了最初的表述。工程师齐墨尔(Eberhard Zschimmer)写了第二本标题为“技术哲学”的书(1913)，他在书中用新黑格尔主义对技术进行了解释，将技术看作是“物质上的自由”。后来，德绍尔(Friedrich Dessauer)在第三本标题为“技术哲学”的书中提出，发明是技术最重要的方面。比较一下德绍尔所强调的发明以及齐墨尔所强调的通过机器和技术产品获得实际自由，我们可以发现，对于技术实践的基本范畴到底是制造还是使用，二者的看法是不一致的。这种区别也预示了当前的状况：技术批判者关注技术的社会后果，技术捍卫者则主张将发明活动当成类似于艺术创作的创造性体验。

两次世界大战期间，对于工程的讨论在许多方面都有所拓展。第一次世界大战迫使工程师们更加严肃地看待对技术的社会批判，比如意大利社会学家龙勃罗梭(Gina Lombroso，1930)所提出的观点。鉴于技术对工业的重要性，经济学家们开始分析工程的本性，这又反过来促进了对经济因素的工程分析。也正是在这一时期，为了弥补技术与艺术之间的裂痕，人们做了各种试验。从事工业设计的包豪斯学派是最著名的，在这里，工程师和艺术家试图寻求一种技术美学。正如工程师施佩尔(Albert Speer)所指出的，纳粹主义也被某些人看成是对技术所带来的社会问题和美学问题的一种解答。在这一时期的研究中，托马斯(Donald Thomas，1978)对当时的种种潮流作了总结，他描述了狄塞尔(Rudolph Diesel，柴油机的发明者)和儿子尤金的社会思想中所包含的技术乐观主义与浪漫主义批判之间的张力。老狄塞尔最初对技术充满了希望，但渐渐感到灰心绝望，最终以自杀的方式结束了生命。而为了表达父亲所直觉到的东西，他的儿子从技术转到了文学。

“二战”之后，与工程相关的技术哲学进入了另一个发展阶段。在德国，第一次正式的有组织的发展始于德国工程师协会内部，该协会针对有关技术哲学的主题举行了一系列会议。1956年，德国工程师协会创立了“人与技术”专门研究小组，下设教育、宗教、语言、社会学和哲学几个工作委员会，所有这些都与技术相关。

在法国，拉菲特(Jacques Lafitte)最早在《对机器科学的反思》(*Réflexions sur la science des machines*，1932)一书中对工业生产进行了工程分析，这种分析后来由工程师西蒙栋(Gilbert Simondon)在《技术对象的存在方式》(*Du Mode d'existence des objets techniques*，1958)中所拓展。两部著作都非常相信工程经验，同时对技术现象提出了一套抽象解释。例如，根据技术对象的不同，西蒙栋区分了零件、装置和系统，并在对内燃机等例子进行详细考察的基础上，提出了一套技术演化理论。在荷兰，工程师范里森(Hendrik van Riessen)以《技术哲学》(*Filosofie en Techniek*，1949)一书开始了他的第二职业——哲学。该书从历史和哲学的角度对这一领域作了到那时为止最全面的考察。这些发展使德国人以前所进行的那种讨论逐渐趋于欧洲化。

不论是"二战"之前还是之后的一段时期，在工程哲学的讨论中，最重要的人物当数弗里德里希·德绍尔(Friedrich Dessauer，1881—1963)。他本人从事工程研究，是X光治疗史上的先驱人物，也是一位公开反对纳粹的基督教社会民主主义者。在寻求与存在主义者、社会理论家和神学家开展对话的同时，德绍尔对技术哲学作出了重要贡献。他的主要著作有《技术文化?》(*Technische Kultur*? 1907)、《技术哲学》(*Philosophie der Technik*，1927)、《技术禁区中的灵魂》(*Seele im Bannkreis der Technik*，1945)和《关于技术的争论》(*Streit um die Technik*，1956)。科学哲学家在谈及技术哲学时，最常引证的便是德绍尔的著作，比如可以参见 Bernard Bavink(1932)或 Alwin Diemer(1964)。

要对德绍尔的技术哲学进行概括，一个简便的方法就是将它与标准的科学哲学进行比较。后者或是对科学知识的结构和有效性进行总体分析，或是对特定理论的含义进行思考。在德绍尔看来，这两种理路都没有认识到科技知识(Scientific-technical Knowledge)的力量，凭借现代工程，科技知识已经成了一种全新的制造形式。德绍尔试图解释这种力量的先验前提(康德的术语)，并尝试对这种力量在应用过程中的伦理含义进行反思。

根据康德对科学认识、道德行为和审美感受的三种批判，德绍尔又增加了第四种——对技术制造的批判。康德在其《纯粹理性批判》中已经论证，科学知识必然只限于现象世界，它永远也不可能触及"自在之物"。而批判的形而上学则能够描绘出现象的先天形式，假定在现象背后存在着某种"自在之物"。《实践理性批判》(关于道德行为)和《判断力批判》(关于审美评价)又向前迈进了一步。在这里，肯定现象背后存在着某种"超自然"的实在，这是实践道德义务和实现美感的前提。不过，实践经验和审美体验不会正面触及这种超自然的实在。对这些经验领域的批判也无法澄清自在之物的结构。

德绍尔主张，制造，尤其是具有发明特征的制造，实际上已经触及了自在之物。他认为，这种接触可以由两个事实加以确证：发明，即被造之物，此前不存在；而当它将自己显现在现象界时，它就存在了。发明并不是凭空臆想出来的东西，而是在考察了技术问题的预定解决方案之后所产生的结果。技术发明伴随着"出自理念的真实存在"(real being from ideas)(1956，第234页)——也就是说，产生了一种"从本质而来的存在"(existence out of essence)，它是超验实在的一种物质体现。

尽管某些康德主义者发现了德绍尔论证中的一些纰漏，而且他的结论也没有被普遍接受，但应当看到，德绍尔确实发展了康德的观点。在康德看来，一切推理都是指向实践的。实践性越强，经验就越能超越其自身的"现象上的"限制。德绍尔认为有一种实践经验可以用来突破现象世界，而康德没有认识到应当对这种经验单独进行分析——这部分是由于在他著书立说的时候，现代的技术制造还没有出现。这种见解暗示，现代技术可能具有某些独特的哲学性质。

基于对技术的形而上学分析，德绍尔还建立起一种伦理学和政治学理论。现代的制造（以及行动）有一个显著的基本前提，那就是不存在关于超验世界的知识。洛克曾经写道："虽然我们可以通过实验和对历史的考察而得到安适和健康的好处，从而使我们的生活更加便利，但除此之外，恐怕就是我们的能力所不及的了，我们的才能……也不可能对它有所推进。"（《人类理解论》，第4卷，第12章，第10节）马克思主义者对资本主义历史条件下的技术进行了批判，并对现代实践是否会像洛克所设想的那样直接使人获得幸福提出了质疑。在这个问题上，一些自由改革派赞同马克思主义者的观点，主张对实践进行根本性的拓展：实践不仅制造物质对象，而且也建立社会结构。这种拓展使得现代对于实践的信仰乃是基于一些完全实际的理由。德绍尔走得更远，他认为，现代技术所拥有的自主的、改变世界的力量就是其超验基础的明证。人创造了技术，但技术的力量——就像"一座山脉、一条河流、一个冰期、或者一颗行星"的力量——却超出了人的预想，它所发动起来的不只是现世的力量。由于现代实践具有超验基础，人们不再简单地认为它只是"凸显了人的地位"（培根）。现代实践变成了一种"对创造的参与……**这是凡人可能拥有的最伟大的经验**"。（1927，第68页）

布林克曼（Donald Brinkmann）认为（*Mensch und Technik*，1945），技术是一种现世的宗教狂热。人试图以一种普罗米修斯或浮士德的方式在技术中寻求拯救。事实上，人们既没有必要坚持德绍尔那种异常乐观的罗马天主教思想，也不必持有布林克曼的原教旨主义的悲观态度，不必主张在实践活动的现代约束的核心处有某种"技术神秘主义"。

德绍尔去世后，德国技术哲学的形而上学味道已经不那么浓了。最有影响的是哲学家莫泽尔（Simon Moser）的著作。他在1958年发表的一篇重要论文中批判了德绍尔的形而上学思想，认为这种思想在哲学上是幼稚的。同时，他也反驳了布林克曼、海德格尔等人的形而上学解释，认为它们在技术上不够深入。他主张，工程师与哲学家应当更进一步加强合作，工程师要注意培养哲学上的严谨性，哲学家要更关心实际的工程实践。

从20世纪50年代后期开始，德国技术哲学研究主要由工科大学和德国工程师学会所推动（参见Huning，1979）。这个团体主要关注科学技术的定义、工程设计的方法论等一些概念问题，同时也探讨发达工业社会的教育以及技术活动的显著特征等议题。由此产生了拉普（1978）所说的"分析的技术哲学"。

工程技术哲学的主要成就在于从哲学角度探讨了技术制造。此外，德绍尔和范里森则把对这种活动结构的技术分析与神学解释密切联系起来。德绍尔的思想后来又受到了另一些工程师的重视，这一事实也许可以说明，在工程意识背后存在着某种宗教倾向。

欧洲对技术反思的第四个重要组成部分是从神学和伦理学角度进行的思考。

最积极的宗教解释当然是德绍尔的技术神秘主义，他将发明看作神的连续不断的创造。法国天主教哲学家穆尼耶(Emmanuel Mounier，1948)在为技术辩护时也表达了这一立场，他认为技术是人所拥有的“巨匠造物主的功能”(demiurgic function)。德日进(Pierre Teilhard de Chardin)关于世界的“人化”的著名理论也暗含着类似的观点。甚至拉纳(Karl Rahner)这样的著名人物，也在其神学和对遗传工程的辩护(1972)中表达了此类见解。在所谓的“希望神学”和“解放神学”运动中亦是如此。英国的吉尔(Eric Gill，1940)和法国的伯纳诺(Georges Bernanos，1947)代表着天主教的极端保守的批判。在吉尔看来，机器和商业主义是与工匠对质量的追求以及基督教所倡导的贫穷相对立的。伯纳诺则认为，现代技术是傲慢之罪的表现。然而，尽管罗马教皇声明反对人工避孕以及核武器，但大多数天主教思想家在对现代技术作神学评价时仍然比较乐观。

具有讽刺意味的是，根据韦伯(Max Weber)的命题，工业文明有赖于新教伦理，然而众多新教神学家却强烈地反对现代技术。路德宗主教利耶(Hans Lilje，1928)和瑞士宗教改革派神学家布伦纳(Heinrich Emil Brunner，1949)就是这方面的代表人物。在布伦纳看来，“几乎可以说，现代技术恰恰表现了现代人的贪婪……他内心的骚动，以及注定要去追求上帝的永恒、却又拒绝这种命运的人的不安”(第5页)。埃吕尔(如1975)写了许多神学著作来拓展他的社会学研究，这些研究也认同这些观点，反映了法国新教传统的加尔文主义。与此相反，新加尔文派教徒对于范里森及其学生舒尔曼(Egbert Schuurman，1972)的评价却要正面得多。舒尔曼认为，技术是“对上帝的虔诚侍奉”，以此来响应文化创造的号召。

在法国，从道德和宗教角度对技术的讨论不大受具体宗教传统的束缚，这部分是由于柏格森(Henri Bergson)著作的影响。柏格森在其《道德与宗教的两个来源》(*The Two Sources of Morality and Religion*，1932)的最后一章中提出，机械论文明所带来的问题可以通过复兴神秘主义来克服，这既是禁欲的(反对奢侈)，又是慈善的(消除不平等)。也就是说，需要用一种“道德补充”来应对技术问题。这种看法在舒尔(Pierre-Maxime Schuhl)的《机械论与哲学》(*Machinisme et philosophie*，1938)中得到了加强，穆尼耶等人也对它作了重新表述。塞艾苏埃勒(Daniel Cérézuelle)在《法国技术哲学中的忧虑与洞见》(1979)一文中指出，这种看法已经成为对技术的标准回应——当弗里德曼(1970)不再着迷于马克思主义时，这种思想甚至也引起了他的注意。法国哲学家布兰(Jean Brun，1961)则提出了另一种解释，他认为人试图通过技术来摆脱自己所受到的限制。总之，如果认为德国在对技术过程进行分析方面处于欧洲的领先地位，那么法国就可以看作是探讨道德问题的中心。

3. 英美学派

无论是在历史的深度上还是在论题的广度上，美国的技术哲学都与西欧不同。尽管实用主义产生于美国本土，它有时也被解释成一种技术哲学，但是在美国，技术哲学还没有像在德国那样与工程密切联系起来。直到最近，也只有科恩（Joseph Cohen）在1955年发表的一篇文章明确尝试从实用主义角度探讨技术哲学。英美技术哲学源于对技术的社会学和历史方面的探讨。

美国学派至少可以追溯到奥格本（William F. Ogburn）的社会学研究。在《自然与文化的社会变迁》（*Social Change with Respect to Nature and Culture*，1922）中，奥格本提出了这样一种观点，即在技术发展与社会发展之间存在着一种"文化上的滞后"。如今，这已经成为思想界的老生常谈。技术要比社会制度发展得快，这会导致不和谐因素的产生。如果认为技术改造不可避免或是众望所归，那么就需要进行相应的社会制度的变革。在此后的几十年里，出现了一系列从社会学和历史角度对技术进行分析的文章，它们从一个或几个方面对这种思想进行了论证。

然而，产生最持久影响的却是芒福德（Lewis Mumford）1934年出版的《技术与文明》（*Technics and Civilization*）。这不仅是因为芒福德的文风极具魅力，著作颇丰，而且也是由于他有着丰富的历史想象力和哲学灵感。在《技术与文明》中，为了使人们更清楚地了解技术发展的各个阶段以及这种发展对文化所产生的深刻影响，芒福德对各种技术对象和技术实践作了区分。但这种描述性的方面从属于一种关于人性的哲学理论，该理论试图使技术在人的生活中占据合适的位置。

芒福德的理论是美国世俗唯心主义传统的一部分，从爱默生到古德曼（Paul Goodman），该传统一直绵延不绝。这是一种世俗的传统，因为它关心美国的环境生态——都市生活的和谐，荒野的保护，对有机实在的敏感等等。它是一种唯心主义的传统，因为它主张，物质世界并不是有机活动的基础，至少对人来说是如此。人的活动的基础是精神，是人创造性的自我实现。正如芒福德后来在《机器的神话》（*The Myth of Machine*，两卷，1967和1970）中所指出的，尽管人的确从事着世俗活动，但他本质上并没有被看成"手艺人"（*Homo faber*，工具制造者），而是被看成"智人"（*Homo sapiens*，精神创造者）。芒福德反对将人刻画成一种技术唯物主义者的形象，他认为，制造和使用工具意义上的狭义的技术在人类发展中并不是主要的力量。人的一切技术成就"与其说是为了增加食物供给或控制自然，不如说是利用自身丰富的生物资源……更加充分地满足其超机体的需求和渴望"。例如，用语言来阐述符号文化"对于推进人类发展的重要性要远远超过用手斧砍山"。在芒福德看来，"人首先是精神的创造者，是一种自我支配和自我筹划的动物。"（1967）

根据这种人类学观点，芒福德区分了两种技术：多元技术和单一技术。多元技术或生物技术是制造的原始形式。起初（即使不是历史上也是逻辑上），技术"大体是以生活为导向的，而不是以工作或力量为中心"（1967，第9页）。这种技术是与生活多方面的需要相协调的，它以一种平等的方式使人的各种潜能得以实现。而单一技术或极权主义技术则"以科学知识和定量生产为基础，主要以经济膨胀、物质满足和军事优势为导向——一言以蔽之，这种技术将会导向权力（1975，第155页）"。

尽管现代技术是非常典型的单一技术，但其极权主义形式却并非源于18世纪以机器为基础的工业革命。它的起源可以追溯到芒福德所谓的五千年前的"巨机器"(megamachine)。这是一种严格的社会组织，其典型例子是军队或某些有组织的劳动力，比如金字塔或长城的修筑者。巨机器往往会带来惊人的物质利益，但却是以限制人的行动和渴望为代价的，因此是非人性的。结果便会导致"机器的神话"，即认为巨技术(megatechnics)不仅不可抗拒，而且最终是有益的。这只是神话而非现实，因为巨机器不仅**能够**抗拒，而且最终也不会带来益处。从整体来看，芒福德的工作就是要去除巨技术的神话色彩，从根本上对思想进行重新定向，以改造单一技术的文明。

芒福德的著作有一个显著特征，那就是他对城市生活的正面研究为其负面批判做了补充。他那部备受赞誉的《历史上的城市》(*The City in History*，1961)便是这方面的扛鼎之作。芒福德显然没有草率地主张拒绝一切技术。他试图对两种技术作出合理区分，一种技术因其社会关系而与人性相一致，另一种则不然。不幸的是，尽管芒福德在文学上有相当大的影响，但在哲学上却并没有受到足够的重视。(唯一的例外是James Carey and John Quick(1970)这项重要但有限的研究。)他的理论不仅反映了一种被广泛接受的思想立场，同时也提出了一些尖锐的哲学问题，比如如何将技术批判建立在"人是一种自我创造的存在"这样一种形而上学的基础之上。

随着计算机的发明与发展，人们开始对这门技术进行更专门的哲学分析——不过它本质上仍然属于一般意义上的技术哲学。这里关注的主要不是社会历史问题，而是概念和分析上的问题，这是与英美哲学本身的主要特征相一致的。顺便说一句，这也为哲学与工程在一定程度上的结合提供了契机，这正是德国的莫泽尔所倡导的。

怀特海和罗素等人在20世纪初提出的逻辑的数学化，以及英美哲学中逻辑实证主义的影响，都为这种结合提供了基础。由于计算机工程利用了现代逻辑的进展，所以许多英美哲学家都很精通这门技术。特别是自20世纪40年代以来，对控制论中反馈控制的分析(特别参见Norbert Wiener，1948)、信息论、博弈论和决策论、运筹学、对人类行为的计算机模拟以及计算机技术的其他进展已经就人类智能与人工智能的关系提出了一些心灵哲学问题。1950年，英国逻辑学家图灵曾在一篇经典文章中提出，如果一台机器在特定条件下的输出结果无法与人的思想输出相区别，那么我们就不得不承认机器也能思维。在五六十年代，相关话题得到了广泛讨论，这可以从Feigenbaum and Feldman(1963)，Anderson(1964)，Crosson and Sayre(1967)，Crosson(1970)等文集中得到印证。

20世纪70年代初，冈德森(Keith Gunderson)和德雷福斯(Hubert Dreyfus)的工作是比较有代表性的。冈德森(1971)从历史和哲学两方面对人机关系作了分析。他认为，我们原则上不能否认机器可能显示出人类智能。德雷福斯(1972)则从现象学角度进行了论证，但结论正好相反。随后，计算机科学家魏岑鲍姆(Joseph Weizenbaum)主张对计算机的发展进行道德上的限制。斯洛曼(Aaron Sloman,1978)则认为，计算机是人类自我表现的一种工具。塞瑞(Kenneth Sayre,1976)借助信息论对生物现象给出了一种从物质到精神的一般解释。由于这类讨论已被纳入科学哲学或心灵哲学的范畴，所以这些进展并没有通向英美学者所说的"技术哲学"这一界定分明的领域。

对技术问题的神学兴趣也为美国技术哲学做出了贡献。20 世纪 60 年代，在美国的天主教大学召开了两次讨论会。第一次是"技术与基督教文化"会议(会议论文集为 R. P. Mohan,1960)，对欧洲的天主教观点进行了反思；第二次是"技术文化中的哲学"会议(会议论文集为 George F. McLean,1964)，讨论的主题更为广泛，从科学哲学中的技术到技术所产生的伦理问题都有涉及，深入程度也各有不同。1961 年，在鲁汶举行了一次国际研讨会，会议的论文同时反映了美国和欧洲的观点，论文集见于 Hugh White,1964。这是对该时期有关技术的神学评价的唯一介绍，也是最好的介绍。此外，哈特(Harold E. Hatt)的专著《控制论与人的形象》(*Cybernetics and the Image of Man*,1968)借鉴了布伦纳的工作，试图从新教立场评价人工智能的哲学性。

所有这些都是背景情况。英美对技术哲学开始进行自觉的探讨，这可以从两个重要事件说起。1962 年 3 月，加州圣巴巴拉的民主制度研究中心举办了关于技术秩序的大英百科全书会议。这次会议各用一天时间就四个主题进行了讨论：①技术的观念，考察当时的主要观点；②技术活动，关注技术活动的历史社会条件；③自然、科学与技术之间的关系；④技术与新兴国家。与会的学者包括埃吕尔，俄国历史学家兹瓦里基涅(Alexandr Zvorikine)，美国耶稣会学者克拉克(W. Norris Clarke)和沃尔特・翁(Walter Ong)，英国政治学家考尔德(Ritchie Calder)，《科学美国人》的出版人皮尔(Gerard Piel)，历史学家怀特(Lynn White, Jr.)，霍尔(A. Rupert Hall)和克兰兹伯格(Melvin Kranzberg)等人。

第二个重要事件是《技术与文化》杂志的 1966 年夏季号以"走向一种技术哲学"为题刊登了一系列论文。为这本专题论文集撰稿的有芒福德、阿伽西(Joseph Agassi)、邦格(Mario Bunge)、斯科里莫夫斯基(Henryk Skolimowski)等等，他们后来都成为第一流的英语技术哲学家。这是"技术哲学"第一次被用作英文书名(这一标题最初是由邦格在论文中提出的，他是一位阿根廷哲学家，比较熟悉西欧在技术方面的讨论)。《技术与文化》的编者在序言中概括说，"有的人从人的价值出发对技术提出质疑，有的人试图通过与其他相关领域的相同或不同对技术进行定义，有的人对技术作认识论分析，有的人研究技术发展的基本原理。"(第 301 页)

在此之后，这一领域的学术活动迅速繁荣起来。1969 年，《戴达鲁斯》(*Daedalus*)杂志以"人体试验的伦理问题"为题出版了一期专号。1971 年，《今日哲学》出版了第二本以"走向一种技术哲学"命名的专题论文集，其中收录了布林克曼和莫泽尔这两位重要的欧洲学者的著作译文，以及约纳斯(Hans Jonas)的一项重要的历史哲学研究。1973年，在伊利诺伊大学芝加哥分校召开了一次技术史与技术哲学国际专题研讨会(参见G. Bugliarello and D. Doner，1979)。1973年还出版了另一部重要的资料——米切姆(Carl Mitcham)和麦基(Robert Mackey)的《技术哲学参考书目》(*Bibliography of the Philosophy of Technology*)，这是他们选编的阅读材料《哲学与技术》(*Philosophy and Technology*，1972)的参考书。1975年，杜尔宾(Paul Durbin)在特拉华大学组织了一次会议，以推进技术哲学运动。其成果之一就是创办了《哲学与技术研究》(*Research in Philosophy & Technology*，第1卷，1978；第2卷，1979)这份年鉴，它拥有一个国际性的编委会。美国学派因此而显示出强大的国际推动力，并成为广受关注的活动中心。

在"技术哲学"这门学科兴起的同时，美国也对生物伦理学或与生物医学技术有关的道德问题产生了强烈的兴趣。该领域的著名人物约纳斯认为，从根本上说，生物伦理学是一般技术伦理学的组成部分。自《理论的实际应用》(1959)一文发表以来，约纳斯已经成为寻求全面认识技术的最积极的英语哲学家之一。

从某种意义上说，生物伦理学正在逐渐演变成另一个没有明确定义的领域，那就是纷繁复杂的环境问题。污染、生态、能源、科学家的社会责任、技术评价、替代(alternative)技术，所有这些问题都与技术哲学有关。事实上，它们很可能成为首要的关注焦点。

4. 苏联—东欧学派

这是所考察的三个学派中最具内在一致性的学派，而且也是唯一称得上持有一种学说的学派。这种学说以马克思(1818—1883)的思想为依据，认为生产过程不仅是首要的人类活动，而且也是社会和历史的基础。当前的讨论主要围绕着"科技革命"概念或科学与技术的统一而展开，西方有时所说的第二次工业革命便是由此引发的。

马克思对生产过程的分析是以对人的现代理解为基础的。实际上，这种分析以一种最为直接的形式表达了这种理解。在马克思看来，人的生活本质上是"感性的活动，即实践"(《关于费尔巴哈的提纲》，第1节)。这种活动"使特殊的自然物质适合于特殊的人类需要"(《资本论》，1867[1967，第42页])。事实上，"过于富饶的自然，'使人离不开自然之手，就像小孩子离不开引带一样'"(第513页)。马克思起初是要用这种论证对黑格尔作出修正，试图为黑格尔的精神辩证法提供现实世界的基础。黑格尔虽然"把劳动看作人的本质"，但是"黑格尔唯一知道并承认的劳动是抽象的精神的劳动"(《对黑格尔的辩证法和整个哲学的批判》)。用现实劳动取代抽象劳动是马克思在早期的《1844年经济学哲学手稿》和1857—1858年的《政治经济学批判大纲》手稿中提出的理论。然而，马克思的成熟思想却是以一种对政治经济学的全面批判的形式出现的，他对资本主义制度下的最先进的生产过程进行了详细考察。

马克思的《资本论》以“政治经济学批判”为副标题，他特别注意将康德和后来德国哲学的批判传统与政治学和经济学的实践领域结合起来。政治经济学是 18、19 世纪流行于英国的一种政治理论，当时对与工业革命有关的技术的重新评价影响了这种理论。古典政治思想所关注的是，如何在合理的范围内将财富最小化，并对其有害影响作出限制。政治经济学考察的则是财富的实质和起因，着眼于提出旨在最大限度地增加社会产品的政策。马克思的政治经济学批判声称要揭示这种当代政治理论的基本前提，并且纠正它的错误。

马克思认为，政治经济学所依据的是两种错误的观念。尽管它也承认制造高于行动，但它没有认识到制造总是社会性的，它把商品或产品看成是独立于制造过程的。生产的基本要素是劳动、劳动资料和劳动工具，而劳动资料——除了像矿业这样的采掘工业——又总是先前某生产过程的产品，对劳动工具来说也是如此。而且在流动的生产过程中，两者都只不过是手段。因此，关键“不在于所制造的商品，而在于如何制造它们以及用什么工具来制造”(《资本论》，第 180 页)。物资与工具总是与生产过程有关，这种过程本身是首要的。由于政治经济学不加批判地接受了生产的个人性以及商品的首要性，所以它不能真正对财富生产进行探讨。相反，它只是从一个特殊的阶级——资产阶级的观点出发对生产进行分析。而资产阶级是利己主义者和财富的拥有者。政治经济学已被束缚在有限的阶级利益上。

马克思要把政治经济学从资产阶级的利益中解放出来，就必须重新对生产过程进行分析。他考察了“劳动工具是如何由工具转变为机器的”(第 371 页)，以及机器本身如何被组织成一个有机系统——在这个系统中，“劳动对象要经受一连串细致的加工”(第 379 页)。后一转变的基础便是“新的技术科学”(第 486 页)，它把生产过程分解成各具功能的组成部分。马克思精辟地论述了这种“新的技术”对传统技艺和手工业生产的冲击，揭示了它如何将自动工厂的幽灵萦绕在工人心头。在这种工厂中，劳动者的作用不仅没有区别，而且可以替换。

但马克思又认为，技术也体现了“劳动者对各种工作的适应能力，从而使之最大程度地发挥各种才能”。如果所有工作都是平等的，那么工人就可以做他想做的任何事情。问题是，在个人拥有生产资料的资本主义经济条件下，工人在生产过程中是工资的奴隶。在共产主义社会中，生产资料不再归个人所有，工人可以自由地“掌握他们喜爱的任何行业的技艺”，可以“随自己的兴趣今天干这事，明天干那事”(《德意志意识形态》，第 1 卷，第 1 章，A)。如果充分运用现代技术并使之不断完善，把它从资本主义生产方式中解放出来，那么现代技术就有可能使人获得真正的自由，并使人以史无前例的规模从事传统工艺活动。

科技革命的思想丰富和发展了马克思关于通过现代科学技术来改变生产过程的观点。“科技革命”一词最初是由西方马克思主义者贝尔纳(J. D. Bernal)和佩洛(Victor Perlo)在 20 世纪 50 年代初提出来的。50 年代后期，社会主义国家的马克思主义者开始对其进行探讨。共产党的理论家起初对这个概念持批判态度(因为他们批判控制论,而控制论与这一概念有密切关系),他们认为,由于科技革命的概念源于“资产阶级哲学”,所以是背离纯粹的马克思列宁主义的。尽管有一些社会理论家认为这是一个重要概念,因为它指出了生产过程性质的重要变化,但直到60年代初,俄共的官方立场才发生了转变,科技革命的概念也随之被社会科学和政治界广泛接受。库珀(Jalian Cooper,1977)曾对苏维埃社会主义共和国的科技革命概念进行研究,正如他在一项最出色的研究中所指出的,科学技术在社会的革命性转型中起主导作用这一思想,自1917年以来就已经成为马列主义思想的核心主题。认为科技革命在社会主义建设以及向共产主义过渡的过程中起决定性的作用,这种理论不过是其最新的表现形式。

对科技革命概念的捍卫与发展最初源于东欧对西欧技术哲学的批判。在20世纪50年代末60年代初,东德的哲学家把德绍尔的思想说成是为反动的帝国主义势力服务的资产阶级意识形态。西欧的技术哲学从总体上被拒斥,因为它过于强调概念,而没有认识到技术是一种受社会和经济条件影响的生产力。它被斥之为一种悲观主义,因为它只注意到了技术进步的消极方面。最后,它还因设想技术发展将使得资本主义与社会主义逐渐趋同而受到谴责。赫尔曼·莱(Hermann Ley)在《技术魔鬼》(*Dämon Technik*,1961)一书中把西欧的思想说成是“巫婆对技术的新试验”,并称“第二次工业革命”的思想是鸦片剂。

1965年,在东柏林召开了一次“马列主义哲学与技术革命”研讨会,目的是提出一种更具建设性的马克思主义立场。会议邀请了一些东欧哲学家,集中讨论了与技术革命思想有关的六个问题:技术革命的本质和历史,科学的作用,社会主义的人的形象,技术革命中的规划,现代科学的方法论问题,工业科学的哲学问题。同年,赫利丘斯(Erwin Herlitzius)的“技术与哲学”文献目录出版。这两件事使德意志民主共和国重新兴起了对技术的哲学讨论。

两年后,捷克社会哲学家里奇塔(Radovan Richta)选编了《面临抉择的文明》(*Civilization at the Crossroads*,1967)一书。在这部著作中,六十名社会学家、经济学家、心理学家、历史学家、工程师、科学家、政治学家和哲学家通力合作,着重讨论了科技革命的实质。与以机器动力和工厂组织为基础的工业革命不同,科技革命以自动化原理和控制论的运用为基础,两种革命具有不同的内部结构和社会后果。首先,科学与技术具有相对的独立性;其次,技术逐渐变成了一种科学的事业,科学则被认为具有直接的技术含意。工业革命增加了对手工劳动的需求,科技革命则使之减少。科技革命所要求的是受过良好教育的工人,使得人的发展及其创造能力成为提高生产的最有效方式。虽然里奇塔及其合作者也认识到了技术发展所带来的不良后果,但他们并没有因此而批判技术,而是提倡对技术进行改良。他们谴责的是在不能使人自我实现的社会条件下所追求的那种片面的技术进步。这种立场含有对资本主义社会体制的明确批判以及对斯大林主义集中制的含蓄否定。(《面临抉择的文明》中的分析与纲领对 1968 年“布拉格之春”期间杜布切克政府的改革方案有重大影响。)

从 1950 年到 1965 年间,苏联对于技术的讨论主要关注的是与自动化和控制论有关的问题。控制论中的关键概念是信息。维纳认为信息是某种独特的东西,它既不是物质也不是能量,这使得某些马克思主义者起初怀疑控制论是一种新型的唯心主义。直到 1955 年,这种误解才得到了澄清,这要归功于《哲学问题》(*Voprosy filosofii*)杂志上刊登的两篇重要文章:一篇是索伯列夫(S. L. Sobolev)、基托夫(A. I. Kitov)和李雅普诺夫(A. A. Liapunov)撰写的“控制论的基本特征”,另一篇是科尔曼(Ernst Kol'man)的“什么是控制论”。随之引发的对控制论及其技术转化的兴趣推动了苏联更好地理解科技革命。

大量著作的出版也反映了苏联对科技革命的分析正在不断走向深入。库钦(A. A. Kuzin)和舒克哈丁(S. V. Shukhardin)在 1967 年写了一本非常有影响的书。该书的雏形是在 1964 年的一次会议上发表的一篇论文。这次会议是由一个科技革命的研究小组组织召开的。1962 年,在舒克哈丁的指导下,该小组在莫斯科的自然科学技术史研究所成立。库钦和舒克哈丁区分了工具和机器的技术革命以及社会组织的生产革命。如果没有相应的社会革命,技术革命本身并不能导致生产革命。例如在 18 世纪的英国,新的纺织机器引发了一场技术革命,而它又与社会阶级结构的变革一起导致了纺织生产的革命。因此可以说,狭义的科技革命就是生产工具方面的技术革命;而广义的科技革命则是在生产过程的组织上发生的基本变革。一旦社会革命发生,就有可能充分利用新的手段。

关于对科技革命的共产主义思考,有一部经久不衰的著作可供参考:《人·科学·技术:关于科技革命的马克思主义分析》(*Man, Science, Technology: A Marxist Analysis of the Scientific and Technological Revolution*, 1973),这本书是苏联科学院和捷克斯洛伐克科学院的合作成果,涉及多个学科。在许多方面,它效法了捷克人早先在《面临抉择的文明》一书中所作的分析(里奇塔是《人·科学·技术》的匿名投稿者)。

《人·科学·技术》从对科学技术的分析、科学与技术的内在关系以及它们对生产的影响入手,试图阐明“革命”一词在科学技术中的含义。根据定义,革命含有“在社会的渐进发展过程中,社会结构发生根本质变”的意义(第 19 页)。在这种意义上,科学革命或是源于“发现了全新的现象或定律”,或是源于“利用了新的方法或技术手段”(第 20 页)。“通过使用各种不同的技术原理,用新的技术手段代替旧的技术手段,这就意味着革命”(第 21 页)。现在的情况是,这两种革命已经融合:技术对科学来说是一种新的认知方法,科学则为技术提供新的技术手段。狭义上的科技革命(即把它应用于与社会经济条件无关的科学技术上)就是,“科学与技术的革命性变革融合成一个统一的过程,科学成为技术和生产的最重要的因素,并为其进一步发展铺平道路”(第 24 页)。总而言之,科技革命就是当前作为生产力的科学技术的统一。它"在人与自然之间放置的不是工具或机器,而是自我控制和自我调节的生产过程"(第 369 页)。

这些概念分析并没有停留在抽象的水平上,而是通过考察物理学、化学、电子学、工程学、控制论、空间技术以及生物学的具体发展对分析进行完善。书中还讨论了科技革命所带来的社会经济后果,由此引出了更一般的科技革命概念,包括劳动力、企业组织以及社会秩序方面的变革。此外还有一些哲学讨论,涉及科技革命对文化、宗教、科学思想以及未来的世界发展所产生的影响。

贯穿于《人・科学・技术》全书的观点是:

> 只有在社会主义制度下,科技革命对社会和人所产生的一切影响,才可能有机会为人自身的利益而不断发展;而在资本主义制度下,它们则呈现出丑恶的形态,因为它们倾向于极端片面地发展,而这刚好导致它走向自己的反面,导致了有损于人与社会的行动。(第 369 页)

根据对科学技术革命所作的分析,技术是一种生产过程,因此它会按照统治阶级的利益进行生产并为之服务。然而,技术天然倾向于产生与无产阶级的利益、期望相一致的社会经济结果,因此,科技革命必然有利于社会主义建设,有利于实现从社会主义向共产主义的最终过渡。

不过,《人・科学・技术》一书中所阐述的学说,并不是苏联学者对技术所作的全部分析。第一次世界大战之后,在全俄工程师联合会主办的杂志《工程学报》(*Vestnik inzhenerov*)上,特别是在俄国工程师恩格尔麦尔(P. K. Engelmeier)的著作中,对技术哲学的讨论与同时期德国从工程角度进行的分析有许多共通之处。就像 1917 年革命之前的许多知识分子一样,恩格尔麦尔深入了解了西欧的思想。19 世纪 90 年代,他在德国的期刊上发表了两篇文章,强调要从哲学上探讨和发展对于世界的工程态度。1911 年,他把该主题的论文提交给了在意大利热那亚召开的第四届世界哲学大会。

1917 年,随着全俄工程师联合会的创立,恩格尔麦尔成了一名有影响的会员。他给《工程学报》投的第一篇论文发表于 1922 年。1927 年,他当选为"一般技术问题研究会"主席,该学会"旨在创立一种完全适应当前技术文化的全新的世界观"。1929 年,《工程学报》发表了恩格尔麦尔的文章"技术哲学是必需的吗?",他在文章中概括出了一个完备的技术哲学纲领。他主张,这个纲领要对"'技术'概念、现代技术原理、作为生物学现象的技术、作为人类学现象的技术、技术在文化史中的作用、技术与经济、技术与艺术、技术与伦理以及其他社会因素"进行考察。

恩格尔麦尔持有一种技治主义世界观,它并没有公开承认马克思主义哲学,因而是对共产党意识形态的潜在挑战。事实上,《工程学报》还在同一期上刊出了一篇由马尔可夫(Vladimir Markov,一位斯大林主义学者,他不久之后还抨击了布哈林的修正主义倾向)撰写的针对此影响的谴责文章。拜尔斯(Kendall Bailes,1974)在考察工程师与政治家在这一时期的争论时指出,恩格尔麦尔的技术哲学已经卷入了“红”与“专”的冲突之中。这一冲突在“1930年工业党事件”中达到高潮，在这一事件中，大批俄国技术知识分子因反革命倾向而遭到审讯并被处死。恩格尔麦尔本人似乎也没有逃脱此厄运。

另一种对技术的哲学分析源于波兰分析哲学家科塔宾斯基（Tadeusz Kotarbinski）的“实践学”（praxiology），这种分析在苏联—东欧学派中比较突出，而且没有遭到恩格尔麦尔那样的厄运。实践学的定义是“关于有效行动的一般理论”，它显然同样适用于工程的各个方面。同时，它还扩大和发展了马克思最先提出的一些观点。通过把技术分解为一系列有效的行动，塔宾斯基阐明了技术为什么天然地从属于社会组织。

5. 张力与局限性

由这种历史考察可以明显地看出，技术哲学有两种不同的含义。如果在主观的意义将“技术”理解为主体或动因，那么技术哲学就是指由技术专家或工程师所详细阐述的一种技术上的哲学。如果在客观的意义上将“技术”理解为对象，那么技术哲学就是指哲学家们以技术为主题进行的系统性反思。

每一种研究方法都有其固有的困难。技术哲学的基本问题是还原论。工程师们（如德绍尔或恩格尔麦尔）都倾向于用技术术语来考察一切事物，却没能认识到现实事物其他方面的非技术特征。要对技术进行哲学反思，并使人对技术现象产生自觉，其要害在于解释或“解释学”的问题。哲学必须力求忠实于所探讨的对象，在思考它的时候，对其内在意义的解释既不能不足也不能过分。许多工程师声称，哲学家对技术的哲学分析并没有充分意识到技术对于技术专家本人意味着什么，而且在提出自己解释的时候，哲学家的结论已经超出了技术本身所能保证的范围。

以上对技术哲学中各学派的历史考察是有局限性的。它并未涉及日本哲学家近来对这一领域所做的贡献，也没有讨论阿根廷、委内瑞拉、巴西、印度等技术上的发展中国家对于技术的性质和意义所作的思考。在这个新兴的领域中甚至还有非洲的贡献，尤其是在所谓的替代技术（alternative technology）方面。

西欧、美国和东欧都固守着自己的哲学传统，它们都没有清楚地看到技术哲学的国际性特征。由后来世界哲学大会上的技术哲学探讨可以很容易看出这种局限性。1911年，恩格尔麦尔在第四届世界哲学大会上提交了第一篇这方面的论文。从那以后，关于这一主题的文章开始不断涌现。1968年，在维也纳召开了一次学术研讨会，整个讨论都围绕着“控制论与技术科学哲学”这一主题。1973年，主要是由于苏联和东欧国家的推动，在保加利亚的瓦尔纳召开了主题为“科学、技术与人”的第十五届世界哲学大会。而在杜塞尔多夫召开的第十六届世界哲学大会上（1978），技术哲学已经被国际公认为一门重要的新兴哲学学科。

二、技术哲学中的问题

技术哲学问题分为两类。一类是理论问题，涉及技术的性质、技术与科学的关系、技术活动的结构、机器的本质、机器与人的区别等等,所有这些都可以称为“认识论”或“形而上学”问题。另一类更侧重于实践,涉及对工业的异化、核武器、污染与职业工程实践等问题的伦理分析。

这两类问题不必硬性分开。实践问题产生理论,理论反映并且促进实践。哲学需要不懈地将理论与实践相结合。在技术哲学中(其首要的问题是,这种结合究竟是理论性的还是实践性的),这种需要表现为一种独特的批判形式。一方面,面对着由现代技术所引发的日益尖锐的实践问题,哲学如何才能保持自己的理论面貌?这是应当的吗?另一方面,在技术理论尚付阙如的情况下,或至少是在没有一个关于技术如何引出问题的理论的情况下,如何才能恰当地处理实践问题?

1. 形而上学问题

形而上学以概念澄清和逻辑分析为起点。技术哲学中的基本概念问题集中于“技术”一词,它有两种基本含义。技术可以**指称**众多事物,从工具、装配线和消费品,到工程科学、官僚体制和人的渴望,都是技术的谈论对象。技术还可以以各种方式**暗示**属于这种种事物的性质或关系。指称不同,得出的结论也不同。有些人可能认为技术首先是一种知识,强调它是中性的;而另一些人则把技术看作是统治意志,坚持它是非中性的。在这里,分歧更多是出于概念的定义,而不是事实或论证。然而,对定义进行约定只是回避了问题。于是,技术的形而上学研究特别注重提出一个恰当的定义,这种定义既承认各种指称(“外延”),又认同其核心意涵(或“内涵”),以说明它们在文字或行为上的联系。“技术”的这种定义外延很广,可以分为四种不同的基本类型:①技术作为客体;②技术作为过程;③技术作为知识;④技术作为意志(参见 Mitcham,1978)。虽然这种分类无法说明在各种有关用法中出现的一些特定含义,不过还是可以为考察形而上学问题提供一个方便的框架。

(1) **技术作为客体**。常识的观点是把技术等同于特殊的人造物,比如工具、机器、电子设备、消费品等等。哲学上的讨论是将技术客体分成若干类,并最终提出一种关于人造物的本体论。

从古代开始,人们就已经开始对技术客体进行分类,他们希望把自然物与人造物区别开来,并试图阐明简单机械的原理。亚里士多德认为,自然物是形式与质料的这样一种结合,其自身之中就包含着运动(变化)与静止(阻碍变化或终止变化)的原理。而对于人造物,形式与质料的关系则更为表面。亚里士多德说,“如果床能生枝长叶的话,长出来的不会是床而会是木头。”(《物理学》,第 2 卷,第 1 节)古代也产生了力学科学,形式上表现为对五种简单“机器”——杠杆、楔、轮和轮轴、滑轮、螺旋——的原理的分析,主要著作是亚里士多德的《力学问题》和阿基米德的《论平衡或杠杆》。

到了中世纪,机器概念从精巧的手动工具扩展到人力器械。由于这些东西要求很大的动力,所以需要同时有几个人进行操作。使用马拉犁和风车后,人力被畜力或自然力所取代,机器的概念又发生了一次转变。

现代的机器概念又有所不同,它是一种不依靠人力驱使的器械,而不是此前仍然受人力控制的工具。勒洛(Franz Reuleaux,1875)和拉菲特(Jacques Lafitte,1932)在这种现代意义上尝试对机器进行分类。勒洛仿照亚里士多德的做法,首先将机器与力学运动的自然体系区分开。他认为太阳系的圆周运动与曲柄的运动不同,在"宇宙体系"中,运动由于要反抗外力而具有确定的形式,而曲柄的运动则是由机器部件中蕴藏的内力所驱使的。这样看来,机器便是一种"封闭的运动链条"或"阻抗物体的结合,旨在以某种确定的运动驱使自然界的机械力做功"(1875,第502-503页)。因此,在对机器的工程分析中,机器应当根据它所包含的确定运动加以区分。拉菲特认为,勒洛仅仅正确地认识到了他所谓的"主动机器"的特征。还有对运动进行约束、对力进行传递的"被动机器",比如柱子、墙壁以及大多数建筑结构。还有"反身的"或自我调节的机器,自拉菲特时代起,称为全自动控制机。

拉菲特的"被动机器"不仅包括建筑结构,还包括芒福德(1934)所说的器具、容器和公用设备。芒福德对前现代技术的理解,是以将器具(篮子、桌子和椅子)、容器(染料桶、砖窑)和公用设备(水库、水管和道路)看作不同的技术客体为基础的,它们是机器时代到来之前技术的主要表现形式。在后来的著作中,芒福德(1952)把艺术客体看成人造符号,认为它们是"使他人的基本生命体验成为永恒、回忆或共享的特殊方式"。再后来,芒福德(1967)又提出,一些大型的社会组织,比如军队或修筑金字塔的埃及劳工,构成了他所谓的"巨机器"这一技术客体。

各种技术客体的这些概念差异,需要有某种本体论来说明其各自具有的实在性。我们已经说过,卡普(1877)基于人类学的分析提出了这样一种理论。他把人体解剖和技术发明作了广泛比较,得出结论说,武器和工具本质上都是通过他所谓的"系统限定"(也就是对某种特定材料或过程进行隔离或完善)的方法对人类身体的投影。例如,衣服和房屋是皮肤和毛发的延伸,弓弩是手臂的延伸。这种把技术客体理解成人体之延伸的观点,是最广为接受的关于人造物的本体论地位的理论。马克思甚至在解释机器时就已经先于卡普提出了这种见解。前已提及,芒福德将艺术客体看作是一种特殊的延伸,即内心体验的符号延伸。麦克卢汉(Marshall McLuhan,1964)提出,就像机械技术延伸了人的身体,电子媒介也延伸了人的神经系统。关于用计算机模拟认知过程,即计算机能否思考的争论,就是为了确定人工智能在何种程度上是人脑的延伸。

(2) **技术作为过程**。技术的根本与其说是被制造和使用的客体,不如说是制造和使用的过程。把过程或活动当成技术的基本范畴,这是工程师和社会科学家这两个不同职业群体的共同特征。虽然都注重过程,但工程师强调制造,社会科学家则强调使用。在工程师看来,技术的根本在于发明和设计,即原创意义上的制造,而社会科学家则认为生产和利用,即技术的社会应用才是最重要的。无论是哪种情形,只要把技术看作过程,就会将关于人类活动的本质及其制度化的理论引入技术哲学。

从传统上讲,人类活动通常分为制造和使用两类。直到18世纪,制造和使用还被统称为“技艺”。而根据这种活动主要是使用体力还是脑力,技艺又可分为奴性的和自由的。这不同于技艺的有益实用和赏心悦目之别,后者是根据功利目的与审美目的的不同而划分的。亚里士多德还提出了另一种可能的区分,他把技艺分为“培育”(cultivation)的和“构造”(construction)的。培育性技艺是制造或使用,它有助于自然更快更好地出产它凭借自身就能出产的东西,比如医疗、教学和耕作;构造性技艺则迫使自然出产它自己所不能出产的东西,比如建筑。

在这种区分中,培育性技艺与设计无关,而在构造性技艺中,设计却处于核心地位。今天,工程师们一般将工程定义为关于设计和开发人造物的系统知识。现代工程课程总会包含一些数学和纯粹科学,即所谓的“工程科学”(材料力学、热力学等等),它们反映了社会经济的需要。然而,规范和统合其他因素的是以效益为准绳的技术设计,而不是以美为准绳的审美设计。工程设计介乎科学知识和社会需求之间。(还应注意,设计有别于产品的实际制造,即使工程师们有时称它为狭义上的技术。)

此外,还需要将发明与设计加以区别。发明通常与发现相对。发明可以算是亚里士多德构造性技艺的创造内核,而发现则是培育性技艺的创造内核。我们说,某种疾病的治疗方法被发现,一种新的人造物或生产过程被发明。而在工程中的创造内核中,发明包括概念上的领悟和操作上的检验。飞机的发明者并不是描述了应当如何制造飞机的航空动力学之父凯勒(George Cayle)爵士,而是莱特兄弟,他们设计和制造了飞机,并于1903年在基蒂霍克(Kitty Hawk)成功试飞。由概念领悟过渡到操作检验,既可以是无意识的直觉过程,也可以是理性的系统过程。后者即怀特海所说的“19世纪最伟大的发明,……一种发明方法的发明”。19世纪70年代,爱迪生在新泽西的门罗公园(Menlo Park)创建的“发明工厂”,通常被认为是原型。

设计作为一种人类活动,曾是工程师、心理学家、商业管理理论家、人工智能研究者、历史学家和哲学家的研究对象。这些研究或倾向于强调设计过程的系统性,或强调直觉和想象。拉普选编的集子(1974)中收录的西蒙(Herbert Simon,1969)等作者的文章试图提出一种工程设计的方法论。雷顿(Edwin Layton,1974)和弗格森(Eugene Ferguson,1977)指出了工程设计是如何包含想象过程和前概念过程的。雷顿认为,“工程师显示了一种有弹性的、几何学的、在某种程度上非语言化的思维模式,它较少出现于哲学家身上,而多见于艺术家身上。”(第36页)无论是哪种情形,设计都不同于严格意义上的概念思维,因为它是一种微型构造。问题在于,这种微型构造在何种程度上是通过概念模型或更加直观的表现形式产生的?

把技术看作过程的社会科学研究方法强调的不是设计的微型构造,而是生产过程的宏观结构以及社会利用产品的相应机制。马克思和弗里德曼的著作是很好的例子,而埃吕尔的《技术社会》(*The Technological Society*,1954[1964])则是内容最全面的当代著作。

埃吕尔首先明确否认将技术等同于机器等技术客体。与现代技术等同的是“技法”(technique),它被定义为一种活动,其基本特征是对效益的理性追求。埃吕尔的定义植根于韦伯的一项发现(《经济与社会》,1922),即任何可以设想的人类活动都存在技法,无论是祈祷、思维,还是教育、政治、艺术创作和舞台表演。在这种意义上,工程设计只是众多技法中的一种。

社会科学家需要对拉斯韦尔(Harold Lasswell)所提出的“技术化”(technicalization or technicization)概念作出解释。由于“受到法令的约束”,传统技法“包含在社会秩序或各种制度习俗之中”。例如在传统社会中,动物只有按照仪式规定的方式进行宰杀方可食用。在现代社会中,技法已不再“需要服从法令”,它充其量只要服从整体效益的算计,比如在当代的技术评价方案中。于是,技术化就从“牵涉各种习俗”过渡到“纯粹的唯利是图”(参见 Harold Lasswell,*Power and Society*,1950,第 50~51 页)。

埃吕尔对这种初步的议论作了透彻分析。他的分析以技法(techniques)与技术(technology)的区分,或者他所谓的“技术操作”(technical operations)和“技术现象”(technical phenomenon)的区分为基础。技术操作指的是“为达到某一特定目的,根据某种方法进行的”任何人类活动(*Technological Society*,p.19)。它至少部分地对应于心理学家所说的习惯、行动策略、行为图示或行为单元。为了强调技术操作与实践和制造过程之间的联系,它有时也被称为技能(skills)。一般来说,技能是实践经验不自觉的发展结果,但它很容易被有意识地控制。只要这种情况发生,技术(technology)即“技术现象”也就随之诞生了。技术把“先前没有把握的、不自觉的、自发的东西带入了清晰的、理性的、概念合理的王国”(p.20)。

技术现象虽与传统的实践和制造技法有别,但却不是现代所独有的。埃吕尔认为,我们可以在前现代文明的有限形式中找到它——他提到了古罗马的法律体系和经院的辩论方法。在现代之前,技术现象局限于特定的事物,且受地域限制。“世界上的最好方法”概念还没有被提出,“它只涉及在既定区域里的‘最好方法’”(p.70)。由于这种局限,人的自由得到了保全。各种不同类型的社会得以共存,个人也可以拒绝接受技术现象而继续生活。而在现代形式下,技术现象的特点是数量上的激增以及随之而产生的一套“外在关系”。

在埃吕尔看来,关键不在于现代技术的内在结构,而在于“技术现象与社会之间关系的特征”。这种新的关系赋予了现代技术七个重要特征:①理性;②人工性;③自动化;④自我增长性;⑤一元性;⑥普遍性;⑦自主性。(埃吕尔显然并不认为这几个特征已经是全部;参见 1963,1975 和 1977)。埃吕尔的主要主张都包含着对这七种特征的考察,特别是当它们表现于经济活动、社会组织和他所谓的“人文技法”(如医学技法和教育技法)等传统的培育性技艺中时。埃吕尔的结论可以重新表述为，通过扩大效益概念，适合于构造性技艺的技法已被拓展到培育性技艺。在技术社会中，对实践和制造的计划设计方式完全一样。

埃吕尔的著作受到了广泛赞誉，也遭到了严厉批评（通常是因为他对现代技术自主性的理解），但尚未有人作过严肃的哲学分析。米切姆和麦基（Mitcham and Mackey，1971）曾经尝试找出它的某些基本概念。他们认为，埃吕尔对技法与技术的区分并不是完全一致的，他对古代“技术现象”与现代“技术现象”的区分需要假定外部关系优先于内部关系；而且，现代技术不只是过程而是以某种方式面对世界的整体态度，埃吕尔没有意识到这种面对世界的方式。梅宁哲（David Menninger，1975）认为，埃吕尔明显的悲观主义是辩证方法所致，后者需要的是自由和行动。拉夫金（David Lovekin，1977）提出，埃吕尔并没有把技术看作一种过程，而是看成一种意识。埃吕尔的社会学描述只是要说明这种意识的运作过程。技术现象是“技术逻辑”的一种延伸。

最近，埃吕尔发表了《技术系统》（*Le Système technicien*，1977）一书，它是经过全面修订的《技术社会》的第一部分内容。《技术社会》从若干实际观察开始，以对系统的描述结尾。《技术系统》则首先讨论系统的概念，试图发现由此还能揭示出哪些东西，因而更加注重概念问题。它还补充了大量最新事实（在50年代初还没有那么多计算机），并对后来学者（如哈贝马斯、伊利希[Illich]、里奇塔）的讨论作了扩充。中心议题仍然是效益理念，因为它已经通过无所不包的技术系统在社会用语中得到了体现。

把技术当作过程进行分析的工程学和社会科学都倾向于强调，效益理念具有核心的重要性。现代工程设计是为了追求效益而采用的微型构造。古罗马工程师采用试错法来设计水道，结果屡次失败不说，还导致了大规模的超额建造。现代设计方法允许工程师先在图纸上建造，然后用数学或图示方法进行充分检验，接着再建造尺寸越来越大的模型。这一切都是为了在某个项目或过程中合理使用材料和能源，既不过多也不过少。事实上，设计过程本身的价值必须通过它在项目中所产生的效益进行评估。埃吕尔认为，所有的使用，只要融入“技术现象”，就会有意识地追求效益。企业管理、运筹学以及晚近的政治科学分析都是这种使用与实践的技术化的例子。

人们力图从各种不同的角度对效益理念作概念上的澄清。早在1930年，巴文克（Bernard Bavink）就曾提出，技术本质上在于追求“合目的性”这一技术理念，这种理想意义上的功能相合不同于效益与经济效益。土木工程师在设计桥梁时，并不会顾及尽可能地节省开支，而是要保证混凝土和钢材不被浪费。如果劳动力价格比混凝土还高，则不妨造型简单点而多用些混凝土。斯科里莫夫斯基（1966）根据科塔宾斯基关于有效行动的一般理论，试图更完整地说明各种工程学分支中的效益形式。与效益含义有关的问题还可见于实用主义者和工具主义者对真理的讨论。

把技术化当作综合效益来对待有时也会提出这样的问题，即有效行动与整个人类活动的关系是什么。随着技术主义（technicism）与技治主义（technocracy）之争超出了关于特定的社会学描述是否恰当的争论，人们提出了一个非常有意味的哲学问题，即技术到底使人变得人性化还是非人性化。批评技术效益导致非人性化的根据是，效益掩盖了人性和人类活动中更重要的一面。用康德的术语来说，浪漫主义者会认为，技术现象的问题是，它只是现象或显现，它不是实在。实在、康德的“本体”、或自在之物，处于效益王国之外。事实上，效益的增值掩盖了它的本质。比效益更实在、更富有人性的是自由，它既不存在于人的思维中，也不存在于人的制造中，而只存在于人的（道德）实践中。在这个世界上，人的所有活动都打上了有效制造的烙印，人类正面临着丧失自由的危险。

认为技术人性化的相反观点，一般强调技术能够带来物质上的好处和设计活动的创造性经验。最近弗洛曼（Samuel Florman）在《工程的存在主义乐趣》（*The Existential Pleasures of Engineering*，1974）中对此观点作了有力表述。弗洛曼认为，效益（efficiency）和技巧（artifice）本身就容易引起感情共鸣和审美鉴赏。将设计过程应用于人类活动的一般筹划，以及不可避免地用技术术语来提出问题，是不应当被拒斥的。它是使人满足和使世界人性化的一种手段。“分析、理性、唯物主义以及实践的创造性并不排斥感情的满足，它们是实现这种满足的途径。它们并不‘削弱’经验，……而是扩展了它。”弗洛曼指出，浪漫派把技术斥之为非人性，是出于对效益的愚蠢的恐惧。人类学家勒鲁瓦-古朗（André Leroi-Gourhan，1943，1945）和哲学家菲波尔曼（James K. Feibleman，1977）也提出了两种相关的看法。

（3）**技术作为知识**。第三种观点是把技术看成一种知识。这是迄今为止受到“固执的”哲学家最严格审查的观点。邦格（1967）和卡彭特（Stanley Carpenter，1974）提出以下几种技术是知识：

第一，在制造或使用人造物的过程中存在着无意识的**感觉运动技能**（sensorimotor skill）。由于感觉运动知觉是无意识的，所以从严格意义上讲它并不是知识。而且，它只有通过直觉训练才能传授，就像师徒之间通过实践、示范进行传授一样。在有关讨论中，哈里森（Andrew Harrison，1978）认为，“关注”（attention）这一特殊的智力活动，在运用制造技能的过程中发挥了重要作用。

第二，技术谚语（卡彭特）或前科学工作的经验方法（**rules of thumb**）（邦格）清楚地说明了制造或使用是如何取得成功的。关于食品、衣服、模型飞机等等的大多数制作指南通篇讲的都是这样的规则。在这里，“规则”一词的使用非常重要。技术规则与科学定律不同。科学意义上的定律是对实在的描述，而规则却是对行动的描述。这种差别应切记在心，因为即使用“定律”一词来描述某种技术知识，也往往会与规则有某些关系。

第三，描述性定律（**descriptive laws**）（卡彭特）或“实用定律陈述”（nomopragmatic statements）（邦格）采用“若A则B”的形式，依据的是具体经验。

用卡彭特的话说，描述性定律“与科学定律一样，能够清楚地进行描述，却不能明确地规定行动，不过它们还不是科学定律，因为能够对定律作出解释的理论框架尚不清楚”(第165页)。描述性定律是以经验为基础的普遍化的经验定律，由它们我们可以推知具有“要得到B，先做A”形式的技术规则。关于建造挡土墙的库仑(Coulomb)的经验定律就是一例，它不以工程地质学和物理学为基础，而是基于对某些条件下尺寸与形状的观察。还有许多关于使用的描述性定律，如泰勒(Frederick W. Taylor)在沃特敦军械库基于对时间和运动的研究得出的定律。

第四，技术**理论**，它们或是将描述性定律系统化，或是提供一个概念框架对其进行解释。邦格认为，技术理论有实质性的和操作性的两种。“实质性的技术理论本质上是科学理论在近乎实际的情形中的应用”。例如，空气动力学或飞行理论就是流体动力学的应用。实质性的理论构成了所谓的“工程科学”，它们就是严格意义上的应用科学。“操作性的”技术理论“从一开始就涉及在近乎实际情形中的人的操作和人机综合体”(第62～63页)。例如决策论和运筹学。西蒙的《人工科学》(*The Sciences of the Artificial*，1969)是对这种理论结构的经典研究。实质性的理论同时运用科学的内容和方法，而操作性的理论则只需要把科学方法应用于行动问题中，从而提出“关于行动的科学理论”。实质性的科学理论通常与制造相联系，而操作的理论则与使用相联系。

把技术看成一种知识，不仅使认识论分析成为必要，而且还把技术由人的延伸变成了人性的固有成分。这就使得心理学、人种学和人类学对人类思维的范围和结构进行的考察，与技术哲学挂起钩来。

以认知心理学家皮亚杰(Jean Piaget)为例，他把智力的发展分为四个不同阶段：感觉运动认知(0～2岁)，前运算思维或想象思维(2～7岁)，具体运算思维或客观功能关系的内化(7～11岁)，形式运算或抽象思维(青春期以后)。这四个阶段并非简单地与四种技术知识一一对应，相反，技能是最早阶段的特征，技术理论是最晚阶段的特征，这暗示后者代表了成人的成熟认知。

然而，对神话思维和符号思维的研究却提出了这样的问题，即能否把现代技术知识简单地等同于充分发达的人的智力。例如，人种学家和哲学家列维-布留尔(Lucien Levy-Bruhl)对前逻辑思维和逻辑思维作了区分。前者是“集体式思维”，它显示出对于有生命的自然界的神秘参与，这与分析性的科学思维或逻辑思维非常不同。列维-布留尔等人指出，把原始思维看成不成功的科学思维，这是错误的。前逻辑思维有其自身的完整性、结构和成就，它与逻辑思维不同，因而不必认为它低于逻辑思维，或只是逻辑思维的准备阶段。尽管由于原始思维存在着理性和经验成分，列维-布留尔最终放弃了他早期著作中的严格区分，但这一基本观点仍然很有影响，比如在芒福德的著作就有体现。这就引出了一个戏剧性的问题：技术思维在什么意义上是智人的本质？

我们应当在这种背景下思考控制论(以及信息论、系统论、自动控制理论等相关领域)。不论是把控制论定义为"关于生物和机器中的控制和通信"的科学(维纳),还是关于一切可能机器的科学(艾什比[Eric Ashby]),控制论本质上都是一门工程科学,一种技术知识。20世纪40年代,控制论在其初创阶段与神经生理学有密切的关系,因为它们都假设负反馈机制是中枢神经系统的基本工作方式。作为关于人造物(从自动调温器和自动跟踪雷达到假肢和计算机)和操作(从矫正神经外科到企业管理)的一般理论,控制论试图对物质现象、社会现象和精神现象作出统一解释。最具综合性的控制论对自然的和人造的客体及过程给出了极为概括的说明。

正如维纳在定义中所阐明的,控制论暗示生物与机器之间具有本质的同一性。在传统理论中,生命体和无生命体之间的区别是,生命体可以自行运动,而无生命体则不然。生命体自行运动的一个特征是,其自身之中被认为具有运动的源泉,或者说,它们可以从巨大的宇宙中主动地吸取能量。而机器虽然有时也表现出自我运动的特征,却不能为自己提供或获得能量。早期的现代技术是一种动力技术,它关注的是能量产生和传送的方式。在控制论中,重点已由动力的来源转变为操作如何确定,能量的可获得性被视为理所当然。控制论是"关于规则的、确定的或可复制的一切行为"的科学(艾什比,1956)。既然人和机器都表现出了这种行为的规则性,控制论倾向于淡化人与机器之间、生物与非生物之间的传统差别。

在这种将生物和机器归结为确定的行为模式的背景下,无论是认为机器是生物(包括人)的延伸,抑或生物是复杂的机器,这似乎都只是解释上的问题。冈德森(1971)曾经指出,这一问题的提出至少可以追溯到拉美特利(La Mettrie)的《人是机器》(*L'Homme machine*,1747)。在这部著作中,拉美特利主张对人的行为作机械解释。19世纪生物学中机械论者与活力论者的争论反映了人机关系的类似问题。目前关于哥德尔(Kurt Gödel)不完全性定理的涵义,关于人工智能的限度,关于用计算机模拟人的认知过程的有效性等问题的讨论,也不超出此范畴。例如,我们一般认为,活力论者是要维护人的优越性,机械论者则是要更好地促进科学技术研究。

控制论是前述"技术哲学"的一例,表现了一种相应的还原论倾向。关于控制论的还原论特征的最一般表述并不是人与机器的区分,而是客体与过程的区分。控制论宣称要把客体归结为过程。一个事物是什么并不重要,重要的是它是如何行为的。规则有序的行为以"信息"这个技术概念为基础。不那么严格地讲,信息就是对行为可能性的确定。在经典力学中,机器就是一种力学的联动装置,它使得对系统的任何能量输入都会产生某种特定的运动,只要阻力所产生的能量损失足够小。由此扩展开来,控制论设备就是一种通信的联动装置,它使得输入的任何信息都会得到某种特定的行为,只要由"噪声"所产生的信息损失足够小。机器不再是一条"封闭的运动链"(勒洛),而是一个"封闭的信息联动装置"。

控制论研究信息状态是如何彼此相互作用以产生某种行为的。它通过信息过程解释了技术客体的本质，并且能够引导或控制这个过程。事实上，“控制论”即关于控制的知识，维纳正是从希腊文的“舵手”一词造出这个术语的。

(4) **技术作为意志**。对过程的控制只是部分依赖于对该过程的系统功能的精确认识，它还依赖于“舵手”的目的、意向、愿望和选择。控制论也许可以提供对控制的认知方式，却无助于确定控制的使用和目的。正如维纳所承认的，控制论知道“如何做”，却不知“做什么”(1950 和 1964)。

关于技术的流传最广的老生常谈是：技术本身无所谓善恶，它是中性的，其价值完全由使用它的人决定。从传统意义上讲，谈“使用”就是谈“愿望”或“意志”，即对意识内容的有效的或实际的反应。技术以人的某种意志活动为基础，这是关于技术的最不成文的、同时也是最难成文的看法，可以说是深入人心。

从理论上讲，把技术当作意志的最大困难在于，在哲学史上几乎没有关于意志概念的公认说法。希腊思想中并无“意志”一词，它是通过基督教哲学传统而进入西方思想史的。在现代，它既受到过分强调(尼采)，又遭到尖锐批判(赖尔[Gilbert Ryle])。然而，正如利科(Paul Ricoeur)和后来的阿伦特一再指出的，意志问题仍然是一切行动哲学的核心——因而也是全面理解技术的枢机。而且，许多技术哲学尚未明确提出这个概念。

根据目的或意图的不同，技术几乎总是与科学相区别：据说科学旨在认识世界，技术则旨在控制或操纵世界。例如，斯科里莫夫斯基(Skolimowski，1968)断言，“技术是人类知识的一种形式”，“科学关注**存在的东西**，技术则关注**将要存在的东西**”，因为“我们追求技术是为了依照我们的愿望和梦想提出构造客体的方法”，从而将技术知识和科学知识区分开来。还有人则根据意志对象的不同将技术与道德行动区分开来。在技术制造中存在着改变世界的意志，而在道德行动中，意志则趋向于改变意志本身。

再者，敖德嘉的存在主义分析与芒福德的历史进路含蓄地提到了技术是意志。在敖德嘉看来，技术客体、技术知识和技术过程都以意志的自我实现为基础。对自我创造的肯定要先于(物质发明层面上的)创造。用萨特的名言来说：存在(作为意志主体)先于本质(对任何特定事物的意愿)。芒福德认为，“单一技术”的问题就在于，它体现了一种权力意志，这与指向生活的一般意愿相左，单一的目的支配并且排斥了所有其他目的。

这些表述中所缺乏的是对意志概念进行一种全面的澄清，因此，意志理论也就没有被明确地应用于技术问题。利科在对意志作现象学描述时区分了三种层次：“我要……”(I will)意味着“我希望”、“我运动我的身体”或“我赞同”。技术至少可以在希望、动机或运动、赞同这三种意义上进行分析。这样一种分析可以用来对“技术的欲望”(technological eros)进行阐明(参见 Jakob Hommes，1955)。如社会学文献所指出的，技术愿望产生了技术运动，并且因之而增强；通过客体、过程和知识的创造，技术运动又反作用于技术，并且因对技术的赞同而得到支持。

海德格尔正是沿着这一方向对技术进行了分析，虽然他没有利用利科的概念。海德格尔对人的存在论分析贯穿着对技术是意志的理解。作为20世纪最有影响的哲学之一，它值得我们用较多的篇幅进行讨论。

海德格尔在其早期著作中并没有明确提到技术或意志，不过后来还是提出了明确的主张，这与他早期对人的存在作现象学描述是不同的。海德格尔一开始就对**此在**(Dasein)的存在论特征作了现象学描述，此在是一种笛卡儿式的意识，不过却以涉世为特征。在《存在与时间》(*Being and Time*，1927)中，海德格尔提出人的存在或**此在**本质上是一种“在世之在”(being-in-the-world)，然后开始考察这种“在世之在”的各个方面，以揭示人的存在的种种特征。

此在的世界的主要特征是对操作和使用事物的关切或“操劳”(Besorgen)。海德格尔把在这一过程中遭遇到的事物称为“器具”或“用具”。“我们在与世界打交道的过程中邂逅了用以写作、缝纫、工作、运输、测量的各种器具”。写作器具又可分为“墨水瓶、钢笔、墨水、印泥、桌子、灯、家具、窗户、门、房间”等组分(《存在与时间》，第68页)。所有这些器具的突出特点是，它们从根本上是依赖于情境的。实际情况并不是，个别的器具首先被把握，然后被纳入器具整体，恰恰相反，器具从一开始就是作为更大的框架或系统的一部分而出现的。在这个框架中，个别的东西被看作一件件器具。

此在所处的世界是一个关系系统，海德格尔称这些关系为“上手状态”(readiness-to-hand)。在这个系统中，材料和工具根据其是否有用或可用来定义。根据常识的看法，事物本身从一开始就是“现成在手的”(present-at-hand)。海德格尔却认为这并非实际情况。把锤子描述为“用来锤……”要比把锤子概念性地描述成具有特定尺寸、形状、重量和颜色的某种东西更为原本。将用具概念化为现成在手的中性客体，是把它从既定状态中抽象了出来。推而广之，这意味着科学是源于技术的抽象，知识本身源于实践知识的抽象。像笛卡儿那样的哲学家所遇到的困难便是例证，他们从纯粹意识出发，试图由此推出现实世界。纯粹意识源于实际意识，而不是相反。

在人类王国中，**此在**的“在世之在”变成了“与他人的共在”(being-with-others)。实际的涉世方式以一种新的形式出现，那就是对社会共同体成员的关心或“操持”(Fürsorge)。

最后，此在的在世有两种基本的结构：情绪和理解，海德格尔称之为“现身情态”。在对人作存在论分析时，海德格尔对“理解”一词的特殊用法——不是某种理论性的东西，而是某种实际的、与情绪有关的东西——再次强调了技术活动的核心地位。他力图表明，制造和使用技能是真正的知识形式，有意识的理论知识乃是源于这种前意识的非理论的基础。因为他试图通过分析表明，在把人当作制造者这一现代概念的意义上，知识构成了世界。这种观点促使他把传统上所谓的实践知识——与意志(和时间性)密切相关——当成了知识的基本形式。唯有此种知识构成了世界和世界中的人。在揭示手艺人(*Homo faber*)的本质这方面,海德格尔比他之前的所有哲学家都要深刻。

在《存在与时间》第一部分的结尾,海德格尔提出"操心"(Sorge)是此在的本质,以此作为其存在论分析的结束。"在世之在"必然要求与世界上的事物打各种实际交道。虽然不能把"操心"简单地解释成意志活动,但海德格尔明确指出,正是操心使得意愿成为可能。虽然他并不常用"意志"、"意愿"这类字眼,但《存在与时间》实际上却把技术当成了本质上与意志相关联的客体、过程和知识。

尽管海德格尔后来没有继续沿用《存在与时间》中的现象学方法,但在这一点上,他非但没有抛弃已有的观点,反倒讲得更加清楚。在一篇讨论"欧洲虚无主义"的文章中(作于1940年,发表于1961年),海德格尔提出,现代技术只可能出现在一个变得虚无或遗忘存在的世界中。他宣称,尼采的"求力意志"(will to power)的"虚无主义"是西方主观主义的顶点,它导致了技术时代纯粹的"求意志的意志"(will to will)。

海德格尔后来就这一主题所作的最重要的讨论是《技术的追问》(*Heidegger*,1954[1977])。这篇文章源于他1949到1950年间所作的讲座。他在其中抛弃了通常把技术看作纯粹手段和人类活动的观点,而主张技术是一种真理,一种对存在有所去蔽(revealing)的真理。这种看法与《存在与时间》仍然是一致的。与以往不同的只是,这里对古代技术和现代技术作出了严格区分,并且申明了现代技术的本质。古代技术是通过艺术和诗的"带出"(bringing-forth)方式进行去蔽的,现代技术所进行的去蔽则是一种"挑起"(challenging)和"限定"(setting-upon)。用比较通俗的语言说就是,前现代的技术与自然合作以产生人造物,而现代技术则强迫自然交出别无他寻的物质和能量。

为了澄清现代技术是一种有着"挑起"和"限定"特征的去蔽,海德格尔将古代的风车或水轮与现代的发电厂进行对比。它们都在利用自然界的能量,使之满足人的需要,所以初看起来,两者都可以看作技术客体。但事实上,风车和水轮仍如艺术客体一般与自然相联系。它们揭示了世界某些特殊部分的深层涵义,本质上以现代技术所不具有的某种方式依存于世界。而现代发电厂则以一种抽象的、非感觉的形式将自然能量释放和储藏起来。从史前时代直至工业革命,人们劳动时用到的材料和力基本没有变化——木料、石头、风、流水、畜力,以至于古罗马工程师维特鲁维(Vitruvius)的著作中所记述的建筑程序可以在1800年间一直指导技术实践。而现代技术则以一种新的方式对世界进行开发——把煤中存储的能量抽取出来,再把它转化成可进一步存储的电,使之可以随时调配和供人使用。"以释放、转化、存储、调配和转换为去蔽方式"是现代技术的特征(Heidegger,1954,[1977,p.16])。而且,这一过程与传统技术不同,它不产生确定的容体,而是产生了被海德格尔称为"持存物"(Bestand)的世界。现代技术的世界时刻准备着供人操纵和消费。持存物是这样一些客体,它们除了供人使用外,别无任何内在价值。

像塑料这样的东西的全部特性都取决于人所作的决定，比如用它来干什么，如何对其进行包装和捆扎等等。

究竟是对世界的什么态度使得现代技术及其相应的持存物成为可能？海德格尔把这种现代的态度称为“座架”(Gestell)。这本是一个普通的词，意为“站立”“框架”“架子”，这里海德格尔赋予它以一种技术哲学含义。词根 stell 源自 stellendes（“限定”），暗示心灵的认识框架把自然当成一种可作技术操纵的系统。“座架”一词的标准英译是“enframing”（赋予框架），强调“座架”的主动特征，虽然译成“framework”（框架）可能也同样达意，这样可以对应于英语词组“思想框架”。无论如何，“座架”就是指现代技术本质上具有的那种去蔽方式，而它本身却不是技术的。(p. 20)“座架”不是技术的又一个部分，而是对待世界的态度，它是技术活动的基础，同时也体现于技术活动之中。简而言之，它是对待世界的技术态度。

从某种意义上说，座架可以理解为心灵的一种非人格的认知框架。但海德格尔极具启发性地指出，座架本质上更是一种非人格的意志。座架“限定”和“挑起”的不仅是世界（这种表述已经暗含了意志因素），而且还有人。从根本上说，产生现代技术的并非是人的自身需要和欲求。“现代技术的本质使人开始了一种特殊方式的去蔽，通过它，一切实在都或多或少地变成了持存物。”(p. 24)

于是，座架表现为一种历史命运或宿命，它驱使人以一种特殊的方式行动。但它并非粗暴地进行强迫。海德格尔在其他地方暗示，有可能对技术进行“复元或克服”，犹如“人之战胜忧愁或痛苦”(1962[1977, p. 39])。他还称这种过程为一种“听任”(release)，给这个词赋予了一种沉思冥想的意味(1959[1966])。

海德格尔的著作引发了一系列关于技术的哲学评论，它们可以统称为“海德格尔派”的观点。Magda King(1973)，William Lovitt(1973)和 Michael Zimmerman (1975 和 1977)是一些有代表性的阐释性著作。对海德格尔观点的重要补充可参见 Kostas Axelos(1969)，Reinhart Maurer(1973)，Albert Borgmann(1971 和 1978)，Hwa Yol Jung(1972，1974 以及 with Petee Jung，1976)和 Don Ihde(1979)。对海德格尔的思想进路进行发展和修正的有 Hannah Arendt(1958)，Herbert Marcuse(1964)，Hans Jonas(1966，1974，1976 和 1979)和 Hans-Georg Gadamer (1977)。

另一些人则激烈地批评海德格尔。如工程师德绍尔(1956)、同情工程实践的哲学家莫泽尔(1958)，都批评海德格尔没有认识到技术的真正本质，认为他的分析不大考虑事物的具体情况，而且他的语言也过于复杂和晦涩。

在海德格尔看来，哲学的核心是解释学或进行解释。于是，他以一种清晰的方式示范了另一种基本的技术哲学。工程界的反对意见认为，海德格尔解释得太过了。而他关于技术含义的哲学解释则说明了一些基本的解释学问题：如何在解释的同时不失去与主题的接触，如何在接近主题的同时又不拘泥于其中。

海德格尔认为，问题既有简单的一面，也有复杂的一面。事实上，技术并不只是某种特殊类型的人造物、过程或科学理论，而是面对现代世界的整个意志态度。它之所以简单，是因为现代技术是一种实践的意识，因而不必为了解释它而了解关于技术客体及其过程的细节的工程知识，或与之建立密切的关系。只要生活在技术环境中，单凭日常经验和日常思想的语言就足够了。它之所以复杂，是因为我们的语言已经变得相当技术化了，以至于无法再以非技术的方式言说技术。所有关于技术的言说都倾向于变成更多的技术。(技术评估便是这样一个例子。它不是某种独立于技术的东西，而是倾向于本身就变成技术。)结果，为了对技术语言进行描述，海德格尔感到有必要另创一种语言。他认为必须超越我们技术世界观的一般前提和框架，这就是他的语言为什么听起来有些晦涩的原因。他暗示，唯有跨出以上藩篱，我们才能由对技术的纯粹描述转向其内在含义，接近技术之本质。

(5) **古代技术与现代技术**。对技术的最深刻的哲学分析试图达到技术的最密集处——客体、过程、知识和意志汇合于该处。例如，德绍尔将技术定义为“通过对自然所赋予的资源进行有目的的设计和塑造，由观念得来的实际存在”(1956，p. 234)。虽然这一定义并未明确提到技术是客体，但其他三者均已具备。拉普(1974)把技能、工程科学、生产过程和客体及其使用看作技术的各个方面，他同样明确地把技术当作客体、过程、知识和意志。

这样看待技术的本质与对因果性的传统理解有关。莫泽尔(1958)在评论德绍尔时发现，后者的定义是套用亚里士多德对质料、形式、动力和目的四因的区分。自然资源构成质料因，观念是形式因，设计和塑造是动力因，目的是目的因。

概念上的澄清还引出了更多的实质性区分。技术在其最密集处分为两类，我们可以方便地称之为古代技术和现代技术。各种探讨都暗示了这种区别，如芒福德的有机技术和单一技术，亚里士多德把技艺分为培育的和构造的，海德格尔区分了“带出的”技术和“挑起”或“攻击”的技术等等。古代技术涉及个别客体，它是基于人的直觉知识用天然材料制作而成的，以各种活动中有限的使用和娱乐为目的。古代或传统技术的理想形式是手工制作和使用日常器具。因此，称它为“技艺”(technics，来自希腊文 techne)可能更好。而现代技术则涉及客体的大规模生产，旨在根据科学理论对抽象的能量和人造材料加以利用，从而获得效益、动力或利润。其理想形式是电子器件的装配线生产，从而使能量或经济最大限度地膨胀。

墨西哥哲学家帕茨(Octavio Paz，1974)强调了这一实质性区分。他指出，手工艺“不受效益原理支配，而是为了娱乐。它是一种浪费，其中无规则可循……它对装饰的偏爱违反了效益原理。”(第 21 页)在传统手工艺中，知识倾向于分解成“带出的”技艺或技能，每一件手工制品都是一种独特的创造物，即使是像篮子和木碗这样的世俗之物。而现代技术的理想则是“越来越多地生产出尽可能完善的相同产品”(p. 19)。技能性的手工制作现在变成了脱离具体制造活动的工程设计，而工程设计则转化成为系统的生产过程，结果是，人造物不再以一种独特的创造物呈现出来，而是湮没在其功能之中。于是，制造和使用有两种类型：一种是古代技术或技艺，一种是现代技术——或者简单地说就是技术。

2. 伦理和政治问题

尽管形而上学分析具有理论上的优先性，但统治技术哲学的仍然是对伦理和政治的关切。这部分是由于现代人强调实践高于理论造成的，也在一定意义上反映了由技术进步所引发的问题的紧迫性。具有讽刺意味的是，实践的承诺是自我确认(self-confirming)的。我们可以通过对一些相互关联的问题作简要的历史回顾，而对现代技术进行伦理政治分析。

(1) **技术与劳动**。在历史上，现代技术实践的危机最初产生于工业革命期间劳动性质的转变。对工人的压迫以及劳动分工和机械化所引起的心理后果，自18世纪以来一直是技术讨论的主要议题。而当贫困不再成为最突出的问题以后，人们也开始更加关注"异化问题"。

异化问题涉及诸多方面。以对制造和使用的复杂性和含糊性的现代反思为基础，异化(alienation[本意为疏离])思想对应着传统上对复杂而含糊的思想道德行为所作的反思。在柏拉图的哲学中，异化是指人超越自身而与某种超验的实在合一的过程。例如，圣奥古斯丁说灵魂从肉体中疏离出来(*alienatio mentis a corpore*)，表示人的灵魂上升与上帝融为一体。这种疏离是一种积极的善，实际上是思想的完善。而希伯来的先知们却认为，行为败坏和宗教法律纠纷是人与上帝的疏离或异化。在这种语境下，异化就是指由于个人行为的改变而遭到主动拒斥。

在技术中，异化呈现出一种不同的、但与此有关的特征。正如思想不会自动终止于理解一样，制造不会直接引向对世界的占用和人性化，而是会至少包括一种异化或疏离的要素。但这种异化既不是对制造的完善，也不能通过单纯地改变人的行为而得到克服。

第一位对异化问题进行明确讨论的哲学家是黑格尔。他认为，意识是一种自我创造的实践活动。这样，他就深化了"认识包含能够制造"这条现代认识论原理。他通过许多例子表明，认识所源出的那个过程非常类似于工人在劳动中发现自我并获得满足的过程。按照黑格尔的理解，意识的制造包括自我的某个无意识部分初始阶段的自我异化、分离和对象化。一旦被对象化，这一要素就有可能被带入意识。这种异化可以通过认识到其真正基础在于创造性的自我而得到克服。创造的主体通过对其自身内容进行区分和占有，从而达到内在的丰富，这一过程便是异化。

马克思否认异化是达到具有更高统一性的自我的方法。他认为异化是对人的本质的扭曲。马克思不再把思想(即使被理解为一种制造)看成一种制造活动，看成人的本质。人的本质就是制造本身，人的本性是在劳动中被实现的。但是，资本主义经济制度抹杀了这种可能性。在资本主义制度下，劳动是强迫性的，而不是自发的和创造性的。工人几乎不可能控制劳动过程，劳动产品被他人剥夺并被用来对付工人，甚至连工人自己也变成了劳动力市场中的商品。"所有这一切后果都源

于这样一个事实：工人同自己的劳动产品的关系就是同一个异己的对象的关系。”（“异化劳动”，《1844年经济学哲学手稿》）

马克思以后的社会学家和社会哲学家扩充了异化概念。特别是在20世纪50年代，人们重新发现了异化概念，将异化同浪漫主义对技术的批判相联系，认为技术使人脱离了自然及其感情生活。人们还将技术与“失范”（涂尔干）和“去魅”（韦伯）等社会学范畴以及弗洛伊德的压抑心理学理论相联系。自动化也增强了异化问题的重要性。

布劳纳（Robert Blauner，1964）作了系统性的经验研究，试图将这一问题的许多方面联系起来。他认为异化有四个维度：无权力、无意义、孤独和自我疏离。其中最明显的是无权力，与自由和控制相对。异化和自由被认为是作为生产过程的技术经验的两极。对这种经验的伦理反应主要体现在如何减少异化和增进自由。生产资料的社会所有制（社会主义）、增加工资和补贴、工会、员工培训项目，甚至自动控制——所有这些都是讨论异化的各种不同维度的尝试。通过对印刷厂、纺织厂、汽车装配线和自动化工厂进行的经验研究，布劳纳指出，异化和自由的特征是受不同技术影响的。

（2）**技术与战争**。关于技术与战争的关系有两种理论：①技术会使战争变得不再必要，战争会可怕到不可思议；②人类总是会走向战争，技术则使之更加可怕。继启蒙运动的乐观主义和近一个世纪的和平的工业繁荣之后，欧洲人普遍相信，过去用来自相残杀的精力现在可以用来对付自然，从而减少人的痛苦，为所有人的利益服务。这种观点认为，战争源于物资匮乏，技术可使物资充足，因而可以消除战争。直到1924年，海尔登（J. B. S. Haldane）还在想方设法为这种观点辩护，提出“应用科学的倾向就是增加非正义，直至达到令人无法忍受的程度”（p. 85）。

第一次世界大战不仅是在那之前最具技术破灭性的战争，它还摧毁了人们对社会秩序的信心。结果是，对技术文明的思想批判变成了重新对人性进行悲观审视，认为人倾向于将巨大的毁灭力量非理性地引向自身。然而，随着对产生罪恶的深层可能性不断加强认识，人们也意识到了掌握或战胜技术的一种新的绝对需要。针对海尔登的观点，罗素（Bertrand Russell，1924）指出，“如果工业主义取得成功，那么人的权力和竞争天性……就需要人为地加以扼制。”与海尔登一样，罗素也把世界政府看作是唯一的希望，虽然他怀疑这个目标是否能够真正实现。第二次世界大战，用技术手段屠杀六百万犹太人，原子弹的发明和使用，冷战期间核武器的扩散，以及间谍和恐怖活动等高级手段的出现，都加强了这种悲观的看法。那种人人皆兄弟的理想和对和平的憧憬，过去仅限于道德说教，无人认为需要在行动中体现出来，现在终于成为必要的实践准则，以免人类从地球上自行消亡。

安德斯（Gunther Anders）发表的《原子时代的命令》（1961）一文，令人信服地阐述了现代技术武器的伦理内涵。安德斯指出，由于核灾难随时可能降临，在人类实际所能制造的事物和他想象中所能制造的事物之间已经出现了鸿沟，双手的暴力已经超出了心灵的支配范围。人的首要义务已经变成“极力冲破想象力的狭隘限制……直至想象力和感受力能够把握和认识到人的暴殄天物为止”。

安德斯认为，这种敏感度的增加将会使伦理原则得到扩充。像核武器那样的技术客体并不是中性的，使用它们会导致明确的后果。康德曾经借助一种内省的义务提出了道德的基本原理：“只可依照你希望成为普遍法则的规范行事。”（《道德形而上学基础》，1785）考虑到现代技术对人的要求，安德斯把这一绝对命令重新表述为：“只可拥有和使用这样的事物，其固有法则可以成为你自身的法则，因而也是普遍的法则。”（p. 18）

（3）**技术与文化**。“文化”可以是一个价值中性的社会人类学术语，意为群体的习俗与制度，也可以指思想的教养和优雅的品位。其意涵不同，对文化的看法也就不同。对“文化滞后”和“未来冲击”的社会学研究在较弱的意义上使用“文化”一词，试图对文化的各个不同方面之间的冲突进行讨论，它们通常体现为实践与制造和使用之间的不协调。这些研究在作价值判断时，总是倾向于认为制造是首要的，文化的其他方面要与之相适应。

斯诺（C. P. Snow，1959）同样讨论了“文化”的含糊性，他认为西方的理智生活在文学和科技两种类型的教育或修养之间存在着裂痕。按照斯诺的说法，文学的文化是悲观的、自私的、与前工业社会的理想相关联的；而科技文化则是乐观的、民主的、向前看的。由于敌视工业发展（虽然这样做不无益处），文学的或“传统”的知识分子正在阻碍人类从充满饥饿和病痛的不发达世界中解放出来。斯诺警告说，总有一天，西方文化会因为不肯分享技术而遭到劫掠。

斯诺的短文赞同技术主义者的伦理理想，反对人文主义者在过去几百年间对进步的批判和反乌托邦文学中所包含的恐惧。这种对技术的所谓“文化批判”有多种形式。比如芒福德就认为，人文主义文化与技术文化之间存在着一般性的对立。从维多利亚时代的莫里斯（William Morris）和鲁斯金（John Ruskin），一直到最近的赖安（John Julian Ryan，1972），他们都对技术作过更为严格的美学批判。存在主义者对于大众社会的反动进一步展示了这种文化批判。荣格（Friedrich Georg Juenger，1949）认为，技术造成了巨大的幻觉，它破坏了高级文化的生命力。马塞尔（Gabriel Marcel，1952，1954）认为，问题的关键在于，人和智慧在被技术所统治的文化中占据着什么样的位置。一些对计算机的危险和人工智能的限度的讨论亦属此类，如计算机科学家魏岑鲍姆（1976）所说：“有些任务是不**应当**拿计算机去做的，不论是否**可以**拿它去做。”

一般而言，主张现代技术控制和破坏了高级文化和休闲方式，主张现代的制造和使用破坏了实践这一独立王国（参见 Arendt，1958），不禁让人想起前现代时期对实用技艺和收敛财富的批判，当时认为，这些东西对于德性的完善是有害的。近年来，罗萨克（Theodore Roszak，1973）等人的“反文化”批判不是用德性，而是用心理学意义上的自由来解释文化。虽然技术显然体现了物质自由，但新浪漫主义者认为,性压抑和情感压抑正是技术发展所付出的代价。

有一些较富新意的讨论集中在技术与思想的关系上,这与对制造的传统批判比较类似。比如麦克卢汉(Marshall McLuhan,1954)以及威廉森和布莱特(Frederick Wilhelmsen and Jane Bret,1970)的研究。威廉森和布莱特同意麦克卢汉的观点,认为机器和电子媒体在文化中产生了两种截然对立的思维方式——"理性分析"和"印象综合"。类似地,古德纳(Alvin Gouldner,1976)也关注道德论述中的思想,以考察意识形态与技术之间辩证的相互作用。意识形态是随着资本主义印刷技术的发展而成长起来的。与宗教和神秘主义不同,意识形态是一种与科学类似的"符号系统,用来证明公共工程的正当性,并推动其发展"(p. 55),它的依据是事物在物质世界中的存在方式,以及对"生活能够通过人类的知识和努力而得到完善"的信念。古德纳还暗示,通信技术的改变将会影响意识形态的特征,因此需要一种"媒体批判的政治学"(media-critical politics)。在另一项研究中,斯坦利(Manfred Stanley,1978)强调了把科技语汇误用于人的活动的"语言技术主义"问题。他具体讨论了如何在教育中体现"反技术主义"的倾向,从而开辟了对技术工程进行道德和政治论辩的可能性。

最后,文化问题归根结底要与人性问题挂起钩来。巴拉德(Edward Ballard,1978)在尝试对"技术文化进行衡量"时,不得不阐明人之为人是什么意思。既然人有生死,无法等同于他在世间所起到的任何一种作用,巴拉德就说人是"依赖性的、有限的、只可消极认识的"(p. 146)。文化应当通过其符号加强对这一境况的认识和记忆,从而培养本真的人。巴拉德对技术文化能否做到这一点提出了质疑。拉德里埃尔(Jean Ladrière,1977)和伽达默尔(1977)则更加积极地主张把文化看成"动态和多元的"。在伽达默尔看来,人的本质就是他的文化。对包括技术在内的文化的解释,可以提供一种新的自我认识。拉德里埃尔则认为,人必须承担起责任,将技术制造及其创造的可能性包含在一种"解释性的"行动中。

(4) **技术与宗教**。宗教是文化的一个方面,通常单独列出以引起特别的注意。1968年,怀特(Lynn White,Jr.)发表了《我们生态危机的历史根源》一文,提出在西方占统治地位的基督教对待世界的态度导致了现代技术的兴起,它应对环境危机负责。原因是,犹太教和基督教认为人优越于其他造物,上帝创造的一切都是供人使用和享受的。

在怀特的文章发表之前,宗教问题在技术讨论中并未占据核心位置,这多少有些讽刺的意味。韦伯(Max Weber)在《新教伦理与资本主义精神》(1904)中最先提出,资本主义生产模式和现代技术源于新教徒试图将修道院的禁欲主义推行到日常生活中。奈夫(John Nef)在《工业文明的文化基础》(*Cultural Foundations of Industrial Civilization*,1958)中提出,文艺复兴倡导享受世界,教会试图在人的关系中注入一种新的慈爱,这些都起到了推波助澜的作用。怀特所写的文章可能并不是对这些研究的回应,因为它们很容易被误解为是在赞扬基督教所起的作用。

怀特的文章显然是一种控诉。

怀特的观点引起了广泛的反响，它们大致可以分为两种。关心环境伦理学的人接受了他的观点，并对其加以扩充。还有的人则批评怀特的观点太过局限。比如蒙克利夫(Lewis Moncrieff，1970)就反驳说，怀特忽视了比宗教更重要的文化因素。迪博(René Dubos，1972)则指出，还有一些宗教传统也同基督教一样会对自然进行开发。迪博和福莱(René Dubos and Michael Foley，1977)为犹太-基督教传统的一些被忽视的方面作了辩护。

技术与宗教的关系还涉及其他方面，比如将基督教伦理应用于由现代技术所引发的社会公平问题，世俗技术世界中的宗教问题等等。前者产生了大量文学作品，但它们往往忽视了怀特提出的问题。后者则颇为棘手，因为意识到这一问题的人同时也意识到了基督教对待世俗的暧昧态度，而这一点正是怀特观点的基础。参见 George Grant(1969)和 D. J. Hall(1976)。

技术与宗教、世俗与神圣之间显然存在着张力。威廉森说过一句妙语"宗教使人屈下双膝"，技术则"让人直起腿来走路"(第 85 页)。在现代文化中，世俗是自主的，它统治了神圣，这至少应部分归因于关于世俗性的宗教思想。林奇(William Lynch，1970)和瓦哈尼安(Gabriel Vahanian，1976)试图解释如何让世俗重新回到神圣的怀抱。瓦哈尼安提出，尽管基督教起初服从"自然宗教的管制"，但是现在，它必须采取"由技术决定的宗教感受的框架"。这表明，神学由强调自然神性变为强调技术的乌托邦，教会人员则由祭司变为先知。林奇认为，问题的解决出路在于，不要把这种世俗的自治看成挑战，而应看成恩惠。

(5) **技术与价值**。早在古典政治经济学中，就已经出现了对"技术与价值"的讨论，结果便是所谓的"劳动价值论"。问题在于确定技术客体的货币价值源于何处。一般的价值理论都把这样一个经济学术语拓展到涵盖道德、美学、宗教等判断，由此暗示原初问题的普遍性。技术客体的价值源泉显然包括劳动、资本利用、有用性、内在的复杂性、形式等等。然而迄今为止，对于这些因素是如何组织起来创造出人造物的内在价值的，除经济学和美学领域外还很少被论及。

当代对技术与价值相互作用的讨论，试图以更具分析性和经验可证实性的术语，来表述由技术、文化和宗教的关系所引出的一些伦理问题。它以客观事实与主观价值这一典型的现代区分为基础，并且与将伦理学纳入一般价值理论的观念相关。当代关于技术与价值的研究进路，有时又被认为是反映了技术的思维模式对伦理学自身的影响。

对技术与价值的关系的分析既可强调技术如何影响价值(马克思主义)，又可强调价值如何阻碍或促进技术发展(韦伯)。到底哪一种关系更为基本和重要，人们有过许多争论，最终的结论是：二者是相互依存的。不过，大多数研究都很关注技术对价值的影响，如拜尔(Kurt Baier)、莱舍尔(Nicholas Rescher)和梅塞纳(Emmanuel Mesthene)的著作。

拜尔-莱舍尔的文集(1969)强调方法论问题、价值与技术的相互作用以及控制机制。拜尔认为价值是一种主观上的评估,而不是事物的内在属性。莱舍尔概括了价值被“抬升”和“降低”的若干过程,提出了一种成本效益的分析方法,以预测某些价值在技术变化的情况下是否会被改变。

梅塞纳的著作(1970)是关于技术与价值问题的最佳入门。其中的讨论使用普通术语,并且附上了带有评注的参考书目。梅塞纳的观点是,“新技术为人和社会创造了新的机会,也产生了新的问题”(第26页)。这一孪生效应并未使他感到沮丧。他将种种可能性看成人类解放的手段,认为这些问题可以通过更多的技术或社会变革来解决。梅塞纳坚定地支持温伯格(Alvin Weinberg,1966)所谓的“技术本位”(technological fix)观点,认为许多社会问题和技术问题最好是通过更进一步的技术发展来解决。例如,农业和医学革新带来的人口过剩问题,最好是通过节育技术加以解决。当然,技术条件的完全实现需要相应地改变社会价值,推进公共领域的发展。但是,即使这些变化破坏了传统价值,也决不会影响人们对评价行为本身的需要。总而言之,并不能说技术是与价值相对立的。技术只是使得对价值的理智运用更加关键。

麦克德莫特(John McDermott)在《技术:知识分子的鸦片》(1969)一文中,批评了梅塞纳所谓的“自由创新”(laissez-innover)态度——这正是自由放任(laissez-faire)经济学理论在20世纪的翻版。从道德哲学的角度看,拜尔-莱舍尔和梅塞纳的工作的另一个缺点是,他们无法对价值作系统性地归列。相反,舍勒(Max Scheler)根据欧洲传统主张,价值具有一种等级结构:从快乐(与不快乐对立),到高贵(与低级对立),再到真善美等精神价值(与假恶丑对立),最后到神圣的宗教价值(与罪对立)。在这种等级结构中,舍勒把技术价值置于最低的等级(快乐与不快乐),将其纳入有用性的范畴。

(6) **技术与环境**。20世纪60年代,人们日益认识到污染问题和环境恶化是重要的伦理——政治问题。由此产生了技术评估和环境伦理学两门新兴学科,人们还开始根据对自然的态度而对哲学观念进行重新评估。

作为一门狭窄的、以问题为导向的学科,技术评估最初的任务是去调研特定技术项目的二阶后果,以利于决策。此种形式的技术评估仅限于讨论价值问题。在实践中,它也只能做带有分析性和经验性的案例研究。

技术评估更富哲学意义的方面已经得到了相当的重视。怀特(Lynn White,1974)和珀塞尔(Carroll Pursell,1974)提出需要做历史考察。法学理论家特莱伯(Laurence Tribe,1973)认为,技术评估应当发挥人与机器之间的桥梁作用,而且(1974)不能以人类中心主义的世界观为基础。卡彭特(Stanley Carpenter,1977)认为,主要哲学问题涉及人、社会和劳动的本质,因此外在于技术评估本身。罗西尼(Frederick Rossini,1979)则认为,技术评估导向了一种新型的科学,在这种科学中,社会责任与技术活动结合在了一起。

在有关技术评估的讨论中,特莱伯特别指出要发展一种环境伦理学。在这方面,生物学家哈丁(Garrett Hardin)的"公地悲剧"(1968)是早年间比较有影响的文章。在这篇文章和此后的著作中,哈丁针对"飞船地球"热情地阐述了他的"生命之舟伦理学"。在他看来,地球的主要问题在于限制人口。有限的资源要求有限的人口。

哲学家帕斯摩尔(John Passmore)和布莱克斯通(William Blackstone)进行了更为细致的讨论。帕斯摩尔(1974)试图对生态学问题进行一种广阔的历史-哲学考察,认为许多生态学思想的根源是一种"新伦理"的观念,这种观念扩大了人对自然应当担负的责任。针对西方与自然既对抗又合作的批判分析传统,帕斯摩尔考察了四个主要的生态学问题:污染、自然资源枯竭、物种灭绝和人口过剩。他的结论是,问题要比通常认为的复杂得多。在抛弃西方的许多思想遗产时,"新伦理学"应当小心从事。布莱克斯通(1974)更加关注生态学对于道德、人权和法权理论的涵义。他也强调,在把生态学概念应用于伦理学时要非常谨慎。

然而,认为伦理学需要包含新的义务,这正是环境伦理学的核心特征。塞辛斯(George Sessions,1974)和郑(Hwa Yol Jung,1976)等人为这样一种伦理学进行了辩护。然而,正是在约纳斯的技术伦理学著作中,这一问题才得到了最完整的表述。(约纳斯的思想在宗教思想、生物学哲学、现代技术的历史哲学起源等方面颇有影响。)约纳斯(Jonas,1973)发现,技术在过去可以被合理地看作是中性的,缺少伦理意义。伦理学可以忽视自然,仅仅关注相对有限的时空秩序中的人际关系。随着现代技术所产生的问题日益突出,我们不得不对自己原先认为的"大自然受制于人的技术(在危害酿成之前人们曾经对此深信不疑)"进行修正。对危害的警觉改变了伦理学的基本特征。"由这一发现所引发的震撼催生了生态学这门新兴学科",它号召人们担负起空前的道德义务(p. 38)。"我们现在可以合理地要求,外在于人的自然状况、现在受制于我们的整个生物圈,都应受到人类的呵护。我们应当承担起某种道德义务,这不仅是为了我们的将来,而且也是为了它本身,为了它自身的权利。"(p. 40)而且,以前急功近利的框架"已被技术实践在空间和时间上的因果效应所摧毁。"(p. 39)

道德义务由仅限于人类活动的时空范围扩大到通向未来的整个自然界,这必然需要对伦理学原理进行"去人性化"。在功利主义的框架中,这意味着将功利概念拓展到将非人类的需要包括进来。在人权传统中,它意味着将权利拓展至非人类对象。从洛克的"生命、自由和财产",再到福利国家的食品、住房、职业和医疗保障权,技术进步一直扩充着人权概念。对生态的思考将赋予动物、植物甚至是非生物以种种权利,这是我们对非人类世界的法律责任的基础。和特莱伯一样,斯通(Christopher Stone,1975)试图提出法律依据以支持这种立场,罗德曼(John Rodman,1977)对此作了认真的哲学考察。

承担这种新义务至少有两方面的困难。其一,技术活动的后果非常难以预测;

其二,如果不对世界是可供人类操纵的力场这一科学—技术概念作形而上的批判(参照海德格尔前引文献),赋予除人以外的其他事物以权利就只可能是天方夜谭。事实上,随着生物医学工程的发展,甚至赋予人类权利的方式本身也成了问题——如刘易斯(C. S. Lewis,1947)和卡斯(Leon Kass,1972)提出的有说服力的论证。鉴于这种迫切的需要以及面临的困难,约纳斯(1973)提出了一种约束伦理学。

在另一篇论文中,约纳斯(1976)试图更加明确地提出这种约束伦理学,特别是考虑到它会对后代产生影响。由于好的东西最容易通过其反面来理解(例如,生病时才知健康的好处),约纳斯提出了一种"恐惧启发式"。"道德哲学在考虑我们实际的追求之前,应当首先念及恐惧。"(p. 88)在把整个地球当作现代技术发展的赌注时,只要存在着毁灭的可能性,就应当把笛卡儿的怀疑原理颠倒过来使用。鉴于技术的威力惊人,我们必须把可能当作确定来对待。

(7) **技术与发展**。20 世纪 60 年代末,与所谓的"技术转移"有关的概念问题引起了人们特殊的兴趣。70 年代初,这方面的讨论主要关注伦理和政治维度,特别是技术从发达国家向发展中国家的转移。对世界技术增长与发展极限的预测增加了这种问题的重要性。

伯格(Peter Berger)与其同事的著作《无家可归的心灵》(*The Homeless Mind*,1973)特别重要。伯格对作为技术与官僚政治的功能的现代意识作了现象学的描述,并且分析了这种意识在"现代化"进程中是如何转移到第三世界国家的。他对作为"一揽子交易"的现代性以及它在多大程度上能够被改变特别感兴趣。伯格认为,现代生活世界的显著特征是片段化或多元化,传统的社会意义遭到了破坏,它所导致的状况可以用一个概念来概括,那就是"无家可归"。

在另一部著作中,伯格(1974)批判了现代化的资本主义和社会主义两种意识形态。他主张,必须认真对待"非现代化"倾向,不应草率地斥之为倒退或非理性。现在需要的是"以新方法来处理关于政治伦理和社会变化的问题(包括发展方针的问题)",这将使切实的分析与乌托邦式的幻想结合起来。

古莱(Denis Goulet,1971 和 1977)的研究正是朝着这个方向进行的。古莱非常欣赏芒福德、埃吕尔等思想家的观点,他将其与自己在拉丁美洲进行的现场调查研究相结合,形成了一种"发展哲学"。它建立在这样一种认识的基础上,那就是:"技术绝非包治不发达病症的灵丹妙药。"

针对第三世界国家日益增多的失业问题,有人提出了"替代的"、"适用的"或"中间的"技术。在这方面,经济学家舒马赫(E. F. Schumacher,1973 和 1977)发挥了重要影响。洛文斯(Amory Lovins,1975,1976 和 1977)通过复杂的技术论证,为发达国家和不发达国家中所谓的"软技术"提供辩护。狄克逊(David Dickson,1974)为先进工业社会中的替代技术赋予了一种激进的政治含义。他认为,"技术问题既源于技术的本质,也源于技术的使用,但……前者在很大程度上是由社会和政治因素决定的,所以不能认为技术与它们无关。"(pp. 9-10)狄克逊还区分了先进工业社会与第三世界中的替代技术：他称前者为"乌托邦"技术，后者为"中间"技术。

布拉克尔(J. Van Brakel，1978)在对"适用技术"(appropriate technology)概念应用于发展中国家进行批判分析时，认为抽象地主张"适用技术"仅仅是在进行善意地说教。"适用技术是好的"，话虽真切却流于平庸，它掩盖了未经说出的价值和目标。

(8) **技术与社会——政治理论**。当马基雅维利、培根和笛卡儿提出，制造比古人所认为的更接近人性本质时，他们便为现代的进步理论奠定了基础。这种理论认为，技术变化将会带来有益的社会变化。然而，至少从工业革命开始，这种进步理论就变得越来越值得怀疑，特别是由于工人异化、战争、大众社会和环境污染等问题。技术尽管带来了各种好处——物质福利增加、劳动减少——却也产生了许多未曾预料的副作用。许多现代政治理论都在讨论这些意外后果的产生原因和补救方法。

技术进步的不确定性引出了两类问题：描述性的和规定性的。如何描述技术变化及其与社会变化的相互作用，已经成为技术史以及技术的社会科学研究的首要关注对象。与科学政策研究一样，所谓的"未来研究"也倾向于在广阔的规定性框架中强调描述性问题。由于这些学科的基本假设涉及关键问题是什么，以及原则上如何回答它们，所以对它们做间接地哲学考察至少是必要的。

规定性问题更需要哲学的直接关注。然而，如果抛开技术与社会相互作用的描述性理论，那么对现代技术应当作何政治反应等问题就不会被提出。因此，社会政治理论的跨学科特征使得历史学家、社会学家和技术哲学家能够进行广泛交流。这种交流可以通过关于以下四个主题的当代讨论来加深理解：①马克思主义理论的转型；②"后工业"社会的观念；③自由主义者对技术挑战的各种反应；④"技术自主"的可能性。

古典马克思主义理论认为，技术问题不是由技术本身造成的，而是由技术所处的社会结构引起的。技术的资本主义占有者必定用它来统治工人。只要从这种社会状况中摆脱出来，技术就会带来解放。最近，让德隆(Bernard Gendron，1977)为这一观点提出了充分的理由，他的分析将社会主义与两种同样错误的技术观简单地对立起来：一种是"乌托邦"的观点，认为技术会带来社会财富；另一种是"敌托邦"的观点，认为技术必然会导致出人意料的后果。

让德隆对社会主义观点的辩护有两个弱点，首先是没有正确地理解马克思理论的预言方面，其次是没有考虑到某些国家对马克思理论的努力实践。马克思认为，在资本主义条件下，技术的发展将不可避免地导致资本主义的消亡。而实际上，社会主义革命都主要发生在发展中国家而不是发达国家。在苏联和东欧，技术即使没有与战争和政治控制问题纠缠在一起，也是与异化、污染等问题联系在一起。

面对着资本主义的持续繁荣和社会主义的相对落后，许多人都试图对马克思主义理论作出修正。例如麦克弗森(C. B. Macpherson，1967)就把马克思主义的强调重点由经济学转到了哲学人类学。人不能再把自己当成消费者，而应看成积极的生产者，从而充分地利用技术。

与此相关但影响更大的是德国的一些社会理论家，他们形成了所谓的法兰克福学派，包括霍克海默、马尔库塞、哈贝马斯等人。法兰克福学派的纲领紧紧围绕着 20 世纪 30 年代霍克海默所谓的"批判理论"而展开。他们对早期马克思所忽视的方面加以强调，再对弗洛伊德的理论加以吸收，试图以此扩充马克思的政治经济学批判。马克思剥下了 19 世纪资本主义经济意识形态的伪装，批判理论则旨在驱除 20 世纪资本主义和社会主义意识形态的假象与神秘——同时避免批判倾向本身成为一种新的意识形态。

批判理论的基本观点是，理性被专制扭曲了，但阶级斗争的消失并不意味着专制的结束。专制既可以体现于像苏联那样的严酷的政治结构中，也可以以更加微妙的形式在发达资本主义社会中出现，比如与科学技术产生本质性的联系。霍克海默的"工具理性批判"试图说明，科学的实证主义是一种意识形态。马尔库塞的《单向度的人》(*One-Dimensional Man*，1964)对这种一般观点作了易于理解的说明，论及西方社会专制的新的形式，即科学技术以及受科技思想影响的哲学中所体现的更加微妙的专制。在更晚近的著作中，马尔库塞(1972)和他的学生莱斯(William Leiss，1972 和 1975)力图把自然哲学和环境伦理学纳入批判理论。

哈贝马斯(1968)批判了马尔库塞的"技术和科学是'意识形态'"的观点。他还针对技术媒介提出了他所谓的"交往伦理学"(1970)。在哈贝马斯看来，既然当代西方社会被错误的广告宣传所左右，就必须对真正交往的条件作出新的描述，比如摈弃暴力，人人都有平等的机会接触大众媒体等等。在这里，哈贝马斯继承了密尔(John Stuart Mill)的自由主义传统，主张言论自由是社会公正的先决条件。

对马克思主义最全面的修正是"后工业"社会理论。作为对早期工业社会理论的修正，后工业主义同时考察了资本主义和社会主义的发达技术社会的变化。在这些变化中，最显著的是所谓的"管理革命"，信息和知识作为生产力的重要性日益突出，以及全球性的技术增长。将系统论应用于企业管理和社会规划的文献强调了这些变化(参见 Boguslaw，1965 和 Laszlo，1974)。布尔斯廷(Daniel Boorstin，1978)则从另一个角度提出，技术增长创造了一种共享的公共经验，它曾为 18 世纪的文坛带来了民主。布尔斯廷将这种普遍而同质的国家称为技术共和国。

贝尔(Daniel Bell，1973)对后工业社会作了坚持不懈的认真研究，不过他忽视了这种社会秩序中所固有的普遍主义倾向。根据贝尔的"社会预测风险"，理论知识的核心性是与经济服务业的拓展相联系的。在经济过程中，远程通信和计算机(硬件)，以及思想上的规划和决策技术(软件)，已经变得比财产更为重要。这些变化使得大学——它是有组织的研究中心——等机构的社会地位上升。在职业活动中,变化体现在专业技术服务的经济意义的提升,以及医疗、教育和福利等社会服务的增加。

马克思主义者对贝尔的分析进行了激烈地批判。持科技革命观的苏联东欧学者反对贝尔关于资本主义和社会主义经济结构趋于一致的观点。让德隆指出,贝尔以为单凭技术本身就可以解决社会问题。贝尔回应说,"后工业"主要指一种理想形态,它是技术经济秩序结构的发展趋向。它只是间接指政治文化领域的变化,这一领域独立于整个社会的轴向结构。

贝尔最后对自由主义的政治问题发表了看法。在后工业社会中,有一个涉及平等的问题很关键。贝尔反对极左派,他捍卫"精英管理"的观念,认为这是一种以技术精英为基础的公正的社会等级结构。在某些批评者看来,这无异于坚持保守的技治主义,或者更糟。贝尔认为,这个问题含有情感因素,因为社会不再由人与自然或人与技术的关系来决定。技术进步已经使社会关系占据了优势地位。这时,所有的关系,特别是社会关系,就成了政治争论的主题。贝尔主张,面对着碎片化倾向,我们必须"为整个社会规定明确的目标,并且在这一过程中阐明一种公众哲学,它大于特定社会群体的需要的总和"。

作为西方占据统治地位的公众哲学,自由主义的含义千差万别,贝尔的看法也许代表了偏重理论的一方。更为实际或实用的自由主义是以杜尔宾(1972 和 1978)的主张为基础的,即技术哲学应当合理地说明技术服务的目标以及技术共同体应当如何在社会中定位,并努力把这种观点付诸实践。它所强调的与其说是一般理论,不如说是实践或解决特殊问题,应当允许相关人士发表自己的观点,参与决策过程。

古德曼(1969)提出了相同的一般观点。他认为,技术本质上是一种从属于政治的实践活动,它应当成为一般民众政治论争的主题。研究美国技术史的莫里森(Elting Morison,1974)非常同意这种观点,他明确拒斥一般理论,而主张逐步对具体问题进行研究。在这一过程中应当遵循三条原则:①技术应当适合人并且为人服务;②它是可控的;③它应当得到民主管理,因为只要有机会,大多数人都是他们自己利益的最好的仲裁人。

弗尔基斯(Victor Ferkiss)和海尔布隆纳(Robert Heilbroner)特别联系环境问题对自由主义进行了批判。弗尔基斯(1974)反对个人自由的理想,提倡所谓的"生态人文主义"。他主张,人应当认识到他与整个自然的相互依存性,并且觉察到一种内在的社会新秩序。海尔布隆纳(1974)对人类的前景没有那么乐观,他对社会主义和资本主义的经济结构对于解决人口、战争和污染三方面问题的能力做了一番比较,承认社会主义经济略有优势。然而,他的结论是,人类希望以不使西方的自由受到严重削弱的方式来"迎接未来的全球化挑战,但'人的本性'使这种想法注定只能是乌托邦"。

技术有可能并不受制于社会控制(无论是马克思主义的还是自由主义的),这是隐藏在温纳的《自主的技术》(*Autonomous Technology*,1977)背后的基本主题。正如温纳令人信服地指出的,认为技术是一种自主的力量的观念至少在玛丽·雪莱(Mary Shelley)的《弗兰肯斯坦》(*Frankenstein*,1818)中就已经出现,后来又在大量科幻作品中重现。在过去的半个世纪里,芒福德、吉登(Giedeon)、埃吕尔等人所作的社会分析对此给予了极大关注。温纳在著作中对埃吕尔直言不讳地加以批评,认为他轻率地抛弃了技术已经成为社会和政治事务中的独立力量的说法。

温纳认为,技术在三种意义上可以理解为自主的。首先,它可看作是一切社会变化的根本原因,它逐渐改变和覆盖着整个社会;其次,大规模的技术系统似乎可以自行运转,无需人的介入;最后,个人似乎被技术的复杂性所征服和吞没。第一点是历史学的,第二点是政治性的,第三点是认识论的。温纳的著作主要对第二点作了详细分析。

通过对技术的哲学起源理论以及相应的思想革命学说进行批判,温纳证明自己把注意力集中在技术社会的结构和功能上是正当的。他认为二者过于抽象。为了避免"毫无头绪的深刻和毫无意义的琐碎",他转向了政治理论(第 134 页)。他先是对技治主义作了批判性的重新表述。技术社会与其说是由技术精英主宰的,不如说是技术方法渗入政治领域所致。技术对政治的统治不是人为实现的,而是通过把政治生活变成温纳所说的"技术政治"而实现的。根据这种观点,无论是产生的问题,还是解决它们所依据的原则,主要都是由技术决定的。"要想控制技术,首先必须服从技术。但控制的机会似乎总是与现代人无缘。也许这正是现代人最大的不幸。"(第 262 页)人若想打破自然和经济的禁锢,就必须屈从于其他有同样威力的禁锢。温纳最后指出,甚至马克思主义革命也将在这种技术禁锢的奴役中完结。

对"技术自主"命题的批判主要有两种。一种是接受技术的控制——实际上是批评埃吕尔等人不必要的恐惧。这正是控制论和系统论的观点,它与技治主义的观念和贝尔的"后工业"理论密切相关。对此,温纳回应说,技术甚至连技术专家都无法控制,这种复杂性必然会导致能动作用的丧失。

第二种批判思路可见于卡拉汉的著作(Daniel Callahan,1973)。在对生物医学技术所产生的伦理政治问题作了认真研究之后,卡拉汉指出,支持技术自主性的论证"只可勉强算作消遣,因为它没有考虑心理学意义上的技术原理——当代人不能也不愿离开技术而生活。"在政治理论中,必须从"切实的、不可根除的技术事实出发。"任何伦理政治见解"都必须要求适度,在文化上切实可行"。

温纳对这一批评的回答是,他承认自己给不出系统性的建议。不过他还是提出了一种"认识上的勒德主义(Luddism)[①]",即只要可能,就在小范围内废除技术,暗示可以采取一种无政府主义立场。在某种意义上,这种立场有些实用自由主义的味道。它们的区别在于,卡拉汉和实用自由主义者主张政治适应技术,温纳则主张政治抗拒技术。在一些关于生物医学技术的保守讨论中,也隐含着这种抗拒。

三、走向综合:人性化问题

在伦理和政治讨论中未明确说明的主题是人性化问题。技术以何种方式、在何种程度上促进或阻碍了人性的实现?如果是就个人而言,这主要是一个伦理学问题。如果从技术与社会制度的关系来看,它就有了政治特征。无论哪一种情况,关于技术的人类意义的任何争论最终都要预设对技术和人的本性的看法。阐明这些先决条件是技术哲学的中心任务,它旨在对该领域的各个方面作一种综合。

在对关于技术本性的形而上学问题进行分析时,人性化问题已被广泛地间接提及。把技术当作客体,引出了人造物在何种程度上是人体之延伸的问题。把技术当作过程,明确提出了与行动相关的人性化问题。对技术效益的追求与人性的实现是相一致还是相背离?把技术当作知识,提出了作为理性动物的人如何进行真正人性的思考的问题。把技术当作意志,也提出了哪些对世界的实际态度是真正人性的态度的问题。被认为最恰当地理解了技术的理论描述,无疑会对理解技术与人的关系产生影响。

理论分析的关键在于对两类技术的区分。虽然都是制造和使用,但一种是传统的直觉技艺中所包含的,一种是现代科学的大规模生产过程中所包含的。类似的讨论也出现在对伦理和政治的讨论中,特别是关于替代技术的争论。洛文斯(Lovins)区分了像核动力这样的硬技术与像风能和太阳能这样的软技术,这一区分至少效仿了早先对古代技艺和现代技术之间的形而上学区分。洛文斯所谓的"软"技术并非是指它"模糊、柔软、短暂或有思辨色彩,而是说它相当灵活、富有弹性、能够持续且良性发展"(1976,第77页)。一方面,通过说明这种技术更具人性,更易驾驭,或者更有益于生态,人们就可以对现代技术所引发的非人性后果进行批判。另一方面,通过论证现代技术能够对自然施加更大的力量,或者能够创造更多的物质财富,人们也能同样有力地证明软技术是更加非人性的技术。每种看法都会潜在地诉诸一种不同的人性观。

古代与现代的人性概念的区分,以及敖德嘉和芒福德的历史哲学思考,都已经暗示了人性化问题。关于人性的两种理论乃是根据"行动"和"制造"何者相对优先来划分的,它们可以同前面提到的两种技术哲学研究进路联系起来。认为人的生活本质上体现在制造活动中的观念,可以与所谓"技术的哲学"(technological

---

① 勒德主义,指以捣毁机器设备来防止失业的主张,也指对不断增长的机械化自动化的强烈反对。——译者注

philosophy)联系起来；认为人的生活本质上是一种行动，则可以同对技术的外在的哲学批判联系起来。借助人性化这一伦理学问题，这种分野可以说成是职业工程伦理学与所谓的"技术的道德哲学"之间的分野。

狭义的工程伦理学类似于医学伦理学或法律伦理学。它确立职业行为的标准，并把普遍接受的道德原则应用于工程实践。该领域中的特殊问题最近已在鲍姆和弗洛里斯的著作(Robert Baum and Albert Flores，1978)中得到集中讨论。正如鲍姆和弗洛里斯所指出的，工程伦理学的一般原理对于所有的专业实践都适用，那就是"忠实地为公众利益服务"。在如何看待公众利益，以及如何为这种利益服务方面，产生了种种问题。如果公众要求工程师设计某种工程上不完善的东西，工程师应负什么责任呢？例如在私营企业中，工程和管理之间就不断发生冲突。对问题最好的技术解决办法很少有花费最少、或是最能被劳动者所接受的。即使把工程利益维持到最低，当代社会仍有可能对技术相当迷恋，以至于那种工程态度几乎不会受到影响。

这种可能性要求把狭义的工程伦理学转到广义。莫里森(1974)曾在他的历史研究中说，有一次，美国工程师杰维斯(John B. Jervis)在眺望美国的一片荒野时，禁不住喊道："多好的工程基地啊！"杰维斯确信，通过尽可能密集地进行修造(但又不失其简洁)，不但会提高人在自然界中的地位，而且也会改善自然。这种信念包含了一种人性理论，认为人本质上体现于技术活动中，这种主张在欧洲关于工程伦理学的一些讨论中最有市场。例如工程哲学家萨克塞(Hans Sachsse，1978)就从技术与人的生理的一般关系出发，通过技术与历史，转到一种用技术来控制技术的伦理主张(1978)，工程哲学家伦克和罗波尔(Hans Lenk and Güther Ropohl，1979)也提出了所谓"实用的、跨学科的技术哲学"，即基于系统论把"一般技术"当作对专业技术中的实际问题进行多学科的综合思考的基础。

类似地，邦格(Bunge，1977)也主张对技术专家的道德责任加强认识，使"各个领域的专家小组，包括应用社会科学家，在公众的监督和控制下"工作，以建立一种"全球性的技术统治，或者一切人类活动领域中的专家准则"(第107页)。伦理学还很不完善，需要通过技术来丰富发展自己；事实上，道德准则与技术规律具有相同的逻辑结构，因此，"伦理学也可以被认为是技术的一个分支"(第103页)。这种看法的基础是邦格对作为知识的技术进行的认识论分析。这便把理论与实践结合起来，为在专业工程伦理学的基础上对道德哲学进行重建提供了一个有说服力的论证，从而也为科学技术可以变得人性化作了辩护。

对"技术的道德哲学"的研究还有一种相反的方法，那就是试图在一种更广的意义上限制或包括工程伦理学。虽然对广度有所要求，但这种方法有两种形式，广度各有不同。第一种形式认为，与各种技术相关的伦理学问题使我们有机会应用和发展更为宽泛的伦理学原理。它与狭义的职业工程伦理学的区别(尽管这种区别很微妙)在于，这种应用并不是要推进专业的制造活动，也绝不是要假设技术的首要性。这种意义上的"技术的道德哲学"并没有拓展技术思考方式(就像邦格那样),而是注重内在的转变和更新。另一种较广的形式则旨在探究人性的根本,以此作为理解技术的基础。由于这种方法并不假设技术的首要性,因而进行的探讨往往表现出对待现代文化的消极态度。

在某些前现代的思想中,技术领域被认为是从属于政治的,而政治又从属于伦理。正因为此,柏拉图才提出,好的国家应当在伦理和政治方面对技术进行规范。所有这些传统批判都是基于一个前提,那就是认为行动是比制造更为突出的人类活动,而且制造品会对人的行动产生不利的影响。有一种传统的方法可以使政治领域免遭来自生产领域的态度和影响的侵入。罗德曼(John Rodman,1975)对巴特勒(Samuel Butler)在《乌有乡》(*Erewhon*,1872)中的主张进行了机智的改编;他认为,芒福德、埃吕尔等人的著作都带有一种乌有乡式的反机械论哲学的特征,但是又都没有明确主张要对技术进行限制。

道德哲学与技术之间的现代的相互作用比较典型地集中在责任、中性、自由异化等问题上。例如,技术通常被认为在任何意义上都不是中性的。特别是如果把技术看成过程或意志,就可以看到技术对心理和社会生活会产生多么大的影响。不仅如此,对技术的现代责任的基础乃是人试图对自己的物质存在负责,从而实现自己的自由。事实上,技术力量的每一次增长都加重和扩展了需要对技术承担的初始责任,直至人已经能够对人造物的世界,甚至是自然界的非人工方面,也就是对我们的子孙后代开始负有责任(Jonas)。然而,异化使人在行使这种责任和自由的过程中遇到了阻碍。异化超出了工人对无权力、无意义、孤独和自我疏离的体验(Blauner)。政治意义上的异化就是维纳所谓的"技术自主"的思想,即公众对技术失控的体验。伦理意义上的异化则提出了意义问题。对于人来说,现代技术最初意味着自由。异化使自由变得可疑,从而重新提出了人性化问题。

现代的伦理学和政治学包含了历史上为恢复技术的原本意义所进行的各种努力。除了功利主义者和马克思主义者所提出的政治主张,它在伦理学上主要表现为提出了意识的转化问题。最常见的建议是更充分地运用理智并对技术知识进行扩充(Mesthene,Bell)。其结论是否可行,最终取决于不可预见的异化在什么程度上是技术过程的一部分。第二种建议是强调主动的转化。浪漫主义者主张培养一种能够同时涵盖科学理性和技术力量的"极端感知力"。

作为一种意识问题,人性化问题最终成了对自我进行解释的问题。面对着责任与异化的悖论,反思性的技术哲学不得不对技术人(technological man)进行重新解释。许多人都试图通过各种方法将现代技术纳入人的领域,比如对人的制造的形象加以改造(Macpherson),或者对人的行动作更多地理解(Ladriere,Gadamer),或者重新解释宗教信仰(Lynch,Vahanian)。拜仁(Edmund Byrne,1978)认为,关键在于人机关系的目标。他区分了把人并入机器的"电子人"(cyborg)系统和用机器扩展人的功能的"弥补"系统。这一关键问题又变成了如何在两种人性理论之间进行选择的问题：一种主张人性本质上与行动相关，另一种主张与制造相关。关于这两种解释的问题是作为解释学的技术哲学的核心。它或许也是整个哲学的核心。

为了探讨这一争论，哲学家不可避免地要去关注历史。鉴于现代史是从哲学上对古代世界观的抛弃开始的，所以对制造和使用的性质和意义进行解释的恰当方式只能是，既要考察技术的历史，也要考察现代哲学史。

历史哲学研究中提出的最深刻的问题涉及哲学本身在技术世界中的位置。这个问题尽管很少有人明确提出，却一直存在着。例如，约纳斯认为，尽管科技革命源于革命性思想和自由，但现在却受到正统观念的统治，并与社会保守主义结盟。“始于至高自由的东西已经建立起它自身的必然性，并按其进程不断发展，有如第二个确定的自然——其确定性不亚于人造物。”(1973，第 48 页)这种必然性的一个依据是，人性化问题恰恰与技术问题有关。另一依据是，两个世纪的哲学批判对于从根本上改变现代信仰的进程是无效的。这是否是由于这种批判受到了错误地引导？还是因为在哲学帮助造就的形势中，哲学被剥夺了其正当权利？抑或是因为我们对哲学力量的期望存在误解？在对技术进行反思的过程中，哲学不得不尽力解决关于它自身的本性和限度的问题，而这一过程又会反过来影响它对技术的分析。

参考书目介绍

1. 非哲学类文献资料

对技术的哲学反思要求对实践者(工程师、技术专家、商务经理)理解自己职业的方式非常熟悉。它还要求对技术发展及其社会后果的历史有一定的了解。

工程师们已经对技术进行了哲学反思，这体现在德绍尔、弗洛曼、拉菲特、德国工程师协会等人或组织的著作中。要想了解关于工程和商务管理的各个技术方面，可以参考以下文献：

对工程活动的一般概述可参见：Ralph J. Smith，*Engineering as a Career*，3d. ed. (New York：McGraw-Hill，1969)；Charles Susskind，*Understanding Technology* (Baltimore：Johns Hopkins University Press)以及 Dustin Kemper，*The Engineer and His Profession* (New York：Holt，Rinehart and Winston，1975)。Morris Asimov，*Introduction to Design* (Englewood Cliffs，N. J.：Prentice-Hall，1962)和 Thomas T. Woodson，*Introduction to Engineering Design* (New York：McGraw-Hill，1966)对作为本质性工程活动的设计作了专门介绍。*McGraw-Hill Encyclopedia of Science and Technology* (1971)是一篇不可或缺的文献，它清楚地解释了许多技术性的定义和概念。对于控制论和信息论这些专门领域，应当了解 *Scientific American* collection，*Information* (San Francisco：W. H. Freeman，1966)和 Jagjit Singh，*Great Ideas in Information Theory*，*Language and Cybernetics* (New York：Dover，1966)。关于计算机，Margaret A. Boden，Artificial Intelligence and Natural Man(New York：Basic Books，1977)对最近的研究作了详细的考察。Peter Drucker，*The Practice of Management* (New York：Harper & Row，1954)和 C. West Churchman，*Challenge to Reason* (New York：McGraw-Hill，1968)对正在受到现代科技影响的管理理论作了基本介绍。这两本书中的思想应当在 Melvin Kranzberg and

Joseph Gies, *By the Sweat of Thy Brow*(New York: Putnam's, 1975)所给出的劳动史背景中来理解。关于对所谓"左派工程学"的社会技术构想可参见 Duncan Davies, Tom Banfield, and Ray Sheahan, *The Humane Technologist*(London: Oxford University Press, 1976)以及 *CoEvolution Quarterly*(Sausalito, Calif.)和 *Undercurrents*(London)这两份期刊。Christopher Williams, *Craftsmen of Necessity*(New York: Random House, 1974)对传统技术作了颇有见地的论述;同时还要结合 Mircea Eliade, *The Forge and the Crucible*(New York: Harper & Row, 1962)进行阅读。

关于对技术的历史和社会科学研究还可见于本卷中的其他内容。但是由于在经验社会科学与哲学社会理论之间作出硬性区分有时并不容易,所以参考书目中也包括了这些领域中的一部分文献。从哲学的观点看(它并不必然等同于历史的或社会科学的观点),以下阅读材料是有益的: Frederick Klemm, *A History of Western Technology*(Cambridge, Mass.: M I T Press; 1964)是一部非常有用的原始历史资料集; *Technik: Eine Geschichte ihrer Probleme*(Freiburg: Alber, 1954)对技术专家、道德学家、神学家、博物学家、诗人、经济学家和政治家所提出的观点作了更好的讨论。关于社会科学背景的两部基本文集是 Melvin Kranzberg and Carroll W. Pursell, Jr., eds., *Technology in Western Civilization*, 2 vols. (New York: Oxford University Press, 1967)和 Ina Spiegel-Rösing and Derek de Solla Price, eds., *Science, Technology, and Society: A Cross-Disciplinary Perspective*(London and Beverly Hills: Sage, 1977)。关于苏联-东欧工作的互补性的背景,参见 Frederic J. Fleron, Jr., ed., *Technology and Communist Culture: The Socio-cultural Impact of Technology under Socialism*(New York: Praeger, 1977)。关于技术哲学背景的优秀历史著作包括: Siegfried Giedion, *Mechanization Takes Command*(New York: Oxford University Press, 1948); John U. Nef, *Cultural Foundations of Industrial Civilization*(Cambridge: Cambridge University Press, 1958); Paolo Rossi, *Philosophy, Technology and the Arts in the Early Modern Era*(New York: Harper & Row, 1970); Cyril Stanley Smith, "Art, Technology, and Science: Notes on their Historical Interaction," *Technology and Culture* 11 (Autumn 1970): 493-549; Lynn White, Jr., *Medieval Technology and Social Change*(New York: Oxford University Press, 1962); Jerome R. Ravetz, *Scientific Knowledge and Its Social Problems*(New York: Oxford University Press, 1971)以及 Arnold Pacey, *The Maze of Ingenuity: Ideas and Idealism in the Development of Technology*(Cambridge, Mass.: M. I. T. Press, 1976)。

最后,对技术,特别是对作为伦理和政治问题的技术的哲学分析,要求我们对技术的人类学和文学研究有所了解。Edward H. Spicer, ed., *Human Problems in Technology*(London: Sage, 1952); William L. Thomas, Jr,, ed., *Man's Role in Changing the Face of the Earth, 2 vols.* (Chicago: University of Chicago Press, 1956)和 H. Russell Bernard and Pertti J. Pelto, eds., *Technology and Social Change*(New York: Macmillan, 1972)是三部优秀的人类学著作。关于文学研究,在哲学上最为相关的著作是 Leo Marx, *The Machine in the Garden: Technology and the Pastoral Ideal in America*(New York: Oxford University Press, 1964)和 Herbert L. Sussman, *Victorians and the Machine: The Literary Response to Technology*(Cambridge, Mass.: Harvard University Press, 1968)。乌托邦小说、反乌托邦小说和科幻作品都是关于技术思想的有价值的资料。Robert Pirsig, *Zen and the Art of Motorcycle Maintenance*(New York: William Morrow, 1974)是一部把技术当成哲学问题来思考的自传小说。

2. 技术哲学文献资料

STS Newsletter(此前为 *Humanities Perspectives on Technology*, Lehigh University)和

Science, *Technology* & *Human* Value（此前为 *Public Conceptions of Science*，Harvard and MIT）是两部有用的著作，包括通信材料、参考书目和各种文章。*Journal for the Humanities and Technology*（Southern Technical Institute，Marietta，Ga.）这份杂志也可参考。*Newsletter of the Society for Philosophy* & *Technology*（University of Delaware）则不断刊出新的参考书目。

这里我们关注的是参考书目、主要文集和教材文选。关于参考书目特别参见 Mitcham and Mackey（1973），Mistichelli and Roysdon（1978）和 Mitcham and Grote（1978）。最重要的文集是 Mitcham and Mackey（1972），Lenk and Moser（1973），Rapp（1973）和 Durbin（1978，1979）。12 个标星号的条目则对技术哲学作了最集中的介绍。（应当注意，在这些著作中存在着某些交叠。）

* Anderson，Alan Ross，ed. *Minds and Machines*，Englewood Cliffs，N. J.：Prentice-Hall，1964.

"Are There Any Philosophically Interesting Questions in Technology?" In *PSA 1976*：*Proceedings of the 1976 Biennial Meeting of the Philosophy of Science Association*，vol. 2，pp. 137-201. Edited by F. Suppe and P. Asquith. East Lansing，Mich.：Philosophy of Science Association，1977，该会议论文集包括 Max Black，Mario Bunge，Paul Durbin，Ronald Giere 和 Edwin Layton 等人所撰写的论文。

* Barbour，Ian G.，ed. *Western Man and Environmental Ethics*：*Attitudes toward Nature and Technology*. Reading，Mass.：Addison-Wesley，1973. 关于这一主题的最好的教材文选。

Bereano，Philip L.，ed. *Technology as a Social and Political Phenomenon*. New York：John Wiley，1976. 优秀的教材文选。

Blackstone，William T.，ed. *Philosophy and Environmental Crisis*. Athens，Ga.：University of Georgia Press，1974.

* Bugliarello，George，and Doner，Dean，eds. *The History and Philosophy of Technology*.
Urbana，Ill.：University of Illinois Press，1979. 1973 年召开的一个国际研讨会的论文集。

Burke，John G.，ed. *The New Technology and Human Values*. Belmont，Calif.：Wadsworth，1966. 2d ed.，enlarged 1972. 流行教材，较为通俗，哲学味道不是太重。

* Crosson，Frederick J.，ed. *Human and Artificial Intelligence*. New York：Appleton-Century-Crofts，1970. 立场折衷的选集，一部优秀的教材。

Crosson，Frederick J.，and Sayre，Kenneth M.，eds. *Philosophy and Cybernetics*. Notre Dame，Ind.：University of Notre Dame Press，1967. 在 8 篇论文中，有 6 篇出自 Crosson 和 Sayre 之手。

Civilization technique et humanism. Paris：Beauchesne，1968. 法文、德文和英文的论文均有收录。

Dechert，Charles R.，ed. *The Social Impact of Cybernetics*. New York：Simon and Schuster，1966. 源自 1964 年在圣母大学召开的一次会议。

Douglas，Jack D.，ed. *Freedom and Tyranny*：*Social Problems in a Technological Society*. New York：Random House，1970. 教材。

Durbin，Paul T.，ed. *Research in Philosophy* & *Technology*. Greenwich，Conn.：JAI Press，vol. 1，1978；vol. 2，1979. 哲学与技术学会的年刊，包括由 Carl Mitcham 所编辑的评论和参考书目。

Feigenbaum，Edward A. and Feldman，Julian，eds. *Computers and Thought*. New York：McGraw-Hill，1963. 关于技术及其阐释的经典论文集，附有大量以主题为索引的参考书目。

Freyer，Hans；Papalekas，Johannes C.；and Weippert，Georg，eds. *Technik im technischen Zeitalter*；*Stellungnahmen zur geschichtlichen Situation*. Düsseldorf：Schilling，1965. 一部

由20篇论文组成的文集，涉及伦理和政治方面的许多议题。

Harvard University Program on Technology and Society, 1964—1972. 这个哈佛项目当时出产了8篇"研究评论"，对各个领域进行了出色的描述，并对若干出版物作了详细评注：no. 1(Fall 1968), "Implications of Biomedical Technology"; no. 2(Winter 1969), "Technology and Work"; no. 3(Spring 1969), "Technology and Values"; no. 4(Summer 1969), "Technology and the Polity"; no. 5(1970), "Technology and the City"; no. 6(1970), "Technology and the Individual"; no. 7(1971), "Implications of Computer Technology"; no. 8(1971), "Technology and Social History."

Herlitzius, Erwin. "Technik und Philosophie." *Informationsdienst Geschichte der Technik* (Dresden) 5(1965): 1-36.

Kranzberg, Melvin, and Davenprot, William H., eds. *Technology and Culture*. New York: Schocken, 1972. 根据最初十年的 *Technology and Culture* 编选的文集。

Krohn, Wolfgang, Layton, Edwin T., Jr., and Weingart, Peter, eds. *The Dynamics of Science and Technology*. Boston: D. Reidel, 1978. 科学社会学：一份年鉴。

Lenk, Hans, ed. *Technokratie als Ideologie; sozialphilosophische Beiträge zu einem politischen Dilemma*. Stuttgart: W. Kohlhammer, 1973.

Lovekin, David, and Verene, Donald Phillip, eds. *Essays in Humanity and Technology*. Dixon. Ill.: Sauk Valley College, 1978.

McLean, George F., ed. *Philosophy in a Technological Culture*. Washington, D. C.: Catholic University of America Press, 1964.

* *Man, Science, Technology: A Marxist Analysis of the Scientific and Technology Revolution*. Moscow and Prague: Academia, 1973. 俄文版也已出版。

"Die Marxistisch-leninistische Philosphie und die technische Revolution". *Deutsche Zeitschrift für Philosophie* 13(1965)专刊。

Mistichelli, Judith, and Roysdon, Christine. *Beyond Technics: Humanistic Interactions with Technology: A Basic Collection Guide*. Bethlehem, Pa.: Humanities Perspectives on Technology and Lehigh University Libraries, Lehigh University, 1978. 关于对技术的一般人文回应的参考书目，附以很好的注释。

Mitcham, Carl, and Grote, Jim. "Current Bibliography in the Philosophy of Technology: 1973—1974." In *Research in Philosophy & Technology*, vol. 1, pp. 313-390. Edited by P. Durbin. Greenwich, Conn.: JAI Press, 1978. 作者索引见 vol. 2, 1979。

Mitcham, Carl, and Mackey, Robert. *Bibliography of the Philosophy of Technology*. Chicago: University of Chicago Press, 1973. 经过详细注释的参考书目。最初作为专刊发表于 *Technology and Culture* 14(April 1973). 作者索引见 *Research in Philosophy & Technology*, vol. 4. Edited by P. Durbin. Greenwich, Conn.: JAI Press, 1980.

Mitcham, Carl, and Mackey, Robert, eds. *Philosophy and Technology: Readings in the Philosophical Problems of Technology*. New York: Free Press, 1972, 包括概念问题、伦理和政治批判、宗教批判、存在主义批判和形而上学研究等五方面的文章。附有精选的参考书目。

Mohan, Robert Paul, ed. *Technology and Christian Culture*. Washington, D. C.: Catholic University of America Press, 1960.

Niblett, Roy W. *The Sciences, the Humanities and the Technological Threat*. London:

University of London Press, 1975.

Proceedings of the XIVth International Congress of Philosophy; Vienna, September 2-9, 1968. Vienna: Herder, 1968. Vol. 2, colloquium 6, pp. 477-614. 讨论的是"Cybernetics and the Philosophy of Technical Science."

Proceedings of the XVth World Congress of Philosophy; Varna, Bulgaria, September 17-22, 1973, vol. 2: *Reason and Action in the Transformation of the World; Philosophy in the Process of the Scientific and Technological Revolution; Knowledge and Values in the Scientific and Technological Era; Structure and Methods of Contemporary Scientific Knowledge*. Sofia: Sofia Press Production Centre, 1973. 也参见 vols. 3-6, 1974—1975。

Progrés technique et progrés moral. Neuchatel: La Baconniere, 1947.

* Pylyshyn, Zenon W., ed. *Perspectives on the Computer Revolution*. Englewood Cliffs, N. J.: Prentice-Hall, 1970. 内容广泛的文集，附有不错的参考书目和索引。

Rapp, Friedrich. *Contributions to a Philosophy of Technology: The Structure of Thinking in the Technological Sciences*. Dordrecht and Boston: D. Reidel, 1974, 附有带注释的参考书目。

* Richta, Radovan, ed. *Civilization at the Crossroads: Social and Human Implications of the Scientific and Technological Revolution*. Revised ed. Prague: International Arts and Sciences Press, 1969; 初版为 *Civilizace na rozcesti*. Prague: Svoboda, 1967.

* Sachsse, Hans, ed. *Technik und Gesellschaft*, vol. 1: *Literaturführer*. Munich: Verlag Dokumentation, 1974. Vol. 2: *Textei Technik in der Literatur*. Verlag Dokumentation, 1976. Vol. 3: *Selbstzeugnisse der Techniker; Philosophie der Technik*. Verlag Dokumentation, 1976. 最为全面的原始著作集。

* Sayre, Kenneth M., and Crosson, Frederick J., eds. *The Modeling of Mind: Computers and Intelligence*. Notre Dame, Ind.: University of Notre Dame Press, 1963. New York: Simon and Schuster, 1968.

"Science in a Social Context." London and Boston: Butterworths. 袖珍教科书系列，包括: K. Pavitt and M. Worboys, *Science, Technology and the Modern Industrial State*, 1977; K. Green and C. Morphet, *Research and Technology as Economic Activities*, 1977; E. Braun et al., *Assessment of Technological Decisions: Case Studies*, 1979; M. Gowing and L. Arnold, *The Atomic Bomb*, 1979; J. Lipscombe and B. Williams, *Are Science and Technology Neutral?* 1979.

Stover, Carl F., ed. *The Technological Order*. Detroit: Wayne State University Press, 1963. 1962年会议的论文集，最初发表于 *Technology and Culture* 3(Fall 1962)。

* "La Technique." *Les Etudes philosophiques* (April-June 1976). 包括 Jacques Ellul, Sergio Cotta 和 Daniel Cérézuelle 等人所撰写的论文。

Technology and the Frontiers of Knowledge. Garden City, N. Y.: Doubleday, 1975. Saul Bellow, Daniel Bell, Edmund O'Gorman, Peter Medawar 和 Arthur C. Clarke 所做的讲演。

Teich, Albert H., ed. *Technology and Man's Future*. 2d ed. New York: St. Martin's Press, 1977. 优秀的导论文选，包括关于技术评估的一节。

* "Toward a Philosophy of Technology." *Technology and Culture* 7(Summer 1966): 301-390. 重要的研讨会论文集，包括 Lewis Mumford, James Feibleman, Mario Bunge, Joseph Agassi, J. O. Wisdom, Henryk Skolimowsk 和 I. C. Jarvie 所撰写的论文。*Technology and Culture* 7 (Summer 1976)和 *Technology and Culture* 8(January 1967)为后续讨论。

* "Toward a Philosophy of Technology." *Philosophy Today* 15(Summer 1971): 75-156. 关于德国技术哲学的一些优秀论文。

Tuchel, Klaus, ed. *Heraus forderung der Technik; Gesellschaftliche Voraussetzungen und Wirkungen der technischen Entwicklung*. Bremen: Carl Schunemann Verlag, 1967.

White, Hugh C., Jr. *Christians in a Technological Era*. New York: Seabury, 1964. Margaret Mead, Michael Polanyi, Jean Ladrière, Bernard Morel, François Russo, Jean de la Croix Kaelin 和 Sott Paradise 所撰写的论文。

Zimmerli, W. C., ed. *Technik—Oder wissen wir, was wir tun*? Basel and Stuttgart: Schwabe, 1976.

参考文献

Abrecht, Paul, ed. *Faith, Science, and the Future*. Philadelphia: Fortress Press, 1979.

Anders, Günther. "Commandments in the Atomic Age." In *Burning Conscience*, pp. 11-20. Edited by Claude Eatherly and Günther Anders. New York: Monthly Review Press, 1961. Reprinted in *Philosophy and Technology*, pp. 130-135. Edited by C. Mitcham and R. Mackey. New York: Free Press, 1972.

Arendt, Hannah. *The Human Condition*. Chicago: University of Chicago Press, 1958. Doubleday Anchor, n. d.

Ashby, W. Ross. *An Introduction to Cybernetics*. New York: John Wiley, 1956.

Axelos, Kostas. *Alienation, Praxis, and Techne in the Thought of Karl Marx*. Tr. Ronald Bruzina. Austin: University of Texas Press, 1976. Translated from *Marx, penseur de la technique: De l'aliénation de I'homme à la conquéte du monde*. Paris: Les Editions de Minuit, 1969.

Baier, Kurt, and Rescher, Nicholas, eds. *Values and the Future: The Impact of Technological Change on American Values*. New York: Free Press, 1969.

Bailes, Kendall E. "The Politics of Technology: Stalin and Technocratic Thinking among Soviet Engineers." *American Historical Review* 79(April 1974): 445-469.

Ballard, Edward G. *Man and Technology*, Pittsburgh: Duquesne University Press, 1978.

Bavink, Bernard. "Philosophy of Technology." In his *The Natural Sciences*, pp. 562-574. New York: Century, 1932. Translated from the 4th German edition, 1930.

Beck, Heinrich. *Philosophie der Technik: Perspektiven zu Technik, Menschheit, Zukunft* [Philosophy of technology: perspectives on technology, mankind, future]. Trier: Spee-Verlag, 1969.

Beck, Robert N. "Technology and Idealism." *Idealistic Studies* 4(May 1974): 181-187.

Bell, Daniel. *The Coming of Post-Industrial Society: A Venture in Social Forecasting*. New York: Basic Books, 1973. Harper Colophon, 1976.

Berger, Peter L. *Pyramids of Sacrifice: Political Ethics and Social Change*. New York: Basic Books, 1974.

Berger, Peter L.; Berger, Brigitte; and Kellner, Hansfried. *The Homeless Mind: Modernization and Consciousness*. New York: Random House, 1973.

Bergson, Henri. "Mechanics and Mysticism." In his *Two Sources of Morality and Religion*. London: Macmillan, 1935. Doubleday Anchor, n. d. Translated from *Les Deux sources de la morale et de la religion*. Paris: Alcan, 1932.

Bernanos, Georges. *La France contre les robots*, Paris: Laffont, 1947.

Bertalanffy, Ludwig Von. *Robots, Men, and Minds*, New York: Braziller, 1967.

—. *General Systems Theory: Foundations, Development, Applications*. New York: Braziller, 1968.

Blauner, Robert. *Alienation and Freedom: The Factory Worker and His Industry*. Chicago: University of Chicago Press, 1964.

Boguslaw, Robert. *The New Utopians: A Study of System Design and Social Change*. Englewood Cliffs, N. J.: Prentice-Hall, 1965.

Boirel, René. *Science et technique*[Science and technology]. Neuchatel: Editions du Griffon, 1955.

Boorstin, Daniel J. *The Republic of Technology*. New York: Harper & Row, 1978.

Borgmann, Albert. "Technology and Reality." *Man and World* 4(February 1971): 59-69.

—. "Orientation in Technology." *Philosophy Today* 16(Summer 1972): 135-147.

—. "Functionalism in Science and Technology," In *Proceedings of the XVth World Congress of Philosophy*, vol. 6, pp. 31-36. Sofia: Sofia Press Production Centre, 1974.

Brakel, J. van. *Chemical Technology for Appropriate Development*. Delft: Delft University Press, 1978.

Brinkmann, Donald. *Mensch und Technik; Grundzüge einer Philosophie der Technik*[Man and technology; the fundamentals of a philosophy of technology]. Bern: A. Franke, 1945. A good summary of Brinkmann's ideas can be found in his "Technology as Philosophic Problem." *Philosophy Today* 15(Summer 1971): 122-128.

Brun, Jean. *Les Conquêtes de l'homme et la séparation ontologique*[The conquests of man and the ontological separation]. Paris: Presses Universitaires de France, 1961.

Brunner, Heinrich Emil, *Christianity and Civilization*, vol. 2: *Specific Problems*. New York: Charles Scribner's Sons, 1949.

Bunge, Mario. "Toward a Philosophy of Technology." In *Philosophy and Technology*, pp. 62-76. Edited by C. Mitcham and R. Mackey. New York: Free Press, 1972. Adapted from the author's *Scientific Research*, vol. 2: *The Search for Truth*. Berlin and New York: Springer-Verlag, 1967. A less technical version of this paper appeared as "Technology as Applied Science." *Technology and Culture* 7 (Summer 1966): 329-347; and is included in *Contributions to a Philosophy of Technology*, pp. 19-39. Edited by F. Rapp. Dordrecht: Reidel, 1974.

—. *Technologia y Filosofia* [Technology and philosophy]. Monterrey, Mexico: Autonomous University of Neuva Leon, 1976.

—. "Towards a Technoethics." *Monist* 60(January 1977): 96-107.

—. "Philosophical Inputs and Outputs of Technology." In *The History and Philosophy of Technology*, pp. 262-281. Edited by G. Bugliarello and D. Doner, Urbana: University of Illinois Press, 1979. Similar paper published as "The Philosophical Richness of Technology," as part of the symposium "Are There Any Philosophically Interesting Questions in Technology?" in *PSA 1976*, vol. 2, pp. 153-172. Edited by F. Suppe and P. Asquith. East Lansing, Mich.: Philosophy of Science Association, 1977.

—. "The Five Buds of Technophilosophy." *Technology in Society* 1(Spring 1979): 67-74.

Byrne, Edmund. "Humanization of Technology: Slogan or Ethical Imperative?" In *Research in Philosophy & Technology*, vol. 1, pp. 149-177. Edited by P. Durbin. Greenwich, Conn.: JAI Press, 1978.

—. "Technology and Human Existence." *Southwestern Journal of Philosophy* 10(Spring 1979): 55-69.

Callahan, Daniel. *The Tyranny of Survival*. New York: Macmillan, 1973.

Carey, James, and Quick, John. "The Mythos of the Electronic Revolution." *American Scholar* 39 (1970): 219-241 and 395-424.

Carpenter, Stanley R. "Modes of Knowing and Technological Action." *Philosophy Today* 18 (Summer 1974): 162-168.

—. "Philosophical Issues in Technology Assessment." *Philosophy of Science* 44 (December 1977): 574-593.

Cérézuelle, Daniel. "Fear and Insight in French Philosophy of Technology." In *Research in Philosophy & Technology*, vol. 2, pp. 53-75. Edited by P. Durbin. Greenwich, Conn.: JAI Press, 1979.

Churchman, C. West. *The Design of Inquiring Systems: Basic Concepts of Systems and Organization*. New York: Basic Books, 1971.

Cooper, Julian M. "The Scientific and Technical Revolution in Soviet Theory." In *Technology and Communist Culture*, pp. 146-179. Edited by Frederic J. Fleron, Jr. New York, Praeger, 1977.

Dessauer, Friedrich, *Philosophie der Technik: Das Problem der Realisierung*. Bonn: F. Cohen, 1927. Portion translated in *Philosophy and Technology*, pp. 317-334. Edited by C. Mitcham and R. Mackey. New York: Free Press, 1972.

—. *Streit um die Technik*. Frankfurt: J. Knecht, 1956. Second edition, 1958.

Dickson, David. *The Politics of Alternative Technology*. New York: Universe, 1975. Published in England as *Alternative Technology and the Politics of Technical Change*. London: Fontana, 1974.

Diemer, Alwin. "Philosophie der Technik." In his *Grundriss der Philosophie*, vol. 2: *Die philosophischen Sonderdisziplinen*, pp. 540-549. Meissenheim: Anton Hain, 1964.

Dreyfus, Hubert L. *What Computers Can't Do: A Critique of Artificial Reason*. New York: Harper & Row, 1972.

Dubos, René. *A God Within*. New York: Charles Scribner's Sons, 1972.

Duchet, René. *Bilan de la civilisation technicienne; anéantissement ou promotion de l'homme* [Balance sheet on technical civilization; annihilation or promotion of man]. Toulouse: Privat-Didier, 1955.

Durbin, Paul T. "Technology and Values: A Philosopher's Perspective." *Technology and Culture* 13(October 1972): 556-576.

—. "Toward a Social Philosophy of Technology." In *Research in Philosophy & Technology*, vol. 1, pp. 67-97. Edited by P. Durbin. Green-wich, Conn.: JAI Press, 1978.

Ellul, Jacques. *The Technological Society*. Tr. J. Wilkinson. New York: Alfred A. Knopf, 1964. From *La Technique, ou l'enjeu du siécle*. Paris: Colin, 1954.

—. "The Technological Order." First published in *The Technological Order*. Edited by C. Stover. Detroit: Wayne State University Press, 1963. Reprinted in *Philosophy and Technology*, pp.

86-105. Edited by C. Mitcham and R. Mackey. New York: Free Press, 1972.

—. *The New Demons*. Tr. C. Edward Hopkin. New York: Seabury, 1975. From *Les Nouveaux possédés*. Paris: A. Fayard, 1973.

—. *Le Système technicien*[The technological system]. Paris: Calmann-Levy, 1977.

Engelmeier[Engelmeyer], P. K. "Philosophie der Technik." *Atti del* 4. *Congresso internazionale di filosofia*, vol. 3, pp. 587-596. Bologna, 1911.

Espinas, Alfred Victor. *Les Origines de la Technologie*[The origins of Technology]. Paris: F. Alcan, 1897.

Ferguson, Eugene S. "The Mind's Eye: Nonverbal Thought in Technology." *Science* 197(26 August 1977): 827-836.

Ferkiss, Victor G. *Technological Man: The Myth and the Reality*. New York: Braziller, 1969.

—. *The Future of Technological Civilization*. New York: Braziller, 1974.

Florman, Samuel C. *The Existential Pleasures of Engineering*. New York: St. Martin's Press, 1976.

Foley, Michael. "Who Cut Down the Sacred Tree?" *CoEvolution Quarterly*, no. 15(Fall 1977), pp. 60-67.

Freyer, Hans. *Theorie des Gegenwärtigen Zeitalters*[Theory of the present age]. Stuttgart: Deutsche Verlags-Anstalt, 1955.

Friedmann, Georges. *La Crise du progrès; Esquisse d'histoire des idées, 1895 —1935*[The crisis of progress; outline of the history of ideas, 1895—1935]. Paris: Gallimard, 1936.

—. *Anatomy of Work: Labor, Leisure, and the Implications of Automation*. New York: Free Press, 1961. Tr. by W. Rawson of *Le Travail en miettes; Specialisation et loisirs*. Paris: Gallimard, 1956 and 1964.

—. *Sept études sur I'homme et la technique*[Seven studies on man and technology]. Paris: Gallimard, 1966.

—. *La Puissance et la sagesse*[Power and wisdom]. Paris: Gallimard, 1970.

Gadamer, Hans-Georg. "Theory, Technology, Practice: The Task of the Science of Man." *Social Research* 44(Autumn 1977): 529-561. This is a translated and modified version of "Theorie, Technik, Praxis: Die Aufgabe einer neuen Anthropologie," the introduction to *Neue Anthropologie*, edited by Gadamer and Paul Vogler. Stuttgart: Thieme, 1972—1975.

Gendron, Bernard. *Technology and the Human Condition*. New York: St. Martin's Press, 1977.

Gill, Eric. *Christianity and the Machine Age*. London: Sheldon, 1940. Reprinted in *Philosophy of Technology*, pp. 214-236. Edited by C. Mitcham and R. Mackey. New York: Free Press, 1972.

Goodman, Paul. "Can Technology Be Humane?" *New York Review of Books*, 13(20 November 1969), pp. 27-34. Reprinted in *Technology and Man's Future*, pp. 207-222. Edited by A. H. Teich. New York: St. Martin's Press, 1977.

Gouldner, Alvin W. *The Dialectic of Ideology and Technology: The Origins, Grammar, and Future of Ideology*. New York: Seabury, 1976.

Goulet, Denis. *Cruel Choice: A New Concept in the Theory of Development*. New York: Atheneum, 1971.

—. *The Uncertain Promise: Value Conflicts in Technology Transfer*.

New York: I. D. O. C.-North America; Washington, D. C.: Overseas Development Council, 1977.

Grant, George P. *Technology and Empire*. Toronto: House of Anansi, 1969.

—. "Knowing and Making." *Royal Society of Canada: Proceedings and Transactions*, Fourth Series, vol. 12(1974): 59-67.

—. "The Computer Does Not Impose on Us the Ways It Should Be Used." In *Beyond Industrial Growth*, pp. 117-131. Edited by A. Rotstein. Toronto: University of Toronto Press, 1976.

Gunderson, Keith. "Minds and Machines: A Survey." *In Contemporary Philosophy: A Survey*, vol. 2: *Philosophy of Science*, pp. 416-425. Edited by Raymond Klibansky. Florence: La Nuova Italia Editrice, 1968.

—. *Mentality and Machines*. Garden City, N. Y.: Doubleday, 1971.

Habermas, Jürgen. *Toward a Rational Society: Student Protest, Science and Politics*. Tr. J. J. Shapiro. Boston: Beacon, 1970. The last three essays are from *Technik und Wissenschaft als "Ideologie."* Frankfurt: Suhrkamp, 1968.

—. *Communication and the Evolution of Society*. Boston: Beacon, 1979.

Haldane, J. B. S. *Daedalus, or Science and the Future*. New York: Dutton, 1924.

Hardin, Garrett. "The Tragedy of the Commons." *Science* 162(13 December 1968): 1243-1248. Reprinted in his *Exploring New Ethics for Survival*. New York: Viking, 1972.

Harrison, Andrew. *Making and Thinking: A Study of Intelligent Activities*. London: Harvester Press; Indianapolis: Hackett, 1978.

Heidegger, Martin. *Being and Time*. Tr. John Macquarrie and Edward Robinson. New York: Harper & Row, 1963. First published 1927. Page references follow the 8th German edition, 1957.

—. "The Question Concerning Technology." In *The Question Concerning Technology and Other Essays*, pp. 3-35. Tr. William Lovitt. New York: Harper & Row, 1977. First published in Heidegger's *Vorträge und Aufsätze*. Pfullingen: Neske, 1954.

—. *Discourse on Thinking*. Tr. John M. Anderson and E. Hans Freund. New York: Harper & Row, 1962. First published as *Gelassenheit*. Pfullingen: Neske, 1959.

—. "The Turning." In *The Question Concerning Technology and Other Essays*, pp. 36-49. Tr. William Lovitt. New York: Harper & Row, 1977. First published in *Die Technik und die Kehre*. Pfullingen: Neske, 1962.

—. "Only a God Can Save Us." *Philosophy Today* 20 (Winter 1976): 267-284. Another translation of this interview from *Der Spiegel* (May 31, 1976) can be found in *Graduate Faculty Philosophy Journal*, New School for Social Research, 6(Winter 1977): 5-27.

Heilbroner, Robert L. *An Inquiry into the Human Prospect*. New York: W. W. Norton, 1974.

Honmes, Jakob. *Der Technische Eros; Das Wesen der materialistischen Geschictsauffassung* [Technological eros; the essence of the materialist interpretation of history] Freiburg: Herder, 1955.

Horkheimer, Max. *Critique of Instrumental Reason*. New York: Seabury, 1974. Translated from *Zur Kritik der instrumentellen Vernunft*. Frankfurt: S. Fischer, 1967.

Huning, Alois. *Das Schaffen des Ingenieurs; Beiträge zu einer Philosophie der Technik* [The activity of engineers; contributions to a philosophy of technology]. Düsseldorf: VDI-

Verlag, 1974.

——. "Philosophy of Technology and the Verein Deutscher Ingenieure." In *Research in Philosophy & Technology*, vol. 2, pp. 265-271. Edited by P. Durbin. Gieenwich, Conn.: JAI Press, 1979.

Ihde, Don. *Technics and Praxis*. Boston Studies in the Philosophy of Science, vol. 24. Dordrecht: Reidel, 1979.

Jaspers, Karl. "Modern Technology." In *The Origin and Goal of History*, pp. 96-125. Tr. M. Bullock. New Haven: Yale University Press, 1953. From *Von Ursprung und Ziel Geschichte*. Zurich: Artemis-Verlag, 1949.

Jonas, Hans. "The Practical Uses of Theory." *Social Research* 26 (1959): 151-166. Reprinted in Jonas, *The Phenomenon of Life*. New York: Harper & Row, 1966 Also in *Philosophy and Technology*, pp. 335-346. Edited by C. Mitcham and R. Mackey. New York: Free Press, 1972.

——. "Philosophical Reflections on Experimenting with Human Subjecs. " *Daedalus* 98 (Spring 1969): 219-247.

——. "The Scientific and Technological Revolutions: Their History and Meaning." *Philosophy Today* 15 (Summer 1971): 76-101.

——. "Technology and Responsibility: Reflections on the New Tasks of Ethics." *Social Research* 15 (Spring 1973): 160-180.

——. *Philosophical Essays: From Ancient Creed to Technological Man*. Englewood Cliffs, N. J: Prentice-Hall, 1974.

——. "Responsibility Today: The Ethics of an Endangered Future." *Social Research* 43 (Spring 1976): 77-97.

——. "Toward a Philosophy of Technology." *Hastings Center Report* 9 (February 1979): 34-43.

Juenger, Friedrich Georg. *The Failure of Technology*. Chicago: Regnery, 1949. From *Die Perfektion der Technik*. Frankfurt: Klostermann, 1946.

Jung, Hwa Yol. "The Ecological Crisis: A Philosophical Perspective." *Bucknell Review* 20 (Winter 1972): 25-44.

——. "The Paradox of Man and Nature: Reflections on Man's Ecological Predicament." *Centennial Review* 18 (Winter 1974): 1-28.

Jung, Hwa Yol, and Jung, Petee. "Toward a New Humanism: The Politics of Civility in a 'No-Growth' Society." *Man and World* 9 (August 1976): 283-306.

Kapp, Ernst. *Grundlinien einer Philosophie der Technik: zur Entstehungs-geschichte der Cultur aus neuen Gesichtspunkten* [Fundamentals of a philosophy of technology; on the genesis of culture from a new point of view]. Braunschweig: Westermann, 1877. Reprint ed., Düsseldorf: Stern-Verlag Janssen, 1978.

Kass, Leon R. "The New Biology: What Price Relieving Man's Estate?" *Science* 174 (19 November 1971): 779-788.

King, Magda. "Truth and Technology." *Human Context* 5(1973): 1-34.

Kol'man, Ernst. "Chto takoe kibernetika?" [What is cybernetics?], *Voprosy filosofii* 9(1955): 148-159.

Kotarbiński, Tadeusz. *Praxiology: An Introduction to the Science of Efficient Action*. Tr. O. Wojtasiewicz. New York: Pergamon, 1965.

Kuzin, A. A., and Shukhardin, S. V. *Sovremennaia naucho-teknicheskaia revoliutsiia—istoricheskoe issledovanie* [The contemporary scientifictechnological revolution—an historical analysis]. Moscow. Nauka, 1967.

Ladriére, Jean. *The Challenge Presented to Cultures by Science and Technology*. Paris: UNESCO, 1977.

Lafitte, Jacques. *Reflexions sur la science des machines* [Reflections on the science of machines]. Paris: Bloud & Gay, 1932. Reprint ed., Paris: J. Vrin, 1972.

Laszlo, Ervin. *A Strategy for the Future: The Systems Approach to World Order*. New York: Braziller, 1974.

Layton, Edwin T., Jr. "Technology as Knowledge." *Technology and Culture* 15 (January 1974): 31-41.

Leiss, William. "The Social Consequences of Technological Progress: Critical Comments on Recent Theories." *Canadian Public Administration* 23 (Fall 1970): 246-262.

—. *The Domination of Nature*. New York: Braziller, 1972.

—. "The Problem of Man and Nature in the Work of the Frankfurt School." *Philosophy of the Social Sciences* 5 (1975): 163-172.

—. *The Limits to Satisfaction: An Essay on the Problem of Needs and Commodities*. Toronto: University of Toronto Press, 1976.

Lem, Stanislaw. *Summa technologiae*. Cracow: Wydawnictwo Literackie, 1964. Revised ed., 1967. German translation, same title. Frankfurt: Insel Verlag, 1976.

Lenk, Hans. *Philosophie im technologischen Zeitalter* [Philosophy in a technological age]. Stuttgart: Kohlhammer, 1971.

Lenk, Hans, and Günther Ropohl. "Toward an Interdisciplinary and Pragmatic Philosophy of Technology." In *Research in Philosophy & Technology*, vol. 2, pp. 15-52. Edited by P. Durbin, Greenwich, Conn.: JAI Press, 1979.

Leroi-Gourhan, André. *Evolution et techniques* [Evolution and techniques], 2 vols. Paris: Albin Michel. Vol. 1: *L'Homme et la matière*, 1943. 2d ed., 1971. Vol. 2: *Milieu et techniques*, 1945. 2d ed., 1973.

—. *Le Geste et la parole* [Action and Speech]. Vol. 1: *Technique et langage*. Paris: Albin Michel, 1964.

Lewis, C. S. *The Abolition of* Man. New York: Macmillan, 1947.

Ley, Hermann. *Damon Technik?* [Demon technology?]. Berlin: Deutscher Verlag der Wissenschaften, 1961.

Lilienfeld, Robert. *The Rise of Systems Theory: An Ideological Analysis*. New York: John Wiley, 1977. See also "Systems Theory as an Ideology." *Social Research* 42 (Winter 1975): 637-660.

Lilje, Hans. *Das technischen Zeitalter; Grundlinien einer christlichen Deutung* [The technical age; outlines of a Christian interpretation] Berlin: Furche-Verlag, 1928.

Lombroso, Gian. *The Tragedies of Progress*. Tr. C. Taylor. New York: Dutton, 1931. From *Le tragedie del progresso*. Turin: Bocca, 1930.

Lovekin, David. "Jacques Ellul and the Logic of Technology." *Man and World* 10 (1977):

251-272.

Lovins, Amory. *World Energy Strategies: Facts, Issues, and Options*. San Francisco: Friends of the Earth; Cambridge, Mass.: Ballinger, 1975.

—. "Energy Strategy: The Road Not Taken?" *Foreign Affairs* 55 (October 1976): 65-96.

—. *Soft Energy Paths: Toward a Durable Peace*. San Francisco: Friends of the Earth; Cambridge, Mass.: Ballinger, 1977. Reprint ed. New York: Harper & Row, 1978.

Lovitt, William. "A 'Gespraech' with Heidegger on Technology." *Man and World* 6 (February 1973): 44-59.

Lynch, William F., S. J. *Christ and Prometheus: A New Image of the Secular*. Notre Dame, Ind.: University of Notre Dame Press, 1970.

McDermott, John. "Technology: The Opiate of the Intellectuals." *New York Review of Books* (31 July 1969), pp. 25-35. Reprinted in *Technology and Man's Future*, pp. 180-207. Edited by A. H. Teich. New York: St. Martin's Press, 1977.

McLuhan, Herbert Marshall. *Understanding Media: The Extensions of Man*. New York: McGraw-Hill, 1964.

Macpherson, C. B. "Democratic Theory: Ontology and Technology." In *Philosophy and Technology*, pp. 161-170. Edited by C. Mitcham and R. Mackey. New York: Free Press, 1972. First published in *Political Theory and Social Change*. Edited by D. Spitz. New York: Atherton, 1967.

Marcel, Gabriel. *Man Against Mass Society*. Tr. G. S. Fraser. Chicago: Regnery, 1952.

—. *The Decline of Wisdom*. Tr. M. Harari. London: Harvill, 1954. From *Le Declin de la sagesse*, Paris: Plon, 1954.

Marcuse, Herbert. *One-Dimensional Man: Studies in the Ideology of Advanced Industrial Society*. Boston: Beacon, 1964.

—. *Counterrevolution and Revolt*. Boston: Beacon, 1972.

Marx, Karl. *Capital: A Critique of Political Economy*. Vol. 1, first published 1867. Tr. Samuel Moore and Edward Aveling. New York: International Publishers, 1967.

Maurer, Reinhart. "From Heidegger to Practical Philosophy." *Idealistic Studies* 3 (May 1973): 133-162.

Mazlish, Bruce. "The Fourth Discontinuity." *Technology and Culture* 8 (January 1967): 1-15.

Melsen, Andrew G. Van. *Science and Technology*. Pittsburgh: Duquesne University Press, 1961.

Menninger, David C. "Jacques Ellul: A Tempered Profile." *Review of Politics* 37 (April 1975): 235-246.

Mesthene, Emmanuel G. *Technological Change: Its Impact on Man and Society*. Cambridge, Mass.: Harvard University Press; New York: New American Library, 1970.

Mitcham, Carl. "Types of Technology." In *Research in Philosophy & Technology*, vol. 1, pp. 229-294. Edited by P. Durbin. Greenwich, Conn.: JAI Press, 1978.

—. "Philosophy and the History of Technology." In *The History and Philosophy of Technology*, pp. 163-201. Edited by G. Bugliarello and D. Doner. Urbana: University of Illinois Press, 1979.

Mitcham, Carl, and Mackey, Robert. "Jacques Ellul and the Technological Society." *Philosophy Today* 15 (Summer 1971): 102-121.

Moncrief, Lewis. "The Cultural Basis for Our Environmental Crisis." *Science* 170 (25 October 1970): 508-512.

Morison, Elting E. *From Know-How to Nowhere: The Development of American Technology*. New York: Basic Books, 1974. Paperback reprint, New York: New American Library, 1977.

Moser, Simon. "Toward a Metaphysics of Technology." *Philosophy Today* 15 (Summer 1971): 129-156. Translated from "Zur Metaphysik der Technik," in his *Metaphysik einst und jetzt*. Berlin: De Gruyter, 1958. Revised version, "Kritik der traditionellen Technikphilosophie," in *Techne, Technik, Technologies* pp. 11-81. Edited by H. Lenk and S. Moser. Pullach: Verlag Dokumentation, 1973.

Mounier, Emmanuel. "The Case against the Machine." In his *Be Not Afraid: A Denunciation of Despair*. London: Rockliff, 1951; New York: Sheed and Ward, 1962. From *La Petite peur du XXe siècle*, Paris: Seuil, 1948.

Mumford, Lewis. *Technics and Civilization*. New York: Harcourt Brace. 1934.

—. *Art and Technics*. New York: Columbia University Press, 1953.

—. *The Myth of the Machine*. 2 vols. New York: Harcourt Brace Jovanovich. Vol. 1: *Technics and Human Development*, 1967. Vol. 2: *The Pentagon of Power*, 1970.

Ortega y Gasset, José. "Thoughts on Technology." In *Philosophy and Technology*, pp. 290-313. Edited by C. Mitcham and R. Mackey. New York: Free Press, 1972. Translated from "Meditacion de la technica," in *Ensimismamiento y alteracion; obras completas*, vol. 5. Madrid: Revista de Occidente, 1939. First published 1933.

Passmore, John. *Man's Responsibility for Nature: Ecological Problems and Western Traditions*. New York: Charles Scribner's Sons, 1974.

Paz, Octavio. "Use and Contemplation." In *In Praise of Hands: Contemporary Crafts of the World*, pp. 17-24. Greenwich, Conn.: New York Graphic Society, 1974.

Pursell, Carroll W., Jr. "Belling the Cat: A Critique of Technology Assessment"; "'A Savage Struck by Lightning': The Idea of a Research Moratorium, 1927—1937"; "'Who to Ask besides the Barber'—Suggestions for Alternative Assessments." *Lex et Scientia* 10 (October-December 1974): 130-177.

Rahner, Karl. "The Experiment with Man; Theological Observations on Man's Self-Manipulation." In his *Theological Investigations*, vol. 9, pp. 205-224. New York: Herder and Herder, 1972.

Reuleaux, Franz. *The Kinematics of Machinery: Outlines of a Theory of Machines*. Tr. Alexander B. W. Kennedy. New York: Dover, 1963. First German publication, 1875.

Riessen, H. van. *Filosofie en techniek* [Philosophy and technology]. Kampen: J. H. Kok, 1949.

Rodman, John. "On the Human Question, Being the Report of the Erewhonian High Commission to Evaluate Technological Society." *Inquiry* 18 (Summer 1975): 127-166.

—. "The Liberation of Nature?" *Inquiry* 20 (Spring 1977): 83-131.

Rossini, Frederick A. "Technology Assessment: A New Type of Science?" In *Research in Philosophy & Technology*, vol. 2, pp. 341-355. Edited by P. Durbin. Greenwich, Conn.: JAI Press, 1979.

Roszak, Theodore. *Where the Wasteland Ends: Politics and Transcendence in Postindustrial Society*. Garden City, N. Y.: Doubleday, 1973.

Rotenstreich, Nathan. *Theory and Practice: An Essay in Human Intentionalities*. The Hague: Martinus Nijhoff, 1977.

Russell, Bertrand. *Icarus, or The Future of Science*. New York: Dutton, 1924.

Ryan, John Julian. *The Humanization of Man*. New York: Newman Press, 1972.

Sachsse, Hans. *Anthropologie der Technik; Ein Beitrag zur Stellung des Menschen in der Welt* [Anthropology of technology; an essay on the place of man in the world.] Braunschweig: Vieweg, 1978.

Sayre, Kenneth M. *Recognition: A Study in the Philosophy of Artificial Intelligence*. Notre Dame, Ind.: University of Notre Dame Press, 1965.

—. *Consciousness: A Philosophic Study of Minds and Machines*. New York: Random House, 1969.

—. *Cybernetics and the Philosophy of Mind*. Atlantic Highlands, N. J.: Humanities Press, 1976.

—. *Moonflight: A Conversation on Determinism*. Notre Dame, Ind.: University of Notre Dame Press, 1977.

—. *Starburst: A Conversation on Man and Nature*. Notre Dame, Ind.: University of Notre Dame Press, 1977.

—, ed. *Values and the Electric Power Industry*. Notre Dame, Ind.: University of Notre Dame Press, 1977.

Schon, D. A. *Technology and Change: The New Heraclitus*. New York: Delacorte Press, 1967.

Schröter, Manfred. *Philosophie der Technik* [Philosophy of technology]. Munich: Oldenbourg, 1934.

Schroyer, Trent. *The Critique of Domination: The Origins and Development of Critical Theory*. New York: Braziller, 1973. Paperback reprint, Boston: Beacon, 1975.

Schuhl, Pierre-Maxime. *Machinisme et philosophie* [Machinism and philosophy]. Paris: F. Alcan, 1938.

Schumacher, E. F. *Small Is Beautiful: Economics as if People Mattered*. New York: Harper & Row, 1973.

—. *A Guide for the Perplexed*. New York: Harper & Row, 1977.

Schuurman, Egbert. *Technology and Deliverance: A Confrontation with Philosophical Views*. Tr. Donald Morton. Toronto: Wedge Publishing Foundation, 1980. Translated from *Techniek en Toekomst: Confrontatie met wijsgerige beschouwingen*. Assen: Van Gorcum, 1972.

—. *Reflections on the Technological Society*. Toronto: Wedge, 1977.

Sessions, George S. "Anthropocentrism and the Environmental Crisis." *Humbolt Journal of Social Relations* 2 (Fall/Winter 1974): 71-81.

Sibley, Mumford Q. *Nature and Civilization: Some Implications for Politics*. Itasca, N. Y.: F. E. Peacock, 1977.

Simon, Herbert A. *The Sciences of the Artificial*, Cambridge, Mass.: M. I. T. Press, 1969.

Simondon, Gilbert. *Du Mode d'existence des objets techniques* [The mode of existence of technological objects]. Paris: Montaigne-Aubier, 1958. 2d ed., 1969.

Skolimowski, Henryk. "The Structure of Thinking in Technology." *Technology and Culture* 7 (Summer 1966): 371-383. See also I. C. Jarvie's "The Social Character of Technological Problems: Comments on Skolimowski's Paper" in the same issue. Both papers included in *Philosophy and Technology*, pp. 42-53. Edited by C. Mitcham and R. Mackey. New York: Free Press, 1972. Also in *Contributions to a Philosophy of Technology*, pp. 72-92. Edited by F. Rapp. Dordrecht: Reidel, 1974.

—. "On the Concept of Truth in Science and Technology." In *Proceedings of the XIVth International Congress of Philosophy: September 2-9, 1968*, vol. 2, pp. 553-559. Vienna:

Herder, 1968.

—. "Technology and Philosophy." In *Contemporary Philosophy: A Survey*, vol. 2: *Philosophy of Science*, pp. 426-437. Edited by Raymond Klibansky. Florence: La Nuova Italia Editrice, 1968.

—. "Extensions of Technology: From Utopia to Reality." In *Man, Society, Technology*, pp. 24-36. Edited by Linda Taxis. Washington, D. C.: American Industrial Arts Association, 1970.

—. "A Way Out of the Abyss." *Main Currents* 31 (January/February 1975): 71-76.

—. "Ecological Humanism." *Tract* (Sussex, England) nos. 19-20, pp. 1-41. Spanish version in *Folia Humanistica* 15 (May 1977): 321-328; (June 1977): 417-428; and (July-August 1977): 537-549.

—. "Eco-Philosophy versus the Scientific World View." *Ecologist Quarterly* 3 (Autumn 1978): 227-248. Also published as "A Twenty-first Century Philosophy." *Alternative Futures* 1 (Fall 1978): 3-31.

Sloman, Aaron. *The Computer Revolution in Philosophy: Philosophy Science, and Models of Mind*. Atlantic Highlands, N. J.: Humanities Press, 1978.

Sobolev, S. L., Kitov, A. I.; and Liapunov, A. A. "Osnounye cherti kibernetiki" [Basic features of cybernetics]. *Voprosy filosofii* 9 (1955): 136-148.

Snow, C. P. *The Two Cultures and the Scientific Revolution*. New York: Cambridge University Press, 1959. 2d ed., enlarged, *The Two Cultures: And a Second Look*. New York: Cambridge University Press, 1963.

Spengler, Oswald. *Man and Technics: A Contribution to a Philosophy of Life*. Tr. C. F. Atkinson. New York: Alfred A. Knopf, 1932. First published 1931.

Stanley, Manfred. *The Technological Conscience: Survival and Dignity in an Age of Expertise*. New York: Free Press, 1978.

Starr, Chauncey. "Social Benefit versus Technological Risk." *Science* 165 (19 September 1969): 1232-1238.

Stone, Christopher. *Should Trees Have Standing?* New York: Avon Books, 1975.

Thomas, Donald E., Jr. "Diesel, Father and Son: Social Philosophies of Technology." *Technology and Culture* 19 (July 1978): 376-393.

Tribe, Laurence. "Technology Assessment and the Fourth Discontinuity." *Southern California Law Review* 44 (June 1973): 617-660.

—. "Ways Not To Think About Plastic Trees: New Foundations for Environmental Law." *Yale Law Journal* 83 (June 1974): 1315-1348.

Turing, A. M. "Computing Machinery and Intelligence," *Mind* 59 (1950): 433-460. Reprinted in *Minds and Machines*, pp. 4-30. Edited by A. R. Anderson. Englewood Cliffs, N. J.: Prentice-Hall, 1964.

Vahanian, Gabriel. *God and Utopia: The Church in a Technological Civilization*. New York: Seabury, 1977.

Wartofsky, Marx. "Philosophy of Technology." In *Current Research in Philosophy of Science*, pp. 171-184. Edited by Peter Asquith. East Lansing, Mich.: Philosophy of Science Association, 1979.

Weber, Max. *The Protestant Ethic and the Spirit of Capitalism*. Tr. Talcott Parsons. New York: Charles Scribner's Sons, 1930; reprint ed., 1958. First German edition, 1920.

Weinberg, Alvin M. "Can Technology Replace Social Engineering?" *Bulletin of the Atomic*

Scientists 22(December 1966): 4-8. Reprinted in *Technology and Man's Future*, pp. 22-30. Edited by A. Teich. New York: St. Martin's Press, 1977.

Wiener, Norbert. *Cybernetics: Or Control and Communication in the Animal and the Machine*. New York: John Wiley, 1948. 2d ed., Cambridge, Mass.: M. I. T. Press, 1961.

—. *The Human Use of Human Beings: Cybernetics and Society*. New York: Houghton Mifflin, 1950. Garden City, N. Y.: Doubleday, 1954.

—. *God and Golem, Inc.: A Comment on Certain Points Where Cybernetics Impinges on Religion*. Cambridge, Mass.: M. I. T. Press, 1964.

Weizenbaum, Joseph. *Computer Power and Human Reason: From Calculation to Judgment*. San Francisco: W. H. Freeman, 1976.

White, Lynn Jr. "The Historical Roots of Our Ecologic Crisis." *Science* 155(10 March 1967): 1203-1207.

—. "The Iconography of Temperantia and the Virtuousness of Technology." In *Action and Contemplation in Early Modern Europe*, pp. 197-219. Edited by T. K. Rabb and J. E. Sergel. Princeton: Princeton University Press, 1969.

—. "Technology Assessment from the Stance of a Medieval Historian." *American Historical Reviezu* 79(February 1974): 1-13.

—. *Medieval Technology and Religion*. Berkeley: University of California Press, 1978.

Wilhelmsen, Frederick. "Art and Religion." *Intercollegiate Review* 10(Spring 1975): 85-94.

Wilhelmsen, Frederick D., and Bret, Jane. *The War in Man: Media and Machines*. Athens, Ga.: University of Georgia Press, 1970.

Winner, Langdon. "On Criticizing Technology." *Public Policy* 20(Winter 1972): 35-39. Reprinted in *Technology and Man's Future*, pp. 354-375. Edited by A. H. Teich. New York: St. Martin's Press, 1977.

—. *Autonomous Technology: Technics-out-of-Control as a Theme in Political Thought*. Cambridge, Mass,: M. I. T. Press, 1977.

Zeman, J. "Cybernetics and Philosophy in Eastern Europe." In *Contemporary Philosophy: A Survey*, vol. 2: *Philosophy of Science*, pp. 407-415. Edited by Raymond Klibansky. Florence: La Nuova Italia Editrice, 1968.

Zimmerman, Michael E. "Heidegger on Nihilism and Technique." *Man and World* 8(November 1975): 394-414.

—. "Beyond 'Humanism': Heidegger's Understanding of Technology." *Listening* 12(Fall 1977): 74-83. See also Zimmerman's "A Brief Introduction to Heidegger's Concept of Technology." *HPT News*, Newsletter of the Lehigh University Humanities Perspectives on Technology Program, Bethlehem, Pa., no. 2(October 1977): 10-13.

Zschimmer, Eberhard. *Philosophie der Technik; Einfuhrung in die technische Ideenwelt* [Philosophy of technology; introduction to the world of technological ideas]. 3d rev. ed. Stuttgart: F. Enke, 1933. Earlier editions appeared in 1913 and 1919 under slightly different titles.

第二编

社会—政治批判传统

马克思

作者简介

卡尔·马克思(Karl Marx,1818—1883),马克思主义的创始人,1818年5月5日生于德国莱茵省特里尔市,1883年3月14日在伦敦去世。1841年毕业于柏林大学,并以论文《德谟克利特自然哲学与伊壁鸠鲁自然哲学之区别》获得耶拿大学哲学博士学位。1844年流亡巴黎,完成《1844年哲学经济学手稿》;1845年流亡比利时,写作《关于费尔巴哈的提纲》,与恩格斯合写《德意志意识形态》;1848年发表《共产党宣言》,同年流亡伦敦。此后一方面从事革命活动、指导国际工人运动,另一方面致力于《资本论》的写作。1867年,《资本论》第一卷出版,后两卷由恩格斯整理马克思遗稿分别于1885和1894年出版。中文版《马克思恩格斯全集》共50卷。

文献出处

“劳动过程”系《资本论》第一卷第三篇第五章第一节。译文选自《马克思恩格斯全集》第23卷,人民出版社1980年版,第201～210页。

“机器的发展”系《资本论》第一卷第四篇第十三章第一节。译文选自《马克思恩格斯全集》第23卷,人民出版社1980年版,第408～423页。

劳动过程

劳动力的使用就是劳动本身。劳动力的买者消费劳动力,就是叫劳动力的卖者劳动。劳动力的卖者也就由此在实际上成为发挥作用的劳动力,成为工人,而在此以前,他只不过在可能性上是工人。为了把自己的劳动表现在商品中,他必须首先把它表现在使用价值中,表现在能满足某种需要的物中。因此,资本家要工人制造的是某种特殊的使用价值,是一定的物品。虽然使用价值或财物的生产是为了资本家,并且是在资本家的监督下进行的,但是这并不改变这种生产的一般性质。所以,劳动过程首先要撇开各种特定的社会形式来加以考察。

劳动首先是人和自然之间的过程,是人以自身的活动来引起、调整和控制人和自然之间的物质变换的过程。人自身作为一种自然力与自然物质相对立。为了在对自身生活有用的形式上占有自然物质,人就使他身上的自然力——臂和腿、头和手运动起来。当他通过这种运动作用于他身外的自然并改变自然时,也就同时改变他自身的自然。他使自身的自然中沉睡着的潜力发挥出来,并且使这种力的活动受他自己控制。在这里,我们不谈最初的动物式的本能的劳动形式。现在,工人是作为他自己的劳动力的卖者出现在商品市场上。对于这种状态来说,人类劳动尚未摆脱最初的本能形式的状态已经是太古时代的事了。我们要考察的是专属于人的劳动。蜘蛛的活动与织工的活动相似,蜜蜂建筑蜂房的本领使人间的许多建筑师感到惭愧。但是,最蹩脚的建筑师从一开始就比最灵巧的蜜蜂高明的地方,是他在用蜂蜡建筑蜂房以前,已经在自己的头脑中把它建成了。劳动过程结束时得到的结果,在这个过程开始时就已经在劳动者的表象中存在着,即已经观念地存在着。他不仅使自然物发生形式变化,同时他还在自然物中实现自己的目的,这个目的是他所知道的,是作为规律决定着他的活动的方式和方法的,他必须使他的意志服从这个目的。但是这种服从不是孤立的行为。除了从事劳动的那些器官紧张之外,在整个劳动时间内还需要有作为注意力表现出来的有目的的意志,而且,劳动的内容及其方式和方法越是不能吸引劳动者,劳动者越是不能把劳动当作他自己体力和智力的活动来享受,就越需要这种意志。

劳动过程的简单要素是:有目的的活动或劳动本身,劳动对象和劳动资料。

土地(在经济学上也包括水)最初以食物,现成的生活资料供给人类①,它未经人的协助,就作为人类劳动的一般对象而存在。所有那些通过劳动只是同土地脱离直接联系的东西,都是天然存在的劳动对象。例如从鱼的生活要素即水中,分离

---

① “土地的自然产品,数量很小,并且完全不取决于人,自然提供这点产品,正像给一个青年一点钱,使他走上勤劳致富的道路一样。”(詹姆斯·斯图亚特《政治经济学原理》1770年都柏林版第1卷第116页)

出来的即捕获的鱼，在原始森林中砍伐的树木，从地下矿藏中开采的矿石。相反，已经被以前的劳动可以说滤过的劳动对象，我们称为原料。例如，已经开采出来正在洗的矿石。一切原料都是劳动对象，但并非任何劳动对象都是原料。劳动对象只有在它已经通过劳动而发生变化的情况下，才是原料。

劳动资料是劳动者置于自己和劳动对象之间、用来把自己的活动传导到劳动对象上去的物或物的综合体。劳动者利用物的机械的、物理的和化学的属性，以便把这些物当作发挥力量的手段，依照自己的目的作用于其他的物。①劳动者直接掌握的东西，不是劳动对象，而是劳动资料（这里不谈采集果实之类的现成的生活资料，在这种场合，劳动者身上的器官是唯一的劳动资料）。这样，自然物本身就成为他的活动的器官，他把这种器官加到他身体的器官上，不顾圣经的训诫，延长了他的自然的肢体。土地是他的原始的食物仓，也是他的原始的劳动资料库。例如，他用来投、磨、压、切等等的石块就是土地供给的。土地本身是劳动资料，但是它在农业上要起劳动资料的作用，还要以一系列其他的劳动资料和劳动力的较高的发展为前提。② 一般说来，劳动过程只要稍有一点发展，就已经需要经过加工的劳动资料。在太古人的洞穴中，我们发现了石制工具和石制武器。在人类历史的初期，除了经过加工的石块、木头、骨头和贝壳外，被驯服的，也就是被劳动改变的、被饲养的动物，也曾作为劳动资料起着主要的作用。③劳动资料的使用和创造，虽然就其萌芽状态来说已为某几种动物所固有，但是这毕竟是人类劳动过程独有的特征，所以富兰克林给人下的定义是“a toolmaking animal”，制造工具的动物。动物遗骸的结构对于认识已经绝迹的动物的机体有重要的意义，劳动资料的遗骸对于判断已经消亡的社会经济形态也有同样重要的意义。各种经济时代的区别，不在于生产什么，而在于怎样生产，用什么劳动资料生产。④劳动资料不仅是人类劳动力发展的测量器，而且是劳动借以进行的社会关系的指示器。在劳动资料中，机械性的劳动资料（其总和可称为生产的骨骼系统和肌肉系统）比只是充当劳动对象的容器的劳动资料（如管、桶、篮、罐等，其总和一般可称为生产的脉管系统）更能显示一个社会生产时代的具有决定意义的特征。后者只是在化学工业上才起着重要的作用。⑤

---

① “理性何等强大，就何等狡猾。理性的狡猾总是在于它的间接活动，这种间接活动让对象按照它们本身的性质互相影响，互相作用，它自己并不直接参与这个过程，而只是实现自己的目的。”（黑格尔《哲学全书》，第1部《逻辑》，1840年柏林版第382页）

② 加尼耳的著作《政治经济学理论》（1815年巴黎版）从其他方面来说是贫乏的，但针对重农学派，却恰当地列举了一系列构成真正的农业的前提的劳动过程。

③ 杜尔哥在《关于财富的形成和分配的考察》（1766年）一书中，很好地说明了被饲养的动物对于文化初期的重要性。

④ 在从工艺上比较各个不同的生产时代时，真正的奢侈品在一切商品中意义最小。

⑤ 第2版注，尽管直到现在，历史著作很少提到物质生产的发展，即整个社会生活以及整个现实历史的基础，但是，至少史前时期是在自然科学研究的基础上，而不是在所谓历史研究的基础上，按照制造工具和武器的材料，划分为石器时代、青铜时代和铁器时代的。

广义地说，除了那些把劳动的作用传达到劳动对象、因而以这种或那种方式充当活动的传导体的物以外，劳动过程的进行所需要的一切物质条件都算作劳动过程的资料。它们不直接加入劳动过程，但是没有它们，劳动过程就不能进行，或者只能不完全地进行。土地本身又是这类一般的劳动资料，因为它给劳动者提供立足之地，给他的过程提供活动场所。这类劳动资料中有的已经经过劳动的改造，例如厂房、运河、道路等等。

可见，在劳动过程中，人的活动借助劳动资料使劳动对象发生预定的变化。过程消失在产品中。它的产品是使用价值，是经过形式变化而适合人的需要的自然物质。劳动与劳动对象结合在一起。劳动物化了，而对象被加工了。在劳动者方面曾以动的形式表现出来的东西，现在在产品方面作为静的属性，以存在的形式表现出来。劳动者纺纱，产品就是纺成品。

如果整个过程从其结果的角度，从产品的角度加以考察，那么劳动资料和劳动对象表现为生产资料[①]，劳动本身则表现为生产劳动。[②]

当一个使用价值作为产品退出劳动过程的时候，另一些使用价值，以前的劳动过程的产品，则作为生产资料进入劳动过程。同一个使用价值，既是这种劳动的产品，又是那种劳动的生产资料。所以，产品不仅是劳动过程的结果，同时还是劳动过程的条件。

在采掘工业中，劳动对象是天然存在的，例如采矿业、狩猎业、捕鱼业等等中的情况就是这样(在农业中，只是在最初开垦处女地时才是这样)：除采掘工业以外，一切产业部门所处理的对象都是原料，即已被劳动滤过的劳动对象，本身已经是劳动产品。例如，农业中的种子就是这样。动物和植物通常被看作自然的产物，实际上它们不仅可能是上年度劳动的产品，而且它们现在的形式也是经过许多世代、在人的控制下、借助人的劳动不断发生变化的产物。尤其是说到劳动资料，那么就是最肤浅的眼光也会发现，它们的绝大多数都有过去劳动的痕迹。

原料可以构成产品的主要实体，也可以只是作为辅助材料参加产品的形成。辅助材料或者被劳动资料消费，例如煤被蒸汽机消费，机油被轮子消费，干草被挽马消费；或者加在原料上，使原料发生物质变化，例如氯加在未经漂白的麻布上，煤加在铁上，颜料加在羊毛上；或者帮助劳动本身的进行，例如用于劳动场所的照明和取暖的材料。在真正的化学工业中，主要材料和辅助材料之间的区别就消失了，因为在所用的原料中没有一种会作为产品的实体重新出现。[③]

因为每种物都具有多种属性，从而有各种不同的用途，所以同一产品能够成为

---

① 例如，把尚未捕获的鱼叫做渔业的生产资料，好像是奇谈怪论。但是至今还没有发明一种技术，能在没有鱼的水中捕鱼。

② 这个从简单劳动过程的观点得出的生产劳动的定义，对于资本主义生产过程是绝对不够的。

③ 施托尔希把真正的原料和辅助材料区别开来，把前者叫做《matiére》，把后者叫做《matériaux》；舍尔比利埃把辅助材料叫做《matiéres instrumentales》。

很不相同的劳动过程的原料。例如，谷物是磨面者、制淀粉者、酿酒者和畜牧业者等等的原料。作为种子，它又是自身生产的原料。同样，煤作为产品退出采矿工业，又作为生产资料进入采矿工业。

在同一劳动过程中，同一产品可以既充当劳动资料，又充当原料。例如，在牲畜饲养业中，牲畜既是被加工的原料，又是制造肥料的手段。

一种已经完成可供消费的产品，能重新成为另一种产品的原料，例如葡萄能成为葡萄酒的原料。或者，劳动使自己的产品具有只能再作原料用的形式。这样的原料叫做半成品，也许叫做中间成品更合适些，例如棉花、线、纱等等。这种最初的原料虽然本身已经是产品，但还需要通过一系列不同的过程，在这些过程中，它不断改变形态，不断重新作为原料起作用，直到最后的劳动过程把它当作完成的生活资料或完成的劳动资料排出来。

可见，一个使用价值究竟表现为原料、劳动资料还是产品，完全取决于它在劳动过程中所起的特定的作用，取决于它在劳动过程中所处的地位，随着地位的改变，这些规定也就改变。

因此，产品作为生产资料进入新的劳动过程，也就丧失产品的性质。它们只是作为活劳动的物质因素起作用。在纺纱者看来，纱锭只是纺纱用的手段，亚麻只是纺纱的对象。当然，没有纺纱材料和纱锭是不能纺纱的。因此，在纺纱开始时，必须先有这两种产品。但是，亚麻和纱锭是过去劳动的产品这件事，对这个过程本身来说是没有关系的，正如面包是农民、磨面者、面包师等等过去劳动的产品这件事，对营养作用来说是没有关系的一样。相反，如果生产资料在劳动过程中显示出它是过去劳动的产品这种性质，那是由于它有缺点。不能切东西的刀，经常断头的纱等等，使人强烈地想起制刀匠A和纺纱人E。就好的产品来说，它的使用属性由过去劳动创造这一点就看不出来了。

机器不在劳动过程中服务就没有用。不仅如此，它还会由于自然界物质变换的破坏作用而解体。铁会生锈，木会腐朽。纱不用来织或编，会成为废棉。活劳动必须抓住这些东西，使它们由死复生，使它们从仅仅是可能的使用价值变为现实的和起作用的使用价值。它们被劳动的火焰笼罩着，被当作劳动自己的躯体，被赋予活力以在劳动过程中执行与它们的概念和职务相适合的职能，它们虽然被消费掉，然而是有目的的，作为形成新使用价值，新产品的要素被消费掉，而这些新使用价值，新产品或者可以作为生活资料进入个人消费领域，或者可以作为生产资料进入新的劳动过程。

因此，如果说，现有的产品不仅是劳动过程的结果，而且是劳动过程的存在条件，那么另一方面，它们投入劳动过程，从而与活劳动相接触，则是使这些过去劳动的产品当作使用价值来保存和实现的唯一手段。

劳动消费它自己的物质要素，即劳动对象和劳动资料，把它们吞食掉，因而是消费过程。这种生产消费与个人消费的区别在于：后者把产品当作活的个人的生活资料来消费，而前者把产品当作劳动即活的个人发挥作用的劳动力的生活资料来消费。因此，个人消费的产物是消费者本身，生产消费的结果是与消费者不同的产品。

只要劳动资料和劳动对象本身已经是产品，劳动就是为创造产品而消耗产品，或者说，是把产品当作产品的生产资料来使用。但是，正如劳动过程最初只是发生在人和未经人的协助就已存在的土地之间一样，现在在劳动过程中也仍然有这样的生产资料，它们是天然存在的，不是自然物质和人类劳动的结合。

劳动过程，就我们在上面把它描述为它的简单的抽象的要素来说，是制造使用价值的有目的的活动，是为了人类的需要而占有自然物，是人和自然之间的物质变换的一般条件，是人类生活的永恒的自然条件，因此，它不以人类生活的任何形式为转移，倒不如说，它是人类生活的一切社会形式所共有的。因此，我们不必来叙述一个劳动者与其他劳动者的关系。一边是人及其劳动，另一边是自然及其物质，这就够了。根据小麦的味道，我们尝不出它是谁种的，同样，根据劳动过程，我们看不出它是在什么条件下进行的：是在奴隶监工的残酷的鞭子下，还是在资本家的严酷的目光下；是在辛辛纳图斯耕种自己的几亩土地的情况下，还是在野蛮人用石头击杀野兽的情况下。①

我们再回头来谈我们那位未来的资本家吧。我们离开他时，他已经在商品市场上购买了劳动过程所需要的一切因素：物的因素和人的因素，即生产资料和劳动力。他用内行的狡黠的眼光物色到了适合于他的特殊行业（如纺纱、制靴等等）的生产资料和劳动力。于是，我们的资本家就着手消费他购买的商品，劳动力；就是说，让劳动力的承担者，工人，通过自己的劳动来消费生产资料。当然，劳动过程的一般性质并不因为工人是为资本家劳动而不是为自己劳动就发生变化。制靴或纺纱的特定方式和方法起初也不会因资本家的插手就发生变化。起初，资本家在市场上找到什么样的劳动力就得使用什么样的劳动力，因而劳动在还没有资本家的时期是怎样的，资本家就得采用怎样的劳动。由劳动从属于资本而引起的生产方式本身的变化，以后才能发生，因而以后再来考察。

劳动过程，就它是资本家消费劳动力的过程来说，显示出两个特殊现象。

工人在资本家的监督下劳动，他的劳动属于资本家。资本家进行监视，使劳动正常进行，使生产资料用得合乎目的，即原料不浪费，劳动工具受到爱惜，也就是使劳动工具的损坏只限于劳动使用上必要的程度。

其次，产品是资本家的所有物，而不是直接生产者工人的所有物。资本家例如支付劳动力一天的价值。于是，在这一天内，劳动力就像出租一天的任何其他商品

---

① 根据这种非常合乎逻辑的理由，托伦斯上校在野蛮人用的石头上发现了资本的起源。“在野蛮人用来投掷他所追逐的野兽的第一块石头上，在他用来打落他用手摘不到的果实的第一根棍子上，我们看到占有一物以取得另一物的情形，这样我们就发现了资本的起源。”（罗·托伦斯《论财富的生产》第70、71页）根据那第一根棍子（Stock）也许还可以说明，为什么在英语中Stock和资本是同义词。

(例如一匹马)一样,归资本家使用。商品由它的买者使用;劳动力的所有者提供他的劳动,实际上只是提供他已卖出的使用价值。从他进入资本家的工场时起,他的劳动力的使用价值,即劳动力的使用,劳动,就属于资本家了。资本家购买了劳动力,就把劳动本身当作活的酵母,并入同样属于他的各种形成产品的死的要素。从资本家的观点看来,劳动过程只是消费他所购买的劳动力商品,而他只有把生产资料加到劳动力上才能消费劳动力。劳动过程是资本家购买的各种物之间的过程,是归他所有的各种物之间的过程。因此,这个过程的产品归他所有,正像他的酒窖内处于发酵过程的产品归他所有一样。[①]

① “产品在转化为资本以前就被占有了;这种转化并没有使它们摆脱那种占有。”(舍尔比利埃《富或贫》1841年巴黎版第54页)“无产者为换取一定量的生活资料出卖自己的劳动,也就完全放弃了对产品的任何分享。产品的占有还是和以前一样,并不因上述的契约而发生变化。产品完全归提供原料和生活资料的资本家所有。这是占有规律的严格结果,相反地,这个规律的基本原则却是每个劳动者对自己产品拥有专门的所有权。”(同上,第58页)詹姆斯·穆勒在《政治经济学原理》第70、71页上写道:“当工人是为工资而劳动时,资本家就不仅是资本的(这里是指生产资料的)所有者,而且是劳动的所有者。如果人们像通常那样,把用来支付工资的东西也包括在资本的概念中,那么撇开资本来谈劳动就是荒谬的。在这个意义上,资本一词包括资本和劳动二者。”

机器的发展

约翰·斯图亚特·穆勒在他的《政治经济学原理》一书中说道：

“值得怀疑的是，一切已有的机械发明，是否减轻了任何人每天的辛劳。”[①]

但是，这也绝不是资本主义使用机器的目的。像其他一切发展劳动生产力的方法一样，机器是要使商品便宜，是要缩短工人为自己花费的工作日部分，以便延长他无偿地给予资本家的工作日部分。机器是生产剩余价值的手段。

生产方式的变革，在工场手工业中以劳动力为起点，在大工业中以劳动资料为起点。因此，首先应该研究，劳动资料如何从工具转变为机器，或者说，机器和手工业工具有什么区别。这里只能谈谈显著的一般的特征，因为社会史上的各个时代，正如地球史上的各个时代一样，是不能划出抽象的严格的界限的。

数学家和力学家说，工具是简单的机器，机器是复杂的工具。某些英国经济学家也重复这种说法。他们看不到二者之间的本质区别，甚至把简单的机械力如杠杆、斜面、螺旋、楔等等也叫做机器。[②]的确，任何机器都是由这些简单的力构成的，不管它怎样改装和组合。但是从经济学的观点来看，这种说明毫无用处，因为其中没有历史的要素。另一方面，还有人认为，工具和机器的区别在于：工具的动力是人，机器的动力是不同于人力的自然力，如牲畜、水、风等等。[③] 按照这种说法，在各个极不相同的生产时代存在的牛拉犁是机器，而一个工人用手推动的、每分钟可织 96 000 个眼的克劳生式回转织机不过是工具了。而且，同一台织机，用手推动时是工具，用蒸汽推动时就成为机器了。既然畜力的使用是人类最古老的发明之一，那么，机器生产事实上就应该先于手工业生产了。当 1735 年约翰·淮亚特宣布他的纺纱机的发明，并由此开始 18 世纪的工业革命时，他只字未提这种机器将不用人而用驴去推动，尽管它真是用驴推动的。淮亚特的说明书上说，这是一种

---

① 穆勒应该说“任何不靠别人劳动过活的人”，因为机器无疑大大地增加了养尊处优的游惰者的人数。

② 例如见赫顿《数学教程》。

③ “根据这个观点，就可以在工具和机器之间划出鲜明的界限：锹、锤、凿等等，以及杠杆装置和螺旋装置，这些装置尽管非常精巧，然而它们的动力是人……所有这些都应称为工具；而用畜力拉的犁，风力等推动的磨则应算作机器。”（威廉·舒耳茨《生产运动》1843 年苏黎世版第 38 页）这是一部在某些方面值得称赞的著作。

“不用手指纺纱”的机器。[1]

所有发达的机器都由三个本质上不同的部分组成：发动机，传动机构，工具机或工作机。发动机是整个机构的动力。它或者产生自己的动力，如蒸汽机、卡路里机、电磁机等；或者接受外部某种现成的自然力的推动，如水车受落差水推动，风磨受风推动等。传动机构由飞轮、转轴、齿轮、涡轮、杆、绳索、皮带、联结装置以及各种各样的附件组成。它调节运动，在必要时改变运动的形式(例如把垂直运动变为圆形运动)，把运动分配并传送到工具机上。机构的这两个部分的作用，仅仅是把运动传给工具机，由此工具机才抓住劳动对象，并按照一定的目的来改变它。机器的这一部分——工具机，是18世纪工业革命的起点。在今天，每当手工业或工场手工业生产过渡到机器生产时，工具机也还是起点。

如果我们仔细地看一下工具机或真正的工作机，那么再现在我们面前的，大体上还是手工业者和工场手工业工人所使用的那些器具和工具，尽管它们在形式上往往有很大改变。不过，现在它们已经不是人的工具，而是一个机构的工具或机械工具了。或者，整部机器只是旧手工业工具多少改变了的机械翻版，如机械织机[2]；或者，装置在工作机机架上的工作器官原是老相识，如纺纱机上的锭子，织袜机上的针，锯木机上的锯条，切碎机上的刀等等。这些工具同工作机的真正机体的区别，甚至表现在它们的出生上：这些工具大部分仍然由手工业或工场手工业方式生产，然后才装到由机器生产的工作机的机体上。[3]因此，工具机是这样一种机构，它在取得适当的运动后，用自己的工具来完成过去工人用类似的工具所完成的那些操作。至于动力是来自人还是来自另一台机器，这并不改变问题的实质。在真正的工具从人那里转移到机构上以后，机器就代替了单纯的工具。即使人本身仍然是原动力，机器和工具之间的区别也是一目了然的。人能够同时使用的工具的数量，受到人天生的生产工具的数量，即他自己身体的器官数量的限制。在德

---

① 在他以前，最早大概在意大利，就已经有人使用机器纺纱了，虽然当时的机器还很不完善。如果有一部批判的工艺史，就会证明，18世纪的任何发明，很少是属于某一个人的。可是直到现在还没有这样的著作。达尔文注意到自然工艺史，即注意到在动植物的生活中作为生产工具的动植物器官是怎样形成的。社会人的生产器官的形成史，即每一个特殊社会组织的物质基础的形成史，难道不值得同样注意吗？而且，这样一部历史不是更容易写出来吗？因为，如维科所说的那样，人类史同自然史的区别在于，人类史是我们自己创造的，而自然史不是我们自己创造的。工艺学会揭示出人对自然的能动关系，人的生活的直接生产过程，以及人的社会生活条件和由此产生的精神观念的直接生产过程。甚至所有抽掉这个物质基础的宗教史，都是非批判的。事实上，通过分析来寻找宗教幻象的世俗核心，比反过来从当时的现实生活关系中引出它的天国形式要容易得多。后面这种方法是唯一的唯物主义的方法，因而也是唯一科学的方法。那种排除历史过程的、抽象的自然科学的唯物主义的缺点，每当它的代表越出自己的专业范围时，就在他们的抽象的和唯心主义的观念中立刻显露出来。

② 特别在机械织机的最初形式上，人们一眼就可以看出旧织机的样子。它的现代形式已经大为改观了。

③ 大约从1850年起，在英国，工作机上越来越多的工具才开始用机器制造，虽然不是由生产机器本身的那些工厂主来制造。生产这些机械工具的机器，例如，有自动制造纱管的机器，装置梳毛刷的机器，制造箱的机器和制造走锭精纺纱锭和环锭精纺纱锭的机器。

国，起初有人试图让一个纺纱工人踏两架纺车，也就是说，要他同时用双手双脚劳动。这太紧张了。后来有人发明了脚踏的双锭纺车，但是，能同时纺两根纱的纺纱能手几乎像双头人一样罕见。相反地，珍妮机一开始就能用12—18个纱锭，织袜机同时可用几千枚织针，等等。同一工作机同时使用的工具的数量，一开始就摆脱了工人的手工工具所受的器官的限制。

作为单纯动力的人和作为真正操作工人的人之间的区别，在许多手工工具上表现得格外明显。例如，在纺车上，脚只起动力的作用，而在纱锭上工作即引纱和捻纱的手，则从事真正的纺纱操作。正是手工工具的这后一部分，首先受到了工业革命的侵袭。最初，工业革命除了使人从事用眼看管机器和用手纠正机器的差错这种新劳动外，还使人发挥纯机械的动力作用。相反地，原来只是用人当简单动力的那些工具，如推磨[①]、抽水、拉风箱、捣臼等等，却最早采用了牲畜、水、风[②]作为动力。这些工具部分地在工场手工业时期，个别的甚至在更早以前，就已经发展为机器，但并没有引起生产方式的革命。在大工业时期可以看出，这些工具甚至在它们的手工业形式上就已经是机器了。例如，1836—1837年荷兰人用来抽干哈勒姆湖水的水泵，就是按普通唧筒的原理设计的，不同的只是，它的活塞不是用人手来推动，而是用巨大的蒸汽机来推动。在英国，现在有时还把铁匠用的极不完善的普通风箱的把手同蒸汽机连接起来，而变成机械风箱。17世纪末工场手工业时期发明的、一直存在到18世纪80年代初的那种蒸汽机[③]，并没有引起工业革命。相反地，正是由于创造了工具机，才使蒸汽机的革命成为必要。一旦人不再用工具作用于劳动对象，而只是作为动力作用于工具机，人的肌肉充当动力的现象就成为偶然的了，人就可以被风、水、蒸汽等等代替了。当然，这种变更往往会使原来只以人为动力而设计的机构发生重大的技术变化。今天，所有还必须为自己开辟道路的机器，像缝纫机、制面包机等等，如果它们的性能一开始并不排斥小规模应用，那就会制造得既适合用人作动力，也适合用纯机械作动力。

作为工业革命起点的机器，是用一个机构代替只使用一个工具的工人，这个机构用许多同样的或同种的工具一起作业，由一个单一的动力来推动，而不管这个动力具有什么形式。[④]在这里我们就有了机器，但它还只是机器生产的简单要素。

---

① 埃及的摩西说："牛在打谷的时候，不可笼住它的嘴。"但是德国的基督教慈善家们，在把农奴当作推磨的动力来使用时，却在农奴的脖子上套一块大木板，使农奴不能伸手把面粉放到嘴里。

② 荷兰人一方面由于缺少天然落差水，另一方面由于还要排掉过量的水，不得不用风作为动力。荷兰人的风车是从德国得到的。在德国，这项发明曾在贵族、牧师和皇帝之间引起一场很妙的争论：在三者中，风究竟"属于"谁。德国人说，空气造成占有，而风却使荷兰解放。在荷兰，风造成占有的东西，不是荷兰人，而是荷兰人的土地。到1836年，荷兰仍然使用共有6 000马力的12 000台风车，防止了全国三分之二的土地再度变为沼泽。

③ 虽然这种蒸汽机由于瓦特发明第一种蒸汽机，即所谓单向蒸汽机，而大大地改进了，但这种形式的蒸汽机仍然只是抽水和提盐水的机器。

④ "把所有这些简单的工具结合起来，由一个发动机来推动，使成为机器。"（拜比吉《论机器和工厂的节约》[第136页]）

工作机规模的扩大和工作机上同时作业的工具数量的增加，需要较大的发动机构。这个机构要克服它本身的阻力，就必须有比人力强大的动力，更不用说人是产生划一运动和连续运动的很不完善的工具了。假定人只是充当简单的动力，也就是说，工具机已经代替了人的工具，那么现在自然力也可以作为动力代替人。在工场手工业时期遗留下来的一切大动力中，马力是最坏的一种，这部分地是因为马有它自己的头脑，部分地是因为它十分昂贵，而且在工厂内使用的范围很有限。[①]但在大工业的童年时期，马是常被使用的。除了当时的农业家的怨言外，一直到今天仍沿用马力来表示机械力这件事，就是证明。风太不稳定，而且无法控制；此外，在大工业的发源地英国，水力的应用在工场手工业时期就已经很普遍。早在17世纪，就有人试用一架水车来推动两盘上磨，也就是两套磨。但是这时，传动机构规模的扩大同水力不足发生了冲突，这也是促使人们更精确地去研究摩擦规律的原因之一。同样，靠磨杆一推一拉来推动的磨，它的动力的作用是不均匀的，这又引出了飞轮[②]的理论和应用。飞轮后来在大工业中起了非常重要的作用。大工业最初的科学要素和技术要素就是这样在工场手工业时期发展起来的。阿克莱的环锭精纺机最初是用水推动的。但使用水力作为主要动力有种种困难。水不能随意增高，在缺乏时不能补充，有时完全枯竭，而主要的是，它完全受地方的限制。[③]直到瓦特发明第二种蒸汽机，即所谓双向蒸汽机后，才找到了一种原动机，它消耗煤和水而自行产生动力，它的能力完全受人控制，它可以移动，同时它本身又是推动的一种手段；这种原动机是在城市使用的，不像水车那样是在农村使用的，它可以使生产集中在城市，不像水车那样使生产分散在农村[④]，它在工艺上的应用是普遍的，在地址选择上不太受地点条件的限制。瓦特的伟大天才表现在1784年4月

---

① 1859年12月，约翰·查·摩尔顿在艺术协会上宣读了一篇关于《农业中使用的动力》的报告。其中有一段话说："每一种有助于土地平整的改良，都使应用蒸汽机来生产纯机械力更为可能……在有弯弯曲曲的灌木丛或其他障碍而影响划一动作的地方，就需要用马力。这种障碍正在一天天地消失。在那些需要发挥较多的意志和较少的体力的操作上，唯一可以采用的，是每时每刻都由人的精神所支配的力，也就是人力。"接着，摩尔顿先生把蒸汽力、马力和人力都简化为蒸汽机所通用的计量单位，即简化为每分钟把33 000磅提高1呎的力，并计算出1蒸汽马力的费用：用蒸汽机每小时为3便士，用马每小时为$5\frac{1}{2}$便士。其次，为了保持马的健康，每天只能使用8小时。使用蒸汽力，全年每7匹耕马中至少可以节省3匹，而且所花的费用不会超过被代替的马在3、4个月(即它们被实际使用的时间)内所花的费用。最后，在可以应用蒸汽力的农活上，产品的质量也比利用马力时改进了。要完成1台蒸汽机的工作，必须用66个工人，每小时总共花费15先令；要完成1匹马的工作，用32个工人，每小时总共花费8先令。

② 孚耳阿伯式，1625年。德·科式，1688年。

③ 现代涡轮机的发明，使工业上水力的利用摆脱了过去的许多限制。

④ "在纺织工场手工业初期，工厂的厂址取决于水流的位置，而且这种水流，必须具有足以推动水车的落差；虽然设置水磨意味着家庭工业体系开始解体，但这些水磨必须建立在水流旁边，水磨和水磨之间又往往相距很远，所以，这种水磨与其说是城市体系的一部分，不如说是农村体系的一部分；直到使用蒸汽力代替水流以后，工厂才汇集在城市和能充分供应生产蒸汽所必需的煤和水的地方。蒸汽机是工业城市之母。"(亚·雷德格雷夫《工厂视察员报告。1860年4月30日》第36页)

他所取得的专利的说明书中,他没有把自己的蒸汽机说成是一种用于特殊目的的发明,而把它说成是大工业普遍应用的发动机。他在说明书中指出的用途,有一些(例如蒸汽锤)过了半个多世纪以后才被采用。但是他当时曾怀疑,蒸汽机能否应用到航海上。1851 年,他的后继者,博耳顿—瓦特公司,在伦敦工业展览会上展出了远洋轮船用的最大的蒸汽机。

只是在工具由人的机体的工具变为机械装置即工具机的工具以后,发动机才取得了独立的、完全摆脱人力限制的形式。于是,我们以上所考察的单个的工具机,就降为机器生产的一个简单要素了。现在,一台发动机可以同时推动许多工作机。随着同时被推动的工作机数量的增加,发动机也在增大,传动机构也跟着扩展成为一个庞大的装置。

现在,必须把许多同种机器的协作和机器体系这两件事区别开来。

在前一场合,整个制品是由同一台工作机完成的。工作机完成各种不同的操作,这些操作原来是由一个手工业者用自己的工具(例如织布业者用自己的织布机)来完成的,或者是由若干手工业者独立地或作为一个手工工场的成员用各种工具顺次来完成的。① 例如,在现代的信封手工工场中,一个工人用折纸刀折纸,另一个工人涂胶水,第三个工人折边,预备印封面,第四个工人把封面印好,等等。每个信封,每经过一道局部操作,就要转一次手。一台信封制造机一下子完成所有这些操作,而且每小时制成 3 000 多个信封。1862 年伦敦工业展览会上展出的一台美国纸袋制造机,可以切纸、涂胶水、折纸,每分钟生产 300 个纸袋。在工场手工业中分成几种操作顺次进行的整个过程,现在由一台由各种工具结合而成的工作机来完成。不管这种工作机只是比较复杂的手工工具的机械复制品,还是由工场手工业专门化了的各种简单工具的结合,在工厂内,即在以机器生产为基础的工场内,总有简单协作重新出现,这种协作首先表现为同种并同时共同发生作用的工作机在空间上的集结(这里撇开工人不说)。例如,许多机械织机集结在同一厂房内便组成织布工厂,许多缝纫机集结在同一厂房内便组成缝纫厂。但这里存在着技术上的统一,因为这许多同种的工作机,都是同时并同等地从共同的原动机的心脏跳动中得到推动,这是通过传动机构传送来的,而传动机构对这些工作机来说也有一部分是共同的,因为它不过是分出一些特殊的分支同每个工具机相连结。正像许多工具只组成一个工作机的器官一样,许多工作机现在只组成同一个发动机构的同样的器官。

但是,只有在劳动对象顺次通过一系列互相连结的不同的阶段过程,而这些过程是由一系列各不相同而又互为补充的工具机来完成的地方,真正的机器体系才

---

① 从工场手工业分工的观点来看,织布不是简单的手工业劳动,而是复杂的手工业劳动,因此,机械织机是一种能完成很多种复杂操作的机器。有人认为,现代机器起初掌握的是工场手工业分工所简化了的那些操作,这种看法是根本错误的。在工场手工业时期,纺纱和织布分成了新的种类,所使用的工具也改良和改变了,但劳动过程本身丝毫没有分开,仍然是手工业性质的。机器的起点不是劳动,而是劳动资料。

代替了各个独立的机器。在这里，工场手工业所特有的以分工为基础的协作又出现了，但这种协作现在表现为各个局部工作机的结合。各种局部工人的专门工具，例如毛纺织手工工场中的弹毛工、梳毛工、起毛工、纺毛工等等所使用的工具，现在转化为各种专门化的工作机的工具，而每台工作机又在结合的工具机构的体系中成为一个特殊的器官，执行一种特殊的职能。在最先采用机器体系的部门中，工场手工业本身大体上为机器体系对生产过程的划分和组织提供了一个自然基础。[①]但在工场手工业生产和机器生产之间一开始就存在着本质的区别。在工场手工业中，单个的或成组的工人，必须用自己的手工工具来完成每一个特殊的局部过程。如果说工人会适应这个过程，那么这个过程也就事先适应了工人。在机器生产中，这个主观的分工原则消失了。在这里，整个过程是客观地按其本身的性质分解为各个组成阶段，每个局部过程如何完成和各个局部过程如何结合的问题，由力学、化学等等在技术上的应用来解决[②]，当然，在这里也像以前一样，理论的方案需要通过实际经验的大量积累才臻于完善。每一台局部机器依次把原料供给下一台，由于所有局部机器都同时动作，产品就不断地处于自己形成过程的各个阶段，不断地从一个生产阶段转到另一个生产阶段。在工场手工业中，局部工人的直接协作，在各个特殊工人小组之间造成一定的比例数，同样，在有组织的机器体系中，各局部机器之间不断地交接工作，也在各局部机器的数目、规模和速度之间造成一定的比例。结合工作机现在成了各种单个工作机和各组工作机的有组织的体系。结合工作机所完成的整个过程越是连续不断，即原料从整个过程的最初阶段转到最后阶段的中断越少，从而，原料越是不靠人的手而靠机构本身从一个生产阶段传送到另一个生产阶段，结合工作机就越完善。如果说，在工场手工业中，各特殊过程的分离是一个由分工本身得出的原则，那么相反，在发达的工厂中，起支配作用的是各特殊过程的连续性。

一个机器体系，无论是像织布业那样，以同种工作机的单纯协作为基础，还是像纺纱业那样，以不同种工作机的结合为基础，只要它由一个自动的原动机来推动，它本身就形成一个大自动机。整个体系可以由例如蒸汽机来推动，虽然个别工具机在某些动作上还需要工人，例如在采用自动走锭精纺机以前，走锭精纺机就需

---

① 在大工业时代以前，毛纺织工场手工业是英国主要的工场手工业。所以，在18世纪上半叶，绝大部分实验都是在毛纺织工场手工业中进行的。在毛纺织业上取得的经验为棉纺织业带来了好处，棉花的机器加工需要的准备工作不像羊毛那样费力；后来则相反，机器毛纺织业是在机器棉纺织业的基础上发展起来的。毛纺织工场手工业的某些要素，直到最近几十年才纳入工厂制度内，例如梳毛就是这样。"在'精梳机'，尤其是李斯特尔式精梳机……被采用以后，机械力才广泛应用到梳毛过程上……其结果无疑使大批工人失业。过去羊毛多半是在梳毛工人家里用手来梳。现在一般都在工厂内梳，除了少数几种仍需要手梳羊毛的特殊操作外，手工劳动被淘汰了。许多手工梳毛工人在工厂内找到了工作，但手工梳毛工人的产品比机器的产品要少得多，所以很大一批梳毛工人依然找不到工作。"(《工厂视察员报告。1856年10月31日》第16页)

② "所以，工厂制度的原则是：……把劳动过程分成它的各个重要的组成部分，来代替各个手工业者之间劳动的分工或分级。"(尤尔《工厂哲学》第20页)

要工人发动，而精纺到现在都还是这样；或者，机器的某些部分必须像工具一样，要由工人操纵才能进行工作，例如在机器制造上，在转动刀架还未变成自动装置以前就是这样。当工作机不需要人的帮助就能完成加工原料所必需的一切运动，而只需要人从旁照料时，我们就有了自动的机器体系，不过，这个机器体系在细节方面还可以不断地改进。例如，断纱时使纺纱机自动停车的装置，梭中纬纱用完时使改良蒸汽织机立即停车的自动开关，都完全是现代的发明。现代造纸工厂可以说是生产的连续性和应用自动原理的范例。在纸张的生产上，我们可以详细而有益地研究以不同生产资料为基础的不同生产方式之间的区别，以及社会生产关系同这些生产方式之间的联系，因为德国旧造纸业为我们提供了这一部门的手工业生产的典型，17 世纪荷兰和 18 世纪法国提供了真正工场手工业的典型，而现代英国提供了自动生产的典型，此外在中国和印度，直到现在还存在着这种工业的两种不同的古亚细亚的形式。

通过传动机由一个中央自动机推动的工作机的有组织的体系，是机器生产的最发达的形态。在这里，代替单个机器的是一个庞大的机械怪物，它的躯体充满了整座整座的厂房，它的魔力先是由它的庞大肢体庄重而有节奏的运动掩盖着，然后在它的无数真正工作器官的疯狂的旋转中迸发出来。

在专门制造蒸汽机、走锭精纺机等等的工人出现以前，走锭精纺机、蒸汽机等等就已经出现了，这正像在裁缝出现以前人就已经穿上了衣服一样。但是，沃康松、阿克莱、瓦特等人的发明之所以能够实现，只是因为这些发明家找到了相当数量的、在工场手工业时期就已准备好了的熟练的机械工人。这些工人中，一部分是各种职业的独立的手工业者，一部分是联合在像前面所说的分工非常严格的手工工场内的。随着发明的增多和对新发明的机器的需求的增加，一方面机器制造业日益分为多种多样的独立部门，另一方面制造机器的工场手工业内的分工也日益发展。这样，在这里，在工场手工业中，我们看到了大工业的直接的技术基础。工场手工业生产了机器，而大工业借助于机器，在它首先占领的那些生产领域排除了手工业生产和工场手工业生产。因此，机器生产是在与它不相适应的物质基础上自然兴起的。机器生产发展到一定程度，就必定推翻这个最初是现成地遇到的、后来又在其旧形式中进一步发展了的基础，建立起与它自身的生产方式相适应的新基础。正像在单个机器还要由人来推动时，它始终是一种小机器一样，正像在蒸汽机还没有代替现成的动力——牲畜、风以至水以前，机器体系不可能自由发展一样，当大工业特有的生产资料即机器本身，还要依靠个人的力量和个人的技巧才能存在时，也就是说，还取决于手工工场内的局部工人和手工工场外的手工业者用来操纵他们的小工具的那种发达的肌肉、敏锐的视力和灵巧的手时，大工业也就得不到充分的发展。所以，且不说这样生产出的机器很昂贵，——这种情况作为自觉的动机支配着资本，——已经使用机器的工业部门的扩大，以及机器向新的生产部门的渗入，完全取决于这样一类工人增加的情况，这类工人由于他们的职业带有半艺术性，只能逐渐地增加而不能飞跃地增加。但是，大工业发展到一定阶段，也在技术上同自己的手工业以及工场手工业基础发生冲突。发动机、传动机构和工具机的规模日益扩大；随着工具机摆脱掉最初曾支配它的构造的手工业型式而获得仅由其力学任务决定的自由形式，工具机的各个组成部分日益复杂、多样并具有日益严格的规则性；自动体系日益发展；难于加工的材料日益不可避免地被应用，例如以铁代替木材[①]；——所有这些都是自然发生的问题，要解决这些问题到处都碰到人身的限制。这些限制甚至工场手工业中的结合工人也只能在一定程度上突破，而不能从根本上突破。例如，像现代印刷机、现代蒸汽织机和现代梳棉机这样的机器，就不是工场手工业所能制造的。

一个工业部门生产方式的变革，必定引起其他部门生产方式的变革。这首先是指那些因社会分工而孤立起来以致各自生产独立的商品、但又作为总过程的阶段而紧密联系在一起的工业部门。因此，有了机器纺纱，就必须有机器织布，而这二者又使漂白业、印花业和染色业必须进行力学和化学革命。同样，另一方面，棉纺业的革命又引起分离棉花纤维和棉籽的轧棉机的发明，由于这一发明，棉花生产才有可能按目前所需要的巨大规模进行。[②] 但是，工农业生产方式的革命，尤其使社会生产过程的一般条件即交通运输工具的革命成为必要。正像以具有家庭副业的小农业和城市手工业为"枢纽"(我借用傅里叶的用语)的社会所拥有的交通运输工具，完全不能再满足拥有扩大的社会分工、集中的劳动资料和工人以及殖民地市场的工场手工业时期的生产需要，因而事实上已经发生了变革一样，工场手工业时期遗留下来的交通运输工具，很快又成为具有狂热的生产速度和巨大的生产规模、经常把大量资本和工人由一个生产领域投入另一个生产领域并具有新建立的世界市场联系的大工业所不能忍受的桎梏。因此，撇开已经完全发生变革的帆船制造业不说，交通运输业是逐渐地靠内河轮船、铁路、远洋轮船和电报的体系而适应了大工业的生产方式。但是，现在锻冶、锻接、切削、穿凿和铸造巨量的铁，又需要有庞大的机器，制造这样的机器是工场手工业的机器制造业所不能胜任的。

因此，大工业必须掌握它特有的生产资料，即机器本身，必须用机器来生产机器。这样，大工业才建立起与自己相适应的技术基础，才得以自立。随着19世纪最初几十年机器生产的发展，机器实际上逐渐掌握了工具机的制造。但只是到了最近几十年，由于大规模的铁路建设和远洋航运事业的发展，用来制造原动机的庞

① 最初的机械织机主要是木制的，改良的现代机械织机是铁制的。只要从表面上把现代蒸汽织机和旧的蒸汽织机比较一下，把铸铁厂的现代鼓风工具和当初仿照普通风箱制成的笨拙的机械风箱比较一下，就可以看出生产资料的旧形式最初如何支配着它的新形式。但是，最有说服力的也许是现代火车头发明以前的火车头了。这种火车头实际上有两条腿，像马一样迈步。随着力学的进一步发展和实际经验的积累，机器的形式才完全由力学原理决定，从而才完全摆脱了已变为机器的那些工具的传统体形。

② 直到最近，在18世纪发明的各种机器中，要算美国人伊莱·维特尼发明的轧棉机在本质上变化最少。只是在最近几十年(1867年以前)，由于另一个美国人，纽约州沃耳巴尼的埃默里先生作了一番简单而有效的改进，维特尼的机器才变得陈旧了。

大机器才产生出来。

用机器制造机器的最重要的生产条件，是要有能充分供给力量同时又完全受人控制的发动机。蒸汽机已经是这样的机器。但是，机器部件所必需的精确的几何形状，如直线、平面、圆、圆柱形、圆锥形和球形，也同时要用机器来生产。在19世纪最初十年，亨利·莫兹利发明了转动刀架，解决了这个问题。这种刀架不久就改为自动式，经改装后从它最初被使用的旋床上移到其他制造机器的机器上。这种机械装置所代替的不是某种特殊工具，而是人的手本身。以往必须用手把切削工具等等的刃对准或加在劳动材料（如铁）上面，才能制造出一定的形状。现在有了这种装置，就能制造出机器部件的几何形状，而且“轻易、精确和迅速的程度是任何最熟练工人的富有经验的手都无法做到的”①。

如果我们考察一下机器制造业所采用的机器中构成真正工具机的部分，那么，手工业工具就再现出来了，不过规模十分庞大。例如，钻床的工作机，是一个由蒸汽机推动的庞大钻头，没有这种钻头就不可能生产出大蒸汽机和水压机的圆筒。机械旋床是普通脚踏旋床的巨型翻版；刨床是一个铁木匠，它加工铁所用的工具就是木匠加工木材的那些工具；伦敦造船厂切割胶合板的工具是一把巨大的剃刀；剪裁机的工具是一把大得惊人的剪刀，它剪铁就像裁缝剪布一样；蒸汽锤靠普通的锤头工作，但这种锤头重得连托尔也举不起来。② 例如，奈斯密斯发明的这些蒸汽锤中，有一种重6吨多，从7呎的高度垂直落在36吨重的铁砧上。它能轻而易举地把一块花岗石打得粉碎，也能轻轻地一下一下地把钉子钉进柔软的木头里去。③

劳动资料取得机器这种物质存在方式，要求以自然力来代替人力，以自觉应用自然科学来代替从经验中得出的成规。在工场手工业中，社会劳动过程的组织纯粹是主观的，是局部工人的结合；在机器体系中，大工业具有完全客观的生产机体，这个机体作为现成的物质生产条件出现在工人面前。在简单协作中，甚至在因分工而专业化的协作中，社会化的工人排挤单个的工人还多少是偶然的现象。而机器，除了下面要谈的少数例外，则只有通过直接社会化的或共同的劳动才发生作用。因此，劳动过程的协作性质，现在成了由劳动资料本身的性质所决定的技术上的必要了。

---

① 《各国的工业》1855年伦敦版第2部第239页。该书在这里还说道：“不管旋床的这个附件多么简单，从外表上看多么不重要，但我们认为，可以毫不夸大地说，它对机器使用的改良和推广所产生的影响，不下于瓦特对蒸汽机的改良所产生的影响。采用这种附件的结果是，各种机器很快就完善和便宜了，而且推动了新的发明和改良。”

② 在伦敦有一种锻造轮船蹼轮轴的机器叫“托尔”。这种机器锻造一个$16\frac{1}{2}$吨重的轴，就像铁匠打一个马蹄铁那样轻松。

③ 那些也能够小规模使用的木材加工机器，大部分是美国人的发明。

马尔库塞

作者简介

赫伯特·马尔库塞(Herbert Marcuse, 1898—1979),1898 年 7 月 19 日生于德国柏林,1979 年 7 月 29 日在访问德国施塔恩堡途中去世。1922 年在弗赖堡大学完成他的博士论文,1931 年在海德格尔指导下完成讲课资格论文"黑格尔的本体论与历史性理论",1933 年流亡瑞士再转往美国,1940 年成为美国公民。"二战"期间,马尔库塞受雇于美国政府。1952 年开始,他先后在哥伦比亚大学、哈佛大学、布兰代斯大学和加州大学圣迭戈分校教授哲学和政治学,直到 1965 年退休。他是法兰克福学派的重要代表人物,主要著作有《理性与革命》(*Reason and Revolution*,1941),《爱欲与文明》(*Eros and Civilization*,1955),《单向度的人》(*One Dimensional Man*,1964),《反革命与造反》(*Counter Revolution and Revolt*,1972)等。他被认为是 20 世纪 60 年代左翼学生运动的精神领袖。

文献出处

本文系《单向度的人》第六章"从否定性思维到肯定性思维:技术合理性和统治的逻辑",标题为编者所拟,译文选自马尔库塞《单向度的人》,上海译文出版社 2006 年版,第 131~154 页,刘继译。

技术合理性和统治的逻辑

在社会现实中，不管发生什么变化，人对人的统治都是联结前技术理性和技术理性的历史连续性。但是，通过把人身依附（如奴隶对主人、农奴对庄园主、贵族对领地分封者，等等）逐步换为对“事物客观秩序”（如经济规律、市场等等）的依赖，谋划并着手对自然进行技术改造的社会却改变了统治的基础。可以肯定，“事物的客观秩序”本身是统治的结果；但同样真实的是，统治也正在产生更高的合理性，即一边维护等级结构，一边又更有效地剥削自然资源和智力资源，并在更大范围内分配剥削所得。这一合理性的限度及其有害力量，表现在被生产机构改进了的对人的奴役中，这种生产机构使人的生存斗争永恒化，并使它扩大到破坏这一生产机构的建造者和使用者生活的整个国际斗争之中。

在这一阶段上，制度自身的合理性肯定出了什么毛病这一点变得清楚起来。其实，毛病就在于人们一直用以组织其社会劳动的那种方式。这在现代已不再成为问题。因为在现代，一方面伟大的企业家们自己情愿托庇于政府的指令和规章，而牺牲私人企业和“自由”竞争的利益；另一方面社会主义建设又通过进一步加强统治而继续发展。不过，问题并不到此为止。有毛病的社会组织要求站在发达工业社会现状的立场上来进一步作出解释，而在发达工业社会中，先前那些否定的、超越性的力量同已确立制度的一体化似乎在创造一种新的社会结构。

否定性一面向肯定性一面的转化突出了下列问题：在从本质上变成极权主义的过程中，“有毛病”的组织拒斥各种替代性选择。十分自然而且似乎无需进一步解释的是：制度可见的好处大家认为是值得捍卫的——在有当代共产主义这一似乎代表替代性历史选择的对抗性力量存在的情况下，尤其如此。然而，只是对于一种不情愿、也可能无力去理解正在发生什么和为什么发生的思想行为方式来说，这才是自然的。思想和行为在多大程度上同既定现实相符合，它们就在多大程度上表达着一种对维护事实虚假秩序的任务作出响应和贡献的虚假意识。这种虚假意识已经具体化在反过来再生产它的流行技术装置之中。

我们合理地、多产地生活和死亡。我们懂得，毁灭是进步的代价，就像死亡是生活的代价一样；节制欲念和辛勤劳作是满足和欢乐的先决条件；我们还懂得，生意必须做下去，替代性选择是乌托邦。这种意识形态属于已确立的社会机构；它是该机构继续运转的必要条件，是其合理性的组成部分。

然而，该机构击败了它自己的目的，如果它的目的是要创造一种以人化的自然为基础的人类生活的话。如果这不是它的目的，那么它的合理性就更为可疑。但它也更合乎逻辑，因为，从一开始，否定性就寓于肯定性之中，野蛮寓于人性之中，奴役寓于自由之中。这一状态不是心灵的状态，而是现实的状态，科学头脑在此种现实中起过联结理论理性和实践理性的决定性作用。

社会是在包含对人的技术性利用的事物和关系的技术集合体中再生产自身的——换言之，为生存而斗争、对人和自然的开发，日益变得更加科学、更加合理。“合理化”的双重含义在这种场合下是相互关联的。劳动的科学管理和科学分工大大提高了经济、政治和文化事业的生产率。结果：生活标准也相应得到提高。与此同时并基于同样理由，这一合理的事业产生出一种思维和行为的范型，它甚至为该事业的最具破坏性和压制性的特征进行辩护和开脱。科学—技术的合理性和操纵一起被熔接成一种新型的社会控制形式。人们还能够安于如下假定即非科学的后果是科学的一种特殊社会应用结果吗？我认为，哪怕预先并没有实际目的，在纯科学中仍然存在着科学应用固有的一般方向；这一点当理论理性转为社会实践时可以得到确定。在论证这一看法时，我将把前面几章讨论的前技术模式的特征与科学技术模式的特征作一对照，简要回顾一下新型的科学技术合理性在方法论上的起源。

导致在数学框架内来解释本质的定量化，把现实与一切固有的目的分离开来；进而，又把真与善、科学与伦理学分离开来。但不管科学现在如何确定自然客观性及其各部分间的相互关系，它都不能按照“终极因”来科学地设想它。不管作为观察、测量和计算中心的主体的作用多么重要，该主体都不能作为伦理、审美或政治的行为者来发挥科学作用。以理性为一方，以下层人民（他们一直是理性的对象而很少是理性的主体）的需要和愿望为另一方，它们之间的紧张关系从哲学和科学思想的襁褓时期起就一直存在着。对“事物的本质”——包括社会的本质——所作出的定义，是为了把压制甚至镇压美化成完全合理的。真正的知识和理性要求统治感觉——如果不从中解放出来的话。逻各斯与爱洛斯的联合，在柏拉图那里已经导致了逻各斯的至上地位；而在亚里士多德那里，上帝与被上帝所推动的世界的关系，只是在类比的意义上才是“爱欲的”。逻各斯与爱洛斯之间脆弱的本体论联系破碎了，科学的合理性作为本质上中立的东西而出现。自然（包括人）要争取什么，只是在运动的普遍规律——物理、化学或生物的——范围内才具有科学的合理性。

在科学合理性之外，人们生活于一个价值世界中；从客观现实中分离出来的价值变成主观的。为它们夺回某种抽象的、安全的合法性的途径，似乎只有指望形而上学的认可（神和自然法规）。但是，形而上学的认可不可证实，因而实际上不是客观的。价值可以有一种更高的地位（道德上和精神上的），但它们不是现实的，因而在实际生活事务中作用甚微——它在实际生活事务中作用越小，对现实就越是高高在上。

同样的脱离现实的倾向也影响到本质上不能用科学方法来加以证明的所有观念。不管依其自身权利它们可以在多大程度上得到承认、重视和尊崇，它们总不免是非客观的。而正是由于它们缺乏客观性，使它们成了社会凝聚的因素。人道主义者、宗教、道德观念只是“理想性的”；它们不会过分妨碍已确立的生活形式，不会因它们同商业和政治的日常需要所支配的行为相抵触这一事实而丧失合法性。

如果善和美、和平和正义既不能够从本体论的条件中推导出来，又不能够从具有科学合理性的条件中推导出来，那么它们在逻辑上就无权要求普遍的有效性和普遍的实现。从科学理性的角度看，它们属于偏好的范围；即使是亚里士多德和托马斯·阿奎那哲学重新复活也无法换回这种局势，因为它预先就已受到科学理性的拒斥。这些观念的非科学特征必然削弱同已确立现实的对立；它们变成了单纯的理想，而它们具体的、批判的内容则消散到特定的伦理或形而上学氛围之中。

然而，自相矛盾的是，只具备可定量特征的客观世界，在其客观性方面变得越来越依赖于主体。这一漫长的过程开始于几何学的代数化，它用纯思维的操作取代“可见的”几何图形。在当代科学哲学的某些概念中它找到了自己的最终形式；按照这一形式所有物理学问题势必都会放在数学或逻辑学的关系中来解决。与主体相对立的客观实体的观念似乎是站不住脚的。科学家和科学哲学家从不同角度提出了拒斥某些实体的类似假设。

譬如，物理学“不测量外部物质世界的客观性质——那些性质只是这种操作完成的结果”。[1] 客体只是作为“方便的工具”，作为陈旧的“文化论断”而继续存在。[2] 把混混沌沌的事物加以净化，即是使客观世界失去它那“不令人愉快的”特征，失去它那和主体相对立的特性。撇开以毕达哥拉斯-柏拉图的形而上学为基础的解说不谈，数学化的自然、科学的实在看来就是理念的实在。

这是一些极端的主张，它们受到比较稳健的解释的拒斥，这些稳健的解释坚持，当代物理学中的命题仍然指称“物理事物”。[3] 但物理事物实际上就是“物理事件”，因而物理命题指称（且只指称）标志各种物理事物和过程特征的属性和关系。[4] 麦克斯·波恩写道：

> ……相对论……决没有放弃一切把属性归于物体的尝试……但一个可测量的性质往往并不是一个物的属性，而是该物同他物的关系的属性……物理学中的大多数测量都不直接与我们感兴趣的物有关，而与某种设计、语词（取其最广泛的意义）有关。[5]

---

① 赫伯特·丁格勒，载《自然》第168卷（1951年），第630页。

② W-V. O. 蒯因：《从逻辑的观点看》（剑桥，哈佛大学出版社，1953年）。蒯因谈及“物理客体的神话”时说：“从认识论的立场看，物理客体和（荷马的）诸神只是程度的不同而不是种类的不同”。（同上）但是，物理客体的神话在认识论上具有优越性，“它作为一种把容易处理的结构掺和进经验之流中的手段，已证明比其他神话更为有效”。按照“有效”“方便”和“容易处理”来衡量，科学概念展示了它的操纵-技术要素。

③ H. 莱欣巴哈，载菲利普·G. 弗兰克编：《科学理论的证实》（波士顿，灯塔出版社，1954年），第85～86页（阿道夫·格律恩堡所引）。

④ 阿道夫·格律恩堡引同上书，第87～88页。

⑤ 阿道夫·格律恩堡，载菲利普·G. 弗兰克编：《科学理论的证实》，第88～89页（重点是我加的）。

W. 海森堡也说：

> 我们在数学上确立的东西只有少部分是“客观的事实”，大部分都是对可能性的概括。①

现在，“事件”“关系”“设计”“可能性”只是对某一主体而言才能够有客观的意义——不仅就可观察性和可量度性，而且就事件或关系的结构来说。换言之，这里涉及的主体是一个构成性的主体，即是说，是一个某种材料必须或能够被设想成它的事件或关系的主体。假如情况果真如此，莱欣巴哈就仍然是正确的：物理命题可以得到表述而无需涉及一个具体的观察者；“观察器械引起的干扰”，不是归因于观察的人，而是归因于作为“物应用具”的器械。②

诚然，我们可以假定，精确物理学所建立的公式表达了（阐述了）原子的实际构象，即物质的客观结构。如果对主体“以外”的任何观察和量度都不予考虑的话，A可能“包括”B，“先于”B，“产生”B；B可能“在C中间”“大于”C等等——仍然可以说这些关系包含着位置、差异和在A、B、C的差异中的同一。因而它们也暗指在差异中达到同一和以某种特殊方式同他物发生关系并排斥其他关系的能力。如果这种能力只存在于物质自身之中，那么物质自身客观上就属于心灵结构——一种含有强烈唯心主义意味的说法：

> 无生物毫不犹豫、准确无误地直接依据其生存方式来合成它们一无所知的平衡。从主观上看，自然并非是心灵的，她并不按数学范畴来思考。但从客观上看，自然是心灵的，她可以被按数学范畴来思考。③

卡尔·波普尔提出了一种较少唯心主义成分的说法，④他认为，物理科学在其历史发展中揭示和确定了同一客观实在的不同层次。在这一过程中，已被历史超越的那些概念正被宣告作废，其内容正在被并入那些继起的概念——这一说法包含的意思似乎是朝着现实的真正内核即绝对真理逼近。否则实在就会是没有内核的葱头，而科学真理的概念将处于岌岌可危的境地。

我并不是说，当代物理学哲学否定，甚至怀疑外间世界的实在性，而是说它不是延搁对现实本身是什么的判断，就是认为这个问题毫无意义，并且无法回答。一旦延搁被看作一种方法论原则，就会具有如下双重效果：(a)它加速理论重心从形而上学的“是什么”向功能性的“怎么样”转移；(b)它建立起一种实际（虽然并非绝对）的确定性，这种确定性，在同物质一起发生作用的过程中安然自得地摆脱了操作环境之外的实体的约束。换言之，从理论上看，除了冷酷的物质事实性及其对知

---

① 《论“封闭理论”这一概念》，载《辩证法》，1948年第2卷，第333页。

② 菲利普·G. 弗兰克编：《科学理论的证实》，第85页。

③ C. F. 冯·魏茨泽克：《自然史》（芝加哥，芝加哥大学出版社，1949年），第20页。

④ 见C. A. 梅思编：《英国中世纪哲学》（纽约，麦克米伦出版公司，1957年），第155页以下。又见马里奥·本格：《元科学质疑》（斯普林菲尔德，1959年），第108页以下。

识的盲目抵制所产生的限制而外，人和自然的改造别无其他客观限制。这一概念在多大程度上成为可应用于现实的和有效的，现实就在多大程度上被当作一种（假定的）工具系统来探讨；而形而上学“存在本身”的问题也在多大程度上让位于“存在工具”的问题。而且，这一概念的有效性得到证明之后，便作为一种先验的东西而起作用——它对经验进行臆断，为改造自然的方向进行谋划，对整体进行组织。

我们在上面看到，当代科学哲学似乎正跟一种唯心主义原理作斗争；而在其极端的说法中，它似乎正在危险地限制一种唯心主义的自然概念。然而，这一新的思想方式却使唯心主义重新“站稳脚跟”。黑格尔曾经简述唯心主义本体论说：如果理性是主客体的共同名称，它是作为对立面的综合而存在的共同特征。因此，本体论包含了主客体间的紧张关系；它充满了具体性。理性的现实是这种紧张关系在自然、历史和哲学中的表现。因此，甚至最为极端的一元论体系都坚持一种在主客体中展开自身的实体观念，即一种对抗性现实的观念。科学精神则在日益削弱这种对抗性。现代科学哲学完全可以从思维和存在这两种实体的观念出发来进行研究，但当这一延伸了的物质在已转变为技术的数学公式中成为可理解的东西时，存在就会丧失其作为独立实体的特性。

> 那种把世界划分为时空中的客观过程和反映它们的思维的旧观点，换言之，那种思维和存在的笛卡儿式区分，再也不是我们理解当代科学的恰当出发点了。[①]

对世界的笛卡儿式划分其本身的基础也受到了怀疑。胡塞尔指出，笛卡儿的自我归根到底并不真正是一种独立的实体，而毋宁说只是定量的“残余”或限度；伽利略把世界视为“普遍的、绝对纯粹的”具有广延性的存在物的思想，看起来预先就支配着笛卡儿的看法。[②]在这种情况下，笛卡儿的二元论是靠不住的，笛卡儿的思维着的自我实体将类似于具有广延性的存在物，并预言出现一种能够定量观察和测量的科学主体。笛卡儿的二元论已经暗含着对它的否定；它将扫清而不是阻挡建立单向度科学世界的道路，在这个世界中自然“客观上是属于心灵的”，即是属于主体的。而这一主体又以一种非常特殊的方式与它的世界发生关系：

> 自然被置于能动的、给自然打上技术烙印的人的记号之下。[③]

自然科学是在把自然设想为控制和组织的潜在工具和材料的技术先验论条件

① W.海森堡：《物理学家的自然概念》（伦敦，哈钦森出版公司，1958年），第29页。海森堡在他所著《物理学与哲学》（伦敦，艾伦-昂温出版社，1959年）中写道：“对于原子物理学家来说，如果他终究要使用‘物自身’这一概念的话，那么，物自身归根到底就是一个数学结构；不过，同康德的观点相反，这种结构是间接地从经验中推断出来的。”

② W.比梅尔编：《欧洲科学危机和超验现象学》（哈格，尼霍夫出版社，1954年），第81页。

③ 加斯东·巴歇拉尔：《当代物理学中的理性活动》（巴黎，大学出版社，1951年），第7页。参见马克思和恩格斯：《德意志意识形态》（莫利特译本），第163～164页。

下得到发展的。把自然理解为(假定的)工具比各种特殊技术组织的发展具有更为重要的意义：

> 现代人把全部存在视为生产的原材料并使全部客观世界隶属于生产的扩张范围和规则……机器的使用和机器的制造自身并不是技术，而仅仅是一种在其客观的原材料中实现技术本质的合适手段。[①]

由于对自然的改造导致了对人的改造，由于"人的创造物"出自社会整体又返归社会整体，技术先验论是一种政治先验论。人们也许仍然认为，技术世界的机械系统"本身"对于政治目的是漠不关心的，尽管它可以彻底变革社会或阻碍社会的发展。电子计算机可以同样有助于资本主义管理或社会主义管理；回旋加速器对于好战派或和平派可以是同样有效的工具。马克思在他那个引起争议的论断中对这一中立性提出了异议："手推磨产生的是封建主为首的社会，蒸汽磨产生的是工业资本家为首的社会。"[②]马克思这一论断又在马克思主义理论自身中受到进一步修正：基本历史动因是社会生产方式而不是技术。然而，当技术成为物质生产的普遍形式时，它就制约着整个文化；它设计出一种历史总体——一个"世界"。

我们能够说科学方法的发展仅只"反映"在工业文明进程中自然实在向技术实在的转变吗？要以这种方式来阐明科学和社会的关系，就要假定相互交叉而又各自独立的两个领域和事件，即①科学和科学思想，连同它们的内部概念和内部真理；②科学在社会现实中的用途和应用。换言之，不管这二者的发展之间的联系可以多么紧密，它们并不相互包含和限定。纯科学不是应用科学；独立于对它的利用，它保留了它的同一性和有效性。进而，科学本质上是中立性的观念又扩大到技术。机器对于它的社会用途漠不关心，只要这些用途仍然在其技术力所能及的范围之内。

从科学方法固有的工具主义特征看，这种解释似乎是不充分的。在科学思想与其应用之间，科学话语领域与日常话语和行为领域之间流行着一种较为密切的关系——一种双方都在同一的逻辑和合理性之下发展的关系。

在一种自相矛盾的发展中，建立严格自然客观性的科学努力导致了自然的非物质化趋势的增长：

> 照此方式而存在着的无限自然的思想，这个我们必须加以拒绝的思想，是现代科学的神话。科学通过消除中世纪的神话而起步。但现在，科学迫于其自身的一致性而意识到，它不过是建立了另一种不同的神话而已。[③]

这一从根除独立实体和终极因开始的进程实现了客观性的理念化。不过，这

---

① 马丁·海德格尔：《林中路》(法兰克福，克洛斯特曼出版公司，1950年)，第266页以下。又见海德格尔：《讲演与论文集》(普夫林根，京特·莱斯克出版社，1954年)，第22、29页。

② 参见《马克思恩格斯选集》第1卷，人民出版社，1972年，第108页。——译者注

③ C-F.冯·魏茨泽克：《自然史》，第71页。

是一种非常特殊的理念化，客体就是在同主体的一种十分实际的关系中以这种方式自我构成的：

> 什么是物质？在原子物理学中，物质是由其对人类经验可能的反映方式、由其所服从的数学——即思想——规则来定义的。现在，我们把物质定义为一种人所操纵的可能客体。[①]

如果情况果真如此，那么科学就已完全变成技术：

> 实用科学拥有同技术时代相适应的自然观。[②]

这种操作主义在多大程度上成为科学事业的中心，合理性就在多大程度上表现为有组织的结构形式，表现为对作为纯粹统治材料和工具的物质的组织和操纵——这里所说的工具服务于一切意图和目的，它是"纯粹"的工具。

对待工具的"正确"态度是技术态度，正确的逻各斯是技术学(techno-logy)，它是对技术现实的谋划和反应。[③] 在技术现实中，物质和科学都是"中立的"；客观现实既无目的，又不是为了某些目的而构造的。不过，正是其中立特征把客观现实同特定历史主体联系起来，即同流行于社会中的意识联系起来，其中立性则是通过这个社会并为了这个社会而确立的。它在构成新型合理性的抽象中发挥作用——作为一种内在的而不是外在的因素发挥作用。纯粹的和应用的操作主义，理论的和实践的理性，科学的和商业的谋划都在把第二性质还原为第一性质，对"特种实体"进行量化和抽象。

诚然，纯科学的合理性在价值上是自由的，它并不规定任何实践的目的，因而对任何可以从上面强加给它的外来价值而言，它都是"中立的"。但这一中立性是一种肯定性。科学的合理性之所以有利于某种社会组织，正是因为它设计出能够在实践中顺应各种目的的纯形式(或纯质料——在这里，其他方面互相对立的两个术语汇集在一起了)。形式化和功能化的最重要应用是充当具体社会实践的"纯形式"。科学使自然同固有目的相分离并仅仅从物质中抽取可定量的特性，与之相伴随，社会使人摆脱了人身依附的"自然"等级，并按照可定量的特性把他们相互联系起来，即把他们当作可按单位时间计算的抽象的劳动力单位。"由于劳动方式的合理化，对于质的排除从科学领域转向了日常经验领域。"[④]

科学的量化过程和社会的量化过程之间，存在着对应关系和因果关系吗？或

---

① C-F. 冯·魏茨泽克：《自然史》，第142页(重点是我加的)。

② 同上书，第71页。

③ 我希望我不会被误解为在暗示数学物理学概念是作为"工具"而设计的，它们有一种技术的、实践的目的。确切地说，技术学是对科学在其中得以发展并将自己构成为纯科学的那一世界的先验"直觉"或理解。纯科学仍然受制于它由此开始抽象的先验设定。这一点在谈及数学物理学的工具主义视界时恐怕就更加清楚。见苏珊·巴歇拉尔：《合理性的意识》(巴黎，大学出版社，1958年)，第31页。

④ M. 霍克海默尔和 T. W. 阿多诺：《启蒙的辩证法》，第50页。

者,它们的联系仅仅是社会学事后整理的结果吗?前面的讨论已指出,新型的科学合理性在其抽象性和纯粹性方面完全是操作性的,因为它是在工具主义视界内发展的。观察和实验,材料、命题、结论的条理化组织和调整,都不是在一个无结构的、中立的理论空间内进行的。认识的设计牵涉对出现于既定话语和行为领域的客体所进行的操作和抽象。科学就是从这一既定领域的某一位置出发来观察、计算和推理的。伽利略观察过的星星在古人那里没有什么两样,但不同话语和行为领域——简言之,不同社会现实——却开启着新的观察角度和范围,揭示着整理观察数据的多种可能性。在这里我不想涉及科学合理性同社会合理性在现代之初的历史关系。我的目的是阐明它内在的工具主义特征,从这一特征看,科学是一种先验的技术学和专门技术学的先验方法,是作为社会控制和统治形式的技术学。

现代科学思想由于其纯粹性而不考虑特定的实践目标和特定的统治形式。但是,并不存在纯粹的统治那样的东西。随着理论的进步,它便从一种具体的技术环境、从既定的具体的话语和行为领域来进行抽象或对之进行排斥。科学谋划出现与否,理论对可能的替换性选择构想与否,其假说推翻抑或扩展预先确立的现实,都是在既定话语和行为之内发生的。

现代科学原则是以下述方式先验地建构的,即它们可以充当自我推进、有效控制的领域的概念工具;于是理论上的操作主义与实践上的操作主义渐趋一致。由此导致对自然进行愈加有效统治的科学方法,通过对自然的统治而逐步为愈加有效的人对人的统治提供纯概念和工具。保持纯粹性和中立性的理论理性已经开始参与实践理性的事业。它们的合并已经证明对二者都是有益的。如今,统治不仅通过技术而且作为技术来自我巩固和扩大;而作为技术就为扩展统治权力提供了足够的合法性,这一合法性同化了所有文化层次。

在这个领域内,技术也使人的不自由处处得到合理化。它证明,人要成为自主的人、要决定自己的生活,在技术上是不可能的。因为这种不自由既不表现为不合理的,又不表现为政治性的,而是表现为对扩大舒适生活、提高劳动生产率的技术装置的屈从。因此,技术合理性是保护而不是取消统治的合法性,理性的工具主义视界展现出一个合理的极权主义社会:

> 人们或许会把一种技术哲学称作专制的哲学,它把技术总体视为一个用机器来获取权力的场所。机器只是一种手段;目的是通过根本的奴役来征服自然、驯化自然:机器是一个可用来使他人成为奴隶的奴隶。这样一种专横的、奴役的趋向可以与寻求人的自由携手并进。但是,人们很难通过把奴隶状态转嫁给其他存在物、人、动物或机器而自我解放;对属于整个世界的机器总体进行统治仍然还是意味着统治;一切统治都暗含着对征服图式的接受。[1]

政治意图已经渗透进处于不断进步中的技术,技术的逻各斯被转变成依然存

---

① 吉尔伯特·西蒙顿:《技术对象的存在方式》(巴黎,奥比尔出版社,1958年),第127页。

在的奴役状态的逻各斯。技术的解放力量——使事物工具化——转而成为解放的桎梏,即使人也工具化。

上述解释把优于一切应用和利用的科学谋划(方法和理论)同特定社会谋划联系在一起,从而找出它们在科学合理性的内在形式如概念的功能特性中的联系。换言之,科学领域(即不是关于物质、能量及其关系的结构等的特殊命题,而是作为可定量的物质、作为对客观现实进行理论探讨并作出数理逻辑表达的指导的自然规划),将是具体社会实践的视界,这一视界在科学谋划的发展中将受到维护。

但即使我们承认科学合理性内在的工具主义特性,这一假定仍未确立起科学谋划的社会学有效性。假使最为抽象的科学概念的组合形式仍然维护主客体在既定话语和行为领域中的相互关系,理论理性和实践理性的联结就可以按不同方式来理解。

让·皮亚杰在他的"发生认识论"中提出了这样一种不同解释。他按照对主客体一般关系的不同抽象来解释科学概念的组合形式。抽象既不从单纯的客体着手,以致主体只起观察和测量的中立点的作用;也不从作为纯粹认知理性媒介的主体着手。皮亚杰对数学中的认知过程和物理学中的认知过程作了区分。前者是在"行为内部"进行的抽象:

> 同通常的说法相反,数学实体不是依据客体而进行的抽象的结果,毋宁说它是在行动内部进行抽象的结果。收集、整理、运动等等比之思考、推论等等是更普遍的行为,因为它们坚持各个个别行为的自我协调,它们使每一个行为都成为一种协调因素。[①]

因而数学命题表达的是"对客体的普遍适应"——同作为物理学中的真命题特征的个别适应相对。逻辑和数理逻辑是"对任一客体的一个行为,就是说,是一个具有普遍形式的行为";[②] 而且这种"行为"是普遍有效的,因为:

> 这一抽象或区分扩大到遗传协调的中心,行为协调机制在根源上总是被反射作用和本能所束缚。[③]

在物理学中,抽象是从客体着手的,但它被归结为主体方面的特定行为,因此,抽象必然要采取一种逻辑-数学的形式,因为:

> 如果个别行为之间取得了某种协调,如果这种协调是以其逻辑-数学的本性进行的,那么,个别行为就只会导致知识的产生。[④]

物理学中的抽象必然导致逻辑-数学抽象,而后者作为纯粹的协调因素是行

---

① 《发生认识论导论》(巴黎,大学出版社,1950年),第3卷,第287页。

② 同上书,第288页。

③ 同上书,第289页。

④ 同上书,第291页。

为——“行为本身”——的普遍形式。这种协调构成了客观现实，因为它保留遗传的、“反射的和本能的”结构。

皮亚杰的解释承认理论理性有内在的实践特征；但归根结底，他是从遗传的、生物学的普遍行为结构推导出这一特征的。科学方法最终依赖于生物学基础，它是前历史的(更确切地说是低于历史的)。进而言之，即使承认一切科学知识都以个别行为的协调为前提，我仍然看不出为什么这种协调“本质上”就是逻辑-数学的——除非“个别行为”是当代物理学的科学操作，而在这种情况下，解释就将出现循环。

同皮亚杰心理学和生物学色彩相当浓厚的分析相反，胡塞尔提出了一种专门研究科学理性的社会—历史结构的发生认识论。在此处，我将只在下述范围内涉及胡塞尔的著作①，即它强调现代科学在一定程度上是作为其活动领域的前定历史现实的“方法论”。

胡塞尔以下述事实为出发点，即自然数学化的结果是产生有效的实践知识：在“观念”实在的结构中，它可以有效地同经验实在“联系”起来。但科学成就曾经回指一种前科学实践，它构成伽利略时代的科学的原始基础(the Sinnesfundament)。生活世界(Lebenswelt)中这一曾决定理论结构的科学的前科学基础没有受到伽利略的质疑；不仅如此，它还被科学的进一步发展所遮蔽(verdeckt)。结果便产生了如下幻想：自然的数学化可创造一种“自主(eigenständige)的绝对真理”(第49～50页)，但在现实中，它依然是为生活世界服务的特定方法和技巧。数学科学的观念面具(Ideenkleid)因而是一种符号面具，它表现生活世界，同时又粉饰(vertritt 和 verkleidet)生活世界。

在科学的概念结构中得到维护的原始的前科学目的和内容是什么呢？实际量度揭示了使用某些基本形式、模型和关系的可能性；这些形式、模型和关系通常“可以作为同一种精确测定和计算经验对象及关系的手段来使用”(第25页)。通过各种抽象和概括，科学方法保留(并粉饰)它的前科学技术结构；而前者的发展则是对后者的发展的描述(和粉饰)。由此可见，古典几何学“理想化”了观察和测量土地(Feldmesskunst)的实践。几何学是实际客观化的理论。

当然，代数学和数理逻辑摆脱了生活世界及生活于其中的主体不能加以计算的不确定性和特殊性，从而建构起一个绝对的观念实在。然而，这种观念建构不过是对新生活世界进行“理想化”的理论和技术。

> 在数学实践中，我们达到了在经验实践中达不到的东西，即精确性。因为，用绝对的恒等式来确定理想形式是可能的……由此一来，它们便普遍变成得心应手的东西了……(第24页)

观念世界与经验世界的协调，使我们能够去“谋划预期中的实际生活世界的

① 《欧洲科学危机和超验现象学》。

规律”：

> 一旦人们拥有这些公式，人们就会拥有在实践中所期望的先见之明

——亦即在具体生活经验中所期待的先见之明(第 43 页)。

胡塞尔强调数学精确性和可替换性的前科学的、技术的含义。这些现代科学的中心观念，不是仅仅作为纯科学的副产品，而是作为同其内在概念结构有关的东西出现的。从具体中进行科学抽象和既产生精确性、又产生普遍有效性的质的定量化，牵涉到生活世界的特定具体经验——“看”世界的特定方式。尽管具有“纯粹的”、置身事外的特点，这种“看”毕竟是在有目的的实际情境中看。看即是预期(Voraussehen)，即是谋划(Vorhaben)。伽利略的科学是有步骤、有系统地预期和谋划的科学。但重要的是，它同时也是某种按照能够完全等同的单位之间可予计算和预言的关系来体验、领会和塑造世界的特定预期和谋划的科学。在这种谋划中，普遍的可定量性是统治自然的前提。个别的、非量化的性质却阻碍根据从人和物中抽取出的可量度能力来对人和物进行的组织。但这是一项专门的、社会历史的谋划，从事这项谋划的意识是伽利略的科学的隐蔽主体；后者是无穷扩展的预测技巧和艺术(ins Unendliche erweiterte Voraussicht，第 51 页)。

正因为伽利略的科学在其概念组合形式方面是特定生活世界的技巧，所以它没有也不能超越这一生活世界。从本质上看，它仍然停留在基本经验框架之内，停留在这一现实所规定的各种结果的范围之内。在胡塞尔的学说中，在伽利略的科学中，“具体的因果领域变成了应用数学”(第 112 页)——但感觉和经验世界

> 是我们在其中度过我们全部有生之年的世界；在其本质结构中，在其自身恒定的具体因果关系中，它依然故我……(第 51 页；重点是我加的)

这是一种容易遭人轻视的、带有挑战性的主张。我冒昧地提出一种可能是牵强的解释。但这种主张并不简单地指涉如下事实，即尽管有非欧几何存在，我们仍然是在三维空间之内感觉和行动；或者，尽管有“统计的”因果性概念，我们仍然是按照常识，按照“旧”因果性法则来行动的。该主张同作为“应用数学”结果的日常生活世界的不断变化并不相矛盾。也许还有更多的东西存在问题：即既定科学和科学方法的固有限度。既定科学和科学方法借助这一限度使现存生活世界得到扩大、保证和合理化，而又不更改其存在结构——即不展望一种本质上新的“看”的方式和本质上新的人与人、人与自然的关系。

对于生活的已制度化的形式，科学(纯粹的和应用的)将具有一种僵化、固定和保守的功能。甚至它最具革命性的成就也只是同现实的特定经验及组织相一致的建设和破坏。科学不断自我校正——对它那些融入其方法的假设的革命——本身就推进和扩展着同一个历史领域、同一种基本经验。它还保持着同一种有利于物质内容和实际内容的演绎形式。胡塞尔的解释决非轻视伽利略科学所带来的根本变化，他着重强调同前伽利略传统的彻底决裂；思想的工具主义视界确曾是一种

新的视界。它创造出一个新的理论理性和实践理性的世界,但是它仍然还受到特定历史世界的制约,这个世界具有显而易见的限度——既在理论上也在实践上的、既在其纯粹的方法方面也在其应用的方法方面的限度。

上述讨论不仅是要指明科学方法的内在局限和成见,而且要指明其历史的主观性。此外,它似乎暗示对某种"定性物理学"的需要和复兴目的论哲学的需要,等等。我承认,这一怀疑是正当的;但在此处,我只能表明我并不想肯定这种蒙昧主义观点。[①]

不管人们怎样定义真实性和客观性,它们都与理论和实践的从事者相关,同他们理解和改造世界的能力相关。这种能力转而又有赖于:物质(无论它可能是什么)在何种程度上是按照其各个个别形式中的本来面目而被认识和理解的。在这些条件下,当代科学所具有的客观有效性远非它的先行者所可企及。人们也许可以进一步说,现在,科学方法是可以声称拥有客观有效性的唯一方法;理论假说和可观察事实的交互作用证明了这些假说,确认了这些事实。而我力图要指出的是,依靠其自身的方法和概念,科学已经规划和创立起这样一个领域,即对自然的统治依然同对人的统治相联结的领域——它们的联结对于作为一个整体的领域而言是必不可免的。科学地加以理解和控制的自然,再现于生产和毁灭的技术设施中,这些技术设施在维系并改善各个个人生活的同时,又使他们服从于设施的控制者。于是,合理的统治集团与该社会融为一体。如果情况果真如此,那么,在也许有助于上述必然联结的进步方向上的变化就会影响到科学的结构——科学的谋划。它那没有丧失合理特征的假说,将在一种根本不同的经验环境(一个和平世界)中得到发展;随之而来的是,科学将获得根本不同的自然概念,并确认根本不同的事实。这一合理的社会推翻了理性的观念。

我已指出,这种颠覆性原理,即关于另一合理性的观念,从一开始就出现在思想史中。古代的国家理想,使存在达到完善、使"是"和"应当"的矛盾以永恒轮回的方式来解决的国家理想,已经带有统治的形而上学特征。同时,它又适合于解放的形而上学——适合于逻各斯和爱洛斯的调和。这种理想设想的是停止理性的压抑性生产能力,达到满意的统治结果。

两种形成鲜明对照的合理性并不简单地分别同古典思想、现代思想相互关联,而在约翰·杜威那里它们就是这样相互关联的:"从思辨的乐趣到积极的操纵和控制""从作为对自然性质的美学欣赏的知……到作为一种世俗控制手段的知"。[②]古典思想足以承担起世俗控制的逻辑任务;但在现代思想中却存在着足以反驳杜威说法的控诉成分和拒绝成分。理性作为概念性的思想和行为,必然是控制和统治。逻各斯即是以知识为基础的规律、法则和秩序。在把特殊例证统摄于普遍性

① 参见本书第9章和第10章。[编者注:此处指原书]

② 约翰·杜威:《确定性的寻求》(纽约,明托恩和巴赫公司,1929年),第95、100页。

之下并使之服从于普遍性的过程中，思想实现了对种种特殊例证的统治。它不仅能理解它们，而且能影响它们、控制它们。然而，当一切思想都处于逻辑规则的统治之下时，这种逻辑的发展在不同思想方式中是有区别的。古典形式逻辑和现代符号逻辑、先验逻辑以及辩证逻辑——每一种逻辑都支配着不同的话语和经验领域。它们都是在它们所称道的统治的历史连续性内发展的。这种连续性把顺从主义和意识形态特征赋予肯定性思维方式，而把思辨和乌托邦特征赋予否定性思维方式。

概括一下，我们现在可以更清楚地分辨科学合理性的隐蔽主体和隐藏在其纯形式中的目标。科学的可普遍控制的自然概念，把自然设计为不断运动着的物体，设计为理论和实践的单纯材料。在这种形式中，客观世界开始建设一种技术世界——一种精神和物质的纯工具、纯手段的世界。因此，它的确是依赖确证和证实主体的“假说”系统。

确证和证实的过程可以是纯理论的过程，但它们决不可能发生于真空之中，也绝不会限于私人的、个人的心灵。各种形式和功能的假说系统变得有赖于另一系统——即它在之中并为之而发展的既定目标领域。对于理论谋划曾经无关紧要和毫不相干的东西，今天表现为其结构(方法和概念)的组成部分；纯客观性是作为提供目的和目标的主观性的客体而出现的。在技术现实的建构中，并无纯粹合理的科学秩序之类的东西存在；技术合理性的进程就是政治的进程。

只是在技术的中介中，人和自然才变成可以替换的组织对象。把他们统摄于其下的那些设施的普遍有效性和生产能力，掩盖着组织这些设施的那些特殊利益集团。换言之，技术已经变成物化——处于最成熟和最有效形式中的物化——的重要工具。个人的社会地位及其同他人的关系，看来不仅要受到客观性质和规律的支配，而且这些性质和规律似乎也会丧失其神秘性和无法驾驭的特征；它们是作为(科学)合理性的可靠证明而出现的。这个世界势必变成甚至把管理者也包括在内的全面管理的材料。统治的罗网已变成理性自身的罗网，这个社会最终也会被困在该罗网之中。理性的超越性方式看来会超越理性自身。

在这些条件下，物理科学之外的科学思想(泛而言之，同混乱的、形而上学的、情感的、不合逻辑的思想对立的思想)一方面以纯粹的、自明的形式主义(符号主义)身份出现，另一方面又以一种总体的经验主义形式出现。(它们并不相互抵触。请看数学和符号逻辑在电子工业中的经验应用。)对于既定话语和行为领域而言，无矛盾性和非超越性是其共同特征。在当代哲学中，总体的经验主义展示了它的意识形态功能。下一章将对与这种功能有关的语言分析的某些方面进行讨论。这一讨论又是为力图揭示下述障碍打下基础：这些障碍阻止总体经验主义去把握现实，阻止总体经验主义去建立(更确切地说是再确认)可以冲破这些障碍的那些概念。

阿伦特

作者简介

汉娜·阿伦特(Hannah Arendt,1906—1975),1906年10月14日生于德国汉诺威郊外的林登镇,1975年12月4日于美国纽约去世。幼年在柯尼斯堡和柏林度过,1924年进入马堡大学,并结识海德格尔,次年前往海德堡大学。1929年在雅斯贝尔斯指导下以论文《奥古斯丁的爱的概念》获得博士学位。1933年为躲避纳粹迫害逃往巴黎,1941年流亡纽约,1950年获得美国公民权。她先后在加州大学伯克利分校、普林斯顿大学、哥伦比亚大学、西北大学、芝加哥大学担任客座教授,1959年成为普林斯顿大学的正式教授。她是20世纪有影响的政治哲学家和政治理论家。主要著作有《极权主义的起源》(*The Origins of Totalitarianism*,1951),《人的条件》(*The Human Condition*,1958),《耶路撒冷的艾希曼》(*Eichmann in Jerusalem*,1963),《论革命》(*On Revolution*,1963),《心灵生活》(*The Life of the Mind*,1978)等。

文献出处

本文系《人的条件》第四章第18~22节,标题为编者所拟。译自Hannah Arendt, *The Human Condition*, The University of Chicago Press, 1958. 张卜天译。

制作的本质

18. 世界的持久性

我们双手的工作与身体的劳动截然不同，一如工匠人（homo faber）制作物品并且如实地“加工”（works upon）它[①]，而劳动的动物（animal laborans）则从事劳动并与劳动对象“相混合”。双手的工作制作出了无数的东西，这些东西的总和就构成了人工制品这一整体。它们主要是（但并非完全是）使用对象，具有洛克用以建立财产所需的持久性，以及亚当·斯密用以构建交易市场所需的“价值”，也证明了被马克思当作人性检验标准的生产力。适当地使用人工制品并不会导致其消失，而会使之变得更加稳固。没有这种稳固性，就无法依靠人工制品来收容庇护人这种异变的、终有一死的造物。

人工制品的持久性并非绝对，单凭我们对它的使用（即使不消费它）就可以将其耗尽。贯穿于我们整个存在的那种生命过程也侵入了它，即使我们对世上的事物不加使用，它们最终也会腐朽败坏，回归到它们来自于的那个总的自然过程之中。如果任其自生自灭，或者将其从人的世界中抛弃，那么椅子又会变成木头，木头亦将腐朽而重归大地。而树木正是从地上破土而出，经过砍伐而成为木料，木料又被加工成各种东西。然而，尽管这也许是世界上每一事物都无法避免的结局，即有朝一日都可能成为终有一死的制造者的产品，但这并不一定是人工制品本身的最终命运。因为随着世代的变迁，随着一件件事物来到这个人造的世界上，继而又消逝不见，每一个事物都会被他者所取代。此外，虽然使用必定会耗尽这些对象，但这一结局并非其宿命，因为与毁灭是一切消费物的固有结局不同，使用所消耗的乃是其持久性。

正是这种持久性，才使得世上的事物能够相对独立于生产和使用它们的人。它们也因此而获得了一种“客体性”，这种客体性使它们至少暂时经受和“抵抗”（stand against）[②]住了来自制造者和使用者的不知餍足的需求。由此看来，世上的事物具有一种稳定人的生活的功能，其客体性体现在（与赫拉克利特所说的一个人

---

① 拉丁词 *faber* 或许与 *facere*（生产意义上的“制作某种东西”）有关，起初是指对石头、木头等坚硬材料进行加工的制作者和艺术家；它也被用来翻译具有同一含义的希腊词 *tektōn*、*fabri*[工匠、手艺人]一词（后面常跟 *tignarii*[木器的]）特指工人与木匠的组合。我无法确定 *homo faber* 这一术语是在什么时间、什么地方首次出现的（它当然起源于近代或中世纪之后）。Jean Leclercq（“Vers la société basée sur le travail,” *Revue du travail*, Vol. LI, No. 3[March, 1950]）提出，只有柏格森“把 *homo faber* 的概念引入了思想界”。

② 这一点蕴含在拉丁语动词 *obicere*（我们的“object”一词便是由此派生的）和表示客体的德语词 *Gegenstand* 中。“Object”的字面意思是“被抛出的某种东西”或者“对置”（put against）。

不可能两次踏入同一条河流相反)：尽管人性变幻莫测，但人仍然能够通过与同一张椅子、同一张桌子相联系而重新获得其相同性或同一性。换言之，与人的主体性相对的是人造世界的客体性，而不是一个不受影响的异常冷漠的自然(恰恰相反，势不可挡的自然力量将无情地迫使人陷入其自身的生物运动循环之中，而这种循环又与自然界的整个循环运动相合)。只有我们才能将自然视为某种"客体"，因为我们从自然给予的事物中确立了我们自身世界的客体性，并把它们建造成为能够保护我们的自然环境。如果没有这样一种介于人与自然之间的世界，那么就只有永恒的运动，而没有客体性。

虽然使用不同于消费，一如工作不同于劳动，但在某些重要领域，它们似乎交叠甚多，以至于公众和学术界众口一词地将二者等同起来，而这种观点看上去竟然是完全正当的。不错，消耗过程是通过活的消费有机体接触使用对象而发生的，在这个意义上，使用的确包含有消费的因素，而且，身体与被使用事物接触得越是紧密，将这两者相等同就越显得合理。例如，倘若我们用穿衣服来解释使用对象的本质，那么就很容易得出结论说，使用只不过是以较慢的速度进行消费罢了。这一观点与我们前面的主张恰恰相反，我们认为，虽然毁灭难以避免，但它对于使用只是偶然的，而对于消费却是内在的。一双不结实的鞋与纯粹消费品的区别就在于，如果我不穿它，它就不会损坏，它有其自身的独立性，即使主人的情绪多变，它也能借此存续相当长一段时间。无论是否使用过，它们都能在世界上存在一段时间，除非遭到肆意破坏。

类似地，有人也提出了一个更著名的、看似更为合理的论证，试图将工作与劳动等同起来。对人而言最需要和最基本的劳动——耕种土地，似乎是劳动在相应过程中转变为工作的绝佳例证。之所以如此，是因为尽管耕种土地与生物循环有着密切的联系，而且依赖于更大的自然循环，但它的确留下了一些产品，这些产品比耕种活动本身更为持久，而且构成了对人工制品的持续补充：年复一年地从事同样的工作，最终将使荒野变为良田。正因为此，这个例子堂而皇之地出现在古代和现代的一切劳动理论中。然而，尽管这种相似性不可否认，而且毫无疑问，农业由来已久的尊贵性就是源于这样一个事实，即耕种土地不仅可以获取维持生存的手段，而且还为建造世界准备了土地，但是，即使在这种情况下，劳动与工作的区分也依然清晰可见：确切地说，被耕种的土地并不是使用对象，因为使用对象自身可以持久地存在，只需稍加照料就可以永久地保持下去；而如果要使土地一直可以耕种，就需要人反复不停地辛勤劳动。换句话说，真正的物化(reification)——即所出产的东西的存在性能够被一劳永逸地确保——从来没有发生过，它需要一次又一次地再生出来，才能在人类世界中持久存在。

19. 物化

制造,即工匠人的劳动,在于物化。内在于一切事物,甚至是那些最脆弱事物之中的稳固性,都源于被加工的材料,但这种材料本身却不是被纯粹赋予而存在在那里的。它不像田间和树上的果实,不论我们是采摘它们还是置之不理,自然的内容都不会因此而改变。材料已经是一种人工产品,是被人为地移出其天然居所的。这或者表现为扼杀生命的过程,比如伐木以获得木材;或者表现为阻断自然缓慢的生长过程,比如从地球内部开采铁矿、石料或大理石。这种侵害与暴力的因素存在于一切制造活动之中,作为人工制品的创造者,工匠人一直是自然的破坏者。而依靠自身或驯养动物以维持生存的劳动的动物,虽然可能是一切生物的统治者和主宰,但他仍然是自然和地球的仆人;唯有工匠人才表现为整个地球的统治者和主宰。既然他的生产力可以见诸造物主的形象,以至于上帝从无中创造,人则由既有的东西进行创造,那么,人的生产力注定会导致一场普罗米修斯式的反叛,因为只有在破坏了由上帝创造的部分自然之后,才可能建立起一个人造的世界。[①]

这种暴力经验是人类力量最原始的经验,因此,它与人在劳动中所体验到的那种令人精疲力竭的痛苦努力截然相反。它能够带来自信和满足,甚至可能成为一生中自信的源泉,所有这些都完全不同于在辛劳中度过的一生所可能伴随的极乐,也迥然不同于劳动本身所带来的强烈而短暂的愉悦。只要在劳动的过程中做到协调合拍,这种愉悦就会产生,它与我们在其他有节奏的身体运动中所感受到的那种愉悦本质上相同。大多数关于"劳动的快乐"的描述(这里并非是指《圣经》中所记述的那种因了却生死而产生的极乐,也不是指把完成一项工作的自豪误当成实现过程本身所带来的"快乐"),都与通过对一种力量的暴力使用而感受到的那种愉悦相联系。人类用这种力量来对抗强大的自然力,通过巧妙地发明工具来极大地拓展其自然能力。[②]稳固性并不是在艰苦劳动维持生计的过程中产生的那种愉悦或疲惫的结果,而是这种力量的产物。它并非简单地从自然中借得,或如免费的礼物那样拿走(尽管如果不从自然中获取原料,这将是不可能的);它已经是出自人手的产品。

实际的制造工作是在模型的指导下进行的,客体正是依照这种模型构建起来

---

① 这种对人的创造性的解释是中世纪的,而把人看作地球的统治者则是近代的特征。两者都与《圣经》的精神相冲突。根据《旧约》的说法,人是一切生命的主宰(《创世纪》第1章),各种生物被创造出来是为了帮助人(2:19),但并没有说人是地球的统治者和主宰;恰恰相反,人被安置在伊甸园并负责修葺和看守伊甸园(2:15)。我们注意到,那个坚决反对把古希腊文化和拉丁文化进行经院式调合的路德,曾经试图把一切生产制作因素从人的工作和劳动中消除。在他看来,人的劳动只不过是"努力获得"上帝置于地球之中的宝藏罢了。他遵照《旧约》的教导,强调人完全依赖于地球,而不是它的主宰:"是谁把金银财宝置于山中,使人可以找到它?是谁把这么多的东西放到地里,使其可以生长出来……?人是否劳动?当然,其中有劳动;但上帝必须把它置于其中,劳动才可能找到它……于是,我们的所有劳动不是别的,而正是发现并保有上帝的财富。"(*Werke*, ed. Walch, V, 1873)

② 例如,亨德里克·德曼(Hendrik de Man)所描述的就几乎只是制作和手艺所带来的满足,其著作的标题很是误导:《为劳动快乐而战》(*Der Kampf um die Arbeitsfreude*, 1927)。

的。这种模型既可以是心灵把捉的一个意象,也可以是通过工作使该意象具体化的一幅蓝图。无论是哪种情况,指导制造工作的东西都外在于制作者,而且先于实际的工作过程而存在,正像劳动者内部生命过程的迫切要求先于实际的劳动过程一样。(这种描述明显与现代心理学的发现相抵触,现代心理学几乎公认,心灵的意象存在于头脑之中,就像饥饿所引起的阵痛存在于胃里一样确定。现代科学的主体化,作为现代世界更加彻底的主体化的一种反映,是有其正当性的,因为现代世界中的工作大都是以劳动的方式完成的,所以工人即使愿意,也不可能做到"为其工作而劳动,而不是为自己而劳动"。[①]而且这种主体化对于生产是有帮助的,而对于产品的最终形状,工人却一无所知。[②]虽然这些情况有重要的历史意义,但却与从根本上澄清"行动的生活"〈vita activa〉没有什么关系。)值得注意的是,有一条真正的鸿沟将快乐与痛苦、欲望与满足等身体感觉与心灵意象分隔开来:那些身体感觉极其"私人化",难以充分表述,更不要说表现于外部世界了,因此身体感觉完全不能被物化;而心灵意象却天然地易于物化,如果不是内心之中事先有了床的某种意象或"观念",我们是不会想到去制作一张床的,而倘若不是已经亲眼见过一张真实的床,我们也无法产生床的意象。

对于制造在"行动的生活"的等级结构中所扮演的角色来说,具有十分重要意义的是,意象或模型(其形状指导制造过程)不仅先于制造过程,而且并不随着产品的形成而消失,它仍然完整无缺地存在着、呈现着,就好像适用于无穷无尽的制造活动。这种内在于工作的潜在的倍增,原则上不同于标志着劳动的重复性。劳动的重复乃因驱策而起,它仍要受制于生物循环;而人体的需要与渴求飘忽不定、时有变化,尽管也是有规律地不断重复出现,却从来不能长久。与单纯的重复不同,倍增乃是使那些已经相对稳定恒久地存在于世界上的东西倍增。无论制造活动是否已经开始或结束,模型或意象都比它催生出来的使用对象更为长久,这种永恒性对柏拉图关于永恒理念的学说产生了极大影响。就柏拉图的理念论是从 idea 或 eidos("形状"或"形式")一词获取灵感而言(他最先在哲学意义上使用这个词),这种学说乃是基于 poiēsis(创制)或制造活动中的经验。虽然柏拉图用他的理论来表达那些极为不同的、或许更具"哲学性"的经验,但在证明自己说法的合理性时,他

---

① Yves Simon, *Trois leçons sur le travail*(Paris, n. d.),这种理想化常见于法国左翼天主教思想(特别参见 Jean Lacroix, "La notion du travail," *La vie intellectuelle*[June, 1952],以及多明我会的 M. D. Chenu, "Pour une théologie du travail," *Esprit*[1952 and 1955]):"与其说劳动者是为他自己而工作,不如说是为他的工作而劳动:这就是规定了劳动活动的形而上学的慷慨原则。"

② Georges Friedmann(*Problèmes humains du machinisme industriel*[1946], p. 211)提到了大企业中的工人甚至不知道自己机器生产出来的部件叫什么名字,以及有什么确切功用。

总要从制作领域中寻找例子。[①] 在柏拉图的学说中，既然众多可朽之物可以根据模型制作出来，那么掌管着众多可朽事物的永恒理念，也就从模型的永恒性和单一性中获得了其合理性。

制作过程本身完全由手段和目的决定。制造出的东西在两个意义上是最终产品：其一，生产过程终结于它（正如马克思所说，“过程消失于产品之中”）；其二，它只是产生这一目的的手段。诚然，劳动也是为了消费的目的而生产，但是由于这一目的（即消费物）缺乏制作品所具有的永恒的物质性，所以劳动过程的终结并不取决于最终的产品，而是取决于劳动力的消耗；产品本身则立刻重新成为劳动力的维持和再生手段。与此相反，制作过程的终结毋庸置疑：当人工制品中多了一个能够持久地存在于世界的全新事物时，制作过程就结束了。就最终的制造品而言，这一过程无需重复。重复的驱策力或者来自工匠维持生存的需要（在这种情况下，他的工作是与劳动一致的），或者来自市场中财富增值的需求（在这种情况下，柏拉图或许会说，愿意满足这一需求的工匠又在其手艺中加进了赚钱一项）。关键在于，无论是哪种情况，过程的重复都不是出于外在的理由，这不同于劳动过程所固有的那种强制性的重复，对后者而言，人要想劳动就必须吃饭，要想吃饭就必须劳动。

制造的标志就在于有明确的开始和明确的、可预见的终结，这一特征使得制造与所有其他人类活动都区别开来。然而，由人体生命过程的循环运动所引起的劳动既没有开始，也没有终结。尽管行动也许有明确的开始，但正如我们将会看到的，它从来也没有可预见的终结。与行动不同，工作的可靠性体现在制造过程并非不可逆：人既可以生产出东西，也可以亲手毁掉它；而且在生命过程中，并没有什么使用对象是人真正迫切需要的，以至于生产者毁掉了它就无法生存下去。工匠人的确是统治者和主宰，这不仅因为他是或者已将自己确立为整个自然的主宰，而且也因为他是其自身以及他的行为的主宰。“劳动的动物”和“行动的人”都不是这样，前者受制于自身生活所需，后者则依赖于同伴。仅仅凭借着对未来产品的意象，工匠人就可以不受约束地进行生产；而当再次面对用双手制造的产品时，他又可以随意进行破坏。

---

① 亚里士多德在《形而上学》第一卷（987b8）中证明，是柏拉图把“理念”（*idea*）一词引入了哲学。Gerard F. Else，“The Terminology of Ideas”，*Harvard Studies in Classical Philosophy*，Vol. XLVII（1936）出色地论述了早期对这个词以及柏拉图学说的运用。Else 恰当地指出，“我们并不能从对话录中得知理念学说最终的、最完备的形式。”我们同样弄不清该学说的起源，不过这里最保险的线索仍然是被柏拉图明确引入哲学的这个词本身，即使它当时在雅典方言中并不流行。*eidos* 和 *idea* 无疑都与可见的形式或形状有关，特别是生物的形式或形状，于是，柏拉图不大可能在几何形式的影响下构想出理念论。康福德（Farancis M. Cornford）的看法（*Plato and Parmenides*[Liberal Arts ed.]，pp. 69-100）比较令我信服，他认为，这一学说也许源自苏格拉底，因为苏格拉底试图定义感官无法觉察的正义本身或善本身；也可能源自毕达哥拉斯，因为认为永恒的理念与一切可朽的事物分开存在，这包含着“一个有意识的、有理解力的灵魂与身体和感官分开存在”。不过我个人的表述把所有这些假设都搁置起来。它仅与《理想国》的第十卷有关，在那里，柏拉图站在一个“依照[自己的]观念”制作床和桌子的工匠的“普通立场”，解释了自己的学说，然后又说，“这就是我们在这种以及类似情况下的说话方式。”显然，对柏拉图来说，“理念”一词是启发性的，他希望它能暗示，“工匠制作床或桌子并不是通过观看……另一张床或桌子，而是通过看床的理念”（Kurt von Fritz，*The Constitution of Athens*[1950]，pp. 34-35）。不用说，这些解释中没有一种触及了问题的根本，也就是说，一方面是理念概念背后的那种特别富有哲学意味的经验，另一方面是理念最突出的那些性质——具有启发性的力量、最明亮（*to phanotaton*）或者最纯粹地照耀着（*to ekphanestaton*）。

20. 工具性与劳动的动物

从完全依赖于手这种原始工具的工匠人的角度来看，正如本杰明·富兰克林所言，人就是“工具的制造者”。同样的工具，对于劳动的动物来说，只能使其负担得到减轻，使劳动实现机械化；而工匠人把它们设计和发明出来，却是要建立起一个物的世界，而且这些工具的适用性和精确性取决于一些“客观”目标（比如他希望发明），而不是主观的需要和愿望。工具和器具是极具物质性的客体，我们甚至可以用它作为标准来对整个文明进行分类。然而，只有当它们在劳动过程中得到使用时，其物质性才最显著地表现出来，因为在劳动过程中，它们的确是历经了劳动和消费过程而仅存的实实在在的东西。因此，由于劳动的动物受制于生活，而且总是在生命过程的漩涡中挣扎，所以世界的持久性和稳定性主要表现于他所使用的工具和器具；而且，在一个由劳动者组成的社会里，工具很可能并非只有工具的特性或功能。在现代社会中，我们常常听到许多抱怨，比如目的和手段遭到颠倒，人正在一步步地沦为自己发明的机器的奴隶，人不得不去“迎合”机器的要求，而不是把机器作为工具来满足自己的需求与渴望。这些怨言的根源就在于实际的劳动情形。在这种情形中，生产主要是为了消费，目的与手段之间的区分（这是工匠人行动的显著特性）在此变得毫无意义；而且，工匠人发明的用以帮助劳动的工具，一旦为劳动的动物所使用，就会丧失其工具特性。在生命过程内部（劳动仍然是它的一部分，而从未超越过它），对预设了目的与手段的问题进行追问是没有意义的，比如追问是人生活和消费以获取劳动的力量，还是人从事劳动以获取消费手段。

如果根据人的行为来思考这种明确区分手段与目的的能力的丧失，那么可以说，为生产某一特定的最终产品而自由地安排和使用工具，已经由劳动者的身体与工具之间有节奏的统一所取代，而进行统合的力量正是劳动的运动本身。为获得最好的结果，劳动要求在行动上表现出一种节奏和秩序（而工作却不要求这一点）。而且，如果有众多劳动者聚集一处，劳动也需要所有个体的运动之间能够进行节奏性的协调。[①] 在这种运动中，工具丧失了工具特性，人与其工具、目的之间的明晰

---

① 在比舍尔(Karl Bücher)1987年对节奏性的劳动歌曲所作的著名汇编(*Arbeit und Rhythmus* [6th ed.; 1924])之后，又涌现出一大批更具科学性的文献。其中有一部非常出色的研究(Joseph Schopp, *Das deutsche Arbeitslied* [1935])强调说，世上只存在劳动歌曲，而不存在工作歌曲。手艺人的歌曲是社会性的，它们是在工作之后才唱的。当然实际情况是，工作不存在“自然”节律。内在于任何劳动操作中的“自然”节律与机器节奏之间显著的相似性有时会被注意到，尽管人们总是对机器强加于人的“人工”节律一再抱怨。而在劳动者当中，这种抱怨倒是相对罕见，他们似乎在重复性的机器工作中找到了与其他重复性劳动同等的快乐(比如参见 Georges Friedmann, *Où va le travail humain*? [2d ed.; 1953], p. 233 以及 Hendrik de Man, 见前引, p. 213)。这证实了本世纪初在福特工厂所作的那些观察。比舍尔认为，“节奏性的劳动是极具精神性的劳动”(vergeistigt)，他曾说：“只有那种没有节奏的单调劳动才会使人变得精疲力竭”(见前引, p. 443)。因为虽然机械加工的速度无疑要比“自然的”无约束的劳动更快，重复性也更高，但节奏性的行为本身却使得机器劳动与工业化前的劳动之间的共同点要多于它们与工作之间的共同点。例如，亨德里克·德曼就看得很清楚，“这个受到比舍尔……称赞的世界与其说是……具有手工创造性的行业的世界，不如说是纯粹的……强迫劳动的世界。”(见前引, p. 443)。

区分也变得模糊不清。无论是劳动过程,还是以劳动模式进行的所有工作过程,起主导作用的既不是人的有明确目标的努力,也不是他所希求的产品,而是这一过程的运动本身以及它所强加给劳动者的节奏。劳动工具被卷入这一节奏,直到身体与工具进行着同样的重复摆动,也就是说,所有工具都最适合于劳动的动物干活。这时,对于使用机器而言,不是身体的运动决定工具的运动,而是机器的运动加强了身体的运动。要害在于,没有什么东西能比劳动过程的节奏更容易(更自然)陷入机械化状态,而这种劳动节奏又反过来对应于生命过程及其新陈代谢同样自动重复的节奏。恰恰是因为劳动的动物使用工具和器具并不是为了建造一个世界,而是为了减轻其自身生活过程的辛劳,所以自工业革命以来,劳动的动物实际上生活在一个机器的世界之中。而由机器取代几乎一切手工工具所带来的劳动解放,其实是以某种方式用更高级的自然力量补充着人的劳动能力。

工具与机器之间的决定性区别也许最鲜明地体现在一场似乎永无休止的争论中。这场争论的焦点是,人应当适应机器,还是机器应当适应人性。在第一章中,我们已经指出这种讨论必定毫无结果,主要是因为:如果说人的境况在于人本质上是一种受条件制约的存在,无论是自然物还是人造物,都会立即成为人未来存在的条件,那么人一旦设计出机器,就立刻使自己适应了这种机器环境。正如工具和器具历来都是人的生存条件一样,机器也已经成为我们存在的一个不可分割的条件。因此在我们看来,这场讨论真正的有趣之处在于,这个关于适应的问题竟然能够产生出来。人适应于或者需要做出特殊调节以适应于他所使用的工具,这一点我们从不怀疑;人也可以使自己适应于双手。而机器的情况就完全不同了。机器不像手工工具,在工作过程中的每一刻都要受到手的支配,它要求劳动者为它服务,劳动者需要调整身体的自然节奏以适应机器的运动。这当然并不意味着人因此就适应了机器,或者成了机器的奴仆,但它的确意味着,只要机器持续工作,机械的运动就会取代人体的节奏。因此,即使是最精密的工具也不过是人的奴仆,它无法操纵或取代人手;然而,即使是最原始的机器,也主导着人体的劳动,并最终取而代之。

技术的实际内涵,或者说工具和器具最终被机器所取代的实际内涵,似乎只是到了自动化时代的最后阶段才昭然若揭。这种情况在历史上屡见不鲜。为了阐明这一观点,简略地回顾一下近代以来现代技术发展的各个主要阶段是不无裨益的。

(接上页)工人们曾经就自己为何更愿意做重复性劳动给出过一种完全不同的解释,考虑到这一事实,所有这些理论似乎都很成问题。他们之所以更愿意做重复性劳动,是因为它是机械的,并不要求时时刻刻去注意,所以在实际做的时候可以想别的事情。(就像柏林的工人所表述的,他们可以"心不在焉"[geistig wegtreten]。参见 Thielicke and Pentzlin, *Mensch und Arbeit im technischen Zeitalter: Zum Problem der Rationalisierung* [1954], pp. 35 ff.,他们还报导说,根据马克斯·普朗克劳动心理学研究所的一项研究,大约有90%的工人偏爱单调的任务。)这种解释非常值得注意,因为它与早期基督教所提倡的手工劳动的美德相一致。由于不需要太多注意,手工劳动能够比其他职业更少地干扰思考(参见 Étienne Delaruell, "Le travail dans les règies monastiques occidentals du 4e au 9e siècle," *Journal de psychologic normale et pathologique*, Vol. XLI, No. 1[1948])。

第一阶段是蒸汽机的发明，它引发了工业革命，仍以模仿自然活动和使用自然力来为人类服务为特征，它与传统上使用水力和风力并无本质区别。蒸汽机的原理并不新鲜，倒是煤矿的发现以及用煤推动蒸汽机运转使人耳目一新。[①]这种早期阶段的机器工具不仅反映了对已知自然过程的模仿，而且它也模仿人手的自然活动，并且在更大程度上利用它。然而，今天我们却被告知，“认为设计旨在复制操作者或劳动者的手的运动，这是应当避免的最大陷阱。”[②]

第二阶段主要以电力的使用为标志，事实上，直到今天，电力仍然决定着技术的发展。这一阶段已经不能再用对传统技术工艺的延续和扩大来描述，而且也只是对于这个世界，“工匠人”(在他看来，任何工具都是达到预定目的的手段)的范畴才不再适用，因为此时我们不再按照自然产出的原样来使用原材料，而是去破坏、中断或模仿自然过程。在所有这些情况下，我们都是为了自己的世俗目的而去改变自然、使自然变质，从而使人类世界或人工制品同自然截然分开。今天，我们仿佛已经开始进行“创造”，也就是说，开始释放我们自身的自然过程(这一过程离开我们就不可能发生)。我们不是小心翼翼地在人工制品四周重重设防，以抵御自然的强大力量，使之尽可能远离人造的世界，而是将自然力连同其固有动力引入了世界本身。结果便导致“制造”这一概念发生了根本性的变革；此前，“生产”一直都是“一系列分开的步骤”，现在则变为“一个连续的过程”，即传送带和装配线过程。[③]

在这一发展过程中，自动化是最新出现的阶段，它的确“使得整个机械化发展史光彩照人”。[④]即使原子时代与核技术迅速宣告了自动化的终结，它也仍将是现

---

① 工业革命最重要的物质前提之一就是森林的消失以及发现煤可以用作木头的替代品。针对“古代世界经济史研究中的那个著名难题，即为什么工业发展到了一定程度，却没有取得预想的进步”，巴罗(R. H. Barrow，在 *Slavery in the Roman Empire*[1928]一书中)给出的解答很有意思，而且相当令人信服。他认为，“阻碍把机器应用于工业的唯一因素[就是]……缺乏廉价的优质燃料，……附近没有充足的煤矿储备。”(p. 123)

② John Diebold，*Automation*：*The Advent of the Automatic Factory*(1952)，p. 67.

③ John Diebold，*Automation*：*The Advent of the Automatic Factory*(1952)，p. 69.

④ Friedmann，*Problèmes humains du machinisme industriel*，p. 168，事实上，这是能够从迪堡(John Diebold)的书中得出的最明显的结论：装配线是“作为一种连续过程的‘制造’”所导致的结果，我们还可以说，自动化是装配线机械化的结果。在工业化的早期阶段，人的劳动力得到了解放，而现在由于自动化，人的脑力也获得了解放，因为“现在由人进行的监控任务以后将由机器来做”。(见前引，p. 140)无论是哪种情况，得到解放的都是劳动，而不是工作。然而工人，或者说“自尊的手艺人”(在这一领域中，几乎每一位学者都竭力保护其“人性价值和心理价值”[p. 164]——有时这样做甚至是不自觉的，正如迪堡等人所确信的，修理工作或许永远也不可能完全自动化，但由它也可以产生与生产制造一个新的客体同样的满足)，却并不适用于这种描述，因为早在有人听说过自动化之前，他就被工厂淘汰了。工厂中的工人一直都是劳动者，尽管他们或许有种种自尊的理由，但自尊却不可能源于他们所做的工作。我们只能希望，他们本人不会接受满足的社会替代品以及劳动理论家所赋予他们的自尊。到如今，理论家的确认为，对工作的兴趣和对手工艺的满足可以替换成“人际关系”，替换成工人们“从工友那里得到的”尊重(p. 164)。毕竟，自动化至少应当有助于证明一切“劳动的人道主义(humanism)”之荒谬；如果考虑到“人道主义”一词的词义和历史含义，那么“劳动的人道主义”就显然是用词上的自相矛盾了。(关于对“人际关系”流行开来的出色批判，参见 Daniel Bell，*Work and Its Discontents*[1956]，ch. 5 以及 R. P. Genelli，“Facteur humain ou facteur social du travail，”*Revue franshise du travail*，Vol. VII，Nos. 1-3[January-March，1952]，这里也有对“劳动的快乐”这一“可怕幻觉”的坚决驳斥。)

代技术发展的巅峰。核技术的工具首先就是各种类型的原子弹。事实上,原子弹只需不多的几颗,只要释放出足够多的能量,就可以摧毁地球上的一切有机生命,从而充分证明这种变化可以是多么巨大。这里涉及的问题不再是如何释放那些基本的自然过程,而是如何在地球上和在日常生活中操控那些发生在地球之外、宇宙之中的能量与力。这项工作已经开始进行,只不过是在核物理学家的研究实验室中。[①]如果现有技术是把自然力引入人工制品的世界中,那么未来技术也许是把我们周围的宇宙力量引到地球上。现有技术已经改变了人工制品的物性,未来技术也将改变自古以来就是如此的自然成员,至于这种改变是同等程度的,还是会愈演愈烈,我们只能拭目以待。

将自然力导入人类世界,动摇了世界的目的性,即工具都是为了客体这个目的设计出来的。一切自然过程都有这样一个特征,那就是无需人的帮助就可以产生。只有那些不是被"制造"出来,而是自行长成后来的样子的东西才是自然的。(这也正是"自然"一词的真正含义,其拉丁词根是 nasci,意为"出生",希腊词源则是来自 phyein[由……长成,自行显现]的 physis。)人手工制造的产品必须一步步地形成,其生产过程完全不同于制成品本身的存在;而自然物的存在却不能分开来谈,而是在一定程度上与它的形成过程相同:种子包藏着大树,而且在某种意义上已经"是"这棵树了。假如使树木得以存在的生长过程停止下来,那么树木也就不再存在。如果我们以人的目的(有一个由意愿决定的开始和一个明确的结束)为背景再次考察这些过程,它们便有了自动化的特征。我们把所有那些自行运动的、不受有意干扰的运动过程称为自动的。在由自动化开创的生产模式中,操作与产品之间的区别,以及"产品先于操作"(操作只是产生结果的手段),就显得过时而没有意义了。[②]工匠人和他的世界在这里并不适用,就像它们不曾适用于自然和自然世界一样。这也就是为什么自动化的现代拥护者通常会坚定地反对机械论自然观,反对18世纪的实用功利主义的原因,因为这些东西都是工匠人片面的、一意孤行的工作导向的显著特征。

很奇怪,有关整个技术问题,即通过机器来改变生活与世界的讨论,竟然被引入了歧途,现在关注的竟然只是机器给人带来的利益或伤害。这里有一个假定那就是每一个工具和器具之所以被设计出来,主要是为了使人的生活变得更轻松,使人的劳动不再那样痛苦。它们的工具性也完全是在这种人类中心主义的意义上来理解的。然而,工具和器具的工具性与它所要生产的客体联系得更为紧密,其纯粹的"人的价值"仅限于劳动的动物对它们的使用。换句话说,作为工具制造者,工匠

---

① 安德斯(Günther Anders)在一篇关于原子弹的有趣论文中(*Die Antiquiertheit des Menschen* [1956])令人信服地论证说,"实验"一词不再适用于涉及爆炸新核弹的核试验。因为实验的典型特征是,实验要与周围世界隔离,实验区域要受到严格限制。而原子弹的威力是如此巨大,以至于"它们的实验室变得和地球一样大了"(p. 260)。

② John Diebold, *Automation: The Advent of the Automatic Factory* (1952), pp. 59-60.

人发明工具和器具乃是为了创建一个世界，而不是（至少主要不是）为了帮助人的生活。因此，问题不在于我们究竟是机器的主人还是机器的奴隶，而在于机器是否仍然在为世间万物服务，或者相反地，机器及其自动运转过程是否已经开始统治甚至摧毁世间万物了。

不过，有一点是肯定的，那就是连续不断的自动化生产过程不仅否定了“由人脑指挥的双手代表着最佳效能”这一“毫无根据的假设”[①]，而且也粉碎了一个更为重要的假说，即我们周围的世界万物都依赖于人的设计，而且是按照人的实用或审美标准建造而成的。我们已经开始设计一些仍然满足某些“基本功能”、但其形状主要由机器操作来决定的产品，以取代实用和美观这两个评判世界的标准。所谓“基本功能”，当然是指人这种动物的生命过程的功能，因为没有其他功能是从根本上必需的，但产品本身（不仅是它的各种变化形态，甚至是它“彻底变成一个新产品”）将完全依赖于机器的能力。[②]

为机器的操作能力而设计客体，而不是为生产某些客体而设计机器，这实际上是对“手段—目的”范畴的完全颠倒（如果这一范畴仍然有意义的话）。然而，即使是过去通常赋予机器的最一般的目的，即解放人力，现在也被认为是一种次要的、过时的目的，因为它不利于或者限制了机器潜在的“效率的突飞猛进”。[③]照目前情况来看，根据手段和目的来描述这个机器的世界，就如同问自然界中是先有种子再有树，还是先有树再有种子一样毫无意义。出于同样原因，这个与将永恒的自然过程引入人的世界相一致的连续过程（尽管或许会像毁掉人工制品那样毁掉世界本身），很可能向人这个物种源源不断地提供可靠的生活必需品，就像人类在地球上建立起人工家园，并在自然与他们之间树立起栅栏之前自然所做的那样。

对于由劳动者组成的社会而言，机器世界已经成为实际世界的一种替代，尽管这个虚假的世界无法完成人工制品最重要的任务，那就是为终有一死的人提供比它们自身更为稳固和恒久的居所。在连续不断的操作过程中，这个机器世界正在逐渐丧失其独立的物质特性，而这一特性在工具和器具以及近代早期的机械中都非常显著。它所依赖的自然过程越来越将它同生物过程本身联系起来，以至于我们曾经运用自如的器械开始像“海龟壳一样成为人体的外壳”。从这种发展的观点来看，事实上技术不再像是“人类有意识地努力增强物质力量的产物，而更像是人的一种生物性的发展，在这一发展中，人的机体的内在结构被越来越多地移植到人的环境之中”。[④]

---

① John Diebold, *Automation: The Advent of the Automatic Factory* (1952), p. 67.

② 同上，pp. 38-45.

③ 同上，p. 110 和 p. 157.

④ Werner Heisenberg, *Das Naturhild der heutigen Physik* (1955), pp. 14-15.

21. 工具性与工匠人

工匠人的工具和器具(由此产生了最基本的工具经验)决定了一切工作和制造。这里的确是目的决定手段,不仅如此,目的还造就和组织手段。目的证明为获取原料而逼迫自然是正当的,一如木料证明伐木活动为正当,桌子证明切割木料为正当。人们设计工具和发明器具正是为了获取最终的产品,而最终产品又决定了工作过程、所需专家、合作方法、帮手数量等等。在工作过程中,一切都是根据目的的适当性和有用性来评判的,除此之外别无标准。手段与目的的标准同样适用于产品本身。尽管相对于生产手段,产品是一种目的,而且也是生产过程的终结,但产品从来也不可能成为目的本身,至少在它仍然是使用对象时不可能。椅子是做木工活的目的,但只有通过再次成为一种手段(其持久性使它可以作为给生活带来舒适的手段,或者作为交换手段),它才能够显示出实用性。这种制造活动所固有的有用性标准的问题在于,手段与它所依赖的目的之间的关系非常像一个链条,每一种目的在新的背景下又可以充当手段。换言之,在一个绝对功利的世界中,一切目的都注定不会持续长久,它总要被转变成服务于其他目的的手段。[①]

这种困难内在于一切一致的功利主义之中,工匠人的哲学便是其典型代表。从理论上讲,它的问题在于天生就无法区分实用性和有意义,我们从语言上将其表达为"为……目的"(in order to)和"为……着想"(for the sake of)之间的差别。于是,渗透在工匠社会中的实用理念,就像劳动者社会的舒适理念和支配商业社会的获取(acquisition)理念一样,实际上已经不再是实用性的问题,而是意义问题。工匠人根据"为……目的"而评判和做每一件事情,这恰恰是为一般意义上的实用性"着想"。和其他社会的理念一样,我们不能再认为实用性理念本身也是为了获取其他东西而成为必需的,它拒绝对其自身的用处提出质疑。莱辛曾经问他同时代的功利主义哲学家:"用处有什么用?"显然,这个问题是没有答案的。功利主义的困惑在于,它陷入了永无休止的手段—目的之链,最终也没能找到一条原理,能够证明手段与目的(即实用性本身)是正当的。"为……目的"已经成为"为……着想"的内容;换句话说,建立在意义基础上的实用性产生了无意义。

在手段—目的概念框架之内,在支配着一切使用对象和实用性的工具经验中,根本没有办法终止手段—目的之链,也根本不可能阻止所有目的最终再次被用作手段,而只能宣称某一事物就是"目的本身"。在工匠人的世界中,一切事物都必须有某种用处,也就是说都必须用作获得其他事物的工具。在这里,意义本身可以仅仅作为一种目的或目的本身而显现。事实上,这种"目的本身"或者是一种适用于一切目的的同义反复,或者是语言上的自相矛盾。因为目的一旦达到,也就不再是

① 关于手段—目的之链的永无休止("Zweckprogressus in infinitum")及其对意义的内在解构,可与尼采《权力意志》的第666节进行比较。

目的了。此时,目的不仅不再能够指导如何选择手段,证明其正当性,而且也丧失了组织和产生手段的能力。它现在已经成为诸多对象之中的一种对象,也就是说,它已经被投入到一个既有的庞大集合之中,工匠人则从这里随意选择手段来追求自己的目的。与此相反,意义必定非常持久,而且不会丧失任何特性,不论这种意义是否已经找到,或者是否令人失望。工匠人只不过是一个制造者,他只通过那些直接产生于工作活动的目的和手段进行思考。就此而言,他无法理解意义,就像劳动的动物不能理解工具性一样。正因为被工匠人用来建立世界的器具和工具成了(在劳动的动物看来)世界本身,所以对他而言,这个世界的意义(实际上已经超出了工匠人所能及的范围)成了悖论性的"目的本身。"

要想摆脱所有纯粹功利主义哲学中的无意义困境,唯一的出路在于,撇开由使用事物组成的客体世界,转而依靠使用自身的主体性。只有在一个纯粹以人为中心的世界中(在这里,使用者即人自身成了最终的目的,它终止了那个无穷无尽的目的—手段之链),实用性本身才能获得意义的尊严。然而不幸的是,工匠人似乎一旦完成了自己的行动,就开始贬低目的以及他亲手制造的最终产品;如果作为使用者的人是最高目的,是"万物的尺度",那么不仅是被工匠人视为几乎"毫无价值的原料"的自然,就连"有价值的"东西本身也成了纯粹的手段,因而也就失去了其自身的内在"价值"。

以人为中心的工匠人的功利主义在康德的准则中得到了最鲜明的表达:人绝不能成为达到目的的手段,每一个人本身就是目的。虽然在康德之前就有人意识到(比如洛克就坚持认为,任何人都不能占用另一个人的身体,或者使用他的体力),如果对通过目的和手段进行思考不加阻拦、不作指导,那么在政治领域中就必然会导致致命的后果,但是只有到了康德那里,近代早期的哲学才完全摆脱了常识性的陈词滥调(这些陈词滥调充斥于由工匠人规定社会标准的地方)。当然,原因在于,康德并不是要对他那个时代的功利主义信条进行表述或概括,而是希望先把手段—目的界定到恰当的位置,阻止它在政治活动领域中的使用。然而,不能否认康德准则具有功利主义的思想渊源(他关于人对艺术品[唯一不是"为了用的东西"]的态度的充满悖论意味的著名解释也是如此,他说,我们从艺术品中获得的是"不带任何利益的满足"[①]),因为那种把人确立为终极目的的行为允许他"(如果他能够的话)让整个自然服从于这个目的",[②]也就是说,将自然和世界贬损为一种纯粹的手段,剥夺其独立的尊严。即使康德也不能解决这个困难,他无法向工匠人阐明意义问题而不诉诸悖论性的"目的本身"。而且这个困难还在于这样一个事实:虽然只有制造及其工具性才能建造一个世界,但是如果在这个世界建成之后,仍然用决定其形成的标准来统治它,那么这个世界就会像所使用的原料(它仅仅是实现

① 康德使用的术语是"ein Wohlgefallen ohne alles Interesse"(*Kritik der Urteilskraft*[Cassirer ed.],V,272)。

② 同上,p. 515.

更进一步目的的手段)那样变得毫无价值。

就其是工匠人而言,人已经被工具化了,这种工具化意味着把一切事物都贬为手段,意味着所有事物都丧失了内在的独立价值,以致最终不仅制造的对象,而且"整个地球和所有的自然力"(它们的形成显然不依赖人的帮助,其存在独立于人类世界)都丧失了它们的"价值,因为[它们]没有表现出源自于工作的物化"。[①]正是由于工匠人对待世界的这种态度,古典时期的希腊人才声称整个技艺和工艺领域(这些领域都会使用工具,而且人不是为做某事而做某事,而是为了产出某种别的东西)为"banausic",这个词的最好翻译也许是"市侩"(philistine),它蕴含着思想上的鄙俗和行为上的利己。如果我们意识到希腊的雕塑和建筑大师亦难逃"市侩"之名,这种蔑视之强烈必然使我们惊愕不已。

当然,问题的关键并不在于工具性,即为达目的而使用手段,而在于制造经验的普遍化。在此过程中,有用性和实用性被确立为生活和人类世界的最终标准。这种普遍化内在于工匠人的行动之中,因为对手段和目的的经验,就像它在制造过程中所表现的那样,并不会随着产品的完成而消失,而是会延伸至其终极的目标,即充当一个使用对象。对整个世界和地球的工具化,对任何既有事物的无限贬损,这种变得愈发无意义的过程(在这一过程中,任何目的都被转变成一种手段,只有通过使人自身成为万物的主宰才有可能终止这一过程),所有这些都并非直接源于制造过程;因为从制造的观点来看,最终的产品本身就是目的,一种能够自行存在的独立而持久的东西,如同在康德的政治哲学中,人本身就是目的。只有就制造主要是制造使用对象而言,完成的产品才再次成为一种手段;也只有就生命过程掌控着事物,并用它们来为自身的目的服务而言,制造所具有的能产而有限的工具性才变成了对所有存在物的无限制的工具化。

很明显,希腊人惧怕这种对世界和自然的贬损,以及与之相伴随的人类中心主义(这种"荒谬的"观点认为,人是最高的存在,任何其他事物都服从于人的生活之所需[亚里士多德]),其程度丝毫不亚于他们对所有功利主义的鄙俗性的蔑视。他们清楚地认识到,把工匠人看成最高种类的人将会导致严重后果,这一点也许最好地反映在柏拉图对普罗泰戈拉的著名反驳上。普罗泰戈拉曾经有过一种显然自明的说法,即"人是一切使用事物(chrēmata)的尺度,他是存在者存在的尺度,也是不存在者不存在的尺度。"[②](普罗泰戈拉显然从未说过"人是万物的尺度",但传统说法以及标准翻译却一直都这样讲。)问题的关键在于,柏拉图立刻意识到,如果把人

---

① "瀑布和土地一样,和一切自然力一样,没有价值,因为它本身中没有任何物化劳动。"(*Das Kapital* III[Marx-Engels Gesamtausgabe, Abt. II, Zürich, 1933], 698)

② *Theatetus* 152 和 *Cratylus* 385E,在这些地方以及对这句名言的其他古代引用中,普罗泰戈拉总是被这样引用:*pantōn chrēmatōn metron estin anthrōpos*(参见 Diels, *Fragmente der Vorsokratiker*[4th ed.; 1922], frag. B1)。*chrēmata* 一词绝非指"万物",而是特指被人使用、需要或拥有的事物。而被当作出自普罗泰戈拉的那句话,"人是万物的尺度",在希腊文中应当表示为 *anthrōpos metron pantōn*,比如对应于赫拉克利特的 *polemos patēr pantōn*("争斗是万物之父")。

当作一切使用事物的尺度,那么关乎世界的就是作为使用者的人和工具化了的人,而不是作为演讲者、行动者或思想者的人。既然作为使用者的人和工具化了的人从本性上就会把一切事物视为达到目的的手段,比如把每一棵树都看成潜在的木材,那么这必定意味着,人最终不仅会成为那些依赖他而存在的事物的尺度,而且也会成为几乎一切事物的尺度。

事实上,在这种柏拉图式的阐释中,普罗泰戈拉听起来更像是康德最早的先驱。因为如果人是万物的尺度,那么人就是置身于手段—目的关系之外的唯一事物,他是唯一的目的本身,可以将所有其他事物都用作手段。柏拉图十分清楚,生产使用对象,以及把一切自然事物都视为潜在的使用对象,这种可能性就像人的欲望、才能一样,都是没有限度的。倘若允许用工匠人的标准来统治已经完成的世界,就像世界的形成由它们来统治一样,那么工匠人终将尽享一切事物,把所有存在者都仅仅看成为他服务的一种手段。他将评判一切事物,就好像万事万物都属于使用对象。于是,根据柏拉图本人所举的例子,风将不再被独立地理解为一种自然力量,而将完全根据人对保暖或恢复精力的需要来考虑。当然,这便意味着,风作为一种客观给予的东西,已经从人的经验中消除了。正是由于这些结果,晚年的柏拉图在其《法律篇》中再次追忆起普罗泰戈拉的说法。他以一种几乎悖论性的方式回答说:不是人,而是"神,才是尺度,[即使]只是使用对象的尺度"[①]。人因其欲望和才能,希望能够使用任何东西,因此会以剥夺一切事物的内在价值而告终。

---

① *Laws* 716D逐字逐句引用了普罗泰戈拉的话,只不过出现了"人"(*anthrōpos*)"神"(*hotbeos*)两词。

埃吕尔

作者简介

雅克·埃吕尔(Jacques Ellul, 1912—1994),1912年1月6日生于法国的波尔多,1994年5月19日在波尔多家中去世。1936年获得法学博士学位,1937—1940年间在波尔多大学法学院教书。德国入侵后被解除教职,成为抵抗运动的成员。1945—1946年成为波尔多市政委员会成员,1947年成为波尔多市副市长。1954年用法文出版《技术——世纪之赌》(*La Technique ou l'enjeu du siècle*)。10年后的1964年出版了英译本并改名为《技术社会》(*The Technological Society*,译者John Wilkinson),给他在美国学术界带来了极大的声誉。1977年用法文出版《技术系统》(英译本*The Technological System* 1980年出版)。他的5卷本《制度史》(*Histoire des institutions*)是法国很流行的大学教科书。他既是一位社会学家,同时又是一位改革派的基督教神学家。他写作勤奋,主题涉猎广泛,著作还有《宣传》(*Propagandes*, 1962),《政治幻想》(*L'illusion politique*, 1965)等。

文献出处

本文译自Jacques Ellul,"The Technological Order", in Carl Mitcham and Robert Mackey, eds., *Philosophy and Technology, Readings in the Philosophical Problems of Technology*, The Free Press, 1983。姚大志译,吴国盛校。

技术秩序

一、我建议读者阅读我的《技术社会》一书，以了解我对本题目的一般论点。我在这里将仅限于扼要重述下列观点。在我看来，以下观点对该问题的社会学研究是不可或缺的：

(1) 技术(Technique)已成为人类必须生存其间的新的、特定的环境。它已代替了旧的环境，即自然的环境。

(2) 这一新的环境具有如下特征：

① 它是人工的。

② 在涉及价值、观念和国家时，它是自主的。

③ 它在一个封闭的循环内是自我决定的。像自然一样，它是一个封闭组织，这允许它独立于所有的人类干预而自我决定。

④ 它按照一种因果的，而非目的导向的过程发展。

⑤ 它通过手段的积累而形成，手段先于目的建立起来。

⑥ 它的所有部分都相互纠结在一起，以致不可能分开它们，不可能单独地解决任何一个技术问题。

(3) 个别具体技术(techniques)的发展是一种“自相矛盾”的现象[①]。

(4) 既然技术已成为新的环境，所有的社会现象就都置身其中。说经济、政治和文化领域受到技术影响或改变是不正确的。毋宁说它们置身其中，置于一个改变了所有传统社会概念的全新背景之中。比如说，技术并不是作为影响政治的众多因素之一而改变政治的。不如说，正是通过与技术社会的关系，政治世界才在今日得以确定。在传统上，政治构成了更大社会整体的一个部分，但现在情况正好相反。

(5) 技术(Technique)包含了组织的和心理社会方面的各种具体技术(techniques)。希望各种组织技术的应用会成功弥补技术造成的一般后果，或者希望各种心理社会技术的应用会保证人类对技术现象处于优势地位，这都毫无意义。前一种情况里，在避免由某些技术引发的危机、混乱以及严重的社会不平等方面，我们无疑会取得成功，但这只会证实技术构建了一个封闭的循环。后一种情况中，通过避免由单独采用个别具体技术而造成的心理—生理病理，我们将确保人在技术环境中保持心理平衡，并因此获得确定的幸福。不过，只有通过**人类对技术环境的适应**，这些结果才会产生。为了使人们幸福地服从他们的新环境，各种心理社会技术对人进行了**改造**，并且绝不含有任何人类支配技术的意思。

---

① 这一观点在我已出版的书中只偶尔提及，它是现在这篇文章附加说明的主题。

(6) 当今人类的观念、判断、信仰和神话都已经从根本上被其技术环境改造了。不再可能形成这种认识,即,一方面有一些具体技术,它们可能对或可能不对人类产生影响;另一方面,人类自身试图发明手段控制其技术,并通过在这些技术之间**进行选择**,使它们服从于他自己的目的。选择和目的都建立在信仰、社会先决条件和神话的基础之上,后面这些都是由技术社会决定的。现代人的心灵状态完全受技术价值支配,他的各种目标只有借助进步和幸福才能够描绘出来,而此类进步和幸福是通过技术获得的。进行选择的现代人已被纳入到技术过程之中,并且在其本质上被它改造了。传统自由状态与判断和选择有关,而他已不再处于这种状态之中。

二、为了理解所提出的问题,首先必须使我们摆脱某些伪问题的困扰。

(1) 我们太了解技术发展带来的那些不令人愉快的特征,比如,城市拥挤、神经紧张以及空气污染等等。我相信,通过技术自身的持续进化,所有这些麻烦都会得以解决,而且的确也只有通过这一进化才能实现。我们强调的这些麻烦总是依赖于技术的解决方法,而且只有通过各种技术方法,它们才能解决。这一事实导致如下两点认识:

① 对于某个技术麻烦,它的每一种解决方法都只能在其总体上加强技术系统。

② 像我们这样陷入到技术发展过程中,虽然更多而非更少的技术为人类生存更好地提供了诸多可能性,但这对基本问题的解决来说于事无补。

(2) 我们如今经常听到,技术的不断增长正在威胁各种道德规范。比如,我们听说,在那些最直接受技术影响的环境里,发生了更大幅度的道德堕落,比方说,在工人阶级和城市化环境里。我们也听说技术导致了大家庭的解体。这一问题的虚假性主要在于把技术环境与社会本身灌输的道德价值对立起来。[①]人们相信成问题的伦理系统和技术系统之间存在对抗,但这种对抗可能目前是虚假的,长期看也一定会是虚假的。传统的伦理环境和各种传统道德价值无疑正在不断消失,我们正在见证新的技术伦理及其自身价值的出现。我们正在见证一个命令和价值系统的进化,这一道德上融贯的系统导致对传统系统的取代。但是人并不必然处于一个较低的道德层次上,尽管道德相对主义的确暗含其中——假如个人遵守某种伦理道德,事情据此都会令人满意。如果我们对于善本身有一个清晰而又令人满意的概念,那么就可以质疑这一发展过程的意义。不过,在通常的道德基础上,我们不可能进行这些评判。在那个层次上,我们拥有的只是新技术道德对传统道德的替代,技术已使传统道德过时了。

(3) 我们担忧技术对艺术造成的"阉割"。我们听说艺术家在技术社会里缺乏

① 比较卡伦·霍尔奈(K. Horney,1885—1952)的观点——原注。霍尔奈是德裔美国精神分析家,她强调环境因素和文化因素在精神病形成中的作用——译者注。

自由、平静，而且不能沉思。这和前述两个问题一样虚假。相反，当代最好的艺术作品是技术和艺术间紧密结合的产物。新的艺术形式、表达和伦理自然是隐含着的，但这一事实并未使当代艺术比我们传统上称之为艺术的东西逊色半分。对形式僵化的固执己见和对技术进化的拒斥肯定不是艺术，比如说19世纪的新古典主义，或者现在的“社会主义现实主义”。现代电影院提供的艺术产物可与希腊剧场鼎盛时期相媲美；而现代音乐、绘画以及诗歌表达也并非腐朽之物，而是对身陷新技术环境中的人类做出的真正审美表达。

(4) 最后一个伪问题的例子，即我们害怕技术社会正在全面肃清各种与本能有关的人类价值和力量。劳动处在有系统、有组织和“合理化”的状况中，生活处在保健过度的状况中以及诸如此类，据认为这些都具有压抑本能力量的趋势。面对一个被过分组织、过分秩序化、过分管制的社会，简单说，面对一个技术化的社会，青年人做出暴力反应，年轻的生命力表示抗议[①]。由此，对于一些人来说，“垮掉的一代”、“阿飞(blousons noirs)[②]”以及“不良少年”这类现象得到了解释。但即使这些毫无疑问是既定的事实，技术社会这一超级概念也极有可能会把这些本能的、有创造力的生命力量整合起来。补偿机制已正在启动。亨利·米勒(Henry Miller)这类作家的唯美性爱主题日益受到欣赏，以及萨德侯爵(Marquis de Sade)名誉得到恢复就是好例子。同样的情况也适于音乐，如各种新爵士乐形式，它们是“逃避主义的”，是对本能的抬高；还有最新的舞蹈。所有这些都表现为去抑制(défoulement)[③]的过程，它在技术社会中正在找到自己的位置。以同样的方式，我们开始懂得，压制或排斥宗教倾向以及将人类种族带入完全的合理性，不一定是不可能的。我们对于我们的本能的恐惧在下面的意义上被认为是正当的：技术不是挑起冲突，而是倾向于吸收它，倾向于通过给予各种本能力量和宗教力量在技术结构之中一席之地来整合它们，不管是通过改造基督教[④]还是创造新的宗教表达——比如创造和技术社会完全相容的各种神话和秘技。[⑤]俄国人把共产主义转变为宗教，从而创造出一种与技术相容的“宗教”，在这一点上他们走得最远。

三、那么，技术社会的发展向人提出的真正的问题是什么？它包括两个部分：①在工具的世界中人仍能保证主人(master)[⑥]的地位吗？②新文明看起来能够包括技术吗？

(1) 第一个也是最常遇到的问题，它的答案似乎显而易见：开发了工具整体的

---

① 心理分析专家荣格在这个思路上有很多论述。

② 法国的“垮掉的一代”。——英译注

③ 一个不可翻译的法语文字游戏。Défoulement 是一个生造的词，大概表达了 *refoulemen*(抑制)的对立面。——英译注

④ 德日进在他的著作中给出了相关最好的例子。

⑤ 这类神话的例子是“幸福”“进步”以及“黄金时代”等。

⑥ 法语 sujet。通常译为“主词”(subject)，确切地指所意味之物的对立面，即宾词(object)的反义词。比如说，主词现在的意思是借此支配一个语法宾词。——英译注

人，是它们的主人。不幸的是，这样看问题的方式是纯粹理论的和肤浅的。我们必须记住技术的自主特征。我们也同样不能无视这一事实，即，人类个体本身在更大程度上是某些技术及其工序的对象。他是教学技术、心理技术、业务辅导测试、性格和智力测试以及工作和团队能力测试等的对象。在这些例子中（以及在无数其他例子中），大多数人都被当作一个客体的集合。但这种观点也可能遭到反对，毕竟这些技术是其他人开发的，而开发者至少仍然是主人。某种意义上这是真的，开发者是其所开发的那些特定技术的主人。但他们仍然服从其他的技术行为，比如宣传。最重要的是，他们从精神上就被技术社会接管了，他们相信自己的行为，他们是那个社会最热情的行家。他们本身已深深技术化了。他们绝不愿意轻视技术，对他们来说，技术本质上是好的。他们绝不假装把各种价值赋予技术，对他们来说，技术自身就是一个产生自身目的的实体。他们绝不会要求它从属于任何价值，因为对他们而言，技术**就是**价值（Technique is value）。

这些个体技术把个人最好的适应，他的能力的最充分发挥，以及从长远看他的幸福，作为其目的。这种观点可能会遭到反对。但事实上，这是所有技术的目标和正当理由。（当然，一个人不应当混淆人的“幸福”和人主宰自由的能力。）如果所有价值中最重要的是幸福，那么，人将由于他的技术而有可能达到某种程度的幸福。但是幸福并未囊括人们认为它应该包容的全部东西，并且对我们来说，**幸福和自由之间的绝对差异**仍是我们进行思考的真正永恒题目。谈到人在技术社会中应该保持主体而非客体身份，这意味着两个条件：就是说，人能够给技术以方向和定位，并为此目的而能够控制它。

迄今为止，人两个都不能做到。关于第一个，他满足于被动地参与到技术进步中，接受它自行具有的任何方向，承认它的自主意义。在这些情形下，他或者可以宣称生命是没有意义和价值的荒谬之物，或者可以断言一些不确定的复杂的价值。但就像这两种态度不相和谐一样，它们与技术现象也同样如此。现代对生命荒谬性的声明不是建立在现代技术繁荣的基础之上，没有人（存在主义者更不会）把技术繁荣当作一种荒谬性。而且关于价值的断言是一个纯理论问题，因为这些价值不具备进入实践领域的手段。对于它们是什么，这很容易达成一致，但是使它们对技术社会产生影响或者让它们被接受，乃至为了实现它们而必须发展技术，则是另外一个问题。技术社会谈论的价值仅仅是为现实进行辩护。**或者**，它们是没有结果的一般原则；**或者**，技术进步照例自动地实现了它们。除此而外，上述两者都不会受到严肃对待。

人成为主体而非客体的第二个条件是他必须对技术发展进行控制。所有人对此大概都会同意。但它事实上完全无效。比问题“如何”更令人感到棘手的是“谁”的问题。我们必须具体而实际地自问，到底是谁能对那些为技术辩护的价值进行选择，并对其进行控制？如果这个人或者这些人被发现，那一定是在西方世界（包括俄国）。他们肯定不会居住于非洲和亚洲，不会在占世界人口大多数的人群中被发现,迄今为止,这些人很少直接面对技术问题,而且,和我们相比,他们无论如何更少关注所涉及的那些问题。

我们寻找的仲裁人在哲学家中,即那些思想专家中找到了吗?我们非常清楚这些贵族们对我们的社会施加的小小影响,以及每种秩序的技术员们多么不信任他们,并正确地拒绝严肃对待他们的幻想。即使哲学家能够让人们听到他的声音,他也仍需设计出大众教育的方法,以把有效信息传播给大众。

技术员本人能够控制技术吗?现在的麻烦是技术员**总**是专家,而且除了他自己的技术之外,根本谈不上已经控制了其他任何一项技术。一些人认为技术在自身中承载了它的意义,他们几乎不会发现赋予他们行动以意义的价值。他们甚至不会去寻找它们。他们能做的唯一事情是应用其技术专长,协助技术改良。他们原则上不可能俯览技术问题整体,或者从全球维度来观察它。因此,他们完全没有能力控制它。

科学家能做到吗?不管在哪儿,如果能的话,就有巨大的希望。科学家难道没有支配我们的技术吗?他难道不是愿意而且适于解决基本问题的知识分子吗?不幸的是,我们一旦忠实地看待事物,就得重新审视我们的希望。我们很快就彻底明白,科学家像技术员一样专门化,对各种一般观念无能为力,并像哲学家一样非常没用。想一下科学家们在不断调整方向,使自己专注于技术现象:爱因斯坦,奥本海姆,卡雷尔(Carrel)[①]。可以肯定的只是,这些先生们在哲学或精神领域里发展出的诸多观点,是**极其**含糊、肤浅而且矛盾的。他们真的应该遵循有关的警告和声明,因为一旦他们尝试别的东西,其他科学家和技术员们会正当地拒绝严肃对待它们,他们甚至有失去其科学家声誉的危险。

政治家能够实现它吗?在民主国家中,政治家屈服于其选民的诸种意愿。这些选民们首先关心幸福和财富,并认为技术向他们保证了这一点。不仅如此,我们越是向前发展,政治家和技术员之间形成的冲突就越大。我们在这儿不可能研究这一问题,它正开始成为相关重要研究的对象。[②]但看起来,现代国家中政治家的力量正在被(而且将继续被)技术员的力量超越。只有独裁政府能够将它们的意志强加在技术进化上。但一方面,人类自由将因此不会实现,而另一方面,一个独裁政府对权力的渴望只有一种实现途径,即推动各种技术,让其任意过度地发展。

我辈中人呢?个人无疑可以寻求最合理的态度以把技术控制在他的支配之下。他可以问询各种价值,将其强加在他所应用的各种技术中,并且为了保留下技术社会中最完全意义上的人,去探寻出一种予以遵从的方式。所有这些都极端困难,但却决非没有意义,因为它显然是目前唯一可能的解决方法。但是,在解决普遍的技术问题上,个人的努力不管怎样都是无力的。而实现它也会意味着**所有人**

---

① 阿列克斯·卡雷尔(Alexis Carrel),1873—1944,法国医学家、生物学家,1912年诺贝尔生理学—医学奖得主。——译者注

② 比如,可参见1961年10月的国际政治科学大会的报告。

都得适应同样的价值和同样的行为。

(2) 第二个由技术社会提出的真正的问题是，一种包含了技术的新文明是否能够出现。这一问题的要害就像第一个问题一样困难。否定那些能够对新文明贡献一些有益东西(安全、生活舒适、社会团结、工作时间缩短、社会保障等等)的事物明显是徒劳的。但是，文明在最严格的意义上并不是由这些事物造就的。[①]

我们如果要正确处理问题，必须意识到在文明和技术之间有三重矛盾：

① 技术世界是一个物质事物的世界。它由物质的东西以及与之相关的东西共同构成。当技术表现出对人的兴趣，它都会把人转化成一个物质对象。技术社会中最高和最终的权威是事实，它既是基础又是证据。如果我们把人放在这个社会中来考察，那么他只能被当作一个陷在由对象、机器以及无数物质构成的世界中的存在物。技术的确保证了他的物质幸福，就像物质对象能够保证的一样。但是，因为技术社会不是把人而是把物质的东西放到首位，所以它不是，也不可能是一个真正的人本主义社会。它只能通过这种方法对待人：贬低人以及量化人。因为技术的完善性只有通过量的发展才能够获得，而且不可避免地必然指向可测量的东西，相反，人类美德属于质的领域，针对的是不可测量的对象。所以，在技术的完善性和人的发展之间存在着尖锐矛盾。虽然还缺乏支持这一观点的论证，即精神价值不可能作为物质进步的结果而进化。但从技术的量过渡到人类的质是不可能的。在我们的时代，正是通过这种方式，技术增长单独支配了全部的人类力量、激情、智力以及美德，以至于想在什么地方寻找和发现卓越的人类美德，在实践上都近乎不可能。如果这一探寻不可能，那也就不可能有真正意义上的文明。

② 与以往发明的任何东西相比，技术手段都无可比拟的更加有效，而权力在其最宽泛的意义上，仅仅把自身当作对象。在这种意义上，技术发展导致权力增加。行动的可能性没有了限制并且变得绝对。比如，我们第一次面对地球上全部生命都会灭绝的可能性，因为我们已经拥有了实现它的方法。在涉及行动的全部领域中，我们面对的就是这种绝对的可能性。再比如，政府的各种技术，它们合并了组织的、心理的以及治安的技术，倾向于导致政府拥有绝对权力。并且我在这里必须强调一个伟大定律，我相信它对于理解我们生活其间的世界是必不可少的，即权力一旦变得绝对，价值也就消失了。如果人根本上能够实现所有事情，那么就不再有什么价值可以赋予他；如果行动的方法变得绝对，那么行动的目标就不再能够想象。权力按照其增加的幅度，相应取消了善与恶、正义与不正义之间的界限。我们非常熟悉极权主义社会中发生的这类现象。一旦行动的基础(比如，国家的理由或者无产阶级的本能)开始要求拥有绝对的权力，并因此要求囊括所有价值，善与恶的区分就消失

① 见所附关于“技术进步总是含糊的”这一主题的说明。

了。于是，技术手段的发展倾向于专制主义，禁止价值出现，并且宣告我们对伦理和精神的追求徒劳无获。技术所在之处，就意味着文明的进化是不可能的。

③ 第三个也是最后一个矛盾是：技术绝不可能产生自由。当然，技术把人类从古代限制的整体中解放了出来。很明显，比如说，通过技术，人从强加在其上的时空限制中解放出来；通过中介手段，人从饥馑、严寒、酷暑、季节的律动，以及幽暗之夜中解放出来（至少倾向于解放出来）；通过与宇宙的交往，人类从某些社会束缚中解放出来，通过其对信息的积累，从智力的局限中解放出来。但这就是自由的真正意思吗？通过技术中介，生活在今日技术社会中的人，又被强加上另外的限制，而它们和传统的限制一样压抑而严酷。各种新的限度和技术的压抑已经取代了旧的、自然的限制，而我们肯定不能断言已经获得了许多。更加深刻的问题是：技术的运行与自由相违背，这一运行是决定论的和必然的。技术是理性实践和效率实践的整体，是秩序、模式和机械的集合体。这全都很好地表达为一种必然的秩序和确定的过程，而它不可能让自由的、异端的，以及无根据的和自发的领域渗透其中。后面这些可能会把不和谐和无秩序引进来。社会中技术行为增加得越多，人的自主性和主动性就消失得越多。人类命令永远不断增加，为了满足这些命令，必须加强拥有自身律令的技术机器。不过，命令越多，人在行动中丧失自由选择和个性的可能性就越大。技术具有自我决定的特征，这使得它在我们当中表现为一种命运、一种被不断夸大的必然性，由于这一特征，这种丧失被极大地放大了。在自由被如此排斥的地方，真正的文明是没有机会的。以这种方式面对这个问题，很明显，我们也没有什么解决方法，尽管有所有那些本身关心它的作家的作品在这里。他们做出的承诺全都不能令人满意，即否定技术并返回前技术社会。过去的某种价值、社会和道德形式已经消失，对此，人们可能会非常惋惜，但是，一个对技术社会的问题进行攻击的人很难提出有关复古的严肃主张。一般而言，这种复古的过程几乎不可能对当今人类境况有大的改善。我们的确知道，那时的人面临着其他不同的危险、错误、困难以及诱惑。而我们现今的职责是专心研究现代世界中现代人面临的问题。所有对于过去的惋惜都是徒劳无益的；所有想要复辟过往社会时期的要求都是虚幻的。逆转、阻止甚至束缚技术进步都是不可能的。做过的都做了。为目前境况中而非其他境况中的我们进行定位，这才是我们的职责。怀旧在现代世界中没有存在价值，只能被当作追逐幻境。

我们将不再坚持上述思路。抛开它，针对技术引发出的问题，一些作者对解决办法进行了探索，我们可以把他们分为两大派：第一派人认为问题将会自己解决；第二派人认为问题需要整个人类付出巨大努力甚至巨大改变。我们将给出来自两派的若干例子。请原谅，引用的作者主要来自法国。

政治家、科学家和技术员们被发现属于第一类。通常来说，他们以一种非常具体而实际的方式考虑问题。一般地，他们似乎认为，随着难题逐渐显露，技术进步会解决所有困难，而且它自身包含了所有问题的解决方法。因此，对于他们来说，今日困扰我们的问题会在明天全部消失，而解决这些问题的充分条件就是技术进步不被抑制。

这派人的主要例证是由马克思主义者们提出的。对于马克思主义者来说，技术进步是无产阶级的境况及其全部不幸的解决途径，是资本主义世界中人剥削人所引发问题的解决办法。对马克思而言，技术进步是历史的推动力，它必然使生产力提高，同时在前进的因素和静止的社会因素——像政府、法律、意识形态以及道德——之间，产生出不断加剧的对抗，这种对抗引起陈旧的因素周期性消失。特别在当今世界，对抗必然使资本主义的上层建筑消失，因为它的构成完全不能吸收技术进步在经济上引起的后果，于是被迫消失。它们确实消失的同时，也必然为社会主义的上层建筑留下空间，而社会主义社会完全符合对技术进行合理而正常使用的要求。既然向社会主义转变**本身**就是解决方案，马克思主义在技术问题上的解决方案就是自动的。**据推测**，在社会主义社会中所有问题都得以解决，人类在那里发现技术成熟了。整合进社会主义的技术“改旗易帜”：它从破坏性的变成了建设性的；它从剥削人类的手段变成了人道的；基础结构和上层建筑之间的矛盾消失了。换言之，所有那些公认的、产生于现代社会的难题都属于资本主义结构，而不属于技术的结构。一方面，社会结构变成了社会主义的，这充分使社会问题得以消失；另一方面，由于技术的这种运动，社会必定变成社会主义的。因此，对技术提出的所有难题，它本身又都做出了回应。

有关这种解决途径的第二个例证是由一些技术员给出的——比如，弗里施(Frisch)。根据弗里施的观点，随着技术的发展，所有难题必然得以解决，同时这一发展将带给技术员们权力。技术无疑导致了某些冲突和问题，但其原因却是人类仍然束缚于某些政治意识形态和道德体系，并忠于某些过时而老派的人道主义者。那些人道主义者唯一明显的作用就是挑起心灵和头脑之间的不和谐，借此阻止人们适应技术进步并毅然踏上技术进步的大道。所以，人们服从于扭曲的生活和意识，这种扭曲的根源不是在技术中，而是在技术和束缚人们的虚假价值的冲突中。技术进步战无不胜，而这些虚假的价值、衰弱的情感以及过时的观念则必然会被淘汰。具体来说，在政治领域，危机大半是由于人们仍然墨守某些古老的政治形式和观念，比如民主制。如果权力交到技术员的手中，而他们能独自全面地控制技术，并使之变成为人类服务的积极的工具，那么所有的问题都会解决。由于所谓的“人的技术”(比如宣传)，他们将能够考虑身处技术环境中的人的因素，因此就更加如此了。专家统治者们将能够在不破坏人类的情况下使用技术整体，相反，通过把人类当作应被当作的，使他们变得有用且同时幸福。赋予技术员普遍权力，使他们成为专家统治者，这对于弗里施来说是唯一出路，因为只有他们拥有这种必要的能力。而且历史潮流无论如何正在赋予他们权力。这一事实单独为技术问题提供了十分迅捷的解决方案。不可能依赖人种的一般进步,这一过程会太漫长而且也不太确定。技术建立起一套无法回避的规训,一方面人们必然接受它,另一方面专家统治者们也会使这种规训人性化。对大多数人而言,这样的想法是必然的。

第三个也是最后一个(也许还有更多)是由经济学家们提出的,他们以十分不同的方式肯定了自主解决的论点。弗拉斯蒂耶(Fourastié)是此类经济学家的典范。对他而言,一方面是技术所能带来的东西,另一方面是它可能破坏的东西,在两者之间建立平衡是首先要做的。在他眼中没有什么真正的问题:技术能够带给人的东西绝对远远多过它所威胁的东西。而且,假如困难的确存在,它们也不过是临时的,这些困难将会解决并带给人益处,正如 19 世纪那些类似的困难一样。没什么决定性的事情处于危急关头:人类没有处在存亡危险中。相反才是事实:技术造就了基础原则、基础结构和上层建筑,这些将使人真正成为人。我们迄今为止所知的只能称得上人类**史前史**,人类在这一阶段极大地受制于物质供需、饥馑和危险,以至于人类从没有什么真正机会去发展一种名副其实的文明。根据弗拉斯蒂耶的观点,除非生活能完全满足人类物质的需求,完善的保障——包括食品和医疗保障,否则人类理智的、精神的和道德的生活将绝不会成熟。因此,技术发展开启了有关整个人类的、真正的人的历史。对我们而言,新型的人类将与我们迄今所知的明显不同,不过这一事实应该不会引起抱怨或恐惧。发展的全部传统(以及全部物质的)障碍都消失之后,新类型必然比旧的在所有方面都高级。于是进步自动实现了,技术必然会像保证物质发展一样,使精神和理智的成熟成为可能。而到目前为止,后者一直潜存于人类的本质中。

相反,另一派学说的立场是,技术进步使人陷于危险的状态,而假如要使社会有能力抵抗这种步步紧逼的危险,那么人的意志、性格以及组织必须重新调整。但不幸的是,这些学说与其对立学说同样地过分乐观,因为他们认为自己的论点可行,并且人真的有能力进行这种调整。对此我将给出三个迥异的案例,请注意所讨论的观点一般来自于哲学家和神学家们。

爱因斯坦以及关联紧密的朱尔斯·罗曼[①](Jules Romains)的立场非常有名,就是说人类必须把技术进步重新掌握在他自己手中,同时承认状况如此复杂,数据资料来势如此汹汹,以致只有某种"超级国家"有可能完成这一任务。假如有个世界政府拥有无可怀疑的道德权威,一种精神力量融入了其中,这种力量也许能够控制技术进程并指引人类进化。爱因斯坦建议某种哲学家—科学家的会议,而罗曼的想法是建立"人性的最高法庭"(Supreme Court of Humanity)。这两个实体都是有关沉思的、道德追求的机构,世俗的权力必须在它面前俯首。(就此而论,有人

① 朱尔斯·罗曼,1885—1972,法国作家,其作品表达了个人的价值和意义必须与集体相联系,否则个人无足轻重。代表作《善良意志的人们》(*Men of Good Will*)。——译者注

想到了与世俗权力相对的中世纪基督教教皇的地位。)

这种立场的第二个例子来自柏格森(Bergson),是他在《道德与宗教的两个来源》(*The two sources of Morality and Religion*)结尾处给出的。根据柏格森的观点,**主动性**只能来自于人类,因为技术中不存在"物的力量"(*force des choses*)。技术已经授予人类不相称的力量,不成比例地扩展了其机体。但是,"在这个被不成比例地放大了的身体之中,灵魂仍然是它的老样子,即太小而不能充满它,太弱而不能指引它。于是两者之间留下了空虚。"柏格森继续指出,"被放大的身体等待着灵魂的补充,机械之物要求神秘之物,"而且,"除非向技术卑躬屈膝的人类,借助技术方法成功地改变自身并望向天空,否则技术绝不会按照其能力大小提供服务。"这表示人类要行动起来,表示人必须同他的技术一同成长,但是人必须对它**运用意志力**,并且迫使他自己做试验。在柏格森看来,这种试验意味着可能性,甚至被技术发展所支持,而技术发展给予人类的物资资源比以往任何时候都多。因此,必要的"灵魂的补充"属于可能的秩序,并将满足人类建立起对技术的控制。此外,同样的立场很大部分被牟尼耶(E. Mounier)继承了。

第三个例子是神学家团体给出的,他们绝大多数是罗马天主教徒。人在技术王国中行动,不过是服从造物主赋予他的天职。人不断进行技术创造,正是在追随其造物主的工作。人原本被造的先天"不足",由于技术,却正摇身变成"翩翩少年"。他被要求在这个世界履行新的职责,而这不会超越他的能力,因为它们正好符合上帝对他的期许。此外,恰恰是上帝自己通过人成为了技术的创造者。技术之物不能够就其本身来考虑,而要通过它与造物主的关系来考虑。如此看来,技术明显既不是恶的,也不会带来许多恶的后果。相反,它是善的,并且不可能对人构成危险。只有在人背离上帝时,它才可能成为恶的;只有其真正本质遭到误解时,它才是一种危险。当今世界所有那些明显的错误和问题仅仅源自这样的事实,仅仅因为人没有认识到其使命就是与上帝合作。如果人为了爱真正的上帝而不再爱"创造物"(比如技术),如果他从技术转向上帝并服侍他,诸多问题就必定会消失。技术活动改变了世界,而对末世出现的新世界而言,这个不被改变了的世界就必定是它的出发点并为之提供了物资后备,因此,所有这些就被认为更加真实了。

最后,有必要单独展示下述学说。该学说在现今西方世界占据一席重要位置,是由兼具神学家和科学家身份的德日进(Teilhard de Chardin)神父提出的。他的学说表现为前面两种认识取向的调和。对于德日进来说,自宇宙起源以来,进化一般而言代表了持续的进步。首先,这种运动指向物质和存在者的多样化;其次,这种运动也朝向统一(Unity),一种更高级的统一。在生物界,人从离散(dispersion)阶段向集中(concentration)阶段过渡,这一过程的所有前进步骤都已实现。现在,人类在技术上的进步和生命的自发运动一致且相互连贯。它们一同向组织的更高阶段进化,这一运动表明了精神(Spirit)的影响。物质本身具有必然而连续的退化特征,但是相反,我们认识到进步、前进和提高的确存在。因此存在着一种力量,它反对物质的自发运动，与创造和进步有关，表现为物质的对立面。这种力量就是精神。为了同时表现进步并与物质退化相抗衡，精神已把技术设计成一种组织分散物质的方法。与此同时，技术导致了人口统计上的激增，即更大的人口密度。通过这些途径，它使人群中产生了“交流”，也从没有生机的物质中创造了更高级、更具组织化的物质形式，这种物质形式参与了宇宙朝向上帝的提升。假如在物理和生物秩序中，所有进步都是由前一时期元素的凝聚(condensation)引起的，那么根据德日进，我们今天所见证的正是一种凝聚，一次整个人类物种的集中。在这一过程中，技术在人类**内部**起到一种统一的功能，这使得人类能够接近统一性。技术进步因而与“社会化”同义，不过后者仅仅表现了人群之中政治和经济上的交流，暂时表达了人类物种“凝聚”为整体的过程。技术是这种凝聚不可逆转的原因，它为人类必须迈出前进的新步伐做了准备。如果人们不再是单个的和分离的单位，并且所有的人一起形成完全而稳定的交流，那么人类将成为一个单一的整体。这种物质的集中总伴随着精神的集中，即精神的成熟，也是一种新生活的开始。由于技术，因此存在着“社会化”，存在着大尺度空间上持续不断的集中，散布的诸精神个体集中为超个人的统一体。这一转变导致了另一种人(Man)，精神的和唯一的人出现了。并且这种转变意味着，人类在其整体及其统一性上已获得了一个超级目标，即与在末世必然出现的荣耀的救世主相融合。于是，德日进认为，人在技术进步中被“基督化”了，而技术进化必然指向宇宙救世主的“启迪”。

在德日进的宏伟展望中，诸多的个人问题、困难和技术灾难明显都可以忽略不计。同样明显的是，德日进的学说处于前面两种学说的中间。一方面，它肯定了人类的提升，这是一种自然的且不自觉的提升。这个过程涉及生物学、历史学等，作为上帝的意志而展开，技术在其中有它的适当位置。另一方面，它肯定了所讨论的进化隐含着意识，很大程度上**牵涉**到了人，而人正在向社会化进发并因此**致力于**这一转变。

我们对这些不同的理论将不进行评判，而是满足于注意到它们似乎都依赖于一种关于技术现象过分肤浅的观点。并且，因为它们假设了某些**必要**条件，而这些条件并没有给出，所以它们在**实践上**并不可行。因此，这些理论没一个让人觉得满意。

四、对于综合的技术问题，我们目前似乎不能给出一个令人满意的回复。去探寻上述可能答案的相关**必要**条件，这倒似乎是可能的。

在我看来，无论如何我们可以提出如下论点：技术进步越向前，控制该进步的社会问题就越会成为一种伦理的和精神的问题。考虑到人在多大程度上从物质王国中解脱出来，统治它，并由此在多大程度上增加开发物质的手段，相应地，问题就在多大程度上不再与人类的可能性和界限有关，转而变成一个去知晓人(或人群)会开发哪些技术手段，以及何者会使道德和精神品质成为可能的问题。(在这一点上，我离比如柏格森的观点并不远。)一旦谈到这儿，去考虑解决问题就不再重要了；一旦宣称问题涉及道德，它就变得简单而且也可以自动解决了，据此，目前的态度就是错误的。相反，**如果**我们对该问题采取一种现实的观点，并拒绝承认人是先天善的、民主的、自由的，以及理性的等等，那么决定越是依赖个人或群体，它似乎就越麻烦。麻烦存在于如下几点：

① 人们会把有效的技术手段理解为自发的应用，而同时不可能信任这种自发应用。

② 正如我们已经指出的，人被整合进了技术过程之中。

③ 如果我们想保存人类的自由、尊严和责任，那么，就要禁止技术手段影响他，比如心理学等。通过某些心理学程序，把人转变成一个理性存在者和优秀的技术开拓者，这恰恰破坏了作为精神和伦理主体的人。

在决定性的问题面前，我们陷入了两难境地，而这就快要接近文章尾声了。

伴随这种前奏，必要条件有些什么呢？我会像它们当场向我呈现的那样观察它们，而且越是从人概笼统处开始，就越得朝细致个别的目标迈进。

(1) 首先需要正确的诊断，以及努力获得对问题的真正认识。如果真想知道接下来会采取什么行动，能否得出合适的答案，那么清晰地了解情况以及正确地提出问题就很有必要。对问题表达的不准确会使答案成为泡影。我并不固执于这个诊断要素，但这个要素必须伴随着一种意识的出现，即伴随着从思想向存在转变，这意味着人类必须接受下述事实，即他的存在"纠结"在或包含在这一冒险之中，而且他真正的自由处于危险之中。必须意识到，技术在所有领域中都已建立起对人类越来越严格的统治。但这一认识不一定是消极的，无论面对何种科学决定论或者神圣的宿命论，人都不可能只会俯首低眉并承认没有自由。相反，必须认识到，人的使命就是自由。虽然自由的人受制于诸多束缚和限制，但其使命必定使他与之战斗并摆脱它们。不过，某种程度上，人固执于当下幻想，认为他是自由的(并且使用自由这个词)，而且把自由看得不可剥夺。**或者**，在某种程度上，尽管他明白技术实际上缩小了自由的范围，但他坚持相信情况会变好，并梦想着自由的可能性依然存在。在所有这些情况中，天生的惰性使他接受奴役状况，并把他的自由作为代价换取技术带给他的幸福。只有让人们认识到，在他们变得"幸福"的过程中很大程度上已成了奴隶，这样，通过坚称自己高于已逐渐统治了他们的技术，人才有一线希望重获自由，当然这可能需要巨大的牺牲。要是人们没有达到这种认识，那就没有理由在控制技术的问题上有所作为。

(2) 第二个本质要素存在于对技术"神话"的无情摧毁中。技术的"神话"是一种完整的意识形态建构物和认识倾向，它认为技术是拥有神圣特征的东西。知识分子们赋予技术无上美德的性质，比如，他们论证技术是获得自由的工具，或者是提升历史命运的方法，或者神圣天职的实践等等。借此，他们试图将技术现象引入他们各自的思想体系和哲学体系框架之中。所有这些建构都使得技术荣耀而神圣，也使人类被置于某些个无可辩驳的历史规律支配之下。这个要素进一步涉及

神圣性(the sacred),即人类自发地倾向于将神圣的价值赋予那些显然拥有超验力量的东西。从这一观点看来,技术不单单是物质要素的集合体,它还赋予生活以意义和价值,让人不仅活着,而且活得好。因为所有事物都受制于技术并附庸于它,所以技术真的成了捉摸不定的和不可侵犯的。人无意识地授予这不可战胜者以神圣的威望。对我而言,控制技术的唯一途径似乎是"去神圣化"和"去意识形态化"。这意味着所有人都必须明白,技术是物质对象、程序以及组合物的综合体,其唯一的结果就是带来一点舒适、卫生和安逸。它不值得烦扰人把整个生命投入其中,或者要求过分尊敬,或者让人把他的成功和荣誉都押在上面,或者让人去屠杀他的同胞们。人们必须明白技术进步不是人类的高级冒险,它不过是关于某些对象的普通构造物而已,即便它们恰好是人造卫星,也绝不值得极度兴奋。只要人类还敬仰技术,他就根本没希望成功控制它。

(3) 这里造成的一个结果是,在实践上,有必要教会人在应用技术时与技术保持一定距离,这意味着一种独立性和幽默感。做到这一点自然非常困难。首先要让他放弃幻想,不要假装面对轿车、电视机或工作时完全自由。一个朴素的事实是人被这些东西彻底奴役着。人必须在每个阶段都能够质疑其对技术产品的使用,能够拒绝它们,并迫使它们屈服于决定性因素,即精神因素,而不是屈服于技术因素。他必须能够使唤这些技术产品,而不会不恰当地附属于它们,不会相信他最棒的技术战利品是最重要的。当然,这些劝告在当代人看来可能是诋毁。去确认这些事情对于真理和自由完全无关,以及去确认人能否成功登上月球或者用抗生素治疗疾病或者提高钢产量根本不重要,这才真的是诋毁。只要人还没有学会正确使用技术对象,他就仍然是它们的奴隶。我所说的是**技术本身**,而不是个人对诸种个别技术的使用。这两个问题处在不同的层次上。但是,**如果个人**在面对各种技术对象时不能获得个人自由,那么他就不会有机会回应有关技术引起的一般问题。让我们再回顾一下,我们的出发点是找出相关一般问题答案的某些必要条件。

(4) 回头看,在我们已谈到的所有问题中都预设了可以被视为哲学的一个尝试。如果我们承认,技术历险对人类来说是一个全新的事情,人类迄今已发明的东西在今天对人类几乎没有任何用处;如果我们承认,只有通过根本的、辛勤的探索,这些发明才可能有用处,我们才能从身陷的麻烦之中解脱出来,那么,一种**真正的**哲学反思就会是必要的。但是,如存在主义和现象学这样的现代哲学体系用处不大,因为它们把自身限制在一种过时的论断中,即哲学原则上不可能对技术买账。从本质上说,一种仅仅研究语词意义的哲学怎么能够把握技术现象呢?"语义学"致力研究的问题指出了为什么现代哲学要禁锢自己,拒绝认真对待技术。正如杜卡塞(P. Ducassé)在其《技术与哲学》(*Les Techniques et le philosophe*)中指出:"在一边回避存在物的技术本质一边又宣称向自己开启存在的哲学家们的拒绝,与表现为超出其专业的野心的技术员虚伪的谦卑之间,一些非常特别的事业开始了。它们可以各自被称为'伪哲学'和'伪技术',并且在人那里篡取了哲学缺席的调解位置。”[①]真正的哲学关心现实的意义，它正好带给我们那种在人和技术现象之间进行调解的可能性。要是没有它的话，任何合法的态度都不可想象。但这种哲学要想存在，首先意味着它必须不再是运用自我封闭词汇的纯学院派技术，而必须再次成为所有投入到生存事业中并进行思考的人们的财富。

(5) 最后有必要指出，技术员和那些试图提出技术问题者之间的关系很重要。这个问题比上述几点难度更大，因为技术员们已经形成了一个专制而封闭的世界。他们装备有良知，但也同样确信他们根本上正确，确信所有关于非技术本质的谈论和反思都是无意义的套话。让他们加入到对话中或者让他们质疑自己的创造，这几乎是一项超人的工作。更进一步，一个将要加入对话的人必须完全清楚他需要什么，技术员用意是什么，以及技术员能够把握什么问题。不过，只要这种交流还没有出现，就什么也不会发生，因为影响技术必然意味着影响技术员。对我来说，这样的对话似乎只有通过接触才能发生。接触会表现出技术的要求和人类意志之间**永恒**而**根本**的对抗。其中，技术要求解决所有人类问题，而人类意志则要避免技术决定论。

我想，使揭示技术问题成为可能的正是这五个必要条件。

对主题的说明：技术进步总是含糊的

主张技术进步本身是好或是坏，这是不可能的。在技术的进化中，矛盾因素总是不可避免地纠结在一起。让我们按如下四个标题思考这些因素：

① 所有技术进步都有代价；

② 技术引起的问题比解决的问题多；

③ 有害的和有益的后果不可分离；

④ 所有技术都隐含着不可预见的后果。

1. 所有技术进步都有代价

这里的意思不是说技术进步有金钱上或者思想后果上的代价，而是说，当技术进步一方面增加了什么东西，另一方面它必然减少一些东西。“技术进步是一个既定事实”，要令人满意地阐释这个枯燥的陈述总是很困难，因为一些人坚持传统的社会形式，倾向于根本上否认此类进步带来的任何价值，并认为如果这种进步造成对既定社会价值的怀疑，那就不能称之为进步。相反，另一些人认为技术造就出非同寻常的全新事物，导致所有没有价值的垃圾都消失的结果。

客观地看，技术进步造就了一些价值，这些价值具有无可怀疑的优点，同时也破坏了一些同样重要的价值，这是事实。因此，主张存在绝对的进步或者绝对的倒退都是不可能的。

让我给出几个兼具这种相反作用的简单例子。首先，让我们思考一下，由于

---

① 皮埃尔·杜卡塞，《技术与哲学》(Paris: Presses Universitaires de France，1958)，第30页。

(具体的)卫生学和(一般的)技术的进步,现代人比以往享有更长的预期寿命。法国的平均寿命目前大约是60岁,比较而言,1890年是35岁,1800年是30岁。[①]但是,即使平均预期寿命不容置疑地增长了,所有的医生也都一致同意,与这种增长相应,生命变得不稳定多了,也就是说,我们的总体健康状况已变得脆弱多了。现在的人类对疾病和自然状况的抵抗力没有他们祖先强,也缺乏和他们祖先同样的忍耐力。他们患有某种神经"脆弱",丧失了一般的生命活力和感官的敏感性等等。此类研究的开展贯穿60年代,其间全方位的衰退已经显示出来。因此,我们尽管活得更长,却过着一种衰退的生活,缺少像我们祖先那样的生命力。很明显,一方面减少伴随着另一方面的增加。

在劳动领域,当前的技术进步已极大地节省了体力付出。但与此同时,这种进步在精神付出方面却要求越来越高,以致神经上的紧张、疲劳和崩溃反而增加了。于是,在节省与开支之间的一种平衡显示其重要性。

举一个经济学领域的例子,技术进步使一些新产业成为可能。但对事情的公正眼光将迫使我们思考伴随而来的资源破坏。用一个法国的例子,所谓的拉克(Lacq)案例正开始广为人知。一个开采硫磺和天然气的工业联合体已经在拉克地区建立起来。这是一个简单的技术事实。但从经济学角度看远不是这么回事,因为,由于对该地区农作物的过度破坏,严重的农业问题已经出现。尽管在给议会的报告中,政府正式预计1960年农业损失已经达到二十亿法郎,但到目前为止政府并不明白要严肃对待这一问题。朱朗松(Jurancon)的葡萄园正在遭受着硫磺气体侵袭并在消失之中,这可不是微不足道的经济损失。

从经济学家的角度计算此类工业带来的效益,至少有必要扣除已被破坏对象的价值,在这个案例中就是二十亿法郎。同样有必要扣除下面一笔非常可观的费用,它涉及全部必要的保护设施、医院(顺便提一句,还没建起来)和学校,总之,就是包括还没有成为现实但却必不可少的整个城市综合体。我们必须知道如何计算这个**整体**(the *whole*)。拉克的企业在计算过我们提到的全部费用后,估计可能是个"赤字"企业。

我们最后一个例子与大众思想文化问题有关。今天的技术手段真正使大众文化的存在成为可能。电视让那些生活中从不光顾剧院的人们能够观看到伟大经典杰作的演出。《巴黎竞技报》(*Pari-Match*)通过它的文章,让民众能够获得某种文学的(甚至一些美学的)文化。要是没有这些文章,他们就完全不了解。但账本另一面也一定记录着,相同的技术进步导致文化越来越肤浅。技术进步绝对禁止真正文化的一些必要条件,即消化吸收所要求的反思和时机。我们的确在见证知识的创造,因为我们拥有认识以前从未知晓的事物的方法,但它只是肤浅的变化,因

① 必须指出,我非常怀疑1800年之前某些时期的平均寿命计算方法。假如历史学家说13世纪的平均寿命是20岁,他的陈述很难不被当作一个纯粹的笑话。**原则上**,没有方法确定那些过去的平均寿命。

为这种变化不过是纯粹量上的。

知识分子不再有时间对一本书进行沉思了，他必须在下列两种方法中进行选择：或者他快速浏览整个图书馆，随后只有一些片段，一些支离含混的知识点留存；或者他花一年的时间彻底仔细阅读几本书。我想知道现在谁还有时间严肃对待帕斯卡或者蒙田。公正对待他们需要经年累月，但今天的技术禁止此类事情发生。同样的问题还正好发生在《想象的博物馆》(*Musée Imaginaire*)中，马尔罗(Malraux)对此有很好阐述。我们可以接触完整的人类绘画和雕塑，但是与普桑(Poussin)所醉心的相比，这种接触没什么文化价值。普桑在去往罗马的旅途中，经过数年一座接一座雕塑的研究，艺术家的作品全都凭他揣摩。他明显不了解波利尼西亚和中国的艺术，但因为他所知道的慢慢渗入到他的品性中，所以他的所知对其更有着莫大的教育价值。

因此，我们再一次看到，技术允许我们从量上提升所说的文化水平，但与此同时又阻止我们在深度上取得任何进展。在这种环境下，从根本上真有可能谈论"文化"吗？所有的技术进步都有代价。我们不能相信技术什么也不带给我们，但我们也不应该认为它是免费带来这些东西的。

2. 技术进步提出的问题

有关技术进步含糊性的第二个方面涉及如下观点：技术进步，是通过解决一定数量的问题以及造成另一些问题而实现的。

我们越深入到技术社会当中就越相信，无论什么领域，存在的不过是些技术问题。我们从技术的角度表达所有问题，并且认为只有借助更完善的技术，它们的解决办法才能出现。某种意义上我们是正确的。技术真的允许我们解决我们面临的绝大多数问题。但我们也不得不(或许不是时常)注意到，每一次技术进化都提出了新的问题。因此，绝不会有一项技术只解决一个问题。技术活动越来越复杂；一项技术解决了一个问题，但同时也制造出其他诸多问题。

让我们举一些相关的简单例子。我们非常熟悉19世纪面临的最严重的社会问题，即无产阶级的问题，一个我们现在才着手予以(艰难地)解决的问题。无产阶级的现象没有被当作是简单现象，马克思本人并没有将其"仅仅"描述为某些邪恶的资本家对工人们进行剥削。他对"无产阶级状况"的说明要深刻得多：他论证无产阶级是劳动分工和机械化的结果。他特别指出，"由无产阶级所表征的历史阶段终将过去"。因此，对于马克思来说，这个问题不是关于"坏人剥削好人"的问题，即不是一个道德问题。马克思从不以这种方式表达问题，他总是站在善与恶的道德品性之外，超出价值判断，在事实的层面上提出问题。是劳动分工和机器的事实导致了这样的社会。剥削，即剩余价值转移，在其中是不可避免的。因此，即使在马克思的分析中，无产阶级现象也是技术进步的结果。从经济学的角度看，机器和劳动分工使惊人的扩张成为可能。但作为同一运动的结果，它同时提出了社会问题，而解决它已用了整整一个世纪。

让我们以同样的方式对上述问题延伸思考，因为它出现在下述问题中，这些问题最终并且必定会由所谓的“自动化”提出来。同样，自动化不止是一个普通的经济事实，我们的确逐渐认识到，它必然带来一些困难。而从我们目前的观点看，这些困难只会具有不可逾越的特征。首先，自动化意味着产品以相对不变的品种系列进行生产。这意味着当生产实现自动化之后，就不再可能变换品种，生产方面无可避免的墨守成规状况就必定随之而来。放到整个作业环境中考察，一条自动化生产线如此昂贵，分期付款跨越的时间如此长，这必然导致某种类型产品的排他性生产，并排除了变化的可能性。但到目前为止，在资本主义世界中，没有一个商品市场适合消化由一条不变的生产线生产出的商品。在商业层面上，没有一个现存的西方经济组织有能力为自动化生产找出答案。

关于自动化的另一个难题是它将导致大量削减必要劳动力。对这一问题的草率回应，往往是主张解决办法很容易：不必削减工人数量，只需减少每个人的每天劳动时间。但出于非常简单的理由，这个解决方案很显然行不通。自动化不可能应用到随意选择的产业和生产领域，而且其理由是基本的而不是因为金融市场的临时紧急需要。某些生产可以也将会自动化，而另外一些生产不可能也绝对不会自动化。因此，削减工人阶级整体的劳动时间是不可能的。在一些工业部门，可以想象其中的工人每天工作一小时，而另外一些部门的工人们必须一天正常持续工作八小时。因此，作为自动化的结果，将会有一些扩大的经济部门不需要人力，而其他部门将会继续保持在正常的水平上。

迪堡公司(Diebold)估计，美国在 1955 至 1956 一年之中，自动化操作减少了 7%的总工作时间量。在福特汽车公司的自动化工厂，人员减少了 25%。1957 年，自动化发展最快的工业部门(特别是电灯泡制造业以及自动化程度非常高的化学工业)可能少雇用了 80 万工人。换句话说，自动化并不导致减少劳动这个有利于工人们的结果，而是表现为失业和就业之间的不平衡。

有人可能认为，这种情况对于资本主义国家来说属实，但社会主义国家不可能一样。这种主张并不准确。主要由于社会主义的平等主义，在社会主义国家也引起了同样的问题。比如，对于自动化正起步的苏联，问题与美国是一样的。有些行业的专业工人将不再有工作时间的限制，而在另一些行业部门中，八小时工作制仍不得不有效保留。对社会主义平等主义的理论而言，这种情况明显不可接受。

一些新产业部门缺少人力，为了其中的岗位而对“被解放的”工人进行再培训，由此，与之相关的第二个问题必然产生。但此类再培训时常引出很大麻烦，因为失业工人一般都是半熟练的(或者不熟练的)，而一个全新学徒的本性会驱使他转向其他产业部门。

自动化提出的第三个**难题**是工资问题。到目前为止，自动化造成的工资问题仍未解决。怎么可能为自动化产业的工厂确定工资标准呢？计件工作的办法是行不通的——机器完成了全部工作。以投入在工作中的时间为依据也不行。如果想通过把工作时间减少到两到三个小时的办法来减少失业，那么只能假设一个工人每天被雇佣很短的时间。那么，这个工人应该按照工作两小时的工资表支付给他工资，而这份工资和一个必须工作八小时的工人拿到的同样多，应当这样吗？这种办法明显不公平。那么，在自动化产业中工资应该怎么计算呢？必须承认的是，一方面工资和生产率之间的关系，另一方面工资和工作时间之间的关系，都必定消失了。工资只会作为给予工人（为了达到消费最大化）的购买力函数，通过全部生产价值除以全部工人数量来计算。这个方法是真正唯一可行的。俄国从1950年以来实际已经尝试了两次。但是结果不能令人满意，很快就不可避免地返回到工时工资体系，因为就目前事态而言，必要的计算难以实行。但上述或根据工作时间或根据产品，在计算中固有的诸多困难又返回来了。与此同时，自动化产业中对工资的计算完全陷入了不确定性之中。

还有另一个问题由如下事实提出，即现代经济危机最常源自于不同经济部门之间的"扭曲"，更确切地说，源于不同部门的不平衡发展。现在，自动化已被确切证明是一个非常令人担忧的经济因素。不仅自动化和非自动化产业部门之间的经济增长存在差异，而且工业和农业之间的不一致更加明显。或者资本主义国家必须预期到由于自动化而导致的危机增长，或者他们为了调整扭曲必须修改计划（以及通过专制的办法制定计划，比如苏联）。现在，甚至苏联的计划制定者也发现，一方面，他们的计划不能充分满足与自动化相关的问题，因为不够"灵活"；另一方面，在对不协调的部门进行再平衡时不够"宽泛"。

因此，自动化这一事实要求我们必须面对大量问题（以及很多其他问题）。所有这些问题都向我们提供了与我们论点有关的案例，而我们的论点是，技术的进步程度越高，它相应提出的难题就越大。

让我来指出最后一个相关的例子，即人口过剩问题。它源自医疗和疾病预防健康技术的应用，最终导致婴儿死亡率下降以及人类寿命延长。人口过剩现象直接导致了消费水平低下的悲剧。如果世界人口继续增长下去，一个世纪之后，我们将全都**毫无例外地**被普遍的消费水平低下所困扰。这个问题会困扰全人类。我们所面临的问题显然是由于某些具体技术引起的，而且是些具有**积极意义的技术**引起的。

所有这些例子的共同点是技术进步提出了整个问题复合体，它们是我们不可能解决的。有关此类问题的例子真是数不胜数。

3. 有害的和有益的后果不可分离

在一些涉及技术的肤浅研究中，经常遇到如下观点："根本上，所有事情都离不开技术被应用的方式；人类必须只用技术为善，而勿用它作恶。"相关的普通例子是这种寻常劝诫：为和平的福祉而应用技术，为战争的祸患而避开它们。然后，一切将会称心如意。

我们的论点是，技术进步同时包含了善与恶。考虑一下自动化这个我们一直在讨论的问题。无可否认，技术性失业是机械进步造成的，不可能有其他原因。整个机械进步必定造成劳动力的节约以及必然随之而来的技术性失业。我们得到一个预兆不祥的后果，而它永远与本身好的后果连在一起。机械化的进步肯定使失业成为必然。这样造成的技术性失业可能被两种方法中的任意一种解决：它们是唯一两种在经济上和政治上可能的方法，即，或者在时间中或者在空间中展开它。

一个资本主义经济学家主张，失业的解决途径是“技术性失业最终会自行消失”。这意味着由于技术进步，已经“自由的”（对失业的乐观说法）工人最终会找到工作。或者通过引导他们转向那些人力短缺的产业，或者新的发明可能制造新的就业机会和新的行业。为辩护这一论点而引入的标准案例是与轿车发明相关的就业机会。诚然，这一技术发明物的确终止了一些职业，但它也使另外数不清的职业成为现实，最终由于该产业的雇佣，大量人员在当前得以就业。因此，受质疑的机器事实上创造了就业。

这确实全都是真的。然而，因为它忽略了**中间过渡**阶段，所以这是一种对该状况十分冷漠的认识。很容易说，**随着时间流逝**，失业工人们又会找到了工作……并且，在他被重新安排之后，失业就会消失。但从人情上讲，失业工人在过渡期的状况怎么样？在时间中展开失业造成的问题在这里被提了出来。

在苏联，技术性质的失业（不仅存在，而且源自相同的原因）在空间中展开了。就此我想说，如果一个地方应用了新机器而且存在着“解放了的”工人们，那么受到影响的工人们用不了等很长时间就会收到一张工作证。这张工作证实际上告诉他们：“离这儿两千公里有一个工作分配给了你，因此你被安排调往某某工厂。”一方面，这种做法似乎还算人道；但另一方面，因为没有考虑一个人附带的家庭、朋友、地域特征等，它似乎就像资本家们运用的时间办法一样不人道。人不过是到处迁移的棋子。在资本主义和社会主义对这一问题的处理办法之间，很难分清哪个更糟糕。

善与恶的后果不可分离地混合在一起，美国社会历史学家奈夫（J. U. Nef）在关于“工业与战争”[①]这一引人关注的研究中提出了更进一步的相关例子。奈夫指出，工业主义，即呈现为整体的工业之发展，必然朝战争方向刺激工业社会。他的分析与工业主义的内在本质无关。他所描述的现象纯粹停留在人类的层面之上。

首先，工业主义给了不断增长的人口以生存方法。社会学上一个不可辩驳的规律是，人口越稠密，战争的数量就越多。当然，这个现象对于所有社会学家来说

① 约翰·U. 奈夫，《战争与人类进步：论工业文明的兴起》（*War and Human Progress: An Essay on the Rise of Industrial Civilization*, Cambridge: Harvard University Press, 1950）。重印本标题为《文艺复兴以来的西方文明：和平，战争工业与艺术》（*Western Civilization Since the Renaissance: Pease, War Industry, and the Arts*, Harper Torchbook, 1963）。

很大程度上被当作实践的问题，但只有奈夫认真研究了它。

其次，工业主义创造了新闻媒体、信息传输以及交通运输，最终是交战方法。所有这些使得区分侵略者和被侵略者越来越困难，甚至几乎不可能。现在，没人知道(或许没人能够知道)哪一方已经开始了战争。这个事实不单是由于武器装备，也是由于交通的便捷造成的。异常迅捷的交通使得在24小时内，甚至在更短时间内，发动攻击成为可能，乃至没有人能对其进行预测。现在，新闻报道的影响非常重要，因为新闻报道的功能就是混淆视听，以至没人能够获得任何关于事实的正确认识。

最后，奈夫指出，工业主义创造的新的破坏手段已极大地减小了在毁灭人类的行为中隐含的麻烦、困难以及痛苦。一个投弹手或炮手对杀人根本没有任何感觉。事实上，他只有在逻辑推理的帮助下才能够得出他已经杀了人这个结论。在徒手搏斗中涉及杀人恶行的令人厌恶的全部道德困扰不再纠缠他们。于是，这样一来，即使没有**人蓄意**“不道德地”使用技术，产业中的积极因素也根本上(通过非常复杂的手段)导致赞同战争，甚而引发战争。

让我们考虑关于善的后果与恶的后果之间关系的最后一个例子，新闻与信息。

比如说，区分信息和宣传似乎是个简单的问题。但对此问题比较近的研究显示，实际上不可能做出这种区分。稍稍考虑该情况下的一些因素，每个人都同意，今天的信息问题不再是传递可靠信息的必要性问题。我们应该传递真实的信息，这是**道德**层面上的老生常谈。我只问，我们如何做到这一点？停留在道德层面根本不能理解现实情况。只举一个例子，具体情况就像如下：每天相当于300 000词的世界新闻跨越电缆，进入到美联社的办公室，这大约等于1 000页的惊人内容。与全世界其他通信社竞争的美联社从这些大量的文字中，必须要尽快为其订户选择，删减，再编辑大约占总体二十分之一的内容。如何可能从这个信息洪流之中公正的选择什么应该被保留、什么为真、什么可能为假等等？编辑们没有标准，他们随波逐流，并且根本上，(即使他们凭良心或知识进行判断)他们的判断必定是主观的。此外，即使编辑只拥有真新闻，他又如何确定其重要程度？如何做是编辑的事情，而且编辑的老一套也完全是真的：天主教的编辑会认为最新一届梵蒂冈会议的新闻具有最重要的意义，而这信息对于共产党的编辑来说则没有一点价值。这里与我们有关的不是不诚实的问题，而是观察世界的视角差异问题。一则特定的信息是否是主观的，即使在最有利的环境中我们也绝对分辨不出。我们必须总是记住，无论这条信息是什么，它至少已经过四五双不同的手加工过了。

主张关于善的后果与恶的后果不可分离的这些理由，我相信现在清楚了。而且，随着通信的改善，新闻的流动越自由，所有相关的新闻社就越容易获得。这些因素所起的作用越重要，编辑上的难题相应就越困难，并且选择荒谬而非合理的新闻的可能性甚至更大。

4. 所有技术进步都包含不可预料的结果

关于技术进步含糊性的最后一个方面存在于如下事态的陈述中：科学家们在某个学科中进行他们的研究，并且偶然发现新的技术手段，他们这时一般会清楚地知道这一新技术将会应用到什么领域。人们预期并获得某些确定的结果。但总有一些预料之外的继发作用。在受质疑的技术进步的主要发展阶段上，它们原则上不可能被预料到。这种不可预言性（unpredictability）源自这一事实：可预言性意味着**每个**层面上进行实验的完全可能性，而这是令人难以置信的。

药品提供了最基本的例子。你得了感冒，然后吃一片阿司匹林，于是头痛消失了。但是阿司匹林除了治疗头痛外还有其他作用。起初，我们完全不在意这些副作用。但我们应该想一下，到如今每个人都读过关于警告使用阿司匹林的文章，原因在于其对血象可能造成的危险后果。重症出血已经出现在那些每日习惯服用两到三片阿司匹林的人身上。然而将近十年前，阿司匹林被认为是完美的药物，因为没什么副作用可担心。现在，这类副作用甚至开始出现在所有过去曾经是并且现在仍然是可能最无害的药物中。

另一个给人深刻印象的例子是DDT。1945年，这种化学品被认为在杀死各种害虫和昆虫方面是一种极其成功的方法。DDT最值得称道的地方之一据说是对人类完全无害。它被喷洒到全球表面。随后，偶然间发现某些地区的小肉牛日渐消瘦，纷纷死亡。研究表明油溶剂中的DDT导致贫血。先是牛被用于消灭昆虫的DDT污染了，它们随后在舔干净自己时吞咽下了DDT。这种受质疑的化学品进入到它们的奶中，并由此找到了其进入油溶剂的途径，即进入牛奶脂肪中。死于贫血病的母牛哺乳小牛，更不要说同样的牛奶被人类婴儿食用了。被动物和人吸收的所有化学品都潜在地提出了相同的问题。回想一下最近关于反应停[①]的例子吧。

这就是有关所谓继发作用的例子。这些作用本质上是不可预测的。并且只有在受质疑的技术已被大范围应用之后，也就是说在不可能走回头路的时候，它们才会显露出来。

另外一个有趣的例子是由社会心理学研究提供的。它是一项与大城市居民有关的特别的心理学研究，我们在其中再一次面对技术环境对人类产生的这种影响。大城市生活的基本特点之一是隔绝感、孤独感以及人与人之间联系的缺失等。勒·柯布西耶（Le Corbusier）在其《人类家园》（*Maison des Hommes*）中的主要观点之一认为，“大城市的居民们彼此不了解”。勒·柯布西耶声称，“让我们创造大型居民区。那里的人们每天都会碰面，就像他们在村庄那样，街区里样样俱全（杂

---

① “反应停”（Thalidomide），即酞胺哌啶酮。1957年这种药品作为镇静催眠剂上市，也被用于减轻妇女妊娠期的不良反应。60年代初，有证据发现它与畸形儿童出生率的增加有直接因果关系。“反应停”事件导致了各国更加严格的药物审批制度出台。1998年，“反应停”作为治疗麻风结节性红斑的药物在美国重新上市。——译者注

货店、面包店和肉店)。这样一来人们就会彼此了解,共同体就会形成……"勒·柯布西耶创造的结果确切说是走向了计划的反面。比起生活在正常和传统的城市中来,这类居民区里产生的孤独和隔绝的问题是大得多的悲剧。

因而,据认为(并且在城市规划中,话题已经接近尾声)有必要**在人类尺度上**重新发现组群,而不是在五千个独立居住单位即街区的尺度上。大约七八年前,我在社会学家和城市规划师的著作和文字材料中读到:"根本上说,唯一理解城市本质的是中世纪的人们。他们知道怎么按照真正的城市规划技术要求,来创建名副其实的城市。真正的城市是这样的人类共同体,他们以一个小广场为中心,四周围有不大的房子,(笔直的)城市街道汇聚于此等等。"新的城市规划者们认同这些理论,并将其运用到了芝加哥的郊区,并且特别运用到帕克弗雷斯特(Park Forest)那些著名的"居民村"上。人们认为,不同寻常的人类方案被发现了,它真的给予人类完整的机会。但是最新的社会学和心理学分析显示,这一现代共同体提出一个出乎意料的新难题。因为人们永远处在他们邻居的关注和监视下,所以这一回他们受到了精神伤害。受影响的群体的确在规模方面很大程度上缩小了,但是没人敢妄动,因为所有人都很清楚其他人在搞什么名堂。退一步说,这是种极度束缚人的状况。很清楚,即使带着最大的善意,并且应用心理学和社会学中极其现代和深刻的研究,我们也只能得出结论说,对所有方面做出预期是不可能的。

关于这些不可预测的后果,我将给出最后一个相关的例子。这个例子来自某些农作物的大规模耕种,如玉米或棉花。在那些"新的国家",这些作物的耕种看来得到了无可置疑的发展。对覆盖着茂密森林的土地进行砍伐是适当的举措,从哪一个角度看都是有利可图的,而且最终也表现了技术进步。但未曾料到的是,玉米和棉花作物不仅使土壤贫瘠,甚至在双重作用下消解土壤。双重作用在这儿指转移某些天然元素,以及破坏腐殖质和土壤颗粒之间的关系。棉花和玉米在经过30至40年耕种之后,它们的根部很大程度上破坏了这两者,土壤变成了真正的浮土颗粒。只需一阵强风吹过,地上就只剩下裸露的岩石了。

这个现象是世界性的,在美国、巴西、俄罗斯及其他地方都能遇到。它是赫鲁晓夫和某些苏联农业专家之间争执的题目。众所周知,赫鲁晓夫十分强调耕种玉米,但是很多苏联专家坚持主张这种强调非常危险。它使经济快速进步二十年,不过随后而至的是今日的沃土可能持续数世纪被毁。

卡斯特罗(Castro)和沃格特(Vogt)的研究表明,当前,在某些地区20%的耕地受到这种破坏的威胁。如果结合人口增长对这一因素加以考虑,一个非常大的麻烦似乎就潜伏在不远的将来。如果可耕种土地持续减少到超过可恢复的程度,那么我们生存的机会就相应地减少。玉米和棉花农业中那些作用只有在历经了三十年耕作之后才会显现,我们在这儿有了一个典型的、关于不可预知的继发作用的例子。因此,说技术进步实质上是好或者坏是不可能的。

我们已经投身于一个具有惊人复杂程度的世界当中;我们在每一阶段都释放

了新问题，提出了新困难。我们日益成功地解决了这些难题，但也只是在解决了一个问题却又遇到另一个的意义上。这就是我们社会中的技术进步。我们所能做到的就是举几个零星的例子。为了在整体上理解这一问题，对所有这些观点系统而详细地研究应该是必要的。

哈贝马斯

作者简介

尤尔根·哈贝马斯(Juergen Habermas,1929—),1929年6月18日生于德国北莱茵威斯特法伦州的古玛斯巴赫,1949年进入哥廷根大学,1953年由瑞士苏黎世大学转入波恩大学,1955年加入法兰克福的社会研究所。1961年教职论文“公共领域的结构转型”获得通过,同年任海德堡大学副教授。1964年任法兰克福大学哲学和社会学教授和社会研究所所长,成为法兰克福学派新一代的核心人物。1971年,离开法兰克福转任位于慕尼黑的马克斯·普朗克学会科学和技术世界生活条件研究所所长。1981年,调往马普学会社会科学研究所。1983年,回到法兰克福大学任哲学和社会学教授,1994年退休。哈贝马斯是当代有影响的哲学家、社会学家,是一位多产学者,著作有30多部,主要有《理论与实践》(*Theory and Practice*,1963),《认识与人类兴趣》(*Knowledge and Human Interests*,1968),《作为意识形态的技术与科学》(*Technology and Science as Ideology*,1968),《晚期资本主义中的合法性问题》(*Legitimation Crisis*,1973),《交往与社会进化》(*Communication and the Evolution of Society*,1976),《交往行动的理论》(*The Theory of Communicative Action*,1981),《后形而上学思维》(*Postmetaphysical Thinking*,1988),《在事实与规范之间》(*Between Facts and Norms: Contributions to a Discourse Theory of Law and Democracy*,1992)等。

文献出处

本文系独立论文,译文选自哈贝马斯《作为“意识形态”的技术与科学》,学林出版社1999年版,第38~83页,李黎、郭官义译。

作为“意识形态”的技术与科学

——纪念H.马尔库塞诞辰七十周年

马克斯·韦伯(Max Weber)使用“合理性”或“理性”(Rationalitaet)这个概念是为了规定资本主义的经济活动形式,即资产阶级的私法所允许的交往形式和官僚统治形式。合理化或理性化(Rationalisierung)的含义首先是指服从于合理决断标准的那些社会领域的扩大。与此相应的是社会劳动的工业化,其结果是工具活动〔劳动〕的标准也渗透到生活的其他领域(生活方式的城市化,交通和交往的技术化)。这两种情况都涉及到目的理性活动①类型的贯彻和实现:在技术化中,目的理性活动的类型涉及到工具的组织;在城市化中,目的理性活动的类型涉及到生活方式的选择。计划化可以被理解为第二个阶段上的目的理性的活动:计划化的目的,是建立、改进和扩大目的理性活动系统本身。社会的不断“合理化”是同科技进步的制度化联系在一起的。当着技术和科学渗透到社会的各种制度从而使各种制度本身发生变化的时候,旧的合法性也就失去了它的效力。指明行为导向的(handlungsorientierend)世界观的世俗化和“非神化”,即全部文化传统的世俗化和“非神化”,是社会活动的“合理性”不断增长的反面。

I

赫尔伯特·马尔库塞以这些分析为出发点,是为了说明马克斯·韦伯从资本主义企业家和工业雇佣劳动者的目的理性活动中,从抽象的法人和现代的行政管理官吏的目的理性活动中得出的,并且同科学和技术的标准联系在一起的正式的合理性概念,具有既定的内在联系(lmplikation)。马尔库塞深信,在韦伯所说的“合理化”中要实现的不是“合理性”本身,而是以合理性的名义实现没有得到承认的政治统治的既定形式。因为这种合理性涉及到诸种战略(die Strategien)的正确抉择,即技术的恰如其分的运用和(在**既定的**情况下确定目标时的)诸系统的合理建立。所以,这种合理性使得反思和理性的重建脱离了人们在其中选择各种战略、使用各种技术和建立诸种系统的全社会的利害关系。此外,这种合理性涉及的仅仅是可能的技术支配关系,所以它要求的是包含着统治(不管是对自然的统治还是对社会的统治)的一种活动类型。目的理性的活动按其结构来说,是行使控制和监督。因此,按照这种合理性的标准,生活状况的“合理化”同那种作为政治统治无法

① “目的理性活动”的德文是das zweckrationales Handeln。其含义是说,人们在从事某一活动时,其指导原则不决定于情感或传统,而决定于理性。——译者注

被人们所认识的统治的制度化具有同等意义。这就是说，目的理性活动的社会系统的技术理性，并不放弃其政治内容。马尔库塞对韦伯的批判得出的结论是：“技术理性的概念，也许本身就是意识形态。不仅技术理性的应用，而且技术本身就是(对自然和人的)统治，就是方法的、科学的、筹划好了的和正在筹划着的统治。统治的既定目的和利益，不是‘后来追加的’和从技术之外强加上的；它们早已包含在技术设备的结构中。技术始终是一种历史和社会的设计；一个社会和这个社会的占统治地位的兴趣企图借助人和物而要做的事情，都要用技术加以设计。统治的这种目的是‘物质的’，因此它属于技术理性的形式本身。”①

早在 1956 年，马尔库塞在谈及另一件事情时，就谈到了一种特殊现象：在先进的工业资本主义社会中，统治具有丧失其剥削和压迫的性质并且变成“合理的”〔统治的〕趋势，而政治统治并不因此而消失：“统治仅仅是由维持和扩大作为整体的国家机器的能力和利益决定的。”②统治的合理性以维护这样一个〔社会〕系统为标准，这个系统允许把同科技进步联系在一起的生产力的提高作为它的合法性的基础，尽管另一方面，生产力的水平恰恰也是这样一种潜力：以这种潜力为标准，“个人被迫所承受的那些牺牲和负担，愈来愈表现为没有必要和不合理。”③马尔库塞认为，“在个人愈来愈严重地屈从于巨大的生产设备和分配设置的情况中，在个人的业余时间不为个人所占有的情况中，在建设性的和破坏性的社会劳动几乎难以分辨地融合在一起的情况中，”人们可以看到客观上多余的压制。但是，这种压制又可以自相矛盾地从人民群众的意识中消失，因为统治的合法性具有一种新的性质，即“日益增长的生产率和对自然的控制，也可以使个人的生活愈加安逸和舒适”。

伴随着科技进步而出现的生产力的制度化的增长，破坏了一切历史的比例关系。制度框架(der institutionelle Rahmen)从生产力的制度化的增长中获得它的合法性机遇。那种认为生产关系可以用发展了的生产力的潜力来衡量的思想，由于现存的生产关系**表现为**合理化社会的**技术上必要的**一种组织形式而不能成立。马克斯·韦伯所说的“合理性”在这里具有一种双重性：对生产力的状况来说，它不仅仅是批判的标准，根据这一标准，人们可以揭露历史上过了时的生产关系所具有的那种客观上多余的压制性，而且同时也是辩护的标准，根据这一标准，可以说历史上过了时的那些生产关系作为一个功能上合法的制度框架，本身也有其存在的权利。甚至可以说，“合理性”作为批判的标准同它的辩护的标准相比，它的作用钝化了，并且在制度**内部**变成了〔应该〕修正的东西。也许可以说：人们对社会所作的“设想是错误的”。因此，生产力在其科技发展的水平上，在生产关系面前似乎

① Industrialisierung und Kapitalismus im Werke Max Weber，载 Kultur und Gesellschaft Ⅱ，Frankfurt/M. 1965.

② Trieblehre und Freiheit，载 Freud in der Gegenwart，Frankf. Beitr. Z. Soz. Bd. 6，1957.

③ ebd. S. 403.

有了一种新的状态和地位。这也就是说，生产力所发挥的作用从政治方面来说现在已经不再是对有效的合法性进行批判的基础，它本身变成了合法性的基础。马尔库塞把**这**理解成为世界历史上发生的新现象。

假若情况果真如此，那么，体现在目的理性活动系统中的合理性，岂不应当被理解为一种特别有限的合理性吗？科学和技术的合理性既然不能归之为逻辑的不变规则和能够得到有效控制的活动的不变规则，难道它本身不是早已把一种历史上形成的因而是暂时的先验论(Apriori)内容包含在自身了吗？马尔库塞对这个问题作了肯定的回答。他写道："现代科学的原理都是先验地建构起来的。所以，它们作为抽象的工具，可以为自行完成和有效监督的宇宙服务。理论上的操作主义最终同实践的操作主义是一致的。那种引导人们不断地、更加有效地去控制自然的科学方法，借助于对自然的控制也为人对人的不断地变得更加有效的统治提供了纯粹的概念和工具……今天，统治不仅借助于技术，而且**作为**技术而永久化和扩大；而技术给扩张性的政治权力——它把一切文化领域囊于自身——提供了巨大的合法性。在这个宇宙中，技术也给人的不自由提供了巨大的合理性，并且证明，人要成为自主的人、要决定自己的生活，在'技术上'是不可能的。因为这种不自由既不表现为不合理的，又不表现为政治的，而是表现为对扩大舒适生活和提高劳动生产率的技术设备的屈从。因此，技术的合理性是保护而不是取消统治的合法性，而理性的工具主义的视野展现出一个合理的极权的社会。"①

韦伯的"合理化"不仅是社会结构变化的一个漫长过程，而且同时也是弗洛伊德(Sigmand Freud)所说的"合理化"：真正的动机，即维护客观上过了时的统治，被诉诸技术的无上命令掩盖了。诉诸技术的无上命令之所以是可能的，那是因为科学和技术的合理性本身包含着一种支配的合理性，即统治的合理性。

现代科学的合理性是历史的产物这种见解，既归功于马尔库塞，同样也归功于胡塞尔(Edm und Husserl)关于欧洲科学危机的论述和海德格尔(Martin Heidegger)关于西方形而上学的瓦解的理论。在谈到唯物主义的时候，布洛赫(Ernst Bloch)提出了这样一种观点：科学以及现代技术那种已经受到资本主义歪曲的合理性，使得纯粹的生产力失去了它的纯洁性。但是，只有马尔库塞才把"技术理性的政治内容"当作分析晚期资本主义社会的一种理论出发点。因为他不仅仅是从哲学上去阐述这种观点。所以，这种见解的种种困难就会表现出来。这里，我仅仅是想指出在马尔库塞的论述中出现的那种摇摆性。

Ⅱ

假如说马尔库塞的社会分析所依据的那种现象，即技术和统治——合理性和压迫——的特有的**融合**，只能这样来说明，即在科学和技术的物质的先验论中(in

① Der eindimensionale Mensch, Neuwied 1967, S. 172 ff.

materielen Apriori)潜藏着一种由阶级利益和历史状况所决定的世界设计,即马尔库塞在谈到现象学家萨特(Jean-Paul Sartre)时所说的那样一种“设计”(Projekt),那么,离开了科学和技术本身的革命化来谈论解放,似乎是不可思议的。马尔库塞在其某些文章中,试图结合人们从犹太教和基督教的神话中所熟知的“复活已经毁灭了的自然”的许诺,来研究一种新的科学观念:一种普遍承认的观念(ein Topos)。众所周知,这种观念通过施瓦本人的(schwaebisch)虔诚主义渗透在谢林(Schelling)和巴德(Baader)的哲学中,后来又出现在马克思的《巴黎手稿》(Pariser Manuskript)中;今天,它决定着布洛赫哲学的中心思想;也以反思的方式控制着本亚明(Benjamin)、霍克海默(Horkheimer)和阿多诺(Adorno)的隐秘希望。马尔库塞写道:“我试图指出的是,科学**依靠它自身的方法**和概念,设计并且创立了这样一个宇宙,在这个宇宙中,对自然的控制和对人的控制始终联系在一起。这种联系的发展趋势对作为整体的这个宇宙产生了一种灾难性的影响。人们用科学来把握和控制的自然,**重新**出现在既生产又破坏的技术装备中,这种技术装备在维持和改善个人生活的同时,又使个人屈服于〔他们的〕主人——技术装备。因此,合理的等级制度和社会的等级制度融为一体。如果情况果真如此,那么能够消除这种灾难性的联系的进步方向的变化,也将会影响科学结构本身,即影响科学的规划。在保持它的合理特征的情况下,它的假说就可能在一个根本不同的经验联系中(即在一个和平的世界的经验联系中)得到发展;因此,科学将获得根本不同的自然概念,并确认**根本不同的事实**。”①

马尔库塞不仅始终注意所形成的不同理论,而且也注意原则上不同的科学的方法论。〔在马尔库塞看来,〕人们赖以把自然当作一种新的经验客体的那种先验框架,不再是工具活动的功能范围了(Funktionskreis)。一种能使自然的潜能释放出来和得到保护的观点,代替了可能的技术支配的观点:〔宇宙中〕“存在着两种统治:压迫的统治和解放的统治。”②同这种观点相对立的是这样一种观点:只有当至少一种可选择的设计是可思议的时候,现代科学才能被理解成为一种历史的唯一的设计。此外,一种可选择的新科学,又必须包括新技术的定义。这种考虑发人深省,因为如果全部技术被归结为一种设计,那么它只能被归结为**全**人类的“设计”,而不能被归结为一种历史上过了时的“设计”。这是很清楚的。

阿尔诺特·盖伦(Arnold Gehlen)曾经指出:在大家都熟悉的技术和目的理性活动的结构之间,存在一种内在联系。我认为,盖伦的论点是有说服力的。假若我们把能够得到有效控制的活动的功能范围理解成为合理决断和工具活动的统一体,那么我们就能够用目的理性活动的逐步客体化的观点重建技术的历史。总之,技术的发展同解释模式是相应的,似乎人类把人的机体最初具有的目的理性活动

---

① ebd. S. 180 f.

② ebd. S. 247.

的功能范围的基本组成部分一个接一个地反映在技术手段的层面上,并且使自身从这些相应的功能中解脱出来。[①]首先是人的活动器官(手和脚)得到加强和被代替,然后是(人体的)能量产生,再后是人的感官(眼睛、耳朵和皮肤)功能,最后是人的指挥中心(大脑)功能得到加强和被代替。如果说技术的发展遵循一种同目的理性的和能够得到有效控制的活动的结构相一致的逻辑,即同劳动的结构相一致的逻辑,那么,只要人的自然组织没有变化,只要我们还必须依靠社会劳动和借助于代替劳动的工具来维持我们的生活,人们也就看不出,我们怎样能够为了取得另外一种性质的技术而抛弃技术,抛弃**我们现有的**技术。

马尔库塞用二者择一的**态度**对待自然。但是,从对待自然的这种态度中却得不出一种新的**技术**观念。我们不把自然当作可以用技术来支配的对象,而是把它作为能够〔同我们〕相互作用的一方。我们不把自然当作开采对象,而试图把它看作〔生存〕伙伴。在主体通性(Intersubjektivitaet)尚不完善的情况下,我们可以要求动物、植物,甚至石头具有主观性,并且可以同自然界**进行交往**,在交往中断的情况下,不能对它进行单纯的改造。一种独特的吸引力可以说至少包含着这样一种观念:在人们的相互交往尚未摆脱统治之前,自然界的那种仍被束缚着的主观性就不会得到解放。只有当人们能够自由地进行交往,并且每个人都能在别人身上来认识自己的时候,人类方能把自然界当作另外一个主体来认识,而不像唯心主义所想的那样,把自然界当作人类自身之外一种他物,而是把自己作为这个主体的他物来认识。

无论如何,技术的成就(这些成就本身是不能抛弃的)肯定不能用自然界(它打开了人们的眼界)来代替。对现有技术的选择,即对作为对立面,而不是作为对象的自然界的设计,是同一种可选择的行为结构联系在一起的,即同有别于目的理性活动的、以符号为媒介的相互作用联系在一起的。这就是说,两种设计是劳动和语言的设计,是全人类的设计,而不是一个个别时代的,一个既定的阶级的,一个可以超越的状况的设计。如果我们所说的科学应该叫做现代科学,即对它在技术上的被使用负有责任的科学,或者说,如果没有什么似乎"更人道的东西"可以代替科学的功能以及整个科技进步,那么,一种新的技术观念就不会有什么成果;一种新的科学观念就完全不可设想。

马尔库塞本人似乎也怀疑:把科学和技术的合理性局限在"设计"上是否具有意义。在《单向度的人》(*One-Dimensional Man*)一书的许多章节中,革命化仅仅是制度框架的变化,而生产力本身并不受这种变化的影响。科技进步的结构是不

---

① "这个法则表述的是技术内部发生的一个过程(这个过程作为一个整体是人所不希望的),而且可以说,这个法则是在未被觉察的情况下,或者说,是本能地贯穿在整个人类的文化史中。此外,从这个法则的含义上说,超越了尽可能完善的自动化阶段,就不会有技术的发展,因为没有任何人们似乎能够使之客体化的更广阔的人的劳动领域可以说明这一点。"(见 A. Gehlen, Anthropologische Ansicht der Technik. 载 Technik im technischen Zeitalter, 1965.)

变的，发生变化的只是起指导作用的价值。新的价值将转化成可以用技术手段解决的任务。创造新事物是科技进步的**方向**。但是，合理性的标准本身却始终不变。马尔库塞写道：“技术作为工具的宇宙，它既可以增加人的弱点，又可以增加人的力量。在现阶段，人在他自己的机器设备面前也许比以往任何时候都更加软弱无力。”①

这句话再次说出了生产力在政治上的纯洁性。马尔库塞在这里只是更新了生产力和生产关系的关系的经典定义。但是，马尔库塞的这句话并没有对〔生产力和生产关系之间的〕新格局给予准确的描述，尽管他想要准确给予描述，正像〔他所说的：〕生产力在政治上彻底地堕落了这一论点没有能够准确地说出生产力和生产关系的新的状况一样。科学和技术的特有的“合理性”一方面标志着一种不断增长着的、如以往一样威胁着制度框架的过度发展的生产力的潜力；另一方面**也是**衡量起着限制作用的生产关系本身的合法性的标准，这种合理性的双重性既不能通过概念的历史化，又不能通过倒退到正统观点上的做法，被充分地体现出来；既不能用**亚当和夏娃下凡的模式**，又不能用科技进步的**纯洁性**充分地体现出来。在我看来，那种应当加以理解的事态的最清楚的描述，是马尔库塞的下面的一段话：“当对自然的改造导致了对人的改造，并且当‘人的创造物’产生于社会整体并且又回到社会整体时，技术的先验论（technologische Apriori）就是一种政治的先验论。然而，人们仍然可以认为，技术世界的机械系统‘本身’对于政治目的来说仍然是中性（中立）的，它只能加速或者阻挠社会的发展。电子计算机既可以为资本主义的管理服务，又可以为社会主义的管理服务；回旋加速器，无论对于一个好战的政党来说，还是对于一个热爱和平的政党来说，同样是有效的工具，然而，如果技术成了物质生产的普遍形式，那么它就制约着整个文化；它规划的是历史的总体性——一个‘世界’。”②

马尔库塞用技术理性的政治内涵的表述掩盖问题的困难，可以从范畴上精确地加以确定。这就是说：科学和技术的合理形式，即体现在目的理性活动系统中的合理性，正在扩大成为生活方式，成为生活世界的“历史的总体性”。马克斯·韦伯曾经希望使用社会的合理化来描绘和解释这个过程。但我认为，无论是马克斯·韦伯，还是马尔库塞，都没有令人满意地、成功地描绘和解释这个过程。因此，我试图用另一种坐标系（das Bezugssystem）来重新表述韦伯的合理化概念，以便在这个基础上讨论马尔库塞对韦伯的批评和他的关于科技进步的双重功能（作为生产力和意识形态）的论点。我的建议是提出一个解释模式；人们可以在评论性的文章中引用这个模式，但不必认真地去检验这种模式的使用价值。因此，历史的概括只能为模式的解释服务；〔但是，〕它不能代替解释本身。

---

① Der eindimensionale Mensch，a. a. O.，S. 246.

② ebd. S. 168 f.

Ⅲ

韦伯曾经试图用"合理化"的概念去把握科技进步对正处在"现代化"进程中的那些社会的制度框架所起的反作用。他同整个旧的社会学都抱有这种兴趣。旧的社会学使用的对偶概念(Paarbegriffe)都围绕着一个问题,即用概念去表述由于目的理性活动的子系统的发展而必然出现的制度的变化。法律地位和契约、集体和社会、机械的团结和有机的团结、无形的集团和有形的集团、首要的关系和次要的关系,文化和文明、传统的统治和官僚的统治、宗教组织和世俗组织、军事化的社会和工业化的社会、等级和阶级,等等。它所使用的对偶概念以及所做的种种尝试,都是为了准确地描绘和解释传统社会在向社会化过渡中所出现的制度框架的结构变化。甚至帕森斯的(Talcott Parsons)可能选择的价值导向(Wertorientierung)一览表,也属于这类尝试,尽管它还没有得到承认。帕森斯的要求是:他所提出的一览表,系统地说明主体在采取**任何一种**行为时对可供选择的价值导向所作的决断,而无需考虑特殊的文化联系或历史联系。如果人们注意观察帕森斯提出的一览表,那就不会不看到帕森斯提出的、给这个一览表奠定基础的问题的历史价值。对一切可能的和基本的决断应作详尽阐述的下列四对供选择的价值导向,适合于对一个历史过程所作的分析:

affectivity	versus	affective	neutrality
particularism	versus	universalism	
ascription	versus	achievement	
diffuseness	versus	specifity,	

这就是说,它们决定着传统社会向现代化过渡时的占统治地位的观点的变化的重要方面。在目的理性活动的子系统中,人们实际上首先要求依靠调整奖金、依靠普遍规范、依靠个人的成就和主动的控制、依靠特定的关系和分析的关系,而不是相反。

为了重新表述韦伯所说的"合理化",我想撇开帕森斯和韦伯都曾谈过的主观论(der subjektive Ansatz),提出一个新的范畴框架。我的出发点是**劳动**和**相互作用**之间的根本区别。[①]

我把"劳动"或曰**目的理性的活动**理解为工具的活动,或者合理的选择,或者两者的结合。工具的活动按照**技术**规则来进行,而技术规则又以经验知识为基础;技术规则在任何情况下都包含着对可以观察到的事件(无论是自然界的还是社会上的事件)的有条件的预测。这些预测本身可以被证明为有根据的或者是不真实的。合理选择的行为是按照**战略**进行的,而战略又以分析的知识为基础。分析的

① 关于这些概念在哲学史上的联系,请参阅我为纪念 Loewith 所写的文章:《Arbeit und Interaklion, Bemerkungen zu Hegels Jenanser Philosophic des Geistes》,见本书第一篇。

知识包括优先选择的规则(价值系统)和普遍准则的推论。这些推论或是正确的,或是错误的。目的理性的活动可以使明确的目标在既定的条件下得到实现。但是,当工具的活动按照现实的有效控制标准把那些合适和不合适的手段组织起来时,战略活动(das strategische Handeln)就只能依赖于正确地评价可能的行为选择了,而正确的评价是借助于价值和准则从演绎中产生的。

另一方面,我把以符号为媒介的相互作用理解为**交往**活动。相互作用是按照必须**遵守的规范**进行的,而必须遵守的规范规定着相互的行为期待(die Verhaltenserwartung),并且必须得到至少两个行动的主体〔人〕的理解和承认。社会规范是通过制裁得到加强的;它的意义在日常语言的交往中得到体现。当技术规则和战略的有效性取决于经验上是真实的,或者分析上是正确的命题的有效性时,社会规范的有效性则是在对意图的相互理解的主体通性中建立起来的,而且是通过义务得到普遍承认来保障的。在两种情况下,破坏规则具有不同的后果。破坏了有效的技术规则或者正确的战略的**非法**行为,之所以不能允许,不言而喻(per se)是由于它所造成的恶劣后果。“惩罚”可以说包含在实际的失败之中。破坏了现行规范的**越轨**行为,其结果是受制裁,而制裁只是表面上,即借助于公约同规则相联系。目的理性活动所掌握的规则,使我们具有**熟练的**纪律性;〔牢记在〕内心深处的规范使我们具备了〔**伟大人物的**〕**人格结构**(Persoenlichkeitsstruktur)。技巧使我们能够解决问题;种种动机使我们可以执行统一的规范。下面的图表(附本节末尾)总结了诸种规定,它们需要给予更加精确的解释,但我在这里无法给以精确解释。没有给予考虑的首先是图表中最下面那一栏,它使人们想起了一项任务,为了解决这项任务,我提出了劳动和相互作用之间的区别。

我们可以根据两种行为类型,按照目的理性的活动和相互作用在社会诸系统中是否是主要的来区别社会诸系统。社会的**制度**框架是由规范组成的,而这些规范指导着以语言为媒介的相互作用。但是,事实上也存在着一些系统(例如,韦伯所举的例子:经济系统或者国家机器),在这些系统中,制度化了的主要是目的理性的活动的命题。另一方面也存在着像家庭和亲属这样一些子系统。这些子系统无疑同一系列任务和技能相联系。但是,它们主要是以相互作用的道德规则为基础。因此,在分析的基础上,我想在社会或者社会文化生活世界的**制度框架**和受社会或者社会文化生活世界束缚的目的理性活动的**子系统**之间作一般区别。只要人们的行为是由制度框架决定的,那么,这些行为同时就得受具有法律效力的和相互限制的行为期待的指导和强制。只要人们的行为是由目的理性活动的子系统决定的,那么,它们就得遵循工具的活动模式和战略的活动模式。保证人们的行为能够完全遵循既定的技术规则和所期望的战略,这当然永远只有通过制度化来实现。

借助于这些区别,我们就能重新阐述韦伯的“合理化”概念。

	制度框架：以符号为媒介的相互作用	目的理性的(工具的和战略的)活动系统
指明行为导向的规则	社会规范	技术规则
定义的层面	主体通性的日常用语	缺乏联系的语言
定义的种类	相互的行为期待	有条件的预测 有条件的绝对命令
谋求职业的机制	角色的内在化	技能和资格评定
行为类型的功能	制度的维护(在相互强化基础上的规范的一致性)	问题的解决(目的的达到，用目的和手段的关系说明之)
破坏规则时应受到的制裁	以惩治条例为依据的惩罚：威信的丧失	没有成果：实际的失败
“合理化”	解放，个体化，自由交往活动的扩大	生产力的提高，支配技术力量的扩大

Ⅳ

“传统社会”这个名称适用于一切一般说来符合于文明标准的社会制度。这些符合于文明标准的社会制度代表着人类发展史中的一个既定阶段；它们同比较原始的社会形态的区别就在于：①有一个中央集权统治这个事实(即有一个不同于部落组织的国家统治组织)；②社会分裂为社会经济的阶级(即，分配给个人的社会负担和补偿是按照他的阶级属性，而不是根据亲缘关系的标准)；③任何一种重要的世界观(神话、文明社会中的宗教〔Hochreligion〕)，其目的都在于使统治的合法性产生效力。比较发达的技术和社会生产过程的分工组织，使得剩余产品有了可能，也就是说，使得超过了满足于直接的和基本的需要的剩余产品有了可能；而文明社会(Hochkulturen)是在比较发达的技术和社会生产过程的分工组织基础上建立起来的。文明社会的存在有赖于随着剩余产品的产生而出现的问题的解决，即有赖于按照不同于亲缘制度所使用的标准来分配财富和劳动(这种分配标准尽管**不平等**，但却**合法**)而出现的问题的解决。[①]

对于我们现在所谈的问题来说，下述情况是重要的：建立在取决于农业和手工业的经济基础上的文明社会，只是在一定的限度内才容忍了技术的更新和组织的改进，尽管容忍的程度大不相同。我愿列举一个事实：作为对生产力发展的传统界限的指数，直到大约300年前，还没有一个大型的社会制度每年所产生的按人口计算的最高产值超过200美元。前资本主义的(vorkapitalistisch)生产方式、前工业化的技术和前现代的科学的稳定模式，使得制度框架同目的理性活动的子系统的独特关系有了可能：以社会劳动系统和在社会劳动中积累起来的、技术上可

① 此外还可参阅 G. E. Lenski, *Power and Privilege, A Theory of Social Stratification*, New York, 1966.

以使用的知识为出发点，自身发展着的这些子系统，虽然取得了可观的进步，但却从未使自身的“合理性”发展成为使统治合法化的文化传统的权威受到公开威胁的程度。“传统社会”指的是这样一些社会：〔它们的〕制度框架是建立在对整个现实——宇宙和社会——所作的神话的、宗教的或形而上学的解释的毋庸置疑的合法性基础上的。只要目的理性活动的子系统的发展保持在文化传统的**合法的和有效的范围内**，“传统的”社会就能存在下去。[①]这说明了制度框架的“优越性”，这种优越性虽不排除生产力的巨大潜力能使〔制度框架〕的结构发生种种变化(Umstrukturierungen)，但它排除这种潜力能使合法性的传统形式发生严重瓦解。这种能够经受攻击的优越性是传统社会区别于实现了现代化的社会的一个具有重大意义的标准。

这种“优越性的标准”适用于有国家组织形式的阶级社会的所有情况，这些情况的特征是，每个人都具有的传统的文化价值，不会受到明确的怀疑(这些传统使得现成的统治制度具备了合法性)。因此，人们也不会按照普遍有效的合理性标准，无论是工具的或者是战略的目的—手段—关系(sei es instrumentaler oder strategischer Zweck-Mittel-Beziehungen)的标准，对这种传统的文化价值提出怀疑。自从资本主义的生产方式使〔它的〕经济制度具备了一种尽管不是没有危机，但从长远观点看却能使劳动生产率持续增长的有机规律之后，新的技术和新的战略的实行，一句话，**革新**本身就**制度化**了。资本主义的生产方式，正如马克思和熊彼得[②]都以自己的方式所建议的那样，可以被理解成为这样一种机制，这种机制能够保证目的理性活动的子系统**不断**发展，从而动摇了〔传统社会的〕制度框架在生产力面前的传统的“优越性”。在世界史上，资本主义是第一个把自行调节的经济增长〔机制〕加以制度化的生产方式。这也就是说，资本主义首先创立了工业化主义(Industrialismus)，然后工业化主义才能够从资本主义的制度框架中摆脱出来，并且才能够以私人的形式被固定在不同于资本价值增值机制的机制上。

传统社会和进入现代化过程的社会之间的界限并**不是**以制度框架的结构变化而是在比较发达的生产力的压力下被迫发生为特征的。这是自古以来人类发展史的必然发展过程。用更确切的话来讲就是，生产力发展水平的更新，使目的理性活动的子系统不断发展，从而通过对宇宙的解释使统治的合法性的文明形式成为问题。这些神话的、宗教的和形而上学的世界观服从于相互作用的联系的逻辑；它们回答人类集体生活和个人生活史中的重大问题；它们的论题是正义和自由、权力和压迫、幸福和满足、贫困和死亡；它们的范畴是胜利和失败、爱和恨、解放和罚入地狱；它们的逻辑以一种畸形的交往语法以及分裂的符号和压抑的动机的注定

① 参阅 P. L. Berger, *The Sacred Canopy*, New York, 1967.

② 熊彼得(Joseph Alois Schumpeter，1883—1950)，奥地利经济学家，1919年，任奥地利财政部长；1925—1932，任波恩大学教授；1932年以后侨居美国，是经济学中数学功能学派的代表人物。主要著作有：《经济发展的理论》、《资本主义、社会主义与民主》和《经济分析史》。——译者注

的因果性为标准。[①]同交往活动连在一起的语言游戏的合理性，在向现代化过渡的时候，同目的—手段—关系的合理性相对立，而目的—手段—关系的合理性又同工具活动和战略活动相关联。一旦出现这种对立，就是传统社会结束的开始：统治的合法性形式就失去作用。

资本主义是由一种生产方式决定的，这种生产方式不仅提出了统治的合法性问题，而且也解决统治的合法性问题。资本主义提供的统治的合法性，不再是得自于文化传统的天国，而是从社会劳动的根基上获得的。财产私有者赖以交换商品的市场机制（包括那些没有私有财产的人们把他们的劳动力当作唯一的商品拿去交换的市场在内），确保着交换关系的公平合理和等价交换。这种资产阶级的意识形态，用相互关系的范畴，甚至还把交往活动的关系变成了合法性的基础。但是，相互关系的原则正是社会生产和再生产过程本身的组织原则。因此，政治统治能够继续"从下"而不是"从上"（借助于文化传统）得到合法化。

如果我们的出发点是：一个社会分裂成为社会经济的阶级，是建筑在社会集团对某些当时重要的生产资料的特殊的分配基础上，而这种特殊的分配又归结为社会权力关系的制度化，那么，我们就可以认为，在一切文明的社会中，这种制度框架同政治统治体制曾经是同一的。这就是说，过去传统的统治是政治的统治。只有随着资本主义生产方式的出现，制度框架的合理性才能直接同社会劳动系统联系在一起。只有在这个时候，所有制（die Eigentumsordnung）才能从一种**政治关系**变成一种**生产关系**，因为所有制本身的合法性是依靠市场的合理性，即交换社会（Tauschgesellschaft）的意识形态，而不再是依靠合法的统治制度。说得精确一点：统治制度是依靠生产的合法的关系来取得自身存在的权利的：这就是从洛克（Locke）到康德（Kant）的合理的自然法的本来内容。[②]社会的制度框架仅仅在间接的意义上是政治的，在直接的意义上是经济的（资产阶级的法治国家是"上层建筑"）。

资本主义生产方式比以往的生产方式优越，可以从以下两个方面加以阐述，即第一，它建立了一种使目的理性活动的子系统能够持续发展的经济机制；第二，它创立了经济的合法性；在这种经济的合法性下面，统治系统能够同这些不断前进的子系统的新的合理性要求相适应。韦伯把这种适应过程理解成为"合理化"。这里，我们可以把"来自下面的"合理化同"来自上面的"合理化加以区分。

一旦新的生产方式一方面随着财产和劳动力的区域性的交换活动的制度化，另一方面随着资本主义经营的制度化得到确立，便会**自下**产生一种持续性的适应压力（Anpassungsdruck）。在社会劳动的系统中，生产力的累积性进步，以及以此

---

① 此外参阅我的：Erkenntnis und Interesse，Frankfurf/M. 1968.

② 参阅 Leo Strauss，Naturrecht und Geschichte，1953；C. B. Mac Pherson. Die politische Theorie des Besitzindividualismus. Frankfurt/M. 1967. J. Habermas，Die klassische Lehre von der Politik in ihrem Verhaeltnis zur Sozialphilosophie，载：Theorie und Praxis，Neuwied 1967

为出发点的目的理性活动的子系统的横向发展是有保障的，这当然是以经济危机为代价的。这样一来，诸种传统的联系：劳动和经济交流的组织、交通运输网、情报通信网、法律允许的私人交往关系以及从财政管理角度出发的国家的官僚体制都将日益屈从于工具合理性或者战略合理性的条件。于是，在现代化的压力下，形成了社会的基本设施（die Infrastruktur einer Gesellschaft）。这种基本设施一步一步地涉及了一切生活领域：军事、教育、卫生，以至家庭，并且迫使城市和乡村的生活方式都市化，也就是说，迫使每一个人在其中受到熏陶的集团文化随时都能够从相互作用的联系“转向”目的理性的活动。

来自**上面的**合理化强制（Rationalisierungszwang），同来自**下面的**合理化的压力是一致的，因为使统治合法化的和指明行为导向的那些传统，特别是用宇宙观对世界所作的解释，根据目的理性的新标准，丧失了自身的约束力。韦伯所说的还俗现象，在普遍化的这个阶段上有三个方面：①传统的世界观和对象化，**作为**神话，**作为**公众的宗教，**作为**宗教习俗，**作为**雄辩的形而上学，**作为**无可置疑的传统，丧失了自身的力量和价值；②它们被改造成了主观的信仰力量和确保现代价值导向的对个人具有约束力的伦理学（“基督教的伦理学”）；③传统的世界观和对象化得到了改造，它们成了既能对传统进行批判，又能按照正式的法定交往原则和等价交换原则（理性的自然权利），对传统的、人人都可以占有的那种材料进行重新组织的结合，那些已经经不起检验的合法性被新的合法性所代替，而新的合法性一方面产生于对世界的传统的教义解释的批判，并且要求科学性；另一方面，它们保持着合法性功能，从而使事实上的权力关系不受到分析，并且不被公众意识到。从狭义上讲意识形态首先是这样产生的：它代替了传统的统治的合法性，因为它要求代表现代科学，并且从意识形态批判中取得了自身存在的合法权利。意识形态从本源上讲同意识形态批判是一回事。从这种意义上讲，前资产阶级的“意识形态”是不存在的。

从这种关系上讲，现代科学具有一种独特的功能。同那些陈旧的哲学科学不同的是，现代的经验科学自从伽利略（Galilei）以来是在一种方法论的坐标系中发展的，这种坐标系反映了可能用技术支配的先验观点。因此，现代科学产生的知识，按其**形式**（不是按照主观意图）是技术上可能使用的知识，尽管使用这种知识的可能性一般说来是后来才出现的。科学和技术的相互依赖关系，直到19世纪后期仍不存在。直到那时为止，现代科学还没有起到加速技术发展的作用，自然也就没有对来自下面的合理化压力作出贡献。确切地说，它对现代化进程所起的作用是间接的。新的物理学用哲学的观点解释自然和社会以及它们同自然科学的互补关系，可以说，它导致了17世纪机械论世界观的产生。古典的自然法就是在17世纪机械论世界观的框架中重建起来的。这种现代的自然法曾经是17、18和19世纪资产阶级革命的基础，资产阶级革命最终摧毁了旧的统治的合法性。①

V

到了19世纪中叶，资本主义生产方式在英国和法国已经发展到了马克思能够从生产关系方面来重新认识社会的制度框架，并且能够同时对等价交换的合法性基础进行批判。马克思采用**政治经济学**的形式对资产阶级的意识形态做了批判：他的劳动价值学说撕下了〔资产阶级宣扬的〕自由的外衣，而自由的劳动契约的法律关系就是披着这件外衣掩盖了给雇佣劳动关系奠定基础的社会权力关系。马尔库塞在批判韦伯的时候指出，韦伯忽视了马克思的上述观点，而坚持一种抽象的合理化概念，这种抽象概念非但没有表现出制度框架同进步的、目的理性活动的子系统相适应的阶级的特殊内容，而是再一次掩盖了这一内容。马尔库塞知道，马克思对晚期资本主义社会所作的分析（韦伯早就熟悉这种分析），不能不根据情况而加以运用。但是，马尔库塞引用韦伯的例子想要说明的是：如果人们不理解自由的资本主义，那么也就不可能理解现代社会在国家调节的资本主义框架内的发展。

自19世纪的后二十五年以来，在先进的资本主义国家中出现了**两种引人注目的发展趋势**：第一，国家干预活动增加了；国家的这种干预活动必须保障〔资本主义〕制度的稳定性；第二，〔科学〕研究和技术之间的相互依赖关系日益密切；这种相互依赖关系使得科学成了第一位的生产力。这两种趋势破坏了制度框架和目的理性活动的子系统的原有格局；而自由发展的资本主义曾经以这种格局显示过自身的优点。于是，运用马克思根据自由资本主义社会正确提出的政治经济学的重要条件消失了。正像我所认为的那样，马尔库塞的基本论点——技术和科学今天也具有统治的合法性功能——为分析改变了的格局提供了钥匙。

国家〔通过〕**干预对经济发展过程所作的持续性的调整**，是从抵御放任自流的资本主义的、危害制度的功能失调（Dysfunktionalitaet）中产生的，放任自流的资本主义的实际发展，同资产阶级社会的固有观念——把自身从统治中解放出来，以及使政权中立化——显然是背道而驰的。马克思在理论上揭露的公平交换的基本意识形态（die Basisideologie）实际上瓦解了。私人经济的资本增值形式，只有通过国家对起周期性稳定作用的社会**政策**和经济**政策**的改进才能得到维持。社会的制度框架重新政治化了（repolitisiert），它今天不再直接同生产关系，即同那种保障资本主义经济交往的私法制度相一致，以及同保障资产阶级国家制度的一般措施相适应。于是，经济体制同政治体制的关系发生了变化；政治不再**仅仅**是一种上层建筑现象。如果社会不再"独立的"——这曾经是资本主义生产方式中真正新的东西——作为先于国家和给国家作基础的领域，用自我调节的方法维持自身的存在，那么，社会和国家也就不再处于马克思的理论所规定的基础和上层建筑的关系之

---

①　参阅 J. Habermas，Naturrecht und Revolution，载：Theorie und Praxis², Neuwied 1967.

中。于是，批判的社会理论也就不再能够采用政治经济学批判的唯一方式加以贯彻。这种在方法论上把社会的经济活动规律孤立起来的观察方式，只有当政治依赖于经济基础的时候，并且当人们不必反过来把经济基础理解成为国家活动的和政治上解决冲突的一个功能的时候，才可以要求用社会生活联系的基本范畴去把握社会生活的联系。按照马克思的说法，**政治经济学批判**，过去只是作为**意识形态批判**才是资产阶级社会的理论。但是，当公平交换的意识形态瓦解了，人们也就不能再用生产关系**直接地**批判统治制度了。

在公平交换的意识形态瓦解以后，政治统治就要求一种新的合法性。现在，由于间接通过交换过程所行使的统治是受有前国家(vorstaatlich)组织形式的和有国家体制化形式的统治控制的，因此，合法性不能从一种非政治的秩序中，即从生产关系中推导出来。所以，在前资本主义社会中存在着的那种以暴力来索求直接合法性的势力重新抬头。另一方面，重建直接的政治统治，即在文化传统的基础上采用传统的合法性形式重建政治统治，已经变为不可能了。〔因为〕第一，不论如何传统已经丧失了力量；第二，在工业发达的社会中，资产阶级从直接的政治统治下解放出来获得的成果——基本权利和普选机制——只有在反动时期才能完全被取消。在国家调节的资本主义诸系统中形式上民主的统治，受合法性要求的支配，它不再可能返回去求助于前资产阶级的(vorbuergerlich)合法性形式来兑现。因此，**补偿纲领**(Ersatzprogrammatik)代替了自由交换的意识形态，而补偿纲领的依据不是市场体制所造成的社会后果，而是对自由交换的功能失调进行补偿的国家活动的社会后果。这种补偿纲领把资产阶级的功绩意识形态(按劳付酬的意识形态)要素(das Moment der buergerlichen Leistungsideologie)同最低的福利保障联系起来，即同保障劳动岗位和保障稳定的收入联系起来；这种按劳付酬的思想把按个人的成就进行的社会地位分配(die Statuszuweisung)，从市场转移到教育系统上。这个补偿纲领使统治制度有义务维护整个制度稳定的条件，以及避免不断增长着的危险，而整个制度应当保障社会的安定和个人的晋升机会。这就要求对国家的干预活动提供机会，国家的干预活动是以限制私法制度(Privatrechtsinstitution)为代价来保障私人的资本增值形式，以及把**群众的忠诚同这种形式**连结在一起。

只要国家的活动旨在保障经济体制的稳定和发展，政治就带有一种独特的**消极性质**：政治是以消除功能失调和排除那些对制度具有危害性的冒险行为为导向，因此，政治不是以**实现实践的目的**为导向，而是以**解决技术问题**为导向。对于这个问题，克劳斯·欧菲(Claus Offe)在本届法兰克福社会学家会议上曾经作了说明。他指出：“在经济和国家的关系的这个结构中，‘政治’已蜕变成了这样一种活动，这种活动遵循的是大量的和以愈来愈新的形式出现的‘回避无上命令’(die Vermeidungsimperative)，这时，涌入政治系统中的大量的各种社会科学情报，既可以让人们及早认识到具有危险性的区域，又可以让人们去处理那些造成危害的迫切问题。在经济和国家的关系这个结构中出现的新的东西是……已经包含在高度组织起来的市场上的私人经济的资本增值的机制中的,但却可以控制的、起稳定作用的冒险行为(Stabilitaetsrisiken),是那些必须被接受的、起预防作用的行为和措施,只要这些行为和措施同现有的合法性措施(即补偿纲领)是一致的。"[①]

欧非看到,国家的活动通过这些起预防作用的行为导向,被限制在可以用行政手段解决的技术问题上,以至于〔国家〕似乎可以不管实践问题。**实践的内容被排除在它的活动之外**。

旧式的政治仅仅是借助于统治的合法性形式,规定自身与实践目的的关系:对"美好生活"的解释,目的是〔建立〕相互作用的联系(Interaktions-Zusammenhaenge)。这也适用于资产阶级社会的意识形态。与此相反,当今占统治地位的补偿纲领仅仅**同被**控制的系统的功能相关;它不管实践问题,因而也不管关于接受似乎只涉及民主的意志形成的标准的讨论。技术问题的解决不依赖于公众的讨论。说得明确一些:公众讨论技术问题可能使制度的边缘条件(Randbedingungen)成为问题,在这个制度内,国家活动的任务表现为技术任务。所以,国家干预主义(der staatliche Interventionismus)的新政策,要求的是广大居民的非政治化。随着实践问题的排除,政治舆论也就失去了作用。另一方面,社会的制度框架始终是同目的理性活动系统相区别的。社会制度框架的组织,仍旧是一个受交往制约的**实践**问题,并不只是以科学为先导的**技术**问题。因此,把同政治统治的新形式联系在一起的实践〔问题〕排除在外,不是不言而喻的。使统治合法化的补偿纲领并没有解决具有决定性意义的合法性需求:群众的非政治化(Entpolitisierung der Massen)如何为群众本身所接受?马尔库塞可能会这样来回答这个问题:技术与科学**也**具有意识形态的作用。

Ⅵ

自19世纪末叶以来,标志着晚期资本主义特点的另一种发展趋势,即技术的**科学化**(die Verwissenschaftlichung der Technik)趋势日益明显。在资本主义社会中,始终存在着通过采用新技术来提高劳动生产率的制度上的压力。但是,革新却依赖于零零星星的发明和创造,这些发明和创造虽然想在经济上收到成效,但仍具有自发的性质。当技术的发展随着现代科学的进步产生了反馈作用时,情况就起了变化。随着大规模的工业研究,科学、技术及其运用结成了一个体系。在这个过程中,工业研究是同国家委托的研究任务联系在一起的,而国家委托的任务首先促进了军事领域的科技的进步。科学情报资料从军事领域流回到民用商品生产部门。于是,技术和科学便成了第一位的生产力。这样,运用**马克思的劳动价值**学说的条件也就不存在了。当科学技术的进步变成了一种独立的剩余价值来源的,在

---

① C. Offe, Zur Klassentheorie und Herrschaftsstruktur im staatlich regulierten Kapitalismus.(手稿)

非熟练的(简单的)劳动力的价值基础上来计算研究和发展方面的资产投资总额,是没有多大意义的;而同这种独立的剩余价值来源相比较,马克思本人在考察中所得出的剩余价值来源,即直接的生产者的劳动力,就愈来愈不重要了。[①]

只要生产力还明显地同从事社会生产的人的合理决断和使用工具的活动紧紧地联系在一起,生产力就可以被理解成为日益增长的技术支配力量的潜力。但是,不能把生产力同它置身于其中的制度框架相混淆。然而,随着科技进步的制度化,生产力的潜力就具有一种能够使**劳动和相互作用的二元论**在人的意识中变得越来越不重要的形态。

尽管社会利益仍旧决定着技术进步的方向、作用和速度,但是,社会利益十分清楚地说明社会系统是一个整体,所以社会利益同维护社会系统的兴趣是一致的。私人资本的价值增值形式和确保〔社会成员〕忠诚的社会补偿分配率〔这两个问题〕**本身**始终没有得到讨论。在这种情况下,科学和技术的准独立的进步(quasi-autonomer Fortschritt),表现为独立的变数;而最重要的各个系统的变数,例如经济的增长,实际上取决于科学和技术的这种准独立的进步。于是就产生了这样一种看法:社会系统的发展**似乎**由科技进步的逻辑来决定。科技进步的内在规律性,似乎产生了事物发展的必然规律性(die Sachzwaenge),而服从于功能性需要的政治,则必须遵循事物发展的必然规律性。但是,当这种假象发生了效力时,对技术和科学的作用所作的宣传性的论述就可以解释和证明:为什么在现代社会中,关于实践问题的民主的意志形成过程"必然"失去它的作用,以及"必然"被公众投票决定行政领导人的做法所代替。对于这种技术统治论的命题,人们曾经从科学的层面上作过多种多样的论述。[②]在我看来,更为重要的是,技术统治论的命题作为隐形意识形态(als Hintergrundideologie),甚至可以渗透到非政治化的广大居民的意识中,并且可以使合法性的力量得到发展[③]。这种意识形态的独特成就就是,它能使社会的自我理解(das Selbstverstaendnis der Gesellschaft)同交往活动的坐标系以及同以符号为中介的相互作用的概念相分离,并且能够被科学的模式代替。同样,在目的理性的活动以及相应的行为范畴下,人的自我物化(die Selbstverdinglichung der Menschen)代替了人对社会生活世界所作的文化上既定的自我理解。

社会的有计划的重建所依据的模式,产生于对系统的研究。按照自我调节的系统的模式去理解和分析各个企业和组织,甚至政治的或经济的局部系统和整个

① E. Loebl, Geistige Arbeit-die wahre Quelle des Reichtums, 1968.

② 参阅 H. Schelsky, Der Mensch in der technischen Zivilisation, 1961; J. Ellul, The Technological Society, New York 1964, und A. Gehlen, Ueber kulturelle Kristaiisationen, 载: Studien zur Anthropologie, 1963; ders. Ueber kulturelle Evolution, 载: Die Philosophie und die Frage nach dem Fortschritt, 1964.

③ 据我看,目前没有专门同这种隐形意识形态的传播相关的经济研究。我们的论述依据的是从其他民意调查结果中得出的推论。

社会系统,原则上是可能的。诚然,我们是否为了分析的目的使用控制论的坐标框架(kybernetischer Bezugsrahmen),或者我们是否按照自我调节的系统的模式把一个既定的社会系统**建造成**人—机器—系统(ein Mensch-Maschine-System)是有区别的。但在系统研究的理论中,包含着把分析模式搬用到社会组织层面上的内容。当人们研究社会系统的与本能相类似的自我稳定化的这种意向时,就产生了这样一种独特的看法:两种行为类型之一的行为类型结构,即目的理性活动的功能范围,不仅同制度的联系相比较具有一种优越性,而且还会逐渐地兼并交往活动本身。如果人们同意 A. 盖伦的观点,认为技术发展的内在逻辑就在于目的理性活动的功能范围逐步替代人的机体,并且转移到机器上,那么,技术统治的愿望就可以被理解为这种发展的最后阶段了。只要人是创造者(homo faber),那么,他不仅能够第一次完全把自身客体化和同他的产品中表现出来的独立活动相对立;人作为被创造者(homo fabricatus),如果能够把目的理性活动的结构反映在社会系统的层面上,那么人也能够同他的技术设备结为一体。按照这种观点,迄今为止由另外一种行为类型所体现的社会的制度框架,似乎被目的理性活动的子系统(即包含在目的理性活动之中的子系统)**吸收了**。

的确,这种技术统治的愿望,今天还没有在任何地方变为现实,甚至连基本理论也还没有。但是,作为意识形态,它一方面为新的、执行技术使命的、排除实践问题的政治服务;另一方面,它涉及的正是那些可以潜移默化地腐蚀我们所说的制度框架的发展趋势。权威国家(autoritativer Staat)的明显的统治,让位于技术管理的压力。法定的制度在道德上的实施,以及由此而产生的以语言表达的含义为依据的和以规范的内心化为前提的交往活动,在日益广泛的范围内被有限制的行为方式所代替,而大型的组织本身则越来越多地服从于目的理性活动的结构。工业先进的社会,看来接近于一个与其说受规范指导的,不如说受外界刺激控制的行为监督模式。通过虚假的刺激进行间接控制的现象增加了,尤其是在所谓的主体自由(选举行为、消费行为、业余时间行为)的领域中增加了。时代的社会心理特征,与其说是通过权威人物表现出来,不如说是通过超我结构的解体(Entstrukturierung des Ueber-Ich)表现出来。但是,适应〔环境〕**行为**的增加,不过是在目的理性活动的结构下以语言为中介的相互作用的、正在解体的领域的反面而已。目的理性的活动同相互作用之间的差异在人的科学意识中,以及在人自身的意识中的消失,从主观上讲是与上述情况相一致的。技术统治论的意识所具有的意识形态力量,就表现在它掩盖了这种差异。

Ⅶ

资本主义社会由于上面提及的两种发展趋势,业已发生了这样的变化,以至于使得马克思学说的两个主要范畴——阶级斗争和意识形态——再也不能不根据情况而加以运用。

社会的阶级斗争本身首先是在资本主义生产方式的基础上形成的，因此它造成了这样一种客观状况，根据这种状况回顾过去，人们就能**认识**直接通过政治建立起来的传统社会的阶级结构。公开的阶级对抗对制度产生了种种危害；而国家管理的资本主义，就是从对这些危害所作的反应中产生的；它平息了阶级冲突。晚期资本主义制度就是通过一种确保依靠工资度日的群众的忠诚的补偿政策，即避免冲突的政策，来给自身下定义的。因此，随着私人经济的资本价值增值，依旧蕴含在社会结构中的冲突永远是潜在的、带有最大的（相对而言的）可能性的冲突。这种冲突同那些尽管受生产方式制约，但不再可能具有阶级冲突形式的冲突相比较，居于次要地位。欧菲在他那篇我曾经提到过的文章中，分析了这种自相矛盾的情况。他说，在社会利益上发生的公开冲突，对制度造成的危害后果愈小，则愈可能爆发。国家活动范围之外的那些需求孕育着冲突，因为这些需求远离潜在的中心冲突，所以在防止危害时人们并不把它们放在优先地位。当国家为控制比例失调所进行的干预活动使得某些领域的发展落后下来，并且产生了相应的不平等现象时，冲突就会在这些需求上爆发。欧菲写道：“生活领域中的不平等现象，首先产生在技术进步和社会进步的实际的制度化的水平和可能达到的水平之间的不同发展状况方面：存在于最现代化的生产设备、军事设备和交通、卫生、教育这些停滞不前的部门间的不协调状况，既是生活领域中众所周知的不平等现象的例子，也是税收和财经政策的合理计划和调整同城市和地区的自发发展之间的矛盾的表现。虽然不能有根据地把这些矛盾解释成为阶级间的对抗，但却可以把它们解释为私人经济的资本价值增值和一种特殊的资本主义统治关系的从来就是占主导地位的发展的结果：在这种特殊的资本主义统治关系中，那些没有明显局限性的利益，是占统治地位的利益；在稳定的资本主义经营机制的基础上，这些利益能够对通过巨大的冒险行为去损害稳定性条件的行为作出反应”。

在〔晚期资本主义的〕社会系统中，那些同维护生产方式紧密联系的利益，不再是阶级的利益，它们不再带有“明显的〔阶级〕局限性”。因为旨在避免对社会系统造成危害的统治制度，它所排斥和摒弃的恰恰是“统治”，即直接的政治统治或以经济为媒介的社会统治，只要它用这样的方式进行统治：一个阶级主体把另一个阶级主体作为可以同自己相等同的集团**来看待**。

但是，这并不意味着**阶级**对立的消亡，而是**阶级对立的潜伏**。阶级的特殊差别依然以集团文化传统的形式和以相应的差异形式继续存在；这种差异不仅表现在生活水平和生活习惯上，并且也表现在政治观点上。此外，还有一种受社会结构制约的可能性：依靠工资度日的阶级将受到比其他集团更为严重的社会不平等现象的打击。最后，在直接的生活机遇的层面上，维护制度的普遍化的兴趣，甚至在今天，仍旧是在特权结构中确定下来的：对主体来说**完全**独立的兴趣，似乎是没有的。但是国家调节的资本主义中的政治统治，随着抵御对制度的危害，本身包含着一种超越了潜在的阶级界限的，对维护分配者的补偿部分的关心。

另一方面，冲突领域从阶级范围内转移到没有特权的生活领域内，绝不意味着严重的潜在冲突的消除。例如，美国的种族冲突就是这方面的极其明显的例子。这个例子表明，某些地区和集团中可能积累起许多不平等的东西，以至于多到导致近似于内战的爆发。但是，从这些**没有特权**〔的地区和集团〕中产生的一切冲突，同由于其他原因而形成的潜在的抗议势力并没有联系；这些冲突的特点是，它们能够促使这个制度也许变成明显的，连形式上的民主也不再实行的反动势力，但却不能真正地彻底改变这个制度。因为这些没有特权的集团不是社会阶级，而且，它们所表现出来的潜力，也从来不是人民群众的潜力；**它们的权力被剥夺**(Entrechtung)和生活贫困化，同**剥削**不再是一回事，因为这个社会制度不是依靠它们的劳动而生存。它们至多可以代表一个过去的剥削阶段，但是，它们不能通过拒绝合作(durch Kooperationsentzug)的方式强行实现它们以合法形式提出的要求：因此，它们具有呼吁的性质。这些没有特权的集团，对于它们的合法要求长期不被重视的情况，在狂热情绪的支配下就会采取不顾一切的破坏行为和自我毁灭的手段进行报复：然而，只要它们同特权集团没有结成同盟，这样一场内战便不会有取得阶级斗争的革命成功的机会。

这种模式在有种种限制的情况下，甚至似乎可以运用到工业先进的社会同第三世界，即昔日的殖民地的关系上去。甚至，在它们的关系中，从与日俱增的不平等现象中，也出现了一种没有特权化的形式；将来，人们越来越不能用剥削的范畴去理解这种形式。当然，在这方面，直接的军事利益代替了经济利益。

不管怎样，在晚期资本主义社会里，只要没有特权的集团的界限，整个说来还带有集团特征，并且还没有成为家喻户晓的概念和范畴时，那么，那些生活状况恶化的集团和享有特权的集团的对立，就不会表现为社会的和经济的阶级对立。因此，在一切传统的社会中曾经存在的，并且出现在自由资本主义中的那种基本关系，将成为次要的关系(mediatisiert)，这就是说，处于制度化了的暴力的，经济剥削的，政治压迫的关系中的双方之间的阶级对立，将成为次要的。在这种时候，双方的交往是畸形的和受限制的。因此，采用意识形态掩盖着的种种合法性不可能受到怀疑。黑格尔所说的生活联系中的道德总体性，对有组织的晚期资本主义中的处于次要地位的阶级关系来说，不再是合适的模式了；黑格尔所说的生活联系是由于一个主体不是用相互帮助的态度去满足**另一个**主体的需求而被破坏的。道德的辩证法失去作用，产生了后历史学(Post-Histoire)的独特假象。原因是：生产力的相对提高，不再是理所当然地(eo ipso)表现为一种巨大的和具有解放性后果的潜力；现存的统治制度的合法性在这种巨大的、解放性的潜力面前，将不堪一击。因为现在，第一位的生产力——国家掌管着的科技进步本身——已经成了〔统治的〕合法性的基础。〔而统治的〕这种新的合法性形式，显然已经丧失了**意识形态**的旧形态。

一方面，技术统治的意识同以往的一切意识形态相比较，“意识形态性较少”，因为它没有那种看不见的迷惑人的力量，而那种迷惑人的力量使人得到的利益只能是假的。另一方面，当今的那种占主导地位的，并把科学变成偶像，因而变得更加脆弱的隐形意识形态，比之旧式的意识形态更加难以抗拒，范围更为广泛，因为它在掩盖实践问题的同时，不仅为**既定阶级**的局部统治利益作辩解，并且站在**另一个阶段**一边，压制局部的解放的需求，而且损害人类要求解放的利益本身。

技术统治的意识不是合理化的愿望和幻想，不是弗洛伊德所说的“幻想”，不是〔他〕用来想象（或者设想）和论证相互作用的联系的那种“幻想”。也不能把资产阶级的意识形态归结为一种合理的和摆脱了统治的，双方都满意的相互作用的基本形态；恰恰是资产阶级的意识形态，在通过镇压有限的交往的基础上，制订了使〔其〕愿望得以实现（Wunscherfüllung）和使〔其〕补偿得以满足(Ersatzbefriedigung)的标准，而镇压有限的交往，竟达到了这样的程度，以至于不能把随着资本关系而制度化了的权力关系称之为权力关系。技术统治的意识不再以同样的方式把被割裂的符号和下意识的动机的因果性作为自己的基础，而这种因果性既是错误意识，又是反思力量产生的根源，意识形态批判归因于反思。技术统治的意识是不太可能受到反思攻击的，因为它不再**仅仅是**意识形态，因为它所表达的不再是“美好生活”的设想（“美好的生活”同糟糕的现实尽管不是一回事，但至少有一种实际上令人满意的联系）。毫无疑问，无论是新的意识形态，还是旧的意识形态，都是用来阻挠人们议论社会基本问题的。从前，社会暴力直接为资本家和雇佣工人之间的关系奠定了基础。今天，是结构的条件首先确定了维护社会制度的任务，即确定私有经济的资本价值增值形式和确保群众忠诚的、分配社会补偿的政治形式。不过，新旧意识形态的区别，可以从两个方面来阐述：

第一，今天，由于资本关系受确保群众忠诚的政治分配模式（der politische Verteilermodus）的制约，它建立的不再是一种**没有得到改进的**剥削和压迫。阶级对抗能够继续存在的前提是，给阶级对抗作基础的镇压，历史地被人们所意识，并且以不断变换的形式作为社会制度的特征被稳定下来。因此，技术统治的意识不能像旧的意识形态那样以同一种方式建立在对集体的压制上。第二，群众〔对制度〕的忠诚只有借助于**对个人的需求**的补偿才能产生。成就〔大小〕的解释——制度依据自己创建的成就来证明自身存在的权利〔标准〕原则上不允许是政治的；成就〔大小〕的解释直接涉及到金钱和业余时间的公平分配，间接涉及用技术统治的观点为实践问题的不予考虑作辩护。因此，新的意识形态同旧的意识形态的区别就在于：新的意识形态把辩护的标准与共同生活的组织加以分离，即同相互作用的规范的规则加以分离；从这种意义上说，是把辩护的标准非政治化，代之而来的是把辩护的标准同目的理性活动的子系统的功能紧紧地联系在一起。

反映在技术统治意识中的，不是道德联系的颠倒和解体（Diremption），而是作为生活联系的范畴——全部“道德”的排除。普通的实证论思想使日常语言的相互作用的坐标系失去作用，而统治和意识形态就是在日常语言的相互作用的坐标系中,在畸形的交往条件下形成的,而且,也可以通过反思得到清楚的观察。通过技术统治的意识得到合法化的人民大众的非政治化,同时也是人在目的理性活动范畴中以及在有适应能力的行为范畴中的自我具体化或自我对象化(Selbstobjektivation),这就是说,科学的物化模式变成了社会文化的生活世界,并且通过自我理解赢得了客观的力量。技术统治意识的意识形态核心,是**实践**和**技术的差别的消失**——这是失去了权力的制度框架和目的理性活动的独立系统之间的新格局的反映,但不是这种新格局的概念。

因此,新的意识形态损害了一种同我们的文化实存的两个基本条件中的一个条件联系在一起的兴趣,即同语言,说得精确一点,同由日常语言交往所决定的社会化和个体化的形式联系在一起的兴趣。这种兴趣既涉及维护主体通性的理解问题,也涉及到建立一种摆脱统治的交往问题。技术统治的意识可以让这种实践兴趣消失在扩大我们的技术支配力量的兴趣后面。因此,向新的意识形态挑战的反思,必须与历史上既定的阶级利益(阶级兴趣)脱钩,并且必须把正在形成的类的利益关系(兴趣关系)显示出来。[①]

Ⅷ

如果说意识形态概念和阶级学说的使用范围证明是相对的,那么,马克思赖以提出的**历史唯物主义的基本设想**的范畴框架,就需有一个新的解释。生产力和生产关系之间的联系,似乎应该由劳动和相互作用之间的更加抽象的联系来代替。生产关系标志着一个层面(eine Ebene),〔资本主义的〕制度框架只是在自由资本主义发展阶段才在这个层面上被确立下来的。这种情况既不能出现在自由资本主义发展阶段前,也不能在这之后。另一方面,虽然生产力从一开始就是社会发展的动力(在目的理性活动的子系统中有组织的学习过程累积于生产力中),但是,生产力似乎并不像马克思所认为的那样,**在一切情况下**都是解放的潜力,并且都能引起解放运动,至少从生产力的连续提高取决于科技的进步——科技的进步**甚至**具有**使统治合法化**——的功能以来,不再是解放的潜力,也不能引起解放运动了。我猜想,依据制度框架(相互作用)和目的理性活动(广义上的工具的和战略的活动的"劳动")的子系统之间的相类似的,但又是普遍的关系发展起来的坐标系,更适宜于重建人类历史的社会文化发展阶段(die soziokultuellen Schwellen)。

某些论证说明:从人类历史的漫长的**初始阶段**到最初的中石器时期,目的理性的行为的动机只有通过文化习俗对整个相互作用的制约才能得到说明。在最初的,即以畜牧和种植为基础的定居文化时期,目的理性活动的子系统的世俗领域似乎已经同主体之间的交往活动的行为方式和解释相分离。当然,只有在有国家组织形式的阶级社会的高度文明的条件下,劳动和相互作用之间的区别才会出现,而

① 参阅 Erkenntnis und Interesse,见本书第五篇。

这种区别又是如此广泛，以至于子系统产生出一种技术上可以使用的知识，这种知识能够在相对地不依赖于对社会和世界所作的解释的情况下，得到储存和发展；另一方面，社会规范已经摆脱了使统治合法化的传统，因此，"文化"同"制度"相比较，文化获得了某种独立性。**现代**〔社会〕的发展阶段(die Schwelle der Moderne)似乎是以一种随着制度框架的"不可侵犯性"的丧失，借助于目的理性活动的子系统而开始的合理化过程为标志的。人们可以用目的—手段—关系的合理性的标准来批判传统的合法性。从技术上可以使用的知识领域中产生的信息，竞相进入传统中，并且迫使人们对世界的传统的解释重新作出解释。

我们考察了这个"来自上面的合理化"过程，并且也考察了技术和科学本身以普通的实证论思想的形式——表现为技术统治的意识——代替被废除了的资产阶级意识形态的意识形态意义。技术和科学具有替代被废除了的资产阶级意识形态的意识形态意义(der Stellenwert einer Ersatzideologie fuer die abgebauten buergerlichen ldeologien)这一点是随着资产阶级意识形态批判而取得的：这就是〔韦伯〕合理化概念中的模棱两可性的出发点。这种模棱两可性是霍克海默和阿多诺作为启蒙辩证法揭示出来的；马尔库塞突出了启蒙辩证法的意义，把它变成了技术和科学本身成了意识形态这样一个命题。

人类的社会文化发展模式，从一开始就是由两个因素决定的：一个因素是〔人类〕对〔自身〕生存的外部条件的日益增长的技术的支配权；另一个因素是制度框架对目的理性活动的扩大了的系统的不同程度的被动适应。目的理性的活动代表了**主动的**适应形式，而主动的适应形式又使社会化的主体的集体的**自我**保存同动物的种的保存有了区别。我们知道，我们〔应该〕怎样把那些重要的生活条件置于我们的控制之下。换句话说，我们知道，我们〔应该〕如何使用周围环境在文化上适应我们自身的需要，而不仅仅是使我们自身同外界自然相适应。相反，只要制度框架的变化直接或间接地归因于生产、交往、军事等领域中的新技术或战略的改进，制度框架的变化则不具有同样的主动适应的形式。一般说来，制度框架的变化遵循的是**被动的适应**模式；它们的变化不是一个有计划的、目的理性的以及可以有效加以控制的活动的结果，而是一种自发的发展的产物。然而，只要资产阶级的意识形态仍然掩盖着资本主义发展的动力，主动的适应同被动的适应之间的不协调状态就不会被人们所意识。只有随着对资产阶级意识形态的批判，这种不协调状态才能成为公众的意识。

这种经验的最深刻的证明，至今依旧是《**共产党宣言**》。马克思曾以极其热情的语言赞颂资产阶级的革命作用："资产阶级除非对生产工具，从而对生产关系，从而对全部社会关系不断地进行革命，否则就不能生存下去。"他又说："资产阶级在它的不到一百年的阶级统治中所创造的生产力，比过去一切世代创造的全部生产力还要多，还要大。自然力的征服；机器的采用；化学在工业和农业中的应用；轮船的行驶；铁路的通行；电报的使用；整个大陆的开垦；河川的通航；仿佛用法术从地下呼唤出来的大量人口……！"同时，马克思也看到了〔生产力的不断发展〕对制度框架的反作用："一切固定的古老的关系以及与之相适应的素被尊崇的观念和见解都被消除了，一切新形成的关系等不到固定下来就陈旧了。一切等级的和固定的东西都烟消云散了，一切神圣的东西都被亵渎了。人们终于不得不用冷静的眼光来看〔他们的生活地位〕、他们的相互关系。"

人们的历史是人们自己创造的，而不是借助于意志和意识创造的。这句名言，就是针对制度框架的被动适应同"主动地征服自然"之间存在的不协调状况而言的。马克思批判〔资本主义社会〕的目的就是要把制度框架的那种被动的适应也转变成主动的适应和控制社会的结构变化。因此，〔他认为，〕迄今的一切历史的基本关系应该被扬弃，人类的自我形成应该实现：这就是史前史的终结。但这种观念的含义是模糊不清的。

毫无疑问，马克思把使用意志和意识去创造历史的问题视作从**实践上**掌握迄今为止未被控制的社会发展进程的任务。但是，其他人则把掌握社会发展进程理解为一项**技术**任务：他们想按照目的理性活动的自我调节的系统模式和相应的行为的自我调节的系统模式重建社会，并想以此来控制社会，和**以同样的方式**来控制自然。这种愿望不仅存在于按资本主义计划办事的技术统治论者之中，而且也存在于官僚社会主义的技术统治论者之中。不过，这种技术统治的意识掩盖了这样一个事实：按照目的理性活动的系统模式建立起来的制度框架，作为一种以语言为中介的相互作用的联系，它的解体只是以牺牲十分重要的、能够实行人道化的方面为代价。

将来，控制技术的项目势必有重大的发展。海尔曼·卡恩[1]为今后三十三年内可能出现的技术发明开了一张清单。[2]我发现这张清单的前五十个项目中有一大批关于行为控制和个性变化的技术项目：第三十项是为监视、检查和控制个人和组织而采用的可能是普及性的新技术；第三十三项是关于影响人的社会行为或个人行为的比较可靠的新的"教育"和宣传技术；第三十四项是将电子通信直接运用于大脑，并刺激大脑兴奋的问题；第三十七项，相对而言是从感情方面进行新的反暴动技术；第三十九项是控制疲劳、松弛、机智、情绪、个性、感觉和幻想的种类繁多的新药制剂；第四十一项是增强"改变"性行为的能力；第四十二项是从遗传学方面对一个人的基本性格进行的其他控制或影响；对于这种预测的争论异常激烈。但是无论如何，这种预测告诉人们，将来可能出现一个使人的行为依赖于一个受语言游戏的语法制约的规范系统的领域，而不是通过直接的物质的或心理的影响，使人的行为同自我调节的，人—机器—类型的子系统成为一体。用心理技术控制人的行为的做法，今天已经能够使人避免采用内在化的，但却有反省能力的规范

---

① Hermann Kahn，1922—　，美国控制论专家，军事逐步升级的理论家和未来学家。——译者注

② Toward the Year 2000，载：Daedalus，Sommer 1967.

重走过了时的弯路。用生物技术的方法对内分泌的控制系统进行干预,特别是对遗传信息的遗传继承的干预,明天也许能够更进一步地用来控制人的行为。这样,旧的、在日常语言中发展起来的意识也许会完全枯竭。在人道技术这个阶段上(Auf dieser Stufe Humantechniken),假若能够像今天谈论政治意识形态的终结那样,谈论心理控制的终结,那么,自发的异化、难以控制的制度框架的落后状况,似乎也就克服了。但是,人的自我客观化,似乎已经在一种有计划的异化中完成。——人们用意志创造了自身的历史,但却不曾用意识创造过自身的历史。

我不是说,采用控制论的方法使社会达到本能的自我稳定的梦想正在实现,或者,可能实现。但我认为这种梦想将消极地和乌托邦式地导致技术统治的意识的模糊不清的基本假定的终结。因此,这种梦想标明一条在作为意识形态的技术和科学的温和的统治下显现出来的发展路线。有了这种对比,人们就会明白必须把**两种合理化概念**加以区别。在目的理性活动的子系统的层面上,科技进步已经迫使社会的机构和部分领域重新组建,并且在更大的程度上成了必须做的事情。但是,生产力发展的进程,只有当它不能取代另一个层面上的合理化时,才能成为解放的潜力。**制度框架层面上的合理化**,只有在以语言为中介的相互作用的媒介中,即只有通过**消除对交往的限制**(durcheine Entschraenkung der Kommunikation)才能实现。在认识到了目的理性活动的进步的子系统在社会文化方面所起的反作用的情况下,关于适合人们愿望的、指明行为导向的原则和规范的公开的、不受限制的和摆脱了统治的讨论,才是"合理化"赖以实现的唯一手段。一句话:在政治的和重新从政治上建立的意志形成过程的一切层面上的交往,才是"合理化"赖以实现的唯一手段。

在这种普遍化的反思过程中,诸种机构也许能够越过纯粹的合法性更迭(bloBer Legitimationswechsel)的界限,在其特殊的组合中发生变化。这就是说,社会规范的合理化似乎可以通过以下几个方面来说明:首先是通过压制程度的减弱(在个性结构的层面上,压制程度的减弱,可能会提高人们对角色冲突〔Rollenkonflikt〕的普遍容忍精神);其次是通过僵硬(Rigidifaet)程度的减弱(这必然会增加个人在日常的相互作用中以适宜的方式来表现自己的机会);最后是通过同行为监督类型的接近,这种行为监督类型可能允许角色差异(Rollendistanz)和允许灵活使用内心所具有的,但又能进行反思的那些规范。依据这三个领域中的变化为衡量准绳的合理化,不像目的理性系统的合理化那样,会导致对自然和社会的物化过程的技术支配力量的增强;这种合理化自身不会自动地(per se)导致社会系统更好地发挥作用,但是,它能使社会成员获得进一步解放和在个性化道路上不断前进的机会。生产力的提高同"美好生活"的愿望并不一致,它至多能为这种愿望服务。

我根本不相信技术上超额的潜力的思维形象(Denkfigur)同国家调节的资本主义仍然是相适应的;技术上的超额潜力(即马克思所说的"受束缚的"生产力)在

使用镇压手段维持的制度框架中并没有被充分利用。更好地利用这种没有被转化为现实的潜力，会导致经济——工业设备的改进；但是，今天不会理所当然地（eo ipso）导致带有解放性后果的制度框架的改变。问题不是我们是否**充分使用**一种可以占有的，或者可能得到发展的潜力，而是我们是否**选择**我们愿意和能够用来满足我们的生存目的的那种潜力。同时，我们还必须说，我们只能提出这个问题，而不能有预见性地回答这个问题。相反，这个问题要求我们就生活实践的目的进行自由的讨论，诚然，晚期资本主义——它在结构上依赖于一种非政治化的公众社会——反对把生活实践的目的作为问题来讨论。

Ⅸ

一个新的冲突领域（它代替现实的阶级对抗，并且不同于那些由不平等现象引起的，对制度来说并不重要的冲突），只能出现在晚期资本主义社会必须借助于民众的非政治化，使自身免受它的技术统治的隐形意识形态怀疑的地方：这就是说，只能出现在通过大众媒介来管理的公众社会的系统中。因为只有在这里，目的理性活动系统中的进步同制度框架的解放性的变化之间的差异——技术问题和实践问题之间的差异，才能得到制度所必需的、牢固的掩饰。允许公开解释（die oeffentlich zugelassenen Definitionen）的是：为了生活，我们想要**什么**，而不是：我们根据可能获得的潜力得出我们**能够**怎样生活，我们想**怎样**生活。

谁能使这种冲突领域（diese Konfliktzone）起死回生，难以预测。现在，具有抗议潜力的，既不是旧的阶级对抗，也不是新型的、没有特权的〔社会集团〕；抗议的潜力，按其形成，倾向于干巴巴的公众社会的重新政治化（Repolitisierung）。由于眼前的利益，把其注意力集中在新的冲突领域上的唯一的抗议力量，首先形成于某些大、中学生的集团中。对此，我们可以从三个方面加以论证：

第一，大、中学生的抗议集团是个特殊的集团；它所代表的利益，不是直接从这个集团的社会状况中产生的，并且不能通过增加社会补偿使其得到与制度相一致的满足。美国人对大学生积极分子所作的第一批调查材料[①]证明，大、中学生抗议集团主要不是社会地位正在上升的那部分大学生（sozial aufsteigende Teile der Studentenschaft），而是社会地位优越的那部分大学生。这部分大学生从经济上减轻了负担的社会阶层中得到补充。

第二，统治系统提出的合法性要求看来对这个集团来说，由于显而易见的理由，似乎是不能令人信服的。社会国家为没落的资产阶级的意识形态提出的补偿纲领以一定的社会地位和功绩导向（giwisse Status-und Leistungsorientierung）为

① S. M. Lipset，P. G. Altbach，Student Politics and Higher Education in the USA，载：S. M. Lipset (Hrsg.)，Student Politics，New York 1967；R. Flacks，The Liberated Generation. An Exploration of the Roots of Student Protest，载：Joun. Soc. Issues，Juli 1967；K. Keniston，The Sources of Student Dissent，ebd.

前提。但是,从前面提到的美国调查资料来看,大学生中的积极分子个人在谋取职业上的飞黄腾达和建立未来的家庭方面比其余的大学生更少取得结果。他们的早已超过了平均水平的学习成绩和他们的社会出身,并没有促使他们达到似乎是由劳动市场的预先采取的强制措施决定的期待水平(Erwartungshorizont)。多数来自社会科学和语言—历史学科的大学生积极分子,早就不受技术统治思想的影响,因为,即使他们的动机不同,但无论在什么地方,他们以自己的科学研究工作中积累起来的第一手经验,同技术统治的基本设想是不一致的。

第三,在这个集团中,冲突不会在〔当局〕要求〔他们遵守的〕纪律的**范围**和**程度**以及〔他们所承受的〕负担的**大小**上爆发,而只会在〔当局〕拒绝〔他们的要求的〕**方式**和**方法**上爆发。大、中学生进行斗争,不是为了获得更多的社会补偿,例如收入和业余时间。相反,他们的抗议矛头所向是"补偿"范畴本身。某些调查资料证明,资产阶级家庭出身的青年学生的抗议,同几代人流行的权威冲突(Autoritaetskonflikt)模式不再相一致。学生积极分子早就受到了同情他们的批判态度的父母的影响。同那些不积极的调和集团(Vergleichsgruppe)相比,他们通常是随着更多的心理教育和按照比较自由的教育原则成长起来的。[①]他们的社会性(Sozialisation)似乎早已从摆脱了直接经济压制的集团文化中(in den Subkulturen)形成了;而资产阶级的道德传统和从资产阶级道德传统中派生出来的小资产阶级的道德观念已经在这些集团文化中丧失了自己的作用。因此,他们为"转向"目的理性活动的价值导向所作的努力,不再包括理性活动的偶像化。这些教育方法能够使他们积累经验,并使他们确立起同经济贫困的保守的**生活方式**相抵触的生活导向。于是,他们似乎就产生了一种对毫无意义的效仿来说成了多余的道德和献身行为的原则上的不理解。也就是说,他们不理解:在技术高度发达的〔社会〕状况下,为什么个人的生活仍然决定于职业劳动的命令,决定于成就竞争的伦理观,决定于社会地位竞争的压力,决定于人的物化价值和为了满足需要所提供的代用品的价值;为什么制度化的生存斗争、异化劳动的戒律、扼杀情欲和美的满足的行为,都受到保护。

学生们的这种敏感性必然不能容忍人们从结构上把实践问题从非政治化的公众社会中排除出去。显然,只有当他们的敏感性触动了难以解决的制度问题时,才能从中产生出一种政治力量。就未来而言,我看到了**这样一个**问题。工业发达的资本主义所创造的社会财富的数量和创造出这种财富的技术条件和组织条件,使得社会地位的分配愈来愈难同评价个人的成就的机制相联系,哪怕只是主观上让

① 参阅Flacks:《Activists are more radical than their parents; but activist's parens are decidedly more liberal than others of their status.》《Autivism is related to a complex of values, not ostensible political, Shared by both the students and their parents》;《Activists' parents are more 〈permissive〉 than parents of non activists》.

人相信这种联系也好。[①]因此，从长远的观点看，大、中学生的抗议运动，也许能够持续地破坏这种日益脆弱的功绩意识形态(Leistungsideologie)[②]，从而瓦解晚期资本主义的本来就虚弱的、仅仅由于〔群众的〕非政治化而受到保护的合法性基础。

1968年7月19日

① 参阅 R. L. Heilbronner, The Limits of American Capitatism, New York 1966.

② 功绩意识形态即强调按劳付酬的意识形态。——译者注

芬伯格

作者简介

安德鲁·芬伯格(Andrew Feenberg,1943—),目前是美国西蒙·弗雷塞大学传播学院技术哲学的加拿大研究教席教授,担任应用传播和技术实验室主任。他曾经在圣迭戈州立大学哲学系、杜克大学哲学系、纽约州立大学布法罗分校哲学系等任教。他是继马尔库塞、哈贝马斯之后社会批判理论的新一代的代表,主要著作有《卢卡奇、马克思与批判理论的来源》(*Lukacs,Marx and the Sources of Critical Theory*,1981),《技术批判理论》(*Critical Theory of Technology*,1991),《别样的现代性》(*Alternative Modernity*,1995),《追问技术》(*Questioning Technology*,1999),《海德格尔与马尔库塞:历史的灾难与拯救》(*Heidegger and Marcuse:The Catastrophe and Redemption of History*,2005)等。

文献出处

本文系《技术批判理论》第三章之第四节"技术代码",标题为编者所拟,译文选自芬伯格《技术批判理论》,北京大学出版社2005年版,第90～106页,韩连庆、曹观法译。

技术代码

双面理论

尽管马尔库塞和福柯的理论中有许多不确定的地方，但是他们的立场中有一点是清楚的：他们舍弃了理性主义/相对主义争论中的通常术语，认为合理性对一个统治体系既是必需的，然而又获得了认知上的成功。尽管这一立场似乎有些矛盾，但是他们用知识和权力共有一个基础、但却有不同命运的想法化解了困难。对于马尔库塞来说，这一基础是一种根植于趋向统治的意志中的抽象方式。他对这种方式的批判将在本书的最后一章中讨论。对福柯来说，这一基础就是同时建立了一个规训社会和适合这一社会的社会科学和技术的微观技术的公共储备。

如同我们所看到的一样，马尔库塞和福柯都没有始终如一地遵从这种论证思路。因此在这一节中，我将放弃他们立场中的具体细节，以便勾勒出由他们著作所提出来的技术研究的方法。我称这种方法为权力/知识或意识形态/科学的"双面"理论，因为这种方法将霸权的功能和认知的功能不是作为单独的部分，而是作为单一的潜在来源的互补的方面。

这种讨论是从现代霸权中合理性的功能开始的。一种有效的霸权不需要被施加到自我意识的行动者之间的持续斗争中，而是由它所统治的社会的标准信念和实践直接产生的。几千年来，传统和宗教一直发挥这样作用；今天，合理性的形式提供了霸权的信念和实践。这意味着知识**在没有丧失作为知识的特点的情况下**，已经成了一种权力，而不仅仅是权力中其他方面的工具。这种知识地位的变化根源于资本主义的独特的结构。

在前资本主义社会中，工人拥有传统的工作，建立了自我表现的代码；他们拥有自己的工具，形成了一个自然的共同体。劳动过程完全包含在规则和责任中，因此前资本主义的精英们只能在经济领域之外进行统治，去实施福柯所说的"君主的"权力，即国家的消极权力。

资本主义通过在独立的个人之外建立劳动力和市场的方式，将自己从这些限制中解放出来，达到了空前自由的程度。这种方式有些类似于福柯所研究的监狱和精神病院，只是范围更大一些。资本家从所有传统规则和家庭限制中解放出来，具有了比传统工作团体的领导人所具有的更大的行为自由。在第二章中我称这种特殊的自由为资本家的"操作自主性"。操作自主性主要不是一种个人的所有权，而是可以动用一系列微观技术的组织的所有权。

操作自主性是一种在各种可替代的合理化中做出战略性选择的权力，而在做出这种选择时不需要考虑外在因素、通常的惯例、工人的嗜好或抉择对工人家庭的影响。不管资本家追求的其他目标是什么,所有从他在社会体系中的特殊立场所实施的可行性的战略都必须能再生出他的操作自主性。保持和扩大自主性的"元目标"(metagoal)逐渐融入到做事的标准方式中,使每一个实际问题的解决方式都偏向于一定的典型反应。在资本主义社会中,统治的战略主要在于将这些恒定性嵌入到技术的程序、标准和产品中,以便建立一种满足资本利益所需要的日常技术活动的框架。

资本主义的独特性在于它的霸权很大程度上建立在通过技术抉择来再生出自己的操作自主性的基础上。这一点通常能够实现,因为现代社会中的权力可以通过技术控制而得以掌握,无需贵族头衔或宗教的认可。马克思将雅各宾派的"政治"等同于"意志",而这种"意志"可以在现代组织的扩张性的活力中被发现,它被进一步推向了行为的自主的可能性的聚集。

资本主义的社会需求和技术需求被聚合在一种"技术合理性"或"真理的政权"中,而这种"技术合理性"或"真理的政权"使技术体系的构造和解释适应了统治体系的需求。我称这种现象为技术的社会代码,或者更简单地称为资本主义的**技术代码**(technical code)。在这种情况下,资本主义的霸权是这种代码的一个结果。[①]

在这种社会学背景下,"代码"这个术语至少具有两种不同的含义。首先,它可以表示一种规则,这种规则同时完成两项功能:①分清允许的或禁止的活动;②将这些活动与用来解释第一点的一定的意义或目的联系起来。交通代码通过将安全和不安全的行为区分开来,定义了被允许的驾车行为。技术手册充满了相似的代码,这些代码确定了一些规则,在这些规则的限制下,操作在满足可靠性、强度、人的因素、效率等各种目标的情况下来完成。这就像我们社会一样,记录下调节我们行为的许多代码,这是官僚化社会的特点。

经济代码在任何情况下都不记录在手册中,而是暗含在行为和态度中,它们表示了比允许和禁止更广泛的价值。对于经济代码,需要一种解释活动来从它的各种表现形式中抽取出它的含义。例如,看一看像汽车这样的有声望等级物品:我们"知道"凯迪拉克(Cadillac)比福特(Ford)"好",奔驰(Mercede)比大众(Volkswagen)"好"。在展示某一种汽车时,我们将一种有关我们自己的信息传达给了别人。就像这个例子所表明的那样,经济代码有交流的功能。

技术代码结合了各种类型代码的要素。它是最基本的规则,在这种规则之下,技术选择得以根据保持操作自主性的需要而做出(例如,在未来做出类似选择的自由)。技术代码的这种不变的需求通常不明确,尽管像声望等级一样可以很容易地显示出来。提高操作自主性的目标暗含在基本的技术程序的领域中,这些技术程序是用来满足商业企业和其他类似的结构性组织的需求的。第二章中讨论的诺贝

① 要了解更多关于代码的符号学概念的文化含义,参见Barthes(1969: 94ff.)。

尔对数字控制的论述是一个明显的例子。就像在那个例子中一样，通常用马尔库塞在对韦伯的批判中所确认的阶级偏见，将首选的设计表示为是“有效率的”。因为效率是一个广泛得到认同的价值，这种表示具有一种构成代码的交流方面的合法功能。

技术代码在一个统治是建立在对技术控制的基础上的社会中具有（社会）本体论的含义。它不仅仅是选择手段的规则。它的作用远不止于此，它是组织的独立性和生存的原则。马克·纪尧姆[①]将社会代码定义为“能指（signifiers）（对象、服务、活动等）和它们在社会中的所指之间的联系整体，这种整体是由组织所创造或控制的，以作为组织存在的基础，如果有可能也是组织发展的基础”（Guillaume，1975：64）。然而，对技术代码来说，它必然要超出这种阐述。组织为了存在，必须将它们的技术基础转换成代码，但是这不是仅仅将技术与一定的能指联系起来，而是将这些能指安置到组织的结构中。[②]这是如何实现的呢？这个问题只有通过进一步推进社会功能和技术功能聚合的理论才能回答。在这一过程中，我们将看到权力/知识这两方面是如何在技术对象中调和的。

每一个发展了现代技术或研究了现代技术史的人都知道，现代技术是从或多或少松散地联系的部门技术的链接中建立起来的。部门技术本身是从基本的发明中出现的，因此尽管这些部门技术在开始时是满足于某一特殊的目的，但是在多样化的情境中可以被用于不同的目的。这样，我们就区分了体现在技术中的原理和这一原理在某种实际设备中的具体实现的形式。

我将弹性、杠杆或电路等这些特殊的原理称为“技术要素”（technical element）。如果不考虑所有的社会目的，至少是不考虑统治阶级和下属的社会群体的目的，这些原理本身是“相对”中性的。一定程度上，发现这些要素的工作在研究过程中已经自主化。这些要素一旦被发现，它们就类似于语言中的词汇；它们可以被排列在一起——形成代码——组成各种具有不同意义和意向的句子。

个别的技术正是从这些去除了情境的技术要素中建构起来的，而这些技术要素结合在独特的配置中，形成了特殊的设备。发明的过程不单纯是技术的：抽象的技术要素必须进入一种社会限制的情境中。因此，技术作为技术要素发展而成的整体，比部分的总和还要多。技术在选择和安排组成它们的技术要素的过程中满足了目的的社会标准。[③]

这些社会目的虽然体现在技术中，但并不因此就仅仅是中性的工具可以满足的外在目的。特殊目的的体现是通过技术与它的社会环境的“配合”而实现的。结合在技术（technology）中的技术观念（technical ideas）是相对中性的，但是我们可

① 马克·纪尧姆（Marc Guillaume，1940—　）法国经济学家，主要著作有《资本和资本的再生产》等。

② 巴特也持有类似的观点，认为“语言/话语”必须在技术范围内被补充，他曾说“意义之前的第三种要素即物质或实体，是赋义行为的承担者（必要条件）”（1969：105）。

③ 关于建立在类似区分的基础上的技术理论，参见（Simondon，1958：第1章）。

以在技术中发现一种社会决策网络的痕迹，而这种社会决策网络按照一定的利益或价值，预先构造了一个社会活动的领域。

布鲁诺·拉图尔持有类似的观点。他认为，每一种技术都以技术要素的特殊配置为中心组成一种社会利益联盟的“社会关系网图”(sociogram)，拉图尔称这种技术要素的特殊配置为“技术关系网图”(technogram)。拉图尔认为，“你在一个系统中获得的每一条信息也是另一个系统中的信息”(Latour，1987：138)。[1] 社会关系网图和技术关系网图本质上是同一个硬币的两面；一种特定的技术配置反映了一种特定的行为者网络的影响。因此，一种特殊技术的恰当定义只能在两个系统的交叉处找到。

资本主义的技术代码现在可以定义为一种联系社会关系网图和技术关系网图的一般的规则。作为非所有者的工人与企业福利无关的假设是最重要的社会因素，这一社会因素通过这种技术代码渗透到技术理性的定义中。装配线是技术中受这一假设影响的最典型的例子：一种从技术上强制实行的劳动纪律的战略形成了将组成它的各种要素结合起来的黏合剂。这种对权力的不均衡的影响是一种从战略上形成代码的技术的特点。

这个例子也阐明了理性化过程的历史相对性。装配线似乎只是一种技术进步，因为它扩展了一种资本主义已经依赖的管理合理性。它在一种建立在工人协作基础上的经济情境中不能被认为是一种进步，因为工人协作中的劳动纪律是自我施加的而不是从上层施加的。

当然，一种发明的各个部分就像装配线一样，具有一种自身的技术一致性，这种技术的一致性不依赖于政治或阶级关系。在这个例子中，既不是将技术还原为生产关系，也不是将技术知识还原为意识形态。技术和技术知识在各自的组成部分中都有自身的逻辑；技术必须真正**有效**。但是并不是仅仅因为一种设备有效了，它就应该比同样具有一致性的技术要素的许多其他的配置得到优先地发展。如果情况真是这样，那么由此就可以推出，根据语法的一致性，就可以解释演讲中单个句子的取舍。技术的社会特点不在于内部运作的逻辑，而在于这种逻辑与社会情境的关系。

这一点甚至也适用于福柯所研究的社会技术。规训和规范化的技术(technique)不能决定一个单一的社会组织，而是开启了在被统治者和统治者的社会群体之间进行争论的可能性。福柯的理论还没有失效，因为不管斗争的结果如何，现代社会将不可避免地要应用这些技术的变化形式。与此相反，福柯的目标是要找到一种“允许带有最少的统治色彩来玩这些权力游戏”的方法(Foucault，1988：18)。

---

① 我根据具体的历史情形中明显是中性的结构的“配合”而对形式主义的偏见的论述类似于拉图尔的阐述。例如参见拉图尔对制图的论述(1987：215ff.)。

尽管现代科学、技术和社会组织在目的和制度结构上根本不相同,但是它们共有一种类似的抽象方法和类似的微观技术的基础。由于这个原因,科学和技术的规律能够为它们所服务的霸权提供霸权所要求的应用。但是我们越往下接近基础,这些应用得以构成的要素就越不明确。这就是技术的两重性的来源。因此,技术代码需要将应用与霸权的目的结合起来,因为科学和技术可以并入许多不同的霸权秩序。这也就是为什么新技术能够威胁到统治群体的霸权,直到新技术从战略上形成代码,这种威胁才会消除。这就是为什么宣称要垄断合理性的霸权主张也要受到理性批判。因此,双面理论可以去除知识和技术的中立性的神秘性,同时不用声称知识和技术像意识形态一样,会由于它们所服务的特定利益而被废除。

在马尔库塞和福柯那里,技术知识和社会之间的关系是不清楚的。因为他们关于技术的两方面理论是暗含的,他们缺少用来表达它的恰当术语。有时他们似乎是说知识仅仅是社会权力的投影;然而他们还是想把知识与单纯的成见和意识形态区别开。这些犹豫不决是试图表明知识和霸权所预先建立的和谐,而不用将一个还原成另一个。我在这里认为,知识和权力、技术和霸权的联系处于确保它们在应用中协调起来的代码中。

形式的偏见

技术代码的理论向技术中性论的常规观念提出了一种自相矛盾的挑战。通常都假定,因为技术是建立在一般利益的基础上,所以技术与特定的社会利益没有关系。如同我们上述讨论所知道的,马尔库塞和福柯拒绝了这种熟知的方法。如果不考虑一般的目的,至少是不考虑不同代码的形成,他们关于技术的双面理论将一定的中立性赋予了基本的技术(technique)。与一种特殊的社会利益相对应的技术代码,从各种可替代的形式中选择出这些基本技术的在技术上具有一致性的一种配置。这就使得建立在技术知识基础上的现代霸权成为可能。

因此,技术批判理论就意味着中立性和偏见在一定的情况中不是对立的,而仅仅是一个单一的具体对象的不同的方面(Marcuse,1964：156；Dreyfus 和 Rabinow,1983：203)。这种方法似乎非常难以表达清楚,而且在认为批判是对客观知识的非理性主义的抨击的假设下,中立性和偏见这两方面常常瓦解成单一的方面——通常是瓦解成偏见。如何更清楚地解释中立性和偏见的共存才能避免这种误解呢?

问题的产生是由于我们通常认为偏见是一种对公平的偏离,而公平在通常的用法中是指在不顾及个人感受的情况下,将相同的标准用于所有的人。这种背景就解释了为什么偏见的观念表示了特殊性压倒了普遍性,例如,偏袒或成见左右了选择雇工的决定,而这本来应该在工作能力的普遍基础上做出的。因此,作为普遍性的一种属性的中立性似乎与偏见是相对立的。按照这些术语,就不可能搞清楚有偏见的技术这一观念的意思,因为根据定义,内在于技术设备中的合理性与个人的偏爱是不能比较的。然而，还有一种偏见的更微妙的形式，它在于将相同的标准用于不能比较的个人，或者在以其他人为代价来使某些人受益的条件下将相同的标准用于个人。这种类型的偏见通常很难确认，因为单一标准的应用显得比较公平。在这种情况下，中立性不是与偏见相对立，而是偏见的根本前提。[①]

我将借用韦伯的合理性理论中的一种划分来命名这些类型的偏见，称第一种偏见为"实质的"偏见，称第二种偏见为"形式的"偏见。正像有人从这些术语中所期望的那样，第二种类型的偏见是现代社会的独一无二的特点。例如，形式的偏见指定了一些条件，在这些条件中，"形式的"平等与社会的"内容"相抵触，例如法律面前的平等被支付法定代理人费用的不平等的能力有系统地破坏了，或者平等的教育机会不是被歧视的排外所否定了，而是被管理阶层或有种族偏见的测试所否定了。

在有偏见的技术规划的情况中，可以评价的偏见不是作为这样的因素出现的，而是支配着形式上的理性子系统与整体社会之间的"配合"。装配线可以再次作为一个例子。按照马克思的术语，装配线的罪过是"为资本提供抵制工人阶级反叛的武器"，所以很明显是一种有偏见的技术(Marx，1906：Ⅰ，476)。然而，这种技术的客观运转与社会差别没有关系，这就像评判一个有文化偏见的测试的计算机与社会差别没有关系一样。这种情况中的偏见不是来源于技术要素，而是来源于技术要素在一个具有时间、地点和历史遗产的现实世界之中的特殊配置——总之，这样的世界是一个具体的不确定的世界。形式偏见的本质是**在时间、地点和由相对中性的要素组成的系统的引入方式上**存有成见的选择。

这两种类型的偏见可以在不同的基础上进行批判。实质的偏见是建立在不平等标准的应用的基础上，它最经常与成见、与区别对待不同的阶级、种族、性别或国家的人的清楚的规范联系在一起。然而，因为不能在纯粹个人偏好的基础上证明不公平的对待是正当的，所以这些规范一般表现为事实判断，这些事实判断认为能力或优点属于天赋高的人群，无能或缺点属于天赋低的人群。通过揭露实质偏见的伪事实判断就是"合理化"，或者将那些伪事实判断的更精致的形式揭露为是"意识形态"，对实质偏见的批判得以进行。

形式的偏见没有暗含成见所必然具有的情感，也与建立在理性化情感基础上的事实错误没有关系。相反，只要忽视了令人困窘的情境方面的考虑，事实一般都支持意在为这种偏见辩护的公平主张。在更大的情境范围之外，公平对待看来是

① 就我所知，第一次记载中立性本身是一种偏见的理论出现在柏拉图的《高尔吉亚篇》(*Gorgias*)中。在这篇对话中，卡利克勒(Callicles)拒绝了自认是中立性的法律，这种中立性将同等对待的方式用于强者和弱者，响应了弱者的特殊利益。卡利克勒认为，"我可以完全确信，法律和习俗的制订者事实上是弱者即大多数人。他们制定法律以及赞扬法律和谴责法律都是为了他们自己和自己的利益。为了吓唬更强有力的人和夺取他们的利益，弱者才不断地宣称……不公平在于寻求牟取邻人的利益。我想他们很满意与其他人处于同等的条件下，因为他们本身就是等级较低的人"(Plato，1952：51)。

通过将同一标准平等地应用于所有人来实施的。但是在这种情境中，很清楚的一点是，如果是在孤立的情况下，体系的表面上的公平掩盖了体系的另一种形式的不公平。

对形式偏见的批判需要重新定义与评判问题中的行为或制度有关的考虑事项的范围。不是赞同歧视行为的特定的事实主张要受到质疑，而是定义这些事实的**范围**要受到质疑。在这些情况中，认知范围的扩大包含了从任意孤立的要素向更大体系的过渡，在这种更大的体系中，这些孤立的要素具有了一种功能的意义。因此，为了表明在一种技术选择或有文化偏见的测试这样的例子中的歧视，就需要表明歧视的结果不是意外的，而是能再生出一种统治的关系。

传统的中立性观点通过将技术从所有的情境因素中抽象出来，从而将技术具体化。这种方法具有相对的说服力，因为就像在形式偏见的其他例子中一样，有偏见的系统是逐步从去除了情境的要素中建立起来的，这些去除了情境的要素在它们的抽象形式中实际上是中性的。装配线的齿轮和杠杆就像全景式监狱中的砖块和灰泥一样，都没有内在的价值含义。当实际的机器和体系是按照抽象的技术要素的模式来理解时，技术是中性的错觉就产生了，但实际上这些抽象的技术要素是在负载价值的组合中结合成一体的。批判理论通过恢复已经被遗忘的情境和发展一种对技术的历史性的具体理解，打破了这种错觉。

这种理解是批判性的，但与实体理论的片面谴责形成了鲜明对比。埃吕尔和海德格尔将实质的偏见归因于技术，并且差不多将技术作为一种物质化的形而上学来对待。他们的方法分不清技术的本质和形成技术的当代形式的霸权代码，否认了能够支持一种本质上完全不同的发展样式的从属的技术潜能的存在。

相同的缺点也经常归咎于马尔库塞。这可以解释为什么他的批判被人指责为是非理性主义的，并且可以解释为什么马尔库塞像哈贝马斯一样，匆忙地退回到陈旧的技术观中。但是片面的批判不会通过完全放弃批判来得到改进。这里所需要的是对"另一个"方面的理论说明，即那些技术进步的方面，这些方面将在重新建构技术基础的过程中涌现出来。我将在本书的第二和第三部分中讨论这个问题。

技术的定形

技术代码及其偏见的理论建立了现存技术的社会相对性。但是，如果技术的统治是一种可争议的霸权而不是一种存在的天命，有人就会期望技术的统治将与反抗和抵抗的特殊形式联系起来。知识或技术用于反对霸权意味着什么呢？这种使用与用于新的意图的中性工具的纯粹工具化有什么区别呢？

抵抗的现代观念最初是在政治领域中形成的，而不是在对技术主体及其手段的辩证法的反思中形成的。政治斗争屈从于工具主义的理论，我已经指出这种理论不适合研究技术。实体主义认识到工具论观点的失败，就用社会敌托邦的隐喻将社会比作一架巨大的机器。但是机械的比喻所描述的社会秩序，远比我们身在其中的社会秩序更加稳定和协调。一种令人满意的模式必须不仅反映塑造社会成员的社会权力,而且也要反映社会权力所引起的张力和抵抗。

为了寻找这样的模式,许多理论家选择将社会比作游戏,而不是将它比作机器。游戏在没有决定任何特定步骤的情况下定义了游戏者的活动范围。这一隐喻可以有效地用于技术,这样就可以像游戏一样建立一个被允许的和被禁止的"步骤"的框架。可以根据这些术语将技术代码重新构思为技术游戏的最一般的规则,然而这种规则使游戏偏向了占主导的参与者。[①]

游戏的隐喻就像它所描述的社会一样是不确定的。因此,迈克尔·布鲁威[②]认为"玩游戏对游戏产生了共识",但是他同时指出,"对游戏的参与能够破坏游戏再生的条件"(Buroway,1979:81,94)。布鲁威对"认同"[③]车间"游戏"的研究阐明了这种不明确性。他怀疑看来是为争取自由时间而**反对**体系的斗争是否实际上在系统**内部是**有效的。柯尼利厄斯·卡斯特里阿蒂斯[④]和马尔库塞代表了这两种立场。

> 但是认同真的像卡斯特里阿蒂斯所认为的那样激进吗?或者如马尔库塞所认为的那样,是一种再生产出工人对资本的'自愿奴役'的适应模式吗?这些在工作情境中产生和部分得到满足、并用于生产剩余价值的自由和需要是一种对'资本主义的原理'的挑战吗?认同代表了一种对人的自组织的潜能这种新事物的期望,还是完全包含在资本主义关系的再生产中?(Buroway,1979:73)

在本节的其余部分中,我将运用米歇尔·德·塞尔托和诺贝特·埃里亚斯[⑤]的观点来发展一种解释这些不明确地方的抵抗理论。我将把他们的洞见应用到颠

---

① 这种方法让我们想起了乔恩·埃尔斯特(Jon Elster,美国社会学家,主要著作有《解释技术的变化》《宪政与民主》等)所认为的游戏理论形式的马克思主义。他的"理性预期"的理论在认识到了活动主体在任何像游戏的体系的框架内的相对自由这一点上类似于这一节中所讨论的理论。甚至有选择权力的统治群体也是以规则为中心来组织人的活动的一个必然的结果。然而,埃尔斯特将社会游戏当作是争夺权力和收益的竞争。他将技术框架当作一个纯粹的背景,但是我认为情况远不止于此,技术框架实际上是文化模式斗争中的主要赌注。要了解埃尔斯特的观点和相关的评论,参见《马克思主义、机能主义和游戏理论:一种争论》(*Marxism,Functionalism,Game Theory:A Debate*),载《技术与社会》(*Theory and Society*),第11卷,第4期(1982年7月)。我在另一本书中已经讨论了技术与游戏之间的对比,参见Feenberg(1995:第9章)。

② 迈克尔·布鲁威(Michael Buroway),美国社会学家,主要著作有《制造共识》等。

③ 布鲁威把资本主义劳动过程比作一个游戏,而工人就是游戏的参与者。由于车间采用计件工资,工人出于自身利益的考虑,都想制造更多的产品。这就形成了一个游戏规则,新加入者必须要认同(making out)这一规则才能被接受。这样,布鲁威就用"认同"的隐喻为评价资本主义的生产活动和社会关系提供了一个框架。这种以利益为核心的劳资关系为马克思"对抗性"劳资关系提供了一个反例。详见布鲁威的《制造共识》(*Manufacturing Consent*)。

④ 柯尼利厄斯·卡斯特里阿蒂斯(Cornelius Castoriadis,1922—1997)法国哲学家,主要著作有《社会的想象中的制度》等。

⑤ 诺贝特·埃里亚斯(Norbert Elias,1897—1990)德国社会学家,主要著作有《文明的进程》等。

覆性实践的非工具主义的论述中。[①]

德·塞尔托的贡献属于法国结构主义衰落中的特定阶段。文化产物作为代码的对象，就像说话中调节举止的句法一样，遵循着代码中的规则。例如，刀子、叉子和勺子不仅仅是金属器具，而是根据每一种实际器具的使用方法，暗含了一整套就餐举止。衣服、汽车、技术设备都适用于类似的分析。

这种方法具有决定论的色彩，但是有些符号学家——例如罗兰·巴特[②]——提供了适用于文化的更宽松的阐述，他认为说话的实践可以修改句法（Barthes，1969：103-104）。德·塞尔托在试图发展一种文化变化的类似理论时受到了福柯的影响。这种情境中的游戏隐喻可以减少当时占主导的社会语言学模式中的决定论色彩。

按照德·塞尔托的看法，"战略"是制度化的控制，它们体现在像公司或政府机构这样的社会和技术体系中（de Certeau，1980：Ⅰ，85）。权力的技巧（technique）不是由精英们掌握的工具；相反，它们开启了一个空间、一种"内在性"（interiority），这些精英们就是由此作用于社会的。暗含在内部/外部这一对隐喻中的社会距离是垂直的：它创造了一个位于社会"之上"的位置，从这一位置上可以观察和控制社会。这一位置对应于我所说的霸权主体的操作自主性。经过一定的修正，这种解释可以推广到现代社会中任何以技术为中介的活动中。

缺少一个作用于外在性的基础的社会群体，从"策略上"（tactically）对它们所承受的战略做出回应，也就是说运用一些多少处于占主导的战略的控制之下的精确的、临时的、变换的行为，但是这些行为却巧妙地改变了这种战略的意义和方向。策略是被统治者对统治所做出的不可避免的回应，它们是在他者（the Other）的领域中展开的，是在霸权体系的"用法"（usage）中运作的（de Certeau，1980：Ⅰ，59-60）。

就像操作自主性是统治的结构基础一样，被统治者也赢得了一种不同类型的自主性，这种自主性与体系中的"游戏"共同发挥作用，以便重新定义和修改游戏的形式、节奏和目的。我称这种反作用的自主性为"机动的边缘"（margin of maneuver）。它可以用于以技术为中介的组织中的各种目的，这包括控制工作速度、保护同僚、未经许可的生产的即兴创造、非正式的理性化和革新等。边缘中的行为有时以在更高水平上重新构造统治的方式、有时以削弱统治的控制的方式可以再次合并到战略中。福柯的"被镇压的知识"能够在牵连策略的"空间"中被详细地阐述，这种空间就是由战略所开启的机动的边缘。德·塞尔托提供了一些实践

---

① 德·塞尔托和埃里亚斯没有涉及动机和特殊的变化目标的问题，我在这里也不会涉及。这些动机包括发挥工作的潜能和更广泛的社会参与。在本书的前两章中，我已经粗略地概述了他们的理论，在本书的最后两章中，我将在社会主义文化理论的情境中更详细地讨论他们的理论。这里的问题不是社会为什么将被改变，而是在趋向变化的意志出现时，社会是否和如何能够被改变的。

② 罗兰·巴特（Roland Barthes，1915—1980）法国哲学家，主要著作有《符号学原理》等。

方面的例子，例如工人利用他们车间中的材料和工具来生产自己使用的物品（la perruque），或者在殖民地的情形中，当地风俗对基督教的介入（de Certeau，1980：Ⅰ，68ff.，106-107）。

德·塞尔托用机器和游戏的隐喻为认识社会提供了新的形式。这两种隐喻实际上是社会活动中的两种视角。机器的隐喻从管理者的角度描述了一种平稳工作的体系。被统治者的想法体现在游戏中，特别是在改变规则的特定的反对霸权的"步骤"中。这样，两种隐喻合起来就包含了位于体系中不同位置的行为者的互补的视角。它们体现了与操作的自主性和机动的边缘有关的相互对立的自我理解。

德·塞尔托对战略和策略的区分提供了一种替代技术工具理论和实体理论的形式。他的战略历史揭露了现代组织的表面上中性的技术管理的偏见。他对策略作用的分析显示了敌托邦的合理化的内在局限。同时，他提出了一种理解抵抗的新方式，这种方式既不是将抵抗理解为个人的道德对抗，也不是将抵抗理解为仅仅是除了政治时运的偶然因素之外，不能与占主导的政治区别开来的另一种政治。道德和政治都是战略意志的功能。抵抗作为战略所承受的一种策略上的修正，完全属于另一种秩序，马克思试图用他早期的社会观念将这种秩序表示出来。

这种方法在社会理论中具有更广泛的情境：试图超越方法论上的个人主义与结构主义之间的两难困境。由皮埃尔·布尔迪厄[①]、诺贝特·埃里亚斯和其他一些社会理论家们用不同方式勾画的第三种立场认为，个人与社会作为独立的实体，是从一个更具体的统一体中抽象出来的。这种统一体是一种人类关系的结构化的过程。

诺贝特·埃里亚斯称这种过程为"定形"（figuration），这是一种组成社会的"半自主的"（semi-autonomous）个人之间的有秩序的"结合式样"（Elias，1978：6）。没有人存在于这种构架之外，除了作为人类相互依赖的体系，这些构架本身也是不可想象的。在我们的社会中，这些关系是不对称的，而是安置了少数几个领导者来"管理"其他人。

埃里亚斯用虚构的游戏来阐明这些对权力的争夺。在一个游戏中，游戏者 A 比他的对手 B 更能取得成功，因为 A 不仅比 B 有权力，"**此外**更能控制游戏本身。尽管他对游戏的控制并不是绝对的，但是他能决定游戏的进程（游戏过程），并由此也在很大程度上决定了游戏的结果"（Elias，1978：6）。对游戏的后一种控制很类似于我所说的"操作自主性"，这是一种选择步骤和设施（规则）的权力，这些步骤和设施控制着处于体系中的那些人的行为。

但是埃里亚斯也考虑到了被统治者能够利用他们的自由决定的边缘来巩固自身立场的情况。这样，游戏的结果就逐渐变得不可预料。它看起来不再像是一种

---

① 皮埃尔·布尔迪厄（Pierre Bourdieu，1930— ）法国社会学家，主要著作有《艺术的法则》《男性统治》《关于电视》等。

战略的结果，而是开始类似于普通的社会的相互作用。埃里亚斯构想了一种非常类似于现代社会的多层次的游戏，在这种游戏中，少数的游戏者比大量弱势的游戏者具有优势。他用下面的术语描绘了这种游戏中的权力转移：

> 只要权力的差别很大，处于上层的人就会觉得整个游戏、特别是下层的游戏者都是为自己的利益服务的。随着权力平衡的转移，这种状况随之改变。所有的游戏者逐渐觉得上层的游戏者是为下层游戏者的利益服务的。上层的游戏者逐渐变成某个下层群体的更加公开和明确的职员、代言人或代表。(Elias，1978：90)。

埃里亚斯的模式对于技术政治学具有很有意思的应用。在他的多层次游戏的规则被技术所嵌入的地方，这些规则就建立了一个带有偏见的体系，在这种体系中，占主导的游戏者能够指定下属游戏者的步骤。随着下属的游戏者实施了占主导的游戏者的战略，他们的主动性就趋向于被消除，这就显得"体系"是凭借自身的条件、而不是作为人类关系的式样而有效的了。更强有力的游戏者将游戏当作是自己的战略的实施，而这一战略是与一种特殊的技术的基本原则相符合的，这样一来，弱势游戏者的下属地位就显得成了一种客观的技术必然性。

然而，技术中介具有不可预测的结果。技术的战略创造了一个活动的框架、一个游戏的领域，但技术的战略并不能决定每一个步骤。就像所有的计划或规则一样，技术战略与具体活动的实际细节相比是很粗略的。另外，技术体系不仅仅是一种少数管理者头脑中的计划；它是一种具有自身属性和自身逻辑的真实事物。就这种逻辑还没有被完全地预见到和掌握——它也不可能被预见到和掌握——而言，计划的秩序是有缺陷和不完善的。"弱势游戏者"的生活或工作是由管理所选择的技术中介所构造的，他们经常被要求在这种不可预料的结果范围内工作。[①]这样所导致的结果就是，策略上的回应不是从外部("生活"、本能等)引入到以技术为中介的游戏中，而是游戏自身内在地产生的一种**在社会上必不可少的自由的形式**。

现在，对技术活动的控制的斗争可以被重新构思为被统治者的机动边缘中的策略回应。正因为一种自由决定的衡量标准是与任何计划的实施有关的，所以被统治者对他们在系统中的立场的使用天生就难以预测和控制。这种使用没有预先确定的革命或综合的暗示，但是就像所有对战略的策略上的回应一样，这种使用在本质上是不确定的。资本主义技术代码的这些"应用"对于资本主义技术代码的实

① 最近的许多研究为理解规则和计划的实施的关系做出了贡献，这有力地支持了这种技术活动的观点。例如露西·苏赫曼(Lucy Suchman，美国社会学家、人类学家，主要著作有《计划和处境中的行为》等)关于计算机界面设计的理论，她的这一理论强调行为过程中的行为者将体现在设施中的暗含的行为计划工具化和修改的复杂方式。机器与其说是控制着使用者，不如说是以相对不能预测的方式将使用者动员起来。在现代工业社会中，计划是由精英制定的，目的是为了通过从属于精英的人的行为再生出精英的权力，但是苏赫曼和她的原始资料都没有为现代工业社会提供范式的例子。参见Suchman(1987：185ff.)。

施和新社会的产生都是必要的。这些“应用”的相互矛盾的潜能多少被管理所包含,这要取决于管理的操作自主性的大小。一种强有力的管理可以取消策略机动的潜在的、颠覆性的和长期的影响。如果管理被迫长期与下属妥协,下属就可以通过反复的策略回应来转化技术的过程,这就会逐渐削弱管理的控制和改变管理的战略路线。这就解释了为什么在技术政治学中,为获得同一性而做出的斗争中没有任何明确的“一方”,而这些斗争在所有政党自身的相互矛盾的潜能之间耗尽了这些政党的力量。

工人的控制只是将这一过程推到了极限。这不是一种新的国家权力,而是一种策略主动性成熟的消极条件,特别是对于社会主义来说是一种“组织活动”(organizing activity)。技术传统的两重性的应用完全依赖于保持和扩大机动的边缘,这种机动的边缘是用来改变在劳动分工和技术中形成了代码的战略的。

总之,现代技术开启了一个行为可以在社会体系中被职能化的空间,不管这种社会体系是资本主义的还是社会主义的。这是一个两重性的或“多元稳定”(multistable)的体系,这一体系可以围绕着它所“偏向”的至少两种霸权(即权力的两极)为中心来组织(Ihde,1990: 144)。从这种观点来看,“资本主义”和“社会主义”的概念不再是相互排斥的“生产方式”,它们也不具有像监狱一样的社会和反叛的个人之间的两元冲突中所包含的道德含义。相反,它们是两种理想的类型,分别处于发达社会的技术代码中的变化的连续统一体的两极。因此,它们就在对各种技术问题的斗争中不断处于争论中,这些问题包括在工作、教育、医疗、生态学以及我在以下两章将要讨论的像计算机这样的新技术的发展中。这一立场提供了一种理解为了实现激进变化而做的持续斗争的方式,这种激进变化所发生的世界不再相信一种新的文明能够由普通的政治行为所创立,或者这种新文明会在地域上局限于某个国家或偏远地区。

温纳

作者简介

兰登·温纳(Langdon Winner,1944—　),1973年毕业于加州大学伯克利分校,获得博士学位,先后在莱顿大学、麻省理工、加州大学洛杉矶分校、加州大学圣克鲁北分校担任助理教授。1985年之后,他在位于纽约的任塞拉尔理工学院(Rensselaer Polytechnic Institute)工作。1990年以来,任塞拉尔理工学院科技元勘系政治科学教授。他是著名的技术政治学家,主要著作有《自主的技术:失控的技术作为一个政治思想的主题》(*Autonomous Technology: Technics-out-of-Control as a Theme in Political Thought*,1977),《鲸与反应堆:关于高技术时代之限度的研究》(*The Whale and the Reactor: A Search for Limits in an Age of High Technology*,1986)。他担任过美国哲学与技术学会的第五任主席。

文献出处

本文译自 Langdon Winner,"Do artifacts have politics?",*Dadalus*, *Journal of the American Academy of Arts and Sciences*,109(1)(Winter 1980),刘国琪译。

人造物有政治吗?

在有关技术与社会的诸多争论中,没有什么比“技术物也带有政治性”这一观点引起更多的哗然。引发争议的是这样一种主张,即认为可以对机器、建筑等许多现代物质文化系统做出精确的评价,这不仅是按照其对效率和生产力的贡献,以及对环境造成的正面和负面影响,而且还应根据它们体现特定形式的权力和权威的方式。诸如此类的观点在有关技术的意义的讨论中时有所闻,值得予以特别的关注。

各种技术系统与现代政治深入地交织在一起,这一点已经不足为奇。工业产品、战争、通讯等等这类东西已经从根本上改变了权力运作和公民体验。但是,如果超出这显而易见的事实,而进一步主张技术自身就带有政治性,这乍看来是完全错误的。我们都知道,人有政治性,而事物没有。试图从钢筋、塑胶、晶体管、集成电路、化学药剂等此类东西中发现善或恶这一做法显得大谬不然,它像是一种迷惑人的诡计,以掩饰人作为自由与压迫、正义与非正义的真正来源这一点。当需要判断公众生活的状况时,将责任归咎于器物比归咎于受害者更加愚蠢。

因此,对于那些轻率地主张技术物带有政治特性的人,通常给予他们的严厉规劝是:重要的不是技术本身,而是技术根植于其中的社会或经济体制!这个原则有各种表述形式,是所谓的技术的社会决定论的核心前提,它显然是在理的。这对那些不加批判地强调诸如“电脑及其社会影响”这类东西,但又没能看到在技术设施背后它们发展、部署以及使用的社会环境的人来说,可以起到必要的矫正作用。这个观点给那些幼稚的技术决定论者提供了一剂解毒药,因为技术决定论者认为,技术发展不经由任何其他中介因素的影响,只是某一内部动力机制的唯一结果;技术将社会塑造成适合它自身模式的样子。那些还没有认识到技术被社会和经济力量所塑造的人来说,尚未能深刻理解这一点。

但是矫正药有其自身的缺陷;它主张技术物并不重要。一旦谁做了对于揭示社会起源——某一特定技术变革过程中的权力持有者——来说必要的探测性工作,他就解释了所有重要的东西。这个结论对于社会科学领域的学者来说是令人欣慰的,它证实了他们一直心存疑虑的东西,也就是说,对技术现象的研究并没有什么特别之处。因此,他们能够回到社会权力的标准模式——例如,利益群体政治、官僚政治、马克思主义模式的阶级斗争等等,而且拥有他们需要的所有东西。照此看来,技术的社会决定论与诸如福利政策或税收的社会决定论并没有本质性的区别。

然而,也有充分的理由相信,技术本身的确具有重要的政治意义,这些理由也就是为什么社会科学的标准模式在说明有关技术这个主题最有趣和最麻烦的东西时走不太远的原因。许多现代社会思想与现代政治思想一再地声称有一种可以叫做技术政治学的理论：它是一种奇怪的多种观念的混杂物，常常涵盖了正统自由主义、保守主义以及社会主义哲学。[①]这门技术政治理论关注的是大规模社会技术体系的动力要素、现代社会对某些技术原则的回应，以及为了适应技术手段人类目的被强力扭转的方式。这种视角为一些在现代物质文化的增长中形成的更加奇特的模式，提供了解释和说明的新框架。它的出发点就是严肃地对待人造物品。与直接将所有事物都还原为社会力量的相互作用的主张不同，技术政治理论认为，我们应当将注意力放在技术对象的特征以及这些特征的意义上来。这种进路将某些技术本身就视为政治现象，这是对技术的社会决定论的一个必要的补充，而非取代。借用胡塞尔的哲学训喻，它要让我们回到事物本身。

接下来我将勾画并阐明人造物品带有政治属性的两种方式。首先是这样一些实例，其中，发明、设计或特殊装置和系统的配置成了一种在特定社群中解决事务问题的方式。从恰当的角度来看，这一类的例子是相当简单和容易理解的。其次是一些被叫做"有着政治本性的技术"的例子，它们是一些似乎要求以特定种类的政治关系为前提，或者与之高度兼容的人造系统。有关这些例子的论述要棘手得多，但也更加接近问题的核心。所谓"政治"，我的意思是指权力和权威在公共关系中的分配以及此种分配之下的人类活动。就我目前的意图来说，"技术"这个术语应当被理解为意指所有现代实践技艺。但为了避免混淆，我更倾向于使用"技术"这个词的复数，用来指特定种类的器物的或小或大的块件，或它们的系统。[②]我并非打算在这里一蹴而就地解决所有问题，而只是要指出它们的大体维度和意义。

技术配备与社会秩序

每个在美国高速公路上行驶过并且习惯于天桥的通常高度的人都可能会对纽约长岛的公园大道上的天桥感到有点奇怪。许多过路天桥格外的低，桥洞高度只有 9 英尺。可能连那些偶然注意到这种奇特结构的人也不会觉得它们有什么特殊含义，更何况我们对此类事物已经习以为常。我们觉得这些形式的细节无伤大雅，很少会特意去认真思考。

然而，实际情况是，长岛这 200 来座天桥如此之低是有其特殊原因的。它们是被某个试图获得某种特定社会效果的人有意设计和建造的。罗伯特·摩西(Robert Moses)，这位 20 世纪 20—70 年代纽约的公路、公园、桥梁和其他公用设施的大建造商，为了阻止公共汽车上公园大道而将那些天桥建成那样。根据摩西

---

① Langdon Winner, *Autonomous Technology: Technics-Out-of-Control as a Theme in Political Thought*, Cambridge: MIT Press, 1977.

② 本文中"技术"(technology)一词的含义不包括出现在当代文献中的更宽泛的定义，例如雅克·埃吕尔的"技术"(technique)概念。我这里的目的是相当有限的。定义"技术"时产生的一些困难见《自主的技术》，第 8～12 页。

的传记作者罗伯特·卡洛(Robert A. Caro)提供的证据,这些理由反映了摩西的社会阶级偏见和种族歧视。像他们所称呼的,拥有小汽车的"上层"白人和"舒适的中产阶级",可以自由使用公园大道进行消遣和通勤。而通常使用公共交通的穷人和黑人却被挡在了公园大道之外,因为公共汽车有12英尺高,会碰撞到路上的天桥。这样的结果是限制了弱势种族和低收入群体进入琼斯海滩(Jones Beach),这是摩西建造的一个备受欢迎的公园。而摩西对欲将长岛铁路扩建到琼斯海滩的提案的否决,使得这样的结果双重地不可避免。

摩西的一生是近来美国政治史上一段传奇的故事。他在市长、州长和总统之间交际周旋,他对立法机构、银行、工会、新闻界以及公众舆论的谨慎操控等等,足以被政治学者研究好多年。但是,在他的事业中最具有重要和深远影响的是他的技术,是那些使得纽约呈现出当前模样的大量的工程项目。在摩西死后以及他所结成的联盟解散后的几代时间里,他所建的公用设施,尤其是他为了照顾小汽车(而非公共交通)而建造的道路和天桥将继续塑造着这个城市。许多他的钢筋水泥的标志性建筑体现了一种系统化的社会不公,一种设计人与人之间的关系的方式,这种关系不久也变成了城市景观的另一部分。如纽约的规划者李·柯波曼(Lee Koppleman)告知卡洛有关王塔公园大道(Wantagh Parkway)的低矮天桥的情况时所说的,"那龟儿子使得公共汽车永远不能开到这该死的路上来。"[①]

在有关建筑、城市规划以及公共建设的历史中,可以找到许多这样的在技术配置中多多少少蕴含政治意图的例子。有人可能想到豪斯曼男爵(Baron Haussmann)的宽阔的巴黎大道,它在路易·拿破仑(Louis Napoleons)的指导下设计建成,用以避免1848年革命期间那种街头战争的再次发生。现在人们还可以造访许多美国大学校园里的奇异的水泥建筑和巨大的露天广场,它们被建于20世纪60年代晚期和70年代早期,当时被用来平息学生示威游行。对工业机器和仪器设备的研究也发现了许多有趣的政治故事,其中有的打破了我们起先对于为什么会发生技术革新这个问题的一些通常的预想。我们可能以为新的技术都是为了获得更高的效率而被引进的,然而技术史的研究显示,事实并非如此。技术变革包含着一整套的人类动机,其中一个重要方面(并非是最小的方面)就是,某些人意欲支配另外一些人,即使这可能有时在成本上要做出点牺牲,并且违背试图由少获多的常规。

在19世纪的工业机械化的历史上就有一个特别突出的例子。19世纪80年代中叶,在芝加哥的赛若思·麦考密克(Cyrus McCormick)公司的收割机生产车间里,一种新的并且基本上未经试验的革新,气压铸模机器,被以每台50万美元的售价引进铸造厂。标准经济学解释可能会让我们觉得,这是为了使得车间更加现代

---

① 罗伯特·卡洛,《权力掮客——罗伯特·摩西与纽约的衰败》(*The Power Broker: Robert Moses and the Fall of New York*, New York: Random House, 1974),第318、481、514、546、951~958、952页。

化以及获得机械化带来的高效率的一种举措。但是历史学家罗伯特·欧占(Robert Ozanne)将这种发展放到更加广阔的语境中来考察。当时,麦考密克二世正致力于与全国钢铁铸工联盟(National Union of Iron Molders)的对战。他将新机器的添置视为"清除人渣"——指那些组织芝加哥地区铸工联盟的技术熟练的工人——的一种方式。[1] 新机器由那些技术不太熟练的劳工操作,生产出来的铸件质量实际上比原来的要差,而成本又更高。使用了三年之后,那些机器就被抛弃了,但到那时,它们已经充分发挥了它们的作用——解散联盟。因此,在麦考密克工厂中,有关其技术发展的故事不能脱离当时芝加哥的工人试图组织工人运动而警察试图镇压工人运动,以及有关干草市场暴乱事件的背景来理解。技术史和美国政治史在当时深入地交织在一起。

在摩西的低矮天桥和麦考密克的铸造机器的例子中,人们看到了技术配置的重要性,而这些技术物的配置要先于其使用。很明显,技术能够以加强权力、权威和一些人之于另一些人的特权的方式被使用,例如利用电视来宣传大选候选人。我们习惯上将技术被看作是中性的工具,可以被用得好或不好,为着善的或恶的或者居于两者之间的目的。但是我们通常不会停下来问一问,是否一项给定的装置可能被以这样一种方式所设计和建造出来,以至于产生了一系列逻辑上和时间上都要优先于任何它所声称的应用的后果。摩西的天桥毕竟还是被用来将汽车从一地运送到另一地;麦考密克的机器也还是被用来制造金属铸件;然而,两种技术都蕴含着远远超出它们实际使用的目的。如果我们用来评价技术的道德和政治语言仅仅包括关于工具和用处的范畴,如果它不包含对人造物品的设计和安排的意义的关注,那么我们将看不到许多在理智上和实践上都至关重要的东西。

因为从体现于物理形式的特定意图来看,问题最易于理解,所以我已经展示出来的是那些看上去最具阴谋性的东西。但是认识到技术形式的政治维度并不要求我们找到有意的阴谋或恶意的企图。20世纪70年代美国有组织的残疾人运动指出,各种机器、工具和公用设施——公共汽车、建筑物、人行道、各种通道等等——使得许多残疾人无法方便行动,这是一种将他们有系统地排除于公共生活之外的状况。可以很有把握地说,未考虑到残疾人的设计更多的是由于长期的忽视而非主动的意图。但是一旦这个问题进入公众的注意力,公平观念就明显需要被修正。现在,所有类型的人造物都已经被重新设计和建造以照顾到这些少数群体。

的确,很多最重要的具有政治后果的技术的例子超出了"有意"和"无意"这样的简单分类。许多例子表明,技术发展的过程可能全然地偏向某一方向,其结果对某些社会利益群体而言,可能是突出的进展,而对另一些利益群体而言,却意味着明显的退步。在这样的情况下,说"有些人试图加害于别人"的说法既不正确又不

---

① 罗伯特·欧占,《麦考密克公司和国际收割机公司的劳工管理》(*A Century of Labor-Management Relations at McCormick and International Harvester*, Madison: University of Wisconsin Press, 1967),第20页。

恰当。倒不如说，技术的台子已经事先搭好，它偏向于某些社会利益，使得一部分人注定会比另外一些人获得更多的好处。

番茄收割机提供了一个很好的例证，它是由加州大学的研究人员在20世纪40年代末期研制出的一种卓越的机器。它能够成排地收获番茄，它将植物苗从地里割下，然后摇落番茄，再通过电子仪器（最新的机型才有）将番茄分装到可载25吨、最后将被运送到罐头厂的塑料大箱里。为了适应这些收割机在种植地里的粗暴动作，农业专家们培育出许多新的更加坚硬结实、但口味不如以前的番茄新品种。收割机取代了以前的采摘方式，而过去，农场的工作队需要在地里来回走三到四趟，摘下成熟的番茄，放进拖曳的果箱里，尚未成熟的被留着以便下次再采。[①]加州的研究表明，相比于手工采摘，机器的使用使得成本降低了5～7美元/吨。[②]然而这些好处绝不会在农业经济中被平均分配。实际上，种植园的机器成了彻底重塑加州农村地区番茄生产所涉及的社会关系的一个契机。

由于体形庞大，且每台售价超过5万美元，这些机器仅仅适合于高度集中化的番茄种植模式。随着这种新型收割方式的引进，番茄种植者从60年代的4 000人左右降到了1973年的大约600人，然而番茄总产量的吨数却有了显著的增长。到70年代末为止，番茄产业中估计减少了大约32 000个工作机会，这是机械化带来的直接后果。[③]因此，生产力的跃升给大的种植业主带来好处的同时，许多农村的农业社区却成了牺牲品。

加州大学有关农业机器（例如番茄收割机）的研究最终竟成了加州农村法律援助会（California Rural Legal Assistance）的律师提出的诉讼主题，这个法律援助会是一个代表农场工人和相关利益团体的组织。原告方提出，大学将纳税人的钱用在了使得少数私家获利而损害农场工人、小农场、消费者以及广大加州农村的研究项目上，他们要求法庭出面阻止这项研究。而加州大学否认这些指控，并认为如果接受这些指控，意味着“必须废除所有具有潜在的实际应用的研究”。[④]

据我所知，没有人会认为番茄收割机的发展是某些人密谋的结果。争论中的两名学生，威廉·弗里德曼（William Friedland）和埃米·巴顿（Amy Barton）明确

---

① 早期番茄收割机的历史在韦恩·拉丝姆森（Wayne D. Rasmussen）的文章“美国农业进展——以机械番茄收割机为例”（Advances in American Agriculture: The Mechanical Tomato Harvester as a Case Study; *Technology and Culture* 9: 531-543, 1968.）中有所论述。

② 见安德鲁·施密茨（Andrew Schmitz）和大卫·赛克勒（David Seckler）的文章“农业机械化与社会福利——番茄收割机的案例研究”（Mechanized Agriculture and Social Welfare: The Case of the Tomato Harvester, *American Journal of Agricultural Economics* 52: 569-577, 1970）。

③ 见威廉·弗里兰德和埃米·巴顿的“番茄技术”（Tomato Technology, *Society* 13: 6, September/October 1976.）也可见威廉·弗里兰德的“社会梦游人——加州农业科学与技术研究”（*Social Sleepwalkers: Scientific and Technological Research in California Agriculture*, University of California, Davis, Department of Applied Behavioral Sciences, Research Monograph No. 13, 1974.）

④ 《加州大学新闻简报》(*University of California Clip Sheet*, 54: 36, May 1, 1979)。

温纳

地证明了该收割机和硬番茄的始作俑者并没有任何推动这个产业[1]中的经济集中化的意图。相反,我们这里所看到的是一种发生着的社会过程,其中科学知识、技术发明和集团利益以一种根深蒂固的模式互相强化,这种模式带有着毋庸置疑的政治和经济权力的烙印。几十年以来,美国政府赠予土地的学院和大学所开展的农业研究,已经倾向于迎合大型农业综合企业的利益。[2]正是在面对这样一种微妙而根深蒂固的模式时,那些反对诸如番茄收割机这类技术革新的人被使得看上去像是“反技术”或者“反进步”的。收割机不仅仅是社会秩序的标志,它馈赏一些人的同时也惩罚了一些人;而事实上,它也就是那种秩序的具体体现。

在一个技术变革的既定范畴中,大致有两种类型的选择可以影响社群中权力、权威和特权的相对分配。通常,关键性的抉择就是简单的“是否”选择——如,我们要不要发展和接受这些事物(如某项技术)?近些年来,许多地区的、全国性的,乃至国际性的有关技术的争论,都把焦点放在诸如食品添加剂、杀虫剂、公路建设、核反应堆、水坝计划以及高科技武器等问题的“是否”判断上来。有关反弹道导弹或超音速运输的基本选择就是,是否要将它们作为一种社会运作的部件引入到社会中来。支持和反对的理由就像一项重要的新法案能否通过一样重要。

第二种类型的选择在很多情况下同样是至关重要的,它是在进一步发展一个技术系统的决定已经做出之后,与该系统的设计和配置的特征有关。即使在一家事业单位获准建造巨大的电网之后,仍然会有一些关于其线路布局和高塔设计的重大争论;即使在一家企业已经决定构建一套计算机系统之后,就其配件、程序、存取模式以及该系统将包含的其他特征也仍然会引发争议。一旦机械番茄收割机获得了它的基本形式,一种具有重大社会意义的设计上的革新——例如,增加电子分装仪——就改变了机器对加州农业的财富与权力平衡产生影响的特征。现今有关技术与政治最有趣的一些研究集中于尝试着以一种细致和具体的方式来揭示,公共运输系统、水利工程、工业机器以及其他技术中貌似无关痛痒的设计特征,是如何在实际上掩饰了具有深刻意义的社会选择。历史学家大卫·诺贝尔(David Noble)研究过两种自动化机器工具系统,它们对于经营管理的权力关系和可能雇佣的劳工方面,各有不同的含义。他指出,虽然录音/重放装置与数值控制系统的电子和机械配件都是相似的,但是选择其中一款设计而放弃另一款,对于车间中的社会斗争往往有着至关重要的后果。单从成本、效率或者设备现代化的角度来看的话,就会忽略这些问题当中的一个决定性的因素。[3]

从这些例子中,我们现在要概括出一些一般性的结论。这些结论是与我们此

---

① “番茄技术”。

② 被赠予土地的大学进行农业研究的历史和批判性分析见詹姆斯·海陶玮(James Hightower)的《硬番茄,苦日子》(*Hard Tomatoes, Hard Times*, Cambridge: Schenkman, 1978)。

③ 大卫·诺贝尔,《生产的力量——机器工具自动化的社会史》(*Forces of Production: A Social History of Machine Tool Automation*, New York: Alfred A. Knopf, 1984)。

前提出的对技术作为“生活形式”的说明相一致的，并将给那种观点添加上明确的政治维度。

我们叫做“技术”的东西也是建立世界秩序的方式。许多日常生活中重要的技术装置和系统，包含着多种规范人类活动方式的可能性。社会有意识或者无意识地、蓄意地或者非蓄意地因为那些技术而选择了一种结构，它们在很长一段时间内影响人们如何上班、通信、旅行、消费等等。在选择结构的决策过程中，不同的人被置于不同的位置，具有不同水平的权力，以及不同程度的体认。显然，最大限度的选择自由存在于特定的工具、系统或技术第一次被引进的时候。因为选择倾向于被牢牢固定于物质设备、经济投资以及社会习惯之上，一旦最初的承诺被做出，原本具有的弹性就因为所有的实际目的而消失了。在这种意义上，技术革新类似于法案或者政治纲领，它们为公共秩序建立框架，其影响通常会持续好几代人。正是由于这个原因，我们需要对诸如建设高速公路、建立电视网络，以及给新机器附加貌似无关紧要的特征这一类事物给予如同我们给予政治的规则、角色和关系同样多的关注。社会中人的划分和联合的问题不仅仅是在制度和政治实践中被确定的，而且也是在钢筋和水泥、电路和半导体、螺母和螺钉的实际配置中被确定的，尽管不那么明显。

具有政治本性的技术

至此为止，尚没有任何论述和例证考虑过这样一个在有关技术与社会的文献中被提出来的更强和更加麻烦的观点——相信某些技术以某种方式在本性上就是政治性的。根据这种观点，一项给定技术系统的采用，不可避免地会造成一种具有特定政治模式的公共关系。这也就是刘易斯·芒福德(Lewis Mumford)所做的论断中隐含的含义：他认为西方历史上并行存在着两种技术传统，一个是独裁的，一个是民主的。在前述所引用的例子中，技术的设计和配置相对来说是弹性的，并且产生的影响也各不相同。虽然人们能够认识到一定的基本条件下会产生特定的结果，但人们也可以很容易地想象，大致相似的装置或系统的被建造或配置也可能产生极为迥异的政治后果。我们现在必须考察和评价的一种观点是，某些种类的技术并不允许这种可塑性，选择它们就是不可更改地选择了某种特定形式的政治生活。

在弗里德里希·恩格斯(Friedrich Engels)写于1872年的短文“论权威”(On Authority)中，有对这一论点的一个强有力的表述。在回应那些认为权威是一种恶而必须被完全废除的无政府主义者时，恩格斯却对权威主义致以褒词，他主张，强大的权威是现代工业的一个必要条件。他以一个极端的例子来推进他的论述。他让读者想象革命已经发生的情形。“如果社会革命废黜了那些行使权威而控制财富生产和流通的资本家，如果完全采用反权威主义的观点，土地和劳动工具就都成为使用它们的工人的集体财富，这样权威就消失了吗，还是说权威只不过变换了一种形式?"①

他的结论是从当时的三个社会技术系统——棉纱纺织、铁路和海上航船——中得到启发的。他观察到,在最终变成丝线的整个过程中,棉花要经过工厂中许多不同位置的不同操作。工人们执行各种各样的任务,从运行蒸汽机到将产品从一个车间挪到另一个车间。由于这些任务必须协作配合,且工作时间是"被蒸汽的权威所钳制",工人们必须学会接受一种严苛的规训。按恩格斯的说法,他们必须在固定的时间工作,且必须同意将他们的个人意志服从于操控工厂的那些人。假如不这样做,生产就会中断,而他们也同样会遭受可怕的风险。恩格斯毫不留情地做出了批评,他写道:"大工厂的自动化机器远比那些雇佣工人的小资本家要暴虐得多。"②

类似的启发也来自于恩格斯对铁路和海上航船的必要运作条件的分析。这两者都要求工人服从负责使事情按计划进行的那个"绝对权威"。恩格斯发现,权威与从属的关系并非是资本主义社会组织的特性,"它独立于一切社会组织而产生,而且它连同我们于其中生产和流通产品的物质条件一起被强加于我们。"此外,他以此作为给予那些无政府主义者的严肃忠告。在恩格斯看来,那些无政府主义者认为简单地一举根除上下级关系是可能的。诸如此类的想法是愚蠢的。他认为,权威主义不可避免,其根源深深地植根于人类对科学和技术的涉足。"如果人类通过他的知识和发明的才能,驯服了自然界的力量,大自然也将报复人类,在人类利用它的同时也使人类从属于它,那是一种名副其实的专制统治,独立于所有社会组织。"③

试图证明强大的权威可能是技术实践的必要条件这一点有着古老的历史。《理想国》中一个关键性的主题就是,柏拉图借用技术(*techne*)的权威,类比地将之用于支持他所主张的城邦权威的论证。如同恩格斯一样,他所选用的诸多例子中有一个就是海上航船。因为大型的海船自然需要用强有力的手来掌控,所以水手们必须服从船长的命令;没有足够的理由可以让人相信船只可以被民主地驾驶。柏拉图进一步认为,管理一个国家就像做一只船的船长,或者像医生行医。有组织的技术活动对核心规则和果断行动的要求,在政治统治上也同样需要。

在恩格斯的以及与之类似的论述中,对权威的辩护已经无需通过柏拉图的经典类比来获得,而是直接诉诸技术本身。如果基本的情形如恩格斯所相信的那样引人注目,人们可以预想,随着社会不断采用愈加复杂的技术体系作为它的物质基础,权威主义的生活方式的前景将被大大强化。由处于严格的社会等级的上层的知识人来进行集中控制,显得越来越可取。在这个方面,他在《论权威》中采取的观

---

① 恩格斯,"论权威"(On Authority),载于《马恩读本》(*The Marx-Engels Reader*, ed. 2, Robert Tucher (ed.), New York: W. W. Norton, 1978),第 731 页。

② 同上。

③ 同上,第 732、731 页。

点似乎与马克思在《资本论》第一卷中的立场不一致。马克思试图表明，不断增长的机械化将使得等级性的分工以及他认为在现代制造业早期是必要的从属关系，逐渐变得过时。他写道："经由技术手段，现代工业将人们由于生计而不能不被束缚于一种单一操作的劳动分工一扫而空。与此同时，该种工业的资本主义形式又以一种更加奇异的方式复制了那种分工；这是在工厂这个特定场所中，工人被转变为机器的活的附属物而造成的。"[①]在马克思看来，将最终解决资本主义分工和推动无产阶级革命的条件潜藏在工业技术自身之中。马克思在《资本论》中的立场与恩格斯在他的文章中的立场之间的不同给社会主义提出了一个重要的问题：在政治生活中，现代技术究竟使什么东西变得可能或必要了？我们这里看到的理论张力反映出许多自由与权威的实践中的困难，这些困难扰乱了社会主义革命的道路。

技术在某种意义上具有政治本性的观点已经在很多种场合中被人提出来，多得难以在这里一下子概括出来。然而，我们的解读揭示出，对于这类观点有两种表述方式。其中一种认为，对既定技术系统的采用必然要求获得和维持一套特定的社会条件作为该系统的运作环境。恩格斯就是持的这种立场。一个当代作者也提出了类似的观点，他认为，"如果接受核电厂，也就接受了技术—科学—工业—军事的精英分子。因为如果没有这些人的操作，就没法获得核电。"[②]在这种观念中，某些技术要求它们的社会环境具有一种特定的结构特征，就像一辆汽车的运动需要有轮子一样。除非满足了某些社会和物质条件，技术将不会作为一个有效的运作实体而存在。这里，"必需的"(required)的意思指的是实践上的而非逻辑上的必然性。因此，柏拉图认为海船对一个单一的船长和一帮无条件服从的船员的需求就是一种实践必然性。

第二种表述稍微弱一点，它主张，某种既定技术可能与一种特定的社会政治关系高度兼容，但后者对它来说并非是必需的。许多太阳能的提倡者认为，此种技术比基于煤、石油和核能的能源体系更加适合于一种民主和平等主义的社会；然而，他们并不主张任何有关太阳能的东西都要求民主。简而言之，这里的情况是，太阳能在技术和政治两种意义上都是分权的；技术上，分散而广泛地建造太阳能系统远比大规模集中式电厂更加可取；政治上，太阳能使得个人和地方社区可以有效地管理他们自己的事务，因为他们处理的系统，远比原来的巨型集中式电力系统更加易于接近、了解和控制。照此看来，太阳能是令人向往的，不仅是因为有经济和

---

① 卡尔·马克思，《资本论》第一卷(*Capitals* vol. 1, ed. 3, translated by Samuel Moore and Edward Aveling, New York: Modern Library)第530页。

② 杰里·曼德(Jerry Mander)，《废除电视的四个论证》(*Four Arguments for the Elimination of Television*, New York: William Morrow, 1978)，第44页。

环境方面的优点，也在于它将使得其他公共生活领域中的一种有益的制度成为可能。[①]

关于那个论点的两种表述，都可以做一个进一步的区分，即区分运行某个既定技术体系的内在条件和外在条件。恩格斯的论题涉及例如纺织工厂和铁路所要求的内在的社会关系；对他而言，这种内在关系对于总体的社会状况来说意味着什么是另外一个问题。相反，太阳能提倡者认为太阳能技术与民主制相容，这一点补充了社会的那些被从技术机构中移除出去了的方面。

这样，对于这个观点就有几种不同的追进方向。一定的社会条件是被某一既定技术系统所必然要求呢，还是与之高度兼容？这些条件是内在于这个技术系统，还是外在于它（或者两者皆是）？虽然讨论这些问题的许多著作所做的论断并不明确，但在这个一般范畴之下的论述成了现代政治对话中的一个重要部分。他们做了许多尝试来说明社会生活中的变革是如何紧随着技术革新而发生的。更重要的是，他们常常习惯于试图去辩护或者批评那些包含新技术的行动方针。这类论述通常提出明确的政治理由来支持或反对某一特定技术的采用，这与那些更常见和更容易被量化的有关技术系统可能带来的经济成本和利润、环境影响以及对公众健康和安全的危害的那些立场不同。这里所关注的问题不在于将带来多少工作机会，获得多少收入，增排多少污染物，或者造成多少癌症。相反，必须考虑的是，有关技术的选择对于公共关系的形式和性质产生重要后果的方式。

如果我们考察作为技术系统的环境特征的社会模式，我们将发现某些装置和系统与权力和权威的特定组织方式有着稳固的联系。重要的问题是：此种事态是源自一种不可避免的、针对事物自身内部难以驾驭的性质的社会回应，还是说，它是被一个支配主体、统治阶级或者某些其他社会或文化组织为了推进其意图而强加上来的一种模式？

举一个最明显的例子：原子弹是一种具有政治本性的人造物。只要它存在，其致命的特性就要求它被一种集中的、严密的指令系统所控制，避免任何意外操作的可能。原子弹的内在社会系统必须是权威主义的，别无他途。这里的事态就是一种实践必然性，它独立于任何原子弹植根于其中的更大的政治体系，也不受政权的类型和统治者性格的影响。当然，民主国家必须确保核武器的管理方式不会产生“连带效果”或者“溢露”到整个政治格局里来，而破坏其民主的社会结构和思想状况。

---

① 见例如，罗伯特·阿九（Robert Argue），芭芭拉·依曼努尔（Barbara Emanuel）和史蒂芬·格拉姆（Stephen Graham）的《太阳建造者——加拿大太阳能、风能和生物能的大众指南》（*The Sun Builders*：*A People's Guide to Solar*，*Wind and Wood Energy in Canada*，Toronto：Renewable Energy in Canada，1978）：“我们认为分权是可再生能源的一个隐含的观念；这意味着能源系统和社区的分散以及权力的分权。可再生能源不需要庞大的输送通道网络。我们的城市和乡镇虽然已经依赖于集中化的能源供给，但它们也许可以实现某种程度的自主，乃至控制和管理它们自己的能源需求。”

当然,原子弹是一个特例。极为严密的权威关系是必要的,其理由应当对任何人都很清楚。然而,如果我们要寻找其他的被广泛认为需要维持一种特殊模式的权力和权威的技术的话,现代技术史包含了大量这样的例子。

阿尔弗雷德·钱德勒(Alfred D. Chandler)在《看得见的手》这部研究现代商业企业的名著中,提供了引人注目的资料来为下面一个假说辩护:19、20世纪,许多生产、运输和通讯系统的建设和日复一日的运作要求发展出一种特定的社会模式——一种大规模集中化的、等级化的组织,由高度熟练的管理者来监管。钱德勒的论述的一个典型实例就是他对铁路扩建的分析。①

> 技术使得快速、全天候的运输作业成为可能;但是,安全、准时和可靠的货物和乘客运送,火车头、运输车厢、铁轨、路基、车站、火车调度车库以及其他设施不间断的保养和维修,都需要成立一个相当大的管理机构。这意味着,需要雇佣一大批管理者来监管遍及广大地理区域的职务行动;以及指派一些中上层的管理者来监督、评价和协调保证系统的日常运作的管理工作。

钱德勒贯穿全书所要指出的是,技术被应用于电力、化学品以及和一系列"要求"有这种形式的公共关系的工业产品的生产和分配过程的方式。"因此,为了铁路操作的需要,美国商业界应当首先建立一个管理梯队。"②

还能设想别的组织这些人和机器的方式吗?钱德勒指出,以前占主导地位的社会模式、小型传统家族企业在大多数情况下肯定不能应付这样的任务。虽然他没有做进一步的推断,但很清楚的是,他相信,(现实点说)要适应现代社会技术系统,除了以权力和权威的形式,很少有回旋的余地。许多现代技术——例如,输油管道和炼油厂——具有如此性质,以至于可能产生令人瞩目的大规模和高速发展的经济。如果这样的系统要能有效地、高效地、迅速并安全地运作,国内的社会组织就必须满足某些条件;现代技术促成的物质条件不能以别的方式被开发出来。钱德勒承认,如果比较不同国家的社会技术制度,就会看到"文化取向、价值标准、意识形态、政治体制和社会结构影响这些原则的方式。"③但是,《看得见的手》一书的论证重心和经验证据都表明,明显地偏离出这个基本模式是完全不可能的。

或许还有其他可以设想的权力和权威的分配方式,例如,那些分权的、民主的劳工自我管理模式也许可以被用于管理工厂、炼油厂、通信系统以及铁路,它也许可以干得与钱德勒所描述的机构一样好甚至更好。从瑞典的汽车装配团队、南斯拉夫工人自治工厂以及其他国家获得的证据,常常被用来证明上述的可能性。我们这里无法解决在这个问题上的争议,我只不过想要指出他们争论的焦点是什么。

---

① 阿尔弗雷德·钱德勒,《看得见的手——美国商界的管理革命》(*Jr., The Visible Hand: The Managerial Revolution in American Business*, Cambridge: Belknap, 1977),第244页。

② 同上。

③ 阿尔弗雷德·钱德勒:《看得见的手——美国商界的管理革命》(*Jr., The Visible Hand: The Managerial Revolution in American Business*, Cambridge: Belknap, 1977),第500页。

可用的证据倾向于表明，许多大型的、精密的技术系统实际上是与集中化、等级化的管理高度兼容的。然而，要讨论的有趣的问题是，是否这种管理模式对于这样的技术系统来说是绝对必需的，这不仅仅是一个经验问题。问题最终取决于我们如何判定哪些步骤（如果有的话）对于特定技术的运作是实践上必需的，以及这些步骤要求以公共关系中的什么东西（如果有的话）作为必要条件。当柏拉图说海上的航船需要被一双果敢的手来掌控，它需要单独的一位船长和一帮顺服的船员的时候，他是对的吗？当钱德勒说大规模的系统需要集中化、等级化的管理的时候，他是对的吗？

为了回答这些问题，我们需要细致地考察实践必然性的道德主张（包括那些为经济学理论所提倡的），以及对比其他观点的道德主张对之进行衡量。这里其他观点指的是，例如，认为士兵参与船上的指挥是合适的，或者工人有权参与工厂的管理决策。然而，基于大型的、复杂的技术系统的社会特征是，与实践必然性的理由不同，道德理由对它而言显得越来越过时、理性化和不切实际。一个人站在自由、公正、平等的立场做出的任何主张，在需要考虑到效果的时候，立刻就无效了："没错，很好，但这没法使铁路（或钢铁厂、航班、通信系统）运转起来。"这里，我们遇到现代政治对话中以及通常当人们思考哪些措施对于回应技术带来的可能性最为可取的时候出现的一个重要特征。许多情况下，说某些技术本性上就是政治性的，就等于说某些被广泛接受的实践必然性的理由——尤其是维持关键性的技术系统的平稳运作的需要——已经逐渐开始侵蚀其他类型的道德和政治主张。

有人试图将政治的自主性从实践必然性的束缚中释放出来，这样的做法蕴含着这样一种观念，即认为基于内部技术系统的运作的公共关系可以很容易地从政治整体中分离出来。长久以来，美国人已经满足于相信，工业企业、公用事业单位以及其他类似机构的权力和权威的分配，与公共领域的制度、实践和观念基本上没有任何关系。"民主止步于工厂的大门"被视为生活现实，与自由政治实践毫不相干。但是，技术内部的政治与整体社会的政治可以被轻易分离开来吗？最近一项对美国商界领袖（钱德勒《看得见的手》的当代范例）的研究发现，他们对像"一人一票"这样的民主做法毫无耐心。美国的经营者问道，如果民主对企业这些社会中最重要的机构的运作丝毫无益，那么怎么能指望用它来统治一个国家——尤其是当政府试图干涉公司所取得的成就的时候？这篇报告的作者观察到，在公司里面有效运作的权威模式对于企业家来说变成了"相比于社会其他部分的政治经济关系来说最为可取的模式"。[①]虽然这样的发现远非结论性的，但它们确实反映了一种越来越普遍的心态：像应付能源危机这样的两难问题所需要的并非是财富或者其他公共参与权的重新分配，而是一种更强硬的、集中化的公共和私人管理。

---

① 莱奥纳德·西尔克（Leonard Silk）和大卫·沃格尔（David Vogel），《伦理与利益——美国商界的信心危机》（*Ethics and Profits: The Crisis of Confidence in American Business*, New York: Simon and Schuster, 1976），第191页。

关于核能利用的风险的争论是一个特别生动的例子,其中,技术系统的操作条件可能影响到公共生活的品质。当核反应堆需要的铀供给已经消耗殆尽时,一个被提议的替代燃料是反应堆核心部分的副产物——钚。反对钚的循环利用的众所周知的看法是,这样做的经济成本太高,有污染环境的风险,以及有造成国际核武器扩散的危险。然而,除了这些考虑,还有一个不那么容易被认识到的弊端是,它可能会危及到公民的自由。钚作为燃料的广泛使用将使恐怖分子、有组织的犯罪以及其他人偷窃这种有毒物质的几率大大增加。这将导致的并非微不足道的情况是,必须采取额外的措施来确保钚不被偷窃,以及在失窃的情况下追回被盗的钚。核电厂的工人和外边的公民都有可能不得不遭受背景调查、暗中监视、窃听、被告密,甚至在戒严令下的紧急处置——所有这些都可能为了保护钚而成为正当理由。

拉塞尔·艾瑞斯(Russell W. Ayres)在就钚循环利用产生的法律后果的研究中总结道:“随着时间的推移与钚存量的增长,法庭和立法机构执行的传统审查方式将被废除,而发展出一个更能严格确保钚安全的强有力的中央权威。”他断言,“一旦一定量的钚被盗,将整个国家翻腾一遍来追回它将是够呛的。”艾瑞斯所预料和担心的就是关于我们前面讨论的具有政治本性的技术。尽管这样的说法仍然是对的,即在人类制造和维持人造系统的世界中,没有什么是在绝对的意义上“必需的”。然而,一旦一项行动已经开始执行,一旦诸如核电站这样的人造设施被建造和投入使用,让社会生活适应于技术条件的论证就将像春天的花朵一样自然而然地绽放开来。用艾瑞斯的话来说,“一旦钚循环开始,钚被盗的风险就成为事实而不再是假设,政府对受到保护的权利的侵犯就显得不可避免了。”[①]在某个时间点之后,那些不能接受硬性要求和命令的人就将被当作痴梦人和傻子被打发走。

* * *

以上我所概述的两种解释表明了人造物是如何带有政治性的。在第一种情形中,我们了解到,一项设备或系统的设计和配置的特征,可以为建立给定条件中的权力和权威的模式提供方便的工具。这类技术在其物质形式方面具有一定的灵活性。正因为它们是弹性的,所有它们对社会造成的后果必须与影响选择设计和配置方案的社会因素联系起来,才能够被恰当地理解。在第二种情况下,我们考察了某些难以控制的技术特性如何强有力地,甚至不可避免地与特定的权力和权威的制度化的模式联系在一起。这里,最初关于是否采用某项技术的选择对后果有决定性影响。一旦选定,就不会有其他替代性的可能造成显著不同后果的方案;而且,社会体制(资本主义或者社会主义)也无法真正对之施展有意义的、可能改变技术的那种不可驾驭性或者实质性地改变政治效果的干预。

在具体的情况下,上述哪种解释是可以应用的问题,常常是许多有关技术对生

① 拉塞尔·艾瑞斯,“钚管制——公民自由法余波”(Policing Plutonium: The Civil Liberties Fallout, *Harvard Civil Rights-Civil Liberties Law Review* 10(1975): 443,413-414,374)。

活的意义的争论(有些还相当激烈)的要点。我在这里已经论述了一种“双重”立场,因为对我来说,两种理解都可以应用到许多不同的情形中去。确实,一个特定的技术复合体——例如通信或运输系统——的某些方面对社会而言可能是弹性的,而别的方面却可能完全不可驾驭。这里,我所考察过的两种解释在许多方面是重叠和相互交叉的。

当然,在有的问题上尚存异议。例如,有些可再生能源的支持者可能相信他们已经最终发现了一套内在的就是民主的、平等主义以及共产主义的技术。然而,我对此最好的估计是,建立可再生能源系统的社会后果必定还是依赖于用以获得该种能源的硬件设施和社会制度的结构配置。我们完全有可能化神奇为腐朽。相比之下,进一步发展核能的鼓吹者似乎相信,核能技术更加具有弹性,并且可以通过更改设计参数和核废料处理系统来减少其可能带来的负面后果。出于已述的多种理由,我认为他们的这个信念是完全错误的。没错,我们或许能够应付一些核能技术给公共健康和安全带来的“风险”。但是,当社会已经被改造成适应于核能技术的更加危险和明显无法去除的特征的时候,人类自由的丧钟就为期不远了。

我相信,我们应当更多地关注技术对象本身,但这个信念并不意味着我们可以忽视这些对象所处的社会语境。如柏拉图和恩格斯所强调的,一艘海上的航船要求的是一位船长和一帮服从的船员。但是一艘停在港口的没有投入使用的船,需要的只是一位看守。要搞清楚哪些技术、哪种社会环境对于我们是重要的以及为什么如此,这必须同时理解特定的技术体系以及它们的历史,也要充分领悟政治理论的概念和争议的要点。在我们的时代,人们常常乐意制造生活方式的戏剧性变化来适应技术革新,而同时却抵制类似的政治上的变更。正是由于这样的原因,我们不满足于习惯而试图去对这些问题获得一个清晰的看法,就是相当重要的了。

第三编

哲学—现象学批判传统

杜威

作者简介

杜威(John Dewey,1859—1952),1859 年 10 月 20 日生于美国佛蒙特的伯林顿,1952 年 6 月 1 日于纽约去世。1879 年毕业于佛蒙特大学,1882 年进入霍布金斯大学攻读哲学,1884 年获哲学博士学位。同年受聘密歇根大学哲学和心理学讲师,1894 年任芝加哥大学哲学教授,1904 年之后一直任哥伦比亚大学哲学教授。杜威是美国实用主义的主要代表人物,在哲学、心理学、教育学、社会哲学、宗教和美术等领域成就卓著,影响极大。他的著作众多,主要有《我的教育信条》(*My Pedagogic Creed*,1897),《儿童与课程》(*The Child and the Curriculum*,1902),《我们如何思考》(*How We Think*,1910),《哲学中的重建》(*Reconstruction in Philosophy*,1919),《确定性的寻求》(*The Quest for Certainty*,1929),《经验与自然》(*Experience and Nature*,1929),《哲学与文明》(*Philosophy and Civilization*,1931),《艺术作为经验》(*Art as Experience*,1934),《经验与教育》(*Experience and Education*,1938),《自由与文化》(*Freedom and Culture*,1939)和《人的问题》(*Problems of Men*,1946)等。

文献出处

本文系《确定性的寻求:关于知行关系的研究》的第一章"逃避危险",译文选自约翰·杜威《确定性的寻求》,上海人民出版社 2004 年版,第 1～22 页,傅统先译。

逃避危险

人生活在危险的世界之中，便不得不寻求安全。人寻求安全有两种途径。一种途径是在开始时试图同他四周决定着他的命运的各种力量进行和解。这种和解的方式有祈祷、献祭、礼仪和巫祀等。不久，这些拙劣的方法大部分就被废替了。于是人们认为，奉献一颗忏悔的心灵较之奉献牛羊更能取悦于神旨；虔诚与忠实的内心态度较之外表仪礼更为适合于神意。人若不能征服命运，他就只能心甘情愿地和命运联合起来；人即使在极端悲苦中若能顺从于这些支配命运的力量，他就能避免失败，并可在毁灭中获得胜利。

另一种途径就是发明许多艺术，通过它们来利用自然的力量；人就从威胁着他的那些条件和力量本身中构成了一座堡垒。他建筑房屋、缝织衣裳、利用火烧，不使为害，并养成共同生活的复杂艺术。这就是通过行动改变世界的方法，而另一种则是在感情和观念上改变自我的方法。人们感觉到这种行动的方法使人倨傲不驯，甚至蔑视神力，认为这是危险的。这就说明了为什么人类很少利用他控制自然的方法来控制他自己。古人怀疑过艺术是上帝的恩赐还是对上帝特权的侵犯。而这两种见解都证明了艺术中含有某种非常的东西，这种东西或者是超人的或者是非自然的。一直很少有人预示过，人类可以借助于艺术来控制自然的力量与法则，以建立一个秩序、正义和美丽的王国，而且也很少有人注意到这样的人。

人们由于享受他们所具有的这些艺术而感到十分高兴，而且在近几世纪以来，人们在不断地专心一致来增加这些艺术。人们虽然在这方面努力，但同时他们却深深地不相信艺术是对付人生严重危险的一种方法。如果我们考虑到实践这个观念被人轻视的情况，那么我们就不会怀疑这句话是真实的了。哲学家们推崇过改变个人观念的方法，而宗教导师们则推崇改变内心感情的方法。这些改变的方法都由于它们本身的价值而为人们所赞扬过，偶然地也由于它们在行动上所产生的变化而受到过赞扬。而后者之所以受到尊崇，是因为它证明了思想和情操上的变化，而不是因为它是转变人生景况的方法。利用艺术产生实际客观变化的地位是低下的而与艺术相联系的活动也是卑贱的。人们由于轻视物质这个观念而连带地轻视艺术。人们认为"精神"这个观念具有光荣的性质，因而也认为人们改变内心的态度是光荣的。

这种轻视动作、行为和制作的态度曾为哲学家们所培养。但是哲学家们并不是诋毁行动的始创者，他们只是把这种态度加以公式化和合理化，从而把它持续了下来。他们夸耀他们自己的职能，无疑地远远把理论置于实践之上。但是在哲学家们的这种态度以外，还有许多的方面凑合起来，产生了同一结果。劳动从来就是繁重的、辛苦的，自古以来都受到诅咒的。劳动是人在需要的压迫之下被迫去做的，而理智活动则是和闲暇联系在一起的。由于实践活动是不愉快的，人们便尽量把劳动放在奴隶和农奴身上。社会鄙视这个阶级，因而也鄙视这个阶级所做的工作。而且认识与思维许久以来都是和非物质的与精神的原理联系着的，而艺术、在行动和造作中的一切实践活动则是和物质联系着的。因为劳动是凭借身体，使用器械工具而进行的而且是导向物质的事物的。在对于物质事物的思想和非物质的思想的比较之下，人们鄙视对物质事物的这种思想，转而成为对一切与实践相联系的事物的鄙视。

我们还可能这样继续不断地列论下去。如果我们通过一系列的民族和文化现象来追溯关于劳动和艺术的概念的自然历史，这会是有益的。但是以我们当前研究的目的而论，我们只需要提出这样一个问题：为什么会有这种惹人讨厌的区分呢？只要略加思考便能指出，用来解释此一问题的许多意见，本身还需要有所解释。凡由社会阶级和情绪反感所产生的观念都难以成为理由来说明一种信仰，虽然这些观念对于产生这一信仰不无关系。轻视物质和身体，夸耀非物质的东西，这是尚需加以解释的事情。特别是我们在自然科学中全心全意采用了实验方法以后，这种把思维与认知和与物理事物完全分隔的某种原理或力量联系起来的思想是经不起检验的。这一点我们在本书以后将尽力加以说明。

以上所提出的问题是有着深远后果的。截然划分理论与实践，是什么原因，有何意义？为什么实践和物质与身体一道会受到人们的鄙视？对于行为所表现的各种方式：工业、政治、美术有什么影响；对于理解为具有实际后果的外表活动而不仅是内在个人态度的道德有什么影响？把理智和行为分开，对于认识论已经发生了什么影响？特别是对于哲学的概念和发展已经发生了什么影响？有什么力量正在发挥作用来消灭这种划分呢？如果我们取消了这种分隔而把认知和行动彼此内在地联系起来，这将会有怎样的结果？对于传统的有关心灵、思维和认识的理论将会有怎样的修正并对哲学职能的观念将要求有怎样的变化？而对于涉及到人类活动的各个方面的各种学科又将会因此而发生怎样的变化呢？

这些问题构成了本书的主题并指出了所要讨论的问题的性质。在开头的这一章里我们将特别探讨把知识提升到作为与行动之上的一些历史背景。在这一方面的探讨将会揭示出来：人们把纯理智和理智活动提升到实际事务之上，这是跟他们寻求绝对不变的确定性根本联系着的。实践活动有一个内在而不能排除的显著特征，那就是与它俱在的不确定性。因而我们不得不说：行动，但须冒着危险行动。关于所作行动的判断和信仰都不能超过不确定的概率。然而，通过思维人们却似乎可以逃避不确定性的危险。

实践活动所涉及的乃是一些个别的和独特的情境，而这些情境永不确切重复，因而对它们也不可能完全加以确定。而且一切活动常是变化不定的。然而依照传统的主张，理智却可以抓住普遍的实有，而这种普遍的实有却是固定不变的。只要有实践活动的地方，结果就势必有我们人类参与其间。我们对于我们关于自己的思想有所疑惧、轻蔑和缺乏信心，因而对于我们参与其间的各种活动的思想也是如此。人之不能自信，使得他欲求解脱和超脱自我；而他以为在纯粹的知识中他能达到这个超越自我的境界。

有外表的行动，就有危险，这是毋庸详述的。谚语和格言说得好，“万事不由人安排”。事之成败决定于命运，而不决定于我们自己的意旨和动作。希望未能得到满足的悲哀、目的和理想惨遭失败的悲剧以及意外变故的灾害都是人世间所常见之事。我们考察各种情况、尽量作出最明智的抉择；我们采取着行动，除此而外，其余便只有信赖于命运、幸运或天意。道德家们教导我们去看行为的结果，然后告诉我们结果总是不确定的。不管我们怎样透彻地进行判断、计划和选择，也不管我们怎样谨慎地采取行动，这些都不是决定任何结果的唯一因素。外来无声无嗅的自然力量、不能预见的种种条件，都参与其间，起着决定的作用。结局越重要，这种自然力量和不可预见的条件对于随后发生的事情就越有着重大的作用。

所以人们就想望有这样一个境界，在这个境界里有一种不表现出来而且没有外在后果的活动。人们之所以喜爱认知甚于喜爱动作，“安全第一”起了巨大的作用。有些人喜欢纯粹的思维过程，有闲暇，有寻求他们爱好的倾向。当这些人在认知中获得幸福时，这种幸福是完全的，不致陷于外表动作所不能逃避的危险。人们认为思想是一种纯内心的活动，只是心灵所内具的；而且照传统古典的说法，“心灵”是完满自足的。外表动作可以外在地跟随着心灵的活动而进行着，但对心灵的完满而言，这种跟随的方式并不是心灵所固有的。既然理性活动本身就是完满的，它就不需要有外在的表现。失败和挫折是属于一个外在的、顽强的和低下的生存境界中的偶然事故。思想的外部后果产生于思想以外的世界，但这一点无损于思想与知识在它们的本性方面仍然是至上的和完满的。

因此，人类所借以可能达到实际安全的艺术便被轻视了。艺术所提供的安全是相对的、永不完全的、冒着陷入逆境的危险的。艺术的增加也许会被悲叹为新危险的根源。每一种艺术都需要有它自己的保护措施。在每一种艺术的操作中都产生了意外的新后果，有着使我们猝不及防的危险。确定性的寻求是寻求可靠的和平，是寻求一个没有危险，没有由动作所产生的恐惧阴影的对象。因为人们所不喜欢的不是不确定性的本身而是由于不确定性使我们有陷入恶果的危险。如果不确定性只影响着经验中的后果的细节，而这些后果又确能保证使人感到愉快，这种不确定性便不会刺痛人们。它会使人乐愿冒险，增添新奇。然而完全确定性的寻求只能在纯认知活动中才得以实现。这就是我们最悠久的哲学传统的意见。

我们在以后将会看到，这种传统思想散布在一切论文和科目之中，支配着当前各种关于心灵与知识的问题和结论的形式。然而如果我们突然从这种传统的主见中摆脱出来，我们会不会根据现有的经验采取这种传统的轻视实践、崇尚脱离行动的知识的观点，这是值得怀疑的。因为尽管新的生产和运输的艺术使人陷入新的危险，人们已经学会了怎样来对付危险的根源。他们甚至于主动去寻找这些危险的根源，厌倦那种过于安全的生活常规。例如，目前妇女地位正在发生变化的这种情况，就说明了人们对于以保护本身为目的的这种价值的态度也已经改变了。我们已经获得了一定的确信感，至少无意间是如此，感觉到我们正在可观的程度上有把握地控制着命运的主要条件。在我们生活的四周有着成千上万种的艺术保护着我们，而且我们已经设计了许多保险的办法，来减轻和分散有增无已的恶果。除了战争还会引起许多的恐惧以外，我想如果当代的西方人完全废弃一切关于知识与行动的旧信仰，他就会相当确信地认为他已经具有了在合理的程度内保障生命安全的权力，这个设想也许是稳妥的。

这种想法是臆度的。接受这种猜测并不是本论证所必需的事情。它的价值在于指出了过去安全感的需要之所以成为主要情绪的早期条件。上古的人并没有我们今天所享有的精密的保护的艺术和运用的艺术，而且当艺术的应用加强了他的力量时他对他自己的力量也还没有自信心。他生活在非常危险的条件之下，同时他又没有我们今天视为理所当然的防御工具。我们今天最简单的工具和器物古时大多数都还没有；当时人们没有精确的预见；人类在赤裸裸的状况之下面临着自然界的力量，而这种赤裸裸的状况又不只是物理的；除了在非常温和的条件以外，他总是为危险所困扰，无可幸免。结果，人把吉凶的经验当作是神秘的了；他不能把吉凶追溯到它们的自然原因；它们似乎是各种不能控制的力量所分派的恩赐和谴罚。生、老、病、死、战争、饥馑、瘟疫等旦夕祸患，以及猎狩无定、气候变易、季节变迁等等，都使人想象到不确定的情况。在任何显著的悲剧或胜利中所涉及的景象或对象，不管是怎样偶然得到的，都获得了一种独特的意义。人们把它当作是一种吉兆或一种凶兆。因此，人们珍爱某些事物，把它们当作是保持安全的手段，好像今天的良匠珍爱他的工具一样；人们也畏避另一些事物，因为它们具有危害的能力。

当人们还没有后来才发明的工具和技艺时，他就会像一个落水的人抓住一把稻草那样，在困难中抓住他在想象中认为救命根源的任何东西。现在的人关怀和注意着怎样获得运用器具和发明极奏成效的工具的技巧，而过去的人却关怀和注意于预兆、做一些不相干的预言、举行许多典礼仪式、使用具有魔力的对象来控制自然事物。原始宗教便是在这样气氛之下产生和滋长起来的。毋宁说，这种气氛在过去就是宗教的意向。

人们求助于那些会增进福利、防御暴力的手段，这是常有的事情。这种态度在生活遇到重重危难之时是最为显著的，但是在这些具有非常危险的危机事态和日常行动之间的界线却是十分模糊的。在有关通常的事物和日常的事务的活动中，常常为了采取安全措施起见，也进行一些仪礼活动。举凡制造兵器、陶铸器皿、编织草席、撒播种子、刈取收获等等还需要有一些不同于专门技术的动作。这些动作具有一种特别的庄严性，而且人们认为这是保证实际操作成功所必需的。

虽然我们难免要采取“超自然的”这个字眼，但是我们必须避免我们对这个词原有的意义。只要“自然的”没有明确的范围，那么所谓超越自然的东西就没有任何意义了。正如人类学者所提出的，“自然的”与“超自然的”的区别就是在通常与非常之间的区别；在平常进行着的事物与决定着事物正常进行的偶然事变之间的区别。而这两个境界没有彼此严格划分的分界线。在这两个境界相互交叉之处，有一个无人之境。非常的事物随时可以侵入通常事物的境内，不是破坏了通常的东西，就是把它缀饰以惊人的光环。当我们在危急的条件之下运用通常的事物时，其中便充满着有许多不可解释的吉凶的潜在力。

在这样的情况之下形成和发展了神圣和幸运这两个主要的概念，或称之为两个文化范畴。它们的反面是世俗和厄运。和我们对待“超自然的”这个观念一样，我们不要根据目前的用法来解释它们。凡具有非常的能力可以为利或可以为害者便是神圣的；神圣意味着必然要以一种仪式上疑惧对待它。凡神圣的东西，如地方、人物或礼仪用品等都具有一种凶恶的面孔，挂着“谨慎对待”的牌子。它发出了“不得触摸”的命令。在它的四周有许多的禁忌、一整套的禁令和训诫。它可以把它的潜力转移到其他事物上去。如能获得神圣的恩宠，你便走上了成功之路，而任何显著的成功都证明取得了某种庇护力量的恩宠。这一事实是历代政治家们都明白如何去加以利用的。由于它充满着权力、好恶无常，人们不仅要以疑惧之心对待神圣，而且要屈意顺服。于是便产生了斋戒、屈服、禁食和祈祷等等仪式，这都是博取神圣恩宠的条件。

神圣是福佑或幸运的负荷者。但是早就有了神圣和幸运这两个观念的差别，因为人们对待它们的意向不同。幸运的对象是为人们所利用的。人们运用它而不是敬畏它。它所要求的是咒文、符咒、占卜而不是祈祷和屈服。而且幸运的东西每每是一种具体而可触摸的东西，而神圣的东西则通常是没有明确方位的；神圣的住所和形式越模糊不清，它的能力就越大。幸运的对象则是处于人的压力之下，乃是处于人的强迫之下，受人呵责和惩罚。如果它不为人带来幸运，人就会丢弃它。在人们利用这种幸运对象时发展了一种主人感的因素，而不同于对待神圣的那种驯服和屈从的固有态度。因此，人们在统治与屈从、诅咒与祈祷、利用与感通之间便有了一种有节奏的起伏状态。

当然，以上的陈述是片面的。人们总是实事求是地对待许多事物的，而且每天都在享受着。即使在我们所说过那些仪礼中，一经建立了常规之后，人们就像想望重复动作一样还通常表现出一种对于新奇的喜爱。原始的人类早就发明了一些工具和一些技巧。人们还具有一些关于通常事物特性的一些平常的知识。但是除了这一类的知识以外还有一些属于想象和情绪类型的信仰，而且前者在一定程度上是陷没于后者之中的。后者是具有一定的威势的。正因为有些信仰是实事求是的，所以它们并没有那些非常的和奇怪的信仰所具有的那种势力和权威。今天在宗教信仰仍然活跃着的地方，我们还可以看到相同的现象。

对于可证实的事实所具有的那种平凡的信仰，即以感觉为凭证和以实用效果为根据的信仰,便没有礼仪崇拜的对象所具有的那种魅力和威势。所以构成这类信仰内容的事物便被视为低级的了。在我们熟悉了一件事物之后,我们就会把它和其他事物一视同仁,乃至对它有轻视之感。我们是以对待我们日常所处理的事物的态度来对待我们自己的。的确,我们所敬畏尊重的对象就势必具有优越的地位。人们注意的东西和他们所尊重的东西之所以截然分开的根源就在此。人们一方面控制日常事物而另一方面又依赖于某种优越的力量,在这两种态度之间的区别终于在理智上被概括化了。这就产生了两个不同领域的概念了。在这个低下的领域里,人能够预见并利用工具和艺术,期望在一定的程度上控制它。在这个优越的领域里却是一些不可控制的事变,从而证实了尚有一些超越于日常世俗事物之上的力量在活动着。

关于认识与实践、精神与物质的哲学传统并不是首创的和原始的。它的背景就是上面所概述的这种文化状态。社会上有一种气氛,把通常的和非常的东西划分开来,而这种哲学传统就是在这种社会气氛中发展起来的。哲学正是反映这种区别并把它加以理性的公式化和解释。随着日常艺术而来的,便有了许多的资料,有了一堆事实的知识,因为这是由于人们亲手做作而产生的,所以它们是人们所知道的。它们是实用的结果,也是实用的期望。这一类的知识,和非常的与神圣的东西比较起来,和实用的事物一样,也是不受尊重的。哲学继承了宗教所涉及的境界。哲学的认知方式不同于在经验艺术中所达成的认知方式,正因为它所涉及的是一个高级实有的领域。从事于礼仪的活动较之那些在苦工中所从事的活动要高贵些,更接近于神圣一些。同样,涉及一个高级实有领域的哲学认知方式较之于我们的生活有关的造作行动要纯洁些。

由宗教到哲学在形式上的变化很大,以致人们容易忽视这两者在内容上的共同之处。哲学的形式已不再是用想象和情绪的体裁讲故事的形式,而变成了遵守逻辑规律的理性论辩的形式。大家都熟悉,后世称为形而上学部分的亚里士多德的体系,他自己称之为"第一哲学"。我们可以引用他描述"第一哲学"的一些语句来说明哲学事业是一桩冷静理性的、客观的和分析的事业。因此,他说它包含着各部门的一切知识,因为哲学的题材乃是去界说一切不同形式的实有的特征而不论其在细节方面彼此如何不同。

但是如果我们把这几句话和亚里士多德自己心里的整个体系联系起来看,我们就清楚,第一哲学的包容性和普遍性并不是属于一种严格的分析型的。这种包容性和普遍性还标志有一种在价值等级上和当被尊重的权利上的差别。因为他公然说他的第一哲学(或形而上学)就是神学;他说它比其他科学有较高的地位。因为这些科学研究事物的生成和生产,而哲学的题材只容许有论证式的(即必然的)真理;哲学的对象是神圣的,是适合于上帝所从事的对象。他又说,哲学的对象是要去研究神圣显现于我们人类的许多现象的原因,而且如果神圣是无所不在的,那么它就出现于哲学所研究的这类事物之中。哲学所研究的实有是原始的、永恒的和自足的，因为它的本性就是善，而善是哲学题材中的根本原理之一。这一句话也使我们明白哲学对象的价值高贵。不过要知道，这里所谓善是指完满自足的内在永恒的善而不是指在人生中具有意义和地位的那种善。

亚里士多德告诉我们说，从远古以来就以一种故事的方式遗留下来这样一个见解，认为天上的星球都是许多的神，而神圣包容着全部自然界。他后来又继续说，为了群众的利益，为了权宜之计，即为了保持社会制度，这个真理的核心是和神话交织在一起的。于是哲学便有一件消极的工作，即清除这些想象的添加物。从通俗信仰的观点来看，这是哲学的主要工作，而且是一件破坏性的工作。群众只会感觉到，他们的宗教受到了攻击。但是长久看来，哲学的贡献是积极的。把神圣当作是包容世界的这个信仰便和它的神话联系分隔开了，成为哲学的基础，也成为物理科学的基础——如天体是神灵这句话所暗示的。用理性论辩的形式而不用情绪化的想象来叙述宇宙的故事，这就意味着发现了作为理性科学的逻辑学。由于最高的实在是符合于逻辑的要求的，逻辑的构成对象也具有了必然的和永恒的特性。对于这种形式的纯粹观点是人类最高的和最神圣的乐境，是与不变真理的会通。

欧几里得几何学无疑是导致逻辑的线索，成为把正确意见变成合理论辩的工具。几何学似乎揭示出有建立这样一种科学的可能性，这种科学除了单纯用图形或图解举例以外不求助于感觉和观察。它似乎揭露出一个理想的(或非感觉的)形式的世界，而这些理想的(或非感觉的)形式只有用唯有理性才可能寻溯的永恒必然关系联系起来。这个发明曾为哲学所概括，哲学把它概括成为一种研究固定实在领域的理论，当这个固定实有的领域为思想所把握时，它便构成了一个完善的必然常住真理的体系。

如果我们用人类学家看待他的材料的眼光来看待柏拉图和亚里士多德哲学的基础，即把它当作一种文化题材，我们就清楚了：这些哲学乃是以一种理性的形式把希腊人的宗教与艺术信仰加以系统化罢了。所谓系统化就包括有澄清的意思在内。逻辑学提供了真实对象所必须最后符合的形式，而物理学则只有当自然界甚至在变化无常之中仍然表现出最后常住的理性对象时，才可能成立。因此，在淘汰了神话与粗野迷信的同时，产生了科学的理想和理性生活的理想。凡能以证明它们本身是合乎理性的目的便代替了习惯而指导行为。这两个理想便对西方文化构成了一种不可磨灭的贡献。

我们对于这些不可磨灭的贡献虽然表示感谢，但是却又不能忘了它们所以产生的条件。因为这些贡献也带来了一个关于高级的固定实在领域的观念，而一切科学才得由此成立，和一个关于低级的变化事物世界的观念，而这些变化的事物则只是经验和实践所涉及的东西。它们推崇不变而摒弃变化，而显然一切实践活动都是属于变化的领域的。这种观念遗留给后代有一种见解，这种见解自从希腊时代以来就一直支配着哲学，即认为知识的职能在于发现先在的实体，而不像我们的实际判断一样，在于了解当问题产生时应付问题所必需的条件。

这种关于知识的概念一经确立之后，在古典哲学中便也为哲学研究规定了特殊的任务。哲学也是一种知识形式，旨在揭示“实在”本身、“有”本身及其属性。和自然科学所研究的对象比较起来，哲学所研究的是一种更高级的、更深远的存在形式，这是它不同于其他认知方式的地方。当它研究到人类的行为时，它便在行动上面强加上据说来自理性界的目的。因此，它使得我们的思想不去探求为我们的实际经验所提示的目的以及实现这些目的的具体手段。曾有一种主张，要通过不要求采取积极行动应付环境的措施来逃避事物的变幻无常。哲学把这种主张理性化了。它不再借助于仪礼和祭祀来求得解脱，而是通过理性求得解脱。这种解脱是一种理智上的、理论上的事情，构成它的那种知识是离开实践活动而获得的。

知识领域和行动领域又各自划分成为两个区域。不能推断说，希腊哲学把活动和认知区分开了。它把这两者联系起来了。但是它把活动和动作（即造作、行动）区别开来了。理性的与必然的知识是亚里士多德所推崇的，认为这种知识乃是自创自行的活动的一种最后的、自足的、自包的形式。它是理想的和永恒的，独立于变迁之外，因而也独立于人们生活的世界，独立于我们感知经验和实际经验的世界之外的。“纯粹的活动”（Pure activity）和实践的动作（practical action）是截然不同的。后者，无论在工艺或美术中、在道德或政治中，都是涉及一个低级的实有区域，而在这个区域里由变化支配着一切，因而我们只是在礼貌上把它称为实有，因为由于变化这一事实它在实有方面缺乏坚实的基础。它是浸润于非有之中的。

在知识方面，则有完全意义的知识与信仰的区别。知识是指证的、必然的——即确切的。反之，信仰则只是一种意见；就意见之不确定性和仅属盖然性而言，意见是与变化世界联系着的，而知识是和真实实在领域相适应的。因为这一事实影响到关于哲学的职能与性质的概念，我们对于我们的特殊主题不得不再作进一步的讨论。人类有两种信仰的方式、两种度（dimensions），这是无可怀疑的。有关于现实存在和事物进程的信仰；也有关于所追求的目的、所采取的政策、所要获得的善和所欲避免的恶等方面的信仰。在一切实际问题中最紧迫的一个问题就是如何找到在这两种信仰的题材之间相互的联系。我们将怎样利用我们最确实可靠的认识信仰来节制我们的实际信仰呢？我们又将怎样利用实际的信仰来组织和统一我们的理智的信仰？

真正的哲学问题是确实可能和这一类的问题联系着的。人类具有为科学研究所提供的信仰，相信事物的实际结构与过程；他也具有关于调节行为的价值的信仰。怎样把这两种方式的信仰有实效地互相作用着，这也许是人生为我们所提出的一切问题中最一般和最有意义的一个问题了。显然除了科学以外，还应该有某种以理性为根据的学问来专门研究这个问题。因此，这就为我们理解哲学的功能提供了一条途径。但是主要的哲学传统却禁止我们用这种方式来界说哲学。因为照传统的哲学思想讲来，知识的领域和实践动作的领域彼此是没有任何内在联系的。这就是我们讨论中各种因素集中的焦点。因而扼要重述一下也许是有益的。

实践的领域是一个变化的领域，而变化则总是偶然的，其中不可避免地具有一种机遇的因素。如果一件东西已经发生了变化，它的变动就令人悦服地证明了它缺乏真实的或完全的实有。就这个字眼的全部意义而言，“有”就是永远实有。说它有，又说它变得没有了，这是自相矛盾的。如果它没有缺陷或不完善之处，它又怎能变化呢？凡变化着的东西都只是偶然发生的事情，而绝非真有。它是浸润在非有之中的，从实有的完满的意义讲来，它是没有的。生成着的世界是一个溃崩破坏着的世界。凡一事物变为有时，另一些事物就变成无了。

因此，轻视实践便具有了一种哲学上的、本体论上的理由了。实践动作，不同于自我旋转的理性的自我活动，是属于有生有灭的境界的，在价值上是低贱于“实有”的。从形式上讲来，绝对确定性的寻求已经达到了它的目标。因为最后的实有或实在是固定的、持续的、不容许有变异的，所以它是可以用理性的直觉去把握的，可以用理性的(即普遍的和必然的)证明显示出来的。我并不怀疑，在哲学发生之前人们就曾有过一种感觉，认为固定不变的东西和绝对确定的东西就是一回事情，而变化是产生我们的一切不确定性和灾难的根源。不过这个不成熟的感觉在哲学中形成了一个明确的公式。人们是根据像几何和逻辑的结论那样证明为必然的东西来肯定这种感觉的。因此，哲学对普遍的、不变的和永恒的东西的既有倾向便被固定下来了。它始终成为全部古典哲学传统的共有财富。

这个体系的各个部分都是互相联系着的。实有或实在是完备的；因为它是完备的，所以它是完善的、神圣的、“不动的推动者”。然后便有变化着的事物，来来往往，生生死死，因为它们缺乏稳定性，而只有参与在最后实有中的事物才具有稳定性的特征。不过，有变化，就要具有形式和特性，而且当这些变化趋向于一个目的而处于圆满结束的时候，这些变化便是可以为人们所认知的。变化的不稳定性并不是绝对的，它具有热望达到一个目标的特征。

理性的思想，一切自然运动的最后“终结”或末端乃是最完善的和完备的。凡是变化着的东西就是物质的；物理的东西是用变化来界说的。最多最好，它只算是达到一个稳定不变的目的的一种潜能。在这两个领域内有两种不同的知识。其中只有一种才是真正的知识，即科学。这种知识具有一种理性的、必然的和不变的形式。它是确定的。另一种知识是关于变化的知识，它就是信仰或意见；它是经验的和特殊的；偶然的、盖然的而不是确定的。平常至多它只能判定说：事物“大致如此”。和实有中和知识中的这种区分相适应的便有活动中这种区分。纯粹的活动是理性的；它是属于理论性质的，意即脱离实践动作的理论。然后便有造作行动中的动作，去满足变化领域中的需要缺陷。人类的物理本性方面便是和这个变化的领域联系着的。

这种希腊的公式陈述虽然早已提出而且其中很多专门名词现在已觉稀奇，但它有些要点仍适合于现代的思想，不减于其在原公式陈述中的重要意义。因为不管科学题材和方法已经有了多大的变化，不管实践活动借助于艺术和技术已经有了多大的扩充，西方文化的主要传统则仍保持着这种观念构架，始终未变。人所需要的是完善的确定性。实践动作找不到这种完善的确定性；它们只有在一个不确定的未来中始见效果，它们包含着有危险、有灾难、挫折和失败的危险。另一方面，人们认为知识是和一个本身固定的实有的领域联系着的。由于它是永恒不变的，人类的认知在这个领域内是不作任何区别的。人们能够通过思维的领悟和验证的媒介或某种其他的思维器官来接近这个领域。这种思维器官除了只去认知它以外是和实在不发生任何关系的。

在这些主张里面包括着一整个体系的哲学结论。首先而且最主要的结论是说：真的知识和实在是完全相符的。被认知为真的东西在存在中便是实有的。知识的对象构成了一切其他经验对象的真实性的标准和度量。而我们所爱好、所想望、所争取、所选择的对象，即我们所赋予价值的一切东西也都是实在的吗？如果它们能够为知识所证实，它就是实在的；如果我们能够认知具有这些价值特性的对象，我们就有理由把它们当作是实在的。但是作为想望和意图的对象，它们在实有中是没有地位的，除非我们通过知识接近了和证实了它们。我们十分熟悉这种见解，因而我们忽视了它所根据的一个未曾表达出来的前提，即：只有完全固定不变的东西才能是实在的。确定性的寻求已经支配着我们的根本的形而上学。

第二，认识的理论具有为同一主张所确定的根本前提。因为确定的知识必定是与先在的存在物或本质的实有关联着的。只有确定的事物才内在地属于知识与科学所固有的对象。如果产生一种事物时我们也参与在内，那么我们就不能真正认知这种事物，因为它是跟随在我们的动作之后的而不是存在于我们的动作之前的。凡涉及行动的东西乃属于一种单纯猜测与盖然的范围，不同于具有理性保证的实证，只有后者才是真正知识的理想。我们已经十分习惯于把知识和动作分隔开来，乃至认识不到这种分隔的情况如何支配着我们对于心灵、意识和反省探究的想法。因为既然心灵、意识和反省探究都是和真正的知识关联着的，那么根据这个前提，在对它们的界说中就不容许有任何外表的行动，因为后者改变了独立先在的存在的条件。

关于认识的理论派别繁多。到处都是它们之间的争闹。由此所产生的喧嚷竟使我们看不到他们所说的东西其实是一回事情。这些争论之点是大家所熟悉的。有些理论认为：我们被动接受的、无论我们愿意与否强加于我们身上的印象乃是测验知识的最后标准。另一些理论认为理智的综合活动是知识的保证。唯心论者的理论主张心灵与被知的对象最后是同一件事情；实在论者的理论则把知识归结为对独立存在物的觉知。如是等等。但是它们都有一个共同的假设。他们都主张：在探究的操作中并没有任何实践活动的因素，进入被知对象的结构之中。十分奇怪，不仅唯心论这样说，实在论也这样说；不仅主张综合活动的理论这样说，主张被动接受的理论也这样说。按照他们的看法，“心灵”不是在一种可以观察得到的方式之下，不是借助于具有时间性的实践外表动作而是通过某种神秘的内在活动，构成所知的对象的。

总之，所有这一切理论的共同实质就是说，被知的东西是先于观察与探究的心理动作而存在的，而且它们完全不受这些动作的影响，否则，它们就不是固定而不可变易的了。据上所述，包含在认知中的寻求、研究、反省的过程总是与某些先在的实有关联着的而不包括有实践活动，这个消极的条件便永久把属于心灵和认知器官的主要特征固定下来了。这些过程必然是在被知的东西以外的，因而它们不和被知的对象发生任何交互作用。如果采用“交互作用”一词，也不能如平常实际的用法，表示在外表上产生了什么变化。

认识论是仿照假设中的视觉动作的模式而构成的。对象把光线反射到眼上，于是这个对象便被看见了。这使得眼睛和使得使用光学仪器的人发生了变化，但并不使得被看见的事物发生任何变化。实在的对象固定不变，高高在上，好像是任何观光的心灵都可以瞻仰的帝王一样。结果就不可避免地产生了一种旁观者式的认识论。过去曾经有过一些理论，主张心理活动是参与其间的，但是它们仍然保持着旧有的前提。所以它们得出结论说：不可能认知实在。按照它们的见解，既然有了心灵的干预，我们就只能认知实在对象的一些变了样子的外貌，只能认知实在对象的“现象”。这个结论最彻底地证实了它具有下述信仰的全部威势：即把知识的对象当作是一种固定完备的实在，是孤立于产生变化因素的探索动作以外的。

所有这一切关于确定性和固定体、关于实在世界的性质、关于心灵和认知器官的性质的见解完全是彼此联系着的，而它们的结果几乎是扩散在所有一切关于哲学问题的重要见解之中的。所有这一切见解的根源都是由于（为了寻求绝对的确定性）人们把理论与实践、知识与行动分隔开来了。这就是我的基本的主题思想。因此，我们不能把这个问题单独地孤立起来加以研究。它也是和各个领域的根本信仰和见解完全纠缠在一起的。

本书以后各章尚需从上述各点逐一论述这个主题。我们将首先研究这种传统的区分办法对于哲学性质的概念，特别是对于价值在存在中的确实地位问题的影响。然后我们将说明在自然科学结论与我们所赖以生存和调节行为的价值之间进行协调的问题如何支配着现代的各派哲学，而这个问题，如果不是事先不加批判地接受了知识是唯一能接近实在的途径，将不会存在的。然后我们将以科学程序为例讨论认知活动发展的各方面，把实验探究分析成为各个方面，从而表明上述那种传统的假设在具体的科学程序中是怎样完全被废弃了的。因为科学在变为具有实验性质的过程中，它本身就变成了一种有目的的实践行动的方式。然后我们将简要地陈述破除了分隔理论与实践的种种障碍之后对于改造关于心灵与思维的根本观念以及对于认识论中长期存在的许多问题所产生的后果。然后我们将考虑到用通过实践的手段追求安全的方法去代替通过理性的手段去寻求绝对的确定性的方法，这将对于我们控制行为，特别影响于行为的社会方面的价值判断的问题会产生什么影响。

舍勒

作者简介

马克斯·舍勒(Max Scheler,1874—1928),1874年8月22日生于德国慕尼黑,1928年5月19日于法兰克福去世。1894年中学毕业后进入慕尼黑大学学习哲学、心理学和医学,1895年冬转柏林大学,师从狄尔泰、齐美尔学习哲学和社会学,1896年转耶拿大学,1897年在奥伊肯指导下以论文"论逻辑原则与伦理原则之关系的确定"获得博士学位。1900年开始在耶拿大学讲授哲学(编外讲师),1905年任教于慕尼黑大学,成为慕尼黑现象学小组重要成员。1910—1911年,在哥廷根哲学学会讲学,1918年被聘为科隆大学社会科学研究所所长,1928年被聘为法兰克福大学哲学讲座教授,可惜到任不久即因心脏病突发而英年早逝。舍勒博学多识、涉猎广泛、成果累累,是现象学的开创者之一,主要著作有《同情感的现象学和理论:兼论爱和恨》(1913),《伦理学中的形式主义和质料的价值伦理学》(*Der Formalismus in der Ethik und die materiale Wertethik*,1913),《论自由的现象学和形而上学》(1912—1914),《现代道德建构中的怨恨》(1917),《宗教问题——论宗教创新》(1921),《知识社会学问题》(1924),《知识的形式与社会》(1925),《人在宇宙中的地位》(1927),《哲学的世界观》(1928)。他被认为是现象学运动中仅次于胡塞尔的第二人,其著作产生了广泛而深远的影响。

文献出处

本文系《知识社会学问题》第三章第三节"关于实证科学社会学:科学和技术,经济",标题为编者所拟。译文选自舍勒《知识社会学问题》,华夏出版社1999年版,第114～172页,艾彦译。

科学、技术与经济的现象学

与形而上学——正像我们已经看到的那样，形而上学是由于上层阶级的、有闲暇时间对各种本质进行沉思的，并且致力于对他们自己“进行教养”的人们所做的工作而产生的——形成对照的是，**实证科学**具有另一种**起源**：这里存在两种最初是彼此分离的社会层次，但是，倘若人们要想进行一种系统的、从方法论角度看切合实际的、**训练有素**的合作性研究，那么，他们就必须使这两种层次逐渐互相渗透。我坚决主张这个命题包含着某种内在的合法性成分：也就是说，这里存在作为一个方面的一类人，他们拥有在工作和手艺方面积累起来的经验。后面这一类人的内在的、追求增加的社会自由程度和解放程度的内驱力，进一步增强了人们对与自然界有关的各种意象和思想的浓厚兴趣，而这些意象和兴趣则使人们对各种自然过程的**预见**、使人们对这些自然过程的**控制**成为可能。我并不认为，仅仅这些群体之中的**一个**群体就可以说明实证科学的存在，因为科学只有在无拘无束的沉思过程的影响下，才能把它那纯粹是**理论方面的认识方式**、才能把它的逻辑学方法和数学方法，扩展到整个世界上去。但是，倘若这另一个群体的影响不存在，那么，科学就永远不会形成它与**技术**、测量以及后来的自由试验——这种试验并不仅仅局限于在技术方面和偶然出现的场合中发挥作用——的本质性密切联系。最重要的是，就自然界的任何一个领域而言，科学都不可能学会将其兴趣局限在这个世界之诸**可以测量的和可以量化**的方面之上，或者说，它都不可能学会将其兴趣局限在像现在这样支配各种现象之**时空方面的相互联系**、或者在各种各样条件下都可以支配这些相互联系的法则之上：所以，它不可能把它的兴趣局限在那些可以被设想为依赖可能存在的**各种运动**的东西之上。无论与自然说明有关的形式——机械原则以这种形式出现还是以那种形式出现，它毋庸置疑都是由于人们把物质事物从一个地方移动到另一个地方的运动才产生的，而且，它在这种工作过程中不断获得的成功，永远可以导致人们形成与物体和能量的本性有关的、崭新的经验。实证科学所具有的基本的社会学起源，都始终是可以在父权制的不断扩展的文化中找到的——而不能在血缘共同体或者文化共同体中找到的——**与工作和商业有关的经济共同体**；在这些文化中，人们可以找到宗教方面的圣人和形而上学方面的圣贤。[①]所以，我断言，无论是从某种技术方面的、讲究实际的（在这里，人们的谈论是留有余地的）、马克思主义关于工作与科学之间关系的观念出发来看待科学的起源

① 它总是在与转向“内在的”、母权制的、倡导万物有灵论的文化相对照的情况下发展的。

(L. 玻耳兹曼,[①] E. 马赫,W. 詹姆斯,F. C. 席勒,A. 拉布廖拉,[②]等等),还是只从某种纯粹理智的、仅仅对于哲学的发展来说具有意义和价值的观点出发看待科学的起源,都是错误的。实证科学——无论它在哪里出现：是在欧洲,在阿拉伯半岛,还是在中国,等等——从来都是**哲学与工作经验联姻而生下的孩子**。它始终以**这两者**为前提条件,而不是只以其中的某一方为前提条件。因为与亚洲的神权政治国家和等级制度形成对照的是,在西方,(从古希腊开始的)**各种阶级的混合状态**曾经处于极其强有力的地位——这是一种在人们放弃了"冥府"诸神和母系社会法则的残余以后,才变得明显起来的状况；**在西方**,各种科学学说之间的分界线产生于某种独特的历史状况,也就是说,是由于希腊人当中具有逻辑头脑的男性所具有的天才才产生的,而且从更加广泛的、全球性的、并且**有系统的**程度上说,它只能在**西方的城市市民**中产生。

也许科学所具有的这种起源,可以导致我们得出一个已经被科学史所证实的假定：**各种生产技术**的形式和人类(在技术意义上的)**工作**形式,与实证—**科学**思想的各种形式**是并列存在**的。这两种形式当中的任何一种形式,都不能被人们假定为另一种形式的起源、或者被人们假定为可以独立于另一种形式而存在的变量。毋宁说,同时决定**这两种**形式的独立变量,是一个社会的**领导者们所具有的**与我曾经称之为"**社会精神特质**"的东西密切联系在一起的、当前流行的**内驱力结构**(在这里,许多各不相同的内驱力都有可能处于主导地位；对它们加以查明是一个与关于种族遗传性的心理学理论联系在一起的、精神能量学方面的问题),也就是说,是一些当前流行的、对于价值偏爱方面的精神性活动来说有效的规则。我们可以用更简单的术语来说：这种独立变量是由这种内驱力结构和这些领导者所追求的、发挥引导作用的价值观和各种观念组成的统一体,而且,通过这些领导者,他们的群体就可以得到这种统一体的指导。精神方面的**经济态度**,只不过是存在于某种社会精神特质的许多种基础当中的**一种**基础而已,而且正是由于它所具有的本性,它必定像内驱力结构必须通过与各种**生理—心理**特征有关的种族整合过程和遗传法则而得到详细说明那样,只有通过某种**精神的历史**才能得到详细说明。我认为,下列命题应当成为**知识社会学之诸重要命题当中的一个重要命题**：技术并不是在某种具有理论性和沉思特征的,由真理观念、观察过程、守恒过程、纯粹逻辑以及数学来表现其特征的科学出现之后,对这种科学"加以运用的过程"；毋宁说,正是多少有些流行的、对这样那样的实存王国(诸神,各种灵魂,社会,有机的自然界和无机的自然界)**进行控制的意愿**和进行指导的意愿,既共同决定了思想方法和直观方法,也共同决定了科学思维的各种目标,而且的确,它们似乎还在诸个体的意识背

---

① 玻耳兹曼(Ludwig Boltzmann,1844—1906)：奥地利物理学家,以发展统计力学、成功说明原子特性如何决定物质可见性著称。——译者注

② 拉布廖拉(Antonio Labriola,1843—1904)：意大利哲学家,在意大利首次讲授马克思主义,著有《唯物史观》《关于社会主义与哲学的谈话》等。——译者注

后发挥共同决定作用，而这些个体的不断变化的调查研究动机，在这个过程中则是无关紧要的。这个命题不仅完全得到了**认识理论和发展心理学的历史**的严格证实，而且也得到了科学和技术的实际**历史**的严格证实。

我无法详细讨论与所有各种知觉和思想——就支配它们对**可能存在**的对象**进行选择的过程**的各种法则而言——以及同样具有根本性重要意义的，我们的所有各种行动之所以都植根于**评价过程的状况和内驱力——生命状况**有关的，既以认识论为基础、又以发展心理学为基础的，难以说明的各种理由的细节。[①]不过，我只希望强调指出，这些对于评价过程的调查研究，对于人们通常（在马赫的意义上）称之为"实用主义"和"经济主义"的理论来说，可以导致某种具有很大相关性的辩护性说明。这种辩护性说明之所以具有相关性，是因为它并不像就纯粹的"实用主义"而言所出现的情况那样，属于知识的**观念**、真理以及纯粹逻辑，而是属于对这个世界所具有的、**实证科学**"感兴趣的"各种侧面的选择过程，而且，这种科学是作为**具有真实性的东西**而发展的，也就是说，它所系统论述的是正确而又适当的命题和理论。然而，与知识和通过对我们可能进行的行动之世俗性目标的技术性发展获得知识的种种形式有关的条件，却不属于形而上学。不过，哲学和实证科学之间存在的**本质**差异，恰恰在于前者**并不**是由可能出现的**各种技术性目标**决定的，反而是它恰恰把这些思维"形式"和直观"形式"以及与它们相对应的存在——科学在这种存在内部发现和思考它那些已经长期存在的对象——形式，转化成了"真正的"知识的某种对象，并且确立为它自己的基础。

在这里，请允许我们论述一下**技术与科学之间的关系**所具有的**历史学—社会学**方面。

第一个清楚地认识到技术和科学之间的、社会学和历史学方面的相互联系——除了培根对这个主题所作的种种一般概括和片面的研究论述以外——的人，是处于其生命晚期的圣西门伯爵。[②]就圣西门思想发展的第一个时期——也是A. 孔德追随他的时期——而言，他和孔德一样，是一位唯理智论者；他相信，科学的发展在经济进步和政治进步方面也是一种发挥主导作用的因素。然而，圣西门同时也是这样一个人——他和法国的其他历史学家和社会主义者一道，对卡尔·马克思所谓的"对历史的经济学解释"产生了强有力的影响。上面所说的一切意味着，我也认为这种辩护性说明——尽管程度非常低，但还是——有利于这样一种对

① 在这里，我要提到我在我的著作《伦理学中的形式主义与质料的价值伦理学》(*Der Formalismus in der Ethik und die materiale Wertethik*)中所作的有价值的研究；此外，我还要提到本书所包含的"知识和工作"这篇文章。也可以参见下面的论述。在R. 米勒-弗赖恩费尔斯(Müller-Freienfels)的《生活心理学的基本特征》第一卷和第二卷(*Grundzüge einer Lebenspsychologie*，莱比锡，1923—1925年)以及P. 希尔德的《医学心理学》(*Medizinische Psychologie*，柏林，1924年)中，也可以找到许多论述各种情感状况和与感知过程、记忆过程、思维过程有关的内驱力的出色观点。

② 参见穆克尔(Muckle)论述圣西门伯爵的富有启发性的著作，他在这部著作中非常突出地论述了这一点。

历史的经济学解释，而后者就**从技术角度**对“生产关系”这个非常含糊不清的术语的种种解释——正像后来由 A. 拉布廖拉所提出的解释那样——而言，已经在相当大的程度上促进了社会学思想的发展。但是，由于这种经济学解释的缺陷多得不胜枚举，所以，我除了在拒斥理智主义——它主张技术只不过是“随后出现的对科学的运用”，因而始终是“纯粹的”科学——这一点上与卡尔·马克思相一致以外，几乎没有其他任何方面与马克思相一致。马克思坚持认为，不仅实证科学依赖于经济方面的各种生产关系，而且**所有**各种精神方面的成就也都是如此。**我**坚持认为，**只有**实证科学**才**具有这种依赖性，而且只有根据某种具有**第三种共同的、首要的原因的平行论——领导者们的具有遗传性的内驱力结构**，他们在生命方面的后裔以及他们与某种现代的社会精神特质的关系——来看，情况才是如此。马克思希望根据经济方面的生产关系，使流行的宗教、形而上学、还有社会精神特质本身概念化。我的观点则是，这三种因素在很高的程度上**共同决定**实证科学和技术之任何一种**有可能存在**的形成过程——因此，它们代表了**只有**通过**人文科学**才能够设想的第二种独立变量。

让我们提出某些例子：**佛教**的形而上学及其社会精神特质，还有存在于佛教之前的各种宗教，也发展出了一种与西方相比并不逊色的进行控制的意志。但是，这种进行控制的意志的目标却不是外部的物质生产过程，而且，它既没有导致人口和物质需要的增加，也没有导致人口和各种物质需要的永恒存在状态。它的目标是**从内在的角度**主宰各种心理过程和有一定寿命的身体之所有各种过程的自发流动——是为了克制内在欲望的缘故而进行主宰。用一个与我们所赞同的方式相反的例子来说，这种意志可以说明使儿童人口适应各种**静态的**生产关系——比如说，通过杀死幼小的女童，等等——的做法，这种做法虽然是一种异乎寻常的、涉及心理方面和生理方面的技术，但是，它却不是一种与生产或者战争有关的、具有重要意义的技术。古希腊的宗教和形而上学也同样排斥——尽管其排斥程度要低一些——强烈的意志和对使用机械的各种生产技术进行任何肯定性的**评价**，即使在内容非常丰富的纯粹数学和对自然界的调查研究得到发展以后，情况也仍然是如此。与在古希腊的科学、数学、统计学以及动力学的开端所提供的技术可能性的范围内可以发展起来的技术相比，古希腊**实际上**出现的技术要少得多；古希腊的科学在技术方面所具有的潜力绝对没有被消耗殆尽。的确，古希腊人的形而上学和宗教从原则上**肯定了**这个世界、它的本性和实存，但是，它们既不是把这个世界当作人类的工作、建造过程、安排过程、或者预见过程的某种对象来肯定，也不是把它当作人类必须继续进行下去的、神的创造性和建筑性行为的某种对象来肯定。毋宁说，他们的世界是由活生生的和高贵的、**应当观看和沉思的、应当热爱的和充满活力的形式**组成的王国。因此也正是在这里，流行的宗教和形而上学排斥存在于数学和各种自然研究之间、存在于各种自然研究和技术之间以及存在于技术和工业之间的任何一种内在联系；这种联系是作为现代文明之独一无二的和强有力的标志而存在的，但是，它却是以与多种多样的非自由劳动形式(奴隶制，劳役，等等)形成对照的、自由劳动的各种开端和人数巨大的大众在政治上的日益解放为前提条件的。实证科学(天文学，数学，各种医术，等等)在**埃及**和**中国**的开端，都是与这些强有力的君主政体的地理状况和地缘政治状况在技术方面提出的、为数众多的任务，尤其是与调控尼罗河的任务和在中国调控两大水系的任务、与导航任务、建造四轮马车的任务、建筑方面的任务，紧密联系在一起的——所有这些任务的完成都是为**政权**的各种利益服务的。如果说这些民族并没有发展出一种关于方法的和从合作角度看有组织的、把整个宇宙及其各个部分都包括在内的、实证学科方面的科学，①那么在这里，**缺乏无拘无束的哲学沉思**显然可以说明这种失败。在中国，统治阶级的所有各种权力，都以对人的实存、对民德以及对各种内在性格"**进行教养**"为目标。这种情况是在儒教由于其人本主义的尚古主义，由于其从自然界与皇帝的神秘一致直到"天"意的过程中始终持续存在的官方伦理以及由于其毫无重要意义可言的、导致思想方面的刻板僵化和不容变更的，与伟大的古典著作家的著作联系在一起的象形文字，而处于支配地位的时期出现的。在这里，尽管存在强有力的经济方面的刺激、人口的不断增加以及对各种占有物的渴望，但是，人们却几乎没有为与战争有关的全面生产、技术以及系统的科学研究付出多少精力。**巴比伦**和**罗马**的那些为后世的**法律体系**确定模式的统治阶级表明，在私法领域中，存在于——来自神话、英雄传奇以及传统的，也就是说，由各个民族的**灵魂**产生的——人文科学的起源背后的**技术方面的推动力**，就像自然科学的起源显现自身那样显现自身。而且，也正是哲学、纯粹逻辑以及追求在法律思考过程中保持猜测态度和试验态度的内驱力——它们与古希腊人的"纯粹"数学相似，后者在几个世纪无人从实际方面和技术方面加以运用的情况下，依然保存了下来——给法学带来了一致性、逻辑以及体系，并且使它具有了把所有各种社会关注都包括在内的特征。但是，法律的**内容**和既定的合法利益在流行的社会精神特质内部的分层，则是由人们在进行政治统治的那些群体和阶级中发现的、进行**控制**的社会意志的内容和方向决定的——也就是说，法律的内容和既定合法利益的分层既不主要是由经济动机决定的，也不主要是由理智的洞见决定的。R. 耶林②已经认识到司法审判所具有的创造力。③但是，司法审判并不像耶林通过他那具有片面性的专门术语所指的那样，是罗马私法发展的唯一源泉。毋宁说，司法审判的力量是与立法、与立法者的"意图"、与法律思想**合乎逻辑**的激发动机过程并列存在的。不过，**罗马人**的通过沟

① 关于亚洲的各种高级文化在我们所说的意义上缺乏历史意识和出现历史学研究方法之诸缺陷的原因，参见 E. 特勒尔奇，《历史主义及其问题》(*Der Historismus und seine Probleme*)；此外，还可以参见 O. 施本格勒所作出的许多出色的评论。

② 耶林(Rudolf von Jherling，1818—1892)：德国法学家，社会学法学之父，著有《罗马法的精神》(共四卷)、《法的目的》(共两卷)等。——译者注

③ R. 耶林，《罗马法的精神》(*Der Geist des romanischen Rechts*，莱比锡，1852—1865 年)以及《法的目的》(*Der Zweck im Recht*，莱比锡，1877—1883 年)。

通、构筑堡垒、战争以及建筑展示出来的值得重视的技术，并没有像它作为现代欧洲各国的特征而造成的情况那样，导致大规模的机器生产。之所以如此是因为，首先，对自然界进行控制的意志，仍然受到由**在政治上**进行控制的意志所确定的界限的限制，而用于进行政治统治的技术，则是以某种进行政治统治的资本主义的形式存在的——因此，这里并没有出现一种纯粹的、为了这样进行控制的缘故和为了纯粹的经济意图和充分利用工作的缘故而对自然界进行控制的意志；而且其次，处于领导地位的罗马各统治阶级所具有的、心理方面的遗传性格，也缺乏古希腊人所特有的那种进行**哲学**沉思的意识。

如果我们希望理解**现代科学的起源和各个发展阶段**——它是实证科学的社会学动力学所具有的、最富有魅力的任务之一，如果我们希望不仅从历史角度来理解这些方面，而且希望从社会学角度来理解这些方面，也就是说，把它们当作与**理解的历史**过程和**真实的历史**过程有关的纵横交叉法的某种整体性结果来理解，那么，我们就只有通过把这些具有各种各样源泉、来自各种专业化领域的知识类型互相联系起来，才能做到这一点。当W.文德尔班在考虑所有诸如哥白尼和开普勒这样的人的过程中，[1]指出曾经被经院哲学的以定性研究为取向的、反数学的亚里士多德主义放弃的，柏拉图—毕达哥拉斯学派的关于自然的数学科学，已经在现代得到了复活（例如，作为哥白尼的先驱的、萨摩斯岛的阿利斯塔克[2]就是如此），而且，人们这种对柏拉图-毕达哥拉斯学派的接受，已经构成了现代数学科学的创造性源泉的时候，我们从这里几乎没有得到什么启发。希腊化时代的新柏拉图主义者们从**同一些**思想体系中采取的，主要是具有诺斯替教神秘色彩的内容，而佛罗伦萨大学则又一次从其中采取了某种其他的东西！人们必须像实际上假定古代的思想系列存在，并且认为它们是刺激人思考的源泉那样，提出下列问题：**为什么现在**是这样，而——比如说——11世纪时并不是这样？正像E.特勒尔奇直截了当地指出的那样，利益之光——它像一座灯塔所发出的光线那样，只照亮了过去的一个组成部分——同时也是从历史角度来看的**现在**所面临的工作，这种工作最初来源于精神和意志所面对的、悬而未决的**各种未来的任务**，此后则来源于进行某种新的"文化综合"的意志。首要的一点在于，存在于涉及现代科学起源的复杂问题内部的最重要的问题之一，是理解由关于自然界的、以试验为根据的知识和从数学角度来看有益的知识组成的各种发现和发明，在这个包括伽利略、列奥那多·达·芬奇以及牛顿在内的时期，所具有的非常显著的稠密**积累过程**。在这里，我们所面对的是一个**突然出现**的过程，它是毫无规律地通过各种巨大的跳跃发生的，而不是一个持续不断的、一步一步发展的、像理智主义的某种假设必然会要求我们期望的那样大体上始终如一的过程。尽管存在人们就这个主题而言已经做过的所有各种预备性工

---

① W.文德尔班，《哲学史教程》(*Geschichte der philosophie*，弗赖堡，1892年)，第298页以下。

② 阿利斯塔克(Aristarchus of Samos，BC 310?—BC230)：希腊天文学家，是第一个认为地球自转并绕太阳公转的人。——译者注

作,尽管存在所有各种预感——尤其是存在皮埃尔·迪昂在他就11世纪以来的物理学史所作的认真研究中发现的那些预备性工作和预感,但是,情况仍然是如此。正是这个突然出现的过程从中世纪的世界观出发,导致了现代科学的各种方法。我并不认为上面提到的各种复兴(德谟克利特[①]和伊壁鸠鲁,[②]作为玻意尔、[③]伽桑狄[④]以及拉瓦锡[⑤]的先驱者的古代原子论者;阿利斯塔克、普罗克洛斯[⑥]以及柏拉图,作为哥白尼和开普勒的先驱者的逻辑学家)对于现代科学的起源来说具有多大的重要意义:科学**在**这种复兴**并不存在的情况下**也会出现。

让我们把对于现代科学的崛起来说的**正面条件**和**负面条件**区别开来,同时,让我们也探索一下决定这些条件之影响的某些因素和法则所具有的重要意义。

一、对于现代科学的崛起来说,一个负面的和只产生有限影响的原因是,由于**教会的等级体系**和权力通过**各种宗教改革**——从纯粹科学的观点出发来看,这些宗教改革也一直是非常反动的——而出现的**解体**,对思想的某些限制性审查被废除了。与人们以令人悲观失望的执迷不悟、非理性主义以及一般说来对文化漠不关心来描述其特征的伟大的宗教改革者相比,处于主导地位的教会当权者们已经变得更加开明、对科学持更加友好的态度、更加谨慎周到,尤其是更加合乎理性。这一点已经得到了人文学科所具有的与两种宗教党派的非常含糊不清的关系的证明;同时,它也得到了塞尔维特[⑦]和开普勒的命运的证明,后者不得不亲眼目睹他的母亲被当作一个女巫而烧死。然而,如果认为这种负面的、构成原因的因素根本没有任何重要意义,则是不正确的,因为对于现代科学的崛起来说,我们至少必须认为它具有**间接的**重要意义——尽管正像我们已经看到的那样,教会的精神有益于高度精确的、实证的思想。[⑧]教会权力的部分瓦解之所以具有重要意义,也是由于那些只是间接地与不断变化的教条主义联系在一起的、统一成为一体的因素。我们可以在**古代生物形态的形而上学**由于其概念实在论和本体论取向而**解体**的过程中,看到这些因素之中的一种因素。这种解体是**与**古老的教义学之诸较大的组成部分,尤其是那些和教会及各种圣事联系在一起的组成部分的解体**一起**出现的。与教条主义、教皇、教会等级体系、僧侣等等相比,体现生物形态的形而上学对于现

① 德谟克利特(Democritus,BC 460?—BC 370):古希腊哲学家,在原子论方面影响重大。——译者注

② 伊壁鸠鲁(Epicurus,BC 341?—BC 270):古希腊哲学家,以原子论为哲学基础。——译者注

③ 玻意尔(Robert Boyle,1627—1691):英国自然哲学家、化学家,现代化学元素论先驱。——译者注

④ 伽桑狄(Pierre Gassendi,1592—1655):法国科学家、哲学家,复兴伊壁鸠鲁哲学,著有《哲学论文》等。——译者注

⑤ 拉瓦锡(Antoine-Laurent Lavoisier,1743—1794):法国化学家、现代化学之父。——译者注

⑥ 普罗克洛斯(Proclus,410?—485):古希腊最后一位重要哲学家,极力推动新柏拉图主义的广泛传播。——译者注

⑦ 塞尔维特(Michael Servetus,1511?—1553):西班牙医学家、神学家,著有《论三位一体论的谬误》《恢复基督教义的本来面目》等。——译者注

⑧ 关于这个方面,参见E.特勒尔奇,《全集》,第四卷,由H. Baron编(*Gesammelte Schriften*,1925年),第202页以下和第297页以下,论述“新教”的部分和“现代精神的本质”的部分。

代科学的崛起来说，**更是**一种障碍。当然，欧洲各民族本身走向一种新的社会集合体的内在发展，也参与了这种形而上学的解体过程——这种参与取决于这个时代具有的相对自然的世界观。但是，恰恰是这些宗教改革者在废除体现生物形态的形而上学之诸古老的科学性系统表述的过程中发挥了重大作用，这一点也是不容置疑的。不过，主要的宗教改革者——他们与诸如伽利略、乌巴尔迪斯、笛卡儿、开普勒、牛顿等等这样一些现代科学的奠基者，在品质和思想路线方面差异很大——还是共同具有一些虽然是**形式方面的**、但是仍然很重要的特点：(一)**就他们的思想而言**，他们都是**唯名论者**，这一点始终是与一场针对古老僵化的时代而进行的革命联系在一起的。(二)他们坚持认为，人的**意志**——而不仅仅是某种进行沉思的精神——支配人的本性。(三)无论是科学的奠基者还是宗教改革者，都强调了**意识问题和确信问题**：对于认识的确信由于笛卡儿而先于"真理"而存在，而且，有关对人们的获得拯救的确信的问题，也先于客观的神学问题而存在。(四)科学家和宗教改革家都认为，就信仰问题而言的调查研究的**自由**和进行判断的**自由**，以某种从本体论角度设想的真理资本和恩宠资本为基础——人们要想获得自由，就必须拥有这样的资本(有人曾经说"真理会使你获得自由"，但是现在，无论是科学家还是宗教改革家，都说"自由将引导你走向真理")；无论科学家还是出于阅读《圣经》之需要的宗教改革家，都要求人们进行与依赖各种传统学说而思考相对照的**独立思考**；信仰是**个人**的自愿性活动——而不是"意志对理性发出的"、使之接受来源于外部或者来源于**教会**的某些学说的"命令"。(五)这里的科学运动和宗教运动共同具有某种新的**二元论**——存在于精神与肉体、灵魂与身体、上帝和尘世之间的二元论。在路德的《论基督徒的自由》、笛卡儿的《形而上学的沉思》和《哲学原理》中，这种二元论都得到了清晰准确的论述。这种二元论彻底废除了"中世纪"**所特有的**物质的—可感觉的因素和精神因素的**互相交织状态**，这种状态属于所有各种"生活共同体"具有的、体现生物形态的世界观。关于圣事的各种理论，存在于望弥撒过程中的种种巫术，公法、本地法以及家庭法的晦涩费解的互相交织状态，关于灵魂与"*forma corporeitatis*"(**肉体形式**)的实体性统一的理论(这种理论后来在维埃纳宗教会议上被教条化了)——它是一种被笛卡儿、路德以及开尔文同时彻底废除的理论以及使("不断进行斗争的")上帝的王国与**可见的**教会制度部分等同的做法：所有这一切，而且还不仅仅是这些，都是**生物形态主义**所产生的内在影响和后果。

在这里，下列问题极其令人感兴趣：这些可以在如此大不相同的、作为一个方面的宗教改革者的运动和作为另一方面的现代科学奠基者的运动中找到的，既具有特殊性又具有**共同性**的因素，确切地说在**社会学方面**具有什么意义？这个问题的答案如下：这些精神态度所具有的发挥统一作用的因素，无疑可以在属于**一个阶级**——正在崛起的、由**中产阶级的工商企业家**组成的阶级——的新的思想方式、评价方式以及决断方式中看到，而这个阶级一方面与由僧侣和祭司组成的、以令人回想到古罗马的政治模式和政治手段进行统治的、进行沉思的阶级形成对照，另一方面则与封建世界的、由各种社会等级纽带表现其特征，并且在政治上和经济上以“财产权”为基础的势力形成对照。存在于**这两种**运动背后的共同的能动者，是一种新的**工作**意志和所谓的中产阶级的**个体主义**（同业公会的解散，等等）。而且，正是这种因素使涉及各种文化（从体现生物形态的世界观，到不断积累的、“机械的”世界观）的**老化法则**，具有了它所特有的**历史**标志。[①]例如，从本质上说，唯名论者的思维方式是与那些爱好沉思的宗教阶级的某种衰落——诸如以圣本笃会为典范仿造而成的、古老的僧侣秩序，逐渐被在司法方面进行严格管制的**教会权力分支机构**（这些机构导致了奥卡姆学派的唯意志论和后期的经院哲学，而后者的独裁主义僵化状态则有助于导致宗教改革派的激烈争论）——**互相联系在一起的**。此外，唯名论者的思维方式也是与某种有利于**机械论**世界观的、体现生物形态的世界观的垮台互相联系在一起的，因为任何一种“一般的”、涉及生命领域——尤其是涉及关于“物种”的（有机）观念——的、人们在无机物领域中不会找到的概念对象，都确实拥有某种独立于有关时空多元综合体之不断个体化过程的标准而存在的实在和统一体。最后，它也是与作为一种群体形式的“**社会**”的崛起互相联系在一起的——这种社会以契约为基础，并且缓慢地开始取代以血缘、传统以及某种观念性和精神性的总体经验所具有的优势为基础的“生活共同体”。**从本质上说，从范畴角度来看体现生物形态的世界观本身，是与某种社会的、具有它自己的各种工具一技术和（与无机物形成对照的）有机实存的主导地位的、具有生活共同体形式的实存联系在一起的。**

二、在现代科学的崛起和宗教改革之间，还存在另一种社会学方面和心理学方面的相互联系。它是由**人们把全部精力都投入到这个世界内部的工作之中、都投入到他们的天职（Beruf）之中去的过程**组成的——在由祭司组成的教会之中，人们一直把精力投入到与巫术和**相对**的自我救赎过程同时存在的、为了上帝和圣事而进行的内在和外部的“工作”之中。上帝就宗教方面的各种教义和神圣化而言，也就是说，就它们所唯一具有的（与主张以往的教会是代表了贝拉基主义、[②]还是代表了半贝拉基主义的新教神学家们的争论同时存在的）对“恩宠”的虔诚而言，针对人进行的独一无二的活动——对于**所有各种**新出现的新教教义学来说，这种活动实际上是唯一的共同标准——就是这种**重新**对生理—心理方面的能量**进行指导的过程**所产生的单纯结果。后来，当这些宗教方面的纽带一起**解体**——正像此后不久**启蒙运动**时代在强有力的文化精英中间开始出现时所发生的情况那样——的时候，仍然作为“剩余物”而存在的，恰恰是一种**纯粹**为世界所内在固有的理性主义

---

① 在我即将出版的著作《哲学人类学》(*Philosophischen Anthropologie*)中，论述“老年心理学”的部分，将为这种既与个体有关、也与各种文化群体有关的法则，提供一种全面的基础。

② 贝拉基主义(Pelagianismus)：由贝拉基(Pelagius，354?—418?)在5世纪创立的基督教异端教义，强调人性本善并且具有自由意志。——译者注

和一种来源于所有各种宗教纽带的世俗文化领域所具有的、完全的**自主性**。① 当初只不过作为启蒙运动的各种"人为"观念、只不过是作为以专制独裁君主为中心的精英所具有的观念而存在的观念,用了一个世纪的时间才第一次发展成为"公众舆论",而且此后才缓慢地发展成为一种存在于大众之中的、"比较自然的"思维方式。文化精英被这种过程所造成的**各种社会后果**搞得惊慌失措、心烦意乱,因而尝试对更加古老的和真正的虔诚,进行某种软弱的、柔和的和毫无个性的复兴,而且,这种复兴是以具有历史性的、数量极多的所谓新"浪漫主义"(O. 施本格勒所谓的"第二种虔诚")的形式出现的。这种虔诚是已经被这些文化精英之诸精神先驱者本人消除和破坏掉的同一种虔诚,而且,他们也根本无法用他们的新的灵魂保护色,来掩盖这些精神先驱者所产生的影响。②

三、随着教会与国家在中世纪后期出现的日益分离——正像 A. 孔德非常敏锐地观察到的那样,这种分离代替了这两者在中世纪鼎盛时期具有的所谓"有机"关系,这里还出现了一种对于**科学自由**的更加强有力的保证,因为这种分离使学者们能够令各种各样的权威互相制约,从而坐收渔翁之利。但是,当各种教会和教派**数量增加**并且**互相牵制**、保持均衡状态时,人们也不得不削弱权威与科学的各种关系所产生的影响。因此,由专制独裁的国家创办的与教会的各种知识组织(包括巴黎、彼得斯堡以及柏林的那些研究院在内)相对立的、各种新的大学和研究机构("研究院"),偶尔也会通过它们为各种专门的科学提供新的教授职位,为各种科学的生命带来一种完全**不同的**气氛——就**人文**科学〔重商主义,财政学(Kameralismus),宫廷史学、国家教会和宫廷牧师的神学以及各种为专制独裁国家辩护的司法理论〕而言,它是一种可以导致与科学自由的各种崭新的、为中世纪所缺乏的纽带的气氛。但是,**自然**科学却是由于技术方面和经济方面的促进(与战争有关的技术,通信技术以及国有化的生产技术)而获得了非常大的收益。除了一些稀有的痕迹以外,中世纪的祭司和僧侣所具有的科学——**它是一种属于某个社会等级的科学**——已经被消除殆尽了。只有在 19 世纪的历史进程中,当政治的时代被经济方面的因果关系说明处于主导地位的时代所代替——正像我们在本书第一编中已经承认的、关于现实因素的社会学根据这样一些因果关系说明在精神史上所具有的种种局限而描述的那样——的时候,对这些科学的依赖形式和与这些科学、首先是与人文科学的各种联系才会发生变化,也就是说,由于与国家本身的发

---

① 参见狄尔泰论述启蒙运动时代在专制独裁国家时期之出现的那些论文。

② Fr. 斯特里希(Strich)在其著作《德国的古典派和浪漫派》(*Deutsche Klassik und Romantik*,慕尼黑,1922 年)——就这部著作的方法而言,它是以沃尔夫林的《艺术史原理》(*Kunstgeschichtlische Grundbegriffe*)为中心而确定取向的——中直截了当地指出,尽管确实存在的浪漫派的情感类型和思维类型具有各种各样的特色和历史原因,但是,古典派类型和浪漫派类型之间鲜明的分界线仍然是存在的。但是,我们对与这样一些运动的兴起有关的、具有典型性的**各种社会学原因**,却所知甚少。——原注

沃尔夫林(Heinrich Wölfflin,1864—1945):瑞士美学家、艺术史学家,著有《艺术史原理》等。——译者注

展有关的、包括雇佣者和被雇佣者的那些经济方面的关注在内的、所有各种**经济方面**的强烈关注的出现而发生的变化。[1]受监护的危险——**只有**作为**纯粹**理论而存在的哲学，**才**能摆脱这种危险(尽管也只是在少数几种情况下才是如此)，而专业化的实证科学则由于它在技术方面根据必不可少的法则发挥的共同调节作用，**永远无法**摆脱这种危险——不再来源于教会和国家，而毋宁说来源于各种新的、使自身逐渐疏远各种科学研究人员(工业测试中心，有重要关系的"干事"，国民经济学的教授职位，所谓属于左派和右派的、任职条件苛刻的教授职位，等等)的经济力量。**后者那**与利益有关的意识形态在学术方面的代表人物，都寻求以他们的财富，或者运用包括对国家施加各种压力在内的无论什么手段，或者直接或者间接地使这些新的力量得到加强：他们通过他们所掌握的新闻舆论和出版机构，随心所欲地赞美它们、拒斥它们，或者压制它们。

从历史上看，真正的和绝对的**科学自由**，从来都不是由科学精神本身所具有的自由性力量而来的，而是只有通过——与某种独立的哲学联合在一起的——那些**真正是社会学方面**的因素的**互相竞争过程**才出现的。所谓"科学的自由"只不过是一种**相对的**自由，也就是说，是它那受各种风险支配的状况所发生的某种变化。这种存在于真正是社会学方面的因素和与科学的约束力、退化过程以及领导地位有关的制度之间的竞争过程——科学正是由于这种竞争才获得了它那具有半自主性的解放，是一种**社会学方面的过程**，它不仅涉及科学，而且也涉及文化的**所有各种**基本趋势和领域。根据"*divide et impera*"(**分而治之**)的原则，这种竞争甚至还影响到语言(各种习得的民族语言的起源)，所有各种艺术、宗教和神秘主义以及在政治时代的鼎盛时期还有经济，所具有的全部世俗化过程和自主化过程。在中世纪，所有这些事物都从教会那里得到鼓舞，并且受到教会的控制——这种鼓舞和控制最初是以某种接近自然的和几乎令人难以觉察的方式进行的，后来，在中世纪即将结束的时候，这种鼓舞和控制则具有了更多的人为色彩和机械色彩：所有这些事物受它们从一开始就与之联系在一起的国家的支配，则完全是以后的事情。它们都被镶嵌在教会那由各种观念和信仰组成的超民族的世界之中，并且始终受到它的各种权威的引导和控制。从我们今天具有的观点出发来看，所有这些事物都是被某些**社会等级从超民族的角度**统一起来，并且加以检验的，这些社会等级**超越**了各个民族和部落所具有的统一的精神，并且是由一些统治集团——城镇人口的上层阶级以及教会——从经济角度维持下来的。这里曾经存在由学者运用的拉丁语组成的统一体；这里曾经存在某种中世纪的世界经济——通过这种经济，各地区的大商业城市就可以互相直接进行贸易。由社会等级统一起来的博学者阶级和所

---

① 美国的社会主义者厄普顿·辛克莱在他那切中要害和也许有些夸张的著作《正步走》(*The Goose-Step*，1924 年)中，对存在于美国各大学之中的这样一些条件进行了非常值得赞赏的描述——这是一种也将在欧洲这里出现的发展。——原注

辛克莱(Upton Sinclair，1878—1968)：美国小说家，著有《屠场》《世界的终点》等。——译者注

有艺术家，都通过某种自觉和有影响的关系高高矗立在他们的民族之上。从根本上说，教会灵感的**世俗化过程**和人们放弃教会灵感的过程**以及**随着各种文化领域的业已增加的**分化过程**出现的、这些文化领域之已经分离和自主化的组成部分，**重新**统一和整合成为一种新的和不断增长的群体类型的过程，是**同一个社会学过程**：这是一个**导致不断发展的各民族的统一**、导致它们不断发展的民族"精神"的过程。因此，**各个文化领域的自主化过程和民族化过程**，都只不过是一个过程的两个方面而已。各种习得的民族语言，各种民族经济，各种具有民族色彩的哲学和神秘主义理论，各种具有民族色彩的科学方法（诸如与作为以社会等级为基础之诸文化势力的贵族和祭司阶层相对立的资产阶级所具有的科学方法）以及共同构成我们称之为民族"精神"的那些新的文化势力中心的、不断进行的重组过程，都与由各个民族、部落、城镇、省的领土从有机角度集中在一起的它们的"灵魂"，形成了鲜明的对照。这些文化势力中心逐渐吸收和同化各社会等级之比较旧的、属于同一阶层的、具有普遍性的文化，而且，各个民族所特有的活动也在由不断增长的民族组成的新统一体的支持下，彼此之间再一次开始进行沟通。社会学对使这种情况得以出现的秩序没有任何兴趣，毋宁说，它是历史学的一个关注点。

四、另一条通过现代科学的发展表现出来的关于知识的社会学法则，就是我曾经在其他地方称之为"那些具有鉴赏意识的人相对于那些只具有专门知识的人来说"所具有的优先地位、粗浅涉猎者相对于科学专家来说所具有的优先地位、或者"爱相对于知识来说"所具有的优先地位的东西。纵观其历史，科学为自己征服的任何一个新的领域，最初都必定是通过对**爱**的某种强调而得到领会的——只有在这种情况出现以后，一个更加冷静清醒、更多地从理智角度进行客观研究的时代，才可能出现。因此，一种新的自然**科学**也是以某种新的自然**感情**、以对自然界的某种新的评价为前提条件的。[①]这种情绪方面的突破接下来出现在欧洲的文艺复兴运动之中——它以圣方济各会运动那尚未受到任何触动、与基督教联系在一起的复兴及其在欧洲出现的各种各样形式为起点，然而，这些运动形式却变得越来越具有世俗色彩了（特勒肖，康帕内拉，列奥纳多·达·芬奇，彼特拉克，[②]乔尔丹诺·布鲁诺，斯宾诺莎，夏夫茨伯里，[③]费奈隆，[④]一直到卢梭）。这种突破首先涉及天，之后也扩展到有机自然界的各个组成部分。海因里希·冯·施泰因（Heinrich

---

① 参见K.耶尔(Joël)对这个生成过程所作的出色介绍，《自然哲学在神秘主义精神中的起源》(*Der Ursprung der Naturphilosophie aus dem Geiste der Mystik*，耶拿，1906年)；也可以参见我的著作《同情的本质和形式》(*Wesen und Formen der Sympathie*)的各个章节。

② 彼特拉克(Petrarch，1304—1374)：佛罗伦萨学者、诗人、欧洲人文主义运动创始人，著有《我的秘密》等。——译者注

③ 夏夫茨伯里(Anthony Shaftesbury，1801—1885)：英国政治家、哲学家，著有《人的特征、风习、见解和时代》等。——译者注

④ 费奈隆(Francois de Salignac Fénelon，1651—1715)：法国主教、神秘主义神学家，著有《释众圣关于内心生活的语录》等。——译者注

von Stein)曾经确切地评论说："当17世纪和18世纪的人们使用'自然界'这个术语时，他们首先想到的是天；而19世纪的那些人首先想到的则是一处风景"。皇帝腓特烈二世[①]由于其部分由西方人组成、部分由东方的阿拉伯人组成的团体——他是那不勒斯大学的创立者，而成为这种情绪倾向的一种最强有力的源泉。这里存在人们从**内部**对自然界采取的一种遮遮掩掩的、具有疯狂特征的态度(歌德所说的"难道自然界不是存在于人心之中吗?"这句话，指的就是这种态度)，而任何一种合理性的理解所具有的能力，都无法取代这种态度。与如此新奇的自然方面的**疯狂**形成的各种联系，都是与各种动物和植物——也就是说，与作为一种有生命的存在而最接近于人的任何一种事物——形成的，新的情绪性关系。但是，从历史的各个时期来看，这种与自然界的**同情性移情过程和认同过程**的程度和类型，都始终是极不相同的。在中世纪的鼎盛时期，它们的范围和强度都是最低的。而在文艺复兴时期，人所具有的这种精神力量猛烈地爆发出来，而且，这种爆发无疑是以存在于男人和女人之间的一种新的情绪关系为开端的。[②]"隐秘晦涩的"神秘主义所具有的俄尔甫斯[③]—狄奥尼修斯浪潮，总是不断地重复出现。在西方的科学史上，这样一种类型的情绪性突破，持续不断地导致各种新冲动。存在、自然界以及历史的各种各样领域，都有可能受到这些新冲动的影响：就与中世纪有关的人道主义运动而言，就与世界结构和所有各种人造的"机器"有关的17世纪和18世纪而言，就尤其与有机的自然界和风景(地理学)有关的19世纪而言，就荷尔德林、[④]温克尔曼[⑤]和再一次涉及古典时代的新德国人道主义而言，[⑥]就与印度哲学和印度宗教有关的威廉·冯·洪堡、谢林、叔本华、爱德华·冯·哈特曼以及保罗·德意森而言，就涉及经济史和为了其生存而斗争的大众的卡尔·马克思而言以及就现在涉及远东地区各种文化的俄国和斯拉夫世界而言，情况都是如此。

有一些明确的**标准和法则**，构成了这些感情和评价过程的历史节奏的基础，而且，人们也确实可以在所有各种知识类型(包括宗教知识在内——正像"渴望"得到

---

① 腓特烈二世(Emperor Frederick Ⅱ，1194—1250)：神圣罗马帝国皇帝、德意志国王、西西里国王，于1224年创立那不勒斯大学。——译者注

② 关于这个方面，也可以参见我的著作，《同情的本质和形式》(*Wesen und Formen der Sympathie*)，第127页以下；也可以参见E.卢卡(Lucka)，《性爱的三个阶段》(*Die drei Stufen der Erotik*，柏林，1917年)；以及W.桑巴特，《奢侈与资本主义》(*Luxus und Kapitalismus*，莱比锡，1922年)。

③ 俄尔甫斯(Orphic)：希腊传说中的半人半神，据说他的一批传奇和教诲导致了强调因果报应和灵魂转生的希腊秘传宗教。——译者注

④ 荷尔德林(Friedrich Hölderlin，1770—1843)：德国著名抒情诗人，著有《许珀里翁》《和平的节日》《面包和葡萄酒》等。——译者注

⑤ 温克尔曼(Johann Winckelmann，1717—1768)：德国考古学家、艺术史学家，著有《希腊绘画雕塑沉思录》《古代艺术史》等。——译者注

⑥ 关于这种对自然界的新感情，也可以参见雅各布·布尔克哈特《意大利文艺复兴时期的文化》(*Die Kultur der Renaissance in Italien*，1860年；译者按：布尔克哈特，即Jacob Burckhardt，1818—1897年，瑞士文化史学家，著有《意大利文艺复兴时期的文化》《世界史观》和《历史片断》等)。

原始的基督教教义的宗教改革主义者和浸礼会教徒[①]所表明的那样)中找到这样的标准和法则。

这些节奏首先是与一种哲学上的唯名论一起出现的,[②]并且与人们所做出的,挽救自己免于遭受一种僵化、稳定、没有直觉和完全抽象的文化之影响的尝试结合在一起。在西方的基督教世界,在阿拉伯世界(苏菲派神秘禁欲主义),在犹太教世界(犹太神秘主义,斯宾诺莎)以及在中国(与儒教相对的道教),它们都始终是"经院哲学"的最强有力的对手。其次,它们总是要求人们"实地观察""自我经历""直接认识"以及"进行直观",而且总是极大地低估全部知识所不可或缺的各种**理性**形式。只有通过这样一些从情绪角度经过夸大的直观,人们才有可能消除一种被克服的知识层次(无论这种知识层次是基督教会的知识层次还是民族的知识层次)所具有的官方地位。伽利略曾经问那些拘泥于书本的经院派天文学家:"你们打算运用你们的演绎推理把群星从天上摘下来吗?"此外,这样一些节奏还遵循有关**发生**的法则,也就是说,它们主要是一种**生物学方面的**节奏,而不是一种从属于精神的历史,或者说从属于各种制度的节奏。它们始终是与"**青年运动**"联系在一起的。在文艺复兴时期,人们把这一点称为存在于"*moderni*"(**现代**)和"*antique*"(**古典**)之间的对立。恩斯特·特勒尔奇非常清楚地表明了这种存在于浪漫主义与当前德国科学家中间存在的青年运动的关系之中的事态,[③]但是,就这种事态共同决定科学的全部历史而言,他并没有看到这种事态所具有的**一般的**社会学本性。这样一些运动也都是"肤浅涉猎性的"——不仅就这个语词之恰当的词源学意义来说情况是如此,而且在这些运动都是不讲方法、混乱动荡,并且时常过高地估计某种新奇的兴趣领域,把过多的**本体论方面的价值**赋予这种领域的消极意义上说,情况也是如此。这里的最后一点具有最重要的意义。一般说来,人们总是先把新近领会的存在领域的种种内容,误置在实存、事物的本质以及价值的"**绝对**"领域之中,也就是说,关于它的知识总是追求"形而上的"有效性,而且,它的对象也往往会成为一种独立于所有变化而存在的变量。根据有关类比转移的法则——借助于这种法则,人们就可以把已经证明的法则和图式[④]转移到其他存在领域上去——来看,整个世界,或者说这个世界的比较完善的组成部分,现在是由于与这种新的、受到偏爱的知识领域的类似而得到了思考。下列例子都表明了这一点:对于笛卡儿来说,他所发现的解析几何就是"那一般的"自然科学,甚至还可以说是一种有关自然界的形而上学。新力学的各种所谓的守恒原理,都相继被人们(a)转化成为所有各

---

① 浸礼会教徒(Baptist):基督教一个新教教派的教徒,此教派主张教徒成年后即可受洗,并应将全身浸入水中。——译者注

② 参见P.赫尼希柴姆的论文,这些论文收在纪念马克斯·韦伯的文集(1923年)和我前面提到的文化人类学著作,《知识社会学研究》(*Versuche zu einer Soziologie des Wissens*,1924年)之中。

③ "科学中的革命"(1921年),载《精神史和宗教史论文集》(*Aufsätzen zur Geistesgeschichte und Religionsgeschichte*,蒂宾根,1925年)。

④ E.马赫,《认识与谬误》(*Erkenntnis und Irrtum*,1905年)。

种定性方面的自然现象(声音,光线,色彩,等等);(b)转化成为物质的化学组成(原子的构成和分子的构成)和世界结构;(c)转化成为各种心理事实(联想心理学)和生理机能(荷兰和法国的医学)以及(d)转化成为社会科学、政治科学以及法学(霍布斯,斯宾诺莎,等等)。对于马克思来说,无论被人们称之为文化或者宗教的东西是什么,都会变成经济和阶级斗争的动力所具有的一种功能和一种附带现象("上层建筑")——而对于现代"生命哲学"那肤浅涉猎的生物学来说,它们则严格说来变成了"生命"(柏格森,西梅尔)。[①]

被人们称之为**"时代精神"**的、与名副其实的低能者或者生长过度的儿童有关的催眠术方面的概念,都是从这些情绪性运动和具有疯狂特征的**生成性**情感之中产生的。根据**内驱力能量学**的各种法则来看,各种内驱力——在一个相当长的时期里,这些内驱力都曾经受到(任何一种处于主导地位的,限制某些内驱力并且因此而强调其他内驱力的**禁欲主义**体系的)束缚和压抑——的发展方向,可以说开始发生逆转。**新的内驱力结构**——以及伴随着它而出现的、它那新的发挥限制内驱力作用的**社会精神特质**形式,后者相对来说总是具有禁欲主义色彩,并且与各种不断变化的内驱力发展方向有关——既是通过一种精英的血缘关系和血缘关系混合状态而产生的,也是通过他们的心理表达方式而产生的。而且在这种新的内驱力结构产生的同时,这里还出现了一种新的、**选择**可能存在的各种世界印象的方式,出现了一种新的、反对这个世界的人类**意志**的发展方向。**理论方面的世界观**之所以与实际的、具有实践性的(政治的,经济的以及社会的)**世界现实**相一致,并不是因为这两者之中的一方导致了另一方,而毋宁说是因为它们在这种新的、**由社会精神特质**和**各种内驱力**组成的结构性统一体之中,具有**共同的起源**。任何一个如此引人注目、充满热情而又令人心醉神迷的时代后面,总是跟随着一个使人冷静持重的时代——这个时代中既存在人们对各种学科提出的新颖的反对意见,存在一个新的、充满了归纳活动和演绎活动的开端,也存在属于一种新的实证——**科学**学科的各种**合理性**成分。这样一种学科的形成过程的特征,在社会上是由它的各种对象,由同时出现的国家和经济制度对各种技师和工程师的社会需要以及由人们对医师的需要,表现出来的。过多的情绪——以及它们所采取的发展方向——通常在同等程度上影响宗教、艺术以及哲学,而且在这之后,它们还**利用一种新的哲学**来影响**各门科学**。自然**哲学**就像"碱性母液先于水晶体而存在"(孔德语)那样先于科学而存在,另外,无论哪里存在过一种伟大的哲学,这种哲学都不是实证科学的一只单纯的"密涅瓦的猫头鹰",[②]而毋宁说是科学的**开路先锋**。哲学上的各种假

---

① 西梅尔(Georg Simmel,1858—1918):德国社会学家、哲学家,著有《货币哲学》《社会学的根本问题:个体与社会》等。——译者注

② 密涅瓦(Minerva):古罗马神话中司智慧、技艺发明、艺术以及武艺的女神,相当于希腊神话中的雅典娜;"密涅瓦的猫头鹰"在西方文化中意指在现实过程已经完成、相应的实际知识业已成熟的情况下出现的,表达理想王国的哲学。——译者注

设时常只是在很久以后，才第一次受到科学的可证实性的影响。布鲁诺提出的关于这个世界的化学同质性的理论——孔德曾经把这种理论当作“形而上学”理论加以拒斥——表明了这一点，因为这种理论受到了本生[①]和基尔霍夫[②]所进行的光谱分析的影响；古希腊人那纯粹的与哲学相似并且作为对逻辑学的某种推广的数学(例如，普罗克洛斯的锥线论)表明了这一点，因为伽利略、惠更斯、开普勒以及牛顿都曾经用证据对它加以证实；黎曼[③]几何学表明了这一点，因为爱因斯坦曾经用证据对它加以证实；古老的、关于物质的能动构造过程的哲学理论(莱布尼茨和康德)也表明了这一点，因为这种理论得到了 H. 维尔[④]运用证据进行的证实。[⑤]

这样一来，就那些更加重大的历史时代而言，风格和结构的那些存在于艺术(以及存在于艺术的各个分支流派之间的)哲学以及科学之间的类比关系，**无论如何都没有**必要像就但丁与托马斯·阿奎那，拉辛[⑥]和莫里哀[⑦]与笛卡儿，哥德与斯宾诺莎，弗里德里希·冯·席勒与康德，瓦格纳与叔本华以及黑贝尔[⑧]与黑格尔而言所出现的情况那样，取决于**有意识的**情感转移。毋宁说，无论**新的一代人**的灵魂深处什么时候发生各种变化——这些变化吸收已经确立并且流传下来的各种文化价值的那些比较陈旧的分化，使这些文化价值得到更新，并且在**独立于**各种人格因素和意识因素而存在的情况下，一种变化紧随着另一种变化出现——这些关系都会展示它们所特有的意义。例如，就(皮埃尔·迪昂曾经描述过的)存在于17世纪和18世纪法国古典主义悲剧和法国数理物理学之间的各种相似之处而言，就存在于莎士比亚和弥尔顿[⑨]与英国物理学之间的各种相似之处而言，情况一直是如此；此外，就哥特式建筑和经院哲学鼎盛时期的建筑之间，莱布尼茨和巴洛克艺术之

---

① 本生(Robert Wilhelm Bunsen，1811—1899)：德国化学家，曾与基尔霍夫一起开辟了光谱分析领域，著有《气体定量法》。——译者注

② 基尔霍夫(Gustav Robert Kirchhoff，1824—1887)：德国物理学家，与本生一道建立光谱分析理论，著有《数理物理学讲演集》(共四卷)等。——译者注

③ 黎曼(Bernhard Riemann，1826—1866)：德国著名数学家，他创立的黎曼几何成为相对论的基础，著有《关于构成几何基础的假设》等。——译者注

④ 维尔(Hermann Weyl，1885—1955)：德裔美籍数学家，以统一以往不相关学科的能力著称；著有《黎曼曲面概念》《空间、时间、物质》等。——译者注

⑤ 参见“什么是物质?”，载《自然科学》，第十二卷，第28，29，30期(*Naturwissenschaften*，1924年)；也可以参见维尔对哲学在物理学史上所具有的开路先锋地位作出的敏锐判断。

⑥ 拉辛(Jean Racine，1639—1699)：法国最伟大的诗人之一，使17世纪法国古典主义戏剧臻于完美，著有《伊菲热妮》《菲德拉》等。——译者注

⑦ 莫里哀(Molière，1622—1673)：法国17世纪最伟大的剧作家，作品有《多情的医生》《太太学堂》《达尔杜弗》等。——译者注

⑧ 黑贝尔(Friedrich Hebbel，1813—1863)：丹麦裔德籍诗人、剧作家，著有《犹谪》《尼贝龙根三部曲》《吉格斯和他的指环》等。——译者注

⑨ 弥尔顿(John Milton，1608—1674)：英国仅次于莎士比亚的伟大诗人、政论家，著有《失乐园》《复乐园》《为英国人民声辩》等。——译者注

间,[①]马赫—阿芬那留斯和印象派平面造型艺术之间,表现主义和现代的所谓生命哲学等等之间存在的各种相似的风格而言,情况也一直是如此。虽然在这些被个别**构造而成的**情绪性冲动的形式和发展方向方面出现的变化,都完全超越了各种有意识的"意图和兴趣",但是,它们却共同决定着随后出现的所有各种意图:它们都**先于认识和意志而存在**。**它们**都在生物学的意义上受到了制约——它们并不一定是通过种族冲突和种族互动作为各种新的客观的血缘混合状态的结果,从某种自然科学的意义上受到制约,而是在下列程度上受到制约:要么其他的那些民族**部落**提供了这种精神方面的精英,[②]要么现在存在的其他各种**血缘阶层**(*Blutschichten*)或者通过这样一种处于主导地位的血缘阶层(诸如法国的法兰克贵族和英国的诺曼贵族)的消亡,或者通过革命手段(例如,犹太人在德国便由于布尔什维克革命而失去了权力)而获得权力。这样一些在生物学的意义上受到制约的变化,都已经得到了这些运动所具有的、恰恰从世代生成角度看反复出现的节奏的证明。

存在于上层阶级中间的失望情绪,是与一种新精英在同一些群体的灵魂之中导致的、从世代生成的角度得到决定的各种变化**相一致**的(正像德国的浪漫主义对启蒙运动诸观念所产生的种种后果的失望情绪以及它所具有的与法国大革命的后期阶段有关的经验所出现的情况那样),因此,这种失望情绪甚至更加强有力地决定着一个过去的时代在精神方面的复活——例如,中世纪及其精神世界在精神方面的复活——的方向。正像 W. 狄尔泰,E. 特勒尔奇,E. 罗特哈克尔(Rothacker)以及其他一些人已经非常敏锐地表明的那样,德国 19 世纪的人文科学所具有的"历史意识"——莱奥波德·冯·兰克曾经把这种"历史意识"称为"对人类的每一种事物持同情态度"——以及从其中产生出来的东西,各种各样的所谓宗教"历史学派",神学"历史学派",法学"历史学派",经济学"历史学派",哲学"历史学派",艺术"历史学派"等等,都是从这样一种得到双重激发的**浪漫主义运动**中产生出来的。的确,因为全部人类历史的独特之处就在于,各种引人注目的过程、成就、事态都不重复自身,只有灵魂的那些曾经充满过整整一个时代的、潜在的力量,才能够在各种所谓的"改革过程"中、"复兴过程"中、"接受过程"中**一次又一次地**被人们复活,才能够被人们**有效地唤醒**。当那些早已经被人们遗忘的意气相投的先驱者和精英群体唤醒它们、把它们激发出来的时候,当这些力量突然进入到关于未来的各种新计划和新行动之中,同时开始像投射一束强烈的光线那样,把各种新的**回顾**之光投射到过去那在其他情况下将会保持沉默和死亡状态的世界之上的时候,这种情况就会发生。因此,**复活**那些曾经造成过以往文化之诸作品的精神方面和心理方面的**功能**的过程,必定总是**先于**人们对这些**作品本身**及其"形式"的**客观研究而存在**,

① M. 德沃夏克(Dvoràk),《作为精神史的艺术史》(*Kunstgeschichte als Geistesgeschichte*,慕尼黑,1924年)以及 H. 施马伦巴赫(Schmalenbach),《莱布尼茨》(*Leibniz*,慕尼黑,1921 年)。

② J. 纳德勒(Nadler)已经通过他的著作《柏林的浪漫主义》(*Die berliner Romantik*,柏林,1921 年)表明,德国的浪漫主义很可能起源于早期德国的殖民部落。

也就是说,必定总是先于**关于**历史上的各种科学的哲学**而存在**。但是,由这些新的时代力量所导致的东西,却不是一种对旧文化的各种成就的"复制",即使人们把这些旧文化的成就当作"典型"保存下来,情况也仍然是如此。欧洲文艺复兴时期人道主义运动的艺术活动与"实际存在的"古代艺术活动的距离,就像经过改革的基督教与早期基督教的距离那样遥远。僧侣们虽然精确和一丝不苟地复制古代著作家的作品,但是,他们却仍然与后者自己的精神**相距十万八千里**。一个全神贯注于古代的人,或者一位欧洲文艺复兴时期的人道主义者,由于各种主观的假定和解释而歪曲这样一种以往作品的情况并不罕见,而且,他在绝大多数情况下也创造了某种并非古典的东西。但是,以欧洲文艺复兴时期的人道主义者为前提的科学的哲学家,却可以把某种以往文化的"精神"与真诚和哲学方面的严谨性**统一起来**。

就由全部知识类型组成的历史上存在的所有这些典型的、经常出现的现象而言,这里出现了在普遍规模和各种集体规模上把自身表现出来的法则——诸如我们在存在于个体中间的、比较小的规模上发现的那些法则,情况就是如此。下面就是这些法则之中的第一组法则当中的一种:任何一种对某种事物是**什么**的**理智性**理解,都以有关这个对象的某种**情绪性价值**经验**为前提**。正像这个命题对于所有各种思想类型来说都有效那样,它对于那些最单纯的感知、记忆、期望来说也同样有效;对于人们直观第一类现象〔也就是说,脱离了感觉过程和人们 *hic-nunc*(**此时此地**)有关它们的经验的各种事物所具有的原始形式〕的过程来说,对于人们运用各种观念直接进行思考的过程来说——这两者都可以导致 *a priori*(**先天的**)知识,它也同样有效。而且,对于人们在观察、归纳、间接推理的基础上认识所有各种偶然发生的实际问题的过程来说,它也同样是有效的。**从价值方面**进行把握始终先于**完全的**把握而存在。一个儿童最初说出的话,就已经包含了欲望和对各种感受的表达。这些心理方面的表达正是他最初所觉察到的动物。[①]在领会"甜"这种感觉特性之前,这个儿童先领会的是糖所具有的"惬意性"。动物之诸感官机能的发展只能达到下列程度,即它们只能够发挥表示什么东西对这些动物有益、什么东西对这些动物有害的指号的作用(而且只是在这以后,它们自己的中枢神经系统和周围神经系统才会相应地被构造出来)。所有有创造力的发明家和研究者都证明了下列事实,即他们的发明和发现对于他们来说最初都是以"**预感**"(*Ahnung*)的形式存在的——与其说他们思考过它们,还不如说他们只是感觉到了它们。所有各个崭新的科学时代的开端,都充满了这样的"预感"。然而,在一个学究气十足的时代,人们会认为关于这个世界的知识或多或少是完善的和有序的,而在那些有某种新的世界观凸现出来的时代,人们则把这种新知识的本性或者这种新知识的任何一个领域,看作是一种无法预见的学习**过程**。在这些出现复兴运动的时期,即使人们最为熟悉的那些材料,也都会变成可以质疑的东西。每一个问题——也就是说,

① 《同情的本质和形式》(*Wesen und Formen der Sympathie*),第三编。

每一个独立于个体的主观质疑过程而存在的问题以及每一种令人怀疑的事态，都会持续不断地引出各种新问题，所以，自然界呈现出了具有各种神秘莫测的深度的特征。在人们中间存在着一种一般性举动，这种举动与儿童在他们持续不断地问“为什么?”的早期发展的举动相似。作为精神方面和心理方面的**恢复活力的过程**，这些复兴运动也表明了一种显而易见的、向各种更加**原始的**世界观念的回归。精神为了重新使自身与众不同，使自身恢复活力并且整合成为一体。从中世纪经院哲学的鼎盛时期向各种现代自然观转变的时期，充满了巫术、迷信、人神灵交、对魔鬼的信仰以及诸如此类的东西，而中世纪鼎盛时期的人们对这些东西是一无所知的。自然界突然变成了一个巨大无比的**表现**领域，被人们用来表现诸如帕拉切尔苏斯[①]这样的占星家、炼金术士、医师认为他们能够加以控制的，各种与生命有关并且混乱无序的力量。所有各种走向原始法术的趋势又一次出现了。正像 W. 狄尔泰尖锐地指出的那样，在中世纪的经院哲学世界观和现代的理性科学之间，曾经存在过一种发挥调解作用的、“能动的自然泛神论”。在这个时期，被人们当作一个整体来看待的各种色情倾向，也都处在“最青春焕发的时期”。[②]只在克服中世纪世界观所具有的**拟人论**的各种力量方面看到理性思想的存在，或者坚持认为理性思维从时间方面来看只是在这里才第一次出现，都将犯一个错误，因为与属于更加现代的几代研究者的人们相比，经院哲学家们在思维的敏锐精妙方面，在思维艺术和思想方法方面要出色得多。毋宁说，导致了超出书本的知识和狭隘的拟人论的，是一种**对自然界的**纵情狂欢和心醉神迷式的、**情绪方面的献身**以及一种新的、对这个世界保持开放状态的态度；在这种献身过程和这种新的态度中，人们通过他们自己的由内驱力支配的生活，觉察到了适宜于全部自然界的各种生命力和生命趋势的持续存在过程。紧随着这种对自然界的献身而出现的，是一种新的、对“剖析”(这是文艺复兴时期的人们特别喜爱的一个术语)的渴望，而它则导致了超出书本的知识和狭隘的拟人观。它是一种与来源于——在中东兴起、横跨色雷斯[③]之后进入希腊的——各种俄尔甫斯运动的浪潮相似的浪潮，而后者不仅导致了一种古代的悲剧艺术，而且还像尼采已经看到的那样，通过与“阿波罗尼奥斯[④]学派”的联姻，导致了柏拉图和亚里士多德的古典哲学。也正是出于这种原因，柏拉图关于**爱欲**的理论——作为一种起源于这些俄尔甫斯运动和伴随这些运动而出现的各种神秘崇拜仪式的理论，在文艺复兴时期既是哲学家们特别喜爱的主题，也是诗人们特

---

① 帕拉切尔苏斯(Paracelsus，1493—1541)：医师、炼金术士，对现代医学和药物化学有所贡献，著有《外科大全》等。——译者注

② 也可以参见 W. 桑巴特在其著作《奢侈与资本主义》(*Luxus und Kapitalismus*，莱比锡，1922 年)中的论述。

③ 色雷斯(Thrace)：欧洲自爱琴海至多瑙河的巴尔干半岛东南部地区，北部为今天的保加利亚，南部仍称色雷斯。——译者注

④ 阿波罗尼奥斯(Apollonius，BC 262?—BC 190)：古希腊数学家、几何学家，著有《圆锥曲线》，其他著作大都失传。——译者注

别喜爱的主题。

根据上述因素和其他许多相似的因素来看，人类知识的历史提出了一个有关它自身的、值得我们最充分地加以注意的问题，不过，我在这里还不敢回答这个问题。我们知道文化人类学家们所指的各种“高级文化”是什么——就这些文化的开端而言，它们向来是由处于主导地位的**母权制文化和父权制文化**组成的混合物，而且，这些混合物都包含了各种心态和世界观形式，后面这两者在这两种文化类型中都是最初彼此判然有别，之后便以它们自己的方式得到发展。看来，支配存在于诸个体及其身体之间的机体生命之发挥突破作用的浪潮的、有关女性和男性所进行的生殖过程的原则，似乎既在**具有共同特点的**各个群体中间，也在使文化得以从其中产生出来的各种心理方面和精神方面的过程与活动之中，**再一次**发挥作用和产生影响。而且，我们可以认为能够或多或少地确定下来的是，在所有各种心理发展过程中，存在于感知、感受，还有各种内驱力——冲动方面的**心醉神迷**的举动，都是**先于**与自我联系在一起的和“有意识的”举动**而存在的**。我们也许还可以认为下列观点是非常有可能成立的，即在历史的全部过程中始终反复出现的、对于心醉神迷状态的这两种基本表现，尤其是对人神灵交——与 *natura naturans*（**创造万物**）的动态过程的（神秘的）认同过程，在这个过程中，精神被搁置在一旁，而与（δειν των ιδεων）（**理念之外的形式**）有关的、（被激发出来的）心醉神迷状态，则由于对内驱力—生命进行封闭而发挥抵制作用；在这个过程中，各种事物（**此时此地**）的实在对于我们来说主要是给定的——的基本表现，都在父权制文化和母权制文化中，拥有其**最初的、社会学方面的根源**。但是，倘若情况就是如此，难道存在于所有各种领域之中的有关一个“**天才**”的观念的依据，不是就有可能存在于这两种互相对立的心醉神迷举动类型之间的**全部张力**之中、就有可能存在于这种张力的不断松弛过程所具有的深度和诚挚（Innigkeit）之中了吗？难道对于由各个民族组成的全部群体创造**各种新文化的过程**和有关**各种新文化**的观念来说，这种观点不也同样适用吗？也许全部文化社会学的深层奥秘——为什么一些特殊的、时常是非常短暂的时代，能够像天才人物从普通人中脱颖而出那样，极其显著地雄踞于其他时代之上——在此基础上可以得到充分的阐释。而且，它也许还能够说明，为什么就存在于中世纪经院哲学和神秘主义之间、存在于古典主义和浪漫主义之间、存在于由各种观念组成的理性哲学和寻求与自然认同的直觉主义生命哲学之间的对立而言存在的各种相似因素，可以揭示我们在全部文化的历史上发现的种种**周期性变化**和**节奏**；虽然这些变化——就这些变化而言，互相对立的第二方通常总是先于第一方而存在——以各种各样的历史形式和个别形式存在，情况也仍然是如此。

五、如果像我多年以来一直坚持认为的那样，[①]**爱和控制**对于——在人类精神

---

① 也可以参见 A. 格律恩鲍姆（Grünbaum）在他即将出版的《作为哲学世界观之基本动机的支配和爱》（*Herrschen und Lieben als Grundmotive der philosophrischen Weltanschauungen*，波恩，1925 年）一书中所作的论述。

中必然从本质上互相补充的——两种认识态度来说**都是基础**，那么，就其从发育期到成熟期的发展而言，现代科学也必定植根于**进行控制的意志**所具有的某种新发展方向之中。而且，实际情况恰恰是如此。因为现代实证科学的**第二种**源泉，就是城市资产阶级所具有的，走向**对自然界进行系统**——而不仅仅是偶然出现的——**控制**的、未受任何限制的趋势以及对用于控制自然界和灵魂的知识进行的、无限的积累和资本化。这种趋势没有受到任何一种需要的抑制，而是得到了有关民族的社会精神特质和意志的支持。虽然这种趋势的目标是既控制自然界、也同样控制灵魂，但是，它在本质上却并不与有关控制本身的知识完全相当，而后者则是培根作出的狭隘的、具有过多英国人色彩的、实际的限制性规定，并且导致他极其愚蠢地把研究恒星天的天文学当作一门"徒有虚名的"科学来谈论；这是一条被孔德[①]令人遗憾地继续坚持下来的思想路线。不过，自然界和灵魂也都被人们**设想**成了可以控制和可以操纵的(lenkbar)的东西。例如，通过(首先与大众有关的)政治、教育、教导、还有各种组织，就可以对"灵魂"进行控制和操纵。[②]如果说它在某个地方进行细致微妙的推理的话，那么，它正是在这个领域中进行着这种推理，以既防止做出包括关于历史的经济学理论在内的、传统的理智主义和实用主义所做的蠢事，又防止犯心理学主义、社会学主义、还有历史主义所犯的错误为目的，后者往往倾向于通过阐明现代科学在社会学方面的"各种起源"来贬低现代科学的价值。我们自己的方法已经可以防止我们犯这种错误，因为它从来都不对精神文化的**意义**和它的价值加以说明，而毋宁说，它只对人们从同样有可能存在的各种精神性意义内容中，把这种意义或者那种意义**当作由一种关于现实因素的社会学描述过的东西进行选择的过程**加以说明。

人们绝不能把所有这些方面与那些确实在从事研究的、学识渊博的**个体**所具有的**积极性**或者主观意向混为一谈；这样的积极性在数量上可能是无穷多的：技术方面的各种任务，虚荣自负，雄心勃勃，贪得无厌，对真理的热爱，等等。我们所要表明的是，**思维过程的范畴机制**、研究过程及其**具有客观性的**(*versachlichten*)各种方法的客观目标**之从社会学方面看受到制约的起源**，而这些范畴机制、研究过程及其方法的客观目标，在"新科学"("*nuoua scienza*")中都发挥了超出这些个体的意志、希望以及主观意向之范围的影响。例如，为什么"量"这个范畴可以获得高于"质"这个范畴的优先地位、"关系"这种范畴可以获得高于"实体"及其各种偶性

---

① 孔德以他那狭隘的感觉论为基础，对科学施加了多少限制性规定啊，而自从那时以来，科学已经突破了这些限制性规定！例如，他对植根于自我观察的心理学的存在提出过质疑，对认识恒星的化学组成提出过质疑，对关于热的机械学理论提出过质疑，对进化论成立的可能性提出过质疑，还对解决有关空间、时间、物质的无限的问题的可能性提出过质疑，等等。

② 我们那些伟大的研究者当中的绝大多数人，对于这种对认识目标的限制仍然是一无所知的。只有乔万尼·巴蒂斯塔·维柯确立了这样的原则："我们只知道我们在自然界中也能够创造什么"。就这一点而言，他领先于他的时代。——原注

维柯(Giovanni Battista Vico，1668—1744)：意大利18世纪哲学家，著有《新科学》等。——译者注

各种范畴的优先地位,[1]或者说,“自然法则”这种范畴可以获得高于“形式”“格式塔”这种范畴——或者进一步说,可以获得高于“类型”抑或“力量”这种范畴的优先地位呢?为什么按照某种分析公式来看,关于运动通过各种空间格式塔而不断发生的范畴,可以获得高于有关性质方面的各种空间格式塔的范畴(笛卡儿的解析几何)的优先地位呢?为什么属于关系主义[2]学派的思想家们的逻辑,可以获得高于包含在演绎推理之中的逻辑的优先地位呢?为什么涉及未来活动和发挥预示作用的“*ars inveniedi*”(**有关发明的艺术**),可以获得高于对某种稳定可靠的、经过缜密思考的——以基督教会的基督和“那些进行认识活动的人当中的巨擘”(但丁语),也就是说,以作为最高权威的亚里士多德为依据的——神学真理或者哲学真理的“*ars demonstrandi*”(**具体论证的艺术**)的优先地位呢?为什么现代那些不断进行实验、不断从数学角度进行推理的“研究者”可以获得领导地位,而中世纪的拥有许多著作并且总是进行回顾的“**学者**”,却不再拥有领导地位呢?为什么人们从各种**意识**现象出发得出研究结论,而不是从各种存在本身出发得出研究结论呢?为什么这里会出现作为全部历史性调查研究和一种新的解释学之原则的、对种种起源的批判考察——这种批判考察可以说明由其作者的环境产生并且得以流传下来的各种著述的意义,并且把现在和过去非常**鲜明地区别**开来,而中世纪的人们却极其古怪地使现在和过去处于互相包含状态,并且可以说因此既扼杀了活生生的现在和现在的各种印象,又因为不知不觉地出于现在的利益解释有关过去的意象,而对这种意象加以曲解——呢?在这里的后一种情况下,人们甚至会非常严肃地争论——例如——说,亚里士多德的“nous”大致相当于摩西[3]和《福音书》的上帝。为什么批判性的历史科学——作为一个整体,它是社会的某种自我分析、自我解放以及自我拯救——由于通过世代传播而持续存在的、各种无意识的生活共同体传统具有各种骗人的幻象,就使数量如此之多的、目前依然“在场”、并且“得到人们体验的”东西退回到作为它的发源地而存在的过去,与此同时却把这些东西**所特有的**历史本性辨别出来呢?在这里,即使施本格勒对现代科学的判断多少有一些片面和曲解,这些判断也仍然是正确的:[4]

> 在巴洛克哲学内部,西方的自然哲学完全是独立存在的。其他任何一种文化中都没有发生过诸如此类的事情。的确,自然科学从一开始就不是神学的侍女,毋宁说,它曾经是**技术方面的权力意志的奴仆,并且因此而只**在数学方面和实验方面得到指导,从初期开始便一直受到**实践方面的**机制的控制。而且,由于自然科学首先是技术,然后才是理论,所以,它必定与浮士德式的人

---

① E. 卡西尔,《实体概念和功能概念》(*Substanzbegriff und Funktionsbegriff*,1910 年)。

② 关系主义(Relationalismus):一种认为关系作为实体而存在的学说。——译者注

③ 摩西(Moses):公元前 13 世纪希伯来人的领袖,犹太教传说认为他是最伟大的导师和先知,著有犹太教《圣经》前五卷,即《律法书》。——译者注

④ O. 施本格勒,《西方的没落》(*Der Untergang des Abendlandes*),第二卷,第 367 页。

一样古老。[1]在公元1000年左右,由化合过程那令人震惊的能量导致的技术方面的各种任务,就已经出现了。在13世纪,罗伯特·格罗斯泰斯特[2]就已经把空间当作光线的一种功能来研究论述,彼得吕斯·佩雷格里吕[3]曾经先于吉尔伯特(1600年)写出了完全以实验为依据的、论述磁性的论文(1289年)。而这两者的信徒,罗杰·培根,[4]则系统论述了一种科学的认识论,以之作为他的各种技术性实验的基础。但是,这些有关各种动态性相互联系的发现所包含的大胆创新精神却走得更远。在1322年出现的一份手稿中,哥白尼的体系就已经被或多或少地概括论述出来了,而且在不久的几年以后的巴黎,这种体系便得到了与伽利略那过早地提出的力学有关的,奥卡姆[5]的几个学生,比里当,[6]萨克森的阿尔伯特(Albert of Saxony)以及奥里斯姆的尼古拉(Nicolaus of Oresme),从数学上进行的系统论述。人们在评价潜在于这些发现之中的各种终极倾向的过程中,必定不会受到蒙蔽:纯粹的观看并不需要进行实验,但是,浮士德那与机器有关的符号却不是如此——这种符号在12世纪就已经导致了各种建造机械的技术,并且把有关 *perpetuum mobile*(**永恒运动**)的观念,转化成为西方精神所具有的普罗米修斯式的意象。**最初存在的始终是发挥作用的假设**。在其他任何一种文化中,这种假设都恰恰是那不具有任何意义的东西。人们必须使自己习惯于下列令人震惊的事实,即除了浮士德式的人和那些像日本人、犹太人以及俄国人——陶醉于其文明所具有的精神魅力之中——那样的人以外,对于人来说,把有关自然现象的任何一种知识转化成为直接的实践活动,都是不自然的。发挥作用的假设这个概念,就已经包含着我们自己的世界观所具有的动力。

有关把各种机械图式运用于事实的**技术方面**的推动力所具有的力量,就机械学和物理学方面而言已经由E.杜林、[7] P.迪昂、E.马赫以及L.玻耳兹曼揭示出

---

① 这是施本格勒根据他那新的历史分期所得出的一个推论性结论——按照这种历史分期,公元1000年是"浮士德时代"的开始。

② 格罗斯泰斯特(Robert Grosseteste,1175? —1253):13世纪英国著名学者、主教,曾将希腊哲学、阿拉伯哲学及其科学著作译介给拉丁基督教界。——译者注

③ 佩雷格里吕(Petrus Peregrinus):法国科学家,活动时期1269年,第一个详细说明了作为航海仪器的罗盘,著有《磁石书信》等。——译者注

④ 培根(Roger Bacon,1220? —1292):英国方济各会修士、哲学家、科学家,著有《自然哲学总则》《数学科学总则》等。——译者注

⑤ 奥卡姆(William of Occam,1300? —1350):14世纪经院哲学唯名论著名代表,生于英国,后赴巴黎留学,著有《逻辑大全》等。——译者注

⑥ 比里当(Jean Buridan,1300—1358):亚里士多德学派哲学家、逻辑学家、物理学家,也译"布里丹",曾因论道德选择困境的"比里当的驴子"闻名。——译者注

⑦ 杜林(Eugen Dühring,1833—1921):德国哲学家、经济学家、学者,著有《资本和劳动》《批判的哲学史》《一般力学原则批判史》等。——译者注

来，就化学而言已经由柯普[①]揭示出来，就数学史而言已经由康托尔[②]揭示出来，近来则由C.布格莱(Bougié)从某种社会学视角出发揭示出来，[③]就生物学而言则由E.拉德尔(Radl)揭示出来，[④]而就心理学而言则是由柏格森、舍勒以及格律恩鲍姆(Grünbaum)揭示出来的。他们已经表明，对于各种事实的**理论表现**，是如何始终被人们以某种方式**从形式方面和机械方面加以整造的**——在纯粹数学范围内如何得到与物理学应用有关的自然科学的任务的改造；在各种精确科学范围内一般说来如何得到各种技术问题的改造；在技术范围内如何得到与工业有关的各种技术问题和实践问题的改造，如何得到那些与防御、战争、通信有关的技术，此外还有那些科学实验技术和测量技术的改造；甚至在生物学的范围内，如何得到那些动物饲养者、植物培植者、各种疾病的诊断法和治疗法的改造；以及在心理学的范围内，是如何得到那些与心理控制与教育过程和手段策略方面的引导有关的技术改造的(这些技术以圣依纳爵那些植根于联想心理学的宗教仪式为开端，通过斯宾诺莎的情感理论和英国的联想心理学持续存在下来，一直延续到最近的应用心理学和医学方面的"心理分析")。

任何一种实用主义和虚构主义，甚至还有马克思主义者关于经济生产技术对于科学来说具有首要地位的观点[⑤]所涉及的技术性细节，都像数学具有的所有各种形式方面的技术性细节那样，从这种历史知识中为它们的理论提取论辩性武器和显而易见的辩护理由。杰出物理学家玻耳兹曼曾经写道，对于理论自然科学的终极证明，是那些根据它的原理建造的"机器确实在正常运转"，而且，人们通过他们那些理论，就可以知道如何对付自然界，从而得到他们所欲求的东西！[⑥] 根据他的观点，甚至思维过程本身也只不过是"一种运用"有关事物的"意象和语言符号进行的实验"，而不是一种运用事物本身进行的实验，而且"各种思维法则"也都只不过是这样一些原则：这些原则只有在人们在自然界中进行了许多出色的——也就是说，**成功的**——干扰活动之后，通过运用这样的语言符号进行受控的思想实验，才能最终得到证明并且确定下来。如果"工作"是文化和科学的源泉(马克思在《共产党宣言》中就提出了这种观点)，那么，马克思主义理论确实就至少有相当大的一

---

① 柯普(Hermann Franz Moritz Kopp，1817—1892)：德国著名化学家、化学史学家，著有《化学史》(共四卷)等。——译者注

② 康托尔(Georg Cantor，1845—1918)：德国著名数学家，现代集合论的创立者，著有《集合的一般理论的基础》等。——译者注

③ C.布格莱，《关于价值进化的社会学教程》(*Lecons de sociologie sur l'évolution des valeurs*，巴黎，1922年)。

④ E.拉德尔，《近代生物学理论史》(*Geschichte der biologischen Theorien in der Neuzeit*)，第二版，1913年，尤其参见第二卷。

⑤ 关于所有马克思主义的社会主义者——包括苏联的那些领导者们——就自然科学及其完全是技术方面的意义之技术方面的起源所达成的、毫无异议的一致意见，参见W.桑巴特，《无产阶级的社会主义》(*Der pnoetarische Sozialismus*)，第一卷。

⑥ 参见本书所收录的下列专题论文，"知识与工作"。

部分可以得到证明。[①] 但是，在这种情况下，人就不是一种“*animal rationale*”（“**理性的动物**”），而毋宁说是一种“*homo faber*”（“**匠人**”）了——他并不因为他是有理性的，才拥有双手和发挥抓握功能的拇指，毋宁说，他是由于具有双手，由于他学会了如何把这些器官当作工具来加以延伸以及由于他最终学会了如何在生产过程中并不存在双手的情况下同样可能有所作为，才变成了理性的动物。此外，他还可以理解如何充分利用他那些适用于各种**语言符号**及其关系的感性直观和再现性意象以及如何充分利用人类所具有的、适用于**各种机器**的、运用意志并且对维持生命来说必不可少的动能——后者最初是以属于比人类低级的自然界（农业耕作，动物繁殖，木材燃烧）的有机能量为代价的，不过，在绝大多数情况下，后者是以各种无机能量（水能，光能，电能，等等）为代价的。从历史的角度来看，有一种强有力的、存在于认识论和社会科学方面的、在文化世界中始终不断传播的思想倾向，一直在以这种方式看待这个问题。它并没有因此而忽略下列具有暗示性并且引人发笑的事实，即作为一个方面的、比较古老的科学理性主义和唯理智论以及社会学方面的马克思主义者和实证主义者们，和作为另一个方面的所有各种现代浪漫主义者的共同的敌人，**都**利用了对这种材料的各种安排：其中的一方是为了表明，人们只能把便利归因于科学、而不能把“真理”归因于科学，因为真理有可能属于“更高级的”知识源泉（直观，辩证法）；[②]而其中的另一方则是为了表明——正像托马斯·霍布斯已经断言的那样，真理除了**存在**于“对各种事实的明确和便利的标示过程”中[③]之外，并不**存在**于其他任何一种事物之中。我并不认为这些对上述历史材料的知识社会学解释——这些解释都已经得到了有效的证实——之中的某一种解释，具有什么重要意义。但是，就其坚持认为科学是现代世界本身的开路先锋而言，就其很久以来一直倾向于认为科学的世界观不仅是某种真实的东西、而且也是某种对那些绝**对的**事物的绝**对的**表现而言，这种比较古老的科学理性主义也同样是错误的。

六、这里还存在另一种与那些——我们已经讨论过其主要特点的——由各种范畴组成的逻辑体系之诸变化密切相联的过程，我们可以把这个过程称为处于**各种新的、发挥领导作用的阶层**之中的人类所具有的，**各种理智方面和情绪——意志方面的功能之日益增强的分工过程和分离过程**，这种分工过程和分离过程从中世纪一直延续到现代。因此，这种过程也导致了某种更加清晰的、**所有涉及价值观念**

---

① 我所指的是这个论题具有的技术侧面，而不是它所具有的具体的经济侧面。就这个方面而言，也可以参见我的《社会学和世界观学说论集》（*Schriften zur Soziologie und Weltanschauungslehre*，1920年），尤其是“工作和世界观”这篇论文。

② 例如，亨利·柏格森，爱德华·勒鲁瓦以及意大利人贝尼戴图·克罗齐就是如此。

③ 目前，莫里茨·石里克是这种强有力的唯名论科学理论之目光最敏锐的代表——他把全部认识过程都还原成在某个复合体内部发现一种成分的过程、还原成对可以发现的东西明确地加以标示的过程；参见他的《普通认识论》（*Allgemeine Erkenntnislehre*，柏林，1918年）。——原注

石里克（Moritz Schlick，1882—1936）：德国物理学家、逻辑实证主义维也纳学派主要创始人，著有《普通认识论》《伦理学问题》《自然哲学纲要》等。——译者注

舍勒

和应当观念的问题，与那些涉及存在和本质的问题的**分离过程**。

我们还应当认为作出下列假定是一个严重的错误，即在这个领域中，**只有**关于同一些事态的新的理论才存在。恰恰相反，自从邓斯·司各脱[①]以来，以各种各样方式表现出来的、关于**意志**在上帝和人那里所具有的优先地位和**意志**与理智的二元状态的理论，[②]本身都只不过是植根于西方人所具有的、**从社会学角度来看受到制约的新态度的**理性尝试而已。它们都是从人类精神**本身**之中存在的各种真实而有效的**分化过程**中产生出来的。如果说日益增强的二元状态更多地受到从发展方面和心理学方面的限制，那么，**意志**对于**理智**来说所具有的优先地位，则更多地受到从社会学方面看的限制。作为思维的一种社会形式，**中世纪的思维**发现自身从结构角度来看，处于全部思维过程的那个真实的、被发展心理学家们称为“情绪性思维”[③]的发展阶段上——也就是说，它发现自己是这样一种思维：在这种思维过程中，**各种发挥评价作用的“预先存在的感受”**，在很大程度上决定了各种意义的统一基础，决定了各种判断的内容和这些判断中间的联系，还决定了作为心理活动而存在的演绎推理的目标；此外，它还发现自己是这样一种思维：在这种思维过程中，整个有机体的**举止风度**所具有的各种实践方面的动态图式，都以极大的优势决定了这个世界的内容结构以及人们对这种内容的理解。而且，正是**因为**中世纪的思维发现自己处在这个发展阶段之上——正是因为**这里曾经存在**如此具有主观色彩的与人类学有关的思维，所以，就它本身而言，它无法获得对于它自己的认识。这样一种思维类型不得不把自己设想成**纯粹的**理论思维。但是，人只知道他不再是什么——他却永远不会知道他是什么。[④]如果各种存在和本质都可以——借助于这种无意识的、发挥引导作用的思想所具有的各种图式和预先存在的感受——根据与存在于这些感受内部的各种优先选择法则和选择过程相对应的**优先选择体系**而得到觉察，那么，其结果就必定是一种基本观念：这种观念不仅对于全部中世纪经院哲学思想来说**具有极其重要的意义**，而且对于古代思想——至少对于古代的古典思想——来说也**具有极其重要的意义**，此外，这种观念无疑曾经处于支配地位。我们可以用两个命题来系统表述这种基本观念：“任何一种事物就它**存在**而

---

① 邓斯·司各脱(John Duns Scotus，1265？—1308)：经院哲学家、神学家，著有《体系》和《各种问题》等。——译者注

② 参见H，海姆泽特(Heimsoeth)所作的出色描述，载《西方形而上学的六大论题和中世纪的出路》(*Die secks grossen Themen der Abendlandischen Metaphysik und der Ausgand des Mittlalters*，柏林，1922年)，第六章，“认识和意志”；也可以参见E.普尔曲瓦拉(Przywara)，《宗教的依据：马克斯·舍勒—J. H.纽曼》(*Religions-begrundung*：*Max Scheler-J. H. Newman*，弗赖堡，1923年)。

③ 就这个方面而言，参见E. R.英希，《心理学和生物学的几个一般性问题》(*Einige allegemainere Fragen der Psychologie und Biologie*，莱比锡，1920年)；R.米勒—弗赖恩费尔斯(Müller-Freienfels)也提出了许多出色的观点，参见《生活心理学的基本特征》(*Grundzüge einer Lebenspsychologie*，莱比锡，1924年)，第一卷。

④ 只有通过这种方式，所谓受到各种感受和与信仰有关的“偏见”之最强有力支配的经院哲学，严格说来就其意向而言又是“唯理智论的”哲学这样一种稀奇古怪的矛盾，才能对自己作出说明。

言都是善的，而就它**不**存在而言则都是恶的"以及"任何一种处于由善**和**恶组成的秩序内部的事物，都由于它的存在类型的**独立程度**的增加而要么是一种更加高级的善，要么是一种程度较低的恶"。就人类的精神与某种**生活共同体**联系在一起而言，这些命题——全部经院哲学都自然而然地认为它们从本体论的角度看是有确凿根据的——实际上标示出了人类精神的一种统觉功能方面的法则。包括物质和上帝在内的整个世界——正是就其实存和各种实存形式而言——是一个由各种善组成的等级体系，这个等级体系的顶点就是 *summum bonum*（**至善**），也就是说，就是**上帝本身**：在这里，**上帝**发挥着第一种独立存在（*ens a se et per se*）的作用，而且就"**实存**"——对于中世纪有才智的人来说，这个语词是一个意味着日益增加的**原动力**的动词——而言，**他**就是这种无限的存在。

人们从社会学的角度把这种——通过分析而把价值存在从存在本身之中推论出来的——思维类型，看作是某种**生活共同体**所特有的、必然与某种生物形态方面的世界观密切联系在一起、并且以各种意义法则为依据的思维类型，看作是一种**与各种社会等级联系在一起的**思维类型。正像所有各种伦理价值和审美价值那样，教会、国家、各种社会等级以及那些最重要的职业，都必然是某种具有实体的世界秩序的组成部分和结果：这是一种严密的、稳定可靠的、从客观的角度来看具有目的论色彩的"世界秩序"——它与被柏拉图和亚里士多德还原成一种（"产生"奴隶和主人的）世界秩序本身的社会秩序和社会等级秩序并没有什么不同。教皇就是太阳；而皇帝则是月亮。但是，实际情况刚好相反：生活共同体的社会等级秩序是被人们不知不觉地设想成处于这种世界秩序的位置之上的——人们进行这种设想所根据的是这样一种法则，借助于这种法则，社会结构便先于其他所有各种存在结构而存在，也就是说，"汝"便先于"它"而存在。对于与各种社会等级联系在一起的思维来说，下列观点是成立的：即属于一个较低的社会等级的人，不仅会被某个属于较高的社会等级的人看作是一种**不同的**存在（只有**在同一个社会等级内部**，一个人才是一种特定的存在、而不单纯是某个其他人），而且，他还相应地是一种**非**存在，或者说，他是一个其实存**类型具有更多的依赖性**的人。尼采已经指出了"εσθλός"（品质）这个术语所可能具有的词源学方面的根源：它标示出某个**存在**的人——然而，这种一般人却是某种**并不**存在的人。[①]对于亚里士多德学派的思想和中世纪的思想来说，"行动"概念和"激情"概念——这是一种只被具有因果关系概念的现代人视为主观的和相对**的**对立面，因为激情所导致的是逆向的行动，而且这两种行动都是互相补偿的行动——都是具有实体的概念。原动力是相对独立的存在形式，而具有更多依赖性的存在形式则受到原动力的各种影响。原始物质，即"ενδεχομενον"（基质），是所有各种形式所具有的绝对被动状态和最低级的基体，而且在柏拉图看来甚至是一种 μηον（杂质）。属于较低的社会等级的人，根本不是以

① "hidalgo"（贵族）这个西班牙语词，也以相似的方式相当于"hijo de algo"（某物之子）。

属于较高的社会等级的人那样的存在方式**存在**的；他究竟是善人还是恶人，这是一个与我们目前正在关注的问题截然不同的道德问题，也是一个与我们目前所涉及的对立面截然不同的对立面。正像人作为由其精神方面和生命方面的灵魂"*substantia imperfecta*"(**不完善的实体**)组成的统一体〔"*unum ens*"〕(**唯一的存在**)，也比"*angelus*"〔**天使**；"*forma separata*"(**单独存在的形式**)，"*substantia perfecta*"(**完善的实体**)〕**具有**更大的依赖性那样，他独立"存在"的程度较小，并且具有很大的依赖性。[①]人所面对的这种等级体系性秩序概念首先来源于**社会**世界，然后，人们便把这种等级体系性秩序，当作一种**稳定可靠的**、就上帝在一个由实在论概念组成的世界内部"所创造的"种类和类型而言是始终在场的完善秩序，轻而易举地将其影响范围扩大到有机的自然界之中去。但是，人们甚至还可以把这样一种秩序扩展得把**所有**各种存在——即使没有生命的存在和超人类的、不可见的超验之物，情况也同样如此——都包括在内，只要这些存在处于一种与生物形态方面有关的生活共同体的世界观内部，是通过不受时间影响的动态过程产生的，而不是通过各种时间方面的进化过程产生的，人们就可以做到这一点。在中世纪的世界里，社会、有机自然界和无机自然界以及天所具有的形式结构，都始终是完全相同的：由各种权力和**实存**组成的**稳定可靠的**等级体系，同时并且从纯粹分析的角度来看，也就是一种**由各种价值观念组成的等级体系**。

但是，这种思维类型和评价类型，在**社会**因素处于主导地位的世界中，也经历了各种基本**变化**。首先，人的灵魂**使自身发生分化**。作为一种活生生的功能，思维越来越使自身既**摆脱**情绪方面引导**的束缚**，也**摆脱**有机体模式方面引导**的束缚**，而且，精神性灵魂也使自身摆脱了生命性灵魂的束缚。笛卡儿曾经给人以深刻印象的、多少有些夸张的词句，把这种已经完成的摆脱束缚过程表述出来：cogito ergo sum(**我思**故我在)。新的一元论、个体主义、理性主义以及理想主义，人类和**比人类低级的**自然界之间存在的**新距离**以及(并不受这个世界及其秩序调解的)新的**与上帝的直接关系**，人类所具有的无与伦比的飞升过程，自我所具有的理性意识——所有这些新的、为一种**新人类类型**所具有的经验方面的属性，都被这种具有强大说服力的论题以三种语词表述了出来。虽然从客观哲学的立场出发来看，这种命题是一张由种种错误交织而成的网，[②]但是，它却是人们对其在任何可能的情况下所能够找到的一种**新的**、**与社会学有关的人类类型**，所作出的最宏伟的表达，最具有极端色彩的系统表述。由于这种似乎从可比拟的角度来看不仅适用于**真**和**善**所具有的价值，而且也适用于**善**和**美**及其主观的活动相关物的分化过程，甚至由各种事物和好处、由各种自然对象和价值观念、由各种原因和意图——这些方面在中世纪(作为一个生活共同体时代而存在的中世纪)，还保持着浑然一体状态——组成的

---

① 关于这种理论所具有的哲学价值，参见《伦理学中的形式主义》(*Der Formalismus in der Ethik*)，第一版至第三版，第165页以下。

② 关于这个方面，参见我即将出版的形而上学的第一卷。

秩序，从原则上说也会变得**四分五裂**。只有当思维也摆脱了指导它的情绪图式和肉体——有机体图式的时候，它才能从个体的角度变成“具有自主性的”思维——毋庸置疑，这种经验为人们进行遭到维埃纳会议[①]遣责的、对生命性灵魂和精神性灵魂的新的区分奠定了基础。

这种社会世界所发生的另一个基本变化是，人们**消除**了关于某种由形式方面的原动力组成的**等级体系秩序**的观念，而这种观念以前总是把人们确定所有各种事物之生成、实存以及本性的过程赋予这些事物。人们曾经把这些作为活力而存在的原动力称为隐德来希，[②]而且，只要它们经过斗争通过了各种各样的物质层次，它们就可以使各种事物**既是**存在的、**又是**“善的”。与这种等级体系秩序一道被消除的，还有一种充满活力的、包含着某种范畴体系的整体性世界观，这种世界观在基督教教会哲学的各个传统学派中，都被还原成一种**理论**，并且像一块化石那样被保存下来。但是，**从社会学的角度来看**，把关于一种存在于诸事物中间的**等级体系秩序**的观念和关于客观的、稳定可靠的神学的观念，从现代社会学思想中消除出去、因而仅仅使善-恶这个对立面被保存下来的做法，毋庸置疑会受到制约。它是日益增强的**社会等级秩序之解体过程**所产生的一个后果，这种解体过程首先是通过一种流行的、**对各种职业**的安排而出现的，之后，在 19 世纪的历史进程中，则是通过西方社会中流行的一种对**各种阶层**的安排而出现的。在社会性思维过程中，“各种形式”——在中世纪，它们都是具有实体的、由上帝给予的，并且都具有固定不变的意义——始终都变成了由人类**主体**的活动导致的结果，也就是说，它们变得仅仅被人们(笛卡儿，康德)主要看作是人类的思维形式。人们从客观角度把它们看作是由各种动态过程产生的结果，并且理所当然地认为它们包含着可以从数学角度加以系统表述的“各种法则”，或者至少认为它们是由某种**形式方面的**机械类型产生的结果。这也就是说，它们的稳定性消失了，而且，以前被人们从根本上设想，并且是根据不受时间影响的动力设想成空间之物的这个世界的地位，现在也被一股**时间方面的生成流**所具有的各种图式取代了——在这种生成流之中，正像我们根据各种必然法则来看的那样，总是不断有各种新的(社会，有机自然界以及无机自然界所具有的)“形式”出现和消失。这种情况首先使现代的历史思想成为可能——这种历史思想认为人类社会的所有各种实际存在的形式和安排，绝大多数都是相对的和**转瞬即逝的**，而且，它还试图在来自更加高级的权力之诸影响并不存在的情况下，把它们当作由各种可以具体证实的(nachweisbarer)**历史过程**产生的

---

① 维埃纳会议：天主教会于 1311—1312 年在法国的维埃纳召开的第十五次普世会议，决定发布整顿教会的命令，为十字军东征拨款，并且支持比较温和的常规派。——译者注

② 隐德来希(Entelechie，entelechia)：亚里士多德使用过的一个术语，既指提供形式方面的原因或者能力的圆满实现，也可以指促成这种实现的形式。——译者注

后果来说明。[1]对于研究有机自然界来说，首先出现的是进化观念和存在于物种之间的后裔派生关系；而对于研究无机自然界来说，首先出现的则是从形式方面和机械方面对自然界进行统一说明的过程。[2]但是，当关于一种（作为已经和实际存在的、真实的世界秩序一起被共同给定的）客观等级体系的观念，和有关这个世界的某种客观目的论的观念——这两个观念同时表示由全部人类意志组成的统一体，由于依赖有关"客观形式"的种种理论而在社会思想和评价过程中完全消失的时候，价值观念分化过程的另一种维度——与善—恶有关的维度——就变成了主观的和与人**有关的**东西。[3]现在，各种价值都和感觉性质一样是主观的，而且，它们都只不过是由我们的欲望和反感、由我们对快乐和不满的感受投射到事物上去的影子而已。这里要么存在制约诸如善与恶这样一些概念和从历史角度来看不断变化的各种好处的、有关意志和优先选择的（尤其是存在于人类理性之中的）**先天**法则（例如，康德，赫尔巴特，[4]弗兰茨·布伦塔诺[5]就持这样的观点），要么只存在有关快乐和不满的、受到有机体制约的、拥有某种**社会一致性**的经验——或者说，这里只分别存在拥有某种**社会一致性**的各种欲望和反感。这种关于社会的价值理论——它和仅仅论述各种感觉的主观状态的理论一样，只是一种"关于社会的教条"——成功地影响了所有各种价值领域：例如，经济方面的各种价值便是如此。那些属于基督教会的教父、经院哲学家等人的有关"客观价值"的理论以及由它们所导致的关于"*justum pretium*"（**合法的价值**）的概念，都被一种论述"主观需要"的理论取代了。[6]

只有随着存在于**当前统行**的生理科学、生物科学以及心理科学之中的各种关于自然界的机械理论的崩溃，有关各种形式、属性以及价值所具有的**主观性**的各种理论，还有关于价值和存在之间的绝对的**二元**状态的理论，才会随之消失。因此显而易见，以形式的和机械的结构为基础的自然法则，都只不过是形而上学方面的法则而已，而且，它们都不是我们的知性必然会为各种表象方式规定的，并且它们本身会因此而根据普遍有效的自然脉络并通过时间得以客观化的法则（康德）——它们都只不过是**与大多数情况有关的法则而已**。因此同样显而易见的是，与人们对

① 通过这个过程，基督教的历史观念所具有的各种图式——正像奥托·冯·弗赖辛（Otto von Freising）就中世纪而言已经对它们进行的系统表述所表明的那样——都彻底瓦解了。

② 关于对自然界的这种说明的意义，参见本书所收录的专题论文"知识与工作"。

③ 关于这个方面，参见我收在《论价值的颠覆》(*Vom Umstrurz der Werte*)中的专题论文，"道德建构中的怨恨"，第五章，第二节，"价值的主观化"；也可以参见我的伦理学著作，第三章，第五节，"论价值概念"。

④ 赫尔巴特（Johann Friedrich Herbart，1776—1841）：德国哲学家、教育家，著有《裴斯泰洛齐论感性认识的基础知识》《普通教育学》等。——译者注

⑤ 布伦塔诺（Franz Clemens Brentano，1838—1917）：奥地利哲学家，著有《从经验立场看心理学》《感觉心理学研究》《论心理现象的分类》等。——译者注

⑥ 英国国民经济学家配第是第一个拒斥这种"**合法的价值**"理论的人。——原注

配第（Sir William Petty，1623—1687）：英国政治经济学家、统计学家，著有《政治算术》《爱尔兰政治剖析》《赋税论》等。——译者注

各种感觉——把它们当作与自然界的绝对实在联系在一起的东西而进行的——的定性规定相比，范围广大的各种规模以及人们在空间和时间方面对物质和自然事件进行的其他范围广泛的规定，也都不**再**是绝对的和恒定不变的了。但是，因此也同样显而易见的是，如果这些性质都与这个由各种客观表象和意象组成的世界联系在一起，而这个世界尽管独立于人类的意识而存在，但却是对这种动态实在的一种显示、却是与这种动态实在有关的一种"*phenomenon bene fundatum*"(**非常基本的现象**)，那么，与广延和绵延相比，颜色、声音以及其他各种性质也就都**同样**是客观的了。现在越来越显而易见的是，具有统计特征和动态特征的、利用整体过程决定局部过程的格式塔法则和形式法则，也被人们运用到物理实存上去了，[①]而且从生理学角度和心理学角度来看，这样的合法性无论如何都与一个主体的活动无关。因此显而易见的是，各种价值也都和那些属性一样不是主观的东西，而且，它们都拥有它们自己的等级——只有那些在中世纪一直被人们看作是静态的、看作是"实存"之诸功能的好处，在历史上才始终与主体相关。客观实存的价值中立性——全部**现代哲学**(例如，康德主义的所有各种类型都是如此)都接受这一点，而且对于那些把它当作一种正式辩护理由的、关于自然界的机械论理论来说，情况也是如此——是建立在一种特殊态度所具有的**幻象**之上的。令人感到奇怪的是，这种幻象本身受到了实践和各种价值的制约：也就是说，它受到了一个世界的生命价值的制约——这个世界所包含的只不过是自然界那些为**控制**所左右的成分，而其他的所有成分则都被人们归纳成为**人为的抽象**。[②]这样，社会思想的片面的范畴体系就被人们搁置在一旁了——当然，人们并不是像某些人愚蠢地指出的那样，通过回到中世纪的生活共同体的思想上去而做到这一点，而毋宁说是通过一种**新的综合性世界观念和知识**而做到这一点的，这种观念和知识可以通过一种发挥囊括作用的，既不是机械论方面的、也不是目的论方面的规律性的原则，也就是说，通过一种也可以在某种新的**主体间性**基本形式(利用这种基本形式，生活共同体和社会便都开始在**不可替代的个体形成群体团结的过程中**得到克服)中**从社会学角度**找到其相关物的概念，克服这种存在于机械论倾向和目的论倾向之间的对立。[③]我希望在另一种研究论述中，再对这种现代的、缓慢发展的人类群体形成过程所具有的世界

① 参见 W. 克勒，《休息和静止状态下的物理格式塔》(*Die physischen Gestalten in Ruhe und im stationären Zustand*，不伦瑞克，1920 年)；也可以参见量子理论之诸法则的形式。

② 尽管是以一种不合适的方式这样做的，甚至 H. 明斯特尔贝格在其《价值哲学》(*Philosophie der Werte*，莱比锡，1908 年)中也指出了这一点。参见我在我的伦理学著作中对这个问题的阐释。应当认为这个世界是价值中立的，这是人为了价值——**主人**的生命价值和支配事物的权力——的缘故而为自己确定的一项任务。——原注

明斯特尔贝格(Hugo Münsterberg，1863—1916)：德国心理学家、哲学家，著有《普通心理学和应用心理学》《价值哲学》等。——译者注

③ 关于这种公社状态类型的基本形式，参见我的《伦理学中的形式主义》(*Der Formalismus in der Ethik*)，第四卷，第六章，附录 4。

观结构加以说明。

从邓斯·司各脱、奥卡姆、路德、加尔文以及笛卡儿，一直到康德和费希特，现代西方的各种意志哲学都不单纯是关于同一种事态的新“理论”。毋宁说，正像威廉·狄尔泰已经清楚地指出的那样，这些趋势揭示了**各种新的领导者阶层所具有的、从社会学角度来看受到制约的、新的经验形式**。[①]它们系统表述了这种新的**控制**观念，系统表述了一种新的人类类型——浮士德式的人，这种人持续不断地、*ad infinitum*（**无止境地**）扩展他那控制自然的权力——进行的控制所具有的、新的绝对价值，也系统表述了他在国家内部、在遇到一个和他具有同等权力的对手之前所具有的权力。浮士德式的人既不承认各种逻辑观念及其相互联系，也不承认由预先存在并且限制他那至高无上的意志的价值和意图构成的客观秩序。这种处于教会、国家、经济、技术、哲学以及科学方面的新的社会领导者类型所具有的，至高无上的意志活动，正在逐渐取代自我——这种自我既不是一种事物、也不是一种特定的原动力，而是只在各种活动结构内部具有某种位置价值（Stellenwert）——的核心**位置**，而在中世纪，人们所进行的**理论活动和直观活动**都是与这种核心位置密切相关的。无论就“上帝”而言，还是就人而言，这种情况都同样自然而然地发生了——即使这种情况从历史角度和意识角度来看首先是在上帝那里发生的，它后来在人那里也发生了。在实际的历史进程中，一个积极进行生产活动和严格管制活动的社会集团，取代一个处于社会顶层的、进行静观活动和理智活动的社会集团，本身便需要一种新的上帝意象和灵魂意象。**从社会学的角度来看**，所有这一切都意味着新的“**唯意志论**”。正是这种作为一种维持生命所必不可少的功能的唯意志论，从一开始就把中世纪进行直观活动的“理智”，转化成对这种新的、与实验和数学有关的自然主义的、与技术有关的“理解”。非常独特的是，曾经孕育过**唯名论**和**唯意志论**的圣方济各学派，同时也是新的、使亚里士多德的自然哲学在其中得到克服的（罗杰·培根等人）、强调实验方面的自然主义的开路先锋。

为了**从社会学角度**解决极其困难的、**有关科学与技术之间的关系的问题**，人们首先必须既确定**存在于现代科学的结构和技术的结构之间的意义关联系列**，也确定**存在于技术本身和经济之间的意义关联系列**——而且是在不作出实际的因果关系说明的情况下做到这一点。只有当人们完成了这样一种独立的研究，他们才能够，并且有必要尝试作出某种因果关系方面的说明——不过，他们只能在上述各种界限范围之内进行这样的尝试。

让我们列举这样存在于所有这三种现象（然而，我们并不是说这三种现象已经把一切都囊括在内了）中间的意义关联系列之中的某些意义关联系列，并且请允许我使自己局限于只涉及从中世纪到现代的这个时候、只涉及这个时期的某些比较大的阶段。我在一系列部分出版、部分未出版的著作中，已经对下列意义关联进行

① 参见我的论文“一项生命哲学的尝试”（1913 年），载《论价值的颠覆》。

过系统论述，而在这里把它们提出来时并没有补充更多的细节。[①]我将从那些最具有形式色彩，并且具有较多方法论色彩的意义关联开始论述，然后再论述那些更多地涉及诸世界意象之内容的意义关联。

一、在资本主义经济发展的各主要阶段（早期资本主义，鼎盛时期的资本主义，晚期资本主义）中，[②]作为一个方面的、通过排除困难前进而崛起的城市资产阶级和工商企业家（出版家、制造商）和作为另一方面的、由毕生劳作并且最终世代相传的熟练雇佣工组成的传统阶级，都同样是从行会的解体过程（这种过程是某种“无产阶级”的开端）中产生出来的，而且，这两个方面也都同样是由于已经占据地区主宰地位的、强大的封建统治者们对赋税和金钱的需要，由于从政治方面和军事方面创立政权的人物，为了“自由劳动力”的缘故作出让步而联合运作的种种形式以及由于一种**新的**——在这些新的“上层阶级”内部出现的——**权力内驱力形式**，和人们**使这种权力内驱力改变方向的**过程，才产生出来的。这种属于封建领主阶级的权力内驱力的形式和方向，从本质上说是以对**人们**进行支配为目的的——当然，它也以各种领地和东西为目的，但是，它之所以这样做，只不过是为了获得对人们的支配而已。与此相反，这种新的权力内驱力的形式和方向，适合于人们对**各种事物**进行生产性转化，或者说得更明确一些：适合于人们所具有的、把各种事物转化成有价值的货物的“能力”和权力。这个过程本身是通过两种**具有同样的起源**并且**同时发生的**事件表现出来的：①它通过从事精神性静观活动的群体和祭司群体的被取代而表现出来——从社会学的角度来看，这些群体在社会的最高层内部构成了一个同质的整体，并且利用与拯救过程有关的教会教堂用技术、授予圣职的技术、献身于上帝的技术以及具有神秘魅力的技术，就像那些利用原始的军事力量、通过传统而前后相继地进行统治的封建阶级（贵族和僧侣统治集团）进行统治那样，进行它们的统治。只有由那些拥有土地的领主组成的封建阶级的最高领导者，才能够在新兴的资产阶级和工商企业家的帮助——由于承认了个体主义的罗马私法而得到支持——下，变成地区的最高统治者。他们把他们自己在政治方面进行统治的意志，运用到这种新的、经济方面的、以事物为目标的权力内驱力上去。而且，他们在重商主义时代还变成了资本主义的**第二个**重大的出发点——除了他们之外，我们还加上了“出版商”，也就是说，（W. 桑巴特所说的）**国家资本主义**。②它通过一种**新的**、对于人们可能对自然界进行的各种控制**加以评价的过程**而表现出来——这种评价过程既导致了一种新的、**从技术方面**对自然界**进行控制的意志**的出现，也导致了一种新的、具有**同样**起源的、就自然界而言的**眼界类型和思维类型**（一种新的“范畴”体系）的出现。我要对所有这些过程的**同时性**加以最充分的强调。技术方面的种种需要没有（像施本格勒所片面地坚持认为的那样）制约这种新

---

① 关于这里所涉及的认识论之诸侧面，参见本书中收录的专题论文“认识与工作”。

② 关于这些发展阶段和资本主义的起源，参见 W. 桑巴特，《现代资本主义》（*Der moderne Kapitalismus*，第二版，1916—1927 年）——这部著作对于知识社会学来说也具有重要意义。

的科学，这种新的科学也没有制约技术的进步和资本主义（A.孔德）。毋宁说，这种新的科学所具有的各种逻辑范畴体系的根本性转化，和相伴而生的、新的、技术方面的对自然界进行控制的内驱力一样，其基础都存在于这种**新的**、具有它自己的**新内驱力结构**和**新的社会精神物质**的**资产阶级人性类型**之中。这样，**技术和科学**就通过我们在其中发出它们的、硕果累累的共同努力而站在一起了，而且，它们之所以互相"适合"，是因为它们都是由这**同一种**精神能量过程造成的、并列存在的结果。

在我看来，正是一种新的对自然界和灵魂**进行控制的意志**——它与一种充满了爱的献身于这两者的态度与一种有关它们的表象的单纯的概念性秩序形成了鲜明对照，现在在所有各种认识方面的举止风度中获得了优先地位。走向有关文明和拯救的知识的趋势，开始受制于这种进行控制的意志。但是，这种进行控制的意志无论如何都与运用事物的意志不是一回事。培根不仅误解了科学的本性，而且也误解了技术的本性。功利主义不仅误解了各种"精神方面的益处"和价值所特有的意义和等级，而且也误解了使现代技术不断前进的推动力。引导现代技术前进的基本价值观念，并不是人们对那些有实用价值，或者说"有用的"机器的发明——人们早在发明这些机器以前就已经能够认识和评估它们的用处了。这种价值观念的目标要比这一点高级得多！如果我可以说下面的话，那么，它的目标是建造**有可能存在的所有各种**机器——首先只是通过各种观念和计划进行这样的建造，而人们通过这些观念和计划，便有可能指导和控制自然界向实现某种有用的或者无用的意图的方向发展：只要人们希望这样做，那么无论这种意图是什么，情况都是如此。正是**与**自然界**相对的人类权力和人类自由**的观念和价值——而绝不仅仅是一种关于功利的观念，使那些拥有"各种发现和发明"的伟大的世纪获得了灵魂。它本身只关注这种**权力**内驱力，只关注这种内驱力**先于**其他所有各种内驱力而逐渐增强对自然界的**支配地位**的过程。它本身无论如何都不关注一种仅仅以出于特殊意图，而开发利用当前的各种力量的内驱力——在中世纪，这种内驱力是一种和哲学-静观方面的各种态度一道盛行于世的。此外，它本身还关注这种权力内驱力在方向上发生的、离开上帝和众人并且走向**诸事物**及其在某个时空系统中所具有的有意义的位置的变化。这种观念和价值还可以说明人们所作的许多有趣但却不可能成功的、技术方面的实验——旨在用某物"制造出"某物的实验，这些实验（炼金术，永动机，等等）都是先于技术时代的鼎盛时期而存在的。

二、与唯理智论者（孔德，康德，等等）对这种科学史的理解相比，我们所理解的是这种过程——**"发现和发明的时代"**就是从这个过程中产生的，而且，这个过程也取代了神学世界观和生物形态世界观所具有的长达一千五百年的支配地位——所具有的**突发本性**和**具有跳跃特征**的**本性**。而且，我们所理解的是，直到最近为止，这种新的力学变成了，并且一直是人们对世界的所有各种说明所依据的模型和图式——尽管新的理论物理学、生物学以及哲学为这样一种世界观准备好了使之最终崩溃的陷阱,[①]情况也仍然是如此。此外,我们所理解的还有,就现代的各种历史过程的进程而言,科学至少**时常像**技术先于科学而存在并且刺激科学发展那样,先于技术而存在并且刺激技术的发展——而且,技术绝对不像实用主义和马克思主义使我们相信的那样,只是片面地先于科学而存在并且刺激科学的发展。对于"纯粹"数学与物理学和化学的关系来说,这一点也完全适用。[②]我虽然在这里无法为我有关这种事态的主张提供证据,但是,我确实要提出这些主张并加以有力的强调。再说,我们所理解的还有,与自然界、灵魂以及社会有关的机械论观念,绝不仅仅是由于人们**首先**——只从历史的角度并且以一种世俗的方式——研究重物质的运动,并且仅仅试图"说明被还原成为已知之物的相对的未知之物"〔E. 马赫,H. 科内利乌斯(Cornelius)〕,而"**偶然地**"产生出来的。相反,**由各种观念组成的**、作为一个整体而存在并具有形式——机械色彩的**图式**,都在物理学、化学、生物学以及心理学之各种各样的分支内部的任何地方,在相当大的程度上**预示了**它们的实现,并且**就它们自己的时代而言**,始终**只是决定了**所有各种实验、观察、归纳以及人们把纯粹数学**运用于**有关自然界的知识的**方向**,而希腊人,尤其是亚里士多德的定性的物理学,则几乎完全忽视了这一点。[③]这种新"科学"既不是从人们偶然进行的归纳——人们还通过类比,把这些归纳的结果转用到其他知识领域上去——之中产生的;也不是从偶然出现的各种技术问题中产生的——无论这些技术问题多么重要(尤其是在现代世界意象刚开始出现的时候,也许就伽利略,列奥那多·达·芬奇以及乌巴尔迪斯而言更是如此),情况都是如此。这种新科学通过它的分析机制和语言,便使这样的任务完全丧失了其重要意义。这种新的、具有形式——机械色彩的世界图式观念——尤其从一开始——所追求的目标,是某种更加一般、更具有概括力,并且始终**具有整体性**和系统性的东西:它所追求的是各种事态之严格的原因和结果的相互联系以及对各种概念进行精确的界定。但是,这种倾向就内容而言太有限了,所以,人们可以根据任何一种希望,通过一种**可以想象的**——而不是"真实的"——行动,指导自然界的任何一种事件:无论人们是否基于功利性的动机而"愿意"这样做,无论人们实际上是否"能够"做到这一点,情况都是如此。

在由纯粹逻辑、纯粹数学(这两方面当中的任何一方面都不是实用主义的学

---

① 参见马克斯·普朗克的论文,"新物理学对机械论自然观的态度",载《物理学的全景》(*Physicalische Rundhlicke*,莱比锡,1922 年);也可以参见瓦尔特·内恩斯特,《论自然法则的有效范围》(*Zum Gültigkeitsbereich der Naturgesetze*,柏林,所长致辞,1921 年)以及 W. 克勒,《物理格式塔》(*Physische Gestalten*)。还可以参见本书收录的下列专题论文,"知识与工作"。——原注

普朗克(Max Planck,1858—1947):德国物理学家,量子物理学的开创者和奠基人。内恩斯特(Walther Hermann Nernst,1864—1941):也译"能斯脱",现代物理化学奠基人之一,曾任柏林大学实验物理研究所所长。——译者注

② 因此,基础性的函数理论一直受到物理学之诸问题的最强有力的推动,而(黎曼的)非欧几里得几何学当初纯粹是一种推测性的研究工作,只是近来才在物理学理论中变成了一种重要的理论。

③ 关于这个方面,参见阿洛斯·里尔(Alois Riehl),《哲学的批判及其对实证科学的意义》(*Der philosophische Kritizismus und seine Bedentung für die positive Wissenschaft*,1879 年),第二卷。

科)以及观察和测量组成的前提条件下,属于一种新型领导者的思想和意志所具有的这种统一性和系统性的**力量**,便设计和规定了这种世界意象的图式——因此,这种世界意象的图式无论从哪一方面看都不是由工业的技术方面的"需要",甚至经济方面的"需要"设计和规定的。这是一种完全不同的立场！因为与**实用主义**,尤其是与关于历史的经济学理论所假定的情况完全相反,正是**科学**——虽然只是在它那些潜在的技术目标的有限的意义上——在它自己特有的一种纯粹逻辑上的、**不断自我合法化**的进步过程中,发展出永远是崭新的、技术方面的各种可能性。在这之后,这些技术方面的可能性才受到人们**进一步作出的两种选择**的影响：首先,它们受到**技术专家**作出的,通过某种发挥模型作用的机器而实现它们当中的一种可能性或者另一种可能性的选择的影响；其次,它们也受到**企业家**作出的、制造这些只是由技术专家设想出来并"准备投入到工业中去"的机器以及为了进行任何一种生产而生产和使用这些机器的选择的影响。**实用主义**的错误是由人们可以举出的成千上万种例子揭示出来的——这些例子表明,人们在从技术方面和工业方面运用一种法则的过程中,时常是以完全出人意料的方式、根据它所造成的最主要的间接结果,并且主要是通过完全不同的联系,来考虑对它的发现的。[①]但是,由于科学思维只在极小程度上为技术方面的具体任务服务,并且在很大程度上主要是**不断发展**和提出各种"可能完成的"任务,所以,技术专家也只在极小程度上为已经由工业、通信、交通、军事工业、农业等方面提出的,并且已经被人们描述过的那些任务服务。[②]例如,正像现代电力工业的全部增长所清楚地展示的那样,正是技术在很大程度上通过各种新的生产手段和生产方式,从它自身之中积极地发展出各种工业方面的需要,并且在人们那里唤起和导致了这样的需要。而且,与实验和测量有关的具体的科学技术,也不像拉布廖拉所打算指出的那样,是为了产生科学而从天上掉下来的！科学的各种工具本身都只有**通过物质——可以说**,只有**通过已经具体化的理论——才能得到实现**。与此同时,它们作为真实存在的物体,也都是对——人们认为它们应当通过经过扩展的和更加完善的观察而加以支持的——同一些理论体系的**应用**,而且,这些**应用**又反过来使这样一些理论成为可能。因此,它们就各种事物的测量和本性而言所表达的东西的**理论意义**,也始终是构成这种

---

① 参见布格莱,《关于价值进化的社会学教程》,第22页以下；也可以参见O.斯潘,《社会理论的意义体系》(*Kurzgefasstes System der Gesellschaftslehre* 1914年),第62页。尤其富有特色的是高斯(Gauss)和韦伯在哥廷根对电磁电报机的发明,他们当时对他们那把观测站与物理研究所联结起来的导线在工业上的可应用性,完全是一无所知的。——原注

韦伯(Wilhelm Eduard Weber,1804—1891)：与C.F.高斯同是德国物理学家,一起研究地磁,并且一起于1833年发明电磁电报机。——译者注

② 关于这个方面,参见J.冯·李比希的出色著作,《论维鲁伦男爵弗朗西斯·培根与自然的研究方法》(*Über Francis Bacon von Verulam und die Methode der Naturforschung*,慕尼黑,1863年)。——原注

李比希(Justus von Liebig,1803—1873)：德国化学家,对有机化学、生物化学等卓有贡献。——译者注

材料的所谓“事实”本身的一个组成部分。迪昂[1]出色地阐明了这种相互关系，而且，相对论物理学的历史就是证明迪昂观点的伟大的例子之一。所以，思维是一种极其微不足道的、“运用各种意象和思想进行实验的过程”，以至于反过来说，各种真实存在的实验也都只不过是这些思想内容之间的逻辑性因果关系的物质外表以及对这些因果关系的维护而已。

而且，这种具有形式——机械色彩的图式本身也不像古老的逻辑主义[2]和理智主义所坚持认为的那样，[3]是由“纯粹”理论产生的一个结果。就人们在自然界中对可以观察的材料进行选择的过程而言，它既是纯粹逻辑(和纯粹数学)的产物，也是纯粹的权力评价过程的产物。而且只有在这第二种**权力**因素内部，才存在**与这种对自然现象进行选择的原则有关的、社会学方面的共同条件**。仅仅出于这个原因，对于实证科学来说，当对一个问题的证实或者否定无法在导致——主体在这种图式及其所设计的各种数学方面的可能性内部进行的、**可以观察的**——各种各样测量的逻辑结果内部得以完成的时候，这个问题就是毫无意义的。然而，对于哲学来说，这样一个“问题”却**完全**可能具有“意义”。的确，哲学作为对实在的认识，恰恰是从人们把各种表象与某种“**绝对的**”东西联系起来的地方开始的——这一点与实证科学截然不同：在实证科学那里，人们把这些表象与它们那使这种图式化过程更加完备的功能联系起来。如果人们在这里希望提到现代社会所具有的一种认识论方面的“罪过”——的确，这种罪过也主要是伦理学方面的——那么，这种罪过不可能包括人们对这种许多世纪以来一直被证明是硕果累累的图式本身的运用。毋宁说，这种罪过就是**哲学**对**这种具有形式色彩和数学色彩的图式之有效性界限的无知**，也就是说，是哲学认为这种图式是一种绝对图式的观点；或者说，是人们把这种具有形式色彩和机械色彩的选择抬高到存在于各种表象背后的形而上学“真实”层次上去的做法。而且，与这种罪过同时存在的，还有人们对所有各种真正的形而上学的贬低，然而正像我们已经看到的那样，这些形而上学的目标、方法以及认识论原则，都与实证科学的目标、方法以及认识论原则完全不同，甚至还与后者形成了部分对立(因为哲学出于**它自己的**各种目标的缘故，拒斥从可能存在的各种技术性目标当中进行选择的原则，而这种原则是由对权力进行评价的绝对过程产生的)。哲学正是以这种方式暂时不再作为一位“*regina*”(**王后**)而存在，而是

① 参见皮埃尔·迪昂，《物理学理论的目的和结构》(E. 马赫的德译本，莱比锡，1908年)；也可以参见特奥多尔·黑林(Theodor Haering)的深奥渊博的著作，《自然科学的哲学》(*Philosophie der Naturwissenschaft*，慕尼黑，1923年)。

② 逻辑主义(Logismus)：也译“逻辑至上主义”，是一种认为全部数学都可以由逻辑推导出来的哲学理论。——译者注

③ 在这里，强调经验和归纳的理智主义(例如，J. S. 密尔)与强调理性和实在的理智主义和批判主义并没有什么差异；它们都同样是错误的。——原注

密尔(John Stuart Mill，1806—1873)：旧译“穆勒”，英国哲学家、经济学家、逻辑学家，著有《逻辑体系》(共二卷)、《政治经济学原理》等。——译者注

变成了"*ancilla scientiarum*"(**科学的侍女**),而且,它还和这种贫乏的**技术主义**一起,变成了决定各种本质、目标以及价值的精神的主宰。

三、现代经济学和现代科学之间存在的其他相互关系,也以我们已经提到的各种社会学过程作为其最高原则。资本主义**经济**植根于(作为一种**活动**的)**进行不受任何限制的获取过程的**意志,**而不是**植根于(作为一种对事物的不断增加的**占有**的)追求**获取物**的意志。[①] 现代**科学**也同样既不掌管一种既定的、稳定可靠的对真理的占有状态,也不仅仅出于为来源于各种需要的任务和问题提供解决办法的缘故而进行调查研究。毋宁说,它**主要是一种追求"各种方法"的意志**——人们曾经认为,永远会有新的、物质方面的知识,几乎是完全独立地以一种不受任何限制的方式、通过各种无限的过程,并且作为专业化的知识,从这些方法之中产生出来。因此,我们发现自从这种意志开始出现以后,出现了为数众多的论述"方法"——任何一个人都能够像使用"量角器和直尺"那样使用的方法——的著作(培根的著作,笛卡儿的著作,伽利略对方法的说明,斯宾诺莎的著作,莱布尼茨的著作,康德那作为一篇"论述方法的专题论文"的对纯粹理性的批判,等等)。而且,正像这种追求获取过程的原始心理倾向从发挥主导作用的各阶级的主体那里分离出来、并且通过模仿律而传播开来那样,因而正像它变成了各个群体都具有的一种普遍倾向,而且的确,变成了这种经济所具有的一种超越个体的、把各种货物——的确,从根本上说是有可能存在于"天地之间的"所有各种事物:只要人们能够只把这些事物当作对于任何一种获取过程来说具有强大效力的东西(也就是说,就它们与占有状态的关系而言,只把它们当作对于**获利**来说具有强大效力的东西)来看待和评价,情况就是如此——都转化成为"资本"的工具那样,这种发挥获取作用的意志也总是在追求我们在上面所描述的那种新的知识类型,因此,它是一种通过"各种方法"而客观化的、使所有各种事物和所有各种过程都作为(相当于物质的)运动能量和运动主体的**量**而表现出来的意志。这种意志是一种动态性的**意义关联**(Sinnzusammenhang)——而无论如何都不是一种类比性关系。此外,现代经济还是一种重商主义的金融经济,所以,每一种事物、每一种商品,都只是作为一种可能存在的、可以发挥某种交换媒介作用的量而出现的——也就是说,都只是作为"经营货币"而出现的。这也就是说,每一种事物最初都是作为"商品"而出现的。正像卡尔·马克思非常清楚地看到的那样,就一个"自由市场"(也就是说,从理想角度来看的"自由市场")而言,与经济动机有关的基本公式是:货币→商品→货币,而

---

① 为了获取物而奋斗和为了获取的过程而奋斗是性质截然不同的两回事,绝不应当把它们混为一谈!只有后者才是资本主义的心理特点;而前者则是我们在世界上随便什么地方都可以找到的。关于资本主义企业家所具有的这种心理特点,参见 J. 熊彼特的从许多方面看都富有新意和重要的著作,《经济发展理论》(*Theorie der wirtschaftlichen Entwicklung*,莱比锡,1912 年),尤其是他关于资本利益的"动态"理论的心理学基础的论述。——原注

熊彼特(Joseph Alois Schumpeter,1883—1950):奥裔美籍经济学家、社会学家,著有《资本主义、社会主义与民主》《经济分析史》(共三卷),《经济发展理论》等。——译者注

不再是：商品→货币→商品。相应地，“**关系**”这个范畴在社会性思维过程中也就先于“**实体**”范畴而存在。在这种情况下，对诸表象之间存在的，从定量角度得到决定并且受自然规律支配的各种关系的寻求，也就同样代替了对存在于这个世界上的各种事物中间的某种概念性秩序的寻求（中世纪的经院哲学），代替了对间接涉及某种目的论的“形式的王国”的、由各种概念组成的、分类方面的金字塔的寻求；有关各种“类型”和定性“形式”的观念，现在开始向有关从定量角度确定下来的“自然法则”的观念俯首称臣。无论在哪里，生产都是以**用之不竭**的商品储备，或者由知识组成的真实本领为目的的。到处都出现了一种新的、不断超越任何一个既定阶段的**竞争精神**（不受任何限制的“进步”）。而且，参与生产过程的每一个人都试图通过一种崭新的、与研究和探索有关的**抱负**，胜过其他的任何一个人，而这种抱负却是中世纪的“学者”一无所知的，这种学者——至少就他的意向而言是如此——只是把知识本身当作一种有益之物保存下来。中世纪的学者试图把各种“新”观念——甚至在知识的世俗领域之中也是如此——冒充成为陈旧的和传统的东西，因为他们假定“真理”在很久以前就“已经被发现了”；与此相反，现代的研究者则试图把人们在很久以前就已经认识了的东西，冒充成为某种新的和富有独创性的东西。这样便出现了一种新的研究抱负以及一种新的、应当当作“**竞争**”确立起来的科学研究合作形式，而这种合作形式是与中世纪及其与权威的亲缘关系——正像揭示其特征的经院哲学精神所表明的那样——完全格格不入的。因此便出现了人们在解读一部不熟悉的科学著作的过程中所采取的、根本性的**批判**态度。正像存在于科学争辩和科学评论方面的关于优先权的争端所表明的那样，有关“精神财产”和专利的法律概念以及其他相似的法律概念，都是与这种生活共同体——或者说任何一种“经院哲学”①——的知识形式格格不入的。但是，这些现象也同样像知识通过“方法”而客观化的过程属于现代科学那样属于现代科学，也就是说，属于一种合乎逻辑的和超个体的机制。

四、到自由主义的时代为止，现代经济已经在半**公社**经济和公法之诸残余的解体过程中，越来越变成一种**处于支配地位的、个体和社会的经济**。各种性质、形式以及价值的**主观化过程**，从实质上说属于这种有关“**社会**”的科学，因为存在于**诸个体**中间的有关诸事物的**一致性**——对于这些个体当中的每一个个体来说，这个世界都首先是作为“他的”世界而被给定的——的、人为的、精确的、共同的理解过程，**只有**通过他们利用他们一致同意的标准对各种现象进行的测量，通过把所有各种事物都安排到一种得到人们普遍接受的时空法则体系之中，才能成为可能。因此，当代的哲学和科学中根本不存在一种关于各种形式、性质以及价值的主观性的新“理论”——迄今为止，还没有一个人以纯粹是理论的方式“证明过”这个论题。

① 因为人们试图以中世纪经院哲学的早期传统来掩盖的东西，与真正属于这些人自己的东西恰恰相反。

毋宁说,这里存在的是一种**关于人本身的**彻头彻尾的**新态度**,而哲学和科学都只是**在**这种态度出现**之后**,才以所有各种可以想象的和五花八门的"理由"为它辩护(几乎每一位哲学家都是以与众不同的理由进行这种辩护的)。所以,人们可以轻而易举地看到,有人曾经认为这种立场从主观角度看**先于**它那些被假定的理由和辩护依据而存在:它只不过是一种属于人们所具有的这种目前处于主导地位的**社会性**群体形式的、"关于社会的教条"而已。[①]而且,诸如笛卡儿从他那关于意识的观念论出发、从形式的角度对**关于根源性批判的原则**的系统论述,也是这种新的、来源于"*cogito ergo sum*"(**我思故我在**;这种说法本身只不过是对一种必定属于社会的、**具有历史性的**精神态度的一种毫无事实根据的表述而已,而且这种说法根本不是"自明性的")的思维图式的一种结果。在这样一种态度中,这种根源向这种意识所提供的,只不过是以新的形式对它的创始者的"表现"而已——而不是从历史角度来看的真实本身,所以,人们首先必须从许多已经证明自身没有任何矛盾的根源出发,并且运用对他们所推测的那些个体创始者证伪一些问题的兴趣的持续考虑,构想出这些"真实"。作为存在于"社会"成员——这些"社会"成员的表述总是受到与殷勤好客有关的各种惯例的限制——中间的一种主要态度,**不信任**也会持续不断地涉及以往历史上的人们所提出的各种主张。人们忘记了,过去一代又一代的人都根本不具有这些个人性的、对于证伪的"兴趣"——他们充其量也只不过具有某种结成社团的兴趣而已。此外,从这同一种关于现代社会的原则之中,还产生了有关法律、语言以及国家的各种契约理论,而现代的个体主义自然法和语言,启蒙运动的法哲学和政治哲学,则进一步发展了这些契约理论。这种就其所有各个方面而言都来源于启蒙运动的"人文科学的系统"(W.狄尔泰语),变成了西方诸民族之更加古老的历史的组成部分和所有各种文化领域的组成部分,例如,它变得与"*homo economicus*"(**经济人**)——这种"经济人"无论如何都不像古典经济学家[②]所认为的那样,只是一种有意识的"虚构",例如,就像C.门格尔[③]近来片面地向我们指出的那样——这样一种像机械论世界观及其基本观念("绝对质量""绝对扩展的实体""绝对空间""绝对时间""绝对运动""绝对的力")那样天真幼稚的观念结合起来:除了任何一种力量都无法使之赞同实证科学,甚至无法使之赞同实证科学的各种思维方式的、少数几个持怀疑态度的局外人(例如,莱布尼茨就是一个试图跨越这种反对中世纪的做法的人)之外,情况都是如此。的确,人们不仅承认这种观念是对实在的一种真实和正确的表现,而且也承认它是**适当的**。这样,社会便会把

---

① 参见我的著作《同情的本质和形式》(*Wesen und Formen der Sympathie*)第三编,对 *alter ego*(**另一自我**)的实在的论述。

② 亚当·斯密也是关于人们通过既得财富而形成阶级的错误理论的肇事者;参见《国民财富的性质和原因的研究》(有中文版)。

③ 门格尔(Carl Menger,1840—1921):奥地利经济学家,奥地利学派创始人,著有《国民经济学原理》等。——译者注

它自身的结构**形式**当作一种存在于本性背后的“自在之物”来设计(唯物主义)。只有康德才使这种假定发生了动摇——尽管他做的还不充分;只有19世纪的历史主义,才使这些来源于启蒙运动的关于人文科学的教条发生了动摇。

五、最后,为**与生产有关的科学手段提供装备**——也就是说,提供科学技术和物质材料——**的过程**本身,也恰恰是我们就军事技术而言,或者就与物质生产和通信交通有关的技术而言所发现的同一种具有形式色彩的过程。它也是使几乎所有基督教会的秩序,并且还缓慢地使中世纪的教会本身,在特伦托会议[①]以后,以耶稣会秩序的具有机械论色彩和专制主义色彩的结构为典型,变成它们当时那个样子的同一种过程。它与我们就“各种企业”及其簿记取代私人簿记而言所发现的过程,是同一种过程。[②]这同一个过程也涉及到与中世纪拥有自己的战马和刀剑的骑士形成对照的、现在由国家训练和装备的现代军队的士兵;涉及到现在为了使工人互相合作而“提供给”他们的那些机器、物质材料、建筑物,等等;还涉及到那些属于**从方法角度**得到发展并且获得了工具装备的科学的实验家、观测站、收藏品、研究所、测试中心以及工艺车间——所有这些方面都与以前**闭门造车的**研究者形成了对照:现在,这样的研究者不得不与其他人共享这些制度性设施。中世纪用于研究的谈话室及其五花八门的附属物和私有财产,都已经消失了。但是,这种过程在经济方面受到过限制吗?无论如何都没有!与所有各种职业有关的技术手段的装备过程和系统化过程,都表现了**文明的**某种完全**具有普遍特征和形式特征的发展方向**,而且这种技术手段对于经济来说完全像它对于——比如说——科学、教会,或者军事来说那样,是必不可少的。处于组织其研究工作的管理者指导之下的研究者们(由国家导致)的规范化过程——这是一种与这种装备科学技术和物质材料的过程结合在一起的规范化过程——或者半规范化过程,也完全是由同一种社会学规则引起的。例如,根据这种规则来看,一支“长期存在的”、(在法国大革命以后)**为国家效力**——而不再主要为作为一个**个人**的最高统治者效力——的军队的“军官”,就是从中世纪封建领主的那些尚武好战的追随者当中产生的。或者说,现代国家依靠“薪水”雇佣的那些专门的官员和职业律师,都是从以前那些植根于最高统治者之间的政治权力关系和信托活动之中的荣誉职员当中,从那些被授予了可以继承的采邑和富有权威的权力的封建官员和律师当中,产生出来的。这里存在的只不过是国家的差异而已。在德国,国家使研究人员担任职务的做法导致了各种科学研究机构,而且由于德国那使研究和教学统一起来组成大学的原则,这种做法迄今仍然比其在英国和那些说罗曼语的地区产生着更强大的影响。在英国,

① 特伦托会议(Trentoskonzil):天主教会第十九次普世会议,于1545—1563年在意大利城市特兰托召开,主旨是与新教相抗衡。——译者注

② 参见W.桑巴特论述意大利复式记录簿记的起源及其与现代科学之关系的论文,该论文载《社会政策文库》(*Archiv für Sozialpolitik*,1923年)。

中世纪的研究体制(牛津和剑桥)持续的时间较长。而且独立的业余科学研究者[①]也比在德国更常见得多。在法国,研究和教学在那些特定的国家机构中间的**分布**程度更大一些——这是一种甚至我们的现代德国"研究机构"也正在部分采纳的体制。[②]而在北美洲,通过国家经济得以建立并获得供给的"接受捐赠基金的大学",也已经获得了特殊的地位。

除了上面提到的两种缘由之外,各种具体科学——正像它们由于各种科学研究过程(例如,心理物理学,物理化学,发展力学以及精确的遗传科学)的内在逻辑而得到发展那样——那部分由于对研究者们的智力天才性格的适当安排而出现的分化过程,**其次从社会学的角度来看**,完全是由专家官僚层(传道士,教师,中小学校长,医生,国家官员,共同体以及经济制度,法官,工程师,等等)的已经分化的社会**需要**共同决定的。同时,这种与各种科学的分化过程和限制因素有关的缘由,与其说对存在于科学理论中间的内在逻辑联系有利,还不如说对这种逻辑联系有害——这就是我之所以认为德国有必要使研究机构与教学机构,尤其是与"文化机构"**更加明确地彼此分离开来**的诸多原因中的一个原因。[③]

社会学的另一个特殊任务,还应当是勾勒出那些**与个体**从原始的**巫术**——这种巫术本身后来往往通过各种宗教仪式和实际技术而发生分化(这既取决于它是失败还是成功,也取决于这些成功和失败的类型)——到现在的技术**的各个发展阶段相对应的科学形式和经济形式的轮廓**[④]。在我看来,人们目前是不可能完成这样一个任务的,因为人们几乎还没有从某种**社会学的**视角出发在这个领域中做什么工作。但是,我们可以说,正是**技术首先把科学和经济联系在一起了**,而一个社会的总体状况的发展程度越低,知识及其运动对技术的依赖程度便越高。在我看来,下列转变在这种多少有些被人们忽略的历史复合体中是最重要的:

(一) 从巫术——这里的巫术基于下列假定,即它并不是由人们为了从空间角度和时间角度控制遥远的力量,根据各种法则和次要原因、通过纯粹的意志或者语词(言辞性的符咒和言辞性的迷信)而决定的——向一般的实际技术的转变,尤其是向从根本上说密切联系在一起的与手臂和工具有关的那些技术的转变。

(二) 在各种混合型文化中发生的农业技术内部从母权制文化的种植农作物,

---

① 关于与德国相比较的英国的自由业余研究者的重要意义,参见拉德尔在其《近代生物学理论史》(*Geschichte der biologischen Theorien in der Neuzeit*,1913年)的第二卷中所作出的出色评论。

② 参见本书中收录的我的著述,"大学与国民高校"(*Universität und Volkshochschule*)。

③ 参见上一个注释。

④ 这个方面的初步工作都是由文化人类学家们做的,他们至少表明,全部民族都会经历的某种百分之百**严格的技术顺序并不存在**(例如,常见的没有制陶术的民族就说明了这一点);参见博厄斯,格雷布纳以及埃伦莱希(Ehrenreich)的著作;关于西方后来的状况,参见W.桑巴特的著作中研究论述技术的章节,即《现代资本主义》(*Der moderns Kapitalismus*,1916年),第一卷,第三章。——原注

博厄斯(Franz Boas,1858—1942):美籍德裔文化人类学家,普通人类学创始人,著有《原始人的心灵》《文化和种族》《人类学与现代生活》等。——译者注

向与饲养牲畜(犁)联系在一起的文化的转变——这些混合型文化既是所有各种国家之形成(各种阶级之形成)和“政治时代”[①]出现的前提条件,也是所有各种“高级”文明的基础。

(三)从依赖体力和从经验角度看具有传统特征的工具(或者工具性机械)占主导地位,向仍然使用来自有机自然界之能量的动力机械的科学——合理性技术时代(早期资本主义时代)的转变;以及

(四)从人们使用焦炭开始,并且以储存在煤中的光能为其绝大部分能源的技术(高度发展的资本主义)。从目前的情况来看,我们尚无法确定,人们对电和来自放射性物质的巨大能量的技术性运用,将来会不会有一天导致一个与运用煤的时代——这种时代与人们主要运用与木材燃烧和水力有关的技术的时代不同——更加不同的技术时代以及人们会不会找到一种能源来代替日益减少的煤。[②]

毋庸置疑,上面这些粗略的——在与生产、交通通信、军事有关的所有各种技术以及科学技术本身之中普遍存在的——分类,**也**已经**在各种科学的世界观中**与那些最重要的**变化**紧密联系起来了。以下这几个方面作为并列存在和与科学有关的现象,本身也非常清晰地互相区别开来了:①为原始人所具有的关于自然界的神秘观点;②(工具——技术阶段的)关于自然界的理性——生物形态观点;③关于自然界的理性——机械论观点;以及④关于自然界的电—磁观点。

从我们的视角出发来看,这种就其“进步”而言作为一种完全**自主**的主体而存在的技术发展,必定会变得与经济发展完全不同。的确,它对经济有程度极高的影响,但是,它同样也受到它的对立面的决定,这种决定是一种次要影响——是一种相互影响。在这里,技术的发展当然会首先干涉各种**经营管理形式**的发展。但是,它也同样会影响国家的发展——只要国家也具有经营管理形式,情况就是如此;而且,它也同样会对由“权力”(大权在握的人物,世界列强)组成的政治性法团及其帝国主义倾向产生影响。国家的发展也像经济的发展本身那样,揭示了同一种走向“大规模经营管理”的趋势。由经济主义而不是由技术性引起的、在所有马克思主义文献中始终在不断扩展的下列历史—哲学观念,即人对自然界实施普遍控

① 关于母权制文化的技术(对土地,陶器以及纺织术的运用)与父权制文化的技术(例如,对森林的运用)之间的区别,参见格雷布纳,同前引书以及哈恩(Hahn),博厄斯等人撰写的著作。

② 参见弗雷德里克·索迪在《科学与生命》(*Science and Life*,1920年)中所作出的判断:

我们只要回忆一下以往科学进步的历史就可以确信,人们最终会导致使能量贮备的人为变化和可以利用的供给,像他们使燃料的这种变化和供给超出了自然存在的能量的范围那样,超出燃料的这神变化和供给的范围。——原注

索迪(Frederick Soddy,1877—1956):英国化学家,因研究放射性物质和同位素理论获诺贝尔化学奖,著有《科学与生命》等。——译者注

制，[①]将使人对人的支配变成多余的东西，而且，作为一个——与作为福利组织而存在的国家相对照的——强制性统一体而存在的“国家”，也就经不起任何尖锐的批判了。[②]

① 正像任何一种具有充分根据的评论都会教导我们的那样，有关人对人进行支配的意志，无论如何都不是一种可以用来获得对事物的支配的手段；毋宁说，这种意志——正像康德在其《实用人类学》(*Anthropologie in pragmatische Hinsicht*，1798 年，1800 年)中正确地教导我们的那样——对于人来说是某种完全是**原来就有**的东西，而且即使在面对一种理想的生产技术的情况下，它也根本不会完全消失。

② 关于历史的技术理论——这种理论在把艺术风格、军事体制、科学、经济以及法律的发展进步，都当作一种方法来“说明”的各种艺术史(例如，桑珀论述艺术风格的著作)、战争史〔关于这个方面，参见德尔布吕克(Delbrück)对认为火器技术有可能破坏骑士制度的理论的驳斥〕、宗教史〔乌森纳(Usener)对与各种宗教对象观念之形成有关的崇拜的过高评价〕、科学(拉布廖拉和实用主义)以及社会精神特质〔巴克尔(Buckle)和斯宾塞〕之中，都得到了同等程度的发展——**始终同样是错误的**。另一方面，与马克思主义者那完全模糊不清的“生产关系”理论——在马克思看来，这些关系有时指经营管理形式，有时指法律形式，有时指技术，还有时指阶级结论——相比，关于历史的技术理论还会得到更多的辩护。

敖德嘉

作者简介

敖德嘉·加塞特(José Ortegay Gasset,1883—1955),1883年5月9日生于西班牙马德里,1955年10月18日于马德里去世。1904年获得马德里大学哲学博士学位。1905—1907年,游学于柏林大学、莱比锡大学和马堡大学。1910—1936年任马德里中央大学形而上学教授。他是20世纪西班牙最著名的哲学家和散文作家,也是著名的学术活动家和政治活动家,创办了许多刊物和学术机构。西班牙内战时期(1936—1939),他自我放逐到了阿根廷和欧洲。1941年,他成为利马的圣马可大学的哲学教授。"二战"之后回到西班牙,并在世界各地演讲。他的主要著作有:《艺术的去人性化》(1925),《群众的造反》(1929),《大学的使命》(1930),《走向历史哲学》(1941),《什么是哲学》(1958)。

文献出处

本文是《走向历史哲学》中的一篇文章,原文是西班牙文,略有删节的英文译本见于 Carl Mitcham and Robert Mackey eds., Philosophy and Technology, Readings in the Philosophical Problems of Technology, The Free Press, 1972, pp. 290-313,这里译自英文本,根据西班牙文本(José Ortega y Gasset,"Meditacion de la tecnica", in Ensimismamient y Alteraction, 1939.)订正。高源厚译。

关于技术的思考

1. 论题初探

未来必引发热烈讨论的一个话题，便是技术的含义、好处、危害及限度。我一向认为，作家的一个任务，就是预见读者来日可能面临的问题，在争论爆发之前，早早提供清晰的观念，以便读者带着"原则上看到了解答"者的从容气度，置身喧嚣的激辩中。"On ne doit écrire que pour faire connaftre la véritée"（除非为了认识真理，否则不应写作），马勒伯朗士（Malebranche）说着弃虚构文学而去。不论觉察与否，西方人多年前就放弃了对这类作品的任何期待，转而如饥似渴地追求关于紧要之事的清晰观念。

我们这就开始一项毫无文学性的工作，来试着解答这么一个问题：技术是什么？论题初探，想必粗陋，还离着老远呢。

冬天来了，人觉得冷。"觉得冷"包含两码事：一者，他遇到了称作"冷"的现实。另者，那现实以一种消极方式表现着，让他不舒服。"消极"什么意思？显而易见。我们拿极端情况说吧，冷得人觉得要死了，觉得那冷要灭了他。但人不想死，通常坚持活。这种在他人和自己身上体验到的对"活"的渴求（面对任何消极环境都要维生），我们太习以为常了，要意识到它的奇怪之处反倒费点儿事。问"人为什么愿活不愿死？"似乎荒唐、幼稚。其实这是最通情达理的一个问题。一般通过"自保本能"来回答。然而，首先，"本能"这概念就很含糊；其次，即便它清楚明白，但众所周知，对人而言，本能实际上被涤除殆尽。人不是靠本能生活的，而是靠其他控制本能的能力（诸如意志和思想）自制。这方面的证据是：某些人较之生宁愿死（不论什么理由），这决意使所谓"自保本能"不再起作用。

看来，基于"本能"作解释不灵。不论有它没它，事实总归是：人坚持活是因为想活。由此，他感到"避寒取暖"的需求。冬日的霹雳可能会使树林起火，人凑近那儿取暖；这宜人的炽热是偶然事件提供的。他只要利用眼前的火，就能满足需求。我说这些挺尴尬的，因为这都是人人皆知的大实话。然而，诸位会看到，这起初的谦卑（它要求讲大实话）对我们有好处。不过别弄成这样：净说大实话，光说不理解。那也许是最不可容忍的事了，但这事儿我们常干。显然，"取暖"简化成了一种活动，人发现自己赋有这种活动能力，即"行走"能力，这样就能靠近热源。另一些情况下，热量可能不得自火，而是附近的山洞。

人还有"进食"的需求；进食就是吃树上采来的果子，或可以吃的根茎、块茎，或落到手的动物。还有"喝水"的需求，等等。

要满足这些需求就引出新的需求：四处移动、行走，也就是缩减距离。有时还必须尽快完成，不得不缩短时间、赢得时间。当敌人（野兽或其他人）来袭，他必须逃掉，即尽可能在最短时间内经过最大距离。按此方式继续，耐心一点儿，我们就能定义一个人所具有的需求系统，正如人具有一套满足这些需求的活动。

这些都显而易见——再说一遍，让我讲着都脸红——但我们应该仔细想想这里“需求”一词的含义。说取暖、进食、行走是人的需求，是什么意思？无疑是说：它们是生存所必需的自然条件。人意识到这种物质上的必需或客观的必需，因而才在主观上觉得它们必需。请注意，这种必需完全是有条件的。石头在空中被撒手放开，必需—必然[1]下落，这是绝对的或无条件的必需。但人可以不去满足自身的需求——比如对食物的需求，正如现在圣雄甘地（Mahatma Gandhi）所为。我们发现，进食本身不是必需的，它对生存而言必需。倘若非要活下去，也就是当生存成为必需时，进食才有必需性。因而生存是本源性需求，其他一切需求仅是随之而来的。如上所说，人活着是因为想活。对“活”的需求并非强加于人，像“无力自我毁灭”被强加于物那样。生存——“需中之需”——仅在一种主观的意义上是必需的：只不过是因为人独断地决定活着而已。它的必需性源自一种“意愿”活动——其含义、起因我们避而不谈，只把它作为不争的出发点。无论如何，人恰好对“活着”有强烈的欲求，希望“活在世上”，尽管他是已知的有能力——从存在论或形而上学角度看，这能力实在太奇怪、太悖谬、太吓人了——毁灭自身、“主动放弃活在世上”的独一无二的存在者。

这欲求极其强烈，如果自然没能提供必要的手段，不能满足其维生需求，他决不罢休。如果没有火或洞、不能取暖，或没有果子、根茎、动物可吃，人就启动第二类活动：生火、建房、种地、打猎。事实上，那些需求和直接利用现成手段——需求出现时，手段已经在那儿了——来满足需求的活动，是人和动物共有的。我们唯一不能确定的是，动物是否和人有同样的对“活”的渴求。然而有一点是肯定的：动物若不能满足维生需求——比如说既没火又没洞——除了等死什么也干不了。而人愣是干出一番新鲜事：生产自然中找不到的东西（要么是压根儿就不存在，要么是需要时不在手边）。没火生火，没洞挖洞（也就是房子了），骑马、造车来缩空间、抢时间。请注意：“生火”和“取暖”颇不同，“种地”不同于“进食”“造汽车”也不同于“行走”。现在明白为什么要坚持对“取暖”“进食”“行走”下“大实话定义”了吧。

采暖、农耕、造车，我们并不能在这些活动中满足需求；它们的直接后果反倒是中止了直接用以满足需求的原始活动。第二类活动的根本目的和第一类一样；但——关键在这儿！——它预设了人所具有而动物缺乏的一种能力。这能力并不是多高的才智——这一点我们后面还会讲；而是能暂时摆脱那些紧要的维生需求，自由地去从事那些本身并不满足需求的活动。动物总是不可避免地被前者拴

① 译文用连字符“—”连起来的两个词对应于原文的一个词。下同。——译者注

住,其生存无非是那些基本的——机体的或生物的——需求和满足需求的行动。这正是“生存”一词的生物学意义。

但我要问：对这样的存在者来说,谈论“需求”有意义吗？当我们把“需求”这个概念用于人时,我们把它理解为：人所发现的为了生存而被强加于他的种种条件。所以它们并不是他的生存；或者反过来说,他的生存并不(起码不是全部)与其生物需求系统重合。一旦重合,他就不会觉得吃喝、取暖之类是“需求”,是外界强加于其“真正存在”的东西(该存在者不得不应付它们,但它们并不构成其真正的生存)。在这种主观的意义上,动物没有需求。它可能觉得饿；但它不会感到“觉得饿而找食”是强加于其“真正存在”的“必需”,因为它除了觉得饿而去吃食以外,没什么可做的了。而人如果能没有那些需求,因而也就不必为满足它们而劳神,他仍有许多事可做,有广大的生活领域——恰恰是那些事、那种生存,他觉得最有人味儿。

这意外地揭示出人之构造的奇特。其他一切存在者都与其客观条件——自然或环境——相合,唯独人不同于、不合于环境；但如果想在其中生存,又只能接受它强加的条件。人不与环境一致,只不过置身其中,他有时能摆脱它,退入自身内部。在这超越自然的生存时段(抽身离开对自然需求的料理)中,人发明、开展第二类活动：生火、盖房、耕种田地、设计汽车。

这些活动有个共同的特征。它们暗含着：创造一种程序,它在一定限度内,确保随心所欲地、方便地获取我们需要而自然中找不到的东西。从此,当下、身边是否有火就无关紧要了；我们生火,就是说,施行一套一劳永逸地发明出来的活动。它们往往要制造一种实物,简单操作它,就能获得所需的东西；我们称之为工具。

这些活动改变了自然,创造了自然中没有的东西——要么是压根儿就没有,要么是需要时身边没有。这样,终于有了人特有的所谓“技术行为”。所有这些行为就构成技术,姑且把它定义为：人为了满足需求而强加于自然的改造。我们看到,需求是自然强加于人的；而人以强加改变于自然做回应。因此,技术是人对自然或环境的反应——反作用。它建构出一个新的自然,一种介于人和原初自然之间的“超自然世界”。要注意：技术并不是人为了满足自然需求所做的努力。这种定义模棱两可,它对动物的生物性活动同样有效。技术是对自然——那令我们有所需求的自然——的改造,在如下意义上的改造：在各种情况下都能确保需求的满足,从而消除需求。如果一感到冷,自然就自动为我们点一把火,我们也就不会意识到取暖的需求；正如我们通常不会意识到呼吸的需求,只管呼吸,毫无问题。这其实正是技术为我们做的：觉得冷,它立即供上热；一有需求、不足、麻烦、痛苦,就实际地消除它们。

对“技术是什么?”这个问题的初步、粗陋地接近就到这里吧。既然接近了,事情就开始复杂起来,也相应有趣起来。

2. 活和活好——对"醉意"的"需求"——必需的"多余"——技术的相对性

与主体适应环境相反,技术是让环境适应主体。仅这一点就足以使我们猜测:目前探讨的活动可能与一切生物性活动相反。

反作用于环境,不听任"世界之所是"——这是人的特性。以至于从动物学角度研究人时,一旦发现被改造的自然物——例如,碰到加工过的石头(不论是不是磨光了)——我们便能断定人的出现。没有技术(即没有对环境的反作用),人就不成其为"人"。

至此,我们一直把技术看成对生物性需求的反应。我们坚持对"需求"一词做确切定义。我们说,"进食"是"需求",因为它是生存的必要条件,而人显然对生存有强烈欲求。我们把生存、"活在世上"看作"需中之需"。

实际上,技术并不限于满足这类需求。与发明"取暖""进食"之类的工具、程序同样久远的,有很多这样的发明:它们旨在获取看起来"非必需"的事物、状态。例如,与"生火"同样古老、同样普遍的是"获得醉意"。我指的是对这样一些物质和程序的运用:它们使身心处于快慰的兴奋或愉悦的恍惚。麻醉品是最古老的发明之一,以至于现在还不清楚,"火"的发明最初到底是为了"避寒"(一种生物性需求、生存的 sine qua non[①]),还是为了"致醉"。我们知道有这样的原始部族,在地洞里生火,使人大量发汗,在烟气和高温中沉入近乎酒醉的癫狂恍惚。这就是所谓"发汗屋"。

产生令人愉悦的幻象或达至强烈的身体快感,手法之多,不胜枚举。后者著名的有也门(Yemen)和埃塞俄比亚(Ethiopia)产的 Kat[②],这种东西能影响前列腺,使人走得越多越有快感。致幻的东西有颠茄(belladonna)、曼陀罗(Jimson weed)、秘鲁(Peru)的古柯(coca),等等。

人类学家还在讨论,"弓"最古老的形式到底是打猎、作战用的"武器"还是"乐器"。现在无需判定这个问题。我们感兴趣的是:"乐弓"(不论它是不是最初的弓)出现在最原始的器具之中。

这些事实表明,原始人觉得,"精神的愉悦"和"满足最低需求"同样必需。看来从一开始,"人的需求"这个概念就同时包含着客观上必需的东西和客观上多余的东西。倘若非要判定哪些需求是绝对必需的,哪些是可有可无的,必将陷入困境。我们马上会发现,对那些似乎先天(a priori)是最基本、不可或缺的需求(诸如食物、热量等),人有不可思议的弹性态度。人不全是被迫,有时是心甘情愿,把食物量减到令人难以置信的程度;还会训练自己忍受奇寒。而某些多余的东西,人却很难

① 拉丁文,义为"没它不行的[直译]",即"必要条件"。——译者注

② 音译为"卡特"或"卡他茶";另有译"阿拉伯茶"或"非洲茶"。——译者注

或根本不能放弃，一旦失去，宁愿去死。

由此我们得出结论：人对生存、对“活在世上”的渴求与对“活得好”的渴求是不可分的。甚至在他看来，生存本就不是单单“活着”，而是“活得好——幸福”；他把“活着”的客观条件看作必需，只因为“活着”是“活好”的必要条件。一个人，如果彻底确信自己不能获得(起码是接近)他称作“幸福”的东西，而仅有“活着”的份儿，那就会自杀了。不是“活着”，而是“活好”，是人的基本需求，“需中之需”。

于是，我们获得了一个与最初的定义有根本区别的“人的需求”的概念，和通常由于分析不充分、考虑不细致而采用的说法也不同。我所读到的那些论技术的书——说真的，都和它们的宏大主题不太相称——都没有意识到“人的需求”这个概念是理解“技术”的基础。不出所料，那些书都用到这个概念，但没有充分理解其重要意义，只按日常谈话中的意思在用。

继续下去之前，简要陈述一下我们的发现吧。前面说，食物、热量之类是人的需求，因为它们是生存(被理解为仅仅“活在世上”)的客观条件；它们是必需的，仅当人认为生存是必需的；而人通常坚持要活着。现在我们意识到这种说法含糊不清。人并没有“活在世上”的渴求；他是渴求“活得好”。人是这样一种动物：他单单把“客观上多余的东西”视作必需。

知道这一点，对我们理解“技术”是实质性的。技术是生产“多余的东西”——今天和旧石器时代一个样。为什么说动物没有技术，因为它们满足于仅仅活着，满足于维生的客观之需。从“单纯活着”的角度看，动物是完满的，无需技术。归根结底，“人”“技术”“活好”，内涵相同。只有这样理解，我们才能领会技术作为“天地间最基本的事实”的含义。如果技术仅仅是为了更方便地满足动物性维生之需，就会出现莫名其妙的重复：我们的两类活动(动物性的本能行为和人性的技术行为)虽有不同，但都为了相同的目的，即维持机体在世生存。因为——不得不承认——动物过活依靠的活动系统没什么根本缺陷，起码不比人的缺陷多，当然也不比人少。

然而，当我们意识到有两种目的时，一切豁然开朗。一种是维持机体生存(仅仅是活在自然之中)，让主体适应环境；另一种是促成好的生活，让环境适应主体的意愿。

由于人的需求只有和“活好”相关时才是必需的，所以除非弄清人如何理解“活好”，否则无法说清需求。这就让事情无限复杂起来。因为，我们怎么能把过去、现在以至将来人对“活好”、对“需中之需”、对“唯一必需之事”——这是耶稣对马大(Martha)说的，在他看来，马利亚是真正有“技术”的人[①]——的理解都弄得一清二楚呢？

拿庞培(Pompey)来说，最要紧的事不是活着，而是横渡七大洋，再一次扬起以

① 参见《路迦福音》10：38～42。在马大、马利亚两姐妹家中，前者为耶稣备晚饭，后者坐听耶稣论道。当马大抱怨妹妹不帮她准备晚饭时，耶稣答道：马利亚已选择了那“唯一必需之事”。——英译注

航海为业的米利都(Miletus)人的旗帜——那是 aeinautai[①](永远的海员)之邦,米利都人泰勒斯(Thales)曾是新贸易、新政治、新知识(西方科学)的勇敢创造者。

一边有苦行僧、禁欲者,一边是肉欲狂、贪吃鬼。

在生物学意义上的"生存"是为每个物种规定好了的,一朝而定,永无改变;而在活好意义上的"人的生存"永远变化无常。人的需求是它的"函数",也就随之变动不定;技术是被这些需求唤起、引导的行为系统,所以同样变化多端。

试图把技术作为独立的东西来研究是白费工夫;它并不是被我们预先知道的单一目标引导的。进步的观念(如不慎用,在任何领域都有害)在此也很要命;它认定人的生存欲求一成不变,唯一与时俱变的,是向着"欲求的全面实现"不断地推进。这个想法荒谬之极。"人的生存"的观念、"活好——幸福"的面貌不知变了多少次,有时是根本性变化,以至于所谓的"技术进步"被丢弃,甚而消失得无影无踪。发明创造、发明者被视作"邪恶"而遭迫害,这在历史上也屡见不鲜。我们自己正被一种不可抗拒的"对发明的渴求"驱策向前,但不能由此推论说"情况一向如此"。反倒是:人往往对发明出来的东西有一种说不清的恐惧,仿佛感到一种可怕的威胁潜藏在它们明显带来的好处背后。而我们,在对技术发明的狂热之中,难道没有类似的体验吗?如果谁能写这么一部技术史,写写那些曾被视作不可磨灭的技术成就——ktesis eis aei[②]——后来却湮没无闻、彻底失传,那必定生动而有教益。

3. 为省劲而费的劲是技术——"省下来的劲"的问题——创造性生存

我的书,《大众的反叛》(The Revolt of the Masses),是怀着这样一种萦绕心头的感受,在 1927 到 1928 年间(注意:正值繁盛至极之时)写作的:叹为观止、奇迹一般的技术正面临威胁,可能会毁在我们自己手里,可能消失得比任何人想象的都快。今天,我的疑惧有增无减。我希望工程师们能明白:要想成为工程师的话,仅作个工程师是不够的。当他们埋头于自己的专业时,历史可能正从其脚下抽去根基。

我们必须警觉,不能只局限在个人的专业领域,而要对完整的生存境域——生存总是整体性的——有全面认识。至高的生存艺术是一种"完满",它不是通过单一职业、单一学科获得的;它是所有行业和学科以及其他许多东西的共同产物。它是无微不至的审慎。人生中一切都是不断的、十足的冒险。"致命一击"可能来自最意想不到的地方。整个文明可能因一个觉察不到的裂缝而漏干。即便工程师对预言置之不理——毕竟那仅是可能发生的事;但昨天的处境是什么?对明天又有何期待?显然,他工作于其中的社会、经济、政治状况在迅速变化着。

① 希腊语词的拉丁转写形式,后面小括号内为作者的释义。原文所用古希腊语词皆为拉丁转写形式,以下不再说明。——译者注

② 希腊文,义为"永久所有物""永远的财产"。——译者注

因此，最好别把技术看成一种确定无疑的、在人掌控中的不变的实在。假定今天追求的“活好”变了样儿，假定唤起、引导一切行动的“生存观”经历某种突变，目前的技术难道不会“失调”？不会根据我们新的欲求采取新的方向？

人们相信，现代技术由于有其科学基础，会比以往的技术更稳固地确立。但这种想当然的“安全”是一种幻觉。现代技术毫无疑问的“优越”，其实隐含着很大弱点。基于科学的精确性，它就依赖更多的预设、条件，因而比早先的各种技术更少自发性和自立性。

正是这种安全感使西方文明处在危险之中。对进步的信仰（坚信：到了这一历史发展阶段，严重的倒退不会再发生了，世界的繁荣会自动向前推进，以至永远）使人放松了警惕，也就为新一轮“蛮族入侵”敞开了大门。

说到技术的不稳定性、多变性的例子，不妨想想：在柏拉图时代，中国的技术在很多方面都比希腊强得多；埃及工程师的一些作品比今天欧洲人建造的东西还好——比如，莫里斯（Moeris）湖，希罗多德（Herodotus）曾经提到它，但长期以来一直被视为无稽之谈，直到它的遗址最近被发现为止。归功于这庞大的水利工程，尼罗河谷某些地区曾是大片良田，而今却尽成荒漠。

或许所有技术都共同包含着某些技术性的发明，这些——虽有遗失和倒退——可以不断积累。在这个意义上，也许可以谈论绝对的技术进步；但仍有危险：“绝对的技术进步”是从讲话者的视角来定义的，而这种视角无论如何不是“绝对”的。就在他盲目坚持自己的主张时，人们可能正准备抛弃它。

我们后面会更多谈到不同类型的技术，谈它们的兴衰起落、优长和限度。但目前，我们不能忽略一般性的技术观，因为它里面包含着最迷人的秘密。

技术行为不是我们赖以直接满足需求（不论是基本的自然需求，还是明显多余的需求）的行为，而是一旦发明就可以按之行事，从而使我们尽可能费最少的劲来满足需求，还能提供超越“人的自然性”的全新可能性（航海、飞行、电话交流，等等）。

或许可以把“放心”看作是人的一种“省劲”装置。由“不放心”产生的防范、戒备、焦虑、恐惧，是“费劲”的表现形式，是人对“自然强加的要求”的反应。

技术是我们赖以（完全或部分地）躲避“不得不做之事”（这些事让我们在自然处境中不停地忙活）的手段。这点大家一般都同意；但很奇怪，我们老是从一面儿（就算是“正面儿”吧，没什么意思的那面）来看技术，而很少有人意识到它“反面儿”的谜。

人要“费好大劲”去“省劲”，这难道不令人困惑吗？有人可能会说，技术是“费小劲”而“省大劲”，完全合理。好吧；但还有一个问题：“省下来的劲儿”哪儿去了？白白闲着吗？人搞定了自然强迫他干的事之后，他干吗去？用什么来充实生活？无所事事意味着让生活“空着”，没在“活”；这和人的构造不相容。这可不是胡思乱想，这问题近年来变得非常现实。目前，在一些国家，工人每天工作八小时，一周工作五天；而不远的将来，有可能达到一周工作四天。工人们手头这么多空闲时间，干什么去？

这的确是现今的技术明显暴露出的问题；但这并不意味着，在以往一切技术中从没出现过这问题。一切技术都必然带来人的基本活动的减少，这不是偶然的副产品，因为“希望省劲儿”是技术背后的动机。这个问题非同小可，它关系到我们是否能正确理解技术的本质。我们必须找出那“省下来的劲儿”哪儿去了。

在对技术的讨论中，我们碰到了“人的存在”之谜，就像咬到了果子的核儿一样。人是一种“在自然中受迫而生”的存在(前提是他“想活”)；他是一种动物。在动物学意义上的“生存”就是由“生存在自然中所必需的活动”构成的。而人对事情做了安排，使这种“生存追求”降到最低。在这“空出来的地方”(源自对“动物性生存”的超越)，他致力于一系列“非生物性”的事，它们不是自然强加的，而是他自己发明-创造出来的。这种创造出来的生存——像创作出来的小说或戏剧——被称作“人的生存”“活得好—幸福”。人的生存超越自然现实。它不是给定于人的，像“下落”给定于石头、生物性行为(吃、逃、筑巢等等)给定于动物那样。人自己做成它，从发明它开始。莫非听错了？“人的生存”在最具人味儿的意义上是像小说一样构造出的作品？人自身难道是小说家？靠那类“不现实的事”虚构人物？而为了将其转化为现实，做他所做的一切——这不又成了技术师？

4. 技术底层结构一览

对“技术是什么?”这个问题，人们已给出的回答肤浅得惊人；更糟糕的是，这不能归咎于偶然。同样情况发生在一切涉及“真正的人性”的问题中。除非触及更深层次(一切属“人”的东西由此展开)，否则无法阐明它们。认定“我们完全了解人性”，以此谈论与“人”有关的事，那就总是会丢掉真正的问题——这正是谈论“技术”时发生的。我们必须更彻底地追问：怎么就会存在所谓“技术”这么一种奇怪的东西？“人从事技术”这一“天地间最基本的事实”到底是如何出现的？如果我们打算严肃认真地找个说法，就非得“扎入深处”不可。

我们会发现，天地间的一种实在——人，别无选择，只能存在于另一实在(自然或世界)之中。一者在另一者中——人在自然中——存在的关系，有三种可能的情况。对存在于其中的人，自然兴许提供的全是“便利”。这意味着人的存在与自然的存在完全一致，或等于说，人是一种“自然存在”。石头、植物就是这样，动物可能也是。如果人也是这样，那他就不会有任何“需求”，因为他什么也不缺。他的“欲求”及“欲求的满足”完全是一回事。他不会想要任何世上不存在的东西；他想要的任何东西都会自然出现在那儿(就像有关“魔杖”的童话故事里讲的那样)。这样一种实在不会觉得世界是“异己的东西”，因为世界不给他任何阻力，他活在世界里面就像活在自身里面一样。

或是正好相反的情况：世界给人的全是“困难”——世界的存在与人的存在完

全敌对。这种情况下，世界就不会是人的居所；他不能存在于其中，刹那间的存在都不行。不会出现人的生存，也就不会有技术。

第三种可能性是实情：人活在世上，发现周围的世界是由“便利”和“困难”共同织就的错综复杂的“网”。世上没什么东西不(潜在地)同时是这两者。大地承载着人，让他累了能够躺下，让他在不得不逃跑时能跑得动。一场船难会使他念及“牢靠的大地”(习以为常而变得不起眼儿的东西)的好处。但大地同时也意味着距离。广袤的土地可能在人唇焦口燥之时把他和泉水隔开；或是赫然耸现于前的陡坡，难以攀爬。这一基本现象——或许是一切现象中最基本的，即我们同时被“便利”和“困难”所包围——把独特的存在论特征赋予了称作“人的生存”的实在。

人如果遇不到“便利”，就不可能存于世，即不能“生存”，因而也没有“问题”。当他发现可依靠的“便利”，生存便有了可能；但由于同时还发现了“困难”，这种可能性就不断受到挑战、干扰、威胁。因此，“人的生存”不是被动地存于世，而是无休止地奋争以使自己适于生存其中。石头的存在是给定的，它无需为“它之所是”——“田野里的一块石头”——而奋争。人则不得不在逆境中成为他自己；这意味着他不得不时时刻刻创造他的存在。他被给予的是抽象的“存在的可能性”，而不是现实的存在。“存在的实现”要靠他不断去拼争。人必须“挣命”，不仅是在经济学意义上，而且是在形而上学意义上。

这一切是为什么？显然——换一种表达方式重复相同的东西——因为“人的存在”和“自然的存在”并不完全一致。人的存在由奇特原料构成：部分与自然同类，部分不同；同时是“自然的”和“超自然的”，一种存在论上的“半人半马”(centaur)，一半沉浸其(自然)中，一半超乎其外。但丁(Dante)把人比作一只停在海滩上的船，一头在水里，一头在沙里。他身上“自然的东西”自行实现，不成问题——这正是为什么人不认为它是他“真正的存在”的原因。另一方面，他的“超自然的部分”既不是一开始就有，也不会自行出现；它是一种渴望，一种“生存计划”。我们感到这才是自己“真正的存在”，把它叫做我们的“人格”、“自我”。然而，我们的超自然或反自然的部分，不能在任何旧的精神哲学的意义上理解。我现在对所谓的“精神”——一个载满了幻术般思辨的混乱概念——不感兴趣。

如果诸位反思一下你称作“你的生存”的这一实在的意义，会发现，它是实现某种“明确的生存计划”的努力。每个人的“自我”恰恰正是这种设计出来的计划。我们所做的一切都是为这计划服务的。因而人起初是作为“没有现实性的东西”存在的，非“肉体”，非“精神”；他是这样一种计划，某种“还不是—在、而希望是—在”的东西。有人可能会反对说：没有某个“人”或某种“心灵”“灵魂”(随你叫它什么)，哪儿来的“计划”？我现在无法详细讨论这个问题，因为那意味着开一门哲学课。我现在只能这样说：尽管“做一个大金融家”的计划只能看作一个“想法”，但让那“计划”存在不同于让那“想法”存在。我想想那“想法”并不难，但我还远没有“让那计划存在”。

我们在这儿碰到了这不可思议的特征，它使人成为天地间独一无二的东西。我们现在正在讨论——请注意这情况令人不安的奇怪性——这样一种实在：其存在不是指“已经存在”的东西，而是指“还没存在”的东西，是一种由“尚未存在”构成的存在。世界上每种东西都“是其所是”；其存在模式是既定的，其可能性与现实性完全一致，这种实在我们称之为“物”。物的存在是现成的。

在这个意义上，人不是“物”，而是一种“希望”，希望成为这、成为那。每个时代，每个民族，每个个人，都以独特的方式使一般性的“人的希望”具体化、多样化。

至此，我希望，对所谓“我的生存”这个最基本现象的各种说法，诸位都理解清楚了。生存对任何人都意味着，在特定条件下，实现“我们所是的希望”的过程。我们无法选择生存在一个什么样的世界中。我们发现自己“陷入”某种环境（此时此地生活于其中）而未经我们事先同意。“我的环境-境遇”并非仅由周围的天空、大地组成，还包括“我的身体”“我的心灵”。“我”并不是“我的身体”；我发现自己具有它，而且必须和它一起活着，不论它是俊是丑，是弱是强。“我”同样不是“我的心灵”；我发现自己具有它，而且要活着就得用它，尽管它可能意志力薄弱或记忆力差劲。“身体”和“心灵”都是“物”，但“我”不是“物”，而是一出“戏”，一种无休止的、为了“成为我之要是”的奋争。我所是的“希望”或“计划”将其独特面貌印到我周围的世界，世界对此做出反应（接受或抵制）。“我的希望”在“我的环境”中碰到阻碍或得到推进。

这里必须做个说明（以前可能一直被误解）：我们称作“自然”“环境”或“世界”的，本质上就是指人在追求其计划的过程中遇到的有利条件和不利条件的系统。这三个名称是我们的“解释—翻译”；我们最初碰到、体验到的是在生存中“受阻”或“得到支持”。我们倾向于将“自然”和“世界”理解为自行存在着的、独立于人的；“物”的概念同样倾向于指某种硬实的、在人之外自行存在的东西。但我要再重复一遍，这是我们的“理智”对我们最初所遇到的东西做出“解释性”反应的结果。我们“最初遇到”的绝不是在我们之外、独立于我们的东西，而仅是“便利”和“困难”的呈现，也就是说，和我们的“希望”相关。某物是“障碍”还是“帮助”，完全是相对于我们的“生存计划”而言的。针对着“希望”（它推动着我们），“便利”和“困难”（它们构成我们最纯粹、最基本的环境）才有“这样”或“那样”“更大”或“更小”可言。

这就说明了，为什么世界对于不同时代，甚至不同个体显得不一样。针对我们个人计划的独特面貌，环境回应以特定的“便利”与“困难”。“商人”的世界显然不同于“诗人”的世界：后者兴致盎然处，前者难以体味；而后者深恶痛绝的东西，可能令前者开心满怀。无疑，这两个世界有很多共同的要素，即那些符合“人”作为一个“物种”的普遍渴望。但与其他动物物种相比，“人”这个物种极不稳定、极易变。总之，人与人之间是极“不等（同）”的，与平等主义者所断言的正相反。

5. 生存是自我构造——技术与欲求

这样看来，人的生存似乎在本质上是成问题的。对天地间其他一切实在来说，生存都不成问题。因为存在就意味着实现一种本质，比如，就意味着“作为一头牛”实际发生了。一头牛，如果它存在，就是作为一头牛而存在。相反，对人而言，存在并不意味着立即作为“他之所是”而存在，而仅是说存在着一种实现它的可能性以及朝向其实现的努力。我们当中有谁完全就是他“要是”或“希望是”的样子？与其他“被造物”相比，人得在生存中创造他的存在。他必须解决把“计划”（也就是“他自己”）变成现实这一过程中的实际问题。我们的生存是项艰巨的任务，是严肃的、有待完成的东西。它不是被给予我的现成之物；我得去“做成”它。生存给我很多事做；而且除了为我预备的这些“要去做的东西”以外，它什么也不是。“要去做”并不是一种“物”，而是“行动”（在主动的意义上）。

对于其他存在，可以认为是某个“已存在者”在行动；而我们现在面对的是这样一种实在：他为了存在而要去行动；其“存在”以“行动”为前提。不论愿不愿意，人是一种自我做成、自我创造的过程。这说法没什么不恰当。它强调：人骨子里是一名技术师。对人而言，生存就是“使那些尚未存在的东西（即‘他自己’）存在”的努力。简言之，人的生存是“制造”。我想说的是，归根结底，“生存”并不是——像多少世纪以来一直信奉的那样——沉思、理论，而是行动。它是创造；而只在其次的意义上才是思考、理论、科学，只因它们是自我创造所需要的。生存就是为实现我们所是的计划找办法、找路子。

世界或环境对此目的而言，呈现为原材料和可能的机器。由于人为了生存不得不活在世上，而世界并没有立刻允许其存在完全实现，他就开始在周围寻找可以为这个目的服务的潜藏着的工具。人类思想史可以看作一长串为了“发现世界潜在具有的作为机器的可能性”而进行的考察。正如我们将要看到的，名副其实的“技术”，技术的完全成熟，始于1600年左右，当时人关于世界的理论性思考已经开始把它看成一架机器。现代技术是与伽利略、笛卡儿、惠更斯（Huygens）的工作相联系的，也就是与对宇宙的机械论阐释相联系。在那之前，有形世界一般被认为是一个非机械的实体，其终极本质是由多少有些独断的、不可控的精神力量构成的。然而，作为纯机械的世界，是“机器中的机器”。

认为人是一种有技术天赋的动物，换言之，认为动物可以通过神奇地被赋予技术天赋而转变成人，这是一个根本性的错误。实际情况正相反：人要去实现与动物有根本区别的任务，一种超自然的任务，他不能把精力净用在满足基本需求方面，而必须限制精力在这个范围的运用，以便自由地将其用于那奇特的追求——在世界上实现他的存在。

现在我们看到，为什么人是从技术开始的地方开始的。技术为他在自然中开出的闲适，是他的“超自然存在”栖身的小屋。这就是为什么前面强调技术的意义和成因在技术之外,即在人对技术所释放的空余精力的运用。技术的最初使命就在于让人“有空”去“成为他自己”。

古人把生活分为两个领域。其一他们称作 otium,“闲适”,但并不是把它理解为无所事事,而是一种积极的态度:去关注最有人味儿的东西,诸如行政、社交、科学、艺术。另一个领域——由满足基本生存需求以及使 otium 得以可能的那些努力组成——被称作 nec-otium[1],显然表明了它对人而言所具有的否定性特征。

人不是随意地活着,肆意挥霍气力,而要按计划行动,这计划有助于他在碰到自然的危急情况时获得安全感,并最有效地驾驭它们。这就是人的“技术活动”,相对于动物的“听其自然”的活动。

能称得上“技术”和已经获得“技术”之名的人类活动,只是那些把人固有的自我创造的普遍特性具体化、专门化的活动。如果人不是从一开始就不得不利用自然材料构造他之所是的超自然的希望,就不会有任何技术了。称作“技术”的最基本的事实只是起于如下奇怪的、戏剧般的、形而上学的事件:两种完全不同的实在——人和世界——以这样一种方式共存,即二者之一(人)要在另一者(恰恰是“世界”)中建立“超世界”的存在。如何实现这一点的问题——类似于工程师的问题——正是“人的生存”的主题。

因此,严格说来,技术并不是初始者。它将凭其精巧完成生存之所是的任务,它将——当然是在一定限度内——实现人的计划;但它并不规划蓝图,它所要追求的最终目的来自别处。生存方案是“前于技术的”。技术师或人的技术能力负责发明最简单、最安全可靠的途径去满足人的需求。但正如我们已经看到的,这些是交替而起的发明,是每个时代、每个民族或个体希望成为的东西。因此,存在着居先的、前技术的创造——最卓越的创造,即本源的欲求。

“欲求”绝非易事。诸位只需想想新近致富之人的特殊困境:掌握着各种满足欲求的手段,他却不知自己有什么希求。内心深处,他觉得一无所求,不能给自己的欲求指出方向,无法在环境提供的无数事物中做出选择。他不得不找个“中介”为他定向、替他提希望;他把占主导地位的“他人的欲求”当作了这个中介。于是,新富们最先购买的东西就是小汽车、收音机、电动剃须刀。正如存在着老套的思想观念,人无需再去原发地、独立地思考它们,只需盲目机械地重复;同样,存在着老套的欲求,它们不是真正的欲求,不过装装样子罢了。

如果这些还不过是发生在对现成对象(它们在被欲求前已经存在于我们的视域之内)的欲求,那么你可以想象,真正的创造性的欲求(对尚未存在的东西的渴求,对还没成为现实的东西的期待)会有多么困难。对这种或那种特殊事物的渴求,在根本上都和一个人想要成为什么样的“人”相关联。这“人”是最根本的欲求,是其他一切欲求之源。如果一个人对于“想实现一个什么样的自我”没有清楚的设

① otium 和 nec-otium 皆为拉丁文;前缀“nec-”表示否定,有“非、不”之义。——译者注

想,从而不能独立地欲求,那么他就会有许多缺少真诚和活力的、幻象一般的伪欲求。

这种“欲求危机”或许正是我们时代最基本的病症之一,正因此,我们神话般的技术成就显得毫无用武之地。这一点现在已渐为大家所知;其实早在1921年,我就在《没脊梁的西班牙》(*Invertebrate Spain*)一书中谈道:“欧洲正遭受着欲求能力的枯竭。”当生命规划变得暗淡模糊,技术——不知服务于谁、服务于什么目的——便可能停步或倒退。

这就是我们所达到的荒唐境地:当代人可以依靠很多物质手段去生活,远胜过其他时代,我们清楚地意识到它们的过剩。但我们正经受着可怕的不安,因为我们不知道用它们来做什么,我们缺乏创造生活的想象力。

有人会问,为什么会这样?让我们通过一个问题来回答:哪一部分人,确切说是人群中哪类人专管人生规划?诗人?哲学家?宗教创立者?政治家?新价值的发现者?我们不必贸然作答,而只是要说,技师依靠他们所有人。这也解释了为什么他们的社会地位都比技师高,这是永远存在着的差异,抗议也没用。

这可能还和如下令人好奇的事实相关:技术成就多多少少总是“匿名”的,或起码是,通常落到前面这些类型的杰出人物头上的荣耀,极少被技术发明家所享有。近六十年来最重要的发明之一就是内燃机,而除了专搞这行的技师之外,有谁张嘴就能报出其发明者们的大名?

出于同样理由,“技师统治”(technocracy)完全不可接受。按其名分,“技师”就不能掌舵、不能统治。他这个角色很精彩,极令人敬佩,但没办法,只能是“次一级”的。

总之,对自然的改造(即技术)和所有改变一样,都有这么两头:从哪儿来,到哪儿去。“来处”就是自然,现存的、给定的东西。如果要改变自然,这种改变要与之相合的“另一头”就得确定。“去向”就是人的生存计划。我们管它的充分实现叫什么?显然是“活得好”“幸福”。这样,我们绕了一个大圈儿又回到了最初的讲法。

6. 人的超自然的宿命——西藏邦国的起源——不同的存在方案

当我们说技术是人赖以实现其超自然方案(即是他自己)的活动系统,这听起来可能有点儿隐晦、抽象。简单列举几种历史上存在过的人生方案或许有点儿帮助。比如印度的菩萨(Bodhisattva)、公元前6世纪希腊贵族中的运动健将、罗马共和国时期恪守道德规范的公民和罗马帝国时期的斯多亚主义者(Stoic)、中世纪的圣徒、16世纪西班牙的乡绅(hidalgo)、17世纪法国的 homme de bonne compagnie (有教养者)、德国18世纪末的 schöne Seele(品行高洁者)和19世纪初的 Dichter und Denker(诗人和思者)、1850年的英国绅士(gentleman)、等等。

但我不能让自己被引到这样一个有诱惑力的任务里:描述相应于这些人类存在模式的各种不同世界的面貌。我只想指出一个对我而言似乎毫无疑问的事实:

一个“菩萨式生存被视作人的真实存在”的国度，不会发展出像“人人想成为绅士”的国度那样的技术。菩萨认为，真正的生存不可能在这个仅是表象的世界（人作为个体——宇宙中一个孤立的部分——存在于其中）中出现，只在消融于宇宙大全之中。因此，“不再去活”或“尽可能少地活”是菩萨的首要考虑。他会把食物减至最低限——对食品工业太不利了！他会尽可能保持不动，沉入冥想——这是送他进入“出神态”、出世生存的特定“运输工具”。他没什么机会发明汽车！

但他相应会发展出苦行僧和瑜伽师的种种精神技术，这些在西方人看来太怪诞离奇了：出神术、闭知觉术、全身僵麻术、为人的身体和灵魂（而非物质世界）带来变化的凝神术，等等。但愿这能使如下说法变得更清楚些：技术是可变的“人”之方案的“函数”。这同时也进一步阐明了前面提到而没有充分展开的一个事实：人有一种超自然的存在。

出神冥想的生活——活着却像没活，不断努力消除世界和生存本身——不能称作“自然的生活”。原则上，作菩萨意味着没有运动、没有性欲、不觉快乐亦不觉痛苦——一句话，是活着的“对自然的否定”。的确，这是关于“人之生存的超自然性”和其“在世实现的困难性”的比较极端的例子。如果世界要安置这么一种与它迥异的实在，它似乎必有某种准备、预适应。致力于“对人的一切给予自然化解释”的科学家大概会欣然接受这种说法，会断言：自然的这种准备是最主要的，而我们主张的“人的生存方案唤起了技术，技术转而塑造自然使其与人的目的相符”则必错无疑。比如他会说，印度的水土极适于人的生存，以至于人几乎没有任何迁移、觅食的必要。因此，水土导致了佛教徒式的生存。我估计，这是此文中头一次令读者中的科学家（如果有的话）觉得“还行”的地方。

不过，我还是禁不住要搅坏他们本就不多的这一丁点儿满意——不然：在水土与人的方案之间无疑存在某种关系，但这不同于他们所猜想的。我现在不想描述它到底是什么。仅此一处，我打算不借助推理，而容我仅把“假定的反对者举出的事实”和“能为反对其解释作证的另一事实”作一对照。

如果印度的水土是印度佛教的起因，那为什么西藏现在会是佛教“重镇”？那儿的水土与恒河流域、锡兰（Ceylon）显然有别。喜马拉雅山脉背后的高原是全球最不适于人居、最严酷的地区之一。猛烈的暴风雪横扫广袤的原野和宽阔的河谷。严霜骤雪在一年中最好的日子里也会现身。最初的居民是四处流浪、彼此争斗不息的粗犷的游牧部落。他们住在高原大绵羊皮制的帐篷里。从没有邦国建在这地方。

而有一天，佛教传道者越过了巨大的喜马拉雅关隘，让部分游牧部落皈依了佛教。与其他宗教相比，佛教更注重沉思冥想。佛教中没有肩负人类之拯救的神。人要通过沉思和祷念经文以自救。但人如何在西藏这种严酷的气候中沉思？答曰：用石头和灰泥建寺院——那个地区所见的最早的建筑物。可见，在西藏，房子是为了人能在里面念经而出现的，不是为了在里面住。还发生过这种事：在由来已久的部族争斗中，信奉佛教的部落到这些寺院中避难，寺院由此具有了军事意义，为其所有者提供了某些胜于非佛教徒的好处。长话短说，用作军事要塞的寺院创生了西藏邦国。这里，佛教就不是源于水土，而正相反，佛教作为“人的需求”（生存中不可或缺的东西），通过建筑技术，减缓了水土的严酷。

这顺便为不同技术间的一致性提供了蛮好的例子。它表明了，把服务于某种目的而发明的人造物转用于另外的目的是何等容易。我们已看到，原始的弓——很可能最初是作为乐器产生的——成为用于狩猎和战争的武器。类似的，还可以说说提耳泰俄斯（Tyrtaeus）的故事。他是雅典人在第二次麦西尼亚战争（Messenian war）中借给斯巴达人的荒唐可笑的将军，又老又瘸，加之是过时的哀歌诗人，一度是阿提卡（Attica）前卫青年的笑柄。可你瞧，他到了斯巴达以后，士气低落的拉色代蒙人（Lacedaemonians）[①]一下子所向披靡。怎么回事？原来是战术上的技术原因。提耳泰俄斯的哀歌由抑扬顿挫的古韵律构成，被绝妙地转用于“行进军歌”，极便于协调斯巴达方阵中人动作的一致性。由此，诗艺中的技术细节在战事中变得重要了。

扯得够远了。我们现在主要是比较“人希望成为绅士或菩萨”导致的两种境况。区别是根本性的。在指出“绅士”的某些特征之后，这一点就更明白了。说到“绅士”，我们首先要讲明，他不同于“贵族”。无疑，英国贵族是最早创造这种存在模式的，但他们受某些倾向的影响，它们总能把英国贵族和其他类型的贵族区别开来。其他贵族作为一个阶层是封闭的，并限于如下“屈尊从事”的职业——战争、政治、外交、体育运动、大规模农业；而从16世纪起，英国贵族坚持从事贸易、工业和自由职业。由于从那时起，历史主要由这类活动构成，他就成了唯一存活下来的有充分社会效力的贵族。这使“英国在19世纪初创造一种生存原型——它将成为遍及世界的典范”成为可能。在一定程度上，中产阶级和工人阶级的成员可以成为绅士。不论将来（或许是即将）会发生什么，作为历史奇迹之一的事实依然是：今天，即使是最卑微的英国工人，在他自己的生活圈内，也是一名绅士。做绅士并不意味着高贵。近四个世纪以来的大陆贵族主要是“继承者”——已有一大笔生活资料在手，无需去挣。而我们所说的“绅士”并不是承袭者。相反，通常被假定为这样的人：要去挣钱维生，有一个职业，最好是务实的工作——“绅士”绝非“知识分子”——而恰恰是在职业工作中，他表现为一个绅士。与绅士正相反的是凡尔赛的gentilhomme（贵族）和普鲁士的Junker（贵族）。

7. 绅士类型——其技术需求——英国绅士与西班牙乡绅

做一名绅士意味着什么？让我们走条捷径，把事情说极端些：绅士是这样的人，终其一生，不论在多么艰难困苦的境况中，他身上都闪现着这样一种风度，把生

① “斯巴达”古称“拉色代蒙”。——译者注

存的压力、负担放到一边，沉浸于游戏的欢娱之中。这再一次表明，人的生存方案的超自然性可以达到何等惊人的程度。因为与生命(它出自自然之手)相比，游戏及其规则是十足的发明。“绅士理想”虽在“人的生存”之中，但把关系倒了过来，主张人在被迫与环境奋争的生存中，应该表现得像在非现实的、纯想象的游戏中那样。

当人们处在游戏的心境中，我们多半可以假定，他们对于基本的生存需求比较放心。游戏是一种奢侈品，在更基本的生存层次被照料好之前，在丰富的生活资料确保生活处于平静安详的富余时间而不被贫穷的重压(它会把一切都变成可怕的问题)所烦扰之前，是难以沉浸其中的。在这种精神状态里，人在松弛中得到快乐，在公平的游戏中得到满足。他会维护自己的利益，但不会不尊重他人的权利。他不会行骗，因为行骗意味着放弃游戏的态度：这“不公平”。的确，游戏要费力，但这种费力本身是在放松，摆脱那徘徊在“被迫的工作”身边的焦虑不安(因为这种工作必须不惜一切代价去完成)。

这就解释了绅士的彬彬有礼、公正意识、诚实、充分的自控(建立在对周围事物的预先控制之上)、对“他要求别人的东西”和“别人要求他的东西”(他的义务)的清晰意识。他不会去琢磨怎么要花招儿。要做的东西就一定要做好，别无他虑。英国的工业产品一向质量过硬，不论是原材料还是手工艺品。无论如何，它们不是为出售而制的，它们是垃圾产品的鲜明对照。英国生产者从不像后来的德国人那样，俯就客户反复无常的口味。相反，他平静地期待着客户顺应他的产品。他极少依靠做广告——这玩意儿几乎注定要基于欺诈、花言巧语、不公平竞争。在政治活动中也是如此：没有口号，没有闹剧，没有蛊惑人心的劝诱，没有不容异己的褊狭；也绝少法律，因为法律一旦写出来，就变成了一种“言辞的统治”，而实际上不可能严格按词句执行“言辞”，这就必然导致法律的歪曲、政府的不诚。绅士之邦无需宪法，英格兰没有它也发展得很好。

与菩萨相对，绅士希望“深有所感”地活在这个世界上，并且尽可能作为“个体”，以自我为中心，充满对其他一切东西的独立意识。在天堂里，生存本身就是一种快乐的游戏，绅士可能不适合那里，因为绅士关心的，恰恰是在现实生活的最艰难处，当好一个游戏者。“绅士式生存”的基本要素(也可说是“氛围”)是源于对世界充分控制的闲适之感。在令人窒息的环境里，别指望能养育出绅士。这种类型的人，留心于把生存转变为一场游戏，因而与幻想家截然不同。他恰恰是知道生活的艰难困苦。正因为他知道这一点，他热切盼望对环境(物和人)的可靠掌控。这就是英国人成长为杰出的技术师和杰出的政治家的方式。

绅士希望作为个体而存在，并给予其尘世命运以游戏魅力，这种欲求使如下事情对他变得必要：远离人群和事物(甚至在身体方面都是)，并通过对其身体活动的精细关注，使其由卑贱变得高贵。个人卫生的种种细节、赴宴的着装礼节、日用浴室——罗马时代以后，西方世界几乎就没有私人的浴室——都被一丝不苟地注意到了。抱歉，我要提一下，英国人给我们提供了抽水马桶。一个地地道道的知识分子决不会想到发明这东西，因为他轻视身体。但我们说了，绅士不是知识分子，因而他关注“礼节”：洁净的身体，洁净的灵魂。

当然，所有这些都基于财富。“绅士理想”要以大量财富为条件，但也产生了大量财富。其各种美德，若没有经济力量的富余，也不可能显露出来。事实上，绅士类型达至完善，仅在19世纪中叶，当时的英格兰达到令人难以置信的富足。英国工人能够以他自己的方式成为一个绅士，因为他挣的比其他国家中产阶级的平均水平还要多。

如果哪位头脑灵光而又熟悉英国情况的人士，能去研究一下我们称作“绅士理想”的生活规范体系的现状，会很有意思。近20年间，英格兰的经济状况已然发生变化，远不如20世纪初那么富裕。一个穷光蛋还能是“英国人”吗？在物资短缺的氛围中，英国的美德还能存活吗？

就算有可能，而设想另一种典范的生存类型也没什么不合适，它既保存着绅士最好的品质，又能与无情地威胁着我们星球的“贫穷”相容。如果我们试图把这种新的人格特征形象化，在我们眼前必会浮现出历史上曾设计出的另一种人的轮廓，其某些特征与绅士极为相似，只有一方面不同：他是在贫瘠的土壤中成长的。我指的就是西班牙“乡绅”。与绅士相对，乡绅不工作。他把物质需求缩减至最低限度，也就用不着技术。的确，他生活在贫困之中，正如沙漠里的植物学会在缺少水分的环境中生长。但不容争辩，他同样知道如何给予卑陋的生活境况以尊严。正是这尊严使他与更幸运的绅士兄弟平等了。

8. 事物及其“存在”——先于事物者——人、动物、工具——技术的演化

谈了几个具体例子之后，我们现在回到研究的主要走向上来。我一直想强调技术现象的各种预设、蕴含，尽管它们实际上是技术的本质，但通常没被注意。对一个事物来说，首要的是使其得以可能的一系列条件。康德会把它们称作“可能性条件”，而莱布尼兹更朴实也更清楚地称之为“构成要素”或“必要条件”。

但现在我敢肯定，读者会有异议。他们当中很多人在倾听，恐怕只是因为他们希望听到已经或多或少知道一些的东西，而不是因为他们决定把思想向我要讲的东西敞开——越出乎意料越好。这些人可能已经开始嘀咕：这些和技术（我是说在现实中运作的技术）有什么关系呢？

他们没有意识到，如果要回答“这东西是什么？”的问题，必须把它在我们眼前的存在形式、运作形式拆解开，离析它而描述它的构成要素。显然，它们没有哪个是“这个东西”；这东西是它们生成的。如果我们恢复这东西，被离析的构成要素就不再对我们显现。我们能看到水，只有在不再看到氢和氧的时候。一种东西是通过列举其构成要素来界定的；因此，其构成要素、其预设条件、其蕴含就成为某

种先于该事物的东西。我们要揭示的正是这种“先于事物者”(该事物的本质所在);现成在那儿的东西无需发现。作为回报,先于事物者向我们展示出该事物的statu nascendi(初生态);我们并不真正了解一个事物,除非(在这样或那样的意义上)我们出现在其“创生之初”。

到现在为止已指出的技术构成要素当然不是全部,但它们是最深层的,因而最容易被忽略;然而我们可以肯定,没有人看不出:如果人的才智不足以使他发现周围事物之间的新关系,他根本不可能发明出工具来满足需求。这一点似乎很明显,但还不是决定性的东西。有能力做某事并不是实际去做的充分理由。人具有技术才智的事实并不必然得出技术的存在;因为技术才智是一种能力,而技术是实际实施,它可能发生也可能不发生。我们现在感兴趣的不是“人是否被赋予技术能力”,而是要理解“为什么技术这种东西会存在”。而只有当我们发现了“人不得不成为技术师”(不论是否是天生的)时,这一点才会变得可理解。

似乎很明显的是:“有才智”是技术存在的原因,也是人和动物区别之所在。两个世纪前,富兰克林(Franklin)可以把人定义为“制造工具的动物”,但现在,我们已不再有他那样平静的信念。克勒(Köhler)先生关于黑猩猩的著名实验以及其他动物心理学研究已揭示出:动物具有某种制造工具的能力。如果它们没能充分利用工具,严格说来并不是由于缺乏才智,而是由于其体质构造上的其他特性所致。克勒指出,黑猩猩的根本缺陷在记忆能力。由于它会把不到一分钟前发生的事都忘掉,其才智找不到什么材料用于创造性的结合。

把人和其他动物区别开来的主要不是心理机制上的差异,而是这种不大的差异产生的后果,它给予人和动物各自的存在以完全不同的结构。动物没有规划生存方案的足够的想象力,只能单调地重复以往的行为。这就足以产生两种截然不同的生存现实。如果生存不是去实现一种规划方案,才智就变成了纯机械的功能,没有制约,没有指向。我们太容易忘记:无论多么敏锐的才智,都不能为自身提供方向,因此不能完成现实的技术发明。它自己并不知道无数“可发明的”东西中什么是更好的,于是迷失在无限的可能性之中。技术能力只有在这样的实体中才能实现出来:其才智的运作服务于一种想象力,不是技术上的,而是生存方案的规划。

前面的论述的目的之一,是要警醒我们时代一种自发的然而不明智的倾向,即认为:根本说来,只存在一种技术,也就是现在的欧美技术,而其他的一切“技术”不过是朝向它的尚未成熟的尝试,粗浅笨拙、磕磕巴巴。我反对这种倾向,而把我们目前的技术当作诸项之一,放到人类技术广阔而多样的全景之中,由此使其意义相对化,表明每种生存方案都有它相应的技术表现形式。

既然这一步已经完成,我要继续描述“现代技术”的特征,特别要指出,为什么它对我们来说似乎——毕竟还有点儿真理的模样——是最卓越的技术。事实上,由于许多原因,今天的技术已成为人类生活中不可或缺的组成部分,这种地位它以前从没获得过。不错，它在任何时代都相当重要；你去看，当历史学家要为广阔的各史前期找个通用名称时，他会诉诸其时各种独特的技术，称人类的最初时代——仿佛借助黎明的微光依稀可见——为“始石器时代”或“曙光石器时代”，接下去是“旧石器时代”或“早期石器时代”“青铜时代”，等等。在这张单子上，我们的时代不必描述为这种或那种技术的时代，而干脆就是“技术时代”。为什么人的技术能力的演化会产生这么一个时代，我们仅这样就可以充分描述这时代人的特征（毕竟，人一直都是技术师）？显然，这是因为“人与技术的关系”已非同一般；而这必定是技术功能本身的某种根本性改变造成的。

要洞察现代技术的特征，最好有意识地将其剪影放到“整个人类技术的过去”的背景中。这就意味着我们要（即便是简略地）勾勒一下技术功能本身所经历过的重大转变。换句话说，我们要界定一下技术演化中的各阶段。通过获取典型断面、标划界线，我们会看到，迷蒙的过去开始显现出高低起伏的透视效果，展露出技术演化的形式及其发展动向。

9. 技术诸阶段——偶然性技术

这个主题有难度，要斟酌一下最适于区分各技术时期的原则。我毫不犹豫地拒绝了最易得的一种，即根据某些重大的典型发明的出现对演化做划分。我在此文中所说的一切都是为了纠正一种流行的错误：认为这种或那种特定发明是技术中最要紧的东西。真正要紧的、能带来根本性推动的是技术的一般特征的转变。没有哪种单个发明能和这重大的总体性变动相提并论。我们已经看到，所取得的斐然成就，不料竟会遗失，不论是完全消失，还是不得不重新发明。

此外，一项发明可能在某时某地做出，却没能呈现它真正的技术意义。火药和印刷术（无疑是两项意义重大的发明）早已在中国广为人知，但数个世纪以来没多大用。直到 15 世纪在欧洲——前者很可能在伦巴底（Lombardy），后者在德国——才具有了重大的历史意义。这样考虑的话，该说它们是在什么时候发明的呢？无疑，仅当它们融入中世纪晚期的技术总体之中，服务于那个时代有效力的生存方案，才在历史中产生效应。火器、印刷术和指南针属于同一个时代。正如我们将看到的，它们同样标志着哥特时代到文艺复兴之间的时段，这一时期的科学努力至哥白尼而达顶峰。读者会注意到，它们每一种都以特有的方式，建立起人和与其有较远距离的事物之间的某种联系。它们属于 actio in distans（超距作用）的技术，这是现代技术的“地下结构”。火炮使相距较远的军队能直接交手。指南针在人与罗盘方位点之间搭了桥。印刷术令幽居作家出现在无限的可能读者圈之中。

在我看来，为技术演化各阶段划界的最佳原则是人与技术之间的关系；换句话说，是人对技术——不是对这种或那种特殊技术，而是一般性的技术功能——所持有的观念。运用这一原则，我们会看到，它不仅澄清了历史，而且阐明了我们前面提出的问题：现代技术何以会产生如此根本的转变，为什么它在人类生活中所起的作用空前之大?

以此原则作为我们的出发点,我们可以分辨出技术演化中的三个主要的阶段:偶然性技术、手艺人—工匠技术、技(术)师技术。

我称作"偶然性技术"(因为该技术的发明主要源于偶然的机遇)的,是史前人类和当代未开化(即发展程度最低)族群——锡兰的维达人(Vedas)、婆罗洲(Borneo)的塞芒人(Semangs)、新几内亚(New Guinea)和中美洲的俾格米人(Pigmies)、澳大利亚的尼格罗人—黑人(Negroes),等等——的原始技术。

原始人怎么理解技术?回答很简单。他并没把他的技术理解成所谓的"技术";他并没有意识到,在他的各种能力之中,有一种能力可以使他根据自己的欲求重塑自然。

原始人掌握的"技术行为"内容还很少,不足以和其"自然行为"区分开来,相提并论,后者显然更为重要。也就是说,原始人更少"人性"而几乎全是"动物性"。他的技术行为散落、浸没于自然行为的整体中,对他来说就像是自然生存的一部分。他发现自己能生火,就像发现自己能走、能游、能敲能拍一样。他的自然行为是"固定的存货",一旦给定就一直如此了;而他的技术行为也是这样。他不会想到,技术其实是一种无限可变、可发展的手段。

由于原始的技术行为简单、稀少,社群中所有成员都能实行(人人都能生火,都能制弓造箭,等等)。很早就出现的一个值得注意的区别是,女的做某些技术活儿而男的做另外一些。但这无助于原始人把技术看成一种独立的现象,因为自然行为本来也是男女有点儿差别的。女的应该耕地——恰是女性发明的农业——就像她应该生孩子那么自然。

在这个阶段,技术还没有显露出最有特色的一面,作为发明创造的一面。原始人没有意识到他有发明创造的能力;他的发明不是深思熟虑、苦心探求的结果。他并没去寻求它们;倒更像是它们来找他。在不断地、偶然地对事物的摆弄中,他可能突然纯属偶然地碰到一种新的有用的技术。当他为了娱乐,或纯属"吃饱了撑的",擦两根木棍,擦出了火花,于是,事物间一种新的联系开始被他觉察。以前充当武器或支撑物的木棍,呈现了新的一面——"能生火"的东西。我们的原始人会充满敬畏,觉得自然无意之中向他泄露了一个秘密。由于火一向被视作神一般的力量,唤起各种宗教情感,所以这新的事实很可能会带着巫术气息。所有原始技术都有巫术味道。我们会看到,巫术其实就是一种技术,虽然是一种不怎么奏效、不怎么牢靠的技术。

原始人不把自己看作各种发明的发明者。发明在他看来是自然的另一面,是自然通过某种新的技能把她的力量赋予人——是自然给人,而不是反过来。他觉得,器具的产生与手、脚的产生差不多,反正都跟他没啥关系。他并不觉得自己是homo faber(动手制造的人)。这和克勒描述的黑猩猩"突然发现手里的木棍可以用于它未料到的目的时"的情况非常相似,克勒称之为"'啊哈'感受"(正是用人在碰到事物间可惊的新关系时发出的惊叹声命名的)。这或许是把所谓“试错”(trial and error)的生物学法则用于精神领域的一例。纤毛虫“尝试”各种态势,最后找到一种能给它带来有利影响的,定为自身一种功能。

作为纯偶然的产物,原始人的发明遵守概率法则。也就是说,给定事物之间可能的自发组合数,就有一个相应的概率,一旦发明按这种方式出现,人将在其中看到某种器具的预成。

10. 作为手艺的技术——技师技术

我们来看第二阶段:手艺人技术。包括希腊技术、前帝国时期的罗马技术以及中世纪的技术。我们简要列举某些基本特征。

技术行为的“库存量”大增。但——这点很重要——在这些社会中,主要工艺的危机、倒退甚至突然消失,还不会对物质生活造成“致命一击”。各种技术带来的舒适生活,和没有这些技术的生活,区别不那么大;万一出现什么故障、中断,退回到原始或近乎原始的生存,并不太困难。技术性的东西和非技术性的东西的比例还不至于让前者成为生活不可或缺的部分。人主要还是依靠自然——起码他自己觉得是这样,这是最要紧的。因此,当技术危机出现时,他不会觉得这危机会妨碍他的生活,因而也就不会及时投入大量精力去应对危机。

有了这些预先的说明,我们现在可以说:到了这时,技术行为的数量和复杂性都大大增加。有必要由特定人群专职从事它们。这些人便是“手艺人——工匠”。他们的存在必定有助于人们意识到,技术是一种独立的实在。他看见干着活儿的手艺人(鞋匠、铁匠、石匠、鞍匠),于是开始通过这些工匠的形象来理解“技术”这个词。也就是说,他虽然还不知道存在着“技术”,但他知道有这么一帮人(从事技术工作的人),他们能完成一套独特的活动,这些活动不是所有人自然共有的。

苏格拉底——以一种引人注目的“现代”方式与他那个时代的人“较劲”——试图说服人们:“技术”和“技(术)师”是两码事;技术本身是一种“抽象实在”,不应该和“这个或那个具有技术的具体个人”相混。

在技术的第二阶段,人人都知道,“制鞋”是某些人特有的技能。它可以好一点儿或差一点儿,而且跟某些自然技能差别不大,比如跑步或游泳,或更恰当的,比如鸟类的飞翔、公牛的冲顶。这就是说,“制鞋”现在被看作“专属人”的,而非“自然”的(即非“动物性”的);但它仍被视作一种天赋才能,而且固定不变。既然它是专属人的某种东西,它便是超自然的;但既然它是一种固定而有限的东西(一笔确定的基金,不容实质性扩充),它也就带有自然性,于是技术归属于人的自然性。正像人发现自己具备一套不可变的躯体运动系统,他也发现自己具备一套固定的“技艺”系统。“技艺”正是处在这一技术阶段的国家和时代对技术的称谓;这也是希腊文 techne 一词的原义。

技术的进步本该显露出它是一种独立的、原则上无限的活动。但很奇怪,这桩事在这个时期比原始时期更不易见了。毕竟,那一点点极基本的原始发明与动物单调乏味的习惯性活动相比,还是格外醒目的。但在手艺里面,感受不到任何“发明创造”的味道。手艺人在漫长的学徒期——师傅带徒弟的阶段——必须充分学习那些传承已久的精细的“常法”。他受制于传统中的规范,要对其顶礼膜拜。他的心敞向过去,而对新的可能性关上了门。他按确立的套路走。即便由于不断(因而不易发觉)地“传”“承”,某些调整、改进会出现在他的手艺里,但也不会被说成是根本性的新东西,而只被看作是个人风格和才能的差异。某些大师的风格会以“流派”的形式流传,因而继续保留着传统的形式特征。

我们要再提一个关键理由,来说明为什么“技术”的观念在这个时期与“从事技术工作的人”不可分。当时的发明仅限于“工具”,而没有“机器”。第一台机器(在该词严格的意义上)——这里提前涉及第三个阶段——是罗伯特(Robert)1825年组装的纺织机。它是第一台“机器”,因为它是第一个可以自行工作的工具,可以自行生产东西。由此,技术不再是以往之所是——手工艺,开始变成机械生产。在手艺里,工具是人的补充;有自然活动能力的人仍然是主要起作用者。而在机器这儿,工具站到前面了,不再是机器服务于人,而是人伺候机器。自行工作,从人那儿解脱出来,机器在这一阶段终于显示出:技术是一种高度独立于“自然人”的功能,远远超出为人所设定的界限。人凭其动物性活动都能做些什么,我们早就知道;其范围是有限的。但人发明的机器能做什么,在原则上是无限的。

手艺的另一个有助于隐藏技术真相的特征还要提一提。我指的是,技术蕴含两样东西。其一,创造一种活动计划、一种方法或程序——希腊人叫它 mechane;其二,执行这一计划。前者是技术(严格说来),后者仅是实施、干活儿。简言之,我们有技师和工人之分,他们在统一的技术工作中承担着不同的职能。手艺人既是技师,又是工人;我们表面看到的是一个用双手工作的人,但本质上是他后面的技术。将手艺人分裂为他的两个构成部分——工人和技师,这是第三阶段技术的主要“症状”之一。

我们已经预见到这种技术——我们称作“技师技术”——的某些特征。人清楚地意识到他有一种能力,它跟他自然性或动物性部分的不可变的活动完全不同。他意识到技术不是偶然的发明—发现(像在原始时期那样);不是某些人(手艺人)被给定的、有限制的技能(像第二个时期);它不是这种或那种特定的“技艺”,而正是原则上没有限制的人类活动的源泉。

这种对于技术新的理解,以某种“反题”方式,把人放入从未经历过的情境之中。这之前,人主要意识到一切他不能做的事,即他的缺欠、限度。但我们时代对技术所持有的观念——读者不妨反思一下自己的观念——把我们放到了一种“悲喜交集”的处境中。每当设想某种离奇之举,我们会忽然觉得焦虑不安,唯恐这不计后果的“非分之想”——比如星际旅行——成真。谁知道明天早上的报纸会不会带给我们这么个消息:向月亮上发一个射弹(通过给它足够大的速度以克服地心引力)已成为可能。也就是说,今人暗地里害怕他自己的无限能力。这或许是他不知道"他之所是"的另一个理由：发现自己在原则上几乎可以是任何东西,这使得他要知道"他实际上是什么"变得更加困难。

在这个节骨眼儿上,我提请注意这么一点(它并不完全归这儿)：某些人决心把一切赌注都压在对技术的信仰上,而技术则因其无限能力,会无可挽救地使他们的生活变"空"。做一个技师而且只做技师,这意味着潜在地"无所不是",而实际上"一无所是"。恰恰因为技术对无限可能性的许诺,使它成了一种空洞的形式(就像最形式化的逻辑),它不能决定生活的内容。这也就是为什么我们的时代——最技术化的时代,也是人类历史上最空虚的时代的原因。

11. 我们时代人与技术的关系——古代技术师

技术演化的第三个阶段(我们所在的阶段)可描述为如下一些特征：

技术行为和技术成就"暴涨"。在中世纪——手艺人的时代——技术和人的自然性相互平衡,生存条件使这成为可能：从人"改变自然以适应人"的才能中获益,而又不使人"非自然化"；而在我们时代,技术的东西远过于自然的东西,以至于离了它们,日子简直就没法过。这绝非夸大之辞,而是平实的真相。在《大众的反叛》里,我提请注意如下事实：在公元500年到1800年间——13个世纪里——欧洲人口从没超过1亿8 000万；而现在,一个多世纪的时间,就达到了约5亿(还不算那些移居美洲的)。一个世纪里,几乎长了2.5倍。如果现在的5亿人能在以前1亿8 000万人艰苦生活的空间里过得好好的,那很明显,撇开其他次要原因,直接原因和最必要的条件就是技术的完善。如果技术遭遇倒退,数百万人会没命。

只有当人能够在自己与自然之间插入一个技术创造物"专区",厚实得足以形成一个"超自然世界",才会出现这种人口激增的情况。今天的人——我指的不是具体个人,而是人类总体——已没法选择是依自然而生活还是利用超自然的东西；他没法不依赖超自然的东西了,只能寄居其中,就像原始人只能处于自然环境中一样。某些危险随之而来。今天的人,只要他一睁开眼,就会发现自己被过剩的技术对象、技术程序所包围,它们形成了高密度的人工环境(原生的自然藏于其后面),他容易觉得所有这些东西都"现成"在那儿(就像自然本身存在着一样),无需他自己再付出什么努力——阿司匹林和汽车的增长就好像苹果从树上长出来一样。也就是说,他很容易忽略技术以及技术产生的条件(比如道德条件),回到了原始的态度,认为它是自然的馈赠。于是有了这种奇怪的现象：起初,技术的惊人扩展使它从人类自然活动的朴实无华的背景中脱颖而出,使人获得对它的充分意识；而现在,它的极大进步又有遮蔽它的危险。

我们发现的另一个有助于人认识自身技术真相的特征是：从单纯的"工具"到"机器"或"自动运行的设备"的转变。现代工厂是自给自足的组织,偶尔被少数地位低微的人伺候。技术师和工人分了家(他们在手艺人那里是统一的),"技术师"

变成了“工程师”（这类技术的活生生的体现）。

今天，在我们的心目中，技术象征着一种独立的东西，不会再弄混，不会再被各种成分（除了它自己）遮蔽。这使得某些人呼吁工程师献身于它。在旧石器时代或中世纪，技术——即发明——不会成为一种职业，因为人对自己的发明能力无知无觉。今天，技术师热情投身发明事业，视其为最标准、最确定的活动形式之一。与原始人不同，在他开始发明之前，他就知道自己有能力这么做。这意味着，在具有某种具体技术之前，他已经有了“技术”。正是在这个意义上，我们前面断言，各种技术只不过是人的一般性技术功能的具体实现。工程师无需等待什么“机遇”、有帮助的“偶然事件”；他在原则上有把握做出发明。为什么？

我们这就得谈谈技术的“技法”。对有些人来说，技术就是技法。在如下意义上说没错：没有技法——在技术创造中奏效的思想方法——就没有技术。但光有技法照样没有技术。正如我们前面看到的，一种能力的存在并不足以将其付诸行动。

我想展开来谈谈现在和过去的技术的技法。这大概是我自己最感兴趣的一个话题。但让我们的研究完全被它吸引、围着它转，似乎也不妥。既然本文也快要“临终”了，我愿意简单谈点儿想法，但愿虽“简”犹“明”。

无疑，倘若没有“技法-技术方法”所经历的深刻转变，那么在过去几个世纪里，技术不可能如此辉煌地扩张，机器也不可能取代工具，手艺人也不会分裂为技师和工人。

我们的技术方法与早期各种技术的方法有根本区别。怎样很好地解释这种多样性呢？或许可以通过如下问题：过去的一个技术师——假定“名副其实”，他的发明不是靠偶然机遇，而是靠苦心探求——如何从事他的工作呢？我想给一个示意性的、因而难免极端的例子，但史有其事，不是瞎编的。埃及基奥普斯（Cheops）①金字塔的建筑师遇到了这样的麻烦：要把大石块抬到该建筑物的最高处。他必定从他想达到的目标（抬石头）出发，到处寻找能达到“这个”目标的办法。我说“这个”，意味着他是把它作为一个整体来考虑的。他的心思用在整个目标上。因而他只把这样的程序作为可能的手段：通过或简或繁（但只一种）的操作，一次性产生整个结果。目的不可分的统一性促使他寻找同样统一、不可分的手段。这解释了如下事实：在早期技术中，借以实现目标的工具往往与目标对象相似。比如在建这个金字塔时，石块是通过另一个金字塔（土制的，有更宽的基座，更平缓的斜坡，紧靠着第一个金字塔）被抬到顶上去的。由于通过这种“相似原则”——similia similibus②——所发现的解决问题的办法，不大可能在多种情况下应用，技术师并没有什么普适的规则、方法把他从预期的目标引向适当的手段。他所能做

① 即“胡夫”（Khufu），古希腊人称之为“基奥普斯”。——译者注

② 拉丁文，义为“同类的为同类的”“相类者相佐”。——译者注

的一切就是实际试验各种或多或少有希望服务于他的目标的可能性。在他的特定问题所限定的范围内，他退回到原始发明者的态度。

12. 现代技术方法——查理五世的钟表——科学与工场——我们时代的奇迹

16 世纪，技术领域和物理学领域一样，兴起了一种新的思想方式；而且它还有这么个特点：你说不清它最初是从哪儿来的——是来自解决实际问题的过程？还是建构纯理论的过程？在这两方面，列奥纳多·达·芬奇都是新时代的预示者。他不仅，甚而不常待在画室里，而是待在机械工场里。他一生都忙于发明各种“小玩意儿”。

在一封请求受雇于卢多维克·莫洛(Ludovico Moro)的信中，他附了一张长长的单子，全是他发明的军用机械和水力装置。希腊时代的战争，德墨特里乌斯(Demetrius Poliorcetes)的围攻，带来了机械学的进步，在阿基米德那儿达到顶峰；15 世纪末、16 世纪初的战争同样刺激了新技术的发展。请注意：“继任者之战”(Diadochian Wars)以及文艺复兴时期的战争算不上“货真价实”的战争：它们不是敌对民族间热血沸腾的拼杀，而是“军人”间的、“头脑加大炮”的冷血战争——是“技术战”。

1540 年前后，“机械术”(mechanics)很时髦。但那时候，这个词还不是指我们现在所理解的“力学”这个学科，它指的是机械系统和制造机械的技艺。直到 1600 年，伽利略——力学(作为一门科学)之父——还是这么理解的。人人渴求机械装置，大的或小的，有用的或纯娱乐的。当查理五世(Charles V)[①]——米尔贝格(Mühlberg)之役的胜利者——退隐尤斯特(Yuste)修道院(载于史册的著名“生命尾声”之一)时，在那令人生畏的“驶向湮灭”的航程中，他只带上了两样东西(世上其余东西都抛开不要了)：钟表和胡安内罗·图利亚诺(Juanelo Turriano)。后者是个佛兰芒人(Fleming)，一个名副其实的“魔术师”，从事各种机械发明：设计了为托莱多(Toledo)供水的高架渠(部分遗址至今可见)，还发明了一种自动鸟，扇着金属翅膀，穿行于查理五世远离尘嚣的宽敞居室中。

应该强调一下：人类心灵生成的最伟大的奇迹之一——物理科学，起源于技术。青年伽利略不是在大学工作，而是在威尼斯满是吊车、杠杆的军工厂。他的思想正是在那里成的形。

新技术的进行方式跟 nuova scienza(新科学)完全相同。技师不再从“要达到的目标”走向“寻求能达到它的手段”。他对着目标干起来，分析它，也就是把一个整体的结果拆成各种构件——拆成各种“原因”。

这正是伽利略用于物理学的方法(此外，他还是著名的发明家)。亚里士多德

① 这是按神圣罗马帝国帝系而论的。在西班牙王室系统中称“卡洛斯一世”。——译者注

式的科学家不会想到把现象分解为"构成要素"。把现象作为整体来对待,他就会试图寻找一种整体性原因,比如,罂粟汁产生的"睡意"源自一种 virtus dormitiva(催眠能力)。伽利略按相反方式进行:观察运动对象时,他要找最基本的、因而是普遍性的运动,具体的运动由它们构成。这是一种新的思想模式:分析自然。

新技术与新科学的一致并不是外表相像,而是思想方法同一。这正是现代技术"独立、自足"之源。它既非"不可思议的灵感",也非"纯粹偶然的机遇",而是"方法",一种预先建立的、牢不可破的思路,对自身基础有自觉。

大教训!我们知道,学者必须长时间耐心摆弄他研究的对象,和它们密切接触——科学家对物质材料如此,史学家对人类事务也是如此。如果19世纪的德国史家更政治化,或哪怕是更世俗化,历史学现在没准儿就不再是一门"科学",那我们或许就能持真正有效的方法,去处理汇集起来的大量现象。但说来惭愧,今人面对这些现象的心境和旧石器时代的原始人面对闪电时一个样。

所谓的"精神",实在是太缥缈的作用者,总有"迷失在它自身的无限可能性的迷宫"的危险。"思想"嘛,太轻松了!天马行空的心灵几乎遇不到阻力。正因为这样,对思想者来说至关重要的是:接触各种具体对象,在和它们的交流中磨炼。身体是精神的"老师",正如半人半马的喀戎(Chiron)是希腊人的老师。没有"看得见、摸得着的东西"的检验,精神在它自负的高翔中会变得彻头彻尾的疯狂。对精神而言,身体是"监理"、是"警察"。

在各种思想活动中,"身体化思考"有典范意义。物理学无匹的伟力归功于:在这门学科中,真理是通过两种独立要素的一致而确立的,二者都不会让自己被对方"收买"——先天(a priori)的数学思维和"身体之眼"对自然的观察;"分析"和"实验"。

新科学的创建者们意识到它和技术的同质性。培根和伽利略同路,吉尔伯特(Gilbert)和笛卡儿同路,惠更斯和胡克(Hooke)或牛顿同路。

从他们的时代起,不过三个世纪,科学和技术都得到奇迹般的发展。但人类生活并不只是"与自然的奋争",还是"人与自己灵魂的奋争"。欧美对"关于灵魂的技术"有何贡献?在这方面是不是劣于深不可测的亚洲?多年来,我一直梦想着,有朝一日,西方技术与亚洲技术能"面对面"地谈一谈。

海德格尔

作者简介

马丁·海德格尔(Martin Heidegger，1889—1976)，1889年9月26日生于德国巴登州梅斯基尔希镇，1976年5月26日于弗赖堡逝世。1909年入弗赖堡大学学习神学，后改学哲学、人文科学和自然科学，1913年以论文“心理主义的判断学说”获哲学博士学位。1916年以论文“邓·司各特的范畴和意义学说”获弗赖堡大学讲师资格。1922年任马堡大学哲学系副教授，1928年接任胡塞尔在弗赖堡大学的哲学讲座教授，1933年当选弗赖堡大学校长，次年辞职。1945—1951年被占领军当局禁止授课。他是20世纪最有影响的哲学家之一，主要著作有：《存在与时间》(1927)，《康德与形而上学问题》(1929)，《论根据的本质》(1929)，《荷尔德林和诗的本质》(1936)，《论真理的本质》(1943)，《柏拉图的真理学说》(1947)，《林中路》(1950)，《形而上学导论》(1953)，《技术的追问》(1954)，《演讲与论文集》(1954)，《尼采》(1961)，《路标》(1967)等。

文献出处

“周围世界的周围性与此在的空间性”系《存在与时间》第一篇第三章之第三部分，译文选自海德格尔《存在与时间》，三联书店1999年版，第118～131页，陈嘉映、王庆节译。

“技术的追问”系独立论文，译文选自海德格尔《演讲与论文集》，三联书店2005年版，第3～37页，孙周兴译。

周围世界的周围性与此在的空间性

与我们最初对“在之中”的先行描绘(参考第十二节)相关联,我们把存在在空间之中的一种方式称为“在之中”。此在必须同“在之内”这种存在方式划清界限。“在之内”等于说：一个本身具有广袤的存在者被某种广袤事物的具有广袤的界限环围着。在之内的存在者与环围者都现成摆在空间之内。我们拒不承认此在如此这般地在一个空间容器之内,这却不是原则上拒绝承认此在具有任何空间性,而只是使视线保持畅通,得以看到对此在具有组建作用的空间性。这一点现在就必须提出来。但只要世界之内的存在者同样也在空间之中,那么这种存在者的空间性就同世界具有某种存在论联系。所以有待规定的就是：空间在何种意义上是世界的要素。世界本身曾被描述为“存在在世界之中”的一个结构环节。尤其须得指出的是：周围世界的周围性、在周围世界中照面的存在者本身的空间性如何通过世界之为世界而获得根基,而不是反过来,仿佛世界倒现成存在在空间中。探索此在的空间性与世界的空间规定,这项工作要从分析世内在空间中上到手头的东西出发。考察分三个阶段进行：①世内上到手头的东西的空间性(第二十二节),②在世界之中存在的空间性(第二十三节),③此在的空间性,空间(第二十四节)。

第二十二节　世内上到手头的东西的空间性

如果空间在某种尚待规定的意义上组建着世界,那么就无怪乎我们在前文对世内事物的存在进行存在论描述的时候曾不得不把世内事物当作空间之内的事物收入眼帘。直到现在我们还不曾从现象上明确把握上手事物的空间性,还不曾展示这种空间性如何包括在上手事物的存在结构中。而这就是当前的任务。

在描述上手事物之际,我们在何种程度上已经碰上了它的空间性?我们曾谈到首先上到手头的东西。这不仅是说同其他存在者相比它是最先来照面的存在者,而且也意指它是“在近处”的存在者。日常交往的上手事物具有切近的性质。确切看来,表达用具的存在的那个术语即“上手状态”已经提示出用具之“近”。“上手的”存在者向来各有不同的切近,这个近不能由衡量距离来确定。这个近由寻视“有所计较的”操作与使用得到调节。操劳活动的寻视同时又是着眼于随时可通达用具的方向来确定这种在近处的东西的。用具的定出方向的近处意味着用具不仅仅在空间中随便哪里现成地有个地点〔Stelle〕,它作为用具本质上是配置的、安置的、建立起来的、调整好的。用具有其位置〔Platz〕,它即或“四下堆着”也同单纯摆在随便什么空间地点上有原则区别。周围世界上到手头的工具联络使各个位置互为方向,而每一位置都由这些位置的整体方面规定自身为这一用具对某某东西的位置。位置与位置的多样性不可解释为物的随便什么现成存在的“何处”。位置总是用具之各属其所的确定的“那里”与“此”。每一各属其所都同上手事物的用具性质相适应，也就是说：同以因缘方式隶属于用具整体的情况相适应。但用具整体之所以能够依靠定位而具有各属其所的性质，其条件与根据在于一般的“何所往”。用具联络的位置整体性就被指派到这个“何所在”之中去，而操劳交往的寻视就先行把这个“何所往”收在眼中。我们把这个使用具各属其所的“何所往”称为场所〔Gegend〕。

“在某某场所”不仅是说“在某某方向上”，而且也是说“在某某环围中”。这个环围也就是在那个方向上放着的东西的环围。位置是由方向与相去几许〔Entferntheit〕——近处只是相去几许的一种样式——构成的，它总已是向着一个场所并在这个场所之内制订方向的。所以，我们若要指定可供寻视利用的用具整体性的某些位置并发现这些位置摆在那里，就必须先揭示场所这样的东西。依场所确定上手东西的形形色色的位置，这就构成了周围性质，构成了周围世界切近照面的存在者环绕我们周围的情况。绝不是先已在三个维度上有种种可能的地点，然后有现成的物充满。空间的维性还掩藏在上手事物的空间性中。“上面”就是“房顶那里”，“下面”就是“地板那里”，“后面”就是“门那边”。一切“何处”都是由日常交往的步法和途径来揭示的，由寻视来解释的，而不是以测量空间的考察来确定来标识的。

场所并非先要靠共同摆在手头的物才得以形成，场所在各个位置中向来已经上到手头。位置本身是由操劳寻视指派给上手事物的，或者就作为〔指派给上手事物的〕位置本身摆在那里。所以，寻视着在世的存在事先已对之有所算计的持续上手的事物有自己的位置。它在何处上手，这是向有所计较的操劳活动提供出来的，并向着其他上手事物制订方向。例如，太阳的光和热是人们日常利用的东西，而太阳就因对它提供的东西的使用不断变化而有其位置：日出、日午、日落、午夜。这种变化着但又恒常上到手头的东西的位置变成了突出的“指针”，提示出包含在这些位置中的场所。天区这时还根本无须具备地理学意义，它先行给出了在先的“何所往”，得以使一切可由位置占据的场所获得特殊的形式。房子有其向阳面与防风面，“房间”的划分就是向着这两面制订方向的，而这些房间之内的“摆设”也都各依其用具性质向着它们制订方向。例如，教堂与墓地分别向着日出和日落设置，那是生与死的场所，此在自己在世的最本己的存在可能性就是由这生与死规定的。此在为它的存在而存在，此在的操劳活动先行揭示着向来对它有决定性牵连的场所。这种场所的先行揭示是由因缘整体性参与规定的，而上手事物之来照面就是向着这个因缘整体性开放出来。

每一场所的先行上到手头的状态是上手事物的存在，它在一种更源始的意义上具有熟悉而不触目的性质。只有在寻视着揭示上手事物之际，场所本身才以触目的方式映入眼帘，而且是以操劳活动的残缺方式映入眼帘的。往往当我们不曾在其位置上碰到某种东西的时候，位置的场所本身才首次成为明确可以通达的。寻视着在世把空间揭示为用具整体的空间性，而空间作为用具整体的位置向来就属于存在者本身。纯粹空间尚隐绰未彰。空向分裂在诸位置中。但具有空间性的上手事物具有合乎世界的因缘整体性，而空间性就通过这种因缘整体性而有自身的统一。并非“周围世界”摆设在一个事先给定的空间里，而是周围世界特有的世界性质在其意蕴中勾画着位置的当下整体性的因缘联络。而这诸种位置则是由寻视指定的。当下世界向来揭示着属于世界自身的空间的空间性。只因为此在本身就其在世看来是“具有空间性的”，所以在存在者层次上才可能让上手事物在其周围世界的空间中来照面。

第二十三节　在世界之中存在的空间性

我们若把空间性归诸此在，则这种“在空间中存在”显然必得由这一存在者的存在方式来解释。此在本质上不是现成存在，它的空间性不可能意味着摆在“世界空间”中的一个地点上；但也不意味着在一个位置上上手存在。这两种情况都是世内照面的存在者的存在方式。但此在在世界“之中”。其意义是它操劳着熟悉地同世内照面的存在者打交道。所以，无论空间性以何种方式附属于此在，都只有根据这种“在之中”才是可能的。而“在之中”的空间性显示出去远[①]与定向的性质。

去远是此在在世的一种存在方式。我们所领会的去远并非相去之远(相近)，更非距离这一类东西。我们在一种积极的及物的含义下使用去远这个术语。它意指此在的一种存在建构。从这种建构着眼，移走某种东西以使它离开得远只是去远的一种特定的、实际的样式罢了。去远说的是使相去之距消失不见，也就是说，是去某物之远而使之近。此在本质上就是有所去远的，它作为它所是的存在者让向来存在着的东西到近处来照面。去远揭示着相去之远。相去之远像距离一样是非此在式的存在者的范畴规定。去远则相反必须被把握为生存论性质。唯当存在者的“相去之远”已对此在揭示出来了，才可能通达世内存在者互相之间的“其远几许”与距离。两个点正像两个一般的物一样不是相去相远的，因为这些存在者就其存在方式来说哪个都不能有所去远。它们只不过具有距离而已，而这种距离是由去远活动发现和测量的。

去其远首先与通常就是寻视着使之近，就是带到近处来，也就是办到、准备好、弄到手。不过，就是纯认识揭示存在者时的某些方式也具有使之近的性质。在此在之中有一种求近的本质倾向。我们当今或多或少都被迫一道提高速度，而提高速度的一切方式都以克服相去之远为鹄的。例如，无线电的出现使此在如今在扩

---

① Ent-fernung〔去远〕一般可以译为“移动”“除去”“远离”乃至“距离”，但在这里，作者试图使人们注意到这个词是由词干 fern〔“远”“距”〕加上褫夺性前缀 ent-构成的。在通常情况下，ent 这个前缀仅仅用来加强在 fern 所含的“分离”和“距离”的含义，但按照海德格尔的解释，这个词却完全是褫夺性的。这样，entfernen 这个动词这里就意指去除距离和遥远而不是增加它们。——英译注

展和破坏日常周围世界的道路上迈出一大步，去“世界”如此之远对此在都意味着什么尚无法一目了然呢。

去远并不必须明确估计出上手事物离此在多远多近。相去之远近不主要被把握为距离。若要估计远近，这种估计也是相对于日常此在行事于其中的“其远几许”来说明的。从计算上看，这类估计也许不准确，也许游移不定，但它们在此在的日常生活中自有其完全可以理解的确定性。我们说：到那里有一程好走，有一箭之遥，要“一袋烟工夫”。这些尺度不仅表示不可用它们来“量”，而且还表示估计出来的相去之远属于人们正操劳寻视着的某个存在者。但即使我们用的是固定的尺度，说“到那所房子要半个钟头”，我们仍须把这种尺度当作估计出来的尺度。“半个钟头”并非三十分钟，而是一段绵延，而绵延根本没有时间延伸之量那种意义上的“长度”。这一绵延向来是由习以为常的“所操劳之事”得到解释的。诸种相去之远首先都由寻视加以估计，即使在“官方”核定的尺度，熟为人知之处也是这样。因为被去远的东西在这种估计中上到手头，所以它保持着自己特有的世内性质。其中甚至包含有这样的情况：同被去远的存在者打交道的道路日异其长度。周围世界上到手头的东西确乎不是对一个免于此在的永恒观察者现成摆在那里，而是在此在的寻视操劳的日常生活中来照面的。此在在它的道路上并不穿越一段空间路程，像穿越一个现成物体似的；此在并不“吃掉”多少多少公里。接近与去远向来就是向接近与去远的东西操劳着存在。“客观上的”遥远之途其实可能颇近，而“客观上”近得多的路途却可能“行之不易”，或竟无终止地横在面前。但当下世界如此这般地“横陈面前”才是本真地上到手头。现成之物的客观距离同世内上到手头的东西的相去之远不相涵盖。人们可能准确地知道客观距离，但这个知却还是盲的，它不具备以寻视揭示的方式接近周围世界的功能。人们只是为了向着“关乎人们行止”的世界去存在并在这一存在之中才运用那种知识，而这种操劳存在却并不测量距离。

人们先行依“自然”以及“客观”测量的物之距离为准，因而倾向于把上面对去远活动功能的解释与估价称之为“主观的”。但这样一种“主观性”大概揭示着世界的“实在性”中最为实在者，这种“主观性”同“主观”任意及主观主义“看法”毫不相干，因为主观主义看到的存在者“自在地”却是另一码事。此在日常生活中的寻视去远活动揭示着“真实世界”的自在存在，而这个“真实世界”就是此在作为生存着的此在向来就已经依之存在的存在者。

把相去之远近首要地乃至唯一地当作测定的距离，这就掩盖了“在之中”的源始空间性。通常以为“最近的东西”根本不是“离我们”距离最短的东西。“切近的东西”若要在平均状态中去达到、去抓住、去看见，它倒相去甚远了。因为此在本质上是以去远的方式具有其空间性的，所以，此在在其中交往行事的那个周围世界总是一个就某种活动空间而言一向与此在相去相远的“周围世界”。因此，我们首先总是越过在距离上“切近的东西”去听去看。看与听之所以是远距离感觉，并非由于它们可及远方，而是由于此在作为有所去远的此在主要逗留在它们之中。例如，眼镜从距离上说近得就“在鼻梁上”，然而对戴眼镜的人来说，这种用具在周围世界中比起对面墙上的画要相去远甚。这种用具并不近，乃至于首先往往不能发现它。我们曾提出首先上手的东西的不触目性质，而这种去看的用具，以及诸如此类去听的用具，例如电话筒，就具有这种不触目性质。再例如对街道这种行走用具来说，上面这点仍是有效的。行走时每一步都触到街道，似乎它在一般上手事物中是最切近最实在的东西了，它仿佛就顺着身体的一个确定部分即脚底向后退去。但比起“在街上”行走时遇见的熟人，街道却相去远甚，虽然这个熟人相“去”二十步之“远”。决定着从周围世界首先上到手头的东西之远近的，乃是寻视操劳。寻视操劳先已依而逗留的东西就是切近的东西，就是调节着去远活动的东西。

如果说此在在操劳活动中把某种东西带到近处来，那么这却不意味着把某种东西确定在某个空间地点上而这个地点离身体的某一点距离最小。“近”说的是：处在寻视着首先上手的东西的环围之中。接近不是以执着于身体的我这物为准的，而是以操劳在世为准的，这就是说，以在世之际总首先来照面的东西为准的。所以，此在的空间性也就不能通过列举物体现成所处的地点得到规定。虽然我们谈到此在时也说它占据一个位置，但这一“占据”原则上有别于处在某一个场所中一个位置上的上手存在。必须把占据位置理解为：去周围世界上到手头的东西之远而使它进入由寻视先行揭示的场所。此在从周围世界的“那里”领会自己的“这里”。“这里”并不意指现成东西的何处，而是指去远着依存于……的“何所依”，同时也包含着这种去远活动本身。此在就其空间性来看首先从不在这里，而是在那里；此在从这个那里回返到它的这里，而这里又只是以下述方式发生的——此在通过从那里上到手头的东西来解释自己的向着……的操劳存在。从“在之中”的去远结构的现象特点来看，这种情况就一清二楚了。

此在在世本质上保持在去远活动中。此在绝不能跨越这种去远，不能跨越上手事物离此在本身的远近。如果我们设想有一个物现成摆在此在先前曾占据的位置上，而上手事物相去此在之远则按照上手事物与这个物的关系来规定，那么，此在本身可以把这一相去之远作为摆在那里的距离加以发现。这样，此在事后是可以跨越这一间距的。不过，这时距离本身变成了已被去远的距离。此在却不曾跨越它的去远，毋宁说此在已经随身携带而且始终随身携带着这种去远，因为此在本质上就是去远，也就是说，此在本质上就具有空间性。此在不能在它自己的或远或近的环围中环游，它所能做的始终只是改变远近之距。此在以寻视着揭示空间的方式具有空间性，其情形是：此在不断有所去远，从而对如此这般在空间中来照面的存在者有所作为。

此在作为有所去远的“在之中”同时具有定向的性质。凡接近总已先行采取了向着一定场所的方向，被去远的东西就从这一方向而来接近，以便我们能就其位置发现它。寻视操劳活动就是制定着方向的去远活动。在这种操劳活动之中，也就是说，在此在本身的在世之中，“标志”的需求是先行给定的。标志这种用具承担着明确而轻便称手地列举方向的任务。标志明确地使寻视着加以利用的场所保持开放，使归属过去、走过去、带过去、拿过去的各种“何所去”保持开放。只要此在存在，它作为定向去远的此在就总已有其被揭示了的场所。定向像去远一样，它们作为在世的存在样式都是先行由操劳活动的寻视引导的。

左和右这些固定的方向都源自这种定向活动。此在始终随身携带这些方向，一如其随身携带着它的去远。此在在它的“肉体性”——这里不准备讨论“肉体性”本身包含的问题——中的空间化也是依循这些方向标明的。所以，用在身上的上手事物必须依左右来定向，例如要参与手的活动的手套就是这样。手工工具则相反，它虽然持在手中随手活动，却并不参与手所特有的“称手的”活动。所以，锤子虽然随手而被摆弄，却无左锤右锤之说。

不过，还须注意的是：属于去远活动的定向是由在世奠定的。左右不是主体对之有所感觉的“主观的”东西，而是被定向到一个总已上到手头的世界里面去的方向。“通过对我的两侧之区别的单纯感觉”[①]，我绝不可能就在一个世界中辨清门径。具有对这种区别的“单纯感觉”的主体是一个虚构的入手点，它毫不过问主体的真实建构——具有这种“单纯感觉”的此在总已在一个世界之中；并且，为了能给自己制定方向，它也不得不在一个世界之中。这一点从康德试图澄清制定方向这一现象的那个例子中就可以看得清楚。

假设我走进一间熟悉但却昏暗的屋子。我不在的时候，这间屋子完全重新安排过了，凡本来在右边的东西现在都移到了左边。我若要为自己制定方向，除非我把捉到了一件确定的对象，否则对我两侧之“区别的单纯感觉”是毫无助益的。谈及这一对象时康德附带说道：“我在记忆中有其地点”。但这意味着什么呢？除非是：我必定靠总已寓于某个“熟悉的”世界并且必定从这种寓世的存在出发来为自己制定方向。某个世界的用具联络必须先已给与此在。我向已在一个世界之中，这对制订方向的可能性是起组建作用的，其作用绝不亚于对左右的感觉。此在的这种存在建构不言而喻，但不能以此为理由来压低这一建构在存在论上的组建作用。像其他所有的此在阐释一样，康德倒也压低不了它的作用。但不断地应用这一建构并不就可免于提供一种适当的存在论解说，而是要求提供这样一种解说：我“在记忆中”有某种东西，这样一种心理学阐释其实就意指着生存论上的在世建构。因为康德没有看到这一结构，所以他也就认不出使制订方向成为可能的整个建构联络。此在的一般定向活动才是本质性的，按照左右而定的方向就奠基于其中，而一般的定向活动本质上又一道由在世加以规定。当然，就连康德也不是要对制定方向进行专题阐释。他不过是要指出凡制定方向都需要某种“主观原则”。但

① 康德：“什么叫作：在思想中判定方向？”（1786 年），著作集（科学院版），第八卷，第 131～147 页。——原注

在这里，“主观”所要意味的将是：先天。然而，依左右而定向的先天性却奠基于在世的“主观”先天性，这种先天性同先行局限于无世界的主体的规定性毫不相干。

去远与定向作为“在之中”的组建因素规定着此在的空间性，使此在得以操劳寻视着存在在被揭示的世内空间之中。我们迄此解说了世内上手事物的空间性与在世的空间性，这才为我们提供了前提，使我们得以清理出世界的空间性现象，得以提出空间的存在论问题。

第二十四节　此在的空间性，空间

此在在世随时都已揭示了一个世界。我们曾把这种奠基于世界之为世界的揭示活动描述为存在者向着一种因缘整体性开放。开放着的了却因缘以寻视着的自我指引的方式进行。自我指引则基于先行领会意蕴。现在则又显示出了：寻视在世是具有空间性的在世。而只因为此在以去远和定向的方式具有空间性，周围世界上到手头的东西才能在其空间性中来照面。因缘整体性的开放同样源始地也是有所去远有所定向地缘某一场所来了却因缘。这就是说：把上手事物在空间上各属其所的状态开放出来。此在作为操劳着的“在之中”同意蕴相熟悉，而在意蕴中就有空间的本质性的共同展开。

如此这般随同世界之为世界展开的空间尚不具有三维的纯粹多重性。就这种切近的展开状态来说，空间作为以计量学的地点秩序和地域规定的纯粹的“何所在”依旧隐藏不露。空间的“何所面向”先行在此在中得到揭示；这一点我们已经通过场所现象加以提示。我们把场所领会为上手用具的联络可能向之归属的“何所往”，而用具联络则应能作为被定向去远的联络亦即被定位的联络来照面。连属状态由对世界起组建作用的意蕴加以规定，它在可能的“何所往”的范围内勾连着“往这里”与“往那里”。一般的“何所往”通过在操劳活动的“为何之故”中固定下来的指引整体先行描绘出来。有所开放的了却因缘就在这一整体之内自我指引。作为上手事物来照面的东西，向来同场所有一段因缘。因缘整体构成了周围世界上到手头的东西的存在，它包含有场所的空间因缘。基于这种空间因缘，上手事物可按形式与方向得到发现与规定。世内上手事物向来就按照操劳寻视所可能具有的透视而随着此在的实际存在被去远和定向。

对在世起组建作用的“让世内存在者来照面”是一种“给与空间”，我们也称之为设置空间。这种活动向空间性开放上手的东西。设置空间的活动揭示出、先行提供出由因缘规定的可能的位置整体性，于是我们能够实际上制定当下的方向。如果我们把设置空间领会为生存论环节，那么它就属于此在的在世。只因为如此，此在在寻视操劳于世界之际才可能移置、清除、充塞〔um-，weg-und einraeumen〕。不过，向来先行得到揭示的场所以及一般的当下空间性都并不曾鲜明地映入眼帘，因为寻视消散在操劳于上手事物的活动之中，而空间性自在地就以上手事物的不触目状态向寻视照面。空间首先就在这样一种空间性中随着在世而被揭示。认识

海德格尔

活动基于如此这般得到揭示的空间性才得以通达空间本身。

既非空间在主体之中，亦非世界在空间之中，只要是对此在具有组建作用的在世展开了空间，那空间倒是在世界“之中”。并非空间处在主体之中，亦非主体就“好像”世界在一空间之中那样考察世界；而是：从存在论上正当领会的“主体”即此在乃是具有空间性的。因为此在以上述方式具有空间性，所以空间显现为先天的东西。先天这个名称说的不是先行归属于一个首先尚无世界的主体而这个主体又从自身抛射出一种空间之类。先天性在这里说的是凡上手事物从周围世界来照面之际空间(作为场所)就已经照面这种先天性。

在寻视中首先来照面的东西的空间性可以成为寻视本身的专题，可以成为计算和测量工作的任务，例如在盖房和量地的时候就是这样。周围世界的空间性的这种专题化主要还是以寻视方式进行的，但这时空间就其本身而言已经以某种方式映入眼帘。我们可以纯粹地观望如此这般显现出来的空间，其代价是放弃寻视着的计较——先前得以通达空间的唯一通道。空间的“形式直观”揭示出空间关系的纯粹可能性。要剖析这种纯粹的单质的空间要经历一系列阶梯：从空间形态的纯粹形态学到位置分析直到纯粹的空间计量学。考察这些联络不是这部探索的事情。[①]在这部探索的讨论范围之内，我们只是要从存在论上确定可据以专题揭示和廓清纯粹空间的现象基地。

无所寻视仅止观望的空间揭示活动使周围世界的场所中立化为纯粹的维度。上手的用具由寻视制订了方向而具有位置整体性，而这种位置整体性以及诸位置都沦为随便什么物件的地点多重性。世内上手事物的空间性也随着这种东西一道失去了因缘性质。世界失落了特有的周围性质；周围世界变成了自然世界。“世界”作为上手用具的整体经历了空间化，成为只还摆在手头具有广袤的物的联络。上手事物的合世界性异世界化了，而只有以这种特具异世界化性质的方式揭示照面的存在者，单质的自然空间才显现出来。

对于在世的此在，先行给予的总是已经揭示了的空间——虽然这一揭示不是专题的揭示。然而，空间包含有某种东西的单纯空间性存在的纯粹可能性，而就这种可能性来看，空间就其本身来说首先却还是掩盖着的。空间本质上在一世界之中显示自身。这还不决定空间的存在方式。空间无须具有某种其本身具有空间性的上手事物或现成事物的存在方式。空间的存在也不具有此在的存在方式。空间本身的存在不能从 res extensa 的存在方式来理解；但这却不能推出：空间从存在论上必须被规定为这些 res 的“现象”——那样的话，空间就其存在来说就同这些 res 无所区别了。这更不能推出：空间的存在等同于 res cogitans 的存在，可以被理解为仅仅“主观的”存在——这还全然不谈这种主体的存在本身还疑问重重呢。

---

① 参见贝克〔O. Becker〕：《论几何学及其物理应用的现象学根据》，本年鉴第六卷，1923 年，第 385 页及以下。——原注

空间存在的阐释工作直到今天还始终处于窘境，这主要不是由于对空间的内容本身缺乏知识，倒主要是由于对一般存在的诸种可能性缺乏原则性的透视，缺乏通过存在论概念进行的阐释。要从存在论上领会空间问题，关键在于把空间存在的问题从那些偶或可用、多半却颇粗糙的存在概念的狭窄处解放出来，着眼于现象本身以及种种现象上的空间性，把空间存在的讨论领到澄清一般存在的可能性的方向上来。

在空间现象中所能找到的世内存在者的存在规定性不是其首要的存在论规定性：既不是唯一首要的，也不是诸首要规定性之一。世界现象就更不是由空间组建起来的了。唯回溯到世界才能理解空间。并非只有通过周围世界的异世界化才能通达空间，而是只有基于世界才能揭示空间性：就此在在世的基本建构来看，此在本身在本质上就具有空间性，与此相应，空间也参与组建着世界。

技术的追问

下面我们要来追问技术。这种追问构筑一条道路。因此之故，我们大有必要首先关注一下道路，而不是萦萦于个别的字句和名目。该道路乃是一条思想的道路。所有思想道路都以某种非同寻常的方式贯通于语言中，对此我们多少可觉知一二。我们要来追问技术，并且希望借此来准备一种与技术的自由关系。当这种关系把我们的此在向技术之本质开启出来时，它就是自由的。如果我们应合于技术之本质，我们就能在其界限内来经验技术因素了。

技术不同于技术之本质。如果我们要寻求树的本质，我们一定会发觉，那个贯穿并且支配着每一棵树之为树的东西，本身并不是一棵树，一棵可以在平常的树木中间找到的树。

同样地，技术之本质也完全不是什么技术因素。因此，只要我们仅仅去表象和追逐技术因素，借此找出或者回避这种技术因素，那么，我们就绝不能经验到我们的与技术之本质的关系。所到之处，我们都不情愿地受缚于技术，无论我们是痛苦地肯定它还是否定它。可是，如果我们把技术当作某种中性的东西，我们就最恶劣地听任技术摆布了；因为这种观念虽然是现在人们特别愿意采纳的，但它尤其使得我们对技术之本质茫然无知。

按照古老的学说，某物的本质被看作某物所是的那个什么（*was*）。当我们问技术是什么时，我们在追问技术。尽人皆知对我们这个问题有两种回答。其一曰：技术是合目的的手段。其二曰：技术是人的行为。这两个关于技术的规定原是一体的。因为设定目的，创造和利用合目的的手段，就是人的行为。技术之所是，包含着对器具、仪器和机械的制作和利用，包含着这种被制作和被利用的东西本身，包含着技术为之效力的各种需要（Bedürfnisse）[①]和目的。这些设置的整体就是技术。技术本身乃是一种设置（Einrichtung），若用拉丁语来讲，就是一种 *instrumentum*［工具］。

因此，通行于世的关于技术的观念，即认为技术是一种手段和一种人类行为，可以被叫做工具的和人类学的技术规定。

谁会想否定它是正确的呢？明摆着，它是以人们在谈论技术时所看到的东西为取向的。对技术的工具性规定甚至是非常正确的，以至于它对于现代技术也还是适切的；而对于现代技术，人们往往不无道理地断言，与古代的手工技术相比较，它是某种完全不同的、因而全新的东西。即便是带有涡轮机和发电机的发电厂，也是人所制作的一个手段，合乎人所设定的某个目的。即便是火箭飞机，即便

① 1954年版：（经济——满足需求——消费）工业。提高了的消费潜能。——作者边注

是高频机器，也还是合目的的手段。当然啰，一个雷达站是比一个风向标复杂些。一台高频机器的制作，自然需要技术工业生产的各道工序的相互交接。与莱茵河上的水力发电站相比较，偏僻的黑森林山谷中的一家水力锯木厂当然是一件原始的工具了。

然而，依然正确的是：现代技术也是一个合目的的手段。因此，关于技术的工具性观念规定着每一种把人带入与技术的适当关联之中的努力。一切都取决于以得当的方式使用作为手段的技术。正如人们所言，我们要“在精神上操纵”技术。我们要控制技术。技术愈是有脱离人类的统治的危险，对于技术的控制意愿就愈加迫切。

但现在，假如技术并不是一个简单的手段，那么，这种要控制技术的意志又是怎么回事呢？而我们倒是已经说过，关于技术的工具性规定是正确的。确实如此。正确的东西总是要在眼前讨论的东西中确定某个合适的东西。但是，这种确定要成为正确的，绝不需要揭示眼前讨论的东西的本质。只有在这样一种揭示发生之处，才有真实的东西。因此，单纯正确的东西还不是真实的东西。唯有真实的东西才能把我们带入一种自由的关系中，即与那个从其本质来看关涉于我们的东西的关系。照此看来，对于技术的正确的工具性规定还没有向我们显明技术的本质。为了获得技术之本质，或者至少是达到技术之本质的近处，我们必须通过正确的东西来寻找真实的东西。我们必须追问：工具性的东西本身是什么？诸如手段和目的之类的东西又何所属？一个手段乃是人们借以对某物产生作用、从而获得某物的那个东西。导致一种作用或结果的东西，我们称之为原因。不过，原因不只是使另一个东西得以产生出来的那个东西。手段之特性据以获得规定的那个目的，也被看作原因。目的得到谋求，手段得到应用的地方，工具性的东西占据统治地位的地方，也就有因果性即因果关系起支配作用。

几百年来，哲学一直教导我们说，有以下四种原因：一是 causa materialis［质料因］，譬如银匠从质料、材料中把一只银盘制作出来；二是 causa formalis［形式因］，即质料进入其中的那个形式、形态；三是 causa finalis［目的因］，譬如，献祭弥撒在形式和质料方面决定着所需要的银盘；四是 causa efficiens［效果因］，[①]银匠取得效果，取得了这只完成了的现实银盘。被看作手段的技术是什么，这要在我们把工具性的东西追溯到四重因果性时方可揭示出来。

但如果因果性本身的本质还笼罩在一片黑暗中，那又如何呢？诚然，人们几百年来的做法给人的感觉，就仿佛关于四原因的学说是一个从天上掉下来的日悬中天的真理。但也许是时候了，我们要来问一问：为何恰恰是四个原因呢？联系上述四种，根本上何谓“原因”呢？何以四原因的原因特性如此统一地得到规定，使得它们紧密联系在一起？

① 或译“动力因”。——译者注

只消我们还没有深入探讨上面这些问题，那么，因果性，与因果性相伴的工具性的东西，以及与工具性的东西相伴的关于技术的通行规定，就都还是模模糊糊的，无根无据的。

长期以来，人们习惯于把原因看作起作用的东西。作用在此意味着：取得成果、效果。Causa efficiens[效果因]，四原因中的一个，以决定性的方式规定着所有因果性。事情甚至到了这样的地步：人们根本上不再把目的因看作一种因果性。Causa[原因]，即 casus，出自动词 cadere[落下、遭到、发生]，也就是德语动词 fallen，意思是发生作用而使某物有这样那样的结果。四原因说最早是由亚里士多德提出来的。可是，在希腊思想领域里，并且对希腊思想而言，后世以“因果性”的观念和名义想在希腊人那里寻找的那个东西，与作用和起作用是毫无干系的。我们所谓的“原因”(Sache)，罗马人所谓的 causa，在希腊人那里叫做 αἴτιου，是招致另一个东西的那个东西。四原因乃是相互紧密联系在一起的招致方式。[①] 兹举一例予以解说。

银是人们用以制作银盘的东西。它作为这种质料(ὕλη)一道招致银盘。银盘归因于银，银是银盘由之形成的东西。但这个祭器还不光是由银所招致的。作为盘，由银所招致的东西显现在盘的外观中，而不是在别针或戒指的外观中。所以，祭器同时也是由盘的外观(εἶσος[爱多斯])所招致的。作为盘的外观进入其中的银，这种银质的东西于其中显现出来的外观，这两者以各自的方式共同招致了这个祭器。

不过，招致这个祭器的主要还是第三个东西。这第三个东西首先把盘限定在祭祀和捐献的领域内。由之，它便被界定为一个祭器。这个界定者终结这个物。随着这一终结，此物并没有停止；而不如说，此物由之而来才开始成为它在制造之后将变成的东西。此种意义上的终结者，亦即完成者，在希腊文中叫做 τέλος，人们往往以“目标”和“目的”译之，并因而误解了它。这个 τέλος 招致那个东西，那个作为质料和作为外观共同招致了祭器的东西。

最后，共同招致这个现有备用的完成了的祭器的，还有第四个东西，那就是银匠；但这绝不是因为，银匠在工作时对作为一种制作结果的完成了的银盘产生作用。银匠不是 causa efficiens[效果因]。

银匠考虑并且聚集上述三种招致方式。所谓“考虑”，在希腊文中叫做 λέγειυ，λόγος。[②] 它植根于 ἀποφαιυεσυαι，即：使……显露出来。银匠作为那种东西而共同招致，由之而来，这个祭器的带出和自立才取得并保持其最初的起点。前面所说的三种招致方式归功于银匠的考虑，即考虑它们为祭器的生产而达乎显露并进入运

---

① 此处“招致”德语原文为 Verschulden，也有“招致、对……有过错、对……有责任”等义。——译者注

② 此句中“考虑”德语原文为 überlegen；希腊文 λέγειυ 的通常意思为“言说、收集”；λογος 意为“话语、理性”等。——译者注

作的情形如何。

这样，在现有备用的祭器中，有四种招致方式起着支配作用。它们相互间是不同的，但又是共属一体的。是什么东西先行把它们统一起来的呢？四种招致方式的配合在何处起作用呢？四个原因的统一性从何而来？从希腊思想的角度看，这种招致究竟是什么意思呢？

我们今人太容易流露出一种倾向，或者在道德方面把招致理解为过错，或者把它解释为某种作用方式。在此两种情形中，我们便把我们理解后人所谓的因果性的原初意义的道路给堵塞了。只消这条道路还没有被开启，我们也就看不到那种基于因果性的工具性的东西真正是什么。

为了避免上述对招致的误解，我们要根据四种招致方式所招致的东西来解说这四种方式。根据前面的例子，它们招致的是作为祭器的银盘的现有备用。现有和备用(ύποκε ῖ σθαι)标志着某个在场者的在场。四种招致方式把某物带入显现之中。它们使某物进入在场而出现。它们把某物释放到在场之中，并因而使之起动，也就是使之进入其完成了的到达之中。招致具有这种进入到达的起动(Anlassen)的特征。在这种起动的意义上，招致就是引发(Ver-an-lassen)。根据上面对希腊人在招致即 αίτια 中所经验的东西的考察，我们现在给予"引发"一词以一个更宽泛的意义，使得这个词能够表示希腊人所思的因果性的本质。相反地，"引发"一词的日常的和狭隘的含义只不过是推动和引起，意味着因果性整体中的一种次要原因。

但是，四种引发方式的配合在何处起作用呢？它们使尚未在场的东西进入在场之中而到达。据此看来，它们便一体地为一种带来(Bringen)所贯通，这种带来把在场者带入显露中。这种带来是什么，柏拉图在《会饮篇》中有一句话告诉了我们(205b)：ήγαρ τόι έκ του̃ μήόντος είς τό όν ίόντι ότωο ύν αίτ ία πα̃σά έστι ποίησις。

> 对总是从不在场者向在场过渡和发生的东西来说，每一种引发都是 ποίησις，都是产出。[1]

至为重要的是，我们要在其整个幅度上，并且在希腊意义上来思考这种产出。不仅手工制作，不仅艺术创作的使……显露和使……进入图像是一种产出，即 ποίησις。甚至 φύστς[自然]，即从自身中涌现出来，也是一种产出，即 πο ίησις。φύσις[自然]甚至是最高意义上的 ποίησις。因为涌现着(φύσει)的在场者在它本身之中(έν έαυτ ῶ)具有产出之显突(Aufbruch)，譬如，花朵显突入开放中。相反，手工和艺术产出的东西，例如银盘，其产出之显突并不是在它本身中，而在一个它者中(έν άλλω)，在工匠和艺术家中。

---

① 这里海德格尔的德译文。其中被我们译为"产出"的 Her-vor-bringen 一词也可直译为"带出来"，因此与前文的"带来"(Bringen)相联系。德语动词 hervor-bringen 有"生产、创造、创作、带来"等意思。——译者注

因此,引发的诸方式,即四个原因,是在产出之范围内起作用的。通过这种产出,无论是自然中生长的东西,还是手工业制作和艺术构成的东西,一概达乎其显露了。

然而,不论在自然中,还是在手工业和艺术中,这种产出是如何发生的呢?引发的四种方式在其中起作用的这种产出是什么呢?引发关涉到一向在产出中显露出来的东西的在场。产出从遮蔽状态而来进入无蔽状态中而带出。唯因为遮蔽者入于无蔽领域而到来,产出才发生。这种到来基于并且回荡于我们所谓的解蔽(das Entbergen)中。希腊人以 ἀλήθεια[无蔽]一词表示这种解蔽。罗马人以 veritas[真理]一词来翻译希腊的 ἀλήθεια[无蔽]。我们则说"真理"(Wahrheit),并且通常把它理解为表象的正确性。

我们走上了何种歧途?我们要追问的是技术,而现在却到了 ἀλήθεια[无蔽]那里,到了解蔽那里。技术之本质与这种解蔽又有何干系呢?答曰:关系大矣。因为每一种产出都建基于解蔽。而产出把引发——即因果性——的四种方式聚集于自身中,并且贯通这四种方式。在引发的四种方式的领域中包含着目的和手段,包含着工具性的东西。工具性的东西被看作技术的基本特征。如果我们一步一步来追问被看作手段的技术根本上是什么,我们就会达到解蔽。一切生产制作过程的可能性都基于解蔽之中。

如是看来,技术就不仅是一种手段了。技术乃是一种[1]解蔽方式。如果我们注意到这一点,那就会有一个完全不同的适合于技术之本质的领域向我们开启出来。那就是解蔽的领域,亦即真-理(Wahr-heit)之领域。

上面的展望颇令我们奇怪。尽管如此,这种奇怪的情况要尽可能漫长并且咄咄逼人,使得我们最终能认真对待下述质朴的问题:究竟"技术"这个名称说的是什么。这个词来自希腊语。希腊文 τεχνικον[技艺、精通技艺]意指 τέχνη 的内涵。着眼于这个词的含义,我们必须注意到两点。首先一点,τέχνη 不仅是表示手工行为和技能的名称,而且也是表示精湛技艺和各种美的艺术的名称。τέχνη 属于产出,属于 ποίησις[产出、创作];它乃是某种创作(etwas Poietisches)。

着眼于 τέχνη 一词要考虑的另外一点更为重要。从早期直到柏拉图时代,τέχην 一词就与 ἐπιστήμη[认识、知识]一词交织在一起。这两个词乃是表示最广义的认识(Erkennen)的名称。它们指的是对某物的精通,对某物的理解。认识给出启发。具有启发作用的认识乃是一种解蔽。亚里士多德在一项特殊的研究中(参看《尼各马科伦理学》卷六,第 3、4 章),区分了 ἐπιστήμη 与 τέχνη 而且是按它们的解蔽作用和方式来作这种区分的。Τέχνη 是一种 ἀληθευειν(解蔽)方式。它揭示那种并非自己产出自己,并且尚未眼前现有的东西,这种东西因而可能一会儿这样一会那样地表现出来。谁建造一座房子或一只船,或者锻造一只银盘,他就在四种引

---

① 现在或者可以说,是这种决定性的解蔽方式。——作者边注

发方式的各个方面揭示着那有待产出的东西。这种解蔽首先把船和房子的外观、质料聚集到已完全被直观地完成了的物那里，并由之而来规定着制作之方式。因而，τέχνη 之决定性的东西绝不在于制作和操作，绝不在于工具的使用，而在于上面所述的解蔽。作为这种解蔽，而非作为制作，τέχνη 才是一种产出。

于是，通过指明 τέχνη 一词的意思和希腊人对这里所述的东西的规定方式，我们便被引入那同一种联系中，就是当我们在追踪工具性的东西本身到底是什么这个问题时向我们展现出来的那种联系。

技术是一种解蔽方式。技术乃是在解蔽和无蔽状态的发生领域中，在 ἀλήθεια [无蔽]即真理的发生领域中成其本质的。

对于这种有关技术之本质领域的规定，人们可能会提出如下反对意见：虽然这种规定对希腊思想来说是有效的，在有利情形下适合于手工技术，但并不适合于现代的动力机械技术。而且，正是这种动力机械技术，唯有这种动力机械技术，才是一个不安因素，促使我们去追问"这种"技术。人们说，与以往所有的技术相比，现代技术乃是一种完全不同的技术，因为它是以现代的精密自然科学为依据的。此间人们已更清晰地认识到：我们也可以反过来说，现代物理学作为实验物理学依赖于技术装置，依赖于设备的进步。对技术与物理学之间的这样一种交互关系的确定是正确的。但它还只不过是历史学上的对事实的确定，并且根本没有言说这种交互关系的基础。决定性的问题依然是：现代技术具有何种本质，使得它能突然想到应用精密自然科学？

什么是现代技术呢？它也是一种解蔽。唯当我们让目光停留在这个基本特征上时，现代技术的新特质才会向我们显示出来。

解蔽贯通并且统治着现代技术。但在这里，这种解蔽并不把自身展开于 ποίησις 意义上的产出。在现代技术中起支配作用的解蔽乃是一种促逼，[①]此种促逼向自然提出蛮横要求，要求自然提供本身能够被开采和贮藏的能量。但这岂不也是古代的风车所为的么？非也。风车的翼子的确在风中转动，它们直接地听任风的吹拂。可是，风车并没有为贮藏能量而开发出风流的能量。

与之相反，某个地带被促逼入对煤炭和矿石的开采之中，这个地带于是便揭示自身为煤炭区、矿产基地。农民从前耕作的田野则是另一个样子；那时候，"耕作"(bestellen)还意味着：关心和照料。农民的所作所为并不是促逼耕地。在播种时，它把种子交给生长之力，并且守护着种子的发育。而现在，就连田地的耕作也已经沦于一种完全不同的摆置着自然的订造的漩涡中了。[②]它在促逼意义上摆置着自然。于是，耕作农业成了机械化的食物工业。空气为着氮料的出产而被摆置，土地

---

① 德语动词 Herausfordern 的日常含义为"挑战、挑衅、引起"等，我们在此译为"促逼"。——译者注

② 这里的"订造"和前文的"耕作"均为德语动词 Bestellen。在海德格尔看来，"耕作"是守护性的；而"订造"则是技术时代人类对自然的加工制作。在此上下文中，请注意"订造"(Bestellen)、"摆置"(stellen)与作为技术之本质的"集置"(Gestell)的字面和意义联系。——译者注

为着矿石而被摆置,矿石为着铀之类的材料而被摆置,铀为着原子能而被摆置,而原子能则可以为毁灭或者和平利用的目的而被释放出来。

这种促逼着自然能量的摆置是一种双重意义上的开采。它通过开发和摆出而进行开采。但这种开采首先适应于对另一回事情的推动,就是推进到那种以最小的消耗而得到尽可能大的利用中去。在煤炭区开采的煤炭并不是为了仅仅简单地在某处现成存在而受摆置的。煤炭蕴藏着,也就是说,它是为着对在其中贮藏的太阳热量的订造而在场的。太阳热量为着热能而被促逼,热能被订造而提供出蒸汽,蒸汽的压力推动驱动装置,这样一来,一座工厂便得以保持运转了。

水力发电厂被摆置到莱茵河上。它为着河流的水压而摆置河流,河流的水压摆置涡轮机而使之转动,涡轮机的转动推动一些机器,这些机器的驱动装置制造出电流,而输电的远距供电厂及其电网就是为这种电流而被订造的。在上面这些交织在一起的电能之订造顺序的领域当中,莱茵河也就表现为某种被订造的东西了。水力发电厂被建造在莱茵河上,并不像一座几百年来联系两岸的古老木桥。而毋宁说,河流进入发电厂而被隔断了。它是它现在作为河流所是的东西,即水压供应者,来自发电厂的本质。但为了——哪怕仅仅远远地——测度这里起着支配作用的异乎寻常的东西,让我们注意一下在两个标题中道出的一个矛盾:进入发电厂而被隔断的“莱茵河”,与从荷尔德林的同名赞美诗这件艺术作品中被道说的“莱茵河”。[①]但人们会反驳说,莱茵河终归还是一条风景河嘛。也许是罢。不过又是如何的呢?无非是休假工业已经订造出来的某个旅游团的可预订的参观对象而已。

贯通并且统治着现代技术的解蔽具有促逼意义上的摆置之特征。这种促逼之发生,乃由于自然中遮蔽着的能量被开发出来,被开发的东西被改变,被改变的东西被贮藏,被贮藏的东西又被分配,被分配的东西又重新被转换。开发、改变、贮藏、分配、转换都是解蔽之方式。可是解蔽并没有简单地终止。它也没有流失于不确定性之中。解蔽向它本身揭示出它自身的多重啮合的轨道,这是由于它控制着这些轨道。这种控制本身从它这方面看是处处得到保障的。控制和保障甚至成为促逼着的解蔽的主要特征。

那么,无蔽状态的何种方式是为那个通过促逼着的摆置而完成的东西所特有的呢?这个东西处处被订造而立即到场,而且是为了本身能为一种进一步的订造所订造而到场的。如此这般被订造的东西具有其特有的站立。这种站立,我们称之为持存。[②]“持存”一词在此的意思超出了单纯的“贮存”,并且比后者更为根本。“持存”一词眼下进入了一个名称的地位上。它所标识的,无非是为促逼着的解蔽所涉及的一切东西的在场方式。在持存意义上立身的东西,不再作为对象而与我

① 此句中的“发电厂”(Kraftwerk)与“艺术作品”(Kunstwerk)字形相近,实则背道。——译者注

② Bestand一词在日常德语中意谓“持续、持久、库存、贮存量”等。海德格尔以此词表示为现代技术所促逼和订造的一切东西的存在方式。我们译之为“持存”或“持存物”。另外,此处中译文未能显明“持存”(Bestand)与“站立”(Stand)的字面联系。——译者注

们相对而立。

然而，一架停在跑道上的民航飞机，其实不就是一个对象嘛。确实如此。我们可以如此这般来表象这架机器。但这样一来，它却在它是什么以及如何存在这个方面遮蔽自身了。被解蔽之后，它只是作为持存物而停留在滑行道上，因为它被订造而保障着运输可能性。为此，在它的整个结构上，在它每一个部件上，它本身都必须是能够订造的，也就是作好了起跑准备的。（这里或许可以探讨一下黑格尔把机器规定为独立的工具的做法。从手工业的工具方面来看，黑格尔的说法是正确的。不过，这样的话，机器恰恰不是根据它所属的技术之本质而被思考的。从持存方面来看，机器绝对不是独立的；因为它唯从对可订造之物的订造而来才有其立身之所。）

现在，当我们试图把现代技术表明为促逼着的解蔽之际，我们这里不禁出现了“摆置”（stellen）、“订造”（bestellen）和“持存”（Bestand）等词语，而且是以一种枯燥的、刻板的、因而令人讨厌的方式堆砌起来。这一情形在我们眼下要表达的东西中有其根据。

通过促逼着的摆置，人们所谓的现实便被解蔽为持存。谁来实行这种摆置呢？明摆着是人啰。但人何以能够做这样一种解蔽呢？诚然，人能够这样那样地把此物或彼物①表象出来，使之成形，并且推动它。可是，现实向来于其中显示出来或隐匿起来的那种无蔽状态，却是人所不能支配的。自柏拉图以降，现实都在理念之光中显示自身——但这一事实并不是由柏拉图作成的。这位思想家只不过是响应了那个向他说出自己的东西而已。

唯就人本身已经受到促逼、去开采自然能量而言，这种订造着的解蔽才能进行。如果人已经为此受促逼、被订造，那么人不也就比自然更原始地归属于持存么？有关人力资源、某家医院的病人资源的流行说法，表示的就是这个意思。在树林中丈量木材，并且看起来就像其祖辈那样以同样步态行走在相同的林中路上的护林人，在今天已经为木材应用工业所订造——不论这个护林人是否知道这一点。护林人已经被订造到纤维素的可订造性中去了，纤维素被纸张的需求所促逼，纸张则被送交给报纸和画刊。而报纸和画刊摆置着公众意见，使之去挥霍印刷品，以便能够为一种被订造的意见安排所订造。可是，恰恰由于人比自然能量更原始地②受到了促逼，也就是被促逼入订造（Bestellen）③中，因而人才从未成为一个纯粹的持存物。人通过从事技术而参与作为一种解蔽方式的订造。不过，订造得以在其中展开自己的那种无蔽状态从来都不是人的制品，同样也不是作为主体的人与某个客体发生关系时随时穿行于其中的那个领域。

---

① 1954年版：此种或者彼种无蔽之物！但这种无蔽状态本身呢？解蔽状态？——作者边注

② 1954年版：何谓？更本真地归本于本有（Ereignis）！——作者边注

③ 1954年版：何谓？以形而上学方式讲：在一种别具一格的存在之令（Geheiß des Seins）中以及相应的关联。参看“面向存在问题”[载《全集》第九卷]。——作者边注

如果解蔽不是人的单纯制品，那么它是在何处发生并且如何发生的呢？我们无需追寻很远。我们只需毫无先入之见地去觉知那个东西，这个东西总是已经占用了人，并且这种占用又是如此明确，以至于人向来只有作为如此这般被占用的东西才可能是人。不论人在哪里开启其耳目，敞开其心灵，在心思和追求、培养和工作、请求和感谢中开放自己，他都会看到自己已经被带入无蔽者中了。无蔽者的无蔽状态已经自行发生出来了，它因此往往把人召唤入那些分配给人的解蔽方式之中。如果说人以自己的方式在无蔽状态范围内解蔽着在场者，那么他也只不过是应合于无蔽状态之呼声(Zuspruch)而已；即便在他与此呼声相矛盾的地方，情形亦然。所以，当人在研究和观察之际把自然当作他的表象活动的一个领域来加以追踪时，他已经为一种解蔽方式所占用了，这种解蔽方式促逼着人，要求人把自然当作一个研究对象来进攻，直到连对象也消失于持存物的无对象性中。

这样看来，现代技术作为订造着的解蔽，绝不只是单纯的人类行为。因此之故，我们也必须如其所显示的那样来看待那种促逼，它摆置着人，逼使人把现实当作持存物来订造。那种促逼把人聚集于订造之中。此种聚集使人专注于把现实订造为持存物。

原始地把群山展开为山的形态、并且贯通着起伏毗连的群山的那个东西，乃是聚集者，我们称之为山脉。

我们这样那样的情绪方式由之得以展开的那个原始聚集者，我们称之为性情。

现在，我们以“集置”(das *Ge-stell*)[①]一词来命名那种促逼着的要求，那种把人聚集起来、使之去订造作为持存物的自行解蔽者的要求。[②]

我们要大胆冒险，在一种迄今为止还完全非同寻常的意义上来使用“集置”一词。[③]

按其通常的含义，德语中“Gestell”一词指的是某种用具，譬如一个书架。它也有“骨架”的意思。我们现在所要求的对“Gestell”一词的用法似乎就像骨架一样可怕，更不用说有那种糟蹋成熟语言的词语的任意性了。我们能进一步夸张怪僻么？当然不能。不过，这种怪僻却是思想的古老需要。而且，思想家恰恰是在要思考至

---

① 集置(*das Ge-Stell*)

一、作为求意志的意志的本质——在普遍持存者意义上的“本质”——基本特征(Grund-Zug)——根据之通行(Durchzug)——普遍建基(Gründen)。

二、作为压抑着的和声(Anklang)

被遗忘状态——存在(sein)的法则(Ge-“setz”)。

三、作为本有之面纱(Schleier des Ereignisses)，对在订造(Be-stellen)中极端的、最隐蔽的需用(Brauch)的首次闪光。——作者边注

② 海德格尔在此差不多做了一个词语游戏，意在显示德语前缀Ge-具有“聚集”之义：“山脉”(Gebirg)是“群山”(Berge)的聚集；“性情”(Gemüt)是“情绪”(zumute)的聚集；“集置”(Ge-stell)是形形色色的“摆置”(Stellen)活动的聚集。“集置”(Ge-stell)一词是海德格尔对德语中Gestell(框架、底座、骨架)一词的特定用法，是他对技术之本质的规定。英译者把它译为Enframing。——译者注

③ 1954年版：参看《同一与差异》[拟收入《全集》第十一卷]。——作者边注

高的东西时才顺从这种怪僻。我们后人已经不再能够估量出，柏拉图何以大胆地用 εἶδος[爱多斯]一词来表示在任何事物和在每个个别事物中现身的东西。因为在日常语言中，εἶδος[爱多斯]的意思是某个可见的事物提供给我们肉眼的外貌。而柏拉图却对此词有非同寻常的要求，要用它来指称那种恰恰不是、并且从来不是用肉眼可以感知的东西。但非同寻常之处也还绝不止于此。因为 ιδέα[相]不光是命名感性可见事物的非感性的外观。外观(即 ἰδέα)也意味着——并且也是——在可听事物、可触事物、可感事物以及无论以何种方式可通达的事物中构成本质(Wesen)[①]的东西。与柏拉图在此种以及别种情形中对语言和思想所要求的东西相比较，我们现在大胆地用"集置"一词来表示现代技术的本质，却几乎是无伤大体的。不过，这里所要求的语言用法却还是一种苛求，还是令人误解的。

集置(Ge-stell)意味着那种摆置(Stellen)的聚集者，这种摆置摆置着人，[②]也即促逼着人，使人以订造方式把现实当作持存物来解蔽。集置意味着那种解蔽方式，它在现代技术之本质中起着支配作用，而其本身不是什么技术因素。相反，我们所认识的传动杆、受动器和支架，以及我们所谓的装配部件，则都属于技术因素。但是，装配连同所谓的部件却落在技术工作的领域内；技术工作始终只是对集置之促逼的响应，而绝不构成甚或产生出这种集置本身。

在"集置"(Ge-stell)这个名称中的"摆置"(stellen)一词不仅意味着促逼，它同时也保持着与它由之而来的另一种"摆置"的相似，也即与那种置造和呈现(Her-und Dar-stellen)相似，后者在 ποίησις意义上使在场者进入无蔽状态而出现。[③]这种产出着的置造，譬如在神庙区设立一座雕像，与我们现在所思考的促逼着的订造当然是根本不同的，但在本质上却是接近的。两者都是解蔽即 ἀλήθεια[无蔽]之方式。在集置中发生着无蔽状态，现代技术的工作依此无蔽状态而把现实事物揭示为持存物。[④]因此之故，现代技术既不仅仅是一种人类行为，根本上也不只是这种人类行为范围内的一个单纯的手段。关于技术的单纯工具性的、单纯人类学的规定原则上就失效了；这种规定也不再能——如果它确实已经被认作不充分的规定——由一种仅仅在幕后控制的形而上学的或者宗教的说明来补充。

不过，依然确凿的是，技术时代的人类以一种特别显眼的方式被促逼入解蔽中了。这种解蔽首先针对作为能量的主要贮备器的自然。与此相应，人类的订造行为首先表现在现代精密自然科学的出现中。精密自然科学的表象方式把自然当作一个可计算的力之关联体来加以追逐。现代物理学之所以是实验物理学，并不是

---

① 1954 年版：更清晰地！一个在存在者状态上(ontisch)被使用的流行词语被提升到一种别具一格的存在学档次上。——作者边注

② 1954 年版：不光是人！本有(Ereignis)与四重整体(*Ge-Viert*)。——作者边注

③ 1954 年版：现在可参看"艺术作品的本源"后记，其中关于 θέσις[设置、建立]的讨论[见《全集》第五卷]。——作者边注

④ 1954 年版：过于片面地仅仅根据 δηλοῦν[显明之物]而显突出来。——作者边注

因为它使用了探究自然的装置,而是相反地:由于物理学——而且已然作为纯粹理论——摆置着自然,把自然当作一个先行可计算的力之关联体来加以呈现,所以实验才得到订造,也就是为着探问如此这般被摆置的自然是否和如何显露出来这样一个问题而受到订造。

然而,数学自然科学却先于现代技术近两个世纪就出现了。数学自然科学此间如何就为现代技术所利用了呢?种种事实表明情形正好相反。现代技术倒是在它能够依赖精密自然科学的时候才运行起来的。从历史学上看,这是正确的。而从历史上考虑,这并不是真实的。[①]

现代物理学的自然理论并不只是技术的开路先锋,而是现代技术之本质的开路先锋。因为那种进入到订造着的解蔽之中的促逼着的聚集,早已在物理学中起着支配作用了。不过,它在其中还没有专门显露出来。现代物理学乃是在其来源方面尚属未知的集置之先驱。现代技术之本质长期还遮蔽着自身;即便电动机已经被发明出来,电子技术已经上了轨道,原子技术已经运行起来,现代技术之本质也还遮蔽着自身。

一切本质性的东西,不光是现代技术的本质性的东西,到处都最长久地保持着遮蔽。不过,着眼于其支配作用来看,它依然是先行于一切的东西,即最早先的东西。那些古希腊思想家早已知道了这回事情,他们说:那个从起支配作用的涌现方面来看更早存在的东西,对我们人来说成了更晚地公开的东西。原初性的早先(Frühe)最后才向人显示出自己。因此,在思想领域中有一种努力,就是更原初地去深思那种原初地被思考的东西,这并不是一种要恢复过去之物的荒谬意志,而是一种清醒的期备态度,就是要面对到来者而惊讶于早先之物。

从历史学的时代计算来看,现代自然科学的开端在17世纪。而电动机技术则是在18世纪后半叶才发展起来的。不过,对历史学的论断来说晚出的现代技术,从在其中起支配作用的本质来说则是历史上早先的东西。

如果说现代物理学必须日益屈从于这样一个事实,即,它的表象领域始终是不可直观的,那么,这种屈从态度并不是受无论哪一个研究者委员会操纵的。它受集置的支配作用所促逼,后者要求作为持存物的自然的可订造性。因此,尽管物理学全力要从直到前不久一直独一地起决定作用的、一味专注于对象的表象那里抽身,但它绝不能放弃一点,即:自然以某种可以通过计算来确定的方式显露出来,并且作为一个信息系统始终是可订造的。这一系统进而取决于一种再度被转变的因果性。现在,因果性既不显示出有所产出的引发的特征,也不显示出causa efficiens[效果因]甚或causa formalis[形式因]的特性。也许因果性正在萎缩为一种被促逼的呈报,一种对必须同时或随后得到保障的持存物的呈报(Melden)。与此相应

① 注意此句中"历史学的"(historisch)与"历史的"(geschichtlich)两个词语之间的区分,后者才是"真实发生"(Geschehen)的"历史"(Geschichte)意义上的。——译者注

的是那种日益增长的屈从过程，即海森堡在其演讲中以令人难忘的方式描写过的那种屈从。（参看海森堡："今日物理学中的自然图像"，载《技术时代的艺术》，慕尼黑 1954 年，第 43 页以下。）

由于现代技术的本质居于集置中，所以现代技术必须应用精密自然科学。由此便出现了一个惑人的假象，仿佛现代技术就是被应用的自然科学。只消我们既没有充分追问现代科学的本质来源，也没有充分追问现代技术的本质，那么，这样一个假象就总是能维护自己的。

我们追问技术，是为了揭示我们与技术之本质的关系。现代技术之本质显示于我们称之为集置的东西中。可是，仅仅指明这一点，还绝不是对技术之问题的回答——如果回答意味着：响应、应合，也即应合于我们所追问的东西的本质。

如果我们现在还要更进一步来深思集置之为集置本身是什么，那么我们感到自己被带向何方了呢？集置不是什么技术因素，不是什么机械类的东西。它乃是现实事物作为持存物而自行解蔽的方式。我们又要问：这种解蔽是在一切人类行为之外的某个地方发生的吗？不是的。但它也不仅仅是在人之中发生的，而且并非主要通过人而发生的。

集置乃是那种摆置的聚集，这种摆置摆弄人，使人以订造方式把现实事物作为持存物而解蔽出来。作为如此这般受促逼的东西，人处于集置的本质领域之中。人根本上不可能事后才接受一种与集置的关系。因此，我们应当如何达到一种与技术之本质的关系呢？——以此方式提出的问题在任何时候都是来得太迟了。但绝不会迟到的问题是：我们是否特地把我们自己经验为那种人，他的所作所为——时而显明时而隐蔽地——都是受(vom)[①]集置所促逼的？首要地，绝不会迟到的是这样一个问题：我们是否以及如何特地投入到集置本身现身于其中的那个东西之中？

现代技术之本质给人指点那种解蔽的道路，通过这种解蔽，现实事物——或多或少可察知地——都成为持存物了。所谓"给……指点道路"——这在德语中叫做：遣送。我们以"命运"(*Geschick*)[②]一词来命名那种聚集着的遣送，后者才给人指点一条解蔽的道路。一切历史的本质都由此而得规定。[③]历史既不仅仅是历史学的对象，也不仅仅是人类行为的实行。人类行为唯作为一种命运性的行为才是历史性的（参看《论真理的本质》，1930 年；第一版，1943 年，第 16—17 页）[④]。而且，唯有进入对象化的表象活动中的命运，才使得历史性的东西作为一个对象而能够为历史学（也即对一门科学）所通达，并且由此而来才使得那种流行的把历史性

---

① 在……中(im)。——作者边注

② 1962 年版：参看"时间与存在"[拟收入《全集》第十四卷]。——作者边注

③ 此处应注意"遣送"(schicken)、"命运"(Geschick)与"历史"(Geschichte)的字面和意义联系。——译者注

④ 载：《路标》。《全集》第九卷，第 190—191 页。——作者边注

的东西与历史学的东西相提并论的做法成为可能的。

作为入于订造的促逼，集置遣送入一种解蔽方式中。集置就像任何一种解蔽方式一样，是命运的一种遣送。上述意义上的命运也是产出，即 ποίησις。

存在者的无蔽状态总是走上一条解蔽的道路。解蔽之命运总是贯通并且支配着人类。然而，命运绝不是一种强制的厄运。因为，人恰恰是就他归属于命运领域、从而成为一个倾听者而又不是一个奴隶而言，才成为自由的。[①]

自由之本质原始地并不归结于意志甚或仅仅归结于人类意愿的因果性。

自由掌管着被澄明者亦即被解蔽者意义上的开放领域。[②]解蔽（即真理）之发生（Geschehnis）就是这样一回事情，即：自由与这种发生处于最切近和最紧密的亲缘关系中。一切解蔽都归于一种庇护和遮蔽。而被遮蔽起来并且始终自行遮蔽着的，乃是开放者，即神秘（Geheimnis）。一切解蔽都来自开放领域，进入开放领域，带入开放领域。开放领域之自由既不在于任性蛮横的无拘无束中，也不在于简单法则的约束性中。自由乃是澄明着遮蔽起来的东西，在这种东西的澄明中，才有那种面纱的飘动，此面纱掩蔽着一切真理的本质现身之物，并且让面纱作为掩蔽着的面纱而显现出来。自由乃是那种一向给一种解蔽指点其道路的命运之领域。

现代技术之本质居于集置之中。集置归属于解蔽之命运。这些句子讲的意思不同于那种四处传播的说法，即所谓：技术是我们时代的命运；在后一种说法中，“命运”意味着某个无可更改的事件的不可回避性。

但当我们思考技术之本质时，我们是把集置经验为解蔽之命运。我们因此已经逗留于命运之开放领域中，此命运绝没有把我们囚禁于一种昏沉的强制性中，逼使我们盲目地推动技术，或者——那始终是同一回事情——无助地反抗技术，把技术当作恶魔来加以诅咒。相反地，当我们特别地向技术之本质开启自身时，我们发现自己出乎意外地为一种开放性的要求占有了。

技术之本质居于集置中。集置的支配作用归于命运。因为这种命运一向为人指点一条解蔽的道路，所以，人往往走向（即在途中）一种可能性的边缘，即：一味地去追逐、推动那种在订造中被解蔽的东西，并且从那里采取一切尺度。由此就锁闭了另一种可能性，即：人更早地、更多地并且总是更原初地参与到无蔽领域之本质及其无蔽状态那里，以便把所需要的与解蔽的归属状态当作解蔽的本质来加以经验。

由于人被带到了上述可能性之间，人便从命运方面受到了危害。作为这样一种命运，解蔽之命运在其所有方式中都是危险，因而必然就是危险（*Gefahr*）。

无论解蔽之命运以何种方式起支配作用，一切存在者一向于其中显示自身的

① 此句中的“归属”（gehören）、“倾听者”（Hörender）和“奴隶”（Höriger）三词之间有内在联系。——译者注

② 此处“自由”原文为 die Freiheit，“开放领域”原文为 das Freie，后者也可译为“开放者、自由者”。——译者注

那种无蔽状态都蕴含着危险，即：人在无蔽领域那里会看错了，会误解了无蔽领域。于是，在人们根据因果关系来描述一切在场者的地方，甚至上帝也可能对表象而言丧失了一切神圣性和崇高性，也可能丧失了它的遥远的神秘性。在因果性的眼光里，上帝就可能贬降为一个原因，一个 causa efficiens[效果因]。进而甚至在神学范围内，上帝会成为那些哲学家的上帝，这些哲学家按照制作的因果关系来规定无蔽领域和遮蔽领域，而同时决不去思考这种因果关系的本质来源。

同样地，无蔽状态——与此相应，自然就表现为一个可计算的力之作用联系——虽然能够容许一些正确的论断，但恰恰是通过这些成果才能保持那种危险，即：在一切正确的东西中真实的东西自行隐匿了。

解蔽之命运自身并不是无论何种危险，而就是这种危险(*die* Gefahr)。[①]

但如果命运以集置方式起支配作用，那么命运就是最高的危险了。这种危险在两个方面向我们表明自身。一旦无蔽领域甚至不再作为对象，而是唯一地作为持存物与人相关涉，而人在失去对象的东西的范围内只还是持存物的订造者，那么人就走到了悬崖的最边缘，也即走到了那个地方，在那里人本身只还被看作持存物。可是，恰恰是受到如此威胁的人膨胀开来，神气活现地成为地球的主人的角色了。由此，便有一种印象蔓延开来，好像周遭一切事物的存在都只是由于它们是人的制作品。这种印象导致一种最后的惑人的假象。以此假象来看，仿佛人所到之处，所照面的只还是自身而已。海森堡有充分的理由指出，现实必须如此这般向今天的人类呈现出来(同上，第 60 页以下)。但实际上，今天人类恰恰无论在哪里都不再碰得一自身，亦即他的本质。人类如此明确地处身于集置之促逼的后果中，以至于他没有把集置当作一种要求来觉知，以至于他忽视了作为被要求者的自身，从而也不去理会他何以从其本质而来在一种呼声领域中绽出地实存，[②]因而绝不可能仅仅与自身照面。

然而，集置不仅仅在人与其自身和一切存在者的关系上危害着人。作为命运，集置指引着那种具有订造方式的解蔽。这种订造占统治地位之处，它便驱除任何另一种解蔽的可能性。首要地，集置遮蔽着那种解蔽，后者在 ποιησις 意义上使在场者进入显现而出现。与此相比，促逼着的摆置则挤逼入那种以对抗为指向的与存在者的关联之中。集置起支配作用之处，对持存物的控制和保障便给一切解蔽打上了烙印。这种控制和保障甚至不再让它们自己的基本特征显露出来，也即不再让这种解蔽作为这样一种解蔽显露出来。

因此，促逼着的集置不仅遮蔽着一种先前的解蔽方式，即产出，而且还遮蔽着解蔽本身，与之相随，还遮蔽着无蔽状态即真理得以在其中发生的那个东西。[③]

---

① 1962 年版：参看《观[入在者]》1949 年，把其中的 fahr 后置[见《全集》第七十九卷]。——作者边注

② 此句中的“要求”原文为 Anspruch，“呼声”原文为 Zuspruch，“绽出地实存”原文为 eksistiert，后者是海德格尔对 existieren(实存、生存)的改写。——译者注

③ 差异(Unter-Schied)之被遗忘状态。——作者边注

海德格尔

集置伪装着真理的闪现和运作。遣送到订造中去的命运因而就是极端的危险。这个危险的东西并不是技术。并没有什么技术魔力，相反地，却有技术之本质的神秘。技术之本质作为解蔽之命运乃是危险。现在，如果我们在命运和危险的意义上来思考，“集置”这个词的变化了的含义也许稍稍会让我们感到亲切些。

对人类的威胁不只来自可能有致命作用的技术机械和装置。真正的威胁已经在人类的本质处触动了人类。集置之统治地位咄咄逼人，带着一种可能性，即：人类或许已经不得逗留于一种更为原始的解蔽之中，从而去经验一种更原初的真理的呼声了。

所以，说到底，凡集置占统治地位之处，便有最高意义上的危险。

但哪里有危险，
哪里也生救渡。

让我们来细心考量一下荷尔德林的这个诗句。什么叫做“救”呢？通常我们以为，“救”的意思无非就是：只还抓住有没落之虞的东西，以便保证其以往的持续存在。但是，“救”有更多的意思。“救”乃是：把……收取入本质之中，由此才首先把本质带向其真正的显现。如果技术之本质即集置是极端的危险，同时如果荷尔德林的这个诗句道出了真理，那么，集置之统治地位就不可能仅仅在于：集置一味地把每一种解蔽的一切闪烁也即真理的一切显现伪装起来。于是就毋宁说，恰恰是技术之本质必然于自身中蕴含着救渡的生长。但这样一来，难道不是一种对作为解蔽之命运的集置的本质的充分洞察能够使那种正在升起的救渡显露出来吗？

何以有危险处，也有救渡的生长呢？某物生长之处，便是它植根之处，便是它发育之处。植根和发育隐蔽地、寂静地适得其时地发生。但按照这位诗人的诗句，我们恰恰不可指望能够在有危险的地方直接而毫无准备地把捉住那种救渡。因此之故，现在我们首先必须思量一下，何以在有极端危险的地方，何以在集置的运作中，救渡甚至最深地植根着并且从那里生长着。为了思索这回事情，就有必要实行我们的道路的最后一个步骤，以更为明亮的眼睛去洞察危险。据此，我们就必须再度追问技术。因为据上所述，救渡乃植根并且发育于技术之本质中。

然而，只要我们还没有思索在“本质”(Wesen)一词的何种意义上，集置才真正是技术之本质，我们又应当怎样来洞察在技术之本质中的救渡呢？

直到现在，我们还是在流俗的含义上来理解“本质”一词的。在哲学的学院语言中，“本质”意味着某物所是的那个什么(*was*)，拉丁语叫做 quid。Quidditas，即什么性(Washeit)，给出有关本质的问题的答案。譬如，与一切种类的树(诸如橡树、山毛榉、桦树、冷杉等)相适合的什么，是同一树因素。这种树因素作为一般的种类，即“普遍的”种类，包含了一切现实的和可能的树。那么，技术之本质，即集置，是一切技术性的东西的一般种类吗？倘若是这样，则诸如汽轮机、无线广播发射机、回旋加速器之类，就是一个集置了。但“集置”一词眼下并不是指任何器械或者哪一种装置。它更不是指有关这样一些持存物的一般概念。与配电板旁边的人和设计室里的工程师一样，机器和设备同样不是集置的例子和方式。虽然作为持存物件，作为持存物，作为订造者，所有这一切以各自的方式归属于集置，但集置绝不是种类意义上的技术之本质。集置乃是一种命运性的解蔽方式，也就是一种促逼着的解蔽。这样一种命运性的方式也是产出着的解蔽，即 ποιησις。但这些方式并不是被排列起来归在解蔽概念下的种类。解蔽乃是那种命运，此命运一向突兀地——并且不能为任何思想所说明——分发到生产着和促逼着的解蔽中[①]并且分配给人类。促逼着的解蔽在产出着的解蔽中有其命运性渊源。而同时，集置也命运般地伪装着 ποιησις。

所以，说到底，作为解蔽之命运，集置虽然是技术之本质，但绝不是种类和 essentia[本质]意义上的本质。如果我们注意到这一点，我们便碰到了某种令人惊奇的东西：技术是那种东西，它要求我们在另一种意义上去思考人们通常在“本质”名下所理解的东西。但在何种意义上呢？

即便我们说“家政”“国体”时，[②]我们也不是指一个种类的普遍性，而是指家庭和国家运行、管理、发展和衰落的方式。这就是家庭和国家的现身方式。海贝尔[③]在一首题为《康特尔大街旁的幽灵》的诗歌中——歌德特别喜欢这首诗——使用了一个古老的词语“die Weserei”。此词意指市政厅，即乡镇生活聚集之所和乡村生活保持运作即现身之所。从动词“wesen”中才派生出名词 Wesen。“Wesen”作动词解，便与“持续”(wahren)同；两者不仅在含义上相合，而且在语音的词语构成上也是相合的。苏格拉底和柏拉图早就把某物的本质思考为持续之物意义上的现身之物了。他们倒是确实把持续之物思考为永久持续之物(ἀειὸν)。但他们在那个在一切出现之物那里作为持留不变之物坚持自己的东西中，去寻找这种永久持续之物。[④]他们又在外观(εἶδος[爱多斯]，ἰδέα[相])中，譬如在“家”这个观念中，去发现这种持留不变之物。

在“家”这个观念中，每一个如此这般形成的东西显出自身。相反，个别现实的和可能的家则是此“观念”的变化无常的和暂时的变换，因而是非持续之物。

但无论何时我们都无法证明：持续之物唯一地植根于柏拉图所思考的 ἰδέα[相]，亚里士多德所思考的 τὸτί ἦν 和 εἶναι(每个物向来已经是的那个东西)，形而上学在形形色色的解释中所思考的 essentia[本质]中。

一切现身之物持续着。但持续之物只是永久持续的东西吗？难道技术之本质是在一个飘荡于一切技术因素之上的观念的永久持续意义上持续着，以至于由之

① 1962 年版：分发并且相应地分配给人类。——作者边注

② “家政”(Hauswesen)由“家”(Haus)和“本质”(Wesen)复合而成，“国体”(Staatswesen)由“国家”(Staat)和“本质”(Wesen)复合而成，故两词在字面上可直译为“家之本质”和“国家之本质”。——译者注

③ 海贝尔(Hebel，1760—1826)：德国诗人，用南德方言作诗。——译者注

④ 此处“持续之物”原文为 das Währende，“永久持续之物”原文为 das Fortwährende，“持留不变之物”原文为 das Bleibendes。——译者注

而形成一个印象，仿佛"技术"这个名称意指一种神秘的抽象？技术如何现身，我们只能根据那种永久持续来识别，集置作为解蔽之命运就在此永久持续中发生。歌德曾经(《亲和力》第二卷，第十章，在中篇小说《奇怪的邻居孩子》中)使用了一个神秘的词语"fortgewähren"(永久允诺)，而没有用"fortwähren"(永久持续)。他的耳朵在此听出了"持续"(währen)与"允诺"(gewähren)两词之间的未曾道出的一致性。但如果我们现在比以往更为深思熟虑地思考真正持续的、并且也许唯一地持续的东西，那么，我们就可以说：只有被允诺者才持续。原初地从早先而来的持续者乃是允诺者。

作为技术之本质现身，[1]集置乃是持续者。这个持续者根本上是在允诺者意义上运作吗？看起来，这个问题已经是一个明显的失策。因为按上文所说，集置实际上是一种聚集入促逼着的解蔽之中的命运。促逼可以是任何别的东西，唯独不是允诺。只要我们没有注意到，即便那种进入对作为持存物的现实之物的订造之中的促逼，也还是一种给人指点一条解蔽道路的遣送，那么情形看来就是如此。作为这种命运，技术之本质现身让人进入那个他本身既不能自力地发明出来，也不能制作出来的东西中；因为，没有一个人唯从自身而来成为单纯的人。

然而，如果这种命运，即集置，乃是极端的危险，不仅对人类来说是这样，而且对一切解蔽本身来说也是这样，那么，这种命运之遣送还可以被叫做允诺吗？当然啰——尤其是当在这种命运中生长着救渡的时候。任何一种解蔽之命运都是从这种允诺而来，并且作为这种允诺而发生的。因为这种允诺才把人送到那种对解蔽的参与中，而这种参与是解蔽之本有所需要的。作为如此这般被需要的东西，人被归本于真理之本有。[2]这样或那样遣送到解蔽之中的允诺者，本身乃是救渡。因为这种救渡让人观入他的本质的最高尊严并且逗留于其中。这种最高尊严就在于：人守护着无蔽状态，并且与之相随地，向来首先守护着这片大地上的万物的遮蔽状态。假如我们尽我们的本分着手去留意技术之本质，那么，恰恰在集置中——此集置咄咄逼人地把人拉扯到被认为是唯一的解蔽方式的订造之中，并且因而是把人推入牺牲其自由本质的危险之中——，恰恰在这种极端的危险中，人对于允诺者的最紧密的、不可摧毁的归属性显露出来了。

所以，我们至少可以揣度：技术之本质现身，就在自身中蕴含着救渡的可能升起。

因此，一切皆取决于我们对此升起的思索，并且在追思中守护这种升起。此事如何发生呢？首要的一点是，我们要洞察技术中的本质现身之物，而不是仅仅固执于技术性的东西。只消我们把技术表象为工具，我们便还系缚于那种控制技术的意志中。我们便与技术之本质交臂而过了。

---

① 此处"本质现身"原文为 das Wesende，也译作"本质现身之物"。——译者注

② 此处"本有"(Ereignis)是后期海德格尔思想中的基本词语之一，英译本把它译作"发生"(coming-to-pass)。我们译之为"本有"，在少数语境里也译作"居有事件"。与之相应的主要动词 ereignen 译作"居有"，vereignen 译作"归本"。——译者注

而如果我们来追问工具性的东西作为一种原因是如何成其本质的，那么，我们就能把这个本质现身之物当作一种解蔽之命运来经验。

最后，如果我们思考一下本质之本质现身在允诺者中居有自身(ereignet)①的情形——这个允诺者需要人去参与解蔽——那就可以表明：

技术之本质是高度模棱两可的。这种模棱两可指示着一切解蔽亦即真理的秘密。

一方面，集置促逼入那种订造的疯狂中，此种订造伪装着每一种对解蔽之本有(Ereignis)的洞识，并因而从根本上危害着与真理之本质的关联。

另一方面，集置在允诺者中居有自身，这个允诺者让人在其中持续，使人成为被使用者，被用于真理之本质的守护②——这一点迄今为止尚未得经验，但也许将来可得更多的经验。如此，救渡之升起得以显现出来。

订造之无可阻挡与救渡之被抑制，就像星辰运行中两颗星的轨道那样交臂而过。不过，它们这种交臂而过其实是就它们的切近关系(Nähe)的蔽而不显。

如果我们观入技术的模棱两可的本质中，我们就在洞察那个星座位置(Konstellation)，那种神秘之星辰运行。

关于技术的追问乃是追问那个星座位置，解蔽与遮蔽就在其中居有自身，真理的本质现身就在其中居有自身。

然而，什么东西有助于我们洞察真理的星座位置呢？我们观入危险并且洞察到救渡之生长。

由此我们还没有得救。但我们受到了召唤，在正在生长的救渡之光中去窥探。此事如何可能发生呢？此时此际至少是这样，即：我们要去守护在其生长中的救渡。这一点包括，我们随时都要把极端的危险保持在视野中。

技术之本质现身威胁着解蔽，带着一种可能性逼人而来；那是这样一种可能性，即：一切解蔽都在订造中出现，一切都仅仅在持存物的无蔽状态中呈现出来。人类的行为绝不能直接应付此种危险。人类的所作所为绝不能单独地祛除此种危险。不过，人类的沉思能够去思考：一切救渡都必然像受危害的东西那样，具有更高的、但同时也是相近的本质。

莫非有一种更原初地被允诺的解蔽，也许能在那种危险中间把救渡带向最初的闪现，而此种危险在技术时代里更多地遮蔽自身，而不是显示自身？

从前，不只是技术冠有 τέχνη 的名称。从前，τέχνη 也指那种把真理带入闪现者之光辉中而产生出来的解蔽。

从前，τέχνη 也指那种把真带入美之中的产出。τέχνη 也指美的艺术的 ποίησις［产出、创作］。

---

① 1962年版：本已本身(das Eignis selbst)。——作者边注

② 此处“守护”原文为Wahrnis，是海德格尔的专用用法。应注意它与德语动词wahren(保护、维持)、名词Wahrheit(真理)的联系，以及它与动词währen(持续)和gewähren(允诺、给予)的联系。——译者注

在西方命运的发端处，各种艺术在希腊登上了被允诺给它们的解蔽的最高峰。它们使诸神的现身当前，把神性的命运与人类命运的对话灼灼生辉。而且在当时，艺术仅仅被叫做 τέχνη。艺术乃是一种唯一的、多重的解蔽。艺术是虔诚的，是 πρòμος，也即是顺从于真理之运作和保藏的。

那时候，各种艺术并非起于技艺。艺术作品并不是审美地被享受的。艺术并非某种文化创造的部门。

当时的艺术是什么呢？莫非它只是就那短暂而辉煌的时代来说的么？为什么艺术在当时被冠以 τέχνη 这样一个质朴的名称呢？因为它是一种有所带来和有所带出的解蔽，并因而归属于 ποìησις[产出、创作]。那种解蔽，那种贯通并且支配一切美的艺术（即诗歌、诗意的东西）的解蔽，最后就获得了 ποίησις这样一个专名。

我们已经从一位诗人那里听到以下诗句：

> 但哪里有危险，
> 哪里也生救渡。

这位诗人也向我们说：

> ……人诗意地栖居在这片大地上。

诗意的东西把真实的东西带入柏拉图在《斐多篇》中所谓的 τόέκφανέστατον，即最纯洁地闪现出来的东西的光辉之中。诗意的东西贯通一切艺术，贯通每一种对进入美之中的本质现身之物的解蔽。

许是美的艺术被召唤入诗意的解蔽之中了吗？许是解蔽更原初地要求美的艺术，以便美的艺术如此这般以它们的本分专门去守护救渡之生长，重新唤起和创建我们对允诺者的洞察和信赖？

无人能够知道，在极端的危险中间，是否艺术已经被允诺了其本质的这样一种最高可能性。然而我们却能惊讶。惊讶于何呢？惊讶于另一种可能性，那就是：技术之疯狂到处确立自身，直到有朝一日，通过一切技术因素，技术之本质在真理之本有(Ereignis)中现身。

由于技术之本质并非任何技术因素，所以对技术的根本性沉思和对技术的决定性解析必须在某个领域里进行，该领域一方面与技术之本质有亲缘关系，另一方面却又与技术之本质有根本的不同。

这样一个领域就是艺术。当然，只有当艺术的沉思本身没有对我们所追问的真理之星座位置锁闭起来时，才会如此。

进行这样一种追问时，我们证实着一种危急状态，即：我们还没有面对喧嚣的技术去经验技术的本质现身，我们不再面对喧嚣的美学去保护艺术的本质现身。但我们愈是以追问之态去思索技术之本质，艺术之本质便愈加神秘莫测。

我们愈是临近于危险，进入救渡的道路便愈明亮地开始闪烁，我们便愈加具有追问之态。因为，追问乃思之虔诚。

约那斯

作者简介

汉斯·约那斯(Hans Jonas,1903—1993),1903年5月10日生于德国北莱茵的明兴格拉德巴赫,1993年2月5日于纽约去世。先后在弗赖堡、柏林和海德堡求学,在海德格尔、布尔特曼的指导下于马堡大学获得哲学博士学位。1933年他逃往英国,1940年加入英国空军与纳粹军队作战。战后他定居巴勒斯坦,并在希伯来大学教授哲学。1950年,他移居加拿大,任教于卡勒顿大学。1955年,他移居纽约,并在社会研究新学院工作直到1976年退休。他关注科技的伦理学,是责任伦理学的创始人,主要著作有《生命现象——走向哲学生物学》(*The Phenomenon of Life: Toward a Philosophical Biology*,1966),《责任的命令——寻找技术时代的伦理学》(*The Imperative of Responsibility: In Search of Ethics for the Technological Age*,1979),《论技术、医学与伦理学》(*Technik, Medizin und Ethik-Zur Praxis des Prinzips Verantwortung*,1985)等。

文献出处

本文译自 Hans Jonas,"Towards a Philosophy of Technology",in David M. Kaplan,ed.,*Readings in the Philosophy of Technology*,Rowman & Littlefield Publishers,Inc.,2004. pp. 17-33. 刘国琪译。

走向技术哲学

有关于技术的哲学问题吗？当然！就像一切有关人类努力和命运的重要事物都有哲学问题一样。现代技术几乎与所有人类生存的——物质的、心智的、精神的——必需品都息息相关。确实，人的哪一方面不涉及技术呢？人类生活和观察对象的方式、与世界及他人之间的交道往来、人的力量和行为模式、目标的种类、社会的状况及其变革、政治（涉及战争不亚于涉及福利）的目的和形式、生活的意义和质量，乃至人的命运及其环境的命运——所有这些都随着技术在深度和广度上的不断扩展而牵涉其中。仅仅所列举的这些方面，就潜含了多得惊人的哲学主题。

坦率地说，如果有关于科学、语言、历史以及艺术的哲学，如果有关于社会、政治以及道德的哲学，如果有关于思想与行动、理性与激情、决议与评价的哲学——即如果有关于人的所有方面的包罗万象的哲学，那么怎么可能没有一门关于技术这个现代生活的核心层面的哲学呢？而且这样一门哲学难道不应当广阔到能够容纳所有其他哲学分支的一部分？这几乎是不言自明的。但是与此同时，这又是如此大的一个命题，以至于它的提出多少有些让人始料不及。出于节省篇幅和谨慎的考虑，一开始我们只从引发哲学思考的诸多方面中选择最显著的几点来进行探讨。

“形式”与“质料”这个古老而有用的区分使我们得以区别出如下两个主题：

①技术的**形式动力学**。技术是一项持续的集体事业，按其自身的“运动法则”发展。②技术的**实质内容**。这包括许多方面，如技术给人类带来的用具，赋予的力量、启示或规定的新目标，以及实现这些目标所需要的人类行为方式的变化等等。

第一个主题将技术视为一个运动的抽象整体；第二个主题主要考虑技术的具体应用及其对世界和人类生活带来的影响。在形式方面，我们将试图抓住技术的普遍的“过程属性”，现代技术就是通过这些“过程属性”驱动其自身——当然是借助于人类之手——进入接连不断的革新之中。质料方面将主要考察革新的种类，亦即它们的分类学，并且考察有了这些技术之后世界变成了什么模样。最后还会讨论到的第三个主题是，作为一种人类责任的技术在道德方面的问题，尤其会涉及它对人与环境的全球性的长期影响。这将只会被略微提到，尽管它是我前些年的主要工作。

I　技术的形式动力学

首先是有关技术的形式作为一种运动的抽象整体的考察。我们所关注的是**现代**技术的特征，因此，首先要问的是，什么东西使得现代技术有别于先前的技术。

一个主要的区别是：现代技术是一项事业和过程，而早先的技术是一种所有物(possession)和状态(state)。如果我们粗略地将技术描述为：为了生计而对人造工具的使用，以及这些工具最初的发明、改进和添加等等，这样一种平白的叙述对人类历史上出现的大部分技术都是适用的，然而对现代技术却不太恰当。通常来说，在过去，业已发明出来的工具和工序常常是比较恒定的，且倾向于达到一种目的与手段之间的相互协调的稳定平衡，这种平衡一旦建立起来，就会在很长一段时间里使得这种技术具有不可动摇的竞争优势。

当然，还是会有变革发生，但这更多地是出于偶然而非人为设计。农业革命、使得人类从新石器时代进入铁器时代的冶金革命、城市的兴起等等这样一些发展，都是偶然发生的，并非是被有意识地创造。它们的步调如此之慢，以至于只有在回顾历史的时候它们才显得像是"革命"(一种误导性的观念认为，当时的人们确实能感觉到这种革命)。即使在变革发生得较为突然的地方，例如四轮战车以及紧接着全副武装的骑兵被引进战场——确实是暴烈而短暂的革命——等等，这些革新也并非是从较发达社会的军事技艺中发源，而是由(不那么开化的)中亚人从外部强加进来的。诸如腓尼基人的"紫色染料"、拜占庭的"希腊之火"、中国的"瓷器和丝绸"，以及大马士革的钢铁铸造等其他技术突破，在当时并未广泛传播，而是由自由发明它们的国家小心谨慎地独自享有。尽管如此，还是有别的一些技术，例如体现亚历山大机械学的水力和蒸汽玩具，以及中国的罗盘和火药等，在当时的人们没有意识到它们重要的技术潜力的情况下得以传播。①

总的来说(不考虑罕见的突发事件)，伟大的古典文明相对较早地达到一个技术饱和点——前面所说的手段与普遍的需求和目标之间的最佳平衡，且很难进一步超越它。从此，习俗和惯例就占据了支配地位。从普通制陶到纪念碑似的建筑物、从粮食耕种到船只建造、从纺织品到武器装备、从计时到观星等，它们的工具、技艺以及目标在很长一段时间内保持基本相同；改进只是零星的、非计划性的。因此，进步——如果确有发生②——就是通过不起眼的积累达到一个普遍的高度，这样的高度可能至今仍令人惊叹，而在历史的现实中，它更易于衰落而非超越。前一种情况(衰落)至少是更引人注目的现象，许多追忆美好过去的怀旧者(如一些生活于罗马衰亡时期的人)为之深深痛惜。更重要的是，即便在最为强盛的时代，也

① 一个重要事实是，中国的犁缓慢而悄无声息地向西方蜿蜒传播，最终导致了一场中世纪欧洲农业方面重大的、受益匪浅的革命，但是当时几乎没有人认为这值得记录下来。(比较保罗·莱塞(Paul Leser)的《犁的兴起和传播》"*Entstehung und Verbreitung des Pfluges*, Muenster, 1931; reprint: The International Secretariate for Research on the History of Agriculture Implements, Brede-Lingby, Denmark, 1971")

② 事实上，进步在古典文明的巅峰时期也的确发生过。例如，罗马的拱门和拱顶相对于希腊(和埃及)建筑的水平柱顶盘和平的天花板来说，确实是一大进步，因为它们使得一些以前没有想到过的跨越结构(如石桥、引水渠、大浴室和帝国的公共大厅等)成为可能。然而，在材料、工具和技艺上还是相同的，人类劳动和手艺的角色仍然没变，切石烧砖的方法还同以前一样。一项已有的技术的应用范围扩大了，但其原有的手段甚至目的都没有荒废。

没有人认为工艺(arts)将会持续进步。最重要的是，从未有过任何深思熟虑的方法来“研究”它，没有冒险去尝试非正统做法的念头，没有在经验信息方面的广泛交流等等。尤其是，绝没有作为成长着的理论实体来指导半理论、前实践活动的一门“自然科学”及其建制。不管是日常生活还是重大事务(需要全副武装的工具，这些工具均为其所服务的目的而被制造)，工艺(arts)及其目的本身都似乎是一成不变的。[1]

现代技术的特征

现代技术与上述图景恰好相反，这正是它的第一个哲学问题。我们从它最明显的特征开始。

(1) 任何技术领域在任何方向上取得的每一步新的进展，在其手段适应于目的的过程中，并不倾向于(也不希望)达到一个平衡点或饱和点，相反，(如果顺利的话)而是倾向于导致在所有不同方向上的进一步发展，以及目标本身的变动性。对于一些重大的、重要的进展来说，“倾向于”变成了强制性的“必定”(这几乎成了一个标准)。革新者所期望的除了他们每次创新的直接成果之外，还希望将来能不断进一步地刷新他们的发明。

(2) 就像科学领域的理论发现一样，每一次技术革新会迅速传遍技术世界共同体。传播是以知识和实践应用两种方式进行的，前者(及其速度)由本身作为技术复合体的一部分的彼此间的广泛交流来保证，后者则由竞争压力所推动。

(3) 手段与目的的关系不是线性的，而是循环的。长期而常见的目的可以通过由它们自身所激发产生的新的技术手段来得到更好的满足。但是同样的——也越来越典型的——是，新的技术可能仅仅因为提供了可能性，就启发、创造甚至迫使了之前未被想到过的新的目的出现。(谁曾想到过要在起居室弄一个交响乐队，或者做剖心手术，或者用直升机喷洒药液使得越南的森林落叶？或者用一次性的塑料杯喝咖啡，或者育养一个人工受精的试管婴儿，或者到处看到自己和其他人的克隆人?)因此，技术增加了人类欲求的对象，包括为了技术本身发展所需的一些对象。后一点指出了这里的辩证性或者循环性：起先由于技术发明而无端地(可能是偶然地)产生的目的，一旦被整合进社会经济需求之中，就会变成生活的必需品，并要求技术进一步完善那些能够实现它们的手段。

(4) 因此，进步并非只是笼罩于现代技术之上的意识形态光环，也绝非现代技术提供的一个单纯的选项，而是技术与社会相互作用过程中的一种内在驱动力，它在技术运作模式的形式动力学中肆意妄为。“进步”在这里不是一个价值评判，而仅仅是一个描述性的词语。我们可能痛恨这个事实而且厌恶它带来的结果，但我

---

① “古典”一词的含义之一是指，含蓄地“限定”了自身且不鼓励也不允许它们自身超越它们特定时期的那些文明。或多或少实现的“平衡”是它们值得骄傲的成就。

们只能接受它,因为除了短暂的停顿——由于整体政治力量的允许,或者由于持续而普遍的工人罢工或社会的内部崩溃,或者由于它导致的自我解构(哎,这最后一点也是最不可能的)——以外,这种巨大的力量将残酷地往前推进,并在应付挑战和满足诱惑的过程中产生着不断变异的种苗。但是,尽管"进步"不是一个带有价值判定的术语,它也并非是一个简单地可以用"变化"来代替的中性表述。就技术来说,事情的本性或者事物的序列法则是,后来的阶段总是会超越于先前的阶段。[①]这样我们面对的就是一种反熵增原理的情形(生命有机体的进化是另外一个例子),即一个系统的内部运动——在不受外界干扰的情况下——导向其自身"更高级"而非"更低级"的状态。这至少是一个现成的证据。[②]如果拿破仑可以说"政治即命运",则今天我们也可以说"技术即命运"。

这几点在一定程度上阐明了我们最开始的那个论点,即现代技术与传统技术不同,它是一项事业而非一件所有物,一个过程而非一种状态,一种持续的推动力而非一整套技巧和工具。它们已经预示了这种无终止现象的"运动法则"。要记住,我们所描述的只是形式特征,还根本没有涉及技术这项事业的实质内容。对于这幅描述性的图景我们问两个问题:首先,为什么是这样?也就是说,哪些原因导致了技术的无终止的发展?其次,这种推动力的本性是什么?被如此解释的事实的哲学意义何在?

技术的无终止性

可以想见,对于这样一个复杂的现象,有很多的推进因素,而且有些因果线索已经在先前描述性的说明中显露出来了。我们提到过的竞争压力——为了利益、权力,以及安全等等——对于推动技术改进是一种持久的作用因素。同样,它在技术改进的最初阶段即技术发明过程中,也起到促进作用。现今的技术发明依赖于外部的供给和目标设置,发明潜在的效益会使得这两个条件能够被满足。战争以及战争的威胁也被证明是极为有力的推动力量。没那么引人注目但同样不可抗拒的作用因素是军队。奋力求存是它们的共同原则(有点悖谬的是,现有的条件已经远远超出了以前的年代人们足以过得很幸福的程度)。除了竞争性的压力之外,我们还必须提到别的种类的压力,例如人口增长和自然资源的日益消耗。这两种现象都是技术的副产品(前者是由于医疗技术的进步,后者是因为工业的贪婪无度),它们提供了一个很好的例子来说明这样一个更加普遍的真实情况,即在很大程度上,是技术自身招致了那些要求通过技术的新进展来加以克服的诸多问题。(绿色革命、人造可替代性材料,以及新型能源就属于这样的情形。)这样的话,这些要求

① 这看起来像是一个价值判断,但实际上不是,我们设想一下例如有超强破坏性的核弹的例子就可以明白这一点。

② 可能会有一些内在的退化因素——例如超出有限的信息处理能力的负荷——造成运行停止甚至使得系统崩溃。我们尚不清楚。

进步的强制性压力甚至对于非竞争环境下(例如社会主义背景)的技术发展也仍然会发挥作用。

相对于由这些“生死存亡”的压力造成的几乎是机械性的推动力来说,有一种更加自主和自发的推动力量,这就是对获得更好生活的准乌托邦**愿景**的呼唤。无论这种“更好生活”被认为是庸俗还是高贵,一旦技术被证明具有无限能力来获得其条件,些许的可能性就能激发起人们的欲望(例如“美国梦”“期望革命”)。这个因素没那么明显,相对来说也难于做出评价,但是它的确发挥了作用这一点是毋庸置疑的。工商业体系中的商人有意滋生并操纵了这种想法(它们多少败坏了动机的自发性,也降低了“梦”的质量),这一点是另外一回事。这个愿景本身在多大程度上要后于而非先于技术的发展是无关紧要的问题,也就是说,这样的愿景是被已经进行中的眼花缭乱的技术进步所灌输的,因而更是一种对技术发展的回应,而非促动。

在探索这些模糊的动机领域时,为了对这个动力机制作出解释,有人可能会诉诸斯宾格勒关于“浮士德精神”的神话。“浮士德精神”内在于西方文化之中,非理性地推动西方文化进入无限新奇且深不可测的可能性之中,且仅仅为了这些可能性本身的缘故。或者还可以诉诸于海德格尔意欲获得超越于物的世界的无限能力的命运性的、形而上学的决断。这种决断同样是西方心灵所特有的。猜测性的直觉可能确实激起了我们的共鸣,但它既不可被证明,也不可被否证。

回过头来,我们也来看看那些资本主义中非常朴素的、功能性的事实,例如生产与分配、产出最大化、管理和劳工等方面,它们是除了竞争性压力之外也给技术进步提供推动力量的因素。同样还可以来考察那些统治和管理我们时代地广人多的国家的必要条件。这些巨大的地域性超级有机体的团结稳固,必须依赖于先进的技术(例如在信息、通信、运输方面,更不用说国防),因而与技术进步休戚相关:技术越发达,国家的集中化程度越高。这对于社会主义体制也同样如此,丝毫不亚于自由市场社会。由此我们是否可以得出结论说,即便一个共产主义世界国家,没有外部敌手也没有内部自由市场竞争的情况下,也仍然不得不为了管理这个庞大的国家而大力推进技术发展?无论如何,马克思主义有其自身内在的对于技术进步的承诺。但是,即使我们不考虑所有这些假想类型的动力学,可以想象的最单一的情况至少也会受到那些非竞争性的、自然的压力(例如人口增长、资源消耗等困扰资本主义社会的问题)的影响。因此,似乎技术进步的强制性因素不能限制于资本主义体系这个技术发展的原始基壤。只不过也许在一个世界范围的社会主义体制中,技术发展最终稳定下来的可能性要更大一些。而事实上,多元主义的情形确保了技术进步的无终止性。

我们完全可以进一步破解这个谜团而且肯定会发现更多的线索。这其中,并非所有因素都居于中心地位,但也不是一个也没有。所有这些因素都有一个共同的前提,缺了它,这些因素就不能长久发挥作用,这个前提就是:进步**能够**无限期进行下去，因为总会有一些新的和更好的东西有待于被发现。给定这个并非显而易见的客观条件，也是技术之剧的表演者们的实用主义信条；但是只要它不是真的，则这个信条就像炼金术士的美梦一样无济于事。但与炼金术士不同的是，这个信条基于过往一系列引人注目的成功。对很多人来说，这足以作为他们信念的稳固基础。（也许持还是不持这个信念是无关紧要的。）然而，使得它不仅仅是一个美好愿望的是一种根本的、有着良好基础的、关于事物本性和人的条件的理论观点，根据这个观点，人们并不给发现和发明的革新设置界限，而事实上，每一次革新本身都给未知和未做的领域打开了缺口。必然的结论是，被改造得适应于无限潜能的自然和知识的技术，确保了它能够无限制地转化为现实力量，它的每一步进展，都并不削减其自身的可能性。

只有逐渐习惯才能缓和我们对这种前所未有的对"实无限"的相信的惊奇。以我们现在对实在的理解，这种信念似乎是真的——至少足以使得技术革新像科学发展一样在很长一段时间内会继续往前推进。只有理解了这个本体论-认识论前提，我们才能够理解技术动力学最核心的动因，所有其他外在因素的作用从长期来看只是偶然的。

要记住的是，我们这里试图解释的进步的实际无限性与通常所声称的人类成就的完满性有着本质的不同。就连无可争议的技艺大师也总是不得不承认他有可能在技巧、工具或材料上被别人超越；没有任何产品出色到可以排除任何改进的可能，就像今天的赛跑冠军一定知道某一天他终将被击败。这些还是在一个给定种属之内的进步，在类别上与先前的没有不同，它们必定只能以逐渐减少的比例增进。很明显，呈指数增长的**种属**上的革新的现象与此有着质的不同。

科学作为技术无终止进步的源泉

答案在于**科学**与**技术**的相互作用，这种相互作用正是现代进步的特点，因此，答案又最终取决于现代科学日益揭示的自然是什么样子。新事物在知识的发展过程中首先且经常发生，这本身就是一个新的现象。对于牛顿物理学来说，自然显得简单，它几乎是简陋的，仅仅是一些基本实体根据力的普遍法则在运动。将这些已知的法则应用到更加复杂的情形中去的确可以扩展知识，但是这不会碰到什么新奇的东西。自从 19 世纪中叶以来，这种极简单而且以某种方式已经完成了的自然图景发生了显著而急剧的变化。在与日益精细的人类探索相互作用的过程中，自然本身也比以前变得更加微妙了。人类探索能力和手段的进步使得探究对象的运作模式也变得丰富起来，不再像经典力学所预期的那么贫乏。科学并没有使得未知领域变得愈加狭窄，相反，而是出人意料地在新的深度上不断打开新的维度。物质的本质已经从一个生硬的、不可还原的终极转变为向着进一步穿透而不断打开的挑战。没有人知道这是否会永远如此，但是对事物存在的内在无限性的怀疑，强加于自身一个对无止境探究之类型的预期，即下一步将不会再次发现同样的老故事(笛卡儿的"运动中的物质"),而会不断增添新的变数。如果技术工艺与自然知识相互关联的话,技术也会从这个源泉之中获得革新推进的无限潜能。

然而,这并不等于说无限期的科学进步提供了无限期技术进步的选择权,即我们根据其他利益的情况而选择它或者不选。实际上,认知过程本身是与技术过程相互作用而向前发展的。从最内在的关键的意义上说,科学为了自身的理论目的必须产生日益精细和强大的技术工具。借助这个工具得到的发现在实践领域中又造就了新的起点。作为一个整体的实践领域,也即运行着的技术体系反过来又给孕育新问题的科学实验提供了大规模的实验室设备,如此便是一个无休止地循环。简而言之,在科学与技术之间存在着相互反馈,一者要求且驱动着另一者。如此一来,它们就必定是同生共死的了。对于我们关注的技术动力学来说,这意味着技术由于它与科学的功能性整合而具有了一种(除了所有外部因素之外)内在于其自身的、导致其无终止发展的作用因素。因此,只要认知的驱动力存在,技术就必定会跟着它一起往前发展。反过来,由于认知动力易于受文化影响,它可能趋于停滞或者因一个可贵的法则——理论兴趣不再仅仅取决于对真理的欲求——而变得保守,但是它还是会被技术这个强大的产物所激发,因为技术会从广阔的生活竞技场中给它带来推动力量。理智上的好奇相对于不断自我更新的实践目标来说是屈居其次的。

我知道上述有些想法只是猜测性的。过去五十年来的科学革命是一个事实,由此导致的技术上的革命以及这两股潮流的相互作用(核物理是一个很好的例子)同样也是事实。但是,在这个过程中居于首要位置的科学革命在今后的科学发展中是否也会不断出现——就像是科学的一种运动法则——还是说仅仅代表一个特定阶段,这一点并不明确。那么,就我们关于技术不断革新的预言是基于对未来科学的猜测,或者基于事物本性的猜测来说,这还只是假想性的,由此做出的推断也是如此。不过,即使科学不会持续革命,且理论生命的步调将日趋迟缓,然而技术革新的范围仍然不会萎缩;在科学中不再是革命性的东西会通过技术以其实践应用而使我们的生活继续发生变革。"无限"(infinity)多少是个有点大的词,那么我们就说目前的潜力和动机的迹象,已经预示了未来技术发展尚无限期(indefinite)的持续繁荣。

哲学意义

接下来我们还要从我们的发现中得出一些哲学结论,至少要说明其哲学意义。先前的一些评价已经涉及技术意义上的科学哲学。更广泛的问题当中的两个将足以为超过本文限制的进一步思考提供素材。其中一个是关于人类框架中的知识的地位问题,另一个是作为人类目标的技术本身的地位问题,或者说技术倾向于从一种手段变为目的的这个辩证性颠倒的问题。

对于知识来说,很明显,理论与实践这个古老的区分已经从双方面消失了。对纯粹知识的渴望可能仍然没有衰减，但是由于以技术作为中介，高高在上的“知”与屈居低处的“行”之间已经变得密不可分了；知识高贵的自足性由于其自身（以及认知者）的缘故一去不返。高贵性被有用性所取代。除了哲学——同仁之间或许还可以舞文弄墨把玩思想——可能是个例外，所有知识，不管它是否意欲有用性，都已经被败坏了，如果你愿意也可以说被拔高了。换句话说，技术综合征已经将理论领域完全**社会化**了，将它们全部归为服务于日常需要之用。隐奥的思想生活在过去是人的最自由的选择，是从世界压力之下拯救出来的奢侈品，现在却成了事关日用品的大众生活的一部分，并且是首要的部分。[①]最遥远的抽象与最切近的具体纠缠在一起。曾经对非实用性目标的执着追求，现在被实用主义功能化了，这对于人的形象、对于神圣的价值体系的重建、对于“智慧”这个概念等等都预示着什么，确实是哲学需要思索的问题。

对于技术本身来说，它在现代生活中的实际角色（与纯粹工具性的技术的定义不同）已经使得手段和目的直接关系在日常生活乃至人的神圣使命中都变得模糊不清。早先的技术尽管也会因其精巧的手艺和精美的装饰而为人所赞赏，但其作为人类奴仆的角色是确凿无疑的。但是现代技术这项元气充沛的事业却并非如此。从“事业”这个词及其发展的无终止性可以说明这一点。我们已经提到，技术革新的后果就供需关系来说并非达到一种平衡，而是使之更加远离平衡，因为“供”总是蕴含着它自身的新的“需”。这本身会吸引最富天才的人类心灵投身于迎接一次又一次的挑战和抓住新的机会。以如此高的热忱来投入一种有着高贵目的的事业从心理学上来说是很自然的。技术不仅事实上支配了我们的生活，它还滋生了一种视技术为主导价值的观念。这项前途无量的事业激发了人们的热情和雄心，因此除了因新手段的发明而导致（或大或小的）新的目标之外，技术作为一项宏伟事业倾向于将其自身设立为一种超越性的目的。至少有这样的倾向，并且给现代心灵下了咒语。在其最温和的意义上，这意味着将**技术的人**提升为人的本质方面；在其最夸张的意义上，这意味着将力提升到作为人的主导性的和永恒目标的位置上。人类的主要使命现在可以被看到就是去进一步控制世界、从力向更高的力的推进，哪怕这只能是集体性的并且也许不再可以选择。显然，这将会指向一些涉及某些形而上学或者信仰之基础的哲学问题。

我将就此打住关于技术发展的形式性的大致说明，这一说明还根本没有谈到这项事业究竟是关于什么的。我们接下来将转向这一主题，来考察技术向现代人开启的新的力和对象的种类以及其对人类行为本身的影响。

---

① 这种角色的改变有一个悖谬的负面效果。科学不再是一种闲散的活动，而变成了一种繁忙的劳作，它通过它的工作却给大众创造了不断增进的休闲领域。这些休闲活动以及技术的其他成果又作为被迫消费的商品推给大众。由此，休闲从少数人的特权变成了多数人面临的问题。科学不是休闲活动，但给人们的休闲生活提供了必需的东西：技术很大一部分用来填补技术自身给人们生活带来的闲暇。

Ⅱ 技术的质料性内容

技术是一种力。我们可以进一步追问一种力是如何作用且作用在什么对象之上。按照亚里士多德在《论灵魂》中提出的说法，要理解一种力必先从其对象开始。那我们就从技术的对象开始罢。“对象”同时意指技术产生出来并供人类使用的可见**事物**，以及它们用以服务的目的。现代技术的对象首先是所有人类制造和劳作的对象：食物、衣服、房舍、器具、交通工具——所有物质必需品和奢侈品。技术干预首先改变的不是产品种类而是生产的速度、难易度和规模。然而这一点只对大规模科学技术刚刚起步的工业革命早期的情况适用。例如，英国兰开夏地区蒸汽动力织布机织出的布与以往生产的布匹没有什么不同。尽管如此，还是有一种新的产品被添加到传统的产品清单中来，那就是机器本身。建造这些机器要求一种全新的产业以及相关的辅助行业。机器这些新的实体——首先只是作为生产资料而非生活资料——本身作为消耗品，从一开始就影响到人与自然之间的共生关系。例如，蒸汽动力水泵便利了煤矿开采，但它们要求有额外的煤作为蒸汽锅炉的燃料，还要求有更多的煤来供应于锅炉铸造，于是还要有更多煤用于铁矿开采并将其运输到铸造厂，于是乎又要有更多的煤以及铁来铸造机车和铁路，还要更多的煤和铁来供应于将铸造厂的产品运到矿区，最终还要更多的煤和铁将大量的煤运送到这个循环之外的用户那里，部分用户还可能会因为有了更多的煤可以利用而建造更多的机器。尽管是这样一条长链，我们一直在说的还是关于詹姆斯·瓦特发明的用于从矿井中提水的简易蒸汽机。这个自我增值的复合体——绝不是线性的链而是相互交错的复杂网络——从那时起就成了现代技术的一部分。概括来说，技术使得人类消耗自然资源（物质资料和能源）的速度成指数地增长，这不仅是因为终端消费品的剧增，而且也是——或者说更加是由于机器手段自身的生产和运作所导致的。随着这些机器的出现，现代技术给我们的世界引入了一个新的并非为了消费的物品范畴。也就是说，技术设备本身就是技术对象中极为特别的一类。

其他的一些特征很快也改变了纯粹机械化生产日常用品的这样一幅初始图景。到达用户的最终产品不再与以前的相同了，即使它们还用于原来的目的；全新种类的日常用品被生产出来，改变了人们的生活习惯，由此又增加了人们的新的需求和新的欲望。在这些日常用品中，机器日益成为消费者日常生活中被直接使用的物品之一，而且它是作为消费品而非生产工具被使用的。这是一个大家熟悉的事实，我的考察也因此可以简短一点。

新型日用品

当我说到兰开夏地区的机械纺织机织出的布与以前的相同时，每个人可能都想到了相反的例子，那就是今天的人造纤维织品。人造纤维是近来的事，但是这个生产出新型产品的现象很早就开始了：在化学工业——完全是科学发展的成果——刚起步的时候就开始生产人造染料和化肥了。这些技术工艺最初的原理是用人造材料代替天然材料(由于缺乏或者成本较高),而尽可能地保持产品的属性不变,以便能被有效使用。然而,我们仅仅从塑料这个例子就可以看到,原来的替代性工艺已经发展到可以创造全新的物质,而其属性是任何天然的或机械加工过的物质所不能具有的,因而也开启了以前未曾想到过的应用,并导致了具有这些功用的新型产品的出现。在化学工程领域(分子层次/molecular)人们所做的要多于仅仅用天然材料建造机器的机械工程领域(摩尔层次/molar)。人为的涉入更加深化了。他重新设计了自然屈服于人的模式,通过任意处理化学分子而使物质规范化、适合于人的需求。这是从根底处、从被彻底分析的基本元素开始的演绎,也就是说,是真正的完全分解(*via resolutiva*)之后的组构(*via compositiva*),与像从青铜时代就开始的合金工艺那样,只是将已有物质混合成具有新的属性的物质的这种经验实践,大不一样。人造品,或者说抽象建构的创造工程已经侵入到物质的核心。这在分子生物学中将有更进一步的、惊人的潜力。

随着分子炼金术的日益精细化,我们已经比我们所说的情况走得还要远。在机械革命第一波热潮时期的五金机械领域,工厂生产的东西与以前的也并不相同,尽管目的还是不变。我们举旅行为例。铁路和轮船与马车和帆船有着实质性的不同,这不仅仅是指在结构和效率方面,而且也在使用者的感受方面。前者使得旅行成了一种特殊的体验,有些人可能就是为了这种体验而特意去旅行。最后,飞机与前面这些交通工具除了从一地到达另一地这个目的之外,没有其他任何的相似之处,也没有居于之间的体验。这些工具对象在我们的世界中占据了显著的、甚至是过分的位置,远远超过过去任何马车和舟船所能达到的程度。此外,它们还在不断被更新和改进,其寿命终止往往是因为已经过时,而非破损。

或者我们可以来看看最古老、最静态的人造物——人类的居所这个例子。由钢筋、水泥和玻璃构建的多层办公大楼与木头、石头、砖头结构的老式建筑有着质的不同。除了基本构架之外,还有诸如管道线路、电梯、照明、供暖、制冷等多种系统,这体现了繁多的技术和广阔的工业所组合而成的终极产品。人们在其建造之初直接面对的天然材料,在这里已经不可辨识了。居住于其中的消费者被全然衍生的人造物(或许还有那么几根木头)所包围于内。这种向人造物转变的现象,是技术对人类环境及日常生活发生影响的普遍,且日益增长的后果。只有在农业中,农产品尚没有因其生产方式的改变而发生这种转换,我们现在吃的肉和粮食都还与我们祖先吃的相同。[①]

说到技术给个人生活所带来的日用品,许多机器本身就属于这一类,这些能够

---

① 我的同事罗伯特·海尔布罗纳(Robert Heilbroner)不这么认为,他在一封给我的信中反驳道:"我很遗憾地告诉你,我们吃的肉和米并非没有被技术染指,而是已经被它深刻地影响了。"没错,但它们只是基本上还是没变(它们真正的深刻变化在于很久以前从野生种向人工育种的转变,就如人工栽培的谷类作物那样)。我这里所说的是其结果与原始的天然材料或者任何自然发生的状态没有什么相似性的这样一种转变。

自我运行的装置最初只限于生产领域。这种机器出现于个人生活的前所未有的新情形始于19世纪晚期，并从那时起在西方世界发展成为普遍的大众现象。显然，最突出的例子就是汽车，除此之外我们还要加上整套的家用电器——冰箱、洗碗机、干燥机、吸尘器——现在它们在一般的大众生活中已经比一百年前的自来水和暖气还要普遍。此外还有割草机以及其他家用电器等等：我们的日常家务和休闲活动(包括小孩子的玩具)都已经被机器化了，而且肯定还有一些新的玩意会不断出现。

在它们能够执行工作且消耗能量这个意义上，这些日常用具属于机器，它们的运行部件在我们感官世界中属于平常的大小尺度。但是在普通个人生活中还有另外一类非常不同的技术器件，它们并不省力也不执行工作，甚至并不实用，而只是以最小的能量输出来投合感官和心灵的需要：电话、广播、电视、录音机、计算器、唱片机——所有(最近才进入技术视野之中的)电子工业的家用终端。它们与所有宏观的、身体驱动的古典类型非常不同，这不仅因为它们非物质的输出形式，而且也因为它们不可见的、非字面意义上“机械的”功能原理。如果说第一次工业革命以动力工程作为其主要特征，那么通信工程就几乎等于第二次工业技术革命。在考察这个转变之前，我们必须先来看看通信工程的自然基础：电。

在技术向着更加人工化、抽象化和精致化的发展进程中，电的发现标志了关键性的一步。电是一种自然界中普遍存在然而又不向人显现的力(闪电除外)。它不是一种自然的经验材料，只有通过科学设计相应的实验才能让它“显现”出来。这里，一种技术依赖于科学为它提供“对象”，这是理论(而非日常经验)全然先于实践的第一个例子(之后出现的核能是另外一个例子)。电是怎样一种实体啊！热和蒸汽是我们感官经验熟悉的对象，它们的力在自然界中可以被身体所感知到；化学物质仍然是人类业已熟知的、具体的、有形的东西。然而，电却是一种抽象对象，无形体、非物质、不可见；在其可用的形式中，它全然是一种人造物，从较为粗糙的能量形式(最终从运动生热)经过精致的转化而产生。在它被投入应用之前，有关它的理论必须先已基本完成。

电气技术的出现本身是一场革命，它的目的最初与工业革命大致相同，即给机器大生产提供动力。它的优势在于这种新型的力具有独一无二的多能性，此外它便于传输、转化和分配——它是一种非物质产品，无体积，无重量，输送与消费同步。在人类与物质、空间和时间打交道的过程中，从未有过别的东西像电这般存在。它使得机械化向各家各户的普及成为可能；这一点本身就是技术大潮中的一步重大推进。与此同时，它还使得个人生活挂靠于集中化的公共网络，使他们的生活在任何时候都依赖于整个系统的功能。要知道，我们并不能像储存煤和油或者面粉和糖那样地储存电。

更加奇妙的还在后面。我们知道，电磁世界的发现在理论物理学领域导致了一场仍在继续的革命。若非如此，就可能没有相对论，没有量子力学，没有核物理学和亚核物理学。这在技术领域也同样导致了一场革命，这场革命在于从电气技术向电子技术的转变。电子技术标志了手段和目的达到了一个新的抽象水平，这一点也是动力工程和通信工程之间的差别。电子技术的对象是最不可感的信息。过去已知的认知工具如六分仪、罗盘、时钟、望远镜、显微镜、温度计等等，所有这些都是为了获取信息而非执行操作。它们曾一度被称作是“哲学的”或者“形而上学的”工具。有趣的是，以这个标准，新的电子信息设备也可以被归入这类“哲学工具”。但是那些早期的认知设备除了时钟以外都是惰性和被动的，不能主动产生信息，而这些新的工具却可以。

不管从理论上还是实践上，电子学标志了一个真正的科学技术革命的新的阶段。相比于它的理论之复杂以及器具之精致，任何先前的东西都显得格外粗糙了。为了更好地理解这一点，我们举正在轨道上运行的人造卫星为例。在某种意义上，人造卫星确实是一种天体力学的模仿品——牛顿定律最终被宇宙实验所证实了：几千年来纯粹沉思的天文学转变为一种实践技艺。然而令人吃惊的是，人造卫星的天文学模仿相对于动力推进和其他内部精微技术而言是其最无趣的方面。从这个角度来看，人造卫星还依然是在经典力学的术语和技艺的范围之内(除了轨道遥控校正)。

真正有意思的在于人造卫星所携带的那些工具和这些工具所做的工作。它们超越宇宙空间对抽象信息甚至图片进行测量、记录、分析、计算、接收、传送等等。自然中没有任何东西在遥远的过去就能预示人造卫星这样的东西。人类的天文学模仿实践只不过给另外一些他借以超越已知自然的所有模式和用处的东西提供了载体。[①]在心灵和意志的内在秘密中，人类的到来预示了一个为宗教和哲学所知的宇宙事件：现在这个事件以可见宇宙中出现的事物和发生的事情表明了自身。电子学确实创造了不模仿任何别的东西而只是通过纯粹发明来增加的一系列对象。

这些对象所服务的目标也同样是完全被发明出来的。大部分的动力工程和化学工业仍然是为了满足人的自然需求：衣食住行等等。通信工程相应于人对信息和控制的需求，这些需求只能被使得这种技术成为可能的现代文明所创造，且一旦开始就无法摆脱。手段的革新会继续造成并非更少的新的目的。新的手段和新的目的对于滋生这两者的那个社会的正常运作来说成了必需的东西，而它们对于先前的任何社会来说可能是毫无意义的。它们借以构成且需要电脑来维持运行的世界不再是对自然的补充、模仿、改进和转变，不是那个只不过被改善得更加适合于居住的原来的栖息地。在物理关系的普遍的心智化(mentalization)过程中，它是对人类本性的改变。然而，存在这样一个内在的悖论：当日益增长的自动化将人从他过去借以证明其自身为人的工作位置驱逐下来的时候，人本身面临退化的危

① 同样，在广播技术中，作用的媒介不是像导电电线那样物质性的东西，而是全然非物质的电磁“场”，也就是空间本身。波的象征图形是其与可感世界中的形式的最后一点联系。

险。另外更深一层的危险是：施加于自然之上的压力将达到一个临界点。

革命的最后阶段？

这句话可以作为一个很好的戏剧性的结尾，但却不是我们这里的故事的结局。在我们已经考察过的机械的、化学的、电气的、电子的（我们省略了核能的）等各个阶段之后，近期内可能有另外的、可以想象是最后阶段的革命。先前的这些都是基于物理学，且都是涉及人类能够使用的东西。那么生物学呢？人这个使用者自身呢？我们是否正处在这样一种技术的边缘，它基于生物学知识而且掌控一种以人为对象的工程体系？随着分子生物学的到来以及对人类基因的深入了解，这在理论上已经是可能的了；而且人的形而上学的中性化又赋予了它在道德上的可能性。然而这后一点在允许我们做我们想做的事情的同时，又拒绝引导我们去知道哪些是我们应当要做的。自从以遗传学为基础之一的进化理论剥夺了人的有效形象之后，当实际的技术手段已经可用的时候，却奇怪地发现我们还没有准备好该如何使用它们。流行的反本质主义理论仅仅知道偶然性进化的事实结果，而不知道使得它们成为可能的真正本质，因而将我们的存在沉湎于一种没有规范的自由之中。因此，使新的微观生物学技术化的条件是双重的，包括物理上的可行性和形而上学的可允许性。假定遗传机制被彻底分析清楚且遗传信息被最终解码，我们就可以开始着手重新书写我们的遗传之书。生物学家对于我们离这样一种能力还有多远见解不一，但很少有人怀疑我们使用这种能力的权力。从一些提倡者所使用的语词来看，将人类的进化置于我们自己之手这样一种想法甚至让许多科学家兴奋不已。

无论如何，对人自身进行操作不再是不可思议的事情，也不被任何不可违背的禁忌所禁止。如果这样一场革命发生，当它发生的时候，假若技术力量确实试图胡乱修改未来人类将于其上演奏生命之乐（可能是宇宙中唯一的）的基本键盘，那么我们就确实应当好好反思一下什么是人类可以欲求的，以及应当根据什么来做出选择——简而言之，反思人的形象成为了对理解必死的人而言最为紧迫的任务。必须承认，哲学还远没有为此做好准备，这是他的第一宇宙任务。

Ⅲ 走向技术伦理学

最后的话题很自然地从描述性和分析性的层面转向了评价性的层面。前者，技术的对象被展示出来以供考察；后者主要讨论技术带来的伦理挑战。人成为技术的直接对象这个（目前只是假想性的）特殊情形使得我们话题的转换也如此直接。而一旦这种假想变为事实，人就成为技术的众多对象之一，这些对象单独和联合地在狭义和广义两种意义上重塑了人类生活的世界框架：狭义上是指社会的人生活于其中的文明框架，广义上则包括文明植根于其中且最终依赖于它的自然地理环境。

此外，技术对这两种重要环境总体上的影响是如此巨大，以至于人类的生活质量和其未来的延续都受到了技术的威胁。简而言之，人类的“形象”确然已经岌岌可危，而人类这个物种（或大部分人）的生存也很可能将濒临险境。就算这不是人类自身导致的结果，也足以提醒人反思自己的责任，更何况这确实就是人类自己一手造成的。除了一如既往地应付物的威胁这个义务之外，他还第一次承担起危险地处置物这一行为的主要责任。因此，没有什么比从技术对象到技术伦理学、从被造物到物的制造者和使用者的话题转变更加顺理成章的了。

类似的从事实分析到伦理意义的不可避免的转换，我们在第一部分的末尾就碰到过。不管就形式的技术动力学还是技术的实质内容来说，人的形象都显得危在旦夕。由于那些动力因素的准自主的不可抗拒力量，以及考虑到技术进步的无终止性，任何技术对象所导致的存在问题和道德问题，都假定了一种我们在未来学的推断性猜想中逐渐熟悉的奇特的末世论特征。但是，除了给未来指数增长的更大的力量提出了当前特殊问题的所有挑战之外，技术运动的暴虐的动力学，同样扫除了在其喘不过气的势头中受迷惑的鼓吹者，向人类自身的价值观念提出了它自身的问题。因此，技术的形式和质料同样都进入了伦理学的维度。

技术对象给伦理学提出的问题由它们产生影响的主要领域来限定，因而分成诸如生态学（涉及陆地、海洋、大气等全部生物圈）、计量经济学、生物医学和行为科学（甚至包括关于心灵污染的心理学）等知识领域。我们这里要做的并非是要得出一个关于实质性问题的框架，更不是要探讨解决这些问题的伦理政策。显然，为了获得针对后者的规范性准则，伦理理论必须深入考察的是价值、义务以及人类善的基础。

对于由技术的形式动力学的纯粹事实给伦理学提出的那种问题来说，也同样如此。但在这里，除了以上两种问题之外，还有一个别的种类的问题被添加进来，使得对这些问题的解决变得极为不确定了。如果我们假定被造物相对于其制作者而言占据了支配地位，而这个被造物尚没有取消创造者的责任，也不压制他们的核心利益，那么如果要获得对这个过程的控制以至于使得任何伦理的（或者只是明智的）洞察的结果能够被转化为有效的行动，这样的几率有多大，方式又如何呢？简而言之，人的自由如何能够战胜他已经为他自己创造出来的决定论？这个最为晦暗不明的问题不仅关系到由这些事实所引发的伦理研究（假定它在理论上可以获得成功）是否会有效用，而且也许还关系到人类自身的将来。我将试着做出结论——但是，哎，只可能是一些非结论性的评价，它们将涉及整个伦理事业。

一种有效伦理的成问题的前提

首先来看看决定论的一种新的形态。乍看来，似乎技术所带来的更强大和更多样的力量扩展了人的选择范围，因而增进了人的自由。在经济学中有这样一种说法[①]：短缺和生存需求事前强加于经济行为，而又虚拟地否定别的替代方式（以及与资本主义自由市场竞争的普遍的最大化动机联系在一起，使得古典经济学至少看上去像是一种决定论的科学）的统一驱动力，已经让位于一种不确定性。工业技术提供的丰富物质和力量允许可选择项的多元化（因此排除了科学预测的可能性）。我们这里所关注的不是作为一门科学的经济学的地位问题，而是在上述命题中被表述的事物的被改变了的状态。我认为这种改变意味着，一种相对同质的决定论（因此也相对容易被形式化到一种规律中去）已经被另外一种更加复杂多样的决定论——也就是说被人造物施加于人这种制造者和使用者之上的决定论——所取代了。当我们抽象地谈论那些力量的拥有者的时候，我们却实际上受制于它们无所约束的动力学和作为那些动力学之利用工具的大众潮流。

我在别处[②]谈到过由人类成就所反馈而造成的"新的必然性领域"，它就像是第二自然。全能的我们，或者说大写的人只是一种抽象。**大写的人**可能变得更加强有力了；而具体的个人却很可能恰好相反，变得比以前更加具有依赖性。理想的大写的人现在能够做的与实际的个体被允许和命令去做的并不相同。我这里考虑的不仅仅是我一直在谈的非人格化的技术复合体的（几乎自主性的）动力学，同时还包括这种技术社会的病理学。技术的不可抗拒的力量与不可征服的自然的力量至少是不相上下。说到自然的盲目的力量，那些技术巫师创造的力量难道不盲目吗？它们的不同只是在于因果性的序列形态：自然力的作用是循环的，会周期性地重复发生，而技术力量则是线性的、渐进的、积累的，因而将人从永久的辛劳中释放出来，却又代之以已然的危机和可能的灾难。除了这个重大的方向区别之外，我还严肃地想知道是否命运的必然性压迫加大了，而自主性的尺度却减小了；是否人的决策能力因为集体力量的增长而实际上被削弱了。

然而，当我刚才说到"人的"决策能力时，我已经犯了一个我前面批评过的使用"人"这个术语的同样错误。实际上，这个陈述的主语不是真正的或者代表性的个体，而是霍布斯的"捏造的大写的人""被叫做共和国的利维坦"，或者苏格拉底用来比喻城邦的"巨马""它由于身材如此庞大因而行动迟缓，且需要牛虻来叮咬刺激它。"现在，在诸多共和国中有这样的牛虻的可能性既不比以前多，也不比以前少，

① 我稍微参考了阿多夫·劳（Adolph Lowe）的"经济价值的规范根据"（The Normative Roots of Economics Values）一文，载于悉尼·胡克（Sidney Hook）主编的《人类价值与经济政策》（*Human Values and Economic Policy*，New York：New York University Press，1967）。我可能更多地参考了我与劳过去几年进行的诸多讨论，我对这个命题的论述参见"经济知识与目标批判"（Economic Knowledge and the Critique of Goals），载罗伯特·海尔布罗纳主编的《经济手段与社会目的》（*Economic Means and Social Ends*，Englewood Cliffs，N. J.：Prentice-Hall，1969），重印于汉斯·约那思著《哲学论文集》（*Philosophical Essays*，Englewood Cliffs，N. J.：Prentice-Hall，1974）。

② 见"理论的实践应用"（The Practical Uses of Theory）一文，载于《社会研究》第26期（*Social Research*，1959），重印于汉斯·约那思的《生命现象》（*The Phenomenon of Life*，New York，1966）。这里参考的是后者的209～210页。

实际上它们正在围绕和刺激着我们所关注的问题。这样说来，个人洞察、判断和通过言语进行的负责任行为的自发性可以被认为是人性中不可消除（也无法计算）的禀赋，数目之少本身并不妨碍于动摇公众的自满。不过，问题与其说是自满或冷漠，不如说是活跃的反作用力，但绝不是自满、利益以及与我们日常消费性生存生活中我们全体的自满和利益相伴随的共谋。这些利益本身是技术在其控制范围内设立的决定论的因素。那么，真正的问题在于，在（本性上）自私的**权力**竞技场中做出非自私的洞察的可能性，以及对许多权力在握的人的短期目标做出长远、干涉性洞察的可能性。智慧本身有可能变成力量吗？这又回到古老而棘手的柏拉图的哲学王以及神话（而非知识）在城邦护卫者的教育中扮演什么角色的问题（理想主义的柏拉图并不缺少的现实主义）。应用到我们的话题上来：关于现实危机和濒危价值的知识，以及关于技术疗法的知识，已经出现并且正在逐渐传播开来。但是使这些知识在市场中普及这一点，并不是一个对真理进行理性传播的问题，它更多地需要公关技巧、说服、灌输和操控，以及非正当的结盟乃至阴谋。下到洞穴中去的哲学家很可能不得不“如果不能说服他们，就加入他们”。

之所以如此，不仅仅是因为一些特殊利益的抵制，而且还由于短视和远视的幻觉，即相对于近期的诱惑和逼迫，长远利益显得无能为力。正是因为这无可救药的本性上的短视而非意志的虚弱，使得说动哪怕这样一些人都变得很困难：他们没有特殊的能力，但如我们所有人一样，仍然有无数机会从未驯服的系统中受益，因而不愿作为驯服的代价而牺牲那些当下珍视的东西。我担心，当遥远的东西已经移近眼前并且带着平庸的眼光时，承担责任者将不得不实际上努力开始罢工。尽管如此，有人可能会期待时间来缓和。但无论如何，我们应当尽一切可能地预防可能造成严重后果的紧急情况的出现，或者至少要为此做好准备。这是科学家在技术社会中重新挽回他所扮演的角色的荣誉的机会。

我们必须发展、协调和系统化有关技术的危险倾向的初始知识，并全面应用电脑技术来确定行动的优先性，以便在需要的时候采取预防性的措施，将损失减小到最低程度，而且为了以防万一，可以预先计划好人们出于对灾难的恐惧而愿意接受的挽救措施。在第一次“环境”意识的兴起将近十年之后的今天，不管在学术界内部还是学术界外部都有许多必要的知识以及理性的论证可以供任何善意的掌权者们参考。对此，我们——成长着的、关注这些问题的知识分子群体——应该坚持不懈地贡献我们的能力和激情。

但是真正的问题在于如何使得善意的人掌握权力，并且尽可能不让权力被看作是技术这个巨人所生产的利益。这是一个混合了需要应付更大、更复杂（也更精致）的力量的哲学王的问题。从伦理上说，这是一个以不纯粹的规则来玩一个游戏的问题。真理的仆从加入这个游戏之中意味着要牺牲他某个古老的角色：他可能不得不变成传道者、鼓动者或者政治操纵者。这将导致一些超出技术自身所带来的问题之外的道德问题，也就是说准许为了一些特别的目的而采取不道德的手段的问题,或者说,将凯撒的归凯撒,以便推进不是凯撒的那些东西。这是一个道德是非判断的重大问题,或者说陀思妥耶夫斯基的"大法官"的问题,或者将珍贵的自由视为不再可以负担的奢侈品的问题(很可能将人类焦虑的朋友带入可恶的政治团伙中去)——暂时不着手解决这些问题是可以理解的,但是在事物进一步发展的浪潮中,它们不可回避。

在卷入这个争论之前,我们首先问,在所有这些事情中,哲学的角色是什么?或者说基于哲学的伦理知识的角色是什么?上一段最后一句话的沉痛语气暗示出技术大潮的准启示性的前景,这个星球生死存亡的问题将迫在眉睫。那时,无需任何哲学伦理学我们就明白必须阻止灾难的发生。这大体就是生态危机的情形。然而,在技术中还有一些其他非灾难性的东西,它们威胁的不是人的生存,而是人的形象。它们现在已经发生且将持续存在,在技术发展的每一个新的转折点,还会伴随着新的问题一并出现。它们主要在生物医学、行为科学以及社会科学等领域。它们不像生存问题那么简单直接,对于它们也没有(至少没有公开的)一致的观点,而这种一致性是极端的危机所共有的。它们正是哲学伦理学和价值理论需要处理的问题。这种理论的声音在政治争论的过程中是否会被听取是另外一回事;也许它甚至连可以对话的权威的声音都找不到——它像哲学一样是分裂的。但是哲学家必须努力获得规范性的知识,就算他的努力也许不能产生一个很有说服力的论说体系,至少他的澄清工作能够减缓那些轻率的行为,使得人们能够三思而后行。

在生活的"质量"而非人的生存成问题的地方,允许就目标有不同的观点,有足够的时间对它们进行理论思考,免于"救生艇情形"的逼迫。这里,哲学可以有其自己的尝试和说法,不同于极端的生存问题。当然,哲学家将努力为这样一个命题争取一种理论基础:毕竟应当要有人存在,当前的人对未来世代的人的存在负有责任。但是,对人这个物种永久存在的原则的这样一个隐秘的、终极的确认——不管是否可以从理性上获得——可幸在面对终极威胁时对于获得一致意见并非是必需的。因为,热爱生命这个共识是前理论的、本能的和普遍的。避免毁灭性的灾难比任何别的东西如对善的追求、遵守不可侵犯的禁忌或规则等等都要优先。所有对于个体和群体行为的道德标准,甚至牺牲个体生命的要求,都是以人类生命的持续存在为前提的。就如我在别的地方所说的[①]:"我们不能给极端情况下要不要放弃规则这种情形制定任何规则。就像伦理理论中著名的海难的例子一样,我们对此说得越少越好。"

以前我们绝难想象会有所有人都处在一条救生艇上这样的可能性,但是这就是我们现在所面临的真实状况,这颗行星上的生命岌岌可危。一旦形势变得让人

① 见"人类受试者实验的哲学反思"(Philosophical Reflections on Experimenting with Human Subjects)一文,载于保罗·A. 弗洛伊德(Paul A. Freund)主编的《人类受试者实验》(*Experimentation with Human Subjects*, New York: George Braziller, 1970),重印于汉斯·约那思著《哲学论文集》。这里参考的是后者的124～125页。

绝望，那么所有能够用来打捞抢救的措施都要被派上用场，以便生命能继续存在——在这些生命在经受过风暴之后，可以被伦理行为再度装饰起来。从这样一个可怕的道德暂停的可能性中得出的道德推论就是：我们绝不能允许这样一种救生艇情形的发生。[①] 技术伦理学的部分作用恰恰就是限制伦理学发挥作用的空间。除此之外，它必须与复杂的生活世界中的各种价值观念进行斡旋。

关于技术综合征的讨论引起的决定论与自由的问题的一个结论显露出来。人类最好的希望存在于他的最麻烦的天性中：挫败所有预言的人类行为的自发性。汉娜·阿伦特晚期从未停止强调：世界上持续到来的新生个体确保了不断更新的开端。我们应当期待着惊奇地发现我们的预言落空。而这些预言本身，以及它们发出的警示性的声音，可以触发和激活那种挫败预言的人的自发性。

① 在这样一种情形、或者接近于此情形之下，对我们的社会和政治价值的要求的一个综合概览，见杰弗里·维克斯(Geoffrey Vickers)所著的《摇船里的自由》(*Freedom in a Rocking Boat*,London,1970)。

德雷弗斯

作者简介

休伯特·德雷弗斯(Hubert Dreyfus，1929—2017)，1929年10月15日生，2017年4月22日在加州伯克利去世。1951年毕业于哈佛大学获学士学位，1952年获哈佛大学硕士学位，1964年获哈佛大学博士学位。1960—1966年任麻省理工学院助理教授，1967—1968年任麻省理工学院副教授，1968—1972年任加州大学伯克利分校副教授，1972年以后任加州大学伯克利分校教授。他是英语世界最有影响的现象学家，以对人工智能的现象学批判著称。主要著作有《计算机不能做什么》(*What Computers Can't Do*，1972)，《傅科：超越结构主义和解释学》(*Michel Foucault：Beyond Structuralism and Hermeneutics*，1982)，《心灵胜过机器》(*Mind over Machine：The Power of Human Intuitive Expertise in the Era of the Computer*，1986)，《在世界中存在》(*Being-in-the-World：A Commentary on Heidegger's Being and Time*，*Division* 1，1991)，《行动中思考：论互联网》(*Thinking in Action：On the Internet*，2001)等。

文献出处

本文系《计算机不能做什么》1979年第二版序言的后半部分，标题为编者所拟。译文选自休伯特·德雷弗斯《计算机不能做什么》，三联书店1986年版，第33～74页，宁春岩译。

计算机不能做什么

由于在限定领域中研究工作的有限意义愈趋明显，特定的应用研究和基本原理研究之间的区别就变得更加清晰了。菲根鲍姆把他在DENDRAL以及后来的推导质量微量测定规则的程序，METADENDRAL等方面所做的工作称为“知识工程”[①]，而温诺格拉德和他的同事称他们的工作为“认知科学”。[②]在麻省理工学院，这一时期的一项基金申请书做了下列的区分：“无戒律的、专用的、与领域有关的工作”和“不使用计谋的基本研究。”[③]看来人们普遍认为我们在第三阶段讨论过的每个程序，以至微世界的整个概念，在这种直接的意义上，的确都是一种计谋。

我们现在将看到在第四阶段，专用的研究工作稳步前进，而基本研究却面临危机。日常的人类技能愈来愈被认为取决于智能行为，但是，要想把它编成程序却困难得难以想象，大概从原则上讲是不可能的。

知识工程取得成功的那些领域正是《计算机不能做什么》一书的第一版预言过会取得成功的那些领域(见我对这一领域的分类第三纵列)。只要所涉及的领域可以像对待一种棋弈那样来对待，也就是说，哪些是有关的因素已确定，而且，可能有关的因素可以用与上下文环境无关的办法来阐明，那么计算机在这一领域内就干得很好。而且随着这一领域所需要的特定领域知识量的增加，计算机与人相比会干得愈来愈好。在这种专用程序中，知识表达形式可以限定为局势→行为规则，其中局势的定义依据一些参数做出，并能表明在什么条件下一个具体的启发式规则是恰当的。由于相关性是事先定义的，推理可以通过推理链来完成，而不需要类比推理。

所有这些特性均见于迄今为止最好最实际的程序之一：肖特立夫(Shortliffe)的MYCIN程序(1976)，它可诊断血液感染和脑炎感染，还可以给出处方建议。该程序的规则取下列形式：

规则85

如果：

---

① 菲根鲍姆：《人工智能艺术：知识工程的课题与案例研究》(IJCAI-77文集)，第1014页。

② 在《认知科学》这本杂志的第一期上，阿伦—科林斯(Allan Collins)对这一领域做了如下的定义：

“认知科学主要由它所探讨的问题及它所使用的工具所界定。其最直接的问题范围有：知识的表达、语言理解、意象理解、回答问题、推理、学习、问题求解及规划……认知科学的工具包括一组分析技巧和一组理论形式化系统。分析技巧包括原型分析、话语分析以及近年来认知心理学家们提出来的各种试验性技巧等。理论形式化系统包括中点—端点分析、区分网络、语义网络、面向目标的语言、产生式系统、ATN语法、框架等概念。”

③ 温斯顿及麻省理工学院AI实验室，第48页。

1. 培养基是血,而且

2. 有机物在革兰染色试验中呈革兰阴性,而且

3. 有机物的形态为杆状,而且

4. 患者是受损害的宿主

那么,

有暗示性证据(.6)表明有机物是绿脓杆菌[①]。

该程序已经过评议会的检验:

"……对提交评议的90%的病例,大多数评议员说该程序的决策与他们自己可能做出的决定相同或者不亚于他们的判断。"[②]

这一方法,尽管作为工程技术是成功的,却包含着一些假想,这些假想可能会隐藏着潜在的局限性。菲根鲍姆在他对MYCIN的分析中认为,获得专家技能就是获得识别局势的规则和评价证据的规则。

"……在大部分'技艺和知识分科'中,我们称之为'专长'的东西就是技艺的核心。至于说到我们用技艺去处理的那个知识领域,所寻求的、用以编入我们程序的正是那些'专长规则'或称这一领域中的实践专家的'良好的鉴别'的规则。"[③]

他谨慎地提到,专家们本人并未意识到在使用规则:

"……经验还教给我们:这种知识的大部分为专家自己所有,这倒并非由于他不愿公开他的实践方法,实在是由于他不能够做到这一点。他所知道的比他自己意识到自己知道的要多。(否则为什么博士学位和住院医师是他日成为"师傅"的行会学徒式的阶段呢?师傅们真正掌握的东西并没有写在师傅们的教科书里啊。)[④]

但是,由于菲根鲍姆假设专家的行为完全源于对规则的遵循,因此他确信:像柏拉图会要说的那样,通过恰当的询问,可以使专家"重组"无意识的启发规则的完整集合:

"……然而我们也了解到,这种个人的知识是可以通过第二者、有时也许是专家本人借助于对其大量非常特定的行为表现做仔细的、不懈的分析而被披露出来的。"[⑤]

如果当住院医师和病例的使用在专家的鉴别中起了实质性作用,也就是说,如

---

① 肖特利夫的MYCIN程序例子,见菲根鲍姆:《人工智能艺术》,第1022页。

② 同上引文,第1023页。但是,读者在为这些统计数字叫好之前,应该认识到,要实现这一行为,这个程序需要人类专家的帮助。菲根鲍姆并没有提到,为了知道什么时候开出效力强但又有害的药品,必须把对患者疾病严重程度的评价给予这个程序。这一判断无法从一组医学测试中计算出来,必须由一位对患者的整个情况有整体了解、经验丰富的医师做出。知识工程师们很明智,他们甚至从未试图把诊断的这一直觉方面,归结为启发规则。

③ 同上引文,第1016页。

④ 同上引文,第1017页。

⑤ 同上引文。

果能通过规则懂得的是有限度的，那么菲根鲍姆就看不见这一局限性——特别是，在医学等领域里存在大量的、不断迅速增加的有关药剂及其副作用和相互作用的事实性信息——这样计算机可以用其数据加工能力弥补它所缺乏的鉴别力。然而事实上，在那些“知识工程”做出了有价值的贡献而且可与专家们相匹敌的领域中，还是存在超过机器的大师们。要确定这是否出于偶然，或者说，技艺是否不仅仅包含对规则的遵循，看看象棋中的进展情况会有帮助的，因为在这个有限的领域中，事实性知识极少，而且有心理学的证据可表明象棋大师们实际上做些什么。

象棋是一种理想的微世界，其中的关系仅限于一个狭小的范围，如棋子的种类(卒，马，等等)、颜色、棋子在棋盘上的位置等。然而，这一游戏的局限性虽然使得设计出世界冠军的象棋程序在原则上是可能的，但是存有大量的证据表明：人类下象棋与计算机大不一样；而且我并不奇怪为什么直到1971年计算机的棋艺水平仍然相当低。然而1976年7月，西北大学(Northwestern University)的名叫CHESS4.5的象棋程序却在保罗·梅森(Paul Masson)美国象棋冠军赛中以五胜无负的惊人成绩在B组中获胜。后来它又在1977年2月于第84届明尼苏达公开比赛中战胜了专家们和A级选手。[①] 这种意想不到的好成绩要求我们重新研究人类和计算机在棋弈中的区别。

棋弈程序中有上面讨论过的局势→动作规则。局势可以用与上下文环境无关的特性，即棋盘上各子的位置和颜色来刻画。一切可能的合法棋步以及由此而占据的位置都可以用这些特性加以定义。为了评价和比较各种位置，就要给出一些规则以计算出“兵力平衡”(给棋盘上的每个棋子赋予一定分数并算出每一棋手的总分数)或“中心控制”(计算有多少棋子看住各中心位置)等指标分数。最后还必须有依据分数评价各可选位置的公式。使用这种方法查看一个约有三百万可能位置的树，CHESS4.5可战胜某些专业选手。然而一位象棋大师一般只依据不到100种可能的棋步而且下得比计算机好多了。这是怎么回事呢?

我在第一章里说过，人总是避免作为计算机程序之特征的那种穷举大量可能性的办法，他会瞄准一个适当的区域并在其中寻找棋步；而且我还认为这种能力是由于他具有对棋局进展的观念。尽管这种说法并不错，但现在看来它不完全，因为没考虑到象棋大师们在获得这种能力之前一定得实际参加成千上万次比赛或研究成千上万局棋谱。这种学艺过程对他们的技艺有何补益呢?

通过研究棋谱，象棋大师们大概发展了他们识别当前棋子位置的能力，看出这种位置与哪些经典对局中的位置相似。以前见过的这些位置的重要方面都已经被分析过了。象棋位置的诸方面，其中包括全局的特性，如“对局势的控制力”(一方在多大程度上能走出威胁性的棋步以强迫对手的应着)，“拥挤”(双方局势中固有调动的自由度)，“冒进”(表面看地盘优势很强，但该方没有足够的能力控制后来的

① 《SIGART通信》，第60期(1976年11月)，第12页。

局势以至对方的正确走法要求该方大规模退却)。业已分析的并记在脑中的这些位置使棋手的精力集中于当前位置的关键方面,因此大师得以集中在关键区域,然后开始穷举具体的走法。

这里,特性和局面的区别是关键。局面在解释人类选手时起的作用,类似于特性在解释计算机模型时起的作用,然而两者之间存在着重要的区别。对计算机模型来说,局势要用这些特性来定义,而对人类选手来说,对局势的理解要先于对局面的具体规定。例如,像兵力平衡这一特性的分数值可以不管对比赛的理解如何计算出来;可是像冒进这种局面就无法仅仅靠子力的位置而计算出来,因为同样的棋局可以有不同的局面,这取决于它在比赛的长期策略中的地位。如果在一场比赛中白方的长期策略是进攻对方的国王,那么白方子的前进位置并不构成冒进,而在别种情形下,会形成冒进。目前和可以预见的未来还没有博弈程序试图把这种长期战略包括进去,因为识别局面需要对比赛的这种全面理解。

出于同样的原因,大师能运用过去的经验组织攻势的能力不可解释为根据特性来匹配当前位置和大量存储的过去位置。两种位置完全一致是极其不可能的,因此只能比较相似的位置。然而又不能把相似性解释为双方有较多棋子处在相同的方格位置上。除了一个小卒外其余全部一致的两种位置完全可以不同;而两种位置也可以是相似的,虽然其中没有棋子处于同一方格内。这样,相似性取决于棋手对关键局面的理解,不只是靠棋子的位置。看出两种位置相似正是对比赛的深刻理解所需要的东西。依次按照记忆中的相似局势的局面来把握局势能使人类棋手避免大规模的穷举,只有由一些与上下文环境无关的特性来刻画局势的时候才需要这种穷举。

局面还使大师们能表述一些启发式准则,这些准则的作用与计算机模型中的启发式规则相类似。波拉尼(Polanyi)要人们注意严格的规则与准则之间的差别:

"准则是这样一些规则,其正确运用是该技艺的一部分。高尔夫球和诗歌的真正准则能增加我们对高尔夫球和诗歌的深刻理解,甚至可以给高尔夫球运动员和诗人以有价值的指导;然而如果企图用这些准则来代替高尔夫球运动员的技巧和诗人的技艺,那么这些准则会马上不适用到滑稽的程度。对这门技艺没有很好的实践知识的人无法理解准则是怎么回事,更无法运用这些准则了。"[①]

目前,计算机运用穷尽搜索的方法,而大师们在对局面的分析和准则的引导下,运用选择性搜索,两者都可以看出六、七步棋。[②]由于可供选择的步骤按指数增长,那么假如没有较好的树搜索启发规则,就不可能显著地增加计算机向前看的能力。因此当前程序的真正要害在于:必须基于与上下文环境无关的特性来运用策略的计算机能在多大程度上,只靠蛮干的办法去补偿它与人类象棋高手的差距:

① 波拉尼:《个人的知识》(伦敦:Routledge and Kegan Paul,1962年),第31页。

② 一伍(a ply)为由某一给定位置开始的全部可能棋步,加上对这些棋步中每一个可能反应的全体。

长期策略、识别与以前分析过的棋局的相似性以及集中于关键方面组织攻势。

总的说来,能够看出与原有的棋局的相似性而且能从这种相似性的角度识别出共同的方面,以及能受益于用这些方面表述的准则,这一切都在精湛技艺的获得和运用中起着重要作用。但是由于这些能力并不是基于与上下文环境无关的那些特性,而是依赖于总的局势,因此无法从局势→动作的形式化规则获得这些能力。因此,在一切需要通过经验获得专长的各种领域中都可望不断发现能够战胜最复杂程序的专家们。

虽然总的说来,博弈程序和知识工程在过去两年取得了卓著的成绩,但是,话语理解,尽管引进了有趣的新想法,却仍处于1972年那种停滞状态中。虽然这促使某些研究者提出了更加过分的许诺和声明,但是这也促使另一些研究者清醒地考虑设计能像人那样理解的程序困难何在。为了形成一种合理的看法来看待怎样使计算机具有智能的问题,我们必须从计算机在有限领域中取得的成绩转而考虑话语理解领域中的停滞/停顿状态。

MYCIN和CHESS4.5这类程序和理解话语程序之间的差别恰好是特定领域知识和一般智能之间的差别;也是那种"怎么都行"的工程和无计谋基本研究之间的差别;或者说,如我们现在所了解的那样,能事先确定有关因素的领域和问题就在于确定有关因素的那些领域之间的差别。

过去五年,怎样在可能与一切有关的局势中建立和检索数据这个问题被看成知识表达的问题。正如麻省理工学院人工智能实验室主任温斯顿在名为《基本研究的需要》的研究计划(1975)的一节中所说的:

"……我们确信,正确的知识表达是高级视觉常识推理和专家解题系统的关键,正如它是人工智能许多其他方面的关键一样。"[①]

当然,知识表达过去一直是研究中的关键问题,但是过去研究特点表现为设法把它压缩为用尽可能少的知识能取得多少成绩。现在,这些困难开始被正视了。正如耶鲁大学的罗杰·香克(Roger. C. Schanketal)最近说的那样:

"……研究人员开始懂得,程序编制中的特技是有趣的但不能推广……人工智能研究者认识到,人们如何使用和表达知识是这一领域中的关键问题……"[②]

帕波特和戈德斯坦对这一问题做了如下解释:"这里有必要提一下,人工智能中基于知识的方法,其目标酷似于曾使皮亚杰称自己……为'认识论家'而不是心理学家的研究目标。它们共同的主题是如下的观点:智能的加工过程取决于主体掌握的知识。深刻的和首要的问题是要理解其中的运算和数据结构。"[③]

还有一条备忘录说明忽视背景知识会怎样回转过来使人工智能中最伟大的计

---

① 温斯顿及麻省理工学院AI实验室,第74页。

② 罗杰—香克(Roger C. Schanketal):《自然语言加工讨论会》(IJCAI-77),第1007~1008页。

③ 戈德斯坦及帕波特:麻省理工学院AI研究室,AI备忘录,第337号(1975年7月,1976年5月修订),《人工智能、语言及知识的学习》,第7页。

谋之一陷入无法推广的困境：

"……机器智能实验中产生了许多问题，这都是因为一些对每个人来说都是十分明显的事却在任何程序中都没有表达出来。人们可以拽一根绳，却不能用绳推。人们也不能用细线推。一根没有弹力的紧绷的绳，只要给一点很小的侧面的力就会断。推某物首先影响它的速度；只是间接地影响它的位置！当查尼亚克(Eugene Charniak)企图把博布罗的'STUDENT'程序推广到较为实际的用途时，这类简单的事实却带来严重的问题，而且迄今这些问题尚未被正视。"[①]

当前最有意义的研究工作都针对着如何发展新的、灵活的、复杂的数据类型以便用较大规模的、结构性更强的单元来表达背景知识这一潜在问题。

1972年，我吸收了埃德蒙德-赫塞尔(Edmund Husserl)的现象学的分析，指出，人工智能的一个主要弱点是没有一种程序利用期望。赫塞尔没把智能模拟看成被动地将与上下文环境无关的事实纳入储存好的数据结构之中，而是把智能当成由上下文环境决定的，由目标来指导的活动——作为对预期事实的搜索。在他看来，任何事物的心智表达都提供某种用以建立输入数据结构的、由"期望"或"事先勾画"组成的上下文环境，即一种"规则，支配着其他可能的意识，即意识到某个对象与之等同，也许是作为基本上被事先勾画过的数据类的例证。"[②]这正像我在第七章中所解释的那样：

"……比如我们看见一所房子时，不仅看到它的正面，也看到它的后部即内景。我们首先对整个物体做出反应，然后，当我们进一步了解了这一物体时，再注意诸如内部和后部这些细节。"

因此，这种心智表达就是在探索某类物体时肯定会被期望的一切特性的符号描述，——这些特性"不可改变地保留着原样：只要作为这一个或这一种而存在的客观性不变"[③]……再加上对这些属性的事先勾画，这些属性便是这类物体可能有的，但不是必须有的特点。

我作出反驳一年之后，明斯基提出一新的数据结构，与赫塞尔的表达日常知识的数据结构极其相似：

"一个框架就是一个用来表达程式化局势(如：在一个起居室中，或去参加一个孩子的生日晚宴……)的数据结构。

---

① 麻省理工学院AI实验室，备忘录，第299号，第77页。

② 埃德蒙—赫塞尔(Edmund Husserl)：《笛卡儿沉思》(海牙：Martinus Nijhoff，1960年)，第53页。在他的"思考"(noema)是否有能够形式化的意思，赫塞尔是不清楚的，我在本书的第一版中也是不清楚的。我曾指出，"思考"是抽象的。在第三部分序言注解10中，我又提出"思考"应该具有某种不能用形式符号结构表示的不确定性。我现在认为，可抽象化即是可形式化，虽然赫塞尔在别的地方主张某种非形式化的抽象是可能的。很清楚，赫塞尔把"思考"看作是一个"谓词系统"(见赫塞尔：《思想》，纽约：Collier，1931年，第337页)，即对程式化对象的形式符号描述。他的目标是"系统地阐明……这些结构类型"(《笛卡儿沉思》，第51页)。[编者注：Husserl现通译"胡塞尔"]

③ 赫塞尔：《笛卡儿沉思》，第51页。

我们可以把一个框架设想成由各种节点和关系组成的十个网络。框架的'顶上几层'是固定的，而且代表假设局势中的真实事物。下面几层有许多终端——必须由特例或数据填上的'空位'。每个终端可以规定它赋值必须满足的条件……。

这一理论的现象学力量大多由所包含的期待值和其他种预想来决定。一般地说，框架的终端已经装有各种'缺省'值。"①

在明斯基的框架模型中，用赫塞尔的话说，"顶层"就是在知识表达中"总保持不变的"那些部分的进一步发展，而且赫塞尔的事先勾勒已经精确化为"缺省值"——正常情况下可以期待的补充特性。结果是人工智能技术，从被动的信息加工模型前进了一步，即试图把知识者及其世界之间互相作用的上下文环境考虑在内的信息加工模型。赫塞尔认为：他的超验-现象学体系方法，即"阐明"各种物体的思想表示，是使哲学向严密的学科进步的开端，而温斯顿则赞颂明斯基的计划为"人工智能研究中的一般前进浪潮的先驱。"②但是赫塞尔的研究遇到了严重的挫折，而且有迹象表明明斯基的可能也一样。

二十年来赫塞尔试图阐明日常事物的思想表达的组成部分，他发现不得不愈来愈多地包括他称之为"外景"的东西，即某一主体有关世界的全部知识：

"……肯定，当我们把单个的事物类型作为有限的线索时，即使是表达自身的任务也被证明是极其复杂的，而且当我们深入探索时，这些任务总是会涉及广泛的学科，关于空间物体(更不消说自然界了)的规定的超验理论就是如此，关于心理-物理的东西和人类亦如此，关于文化本身也如此。"③他在七十五岁高龄时悲哀地下结论说他"永远是一个起步者"，说现象学是一项"没有尽头的任务"——甚至这样讲都过于乐观。他的继承者，海德格尔指出：由于外景或文化实践的背景，作为使决定有关的事实和特性成为可能的条件，成了构成内景的先决条件，所以只要文化方面的上下文环境不清楚，那么，拟议中的、对思想表达的内景所作的分析，也就不可能有进展。

在有关框架的那篇论文的一份未发表的初稿中，有些地方暗示出，明斯基已经开始了这同一项、最终征服了赫塞尔的、具有方向错误的、"没有尽头的任务"：

"建立一个知识库正是一项重大的智能研究课题。……我们对常识性知识的结构和内容了解甚微。一个'最低限度'常识系统必须'了解'因果、时间、目的、地点、过程和知识类别……在这一领域中我们需要对认识论的研究认真下一番功夫。"④

明斯基的幼稚和信心令人吃惊。从柏拉图到赫塞尔的哲学家们，发现了以上

---

① 明斯基：《知识表达框架》，载温斯顿所编《计算机视觉心理学》(纽约：(McGraw-Hill，1975年)，第212页)。

② 温斯顿：《计算机视觉心理学》，第16页。

③ 赫塞尔：《笛卡儿沉思》，第54～55页。

④ 明斯基未发表的论文草稿，1974年2月27日，第68页。

所有的问题，而且还有别的东西。然而，两千年来，他们在这一领域中进行的认真的认识论方面的研究却未取得显著成效。此外，明斯基在这篇文章中罗列的条目仅仅涉及自然事物以及它们的位置和相互作用。正如赫塞尔所发现的以及我在第8章中所论证的那样，智能行为还要预设文化实践和惯例的背景。关于框架的那篇论文就发现：

"贸易一般发生在具有法律、信用和惯例的社会环境下。除非我们也表达出这类有关的事实，否则大部分贸易事务就会几乎没有意义。"①

这表明明斯基也懂得这个道理。然而明斯基似乎忽略了他建议中包括的过分的乐观性：他建议计算机程序设计者们闯入海德格尔这样的哲学家们望而却步的地方，并简简单单地弄清楚像水之于鱼那样渗透于我们生活中人类实践的总和。

为了搞清这一实质性论点，不妨采用明斯基用过的一例，看看理解椅子这样一件简单的日常用具会涉及什么东西。没有一件用具本身是有意义的。椅子这一物理对象，孤立来看，可定义为原子的集合，或者木头或金属零件的集合。然而这种描写并不能使我们识别椅子。使某物成为椅子的是它的功能，使它能起坐物的作用的是它在全部实践环境中的地位。这又预设了有关人类的某些事实（疲劳、人体弯曲的方式），一种文化所决定的其他设备（桌子、地板、灯）的网络和技能（吃、写、开会、讲演等）的网络。如果我们的膝盖像火烈鸟那样向后弯曲，或者我们像在传统的日本或澳大利亚丛林中那样没有桌子，那么椅子就不成其为坐物了。

我们这一文化中的任何人都懂得怎样坐厨房的椅子、转椅、折叠椅，也懂得怎样坐安乐椅、摇椅、浴场躺椅、理发店的椅、轿车里的椅、牙科诊所的椅、柳条椅、斜靠椅、轮椅、吊椅和豆袋椅，而且知道如何站起来。这一能力的先决条件是人体的各种技能，这些技能很可能是无限的，因为有着数不清的各式椅子和坐进这些椅子的好方式（优雅的、舒适的、安全的、轻轻地只坐在椅面的前沿部分等等方式）。此外，对椅子的理解还包括社交技能，如：能坐得很得体（庄重地、娴静地、自然地、随便地、懒散地、挑衅性地等等），在餐桌上、会见时、办公时、讲课时、听讲时、音乐会上（比较随便，因为有椅子而不是排座），以及在候车室、起居室、卧室、法院、图书馆和酒吧间里（指那种观光椅而不是凳子）。

从这一令人吃惊的能力的角度看，明斯基在关于框架的论文中对椅子的如下议论看来更像是对困难的评论，而丝毫未说明人工智能如何处理这一领域中的常识理解。

"存在着多种形式的椅子，所以应该仔细选择描述椅子的框架，这些框架应该是椅子王国的主要大厦。这些被用于快速匹配并对各种差别赋以优先数。椅簇中心的优先级较低的特性就成了……椅子类别的属性……"②

---

① 明斯基：《知识表达框架》，第240页。

② 明斯基：《知识表达框架》，第255页。着重号系笔者所加。

没有论证为什么我们应该期待找到刻画椅子种类的、基本的、与上下文环境无关的特性，也没有暗示这些特性可能是些什么。这些特性当然不会是椅腿、椅背、椅面等，因为这些不是椅子定义出来而后又“簇拥”在椅子的表述中的、与上下文环境无关的特征，恰好相反，形状、种类各异的椅腿、椅背等，只能作为已被识别出来的椅子的各个方面被识别出来。明斯基接着说：

“对差别的指示既可以是几何学的也可以是‘功能上’的。因此在推翻了对‘椅子’进行的第一次尝试后，人们不妨试试用‘可坐于上的某物’这种功能性的概念来解释一个非常规的形状。”①

然而，正如我们在讨论温斯顿的概念学习程序时已经见到的那样，这样定义的功能无法从体现在人身上的技能和文化实践中抽象出来。类似“可坐在上面的某物”这种功能的描写不过被作为一种补充的、与上下文环境无关的描述条目，这甚至不能用来区分传统椅子和鞍子、宝座及恭桶。明斯基下结论说：

“当然，这种分析不会包括玩具椅或那种很难设想其实际用途的、极其娇贵的装饰性椅子。对这些倒是有对付的办法，人们可以越过一般的几何学或功能的解释，情愿用相应于艺术或戏剧的上下文环境的功能性解释。”②

确实需要这样，但这些上下文环境又要靠什么基本特性识别出来呢？根本没有理由认为人们可以避免对于有关椅子的知识做形式表达所遇到的困难，而使用的方法竟是抽象地表达诸如艺术和戏剧这类更整体性、更具体、更依赖于文化、结构更松散的人类实践。

明斯基在他的框架论文中声称：“框架思想符合……库恩的‘范式’传统，”③因此我们有理由质问：像明斯基这样的形式表达的理论，它甚至于无法说明椅子这类日常物品，是否符合托马斯·库恩对范式在科学实践中的作用的分析。检验框架解释日常知识的能力不如进行这种比较更有希望，这是因为科学是一种理论性事业，它处理的是独立于上下文环境的数据，它们的关系像法则一样，从原则上讲可以被任何一种有足够能力的“纯理智”所掌握，不管它是人类的、火星的、数字的还是神灵的。

像框架一样，范式可以用于建立期待。如库恩所说：“如果没有范式或某些候补范式，那么一切与某一特定学科的发展可能有关的事实，看来可能具有同样的相关性。”④明斯基对此解释如下：

“按照库恩的科学进化模型，‘正常’的科学进展要使用已确立的描述图式。重要的变化产生于新‘范式’，描述事物的新方法。每当我们的习惯的观点行不通时，每当我们想不起来合适的框架系统时，我们就必须建立新的观点和框架系统使之

---

① 明斯基：《知识表达框架》：第255页。

② 同上，着重号系笔者所加。

③ 同上，第213页。

④ 库恩：《科学革命的结构》，第二版（芝加哥：芝加哥大学出版社，1970年），第15页。

引出恰当的特性"[①]

然而明斯基漏掉的正是库恩所主张的：范式并不是使用形式化特性的、抽象的、明晰的描述系统，而是共有的具体例证，这种例证无需相同的特性：

一般的科学的实践取决于从例子中获得的把事物和局势按相似性分组的能力，这种能力是初始性的，它并不回答：'在什么方面相似？'这一问题。[②]

因此，尽管找到抽象化的、确切的、符号描述是科学家的事，尽管科学的课题由这种形式化叙述所组成，但是科学家们的思维本身却没必要受这类分析的左右。库恩用明晰的语言驳斥了任何形式化重组的说法。按照这种说法，科学家必须用符号描述。库恩说：

"我想到了一种理解的方式，如果把它重构以从范式中抽象出来并替代范式起作用的规则，那么这种理解方式就被歪曲了。"[③]确实，库恩认为他的书正好提出了明斯基拒绝正视的那些问题："为什么具体的科学成就，作为专业信仰的归宿，总是先于从它本身抽象出来的各种概念、法则、原理和观点？在什么意义上，共有的范例是科学成绩的研究者的基本单位，而且无法完全归结为可以代替它的逻辑上的原子成分呢？"[④]

虽然以框架为基础的研究无法解决这一问题，因此也不能解决常识和科学知识。但是框架想法确实公开提出了在人工智能中如何表达日常知识这一问题。此外，它还提出了一个很模糊的和具有启发性的模型，人们可以从几种不同的方向来发展它。这样马上就出现了两种可供选择的方式：要么使用框架作为专用微世界分析的一部分来处理常识知识，好像日常活动是发生于事先分析过的特定领域中的，要么就想法把框架结构用在"无计谋的基本研究"中，研究日常技能的无尽头特点。目前人工智能研究中最有影响的就是这两大派别，耶鲁大学的香克及其学生们尝试了前一种方式，温诺格拉德、博布罗及其在斯坦福和西罗克斯的研究小组尝试第二种。

香克的框架模型被称为"脚本"。脚本以编码形式写出程式化的社会活动中的重要步骤。香克利用脚本来使计算机能够"理解"简单的故事。像第三阶段的微世界的建设者一样，香克相信他可以从用初始动作描述的、孤立的、程式化局势起步，逐步达到描述全部人类生活的全部。

为了实现这一方案，香克发明了一种事件描述语言，它由11种初始行为组成，比如：ATRANS——指诸如拥有、所有或控制这类抽象关系的转让；PTRANS——指某物的物理方位的转移；INGEST——某动物体吸收某物使之进

---

① 明斯基：《知识表达框架》，第261页。着重号系笔者所加。

② 库恩：《科学革命的结构》，第200页。

③ 同上引文，第192页。

④ 同上引文，第11页。着重号系笔者所加。

入那一动物的内部结构等。[1]他用这些初始行为建起了游戏式的脚本说明,这些说明能使他的程序填补故事中的空位并指明代词指称对象。

这些初始行为当然只是当上下文环境已在特定话语中得到解释时才有意义。如果我们把香克的一个与上下文环境无关的初始行为和真实生活行为做一比较,这些初始行为的人为性就一目了然了。以 PTRANS 即某物的物理方位的转移为例。起初它似乎是一种与解释无关的事实,如果确有这种东西的话。然而,在真实生活中,事物可没有这么简单;即使是物理运动也取决于我们的目的。如果某人一动不动地站在一艘开动的洋轮上的开的电梯里,他从甲板 A 到甲板 B 是不是 PTRANS 呢?那么如果他只是坐在甲板 B 上又算不算 PTRANS 呢?我们是否都在围绕太阳作 PTRANS 运动呢?显然答案取决于这是在什么局势中提出的问题。

如果对于有关的目的已无异议,那么这类初始行为倒的确可被用来描述固定的局势或脚本。香克的脚本定义强调脚本的先决的、有限的和类似于游戏的特点:

"我们把脚本定义为先决的、概念因果链条,它描述熟悉局势中的正常的事物系列。这样就出现了餐馆脚本、生日晚宴脚本、足球赛脚本、课堂脚本等等。每个脚本里都有最低数量的参与者和对象来承担剧中的一定角色……其中给出的每种初始行为都代表在标准行为集合中最重要的元素。"[2]

他对餐馆脚本的说明详细地从初始行为的角度说明了餐馆游戏的规则:

"脚本:餐馆

角色:顾客;女招待;厨师;出纳

原因:取得食物以降低饥饿程度、提高惬意程度。

第 1 幕:进入

PTRANS——进入餐馆

MBUILD——找到餐桌

PTRANS——走向餐桌

MOVE——坐下

第 2 幕:叫菜

ATRANS——接菜单

ATTEND——看菜单

MBUILD——定菜

MTRANS——告诉女招待所定的菜

第 3 幕:进餐

ATRANS——接收食物

---

① 香克:《概念从属的初始动作》,载《自然语言加工中的理论问题》(坎布里奇,1975 年 6 月 10~13 日),第 39 页。

② 香克:《运用知识去理解》,载《自然语言加工中的理论问题》(坎布里奇,1975 年 6 月 10~13 日),第 131 页。着重号系笔者所加。

INGEST——吃食物

第4幕：出餐馆

MTRANS——要求算账

ATRANS——给女招待小费

PTRANS——去收款处

ATRANS——向出纳员付款

PTRANS——走出餐馆"[①]

毫无疑问我们的许多社会活动都是程式化的，而且试图搞出餐馆游戏的初始行为和规则原则上不会导致错误，就像垄断游戏(Monopoly)的规则是设计来作为不动产经营的典型步骤的简化版本一样。然而香克声称他可以用这一方法理解有关真正下餐馆的故事——说他实际上可以把下餐馆这个子世界处理成孤立的微世界要这样做，他必须人为限制可能性；因为正如人们所怀疑的那样，下餐馆一事，无论有怎样的程式，毕竟不是一种自足的游戏，而是一种高度可变的行为集合，而且这些行为自由地介入其他的人类活动。当某人去餐馆时"通常"所发生的一切可以由程序设计者作为缺省项事先选好，并加以形式化。但是这里的背景被漏掉了，因此就不能说使用这一脚本的程序能理解下餐馆是什么意思。通过设想某种偏离常规的局势，不难看出这一点。如果定菜的时候他发现他要的菜没有，或者付款前他发现账单的价钱加错了，这又怎么办呢？当然，香克会回答说，他会把这些下餐馆所发生的故障的一般方式都编进他的脚本。然而日常活动可能发生的故障的方式又可以是非正常的：留声机太吵，柜台上可能苍蝇太多，或是像在《安妮·霍尔》那部电影中那样，在纽约的一个副食店，有个人的女朋友会要涂有蛋黄酱的白面包三明治和五香熏牛肩肉。说我们理解下餐馆是怎么回事，就是说我们理解如何处理这些非正常的可能性，因为下馆餐是我们进入建筑物，获得我们想要的东西，与人交谈等日常活动的一部分。

为了对付这些反对意见，香克补充了一些为应付预料不到的干扰而设计的一些一般规则。他的总的想法是：在一篇故事中"一般总要明晰地提到非标准事件"[②]，所以这个程序能把非正常事件辨认出来并能把随之而来的事件理解为处理非正常事物的方法。然而，从这里我们可以看出，香克通过脚本处理，绕过了最基本的问题，这是因为，正是作者对局势的理解才使他能决定需要提到哪些引起干扰的事件。

这种处理非正常事件的方法是权宜性的，只要再问些问题就一定能暴露出这一点来，因为该程序并未像我们周围的人那样来理解餐馆的故事，除非该程序能回

---

① 香克：《运用知识去理解》，载《自然语言加工中的理论问题》(坎布里奇，1975年6月10～13日)，第131页。着重号系笔者所加。

② 香克及罗伯特—艾贝尔森(Robert P. Abelson)：《脚本、规划、目标及理解》(新泽西：Lawrence Erlbaum Associates，1970年)，第51页。

答如下的简单问题：女招待招员来到餐桌时，她穿着衣服吗？她是往前走还是往后走？顾客用嘴还是用耳朵吃饭？如果该程序回答，“我不知道”，那么我们会感到它那些正确答案都是计谋或侥幸猜对的，而且它根本就没理解我们日常的餐馆行为。[1]这里的以及自始至终的问题关键不在于存在着什么人类能做和能识别的微妙事物超出了目前程序的低级理解力，关键在于在任何领域中都存在简单的、理所当然的、对人类理解是必须的一些反应，缺乏这种反应，不能说计算机程序能理解什么。

香克说，“脚本中的通路是存在于某一局势中的可能性”[2]。他这一说法将不知不觉地导致错误。这一说法不外乎有下述两种意思：其一，脚本说明了由香克定义的餐馆游戏的各种可能性，这一情况属实但毫无意义；其二，它能说明日常生活中餐馆局势中的各种可能性，这倒是很了不起的，但香克自己承认并不是真的。

真实的短故事又给香克的方法提出了难题。在脚本中，初始行为和事实是事先定好的，但在短篇故事中，起作用的有关事实取决于故事本身。比如：一个描述汽车旅行的故事在其脚本内包含这种事：乘客感谢司机（香克的一个例子）。然而，乘客感谢司机一事并不重要，如果乘客搭车只是他更长的旅途中的一部分；而它又可能极为重要，如果故事讲的是一位从不感谢人的、厌恶人类的人，或者故事说的是一位奉公守法的年轻人，他勇敢地打破了不准与司机在行车时说话的禁令，目的是要同一位驶车的迷人妇女搭讪。香克对这一点避而不谈，却在最近的一次会议上声称，他的一个程序可从报纸上的事故报道中总结出死亡的统计数字，这样回答了我的挑战——计算机要算得上有智能必须能够写出短故事的摘要。[3]然而香克的报纸程序不能提供用以判断故事摘要中应包括些什么的线索，因为该程序只有当相关性和重要性已事先决定的情况下才行得通，因此该程序就避免了对故事中所建立的那一世界的处理，而有关性和重要性都是根据这一世界来确定的。

为了看出把对故事的理解分析为脚本遗漏了一些实质性的东西，另一个办法是考虑下述问题：在阅读故事中我们如何提出恰当的脚本？在论及这一问题时香克提出：

“……虽然餐馆脚本可以是某个更大的脚本的一个所属部分（如 $TRIP 旅行脚本）〔在香克的表示法中，美元符号表示剧本〕，但却必须标明不能归入脚本

---

① 塞尔是用这种方法提出这个重要问题。在加利福尼亚大学所作的一次讲演中，香克同意塞尔下述看法：为理解下饭馆，计算机不只需要一个脚本，它需要知道人所知道的一切。他又补充说，由于他的程序表现为不能区分“荒诞性的程度”因而感到不快。的确，对于计算机来说，饭馆里没有食物和顾客因而把厨师吃掉同样是“荒诞的”。因此，香克似乎同意这一看法：程序没有对规范变异程度的某种理解，是不会理解故事的，即使是这一故事中的事件遵循一个完全规范的程式化的脚本。从这里可以看出，虽然脚本抓住了日常生活理解中的一个必要条件，但是提不出一个充分条件。

② 香克：《运用知识去理解》，第 132 页。

③ 思维多学科研究会，哲学与计算机技术学术会议，纽约州立大学，1977 年 3 月。

$DELIVERY(转让)[①]一类。"

可是,这种"解法"又造成了会缠住像香克这样的建议的那种否定信息问题。看来不能想象人们可以把餐馆脚本不可归入的各脚本统统标记出来,如打电话、应邀帮忙、寻找失物、找工作、请人们在请愿书上签名、修理设备、去上班、去视察、丢炸弹、安排宴会、为黑手党募捐、换零钱付停车费、买香烟、躲避警察等等。这些都可以使人们不是为了吃的目的而进餐馆。看来较为可行的是写出这样的程序:只要故事中的某人一进餐馆,该程序在发现理解者的期望无法实现之前,就一直按餐馆脚本行事。也许因为香克认为自己的程序具有心理真实性,所以他忽略了这种可能的做法,在这一点上,他是对的。一般地说,我们在阅读一个故事时,不会认为一个不怀有吃的目的而进餐馆的人是打算吃饭的;因此也就不必根据女招待员不给他菜单这一事实而放弃那个假说。然而,香克的建议完全没有回答我们到底如何选择正确的脚本问题。

香克的最新著作中确实有一些关于如何超越脚本界限的有趣想法,因为他欣然承认我们日常生活中的大部分都没有写在脚本中。他提出了"规划"作为一种办法来应付没有固定脚本的局势中的故事。他指出,规划是由子规划或规划箱组成的,它们在许多局势中都很有用。例如:

"有工具性目标是见于许多规划过程中的普遍的建树程序块。关于充饥的规划中,关键步骤之一是到有食物的地方去。到一个意图之中的地点去是在各种特殊规划中都普遍有用的过程"。[②]"这样,每当无脚本可用时便可使用规划箱。如果某一规划箱被经常使用,它就会产生出一个脚本来,只要周围的环境不变,该脚本就可以取代规划箱。"[③]

然而,识别相似性这一老问题又出现了。我们怎么知道周围环境是一样的呢?它不可能完全一样,而香克又没提供如何识别相似的环境的理论。

最后,香克还得处理下列三件事:作为日常规划动机的短期目标,作为短期目标动机的长期目标以及人们赖以组织自己面向的目标活动的生活主题。

"……来自生活主题的那些期待是理解故事的重要部分,因为这些主题导致目标,这些目标导致我们期待执行的那些规划。"[④]

这里,香克必须正视一个重要问题:欲望、感情以及一个人对于人的含义的理解,这些东西通过什么方式引起了人类生活中无穷尽的可能性。如果组成我们生活的这些主题被证明是无法编成程序的,那么香克就遇到麻烦了,整个的人工智能都是这样。但是香克又沉着地运用了他的工艺方法,而且开始列出一个生活主题表。这引出了一个看上去是原则上的问题:

---

① 香克与艾贝尔森:《脚本、规划、目标及理解》,第50页。

② 同上引文,第74页。

③ 同上引文,第97页。着重号系笔者所加。

④ 同上引文,第138页。

“因为生活主题是一些连续的目标生成器，实际上不可能为可能有的生活主题定出界限。有多少种可能存在的长期目标就有多少种生活主题。”①

然而，香克同以往一样，又规定了一些权宜性的初始本元以避开这一难题。

“……作为理解者，我们试图把听到的人按照我们标准生活主题之一来分类。当我们听到的人不同于正常类型时，我们就为所听说的个别人造出一种个人生活主题来。生活主题的无限性来自任何个人目标的独特结合的可能性。生活主题之所以能被掌握是由于生活主题类型的数目很小（6 类），而且这些类型中的标准生活主题数目也在可行范围之内（比如说每一类型 10 至 50 个）。”②

如果这些本元无法说明我们对可能的人类生活的多样性的理解，香克准备像往常一样再补充一些。

香克认为：一切人类实践和技能在头脑中都表现为一个信念系统，由与上下文环境无关的初始行为和事实所组成。这个基本假设无可非议。然而有迹象表明它还是有不少麻烦的。香克确实承认个人的“信念系统”不能从这个人身上完全引出；尽管他从未怀疑过信念系统的存在，并且认为从原则上讲它是能够用他的形式系统来表达的。这便使他孤注一掷地想到了一个能按着人的方法学会从餐馆到生活主题的所有一切的程序。在最近的一篇论文中他下结论说：

“我们希望能建立起这样一种程序，它能像孩子那样学会做我们在本文中描写的那些事，而不是被填鸭式地输入大量的必要信息。为了做到这一点，大概有必要等待一种有效的、自动的手—眼系统和一种意象处理机的出现。”③

对于香克的这种权宜性的方法，根本不存在什么面临有意义失败的问题。然而，拉斐尔这样的机器人制造者却报告说：他们领域中的成功要等一种充足的知识表达系统的出现才有可能。像香克这种希望提供出这种表达系统的人们，最后又退却到机器人那里，并把机器人当做获得表达系统的手段。这些事实说明这个领域是一种循环——计算机世界中对危机的说法。

无论哪种情况，香克求助于学习，充其量也不过是另一种回避问题的形式。发育心理学已经表明，儿童的学习并不像香克的观点要人们所期望看到的那样，不是通过补充新原则和组合旧原则以获得关于特定的日常局势的愈来愈多的信息。儿童对特定细节的学习产生在共同实践的背景之中，这种共同实践是在日常的接触和交流中遇到的，但不是作为事实和信仰的实践，而是作为处世的躯体机能。任何学习都以某种隐式的技能背景为先决条件，这种隐式的技能对细节的学习十分重要。由于香克承认他不明白这一背景是如何能明晰地表达出来，以便用于计算机，又由于这种背景是香克思想中的脚本的先决条件，因此他使用事先被分析过的本

① 香克与艾贝尔森：《脚本、规划、目标及理解》，第 145 页。

② 同上引文，第 149 页。

③ 香克：《概念从属：自然语言理解理论》，载《认知心理学》，第 3 号（纽约：学术出版社，1972 年），第 553～554 页。

元来获得常识理解的方案似乎注定要失败的。

更合理的途径，即使到头来也许并不好到哪里去，是用框架或程式的新的理论力量去消除按照一组其相关性独立于上下文环境的初始特征来事先分析日常局势的必要性。这一方法始于承认在日常交际中，"'意义'是多维的，只能从传达者和理解者双方使用的、由目标与〔关于世界的〕知识组成的整个复合体方面加以形式化。"[①]当然，这种知识被认为是一个"构成这个人的'世界模型'的特定信念体（表达为符号结构……）。"[②]从这些假设出发，温诺格拉德及其合作者们正在开发一种新的知识表达语言（KRL），他们希望这种语言能使程序设计者们得以把这种信念用多维原型对象符号做出描述，这种对象的有关方面是其上下文环境的某一函数。

原型的结构应使附属于它的节点或缺位可填充以任何一种描述，从专有名称到识别实例的过程。这就使得知识的表达可以互相定义，其结果是导致了作者称之为整体式的知识表达观点，它与归纳式的表达相对立。[③]例如，由于任何描述都可能是他种描述的一个部分，因此椅子可以被描述为具有椅背和椅面这些方面，而反过来，椅背和椅面也可以从它们在椅子中的功能这个角度来描写。此外，每种原型的对象或局势都可以从多种不同的角度来描述。因此，不必像温斯顿和传统哲学家们所建议的那样，按照充分必要的特性来定义对象，而应该遵循罗希对原型的研究方法，事物的分类要大致像是某些原型描述。

温诺格拉德用传统哲学家们爱用的例子说明了这一想法：

"bachelor"一词（该词有许多意思，主要有"单身汉""学士"等。——译者注）被用于许多语义学的讨论中，因为（该词已废弃不用的水上哺乳动物和中世纪骑士这两种意思除外）这个词的意义易于从形式上掌握，即可被解释为"未结过婚的成年男子"……然而在实际使用中，有许多问题，其表述与形式化并不那么简单。考虑下述对话：

主人：下周末我要开一个大型晚会。你认识不认识我可能邀请的好单身汉？

朋友：认识。我认识X这小伙子……

问题是：在下述几种情况中，要决定，按照"单身汉"一词的正常意义来看，对于X的哪些值，上述的回答可作为合理答案。一种简单的检验办法就是问主人可能就X的哪些值而抱怨说"你骗人。你说过X是单身汉的。"

A：过去五年亚瑟一直和艾丽丝过得很幸福。他们有一个两岁的女儿，他们从未正式结婚。

B：由于布鲁斯要被征入伍，所以他做了一下安排，让一位治安官为他和他的朋友芭芭拉举行了婚礼，好让他逃避兵役。他们从未生活在一起。他约会不少女人，他计划一旦找到一个他想要的女人就废除这项婚约。

---

① 温诺格拉德：《探求语义的过程性理解》，载《国际哲学评论》，第117～118期（1976年），第262页。

② 同上引文，第268页。

③ 博布罗与温诺格拉德：《知识表达语言KRL概述》，载《认知科学》，第1卷，第1期，1977年，第7页。

C：查理17岁。他和父母住在一起，读高中。

D：大卫17岁。他13岁离家，经营一个小店，现在已经是很成功的年轻经纪人了，在他的顶层公寓过着花花公子式的生活。

E：艾里和艾德加是同性恋人，两人已同居多年。

F：按照费萨尔的出生地阿布扎比的法律，他可以有三个妻子。他目前有两个，正有意找一个未来的未婚妻。

G：格雷戈里神父是泰晤士河边的格罗顿的天主教堂的主教。

〔这个〕人物表可以无限地扩展下去，在每种情况下都难以决定"bachelor"一词是否运用得当。按照正常用法，一个词不传达出可以清晰定义的原始命题的结合，而是引出某种具有一系列属性的实例。这个实例不是语言使用者的经验中的一个特定个体，而是较抽象的，代表着典型属性的一种合成。一个原型的单身汉可被描述为：

1. 人
2. 男人
3. 成年人
4. 目前没有正式结婚
5. 不处于类似结婚的生活局面中
6. 有结婚可能
7. 过着单身汉式的生活
8. 以前没结过婚
9. 至少暂时有着不结婚的打算
10. ……

上面提到的那些人适合数条但不是全部这些特征。除了在严格的法律上下文环境中，从这些特征中再选出几条作为该词的"中心意义"是没任何意义了。事实上，在以英语为母语的讲话人中间，对于以前结过婚的人是否可被称为"单身汉"并没有什么一致的意见，而且他们基本上一致认为，这个词不可用来指没有结婚可能的人（如：发誓禁欲的人）。

"〔有关这个词属性〕的表不仅没有尽头，而且其中各个条目本身也无法以初始概念定义。把'单身汉'一词的意义归结为包含'成年'或'有结婚可能的'这样一个公式，人们又要用范例来描述它们。'成年'不能用年龄来定义，除非出于专门的法律目的。而且实际上，就严格的法律目的而言，它的定义也随法律的不同方面而有所不同。'类似结婚的生活局面'和'单身汉式的生活方式'这类提法在其句法形式上就直接反映出要表达的是程式化的实例而不是形式化定义。"①

显然，如KRL能使人工智能研究者使用这类原型写出灵活的程序，那么这种

① 温诺格拉德：《探求语义的过程性理解》，第276～278页。

语言将成为一项重大突破，并使“解法”能避免微世界程序中典型的权宜性的特点。确实，人工智能的未来取决于以 KRL 成就为起点的这种工作。但是这一途径也存在问题。温诺格拉德的分析会产生这么一个重要后果：比较两种原型时，怎么算作匹配，以及哪些是使用来证实一次匹配的有关方面，都是该程序对当前的上下文环境理解的结果。

“匹配过程的结果不是一种简单的真/假答案。按照最一般的形式来说是：‘如果给定了我要考虑的各种选择的集合……按顺序审察所储存的在目前的上下文环境中最可及的结构，那么，这就是最好的匹配，这就是匹配的程度、这就是那些找不到匹配的那些特定的详节……’

对子结构描述进行比较的前后顺序的选择是这些结构当前的可及性的函数，它既取决于这些结构的存储方式又取决于当前的上下文环境。”[1]

这就带来了四个愈来愈严重的困难。首先，要想有“一组可施于两个事物的描述（符号结构）的认知‘匹配’过程来寻找相符和相异时”[2]，必须有一个有限的原型集合以供匹配。看一下温诺格拉德的一个例子：

“单个物体或事件可以根据数种原型来描写，从每种原型的角度作进一步的规定。上星期腊斯帝飞抵旧金山这一事实可以描写为典型的旅行，旅行方式规定为坐飞机，目的地是旧金山等等。也可以描述为一次访问，人物是腊斯帝，朋友们是一群特定的人，相互的交谈很热情等等。”[3]

但是，如果没有事先确定的特定目的，那么这个“等等”就掩盖了可能是无法解决的扩充。同一次飞行也可能是一次试飞，一次对机组人员工作的检查，一次中途停顿，一次错误，一次难得的机会，还有拜访兄弟、姐妹、论文导师、头脑人物等等，等等。在程序尚未开始工作之前，程序设计者必须事先选好整套的可能选择。

第二，只有在找到可供比较的当前的候选者之后，匹配才有意义。比如在象棋中，只有在象棋大师回忆起与目前棋盘位置相像的过去位置，才能进行位置的比较。正如我们在棋弈中所见到的那样，要发现可以对其方面进行匹配的适合候选者，必须具备经验和直觉的联想。

我们还发现：无论是棋弈或机器人的场合，这种先验的相似性的发现看来都指出有某一种完全不同于符号描述的处理——可能是一种大脑中等价于全息图的东西所提供的基于相似性的处理。以 KRL 为基础的程序（这种程序必须使用符号描述）要能进行下去，必须先基于程序已“理解”、推测出某种框架，然后再看该框架的特点是否与目前的描述相匹配。如果不匹配，那么该程序就要回溯，并尝试另一种原型，直到它发现一种框架的缺位或终极缺省值拟合于所输入的数据为止。看来这是一种既不合理又效率不高的工作方式，而且在我们的意识生活中也极少发

---

① 温诺格拉德：《探求语义的过程性理解》，第 281～282 页。着重号系笔者所加。

② 同上引文，第 280 页。

③ 博布罗与温诺格拉德：《KRL 概述》。

生(见本书 p.228 赫塞尔,对这一问题的论述)。当然,认知科学家们可以反驳上述不同意见说:尽管看来无甚道理,我们仍然很快地试完了各种原型,而且根本不知道我们在无意识地进行着假说的迅速改组。但是,事实上,大部分人会同意温诺格拉德的说法,认为目前框架选择问题仍未解决。

“选择出用于试用的框架是另一个待研究的领域。选择的问题是存在的,这是由于我们不能把一切可能的框架都当成各种不同的事件,并把它们和正在进行的一切加以比较。”[①]

此外还有第三个而且是更为根本的问题,任何一种形式的整体的说明都碰到这个原则性的问题,只要其中的任何事实,以致任何称得上事实的东西总是依赖于上下文环境来决定其重要性。温诺格拉德强调上下文环境的重要意义:

> “人类推理的结果是与上下文环境相关的。记忆结构不但包括长期存储结构(我知道的是些什么?)也包括当前的上下文环境(此刻注意的是些什么?)。我们认为这是人类思维的一个重要特性,而不是一种不便的局限。”[②]

他还说“问题在于要找出形式的办法来讨论……当前的注意焦点和目标……”[③]然而,他没有从形式上说明写入 KRL 的计算机程序如何能确定当前的上下文环境。

温诺格拉德的著作确实含有这样的暗示性主张,例如:“用过程性方式把‘当前的上下文环境’和‘注意力焦点’这类概念形式化可以采用一种过程,使认知状态能像随人在理解或谈话时那样变化。”[④]还插入性地提到“当前的目标,注意力焦点,最近听到的一组词”[⑤]等。然而,提及最近的词作为确定当前的上下文的一种方式已证明是徒劳的,而提及当前目标和注意力焦点则是模糊的,甚至会引起麻烦。如果某人的当前目标是找把椅子坐下,他当前的焦点可能是要识别出他是在一起居室内还是在一仓库内。他还有像找墙这类短期目标,找灯的开关这类稍长期一点的目标以及像打算写字或休息这类中期目标;这些目标的满足反过来又取决于他的最终目标以及他对自己的解释,比如说,是作家呢?还是仅仅是因为疲倦而需要舒服一下?因此温诺格拉德对“当前目标和焦点”的依赖包括的内容太多,无法用来确定该程序所处的特定局势是什么。

为了做到前后一致,温诺格拉德将不得不把计算机可能处于其中的任何一种局势都当作一种带有它自身原型描写的事物;那么,在识别特定局势的过程中,这个特定局势所在的那种局势或上下文环境就会确定出哪些焦点、目标等是相关的。然而这种回归何时停止?人类当然不存在这一问题。正如海德格尔所说的那样,

① 温诺格拉德:《人工智能五讲》,第 8 页。

② 博布罗与温诺格拉德:《KRL 概述》,第 32 页。

③ 温诺格拉德:《探求语义的过程性理解》,第 283 页。

④ 同上引文,第 287～288 页。

⑤ 同上引文,第 282 页。

人类已处在某一局势之中，而且他们不断修改这一局势。如果从遗传学角度看，这一点就不足为奇了。我们可以看到，任何使用 KRL 的程序设计者都无法像人类那样，在他们躯体固有的未受教养的局势基础上，经过逐步训练进入他们的有教养的局势中。但是，正由于此，KRL 中的程序不是总处于某一局势之中。即使能把一切传统的人类知识，包括各种可能有的人类的局势都表达出来，它也只能从外部来表达，就像一个火星人和神那样。它并不置身于任何局势之中，而且大概也无法为它设计程序使它好像处于局势之中那样来行动。

这就引起了我的第四个也是最后一个问题：使人类不断意识到自己所处的特定局势的技能，是否是这样一种技能——它可以表达为一种知识，一种可用任何知识表达语言（无论如何独到精细、如何复杂）来表达知识呢？看来，我们对自己所处局势的感知取决于我们的处于变化中的情态、我们眼前所关心的事物和课题、我们长远的自我解释、还可能取决于我们对待人和物的感觉——运动神经技能——这种技能是我们通过实践发展的，不用把我们的躯体表达为一种物体，不用把我们的文化表达为一种信念，把倾向表现为局势→规则。所有这些独特的人类技能都为我们在世界的存在提供了“丰富性”或“厚度”，并因此对于能处于某一局势起着实质性的作用，而这种作用又构成了所有智能行为的基础。

没有理由认为情态、重要性（mattering）及躯体化的技能可以用信念的形式网来捕捉，而且除了肯尼思·克尔比（Kenneth Colby）的著作外，他的观点不为其他从事人工智能研究的人所接受，目前没有任何著作认为能做到这些。相反，所有人工智能研究者和认知心理学家们都在不同程度上清楚地承认，头脑的这种非认知的方面可以根本不去管它。认为可以通过纯认知结构来把握住一切智能行为的显要部分的这种信念为认知科学下了定义，而且也是我在第 4 章中称之为心理学假想的一个版本。温诺格拉德说的很明确：“人工智能是对认知的这些方面的一般研究，这些方面对于包括人和计算机在内的一切物理符号系统是共同的。”[①]

然而这一定义只是限定了该领域的界限；它无法表明是否确有可研究的东西，更不能保证这一课题的成功了。

---

① 《自然语言加工讨论会》（IJCAI-77 文集），第 1008 页。

“一个物理符号系统是由一些称作符号的实体构成的，这些实体是些物理模式，这些模式能够作为称作表达式（或符号结构）的另一种实体的部分出现。这样，一个符号结构由一些按某种物理方式（如一个标记与另一个标记相邻）相关联的符号实例（或标记）组成。在任何一个瞬间，这个系统都包含一个由这些符号结构组成的集合。除了这些结构外，这个系统还包含有一组作用于表达式之上的过程，以便产生另外一些表达式……如果给定一表达式，该系统能作用于对象本身或依赖对象而动作起来，那么这一表达式就指明一种对象。”（纽厄尔与西蒙：《作为经验性探索的计算机科学：符号及搜索》，载《ACM 通信》，第 19 卷，第 3 期，1976 年 3 月，第 116 页。）

做进一步详尽阐发，这种定义使纽厄尔和西蒙能以新的精确性讲出认知科学的基础假想——即他们现在（不像他们在早期论文中那样）清楚地看作是一种假说的假想：

“物理符号系统假说（陈述如下）：一个物理符号系统具有为一般智能行为所需要的充分必要手段。”（同上引文）

如此看来，温诺格拉德乐观主义的基础与他自己的基本假想是矛盾的。一方面，他看到人的头脑中所进行的大部分活动是无法编成计算机程序的，因此他只希望将一个重要部分编在程序中：

> “认知科学……并不依赖于这么一种假设，把头脑作为物理符号系统所做的分析能提供对人类思维的全部理解……。为了使范式有价值，只需要思维和语言的某些重要方面，可以通过把这些方面与我们所能建立的其他符号系统进行类比获得有益的理解。”①

另一方面，他看到人类智能是“整体的”，而且意义取决于“目标和知识组成的整个复合体。”然而我们的讨论表明：人类思维的一切方面包括非形式方面如情绪、感觉——运动神经技能、长远意义上的自我解释，都十分紧密地相互联系在一起，人们无法用一种可抽象化的，明晰的信念网来代替我们具体日常实践的整体。

认知论者的观点之所以看来有道理是由于他们坚信：这样一种信念网最后肯定会叠于自身，而且是完全的，这是由于我们只能了解为数有限的，可用有限的句子描写的事实和过程。但是，由于判定事实、使用语言都要在一定上下文环境中，因此，信念网从原则上讲完全可以被形式化的论点并不能说明这种信念系统可以解释智能行为。只有当上下文环境可以用事实网和过程网捕捉到的时候，这一点才能做到。但是如果上下文环境是通过情绪、关心的事和技能来确定的，那么我们的信念从原则上可以被完全表示这一事实就不能用以说明知识表达足以表达认知。确实，如果不可表达的技能在局势中起关键作用，而且该局势又以一切智能为先决条件，那么，“对一切物理符号系统来说都是共同的那些认知方面”就根本不能解释任何认知行为。

最后，整体信息加工模型，其中事实的相关性取决于上下文环境，这一根本提法中已包含着矛盾。识别任何一种上下文环境，必须先从数量不定的、可判定的种种可能的特性中选择出哪些是相关的，但是要做这种选择，就要先认出这个上下文环境与某个已经分析过的上下文环境相似。这样，整体论者就面临一个循环论证：相关性以相似性为先决条件，而相似性又以相关性为先决条件。避免这一循环的唯一方法是永远处于某局势中，而不必表达这个局势，这样上下文环境和特性谁先谁后的问题就不会发生；否则就要把一切局势预分析为固定的一组可能相关的本元，这就回到归约主义的设想——这种设想也有其自身的实际问题。我们分析香克的工作时已指出这一点，而且，我们在结论中还会看到，这个设想也有它自身的内部矛盾。

对温诺格拉德的方法来说，这是否是原则上的一个障碍，只有经过进一步研究才能看出。温诺格拉德本人在声明中倒是谨慎得令人钦佩：

---

① 温诺格拉德：《探求语义的过程性理解》，第 264 页。

“如果这种过程性方法是成功的，最终将可以在十分详细的水平上描述出它的机制来，其详细程度可以拟合于人类功能的许多细节方面，并可对此加以验证……但是我们对包括意义在内的语言加工作为一个整体做出解释还相去甚远。”[1]

如果由于在形式化系统中必须把信念和其他人类活动分开而出现问题，毫无疑问温诺格拉德将会有勇气分析这一发现并从中受益。与此同时，对于认知科学的哲学课题感兴趣的人都将密切注视温诺格拉德和他的同伴们，看他们是否能造出一种没有情绪的、没有躯体的、漫不经心的、成人似的替代物来取代我们缓慢地获得的处于局势中的理解力。

结论

做了信息加工学说的基本假设：与智能行为相关的一切都可以用结构化的描述加以形式化，那么任何问题就都表现为复杂度的问题了。博布罗和温诺格拉德在其对 KRL 描述的结尾部分清楚地谈到了这个最后信念：

“该系统是复杂的，而且在最近的将来会变得更复杂。……我们并不期待该系统会简化为很小的一组机制。我们相信，人类思维是一大量相互依存过程的相互作用的产物。任何用来把思维模型化或‘获得’智能行为的表达语言将不得不具有广泛的、各种各样的机制的复合体。”[2]

这一机械论假想的基础是更深的一种假想，这在过去十年的研究中已逐渐清晰了。在那个期间，人工智能研究者们不断遇到如何表现日常上下文环境的困难，正像我在本书第一版中预言过的那样。前五年(1967—1972 年)的工作表明，创造一些人工的、类似游戏的、按照一组固定的相关特性事先分析过的上下文环境来回避日常的上下文环境的重要性是徒劳的。后来的研究工作则被迫直接处理那些，使我们对于什么可算作相关事实的感觉发生变化的，常识技能背景。面对这种必然性，研究者们试图含混地把最一般的上下文环境或背景处理为一个具有它自己的一组事先选定的描述性特性的对象。认为背景可以处理为另一种事物，并可以用表达任何日常事物的那种结构描述来表达它，这种假想对我们整个的哲学传统极其重要，海德格尔是头一个辨识出和批评过这一假想的人。按照他的意见，我现在把这个假想称为形而上学的假想。

在结论中显然要问的一个问题是：除了不断出现的困难和没有兑现的许诺之外，在人工智能的领域内还有什么证据使我们相信这一形而上学的假想是不合道理的？可能是提不出反驳它的论点，因为已提出证明实践背景不可表达的事实本身恰恰说明他们是可以表达的。然而，既然整个对话的价值在于双方尽可能明确

---

① 温诺格拉德：《探求语义的过程性理解》，第 297 页。

② 鲍勃罗与温诺格拉德：《KRL 概述》，第 43 页。

各自的先决条件及其可能持有的理由，所以我就试图对构成我反形式主义因而也是反机械论的信念做出论证。

我的论点（其中一大部分是从维特杰斯坦那里借来的[①]）是：无论什么时候对人类行为按照规则进行分析，这些规则必须包含 ceteris paribus（拉丁文，意为假使其余情况均相同。——译者注）这一条件，也就是说，这些规则运用于“其他的一切均等同”这一条件下，而“其他一切”和“等同”在任何特定局势中的意思要想完全表达出来，没有回归就办不到。不仅如此，这一条件不仅仅是令人烦恼地说明该分析尚不完全，而且还可能是赫塞尔称之为一项“无穷的任务”。更确切地说，“其余一切均相同”这一条件指明实践背景是使一切规则式的活动成为可能的条件。在解释我们的行为时，我们或迟或早总会退到我们的日常实践活动上来，干脆说“这就是我们所做的”或“作为一个人就是这样”。因此，归根结底，一切智能和一切智能行为都必须溯源到我们对我们是什么的理解上，而根据我们上面的论证，这是我们由于回归之故，而永远不能完全清楚知道的事。

这一论点可以通过一个例子得到很好的论证。1972 年当明斯基在研究框架概念时，他的一名学生，沙尼亚克，研究出一种类似脚本的方法，来处理儿童的故事。帕佩特和戈德斯坦对这一方法提出了很说明问题的分析：

> “……考虑沙尼亚克的下列故事片断，今天是杰克的生日。潘尼和简妮特去商店了。他们去买礼物。简妮特决定买个风筝。‘别买那个，’潘尼说。‘杰克有风筝。他会让你把它拿回去的’。”

“这里的目标是建立一种理论来解释读者怎么会知道‘它’指的是新风筝，而不是杰克原来已经有的那只风筝。显然，单纯的句法标准（如“它”指最近提到的那个名词）是不够的，因为，那样的话，结果就会是对这句话的错误理解，认为意思是说杰克将让简妮特送回杰克已有的风筝……。很清楚，如果人们不了解我们社会的交易习惯，人们就不可能理解‘它’是指的新风筝。人们可能会想象出一个不同的世界，其中新买的东西从不退回店铺，只有旧东西才退。我们这里所提出的问题是这种知识如何表达、存储以及如何能用于理解沙尼亚克的故事这一过程。”[②]

他们对这一问题的答案当然是恪守形而上学假想的。他们试图把所涉及的实践活动的背景做成像一个信念集合那样明晰：

> “沙尼亚克的框架形式化地体现为基础知识的形式，这种知识是关于这种故事的上下文环境所引起的大量不同局势的知识。他的程序机制使句子的内容在基础知识上引起下列一些作用：创造一些‘小妖’（demons，系温诺格拉德程序用语。——译者注）（用我们的术语说就是“框架保持者”）来监视后来句

---

① 维特杰斯坦：《哲学探讨》（牛津：Basil Blackwell，1953 年。）这种论点提出的特定方式多缘于我同塞尔的讨论。

② 戈德斯坦与帕佩特，麻省理工学院 AI 实验室，第 29～31 页。

子中可能出现的已知局势的可能的(但不是不可避免的)后果。因此,就我们的故事片断而言,由生日知识所创造的期望是关于生日晚宴的参加者买礼物的必要性以及被迫退还礼物这一可能的结果。因此,这些'小妖'期待杰克已拥有这一礼物的可能性,以及由此而来的简妮特退还它的必要性,其中它就是那件礼物。"①

然而一旦从游戏和微世界中走出来,一个巨大的深渊就会成为一种威胁,会吞没那些想执行这一程序的人们。帕波特和戈德斯坦勇敢地向这个深渊走了进去。他们认为:

"……但是这故事并未明晰地包括所有重要的事实。让我们回忆一下这一故事。一些读者会惊奇地注意到这一文本本身并未说出以下三点,(a)潘尼和简妮特买的礼物是为杰克买的,(b)简妮特买的风筝是打算送礼的,(c)拥有某物意味着不再想要第二个。上述种种事实都被其他的小妖插入数据库,而小妖是被生日框架所激活的。"②

在我们的例子中出现了这样一个问题:人们如何存储(c)里提到的关于退还礼物的事实呢?首先,可能存在无数个收回礼物的原因。可能尺寸不对,电压不合适,有致癌性,噪音太大,被认为太孩子气,太女人气,太男子气,美国味太浓等等。这种种事实中的每一种都需要更多的事实才能被理解。但我们只集中研究一下(c)中提到的理由:在正常情况下,即在其他各方面都一样的情况下,如果某人已经有了一件东西,就不再想要与之一模一样的,另一件东西了。这当然不能直接用作一个真命题。这一点对美元、糕点和弹子就不适用了(甚至是否适用于风筝也不清楚)。当然,帕佩特和戈德斯坦会回答说,只要我们谈到规范,我们就要准备对付例外:

"理解中的典型局势是面对一些线索,这些线索会引出丰富而详细的知识结构,即框架,来提供那些未被阐明的细节。自然,这些未被阐明的细节对某些局势可能不适宜,那么在这些情况下,正文就必须提供这些例外"。③

然而,这里又开始了绝望的招手,因为正文根本无需清晰提到那些例外。如果礼物是弹子或糕点,正文肯定就不必提到,对于每种只要一个这个一般规则来说,这些是例外。这样数据库就得包括一切可能的例外的说明以扩大正文——即使我们可以把这想象成为一个有限的表。更糟的是,即便列出了所有的例外说明哪类东西人们会愿意要不止一个,也还是存在着一些局势,使得对这一例外来说又有例外:如果拥有的糕点直径有 3 英尺,那么一块已经绰绰有余;1 000 只弹子已超过了一个正常孩子掌握的可能性等等。我们要不要列出这些引起例外的那些局势

① 戈德斯坦与帕佩特,麻省理工学院 AI 实验室,第 33 页。

② 同上引文,第 34 页。

③ 同上。

呢？可是这些例外又可以被下面的情况所否定，比如，爱吃糕点的妖怪或者玩弹子成瘾的怪人等等。写故事理解程序的计算机程序员必须想法列出一切可能有关的信息，只要信息涉及求助于规范或典型，那么当把知识用于特殊局势时，就无法避免无穷的回归。

麻省理工学院研究小组提供的唯一“答案”是一种形而上学的假想：日常生活的背景是一些严格定义的局势，其中的有关的事实像博弈一样清楚：

“基本的框架假设是这样一个论题……，大多数人们所处的局势与人们以前遇到的局势有足够的共同之处，足可以使得那些显著特性可得到事先分析并以局势规范的形式存贮起来”。[1] 然而，这个“解答”由于下面两点原因而站不住脚：[2]

(1) 即使当前的局势确实和事先分析过的相似，我们仍需决定它与哪一个局势相似。我们业已看到，即使在象棋这样的博弈中，也没有两种位置会完全相同，从而要求对棋局的深刻理解，以便决定什么才可算作两场比赛中的相似局势。这一点会变得更加明显，如果要解决的问题是一个给定的真实世界中的局势最像哪一个事先分析过的局势。例如，一个局势中有一些打扮漂亮的婴儿和一些新玩具，那么这一局势是与生日宴会还是选美竞赛会更加相同呢？

(2) 即使我们毕生都确是生活在相同的程式化的局势中，我们刚才已经看到，任何真实世界框架也必须按照规范来描写；而如果我们想刻画哪些条件决定该规范是否适用于某一具体情况，那么求助规范就必然导致回归。只有我们对于什么是典型的一般感觉才能在这里起决定作用，而那种依靠定义的对于背景的理解不可能是“局势规范”。

以上是信息加工模型面临的困难处境的另一方面。在讨论 KRL 时我们已经看到，整体方法导致相似性与有关方面谁先谁后的循环，而现在这种归约方法又导致回归。

但是，对于这一困难处境，人工智能研究者们可能会作出貌似有理的反映：“无论为理解特定局势所必需的共同兴趣、感情和实践活动的背景是什么，知识必须在具有这一理解力的人们身上得以表示。除了用某种显式的数据结构以外，还有什么别的方式可以用来表示这种知识呢？”的确，为人工智能研究者所接受的这种计算机程序设计会需要这样一种数据结构。而认为一切知识必在我们头脑中有明晰表达的哲学家们也会如此。然而，有两种选择可避免信息加工模型所固有的矛盾，这就是得避免下面这种想法：我们所知道的一切一定有某种明晰的符号表达形式。

---

① 戈德斯坦与帕佩特，麻省理工学院 AI 实验室，第 30～31 页。着重号系笔者所加。

② 这就更不用说主要形式化主义者约翰—麦卡锡所注意到的、确凿的不可信性：

“明斯基……使用‘框架’取代了适于局势的模式，结果引起了混乱。他的假说始终是：在人类问题求解所碰到的局势中几乎全可纳入为数不多由局势和目标构成的已知模式。我认为这是不可能的……”（麦卡锡：《人工智能的认识论问题》，载《IJCAI-77 文集》，第 1040 页。）

对此，像庞蒂这样的存在主义现象学家和维特杰斯坦这样的普通的语言哲学家们的共同反应会是说这种有关人类兴趣和实践的"知识"根本就用不着表达。这正像我无需用某种数据结构表达我的身体肌肉运动，而能依靠实践来学习游泳直到获得必要的反应模式。同样，也可以有理由说我关于那些能使我在特定局势中进行识别和动作的文化实践的"知识"是经过逐步训练获得的，其中没有人能够，也不曾做到过，以回归为代价明晰表达出他学习的是什么东西。

还有一种可能的解释，允许做出某种表达，至少在我不得不停下来进行反思的特殊情况下是这样。不过，这种说法侧重讲的在通常情况下有非形式化的表达更像是意象，其作用是使我们去探索我是什么，而不是我知道什么。按照这一说法，在一般情况下我不是对自己表达我有欲望，也不是要表达站立需要平衡。

也不是像香克明晰表达我们人际知识那样：

"如果两个人在感情上互相正向沟通，那么一个人的感情状态上的否定变化就会使另一个人产生一个目标而引起他的感情状态出现正向变化。"①

但是，当情况适宜时，我可以把自己想象为处在一个特定的局势中，并且会向自己要做什么或会怎样感觉——如果我处在杰克的位置上，有人给我另外一个风筝，我会做出什么反应呢——而不必明晰地表达出计算机为得到同样的结论被命令做出的一切。这样，我们所求助的是具体的表达（意象或记忆），这种表达是建立在我们自己的经验之上，而不必明晰地表达出严格的规则以它们作抽象的符号表达所需要的讲明在其余情况下均为相同的条件。

的确，很难搞清楚各种事物作用于我们身上的各种微妙的方式怎样被完整地讲述出来。我们可以推断和理解杰克的反应，因为我们记得开心、惊奇、怀疑、失望、不满、沮丧、气恼、讨厌、发怒、生气、发狂、暴怒等感觉是什么样子，我们也能识别出作用于同这些程度种类各异的感觉有关动作的冲动。对一个计算机模型来说，则不得不为它描写出每一种感觉和每种感觉的正常诱因及可能结果。

认为感觉、记忆和意象必定是无意识框架式数据结构的有意识的末梢的想法在最表面的证据及详尽解释其余情况都相同的条件两方面都会遇到困难。另外，无论是在神经生理学中还是心理学中，或是以往的AI成就中，都没有丝毫的科学证据支持这种形式主义的假想。AI接连不断的失败首先要求求助于这种形而上学的假想。

从现在的说法看来，AI目前的困难倒变得可以理解了。假如思维不是物理的符号系统，那么这里所假定的用符号描述的方法对实践背景所作的形式表达无论是借助于同局势无关的基元，还是借助于可以把对局势的描述作为其组成部分的更复杂的数据结构做出，确实都将会显得越来越复杂，越来越难以驾驭。如果信念结构是从具体的实际环境中抽象出来的，而不是构成我们世界的单元，那就不必奇

① 香克与艾贝尔森：《脚本、规划、目标和理解》，第144页。

怪，为什么形式主义者发现自己纠缠在一种认为这些信念结构有无穷的可解释性的观点上。依我看来，“组织世界知识的问题是 AI 的最大难题”，[1]这恰是因为程序设计者不得不把世界当成一个物体，把我们的技能当成知识来看待。

可是这种对认知科学有决定意义的形而上学假想从未被实践过它的人提出过疑问。约翰·麦卡锡(John McCarthy)指出“把常识知识的事实形式化是相当困难的，”[2]但他从未怀疑过常识知识是能够用事实来说明的。

“AI 的认识论部分研究的是有关世界的哪些种类事实可提供给在给定的观察条件下的观察者，这些事实怎样能够表达在计算机的存储器中以及有哪些规则可允许从这些事实中得出合理的结论来。”[3]

当 AI 研究者们最终面临着失败并对它们进行分析时，他们将会发现他们必须放弃的正是这一形而上学的假想。

回顾过去十年的 AI 研究工作，我们可以说已经出现的基本观点是：由于智能必须处在某一局势之中，因此它不能同人类生活的其他方面分隔开来。然而，对这种十分明显的观点长期执有的否定态度不能推给 AI。这种否定的态度始于柏拉图把智力或理性心灵与具有技能、感情和欲望的肉体分离开的时候。亚里士多德对理论和实际做了区别并把人定义为理性动物——似乎能够把人的理性同其动物性的需要和欲望区分开来。他继承了这种不可能的二分法。如果，人们考虑到感觉运动技能对于发展他们识别和处理物体的能力的重要意义、或需要和欲望在构成所有社会局势的作用，或我们在知晓如何找到椅子和使用椅子的例子中所看到的人类自解释能力所依仗的整个的文化背景，那么认为可以完全无视这种技能就可以把智能的理解力形式化为由事实和规则组成的复杂系统是毫无道理的。

尽管这种含混不清的二分法令人质疑，但现在在人们对包括计算机在内的所做的种种考虑中都可以见到。在电视系列片《星际旅行》中有一个名叫“执政官归来”的片断，讲述的是一个名叫兰德鲁的聪明的官员给计算机编上了一个管理社会的程序。不幸的是，他能给予计算机的只是他的抽象智能，而不是他的具体智慧。结果，使社会变成了一个理性的刻板的地狱。没有人会就此停下来去想一下，没有兰德鲁的具体技能、感觉和兴趣，计算机怎么能理解日常局势因而把社会管理起来。

威曾鲍姆对 AI 的研究工作的贡献是人所共知的。他在《计算机的能力和人类理智》[4]中也犯了同样的错误。把智能和智慧截然分开确实是他的一种基本假想。这种假想对于他的那本在其他方面都是很雄辩的著作中的论点，表面上好像是一

---

① 《自然语言加工讨论会》(IJCAI-77 文集)，第 1009 页。

② 麦卡锡：《人工智能的认识论问题》，第 1038 页。

③ 同上引文，第 1038 页。

④ 威曾鲍姆：《计算机的能力与人类理智》(旧金山：W. H. Freeman and Co.，1976 年)。

种支持,实际上是一种贬低。威曾鲍姆提醒人们说:如果把AI模型中的人看成是解决技术性问题的装置,那就是在贬低我们自己。但是,为了论证我们不是这种装置,他所采纳的正是那种赋予AI以可信性的二分法。比如说,他认为由于计算机不能理解孤独,因为它不可能把"请您今晚同我进餐好吗?"这句话完整地理解为含有"一个腼腆的青年男子渴求爱"的意思[1](这一点AI研究者们会欣然接受的);而与此同时他又认可了那种认为"按照香克的程序可能建造出一个与这句话的意义相对应的概念结构"[2]的含糊不清的AI假想。强调这种移情作用的智慧和形式化意义的这些极端结果使得威曾鲍姆忽略了所有有意义的话语必须得在共同关心的上下文环境中才能发生这实质性的一点。

具有讽刺意味的是,威曾鲍姆是AI中第一个识别到意义与语用环境之间本质关系的重要人物。正像他在1968年所说过的那样:"在现实的会话中,是全局上下文环境把意义赋予正在讲述的话……"[3]但是,一旦他忽略了这种本质的联系,那么他就没有办法对抗他的AI同事们所做出的结论。这样,尽管他旁征博引提出了每一种文化都具有贾斯蒂斯—奥利弗—霍尔摩斯(Justice Oliver W. Holmes)称作"缺省的假想"和"未成文实践"[4]的那种东西,尽管他赞同书中提出的强硬论点,认为这些实践"只能用生活自身加以明晰表达"。[5]但是,他和明斯基一样都得出了这样一个结论:"我看不出有什么办法可为这种机体(即计算机)至少在原则上可获得的智能划出其程度的界限来。"[6]

威曾鲍姆这样令人吃惊地接受了这一观点只能解释为他在AI问题上认为关于某一文化的不能明晰表达的假想和没有书面文字形式的实践在这种文化成员的智能行为中不起重要作用。有时,威曾鲍姆确实好像采纳了这个不合理观点中最不合理的内容,即认为这些缺省的假想和实践在日常语言交际中不起作用,因为他承认:

> "建立一个计算机系统同在精神病门诊所就医的患者交谈,并提供由图表和自然语言注释组成的精神病图像在技术上是可行的。"[7]

他坚持智能和自然语言交际——有别于直觉和智慧——原则上讲是完全可以

---

① 《计算机的能力与人类理智》,第200页。威曾鲍姆在同书提出同样观点:

"我们能够用第三只耳朵去听闻,去觉察那种超出任何可能性标准的真理,从中推导出来的正是这类理解和智能。在我看来这超出了计算机模拟能力范围。"

② 同上引文,第200页。

③ 引自本书第六章注30。[编者注:指原书]

④ 威曾鲍姆:《计算机的能力与人类理智》,第226页。

⑤ 同上引文,第225页。但是,这种强硬论点与威曾鲍姆使用AI术语把背景描述为"一种概念框架"(第190页)或径向甚远的"信念结构"(第198页)的方法相矛盾。这两个用语都预设着清晰描述的可能性。

⑥ 同上引文,第210页。

⑦ 《计算机命能力与人类理智》,第207页。

形式化的观点，进而又提出：

> “……把人看成为属于更大种属的”信息加工系统“中的一个种类使我们把注意力集中在人的一个方面”①

他救助于柏拉图二分法最新版本（即分离出的大脑）来证实这种主张，这是一种自然的联想，因为关于这种分离出的大脑的普及性文献都支持把直觉同纯智能分开的科学幻想。正如威曾鲍姆所解释的那样：

> “左半球的思维是按照一种有序的、顺序性的方式进行的，这种方式我们可以称作逻辑方式。而另一方面，右半球的思维好像是按照整体意象进行的。语言加工近乎全部集中于左半球……”②

这里，语言能力又被孤立起来并等同于与上下文环境无关的逻辑能力，而忘记了威曾鲍姆作为第一个AI研究者所看到的，当语言运用到交际中时（左半球本身完全能够使用语言进行交际），“一种全局性的（整体的）环境把意义赋予所讲的话……”③

威曾鲍姆做了这种灾难性的承认后，只能做点自慰的说教了：“不管能造出有什么样智能的机器来，仍旧有某些思想活动只能由人来完成。”④他这种为难的态度可能来源于下面这种观念：文化实践的背景虽然在包括日常会话在内的智能行为中不起重要的作用，但是它在做出正当决策和精神性评价时所需要的智慧中，的确有其作用——虽然威曾鲍姆在这里也回避提出任何原则性的主张。他这样小心谨慎是蛮有道理的，因为一旦日常活动被看作是一种可由纯形式智能力量控制的技术性问题，就不可能划出限定计算机最终能做什么的界线来。那么，他所能做到的只有这种高雅的老生常谈了：“由于我们现在没有任何办法让计算机具有智慧，

---

① 《计算机的能力与人类理智》，第160页。在这方面，威曾鲍姆断言：认知科学只想对人脑思维是怎么工作的做出机械性的说明，而不想提出某种关于物理模型或乔姆斯基语言学的一般性理论，所以不能把它当真看作是对于我们理解思维的一种贡献。如果思维哪怕一部分真的是一种信息加工机制（威曾鲍姆认为如此，而我对此持异议），那么从思维的功能构件及其相互关系方面对其能力做出解释确实成为我们希望得出的理解。有关这种理解的详细情况，见豪奇兰德：《认知心理学的可信性》。

② 同上引文，第214页。着重号系笔者所加。

③ 威曾鲍姆：《计算机的上下文环境理解》，载《模式识别》，第181页。

④ 威曾鲍姆：《计算机的能力与人类理智》，第13页。具有讽刺意味的是，威曾鲍姆一般对于作者词汇中所提供的暗示很敏感，当把“human beings”（作为人的存在）当作“humans”（人）谈论，因而在把human beings比拟为桌子和计算机这类事物的道路上又迈出一步时，他采纳了他所厌恶的技术家们的行话。

现在也就不应该让计算机做需要智慧的事了。"[①]

从我们已经勾画出来的情景来看,真正的问题是威曾鲍姆接受了那种认为日常生活中智能所需要的一切都可以客体化并表达为一种信念系统的形而上学假想。这种假想无论是一种深刻的哲学主张,就像从莱布尼兹到赫塞尔所提出的那样,认为对于处在一定局势中的智能所需要的感知和实践都能用符号描述表达出来;还是威曾鲍姆及他所说的"人工智能界"所持有的肤浅技术见解,认为日常生活中的理解和自然语言的交际根本不包含有我们的躯体化的、社会化的技能,都歪曲了对于人性的感知。

伟大的艺术家们始终懂得人类智能的基础既不可能被分离出来,也不可能被明晰地理解;但哲学家们和技术专家们却顽固地否认这个道理。麦尔维尔在他的《白鲸》一书中写了一个名叫奎克的纹身野人,说他"在他的身上写出了一部有关上天大地的完整理论,一篇论及获得真理技艺的神秘的论文;因此,奎克的身体就成为一个待解的谜。这是一部奇异著作,其中的奥秘连他本人也无法读懂……"[②]耶茨讲的更加干脆,他说:"我已找到了我所希求的——用一句话说是'人能体现真理,但无法懂得它。'"

---

① 《计算机的能力与人类理智》,第227页。使威曾鲍姆的书难以理解的是,他也提出了一个同我们在一直遵循的弱式"道德"论断不相符的、强硬的原则性论断。他断定"人的改变"(human becoming)(我称之为人的重新定义自己和世界的能力),确实在人的行为中起根本的和无法形式化的作用,结果我们日常的智能没有多少能够得以形式化。

"由于人类智能领域,除了在少量形式化问题外,是由人性来决定的,其他所有智能无论有多强,都必定处在人的领域之外。"(着重点系笔者所加。)

但是,此处威曾鲍姆对技术家们智能与智慧二分法的支持,表现不同的方向。他没有对不可形式化的智慧和日常生活中可形式化的智能加以区分,而是区分同人有关的非形式化日常智能,和"绝对异化于任何纯正人类兴趣"(第226页)的可形式化的智能。但是,那些以为没有躯身和文化的计算机无法在人的自身意义上同人产生相互作用的人,常常求助于这种异化智能的观念,而这一观念只是哲学家们关于纯智力错觉的翻版。一旦接受了我们关于智能本质上同了解在特定上下文环境中什么是重要的相关联的观点,那么就不可能再讲,这种绝对异化智能是些什么。我们可在蜜蜂和蝙蝠身上我到低级智能,在像《星际旅行》中兰德鲁(Landru)这样的形体中找到高级智能,因为我们认为它们仍然有同我们相同的对于食物和伴侣等的需要,它们还有同我们相似的觅食和保护后代之类的目的。正是这些需要和目的,才使它们的活动具有智能和可以理解。确实存在着一些具有完全随意性目标的人工制品,这些人工制品被我们看作在修辞意义上是"有智能的"。比如说,当我们把复杂的目标循导火箭,说成是"精明的炸弹"时,就是如此。但是,如若不是柏拉图和亚里士多德把智能同人的活动分割开来,把星体看作受"智能"支配,那么也就没有人认为,同任何一种人类兴趣无共同之处的装置,能真正刻画具有异化智能。

② 赫尔曼—麦尔维尔(Herman Melville):《白鲸》(纽约:现代图书学院版,1952年),第477页。

伊德

作者简介

唐·伊德(Don Ihde,1934—),1964 年获波士顿大学哲学博士学位,现任纽约州立大学石溪分校荣休教授,是美国有重要影响的现象学技术哲学家。主要著作有《技术与实践》(*Technics and Praxis*,1979),《实验现象学导论》(*Experimental Phenomenology: An Introduction*,1986),《技术与生活世界》(*Technology and the Lifeworld: From Garden to Earth*,1990),《工具实在论》(*Instrumental Realism*,1991),《技术哲学导论》(*Philosophy of Technology: An Introduction*,1993)等。

文献出处

本文系《技术与生活世界》第 5 章"纲领一:技术现象学"前四节,标题为编者所拟,译自 Don Ihde, Technology and the Lifeworld, From Garden to Earth, Indiana University Press,1990,pp. 72-112。韩连庆译,吴国盛校。

技术现象学

"人—技术"关系的现象学的任务,是发现这些含糊关系的各种结构特征。为了完成这项工作,我将从关注经验中可以辨认出来的特征开始,这些特征主要集中在我们通过身体与技术发生关系的方式中。让我们从"作为身体的我"(I-as-body)借助技术手段与环境相互作用的各种方式开始。

1. 具身的技术

如果说早期现代科学通过光学技术发现了新的世界,那么具身性(embodiment)过程本身早已发生,而且相当普遍。通过技术把实践具身化,这最终是一种与世界的生存关系。人类一直以来就是这么做的,因为他们已经脱离了伊甸园中赤裸裸的知觉。

我以前已经以某种更有启示意义的方式注意到光学技术的视觉具身的一些特征。借助于这些光学仪器,视觉从技术上得到了转化。光学仪器转化视觉的事实已经很清楚,但是这种转化的变项(variants)和常项(invariants)还不明确。这就成了进一步研究更严格和更结构化的具身现象学的任务。我首先将从以前在视觉技术的初步现象学中提到的一些特征开始研究。

在现象学关系论(phenomenological relativity)[①]的框架中,视觉技术首先处在看的意向性(intentionality)之中。

我看——通过视觉人工物——世界

不管这种看的程度有多低,这种看至少不同于直接的或不借助工具的看。

我看——世界

我称这第一种与世界的生存的技术关系为具身性关系(embodiment relations),因为在这种使用情境中,我以一种特殊的方式将技术融入到我的经验中,我是通过这些技术来知觉的,并且由此转化了我的知觉和身体感觉。

当伽利略使用望远镜时,他由此借助于望远镜将看具身化:

伽利略——望远镜——月亮

与此相应,戴眼镜的人将眼镜这一技术具身化:

我——眼镜——世界

技术实际上处于看的人和被看的东西之间,处在中介的位置上。但是看的东

---

① 伊德认为,可以从相对论(关系论)的角度来理解现象学。现象学和相对论一样,都考虑到了经验者和经验领域的相对性关系。参见 *Technology and the Lifeworld* 的第 23~25 页。——译者注。本文脚注除注明外全为译者注,不再一一注明。

西或视觉所向却处在光学仪器的“另一边”。我们是通过光学仪器来看的。然而，这还不足以把这种关系称作是具身关系。这是因为我们首先必须确定，沿着什么样的关系连续统(continuum)，技术是在哪里以及如何被经验的。

存在一种原初的认识，在其中这种定位是双重含糊的。首先，技术必须是能够被“技术的”看透，它必须是透明的(transparent)。我将使用“技术的”(technical)这一术语来指技术的物理特征。这些特征可以被设计，或者说它们可以被发现。处理这些特征的学科可以提供有用信息，尽管对于本质性的哲学分析来说是间接的。如果玻璃的透明性不高，看透就是不可能的。不管接近“纯粹”透明是如何在经验上实现的，只要透明度足够高，那么将技术具身就是可能的。这就是具身性的物质条件。

具身作为一种活动，最初也具有含糊性。它必须是能学会的，或者用现象学的术语来说，它必须是建构的。如果技术是好的，那么这通常很容易实现。当我第一次戴上眼镜时，我看到的是重新被修正的世界。我要做的调整通常不是焦点上的刺激，而是边缘的刺激(例如调整镜片的反光和空间运动中的微小变化)。但是一旦学会了这些，具身关系就能被更恰当地描述为这样的关系，技术在其中成为最大的“透明性”。技术就会融入到我自身的知觉——身体的经验中：

(我——眼镜)——世界

我的眼镜成为我对周围环境的日常经验方式的一部分；它们“抽身而去”(withdraw)，很少被注意到。我实际上已经主动使视觉技术具身了。在人的行为中，技术联接了人工物和使用者。

然而，具身关系并不局限在视觉范围内。它们可以在任何感觉器官或微观知觉[①]的维度上发生。助听器对于听觉来说是如此，盲人的手杖对于触觉运动来说也是如此。值得注意的是，在这些矫正技术中，都具有与视觉技术中同样的具身结构特征。一旦学会使用助听器和手杖，这些技术都“抽身而去”(如果技术是好的话——在这里我们具有了完善技术的经验线索)。我借助助听器来倾听世界，我借助手杖来感觉世界。“(我——人工物)——世界”的汇合点通过技术来实现，并且通过技术结合成一个整体。

这些通过技术实现的关系既不限于简单技术也不限于复杂技术。从技术角度来讲，眼镜远比助听器要简单。比这些单一的感觉设备更复杂的是那些涉及整个身体运动的技术。在这方面比较常见的技术就是汽车驾驶。尽管驾驶汽车所涉及的关系不光是具身关系，但是驾驶汽车的舒适性通常是与具身关系有关的。

我们通过驾驶汽车来经验道路和周围环境，而运动是聚集性的活动。例如，与陈旧、笨拙的老式汽车相比，驾驶性能良好的赛车能更精确地感知路面和对路面的

① 伊德区分了两种知觉，一种是纯粹身体意义上的知觉，他称为微观知觉(microperception)；另一种是借助于各种工具所实现的知觉，他称为宏观知觉(macroperception)。

压力。我们也在像平行泊车这类活动中使汽车具身：当具身良好时，我们感觉到而不是看到汽车和路边的距离——我们的身体感觉扩展到车“身”上面。尽管这些具身关系使用了更大和更复杂的人工物，需要时间更长、更复杂的学习过程，但是其中所需要的身体的默会(tacit)知识却是知觉——身体的。

这是扩展身体的多态感知觉的第一个线索。对“身体意象”的经验不是固定不变的，而是根据可能被具身的物质中介或技术中介而得以扩展和(或)缩小。但是，我将把具身这个术语专门用在那些能如此被经验的中介类型中。相同的动态的多形态性也发生在没有中介的或直接的经验中。例如在空手道这样的军事技术的训练中，受训者要学会在格斗空间中感觉对手运动的方向和出拳方位。物质身体周围的空间都被关涉起来。

具身关系是一种特殊的情境运用(use-context)。从技术上来讲，它们在双重意义上是相对的。首先，技术必须“适合于”使用。实际上，在具身关系的范围内，我们可以在设计上做出一些特殊的改进，以便获得必不可少的技术的“抽身而去”。例如，在远距离无线遥控中，被设计用来抓取和浇灌封闭容器中玻璃管的机械手臂，必须把一种灵敏的触觉“反馈”给操作者。如果越接近这种技术所允许的不可见性和透明性，并且越能扩展身体感觉，那么这种技术就越好。需要注意的是，设计的完善不是只与机器有关，而是与机器和人的组合有关。机器是按照具身的方向完善的，根据人的知觉和行为来塑造的。

当这些发展取得了最大的成功时，就会出现某种技术的浪漫化。在很多反对技术的文献中，都有一种呼唤回到简单工具技术的怀乡病。这也许部分是因为，长期发展后的工具(long-developed tools)是身体表达性的完美例子。无论从行动的方面讲，还是从直接经验方面讲，它们都是直接的。但受到忽视的是，这些具身关系可以有任意数目的方向性。受跑道限制的赛车手和破坏热带雨林的推土机驾驶员，都在强烈的具身关系中感到了满足。

从具身关系的经验中也产生了一种更深层次的愿望。这是一种双重的愿望，也就是说，一方面希望完全的透明性、完全的具身，希望技术能真正“成为我”。如果这是可能的，那么这就等于没有技术，因为完全的透明就是我的身体和感觉；我希望能面对面，这样我就能不借助技术来经验。但这只是这种愿望的一个方面。这种愿望的另一方面就是拥有技术所带来的力量和转化。只有通过使用技术，我的身体能力才能得到提升和放大。这种提升和放大是通过迅速跨越距离的速度，或者通过技术改变我的能力的其他任何方式实现的。这些能力一般都不同于我赤裸裸的身体能力。这个愿望充其量是相互矛盾的。我期望技术所实现的转化，但是我同时也期望我没有意识到它们的存在。我期望技术能与我融为一体。这种愿望不仅暗自拒绝了技术之是，而且也忽视了必然与“人—技术”关系密切相关的转化效应。这种虚幻的愿望同时共存于赞成技术和反对技术的解释中。

这种愿望是乌托邦和敌托邦[①]梦想的来源。现实的或物质性的技术总是具有部分透明性或准透明性(quasi-transparency),这是技术所带来的放大效应的代价。技术在扩展身体能力的同时也转化了它们。从这种意义上来说,所有使用中的技术都不是中性的。它们改变了基本的境况,不管这种改变是多么细微、改变的程度多么低;但这却是愿望的另一面。这种愿望同时也是一种要求改变境况的愿望——栖居在地球上,或者甚至离开地球——然而有时候却暗自不一致地希望这种改变能够不以技术为中介来实现。

由具身技术所唤起的愿望同时也具有积极和消极的推进方向。知识活动、特别是科学中的工具逐步将知觉扩展到新的领域中。由此导致的行为就是要去观察,但这种观察却是借助于工具实现的观察。从消极意义上来说,期望纯粹透明性的愿望就是期望逃脱物质性技术的限制。这是一种柏拉图主义,转向了一种新的理念,期望逃脱由于技术的参与而重新得到扩展的身体。这种期望充满着矛盾:使用者既想获得技术,又不想获得技术。使用者想得到技术带来的好处,但是却想摆脱技术的限制,而这种转化是身体借助于技术而得到扩展所暗含的。这是人类创造尘世技术中所包含的最基本的矛盾情绪。

关于技术的这种矛盾情绪是基本含糊性(essential ambiguity)的一种反映,使用中的技术都具有这种含糊性。但是我认为这种含糊性有自己的与众不同的形态。具身关系展示了本质性的放大/缩小(magnification/reduction)结构,这在前面的工具例子中已经阐明。具身关系同时放大(或增强)和缩小(或降低)了通过这种关系所经验到的东西。

借助于望远镜的转化能力,从望远镜中所看到的月亮上的山脉景象,把月亮从它广阔的宇宙背景中移出去。但是如果我们的技术只是复制了我们的直接经验和身体经验,那么它们将很少有用处,并最终很难引起我们的兴趣。几个荒谬的例子可以表明这一点:

在一个幽默故事中,一个教授闯入俱乐部中,宣布他已经发明了一种阅读机器。这种机器可以扫描书页,朗读它们,并且完美地复制它们。(这个故事当然是发生在影印发明之前。这种机器实际上可能被称为"完美阅读机器"。)正如普通人所看出来的那样,这种机器留给我们的问题恰恰是这种机器发明以前我们遇到的问题。用机械"阅读"来复制世界上所有的书就等于是把我们扔在图书馆里。

对"皇帝新衣"这个故事的另一种解释也很能说明问题。想象一下发明出了完全透明的衣服,我们借此能够从技术上经验世界。我们能由此来观察、呼吸、闻到、倾听和感知。实际上,它没有引起任何变化,因为它是完全不可见的。谁还会不嫌麻烦地穿这种衣服(即使是想象中的穿戴者能找到这种衣服)?只有失去一些不可见性——比如说带上一些透明的颜色——衣服才有用和引起我们的兴趣。至少由

① 敌托邦(dystopian),即乌托邦(utopian)的反面。

此才会产生服装样式，从而与外在环境发生关系，但是代价却是失去完全的透明性。

这些故事都属于对虚构故事的引申外推，它们与最小的实际具身关系都不同。在它们的物质维度上，同时有着扩展与缩小、解蔽与遮蔽。

在实际的“人—技术”具身关系中，转型的结构也可以用变更(variations)的方法来阐明：在光学技术中，我已经指出在用镜片进行观察时，空间的含义是如何变化的。整个格式塔结构都改变了。当月亮的表观尺寸发生变化时，观察者的表观位置也发生了变化。相对而言，月亮被带“近”；同等的，这种光学上的切近(neardistance)既应用于月亮的外表，也应用于我身体的位置感觉上。更进一步地说，空间含义的每一个方面都发生了变化。例如，随着放大倍数的提高，众所周知的景物深度即以工具为中介的“焦平面”，也发生了变化。深度在光学的切近中变小了。

在使用光学工具时的一个相关现象是，光学工具以一种工具性的聚焦方式，转化了视觉的空间含义。但是不借助于工具的观看完全是一种身体的观看——我不光是用眼睛来看，而且是以一种对事物的统一的感觉经验的方式，用我的整个身体来看。在一定程度上，这就是为什么对于观看者的表观位置来说，有一种明显的不实在的原因。这种不实在只有通过长期使用工具才能消除。但是光学工具没有那么容易转变整个感觉的格式塔结构。通过工具得以放大的聚焦感觉是单维度的。

这里需要对感觉给予一定的解释(尽管我不是在声称一个原因)。研究知觉历史的人都知道，在中世纪对感觉的解释中，不仅视觉不是最高级的感觉方式，而且听觉和嗅觉都具有很重要的作用。然而在文艺复兴时期，特别是在启蒙运动时期，感觉简化为视觉，成为最受青睐的感觉方式。同时视觉也遭到了简化。然而这种偏好也对其他感觉方式带来了影响。

其中的一个影响就是每一种感觉方式都要独立地得到清楚的解释，特定的感觉方式具有自身独具的特征。这种解释妨碍了早期对回声定位的研究。

1799年，斯帕兰札尼[①]在用蝙蝠做试验时注意到，蝙蝠不仅能在黑暗中确定食物的位置，而且当它们的眼睛被蒙住时，也能做得到。斯帕兰札尼就怀疑，蝙蝠是否是用耳朵来定位，而不是用眼睛来定位。在进一步的试验中，用蜡封住蝙蝠的耳朵后，它们就不能定位，这确实表明没有耳朵它们就不能定位。斯帕兰札尼就猜测，蝙蝠或者是用听觉来定位的，或者是用其他人类不知道的感觉方式来定位的。蒙塔古(George Montagu)和居维叶[②]囿于感觉是独立的，以及只能通过视觉来辨别形状和物体的教条说法，嘲笑斯帕兰札尼是外行。

这并不是说这种对感觉差别的解释完全是由于熟悉光学技术带来的，而是说，

① 斯帕兰札尼(Lazzaro Spallanzani，1729—1799)，意大利生物学家。

② 居维叶(George Cuvier，1769—1832)，法国生物学家。

由这些技术所实现的放大视觉的共同经验至少是当时的标准做法。听觉技术是后来出现的。当听觉技术普及以后,就会发现"人—技术"经验中相同的放大/缩小结构。

使用中的电话属于一种听觉的具身关系。如果电话性能良好,我就能从电话里听到你,而电话设备"抽身"到使用背景中:

(我一电话)一你

但是电话是一种单一感官的设备,你只是以声音的形式出现。日常面对面的多维度的出现没有发生,我必须通过你的声音来想象这些维度。另外,就像在望远镜的例子中一样,空间的含义也改变了。这里也有一种类似于视觉切近的听觉形式。不管你是在远处还是近处,也不管你是在南方还是北方,这些都没有关系,重要的是你与设备的身体关系。你的声音部分保有一种虚构的切近,从直接的知觉情形的多维度中得到了简化。电话传送的距离不同于直接的面对面的相遇,也不同于通常所认为的视觉或地理的距离。它的距离是一种有中介的距离,自身具有可以确认的含义。

我最初使用变更的方法,是为了确定和展示各种具身关系中都具有的放大/缩小结构这一常项。但是在技术发展史中,也存在一些次级的、但同样重要的效应。当第一次使用电话时,使用者对这种听觉的透明性充满了好奇。沃森(Watson)听到和辨认出贝尔(Bell)的声音[①],尽管当时的设备还有很大的噪声。总之,令人着迷的是放大、扩大和增强的效应。但是,与此相反,也就容易忘记技术的缩小效应。解蔽出来的容易引起人们的兴趣,而遮蔽的可能被忘却。就发展而言,这里有一个技术路径(trajectory)的秘密。在技术的发明中存在着潜在的目的。

在光学的历史上,这些目的是很清楚的。放大效应令人着迷。尽管在一个很长的时期里技术没有什么进步,但这种迷恋不时出现,最终导致在伽利略时代发明了组合透镜。如果一定的放大能够展示新的、以前很少注意到或者根本没有注意到的领域,那么更大的放大能做什么呢?在我们自己的时代,基于放大的各种变体如雨后春笋。电子增强(Electron enhancement)、计算机图像增强、计算机和核磁共振(CAT、NMR)内部扫描、"大眼睛"望远镜[②]——当代的放大和视觉设备举不胜举。

我把自己限制在可以称为水平路径(horizontal trajectory)的那些东西上,也就是那些通过具身关系、在视觉中带来各种微观或宏观现象的光学技术。通过把例子集中在这些现象上,在与微观知觉和它的亚当情境(Adamic context)[③]的关系

---

① 贝尔和他的助手沃森共同发明了电话机。1876年3月10日,贝尔用电话喊道,"沃森先生,快来帮我。"这成了人类第一句通过电话传送的语音。

② 指哈勃望远镜。哈勃望远镜被称为全人类的"大眼睛"。

③ 伊德在《技术与生活世界》中使用了一个比喻,认为人类在伊甸园中不需要技术,但是一旦脱离伊甸园,就必须借助于工具在尘世(地球)上生活。

中，就会出现具身关系的一个结构性特征。当看到的东西被极大改变之后——前所未有的天文现象和新发现的微观现象丰富了伽利略的新世界——在事物如何被看的问题上，依然保留了一个很明显的现象学常量(phenomenological constant)。上面描述的这类透镜和光学技术将能看到的东西带到正常的身体空间和距离中。宏观现象和微观现象都在相同的切近中出现。银河或变形虫的"放大尺寸"都是相同的。这是可见性的存在条件，与之相对应的是技术条件，即工具使事物在视觉中显现。

然而，有中介的显现必须要适合和接近我实际身体的位置和视域。因此，在工具情境中，存在一个我本人亲身(face-to-face)能力的参照点。这些能力在新的中介情境中，仍然是原初的和核心的。现象学理论认为，对于被看到的事物(对象相关项)的每一个变化，在事物如何(经验相关项)被看到方面，都有一个明显的变化。

具身关系中的这些变化与没有中介的情形相比，既有相同之处，又有不同之处。在两者中保持不变的是身体的聚焦，能够重新指向我的身体能力。看到的东西必须出现在我的视域中，要有明显的距离感，以便能够辨别出空间深度，这些情形就如同在直接的关系中一样。但是能够带入这一临近(proximity)的范围，被工具转化了。

让我们想象一个在工具历史上实际上从未出现的问题：如果银河和变形虫的"影像尺寸"对于使用工具的观察者都是"相同的"，我们如何分辨哪个是宏观的，哪个是微观的？帕斯卡[①]注意到，我们和这两个放大图像的"距离"是相同的，这样一来，人就处于无限大和无限小之间。

通过中介产生的一切都不成问题，因为我们对观察的建构预设了日常实践的空间性。我们把草履虫放在玻璃片上，置于显微镜下。我们用望远镜瞄准天空中指定的位置，在观看之前，我们注意到我们与苍穹之间的距离。但是在我们的想象实验中，如果我们完全沉浸在以技术为中介的世界中，那会发生什么情况？如果我们从一出生，所有的视觉都是通过透镜系统发生的，那又会发生什么情况？这里的问题变得更加困难。但是自从我们有了工具，正是上面这种假想的区别使我们既能够不借助工具来观看，也能以工具为中介来观看，并由此能够发现这种区别。这种区别也使我们进一步脱离了没有工具的状态。正是因为我们保有了这种正常的空间性，我们才有了一个做出判断的参照点。

隐含在所有视觉中的意向活动(noetic)或身体的反射性，也可以在具身学习的时候以一种放大的方式被明显感觉到。伽利略的望远镜视域很小，加上早期的望远镜是手持定位的，这就很难捕捉到一些特殊的现象。但是，在试图定位一个天体时所经验到的身体运动的夸大感觉，必定已经被注意到，尽管未必受到评论。更进一步地，在试图使用这些原始望远镜时，人们很快地认识到有关地球运动的一些东西。尽管星体表观上是固定的，但手持望远镜明显表明了地球和天空之间的相对

---

① 帕斯卡(Blaise Pascal，1623—1662)，法国数学家、物理学家、哲学家。

运动。这种放大效应属于我们身体观视经验的一部分。

这种身体化的和行动的参照点具有特定的优先性。所有的经验都以不言而喻和往复的方式指向它。在有中介的经验发生情形中，看的可能性的身体条件被两次显示出来。具身关系仍然揭示了我在此的优先性。在设计良好的具身化的技术中发生的部分共生现象保留了这种能动性，它可以被称为表现力(expressive)。具身关系构成了所有“人—技术”领域中的一种生存形式。

2. 解释学的技术

海德格尔的使用中的锤子展示了一种具身关系。通过它的身体活动内在于环境而发生。但是当锤子损坏、遗失或发生故障时，锤子就不再是实践的手段，成了干扰工作计划的破坏对象。不幸的是，海德格尔从负面的角度看待由此引申出的对象性，从而错失了对第二种“人—技术”生存关系的理解。我称这种类型的关系为解释学的(hermeneutic)。

术语“解释学”有很长的历史。在最广泛和最简单的意义上，它意味着“解释”，但是在更特殊的意义上，它是指文本解释，从而涉及到阅读。我将采取这两种含义，把解释学作为一种技术情境中的特殊解释活动。这种活动需要一种特殊的活动和知觉模式，这种模式类似于阅读的过程。

阅读当然就是“对……的阅读”；在通常的情境中，填补意向性空白的是文本，也就是一些写下来的东西。但是所有的书写都需要技术。书写有产品。历史上，早在像钟表或指南针这些关键技术所带来的革命之前，就人类经验领域来说，书写的发明和发展比钟表或指南针更具革命性。书写转化了对语言的知觉和理解。书写是嵌入在技术中的语言形式。

目前，在言语(speech)和书写的关系之间流行着一场争论，特别是在目前的大陆哲学中。一方认为，无论是从历史上来说还是从存在论上来说，言语总是优先的；另一方(例如法国学派)则倒转了这种关系，强调书写的优先性。我不需要在这里介入这场争论，只需注意到口头言语与涉及物质性手段的书写过程之间的技术差别(至少在古代是这样的)。

书写是一种刻写，同时要求应用了很多技术(从刻写楔形文字的铁笔到当代学术文章写作的文字处理程序)的书写过程和记录书写的物质材料(从泥板到计算机打印材料)。书写是一种以技术为中介的语言。由此出发，就可以强调一下解释学的技术的几个特征。我将通过一种阅读和书写的现象学，采用这样一种初看起来似乎是迂回的道路，来研究这种很有特色的“人—技术”关系。

阅读是一种特殊的知觉活动和实践。它以一种非常特殊的方式牵扯到我们的身体。在一般的阅读活动和由此延伸的阅读活动中，被阅读的东西都放在眼睛的前面或下面。我们在当下情境中从一种微小的鸟瞰视角来阅读。在视域的焦点位置上，被阅读的东西占有一定的空间，而我通常处在某种轻松的位置上。如果对象相关项(广义上的文本)是航海图,那么图示就代表了陆地位置的自然特征,两者是同构的。图表代表了陆上(或海上)的位置,因为两者是同构的,因此就有一种指示上的"透明性"。图表以特殊的方式"指向"了它所代表的东西。

按照上面描述的具身关系,这种同构的指示与从一些观察位置(在鸟瞰的层次上)在大范围中所看到的东西既有相似之处,也有不同之处。相似之处在于,图示上的形状是一些独特特点的简化指示,在直接或具身的知觉中,这些特点可能没有中介,也可能是以技术为中介的。读者可以比较这些相似性。但是阅读图表也有不同之处,因为在阅读的行为中,知觉关注的焦点是图表,而图表是陆地位置的替代物。

我有意使用阅读图表的例子有好几个目的。首先,表象的"文本"同构性让解释学技术的第一个例子既类似又不同于光学技术中的知觉同构性。区别至少在于,人们通过光学技术来感觉,而现在人们把图表看成视觉终点,即"文本"人工物本身。

然而,当表象同构性在印刷文本中消失时,一些更明显的事情就发生了。在印刷文字和它所"表象"的东西之间没有同构关系,尽管也有一种指示的"透明性",这种"透明性"属于这种新的技术具身的语言形式。在图表的例子中很明显的是,图表本身成了知觉的对象,而同时又将自身指向没有被直接看到的东西。然而,在印刷文本的情形中,指示的透明性明显不同于技术具身的知觉。文本的透明性是解释学的透明性,而不是知觉的透明性。

在历史上,文本的透明性既不是直接的,也不是一举获得的。今日逐渐成为全世界之标准的语音书写"技术",经过一系列的变更和试验过程,变成了现在的样子。一个早期的书写形式是象形文字。在某种程度上,书写仍然类似于图表的例子;象形文字与它所代表的东西还保有一种表象的同构性。后来的更复杂的表意书写(例如汉字)实际上是一种更抽象的象形文字。

书法学家已经指出,甚至早期的语音书写都是在象形基础上,经过逐步的形式化和抽象化而形成的(参见图 1)。字母通常描绘成一个动物,这个动物名字的第一个音节成为了这个字母的发音,发音和字母就同时产生了。早期的语音书写就这样形成了,类似于今天教孩子认识字母表的方式:"C 代表母牛(cow)。"大部分教育背景良好的人都很熟悉象形文字学这种复合的书写形式。尽管书写是象形的,但是并不是所有的象形文字都能描绘出来;有一些只代表发音(语音)。

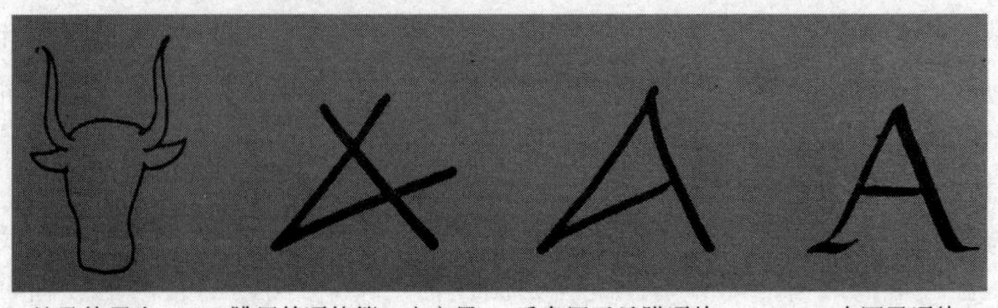

埃及的圣牛　　腓尼基语的第一个字母　　爱奥尼亚希腊语的第一个字母　　古罗马语的A

图 1

有一个很有意思的跨文化例子就是汉字的书写。汉字是从象形文字发展为一种形式化的和转化了的表意书写。这是通过略微的抽象,从象形文字中相对具体的表示中发展来的,但却是非语音的、表意的发展方向。因此,对于语音书写来说存在双重抽象(从象形文字抽象为字母,然后把有限的字母重新构造成代表口头语言的单字),然而表意文字书写的双重抽象并没有像这样构造单词,而是构造概念。

如果人们熟悉中国文化中发生的那些事物,在"甲骨文"时期(早于公元前2000年)的古汉语书写中,以及甚至在"金文"(公元前2000年—公元前500年)后期的某些古汉语的书写中,会很容易发现其中包含的象形文字的表象。例如,从图2中可以看出,"舟"的表意文字实际上抽象地代表了在河中使用的像舢板一样的船。与此类似,在"门"的表意文字中(见图3),我们仍然能从图画中辨认出独特的东方式的门。现代的变种——与之相关但更抽象——明显失去了这种直接的表象同构性。

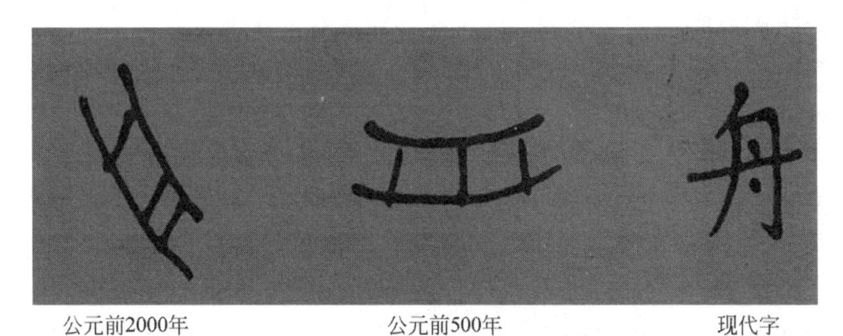

公元前2000年　　公元前500年　　现代字

图2 "舟"字的演变

公元前2000年　　公元前500年　　现代繁体字

图3 "门"字的演变

隐含在这些转化中的是技艺和相关技术的变化。电影导演谢尔盖·爱森斯坦[①]对这种图像技术很敏感,他曾经指出,这种转变来自于毛笔和墨汁的发明:

"但是,在公元前3世纪末期,毛笔发明了。[②]'喜乐之事'(joyous event)

① 爱森斯坦(Sergey Eisenstein,1898—1948),苏联电影导演,主要作品有《战舰波将金号》等。

② 相传毛笔是秦朝的蒙恬发明的,那么这时就应该是公元前3世纪末期。

(公元)之后的第一个世纪,纸也发明了。最后,在公元220年,又发明了墨汁。

“这是翻天覆地的变革。这是制图术的革命。在历史上,经过不少于14次的不同风格的书法变革,象形文字凝练成现在的形式。书写的手段(毛笔和墨汁)决定了书写的形式。

“14次变革都有它们的方式。最终的结果是:(见图4)

图4 “马”字的演变

“象形文字的‘马’是一匹跳跃的烈马,但在熟知的古代中国青铜器上仓颉的文字书写中,已经不能辨认出那匹后腿立起来的可爱的小马。”[①]

如果这是对书写发展的准确描述,那么这就类似于胡塞尔阐述的几何学起源的发展轨迹。这种发展轨迹就是比较具体的形式发展为更加抽象化的形式,直到差不多与起源“相似的东西”都消失了。从这方面来看,书写只是略微近似于言语。

一旦实现,就像其他在生活世界中获得的东西一样,书写只有根据它独特的语言透明性来阅读和理解。书写成了一种具身的解释学的技术。现在,描述可以采取一种不同的模式。被指称的东西是由文本来指称,是通过文本来指称的。现在呈现出来的是文本的“世界”。

这并不是否认所有的语言都有自己独特的透明性。指称超越于自身,使事物通过语言来呈现的能力也属于言语。但是这里的中心现象是语言在书写中新的具身。更专题化的讲,所关注的是作为一种“技术”的书写转化经验结构的方式。

语言的透明性是把文本的世界呈现出来。因此,当我阅读柏拉图著作的时候,柏拉图的“世界”就呈现了。但是这种呈现是一种解释学的呈现。这不仅是借助于阅读来呈现的,而且也是在语言能力的解释情境中成形的。他的世界是以语言为中介的,尽管文字能够引申出各种想象和知觉的现象,但只有借助于语言,这些现象才能发生。虽然这些现象可能异常丰富,但是它们却不是作为文字来出现的。

我们承认这种阅读现象。它是读写的生活世界经过沉积获得的,因此一直没有被注意到,直到批判性的反思阐明了它的显著特征。这类似于我们所应用的大

① Sergei Eisenstein, *Film Form: Essays in Film Theory*, ed. and trans. Jay Leyda (New York: Harcourt, Brace and World, 1949), p. 29. ——作者原注。

部分解释学的技术。

就像书写的变化历史一样，从具身关系向解释学关系的转变可以顺着“人—技术”的连续统(continuum)逐步进行，其间较少有能注意到的差别。对可读技术的一系列广谱的变更将实现这一点。首先来看一个可读技术的明显例子：想象一下在一个寒冷的冬天，你看看窗外，注意到外面风雪咆哮，但是你坐在炉前却温暖舒适。你可以运用梅洛-庞蒂[①]所说的丰富的知觉，明显地“看到”外面很冷，但是实际上你却感觉不到。当然，如果你走出门外就能知觉到。你将面对面证实你所看到的东西。

但是你也可能看到外面挂在葡萄藤架上的温度计，读出温度是华氏28度。你现在“知道”外面有多冷了，但是你仍然感觉不到。为了获得一种具身关系的完全感觉，必须也有一种与对冷的感觉具有同构关系的感觉——冷的感觉在这里就是触觉，是通过面对面的经验获得的。有人也许能发明这样的技术，例如，可以把一些传导材料放在墙里面，这样就能用手感觉到负“热”即冷。但这不是温度计所做的事情。

相反，你读温度计，并且在这种直接的读中，你解释学的知道外面很冷。这种解读有一种即时性，用现象学的术语说，它是一种已经构造好的直观。但是你不可能不注意到，从知觉上来说，你看到的东西是刻度和数字，是温度计的“文本”。这种文本从解释学上传达了“外部世界”的指称，也就是冷。[②]

这种构造的直接性并不是总能获得。例如，尽管我对一些用摄氏温度取代华氏温度的国家很熟悉，但是我依然必须通过有意识的和自觉的解释学活动，把我在直觉上很熟悉的语言翻译成不熟悉的语言。然而，直接性不是验证是否解释学关系的标准。只要解释学关系也是一种“看作是……”，那么它就模仿感性知觉；但是它是一种指示性的看，它把看温度计作为它的直接知觉焦点。

现在看一下更复杂的情况。在上面的例子中，经验者同时具有对于现象的具身(看见了冷)和解释学接触(读温度计)。假设把房间密封，没有窗户，知道天气的唯一通道是温度计(也可以包括其他的仪器)。关系的解释学特征就更明显了。我现在必须明确知道如何阅读仪器，从而通过这种阅读知识把握被指示的“世界”。

这个例子在核电站中形成了。在三里岛事故[③]中，核能系统只能通过仪器来观察。导致近乎崩溃的延迟，部分是由于对仪器的误读。这里没有与反应堆或其他机器设备的直接的、单独的接触，也不可能有。

对这种情形的意向性分析保留了技术的中介位置：

---

① 梅洛-庞蒂(Merleau-Ponty，1908—1961)，法国哲学家，主要著作有《知觉现象学》等。

② 帕特里克·希伦(Patrick Heelan)在《空间知觉与科学哲学》(*Space Perception and the Philosophy of Science*，Berkeley：University of California Press，1983，p. 102)这部完全从解释学的角度解释知觉的著作中，进一步发展了类似于我这种形式的阐释。——作者原注。

③ 指1979年3月在美国三里岛(Three Mile Island)发生的核电站事故。

我—技术—世界

(工程师—仪器—反应堆)

在操作者和核反应堆之间的是仪器。但是在这里,具身关系和解释学关系的本质不同也就出现了:直接知觉到的是仪表盘本身。它成为我的微观知觉的对象,尽管在解释学透明性这种特定意义下,我通过它来读反应堆。这种情形就要求一种不同的形式:

我—(技术—世界)

上面的括号表明,我的经验的直接知觉焦点是控制表盘。我通过它来读,但是这种阅读依赖于仪器和指示对象(反应堆)之间半透明(semi-opaque)联系。这种联系现在成了谜。

在具身关系中,形成我自己和技术之间部分共生关系的,是技术成为知觉透明性的能力。在光学的例子里,要想具身运用成为可能,玻璃制造者和磨镜片者的技艺必须达到这一目标。在具身运用的透明性中发生的谜,便会发生在具身关系的括号之中:

(我—技术)→世界

↑

谜的位置

(这并不是否认,一旦建立了透明性,并使得微观知觉变得清晰,观察者可能仍然会失败,特别是在宏观知觉的层次。但是目前,我将推迟分析这类解释问题。)如果意识不到这类问题,就会把制造透镜的历史看得过于简单了。伽利略的仪器不仅很难看清楚,而且用天文学的术语来说,只对"中等区域"的景观才是有效的(它确实能传递行星和它们一些卫星的信息)。随着望远镜功能越来越强大,出现了着色效应、衍射效应等问题。就如伊恩·哈金[①]指出的:

> "如果把两个不同的圆点放大成一个模糊的圆团,那么放大就没有用处。我们必须把圆点分解成两个不同的图像……这是衍射的问题。衍射的最熟悉的例子就是,具有明显边界的对象的投影是模糊不清的。这是光的波动性的结果。"[②]

在光学的历史上可以找到很多这种例子,在具身关系能够拥有任何扩展之前,技术问题必须已经解决。确实,在实验科学发展中的很多障碍,恰恰就在于仪器能

---

① 伊恩·哈金(Ian Hacking,1936—),美国科学哲学家,主要著作有《表象与干预》(台湾译为《科学哲学与实验》,台北桂冠图书公司,1991)、《驯服偶然》等。

② Ian Hacking, *Representing and Intervening* (Cambridge: Cambridge University Press, 1983), p. 195. 哈金阐发了一种卓越的、非常有启发性的使用显微镜的历史。然而,他关注的焦点是技术的性质,在显微镜用于科学实验之前,这些技术性质已经确定。然而,他和希伦、罗伯特·阿克曼(Robert Ackermann)都是研究工具中的知觉和仪器问题的先驱。也可以比较一下我在《技术与实践》(*Technics and Praxis*, Dordrecht: Reidel Publishers, 1979)中的阐述。——作者原注。

力的这些局限。

然而,这里的任务就是寻找在解释学关系这种新出现的"人—技术"关系中类似的困难。解释学关系中的技术问题在于仪器和指示对象之间的连接者。从知觉上来说,使用者的视觉(或其他感觉能力的)终端是仪器本身。读仪器类似于读文本。但是如果文本的指示不明确,它的指示对象或指示的世界就不能呈现。这里出现了一种新的谜:

我→(技术—世界)

↑

谜的位置

因为关系中的每一部分都可能发生失灵,为了阐明具身关系和解释学关系中逐步产生的区别,就需要注意连接者的短程变化。

如果就仪器而言没有任何东西妨碍我的直接知觉(在三里岛的例子中,光线一直保持着等等),那么阅读一个怪异行为"文本"时的解释问题,就至少是有可能发生的;但是,技术的谜也可能在文本—指示的关系中发生。操作者如何在仪器的故障和仪器所指示的东西的故障之间作出区别?某些形式的不透明会发生在关系的技术—指示端。如果有单独的方法能够证实哪个方面失效了(返回到直接的面对面关系),就很容易发现这种故障。所有这些情况都导致了仪器冗余。但是在单独的核查没有可能或不及时的时候,不透明依然存在。

我们以一个简单的机械连接作为极端的例子。在船上换挡时,座舱里有一个控制杆,当往前推时,就发动了向前的齿轮;当停在中间时,就停止不动;当向后拉时,就发动了向后的齿轮。借助这个控制杆,我可以很容易感觉到变速器中齿轮的变化(具身),直接辨认出简单的解释学意义(向前推控制杆就是往前走)。不过,过了一段时间后一旦要回到码头,我松开了向前的齿轮,螺旋桨仍然推着船向前走。我马上向后拉控制杆,这时候船仍在向前。解释学意义失效了;虽然我仍然能以一种挡位控制杆的方式感觉一种差别,但我没有发现后来才发现的固定控制杆的钩环损坏,从而实际上无法换挡。但是即使在这一层面,技术—对象的关系中也能够存在不透明性。

在这里预先指出"人—技术"关系的这种故障,目的不是在与具身关系的对比中,从负面来看待解释学关系,而是为了指出知觉关系和"人—技术"关系的相互作用处于不同的位置。一般来说,当技术使用正常时,技术—世界的关系将保持独特的解释学透明性。但是如果"人—(技术—世界)"的关系沿着连续统走得太远,以至于把关系等同于解释学关系,那么知觉—身体关系与技术的交叉点就变化了。

可读技术要求借助仪器扩展我的解释学和"语言的"能力,而阅读本身作为一种与技术的关系或朝向技术的关系,仍然处于身体知觉的位置上。在这里首先是技术作为"对象"出现,但却没有海德格尔所说的负面意义。实际上,作为一种"文本"的特殊能力类型是解释学透明性的条件。

解释学关系实现的转化恰恰是通过文本和所指之间的差异而发生的转化。所需要的是特定的一组文本清楚的知觉，这种知觉可以“还原”为直接可读的东西。现在再来看三里岛的例子。一个没有被发现的问题是，仪器面板的设计本身是有缺陷的。它没有以一种易读的方式融合刻度盘和量表。例如，在飞机仪器面板的设计中，考虑了很多模式识别的问题，这种识别模式是作为一种知觉的格式塔来发生的。因此，在一个四引擎飞行器中，指示每分钟转速的四个刻度盘要协调起来，这样一来，简单地看一眼就能知道引擎是否是同步的。这种技术设计就用到了知觉结构。

在关注连接者和故障的时候，还有第二个需要注意的地方。在目前我所用到的所有例子中，解释学技术都包含了物质方面的联系。(温度计应用了圆柱管中双金属弹簧或水银的物理性质；三里岛的仪器面板使用了机械的、电子的或其他物质连接；换挡控制杆中使用了简单的机械连接。)如果阅读没有使用任何这样的物质连接，那它的所指可能是完全不同的，因此，并不是所有的技术连接都必然是物质性的。摄影保持了与对象的表象同构，但没有与对象“物质的”相联系；它是远距行动的最小开端。

我用到的例子都是当代的或后科学时代的，但是非物质性的解释学关系并不限于当代人。作为一种生存关系，解释学关系就像走出伊甸园的人性一样“古老”。人类学和宗教史早就熟悉了种类广泛的萨满教实践，这些实践正属于解释学技术的模式。在这些初看起来有些残暴的例子中，注意一下萨满教所使用的各种“解读”技巧。解读动物的内脏、被扔的骨头、身体上的记号，所有这些都是解释学技术。内脏、骨头或其他东西的样式，都从仪表或文本意义上指示了事态的状况。

我们在这里不仅接近了很多作家指出的巫术和技术起源之间的密切联系，而且事实上接近了不同文化背景中更广泛的解释学实践。正是因为这个原因，必须仔细研究实践的奇异性。如果认为扔骨头是医学诊断的“原始”形式——萨满教确实这样认为——我们就可能推断出，这确实是解释学关系的初级形式。然而，我们可能错失的是，被诊断出的病情的整个格式塔结构，有可能完全不同于其他文化和我们的文化。

很可能出现的情况是，作为诊断一些特殊的身体疾病(例如阑尾炎)的主要形式，这种诊断会失败。但是由于萨满教的一个重要组成部分是一种范围更广泛的诊断，特别在确定某些公共问题或社会问题的场合使用，因此往往效果更好。如果有时候脱离社会背景，单纯强调西方医学对假想的“机械”身体的关注，那么就恰恰容易忽视萨满教巫师清楚认识到的背景。整个格式塔是不同的，关注的角度也是不一样的，但是在所有的情况中都有解释学关系的例子。

在当代社会中，西方医学在治疗特定疾病上的成功是因为把技术引入到解释学关系中(发烧时用温度计，量血压时用血压计，等等)。这里的关键点是，传统和古代社会群体与我们现代社会中都存在解释学关系，尽管两种解释学关系的地位和具体实施是不同的。

通过继续我所遵循的意向性分析，我们现在就能明白，解释学关系变更了“人—技术—世界”关系的连续统。解释学关系在人类面向世界的实践情境中保持了技术通常具有的中介位置，但是它们也改变了“人—技术—世界”关系中的变量。形式上的比较可能会很有启发性：

一般的意向性关系

人—技术—世界

变项 A：具身关系

（我—技术）→世界

变项 B：解释学关系

我→（技术—世界）

尽管关系的每个成分都在相关性中发生变化，变项的整个形式却可以识别出来。如何经验技术也不是那么简单的。

光学仪器设备的另一类例子可以展示工具意向性可能遵循新路径的另一种方式。当关系中知觉活动和身体活动之间的透明性和同构性都出现时，严格的具身关系最明显。我已经指出，这种情况下的发展路径通常是水平方向的。这种路径不仅沿着越来越大的放大倍数发展，而且也承受了一种技术本性的所有困难，也就是说，要允许所见如同裸眼所见。但是并不是所有的光学技术都沿着这个方向发展。解释学可能性的引入开启了我所说的垂直（vertical）方向的路径，这种可能性依赖于有意识的解释学转化。

有人可能说，望远镜和显微镜通过扩展视觉而转化它，仍然是模拟（analogue）技术。这些技术所实现的增强和放大对于一般的视觉还是可见和透明的。月亮还是能够辨认出来的月亮，细菌（尽管细菌的存在在以前觉察不到）在显微镜下还是微生物，能够认出是一种有生命的生物。在这里，正如放大能力让前景（foreground）现象与必然伴随着放大而出现的缩小的背景（background）现象相适应，日常视觉所看到的东西的外貌仍然是具身关系的中心。

并不是所有的光学技术都介入这些知觉。在逐步走向一种解释学关系的视觉“字母表”中，有意识的变更会发生，它强化以前未能发现的差异：

（1）就像以前注意到的那样，想象一下用眼镜矫正视力。这里需要的是尽可能复原到通常知觉意义上的视觉，而不是在极端的微观知觉或宏观知觉方向上扭曲或更改视觉。但是现在要看水中或沙漠中的雪景或太阳，我们为了消除刺眼的强光，就把镜片着色或偏振，从而改变了镜片。这种变化在一定程度上转化了看到的东西。不管我们是否说偏振的镜片去除了强光或使景色“变暗”了，但是现在看到的东西明显不同于用没有着色的镜片看到的东西。这种不同就成为一个线索，为技术发展开启一种新的目的方向。

（2）现在假设某时某地某人注意到一种特定的着色揭示了预料不到的结果。

这就是如今红外卫星图片中应用的一种更加复杂的技术。(目前我将忽略如下事实,即这一过程部分结合了具身关系和解释学关系。)如果照片拍的是墨西哥的下加利福尼亚(Baja California)[①]半岛,那么从形状上可以辨认出来。地理上深度和高度的表象等东西保住了,但在不同于任何日常视觉的方向上变化。红外照片增强了植被和非植被的差异,超出了任何同构彩色照片的限度。在模拟的例子中,这种差异对应于类似象形文字的东西。它同时遗弃了一定的相似结构,开始把表象修改为一种不同的、非感知的"表象"。

(3) 在军队和警察所使用的新的热敏和光增强技术中,出现了视觉识别形式的非常复杂的版本,这些识别形式仍然是"表象的",但不是寻常的。夜视仪增强了人的热辐射,虽然看到的仍然像个人,但它突出和消隐的区域却完全不同。在高纬度的观察中,地面上的"热阴影"表明一架飞机最近发动过引擎,而其他的飞机没有。在这里,视觉技术用一种完全不同的感知方式,把一些不能看到的东西带入到视觉领域中。

(4) 如果现在再进一步研究光谱摄影天文学,那就能看出这一方向的加速发展趋势。一个星体的光谱摄影照片不再"类似于"星体。这里完全没有光点、没有圆形尺寸、没有空间的同构,只有一条不同颜色组成的条纹。没有受过训练的读者不会知道这是星体的照片,读者必须学会对星体进行编码的语言和字母表。天文学家—解释学家当然熟悉这种语言,能够"阅读"视觉的"字母表"。他们知道星体的化学成分和内部组成,而不是星体的形状或外在结构。我们现在就处在一种更加完全的解释学关系中,星体不仅是以仪器为中介的,而且在由此实现的转化中,我们必须专题化的阅读转化的结果。只有受过训练的人才能进行这种阅读。

当然,这里还保留着星体的指称。光谱照片是参宿七的或北极星的,但星体却是从解释学上呈现的。这里就开始了一种特殊的知觉转化,这种转化有意识地增强了不同的方面而不是相同的方面,目的是为了获得以前不能感知到的东西。

(5) 即使是光谱图片也是一种非常极端的知觉转化。它也能被一种更极端的解释学类比转化成数字转化。这种数字转化根植于青睐量化的科学实践中。当然,科学的"字母表"是数学,而数学就用另一种解释学步骤把自身从具身知觉中分离出来。

这种转化可以以多种方式来进行,有意思的是,这些形式都涉及到一种特殊的、通常注意不到的翻译活动。为了使例子尽可能简单,让我们假设这种"翻译"是机械的或电子的。假如光谱图片由机器来阅读,它所产生的结果不是各种颜色的光谱而是一些数。这种转化甚至类似于阿拉伯数字,由此我们就到达了最终的解释学成就。但是在解释学化的过程中,所指示对象的"透明性"本身成了谜。这就

① Baja California 是指墨西哥的下加利福尼亚州,这是相对于美国加州而言的。美国加州在下加利福尼亚州的北部。

必须有更清楚和更专题化的解释。

解释学关系,特别是那些应用了能实现垂直转化的技术的解释学关系,远离了知觉的同构。显示出来的东西和这些东西是如何显示的之间是有区别的,正是这些区别能提供很多信息。在解释学关系中,世界首先转化为文本,而文本是可读的。在解释学关系中潜在地具有灵活性,如同在语言的不同使用中具有灵活性一样。艾曼纽尔·穆尔尼埃(Emmanuel Mournier)很早就认识到这种与语言的类似关系:

> "机器作为工具不是我们各部分的简单的物质延伸。它是另一种秩序的延伸,是我们语言的附加物,是数学的辅助语言,是洞察、剖析和揭示事物的秘密、隐含的意图和未用的能力的方式。"[①]

借助于解释学关系,我们仿佛能够将我们自己置于任何可能的不在场的情形中来理解。不同于文学作品,在科学中最重要的是,阅读保持了某种对阅读对象的指示或对指示的解释学透明性。也许这就是总想把阅读到的东西转换回能感知的东西的原因。在这种转换中,当代技术具身的科学经常起源于翻译技术(translation technology)。下面我举两个例子:

(a) 在知觉领域中,数字化过程成为必需的。从空中探测器中获得的图片要经过双重的翻译过程。金星表面的照片从技术上说类似于人的视觉。它至少是对表面领域的展示,整合了各种可能的外形和反差,这可以在一种视觉格式塔中立即被看到,但是现有的技术不能以这种方式把这种整体论的效果传送出去。因此它就被"翻译"成能传送的数字代码。工具"看到的东西"被分解成一系列的数字,通过无线电信号传送给接收者;随后这些信号重新组合成一个滴状的样式,并通过放大再现出几百万英里以外拍摄的照片。事实上,没有人能够读懂这些数字并说出其中的含义;只有当数字的线性文本能够被重新翻译后,进入到一个即时的视觉格式塔的范围,我们才能看清楚火星上的岩石是否类似于月亮上的岩石。这里同时应用了知觉和语言的多种模拟,以便把视觉扩展到地球之外。

(b) 同样的过程也应用在声音的数字录音中。双重翻译过程再次发生,声音被压缩成数字形式,通过录音设备的再现,再翻译成听觉的格式塔。

数字化和模拟过程在一定的结构中融合在一起。图片像白墙上的黑点一样被传送,并在一定的尺寸范围内被重新组合。这样形成的图片就能一下子被知觉到;我们看到亨弗莱·鲍嘉[②],而不是由点组成的马赛克。(点画法[③]在绘画中也使用

---

① Emmanuel Mournier, *Be Not Afraid*, trans. Cynthia Rowland (London: Rockcliffe, 1951), p. 195.——作者原注。

② 亨弗莱·鲍嘉(Humphrey Bogart,1899—1957),美国电影演员,主要作品有《卡萨布兰卡(北非谍影)》《马耳他之鹰》等。

③ 点画法(Pointillism)是一种绘画方法,是用画笔一点一点画在画布上。这些斑点通过视觉作用达到自然结合,形成各种物象。

这种方法,尽管它是彩色的。具象诗[①]应用了相同的方法,把诗歌的词语按照视觉的格式排列,这样一来,诗歌就既可以阅读,也可以作为视觉样式来看。)

这种翻译和再翻译的过程就是把知觉格式塔现象明确地转化为书写的模拟(系列翻译和再翻译过程,是把知觉格式塔现象明确转化为仿佛沿着一条“线”的系列传送的书写模拟),而后者在知觉格式塔中是可以再翻译的。

我曾经指出,从具身关系向解释学关系的发展是沿着“人—技术”的连续统进行的。就像从头发健全的人到秃头的人之间还有很多复杂的、中间状态的情形一样,这里也有一些相同的、不那么明显的区别。我通过强调具身关系和解释学关系之间身体—知觉的差别,曾经强调了这种区别。这就使得知觉透明性和解释学透明性之间的区别凸现出来。

在进入技术现象学的下一步分析之前,需要澄清两种可能的困惑。首先,存在一种相互关联的感觉,在这种感觉中,知觉和解释相互纠缠。在微观和宏观维度上,知觉最初已经是解释的。去知觉已经“像”阅读。然而,阅读也是一种特殊的活动,在读写情境中接受进一步的定义和阐释。我已经指出,具身关系和解释学关系的一个根本区别是知觉的位置,但是在更广泛的意义上,解释先于具身活动和解释学活动。

第二个密切相关的可能困惑反映在使用技术的双重感觉中。技术可以被同时既用作人们借以进行经验的东西,也可以用作人们与之发生关系的东西。如果情况是这样,这个双重关系在具身关系中与在解释学关系中就有不同的表现。现在再来看戴眼镜的例子中展示出来的简单的具身关系。我的知觉经验在视觉焦点范围内,通过镜片寻找指向的目标;但是作为边缘现象,我同时意识到(或者真能感觉到)眼镜压在鼻梁和耳朵上。在这种边缘感觉中,我意识到了眼镜,但是有焦现象却是眼镜实现的知觉透明性。

在解释学透明性的情形中,这种双重的作用却发生了微妙变化。现在我能全神贯注,仔细阅读视觉范围中间部分的表盘。但是我的阅读同时也是通过表盘来阅读,尽管现在指示的终端不必然是知觉对象,严格来说,它们也不是从知觉上呈现的。尽管透明性的类型是不同的,但是阅读的目标依然是获得解释学的透明性。

然而,两种关系的最佳效果是在生活世界中熟悉的、可获得的实践中发生的。敏锐的知觉的看需要学习,而且一旦获得,就像看的活动本身一样自然而然发生。对于熟练的和敏锐的阅读者来说,一些仪器的解释学透明性像用眼睛研究标本一样清楚和直接。解释学透明性的特点不在于有意识的或努力获得的解释成果(尽管在学习一种新的文本或语言时,当然需要这种努力)。这就是为什么在解释学情境中发生的实践,保持了与简单的身体动作相同的自发性感觉。然而,在这个例子中,技术更明确地显现出来。与对眼镜架的边缘意识相比,我对仪器面板的意识更强烈,它更加处于焦点的中心,而这种更明显的意识对于恰当使用仪器是本质性的。

---

① 具象诗(concrete poetry)是重视诗的视觉效果的诗体,能够采用非语言形式起到表情达意的特殊功能。

然而，在具身关系和解释学关系中，技术还缺少完全的对象性或它者性(otherwise)。技术还是使事物呈现的手段。在故障情形中发生的负面特征又恢复了。当具身处境中的技术出故障了，或者当解释学处境中的仪器失效了，留下来的就是一种强迫接受的，并因此是负面地派生的对象。

虽然现在对具身关系和解释学关系做了区分，但是两者都是使用者和世界之间基本的生存关系。这里有一种危险，就是我现在经常性地和有选择地使用科学仪器作为例子，可能会歪曲生存维度的全部影响。在进一步研究“人—技术—世界”的连续统之前，我将简单地研究一下非常不同的一些器具，这就是乐器。

在最一般的意义上，我们很容易看出，演奏中使用的乐器跟科学仪器一样，都遵循相同的结构：

我—乐器—世界

我—科学仪器—世界

但是实践的情境却发生了显著变化。如果说科学或寻求知识的实践是受在世界中寻求指示终端的需要所驱使的，那么音乐实践就不受制于这种驱使。确实，如果存在一个终端，那么指示与其说是环境中的事物或区域，不如说是在那和环境中音乐的再现。“音乐对象”是各种声音现象，这是通过对乐器的演奏实现的。音乐的声音是被制造和创造出来的。在科学仪器的发展中，需要尽量避免或减少的现象，应该是仪器的后生现象而不是指示物的后生现象，但在制造音乐方面，这种乐器的后生现象可能是一种正面的现象。这两种实践情境有很多有趣和重要的区别，但是现在我将主要研究一下科学仪器和乐器在意向性结构中的相同之处。

很明显，大部分乐器的使用都属于具身关系的样式。演奏者拿起乐器(已经学会将其具身)，富有表现力地制造出想要的音乐：

演奏者—乐器—声音

在具身的情形中，制造声音的乐器将部分地共生性具身：

(演奏者—乐器)—声音

其次，前面提到的放大—缩小结构将同样存在。如果我们的演奏者是长号手，他的嘴唇通过震动产生的“噗哧声”不通过乐器也能听得到，但是这些声音一旦被长号放大和转化，就成了音乐的声音，这种声音不同于人体器官发出的声音。我们同样也可以立即发现，至少在当代乐器的组合中，对人声的约束最适合当代音乐的情境。在历史上，模仿人声起到了非常重要的文化作用，但是如今，这只是乐声的一个方面。

然而这一转变却很有意思。在西方音乐史上，有一些趋势是限于或至少是严格沿着水平的变化方向发展。把乐声限制在实际的人声上(一些孟诺派教徒[①]就

① 孟诺派教徒(Mennonite)是基督教的一个分支，于1536年创立于荷兰，倡导自由教会，顺服基督，追求最原始朴素的生活。

不允许使用任何乐器，所有的圣歌都在无伴奏的情况下演唱）就是这一趋势的一种形式。模仿或事实上放大了歌唱声音和音域的乐器是另一类例子：木管乐器、小号、管风琴（即使是调音器，通常也是对声音的模拟）。所有这些古代的乐器都有意识地模仿人的声音。中世纪的音乐通常受双重限制。音乐不仅限制在模仿人声的范围内，而且甚至受规范控制的和声以及圣歌的和弦也受到宗教—文化的限制。在随后的音乐发展中，我们可以发现，大部分意大利（从巴洛克到文艺复兴）音乐的发声模式不同于更加依赖乐器的德国音乐的模式。

在西方音乐史上，隐含的人声评价模式也反映在按表现力来划分乐器上。被认为最有表现力的那些乐器（例如小提琴），排得比那些远离人声模式的乐器更高。

具身关系和解释学关系的区别也出现在这种情境中。最一般生存意义上的具身关系不需要严格受同构的限制，但解释学的变项却沿着音乐的谱系迅速发生。钢琴较少保留与人声的同构；然而钢琴在演奏时，处在具身关系之中，能表达演奏者个人的风格和造诣。计算机演奏的音乐处在连续统的另一端，明显是属于解释学关系的范围，在某些情形中出现的随机声音很接近它者（otherness）的感觉，这一特点属于下一组关系，此时技术作为它者（other）出现。

器乐作为技艺，可以走上具身的方向，也可以走上解释学的方向。乐器可以沿着垂直的路径发展，也可以沿着水平的路径发展。在每一个方向上，都有清晰可辨的技术转化。如果西方早期音乐的“仿生”模式是声音，那么在安第斯音乐[①]中就是鸟鸣（由带呼吸声的木笛产生的音调和音色都是如此）。与此相反，打击乐器（鼓乐和传递信息）从一开始，就是沿着垂直方向的运动，从而更接近解释学方向。像科学实践中一样，这种对水平方向和垂直方向的各种可能性的探究也属于音乐实践领域，但却没有对自然界的任何指称。

乐艺中技术发展的结果与科学实践中技术发展的结果也有很大的不同。通过所有的技术遮蔽而被音乐所产生的“世界”，既没有被新的科学哲学，也没有被海德格尔的技术哲学所预示。与音乐“世界”可能采用的持存物（standing reserve）（资源井）概念最接近的类比是，所有可能的声音域都可以被音乐的占领和（或）转化。但是音乐技术的声学资源是通过充斥在音乐实践中的演奏（play）的创造性感觉来应用的。“音乐的对象”是一种被创造的对象，但是这种创造并不受科学实践的律令限制。通过乐器所造成的乐声的物质化，保留了一个完整的人类活动的技术形式。

从这种深入乐器的迂回道路中能够捕捉到的是，尽管乐器中“人—技术”结构与科学仪器中的“人—技术”结构是类似的，但是由乐器所创造的世界却完全没有还原的意味，而这种还原被认为是西方统治自然的观点中所独有的。由此也就开启了技术发展的另一种可能的路径。

---

① 安第斯音乐（Andean music）是指拉丁美洲安第斯地区秘鲁、玻利维亚、智利等地的传统音乐。

3. 它异关系

除了解释学关系之外，还存在它异关系(alterity relations)。[①] 此类关系，我将把它看成是与技术的关系或有关技术的关系，对它的最初的提示已经在具身情境和解释学情境中以不同的方式提出来了。在具身关系中，如果技术强行闯进世界，而不是有利于人通过知觉和身体扩展到世界中，那么技术的对象性(objectness)就必然从负面的意义上显现。然而，在解释学关系中却出现了仪器技术作为对象的可能性。对仪器文本的身体—知觉的聚焦，是它自身特定的解释学透明性的条件。但是，什么是有关技术的关系中正面的或呈现意义的关系？在什么样的现象学意义上，技术能成为它者？

这里的分析对于习惯于客观主义(objectivist)描述的人来说显得有些陌生，因为在客观主义的描述中，作为对象的技术总是首先出现的，而不是最后出现的。对于现象学的描述来说，问题在于，客观主义的描述是非关系论的，因此也就错失了或者遗漏了"人—技术"关系的独特之处。

天真的客观主义描述喜欢从对象的特性来着手刻画或定义技术。于是，被我称为技术的技术特性的东西就成了焦点。一些物理特性和物质特性的结合被用来做定义。(这是标准法则论立场的一种固有倾向，例如在邦格[②]和哈金那里)。这种定义是约定的，通常服务于第二位的目的：只有那些明显依赖于当代科学和工业生产实践，或者与之密切相关的技术才会考虑在内。

这样说并不是否认客观主义描述的独特贡献。例如，很多客观主义的描述都认识到技术或"人工"产品不同于单纯发现的对象或自然对象。但是在这样的描述中，"人—技术"的关系还晦暗不清，因为每一个对象都要进入到实践中，都具有在关系之中的技术可用性的物质(从而是有限的)范围。这并不是否认客观主义对技术类型、组织类型和设计目的类型的解释应该被考虑。但是，我的研究规划关注的是从现象学中引申出来的"人—技术"关系。

我把它异关系放在"人—技术"的诸有焦关系的最后，是有策略考虑的。这种策略的目的，一方面是为了避免海德格尔和他那些更正统的追随者只是倾向于用负面的术语来描述技术的它者性，或者从负面的角度来引申它。在锤子的例子中，这种方法的主要范式就是认为它者性来源于损坏。损坏的、遗失的、或失效的技术可能会被丢弃。技术因为这种损坏，可能成为垃圾。这里的对象性是很清楚的，但这只是部分的。垃圾不是使用关系的有焦对象(除非在某些有限的情况中)。它作为不能使用的东西，通常更多的是一种背景现象。

---

① 正像伊德在后面所说的，Alterity这个词来源于列维纳斯。列维纳斯用Alterity是指自我与其他人的不同，一般翻译为"他异性"。由于这里是强调人和技术的不同，所以翻译为"它异性"，而otherness用来指人时，翻译为"他者性"，用来指技术时，翻译为"它者性"。

② 邦格(Mario Bunge，1919—2020)，加拿大科学哲学家。

另一方面,我也不想落入天真的客观主义的描述中,因为客观主义的描述只是简单地关注作为知识对象的技术的物质属性。这种描述将遗漏意向性分析的关系性,而在这里,我想保留这种意向性分析的关系性。这里所需要的是一种对正面意义或显现意义的分析,在这种正面意义或显现意义中,人与技术关联成与技术的关系或者有关技术的关系,即与作为它者的技术(technology-as-other)相关联。正是这个含义包含在"它异性"(Alterity)这个术语中。

从哲学上来说,"他异性"这个术语来源于艾曼努尔·列维纳斯[①]。尽管列维纳斯处在现象学和解释学的传统中,但是他的代表作《总体性和无限性》(*Totality and Infinity*)却是"反海德格尔主义"的。在这部著作中,"他异性"一词意味着一个人与另一个人之间的根本区别,也就是其他人作为他者存在(最终的他者就是上帝)。传统哲学强调,人既不能还原为对象(在认识论中),也不能还原为手段(在伦理学中),由此出发,列维纳斯进一步提出,作为一种无限的区别,人的他者性具体表现在一种伦理上的、面对面的相遇中。

在"人—技术"关系的分析中,我保留了列维纳斯这种激进意义上的人的他者性,并做了一定的修正。技术如何和在什么程度上成为它者,或者至少成为准它者(quasi-other)?在这个问题的核心中,有一系列对技术的清楚认识、但却充满矛盾的解释。另一方面,还存在常见的拟人说的问题,即将人工物人格化。这种拟人说的范围包括从"人工物—人"的严肃类比,到对人工物的浅薄的、无伤大雅的钟爱。

大部分的人工智能(AI)研究就是前者的例子。将计算机的"智能"跟人的智能相比,不管这种类比如何复杂,也是当代一种特殊的拟人说。后者的例子可以在我们对一些特殊的技术事实(technofact)的"偏好"中发现。我们一直期望有一种汽车,能够一直不停地跑下去,这种汽车可以用一些特定的拟人说术语来描述。与此类似,在古代或非西方的文化中,赋予人工物以神圣地位例证了这一现象的另一种形式。

宗教的对象(偶像)不是简单地"代表"某些不在场的权力,而是被赋予了神圣性。它的神圣性的氛围在它的功效范围内,从空间和时间上呈现。部落的虔诚信徒会捍卫、照料神圣的物品,乃至为它献身。所有这些说明都包含了它异关系的根源。

一种进入"人—技术"之它异关系的独特性的不太直接的方法,也许能够更好地进行现象学的关系论分析。我的第一个例子是对比一些实践(尽管可能是体育运动)情境中的技术和"被使用"的动物:生机勃勃的马和生机勃勃的赛车。

骑一匹生机勃勃的马就遇到了一个活生生的动物它者。在没有驯化之前,马在环境中有自己的生活,而环境也适应马的这种生活方式。马一旦被驯化,就能作

① 艾曼努尔·列维纳斯(Emmanuel Levinas,1906—1995),法国哲学家,主要著作有《总体性和无限性》等。

为人的实践的“工具”而被“使用”，但是只能在一定程度上是这样，而且使用的方式也不同于当代技术的使用方式。我们作为对比的当代技术就是“生机勃勃的”赛车。

当然，首先注意到的是两者的相似之处。马和汽车都给予了骑手/车手一种力量放大的感觉。在骑马/驾车中获得的速度和速度的经验都极大地扩展了我们的能力。在骑马/驾车中也同样可以发现具身关系的一些突出特点。我通过马/汽车经验到小道/马路，在行进中操纵/驾驶作为中介的马和汽车。但是两者之间也有显著的不同。不管驯化得多好，马都不可能像汽车一样“服从”。看一看两者失效的情形：汽车失效时，就“抵抗”我的命令。我驱动油门，但是因为油管堵塞，没有得到我期待的反应。但是一匹生机勃勃的马的有生命的抵抗，就不仅仅是这种机械响应的缺失——它的反应不只是失效，而是违抗命令。（事实上，很多有经验的骑手喜欢更有生机的马而不是更顺从的马，后者也许更接近机械的服从。）马的这种它者的生命可以得到进一步的解释：马离开了人也能在适宜的环境中生存；也不像自然神论[①]那样，需要一个始因的干涉，以便引发它的“生机”。当兔子跑到路上的时候，汽车不会惊慌失措，而如果骑手喝多了酒，没有注意到前面的石墙，大部分马不大会服从骑手的“命令”，向石墙撞去。当接近有中介的具身情形的某些特点时，马也不像技术那样完全进入这种关系。驾车也不可能获得骑马时的那种生机感。但是，骑马和驾车之间的相似之处深深嵌入在我们当代的意识中（也许是由于缺少足够的骑马经验造成的），因此我们可能就试图强调两者的相同点而不是区别。

拟人说把技术与骑马做对比，首先就认为骑马时的它者性与使用技术的它者性是相似的。技术的它者性是一种准它者性，比单纯的对象性要强，但是比在动物和人那里找到的它者性要弱；但是现象学的分析必须侧重于勾画这种关系的正面经验。

在另一种相似的现象中，我们从小把技术作为玩具来经验。一个跨文化的例子就是旋转的陀螺。在没有玩之前，陀螺有点像个头重脚轻的物体，设计上很对称（最早的陀螺甚至接近更纯粹的流线型的功能设计，等等），但是一旦用枝条或细绳像“自然神论的始因”那样驱动它，旋转的陀螺就仿佛有了自己的生命。陀螺靠尖端（或“脚部”）旋转，似乎不再显得头重脚轻，能够保持平衡。陀螺在运动中的路径不可预测。它是一个让人迷恋的对象。

要注意，一旦头部开始旋转，就不再局限于具身关系。它令人迷恋的地方在于它的准生机的属性，就像它具有了生命一样。当然，一旦在旋转中“充满了生机”，头部运动就可以处在各种可能的情境中。我可以进入到头部对抗的游戏中，在这

① 自然神论（deism）是欧洲近代流行的一种推崇理性原则，把上帝解释为非人格的始因的宗教哲学理论，又译理神论。自然神论认为，上帝作为世界的“始因”或“造物主”，在创世之后就不再干预世界事务，而让世界按照它本身的规律存在和发展下去。

个游戏中,陀螺的头部(适当地做标记)就代表我。如果我的陀螺成功地撞到了其他的陀螺,那么在这种解释游戏中,我的陀螺就替我赢了。与此类似,如果我把这种准生机的运动看作一个解释学预言者,我就进入一种占卜的情境中,在这种情境中,运动的轨迹或最终的停止处就预示着某种发财机会。或者在科学设备的领域中,我可以把陀螺换成回转仪,就可以在一定的范围内,把回转仪不变的方向当作一种比磁石还好的指南针。但是在这些情况中,陀螺或回转仪将作为与我有关的准它者,成为关注的焦点。迷恋的对象也不必然带有具身的或解释学的指示透明性。

简单地比较一下古老的陀螺游戏和当代电子游戏的令人迷恋之处。当然,在实际玩电子游戏时,具身关系和解释学关系都会出现。使手眼协调技巧具身的游戏杆把游戏者带入显示器的领域中。这个领域也展示了某些解释学情境(通常或者是一些微型世界的"入侵者",或者是一些对体育运动的模拟),但是这种情境没有指示超出它自身的外部世界。

然而,除了上面说的这些,还有一种与异于我的东西之间的相互作用,这种异于我的东西就是技术竞争者。在竞争中有对话或交流。是技术的准生机、准它者性令人着迷,提出挑战。我必须打败机器,或者被机器打败。

在上述每一个例子中,技术的它异性的特点都显示出来。玩具或游戏中出现的准它者性、准生机是技术的一种变项,多少世纪以来,它令西方思想家迷恋,它就是自动机(automaton)。

古希腊(中国同样如此)最复杂的技术不是用在实践或科学情境中,而总是应用在游戏或剧院演出中。(当然,战争情况下也经常应用高级的技术。)从这些情境中就发明了自动机。按照重新发掘出来的亚历山大城的希罗(Hero of Alexandria)的文献中关于气体力学和水力学(当时是公元前2世纪,这些知识已经有了一些很有意思的应用)的知识,文艺复兴的缔造者开始建造各种自动机。希罗把这些知识用在像自动开启寺庙门和用蒸汽的啸声来唱歌的人工鸟这样的物品中。在文艺复兴时期的重建中,自动机更加复杂,特别是用在喷泉组合中:

> "1550年在罗马郊外的蒂沃利(Tivoli)兴建的艾斯提别墅(Villa d'Este)的水上花园,是为著名的鲁克蕾齐·波吉亚[①]的儿子建造的。山的斜坡用来建造喷泉,在很多洞穴里,由水力驱动的装置来回运转,水从里面喷涌而出……贺布伦的'神奇世界'城堡(Chateau Merveilleux of Helbrun)里充斥着大量的男女演员。在城堡里,喷泉出乎意外的喷涌和间歇,或者在错综复杂和令人叹为观止的剧院里,上演由水力驱动的木偶戏。"[②]

其后,对自动机的狂热喜爱不仅在音乐装置上,也用在了其他领域。慕尼黑的

① 鲁克蕾齐·波吉亚(Lucrezia Borgia),教皇亚历山大六世的女儿。

② James Burke, *Connections* (Boston: Little, Brown and Co., 1978), p. 106.——作者原注。

德意志博物馆(Deutsches Museum)收藏了大量的这类音乐装置,其中丰康森[1]的机械鸭子能够嘎嘎叫、吃东西、喝水和排泄。[2]随后,自动机械的技术用在更多的实践领域中,尽管生产纺织品的近似自动化的织布机是在18世纪才开始出现的(制造出机械鸭子的丰康森发明了多孔气缸,早于提花织机的穿孔卡片系统)。

哪怕是匆匆地检视一下自动机迷恋,也不应该把钟表遗漏。宇宙的运行、生死的更替和欧洲钟表上充满生机的饰品是迷恋的另一种对象,这些对象似乎是"自动"运转的。自动机的外表、充满生机的样子、人和动物的相似,这些都是进一步研究自动机所要关注的。迷恋的重心似乎在于这些东西"像"我们,这就使它异性更接近准生机。

迷恋可能掩饰了技术选择性的多样化,但是它也可能进一步掩饰了技术意向性的另一个维度,也就是可能的相异方向。从长远来看,这通常是技术发展的更有意思的轨迹,然而,相似之处却经常是首先考虑的。

正是这种相似之处成为现代哲学(17世纪和18世纪)的心病。笛卡儿的著名怀疑也使用了流行的对自动机的嗜好。在寻求证明不是眼睛,而是仅仅凭心灵认知事物的时候,笛卡儿论证道:

> "我会立即倾向于得出结论说,如果不是跟透过窗户看到下面街道上的行人相比的话,蜡就是通过看的行为而不是通过心灵的直觉被认识的。在这种情况中,我一定要说我看到了这些人,就像我说我看到了蜡一样;然而,如果窗户外面是一些由弹簧驱动的、戴着帽子披着斗篷的人工机器,那么我会看到什么呢?"[3]

这种"我能被精巧设计的机器人愚弄吗?"的讨论持续了很长时间,甚至进入了当代分析哲学领域的讨论中。

如果笛卡儿加入到试图用自动机模仿动物和人的活动的当代流行趋势中,他也许会重新思考他的说明。不光是弹簧驱动的自动机,而且很多复杂的由计算机驱动的自动机看起来都很机械化。这些复杂的由计算机驱动的自动机难以处理栩栩如生的动作。与像计算这样的特定"大脑"活动相比,身体动作也许更难模仿,这一点是德雷福斯[4]指出来的,并且如今得到了很多研究者的认同。

然而,如果仅仅遵循寻找相似性的思路,就会减少我们从与技术的关系中学到的东西。例如,目前人工智能研究虽然部分脱离了早期基础主义的状态,但是它们的主要目标是建立与人类智能的相似性,或者以所信奉的与人类智能的相似之处

---

① 丰康森(Vaucanson,1709—1782),法国工程师。

② James Burke,*Connections*,p. 107.——作者原注。

③ René Descartes,*A Discourse on Method*,trans. John Veitch(London: J. M. Dent,1953),p. 92.——作者原注。

④ 德雷福斯(Hubert L. Dreyfus,1929—2017),美国现代哲学家,主要著作有《计算机不能做什么》等。

作为模型。然而，从计算机实验中获得的不同之处也许更有益，或者至少像相似之处一样有益。

这就是我所说的在很多技术中都存在的技术意向性。让我们按照笛卡儿的思路，想象一下在能够轻易组合和得到的技术条件限制下，建造一个像人一样的机器人，来研究一下由此出现的相同和不同的结构。我将从感觉设备的技术“知觉”开始：如果机器人有听觉，那会有什么结果？发明人也许出于人道主义的考虑，安装了一个全方位的麦克风当耳朵。我们可以装一个录音机在机器人身上，录下它所“听到”的“声音”，从而检测一下机器人能听到什么。由此听到的东西将会是以完全不同的方式构造的，具有不同于人在倾听时候的意向性的形式。

假设机器人正在大厅里参加一个大学的讲座，它像害羞的学生一样坐在后排。如果机器人配备了上面提到的技术设备，那么机器人听到的东西将既没有人倾听时的前景/背景模式，也不会像人的听觉一样有选择地去除噪声。机器人的听觉记忆和回放将展现出一个我们所不熟悉的、接近一个感觉材料的听觉世界。演讲者的声音虽然被录制下来了，但却很难察觉到，通常会淹没在噪声和背景声音中，而这些噪声和背景声音却能够被人的听觉有选择地过滤掉。如果做其他目的来用，恰恰是这种不同结构的技术意向性会很有用处和益处。这种不同的听觉选择性也许能为声音的更好重建提供线索，因为在这时，恰恰在人的倾听时被压低的声音突出出来。总之，在技术意向性所揭示出来的相似之处和不同之处中都能找到“真理”。

相似的效应在机器人的视觉中也可以发现。如果用电视设备作为机器人的眼睛，将机器人看到的东西录下或存储起来，展示在屏幕上，我们会再次注意到机器人视觉视野的平面化。深度现象会大大降低，或者会消失。尽管我们已经习惯了这种看电视时的平面化视野，但是我们却很容易意识到屏幕上棒球投球手和打击手之间缺少深度。意向性的技术形式完全不同于人的意向性的形式。

在它异关系的领域中，对类人特性或似生机特性的迷恋是迷恋形式的另一个例子，这种迷恋形式盛行于我们与技术的关系中。伽利略通过望远镜看到的东西令他震惊，这种震惊实际上就是具身应用中的相似性区域。放大是对人的视觉能力的放大，这种放大还保持在熟悉的视觉范围内。放大的水平路径能够逐步扩大视觉，而这种路径是沿着熟知的实践进行的。

从迷恋自动机的例子看，迷恋也停留在熟悉的领域中，如今则停留在人和技术的一种镜子现象中。在地球上的所有动物中，似乎只有人才能更强烈地延伸这种迷恋。保罗·莱文森[①]在研究媒介技术的历史时指出，技术发展经历了三个阶段。第一个阶段是技术作为玩具或新奇事物。电影技术的历史很有启发性：

“第一部电影的制作者不是艺术家而是修理工……‘他们制作电影的目标

① 保罗·莱文森(Paul Levinson)，被称为“媒介哲学家”，主要著作有《思想无羁》《数字麦克卢汉》等。

不是创造美好的东西，而是为了展示一种科学的好奇心。'对像《爵士歌王》(*Jazz-Singer*)这类早期有声电影、迪士尼的欢笑卡通(Laugh-O-Gram)公司制作的第一部卡通片和被认为是世界上第一部电影的《佛瑞德·欧特的喷嚏》(*Fred Ott's Sneeze*)的研究，证实了这种观点。"①

相同的现象也能在其他的发明中找到。但是一旦用更正规的方式来看待这些新奇事物，它们就转化到第二个阶段，按照莱文森的说法，这个阶段就是把技术作为现实的镜子。这种现象也发生在电影的历史上。在早期电影工业的肇端，卢米埃尔②延续着前人制作电影的好奇心，将呈现"现实"引入到电影制作中来。这种技法很令人迷恋，而它之所以令人迷恋，是因为电影具有放大—缩小的选择性，而这种选择性是借助于电影技术，通过电影独特的意向性实现的。他们拍摄的电影就是像"工人离开工厂、婴儿进餐和著名的火车进站"这类日常现象。使这类电影充满真正戏剧性的是，"在看电影时，一辆真正的火车缓缓驶进一个真正的车站，这个角度几乎使观众相信火车正朝他们驶来。"③

像自动机一样，电影作为生活的镜子，与非技术的经验不是同构的，而是从技术上得到了转化，由此所产生的结果就是夸大或增强了一些效应，同时也减少了其他一些效应。莱文森在分析新引进的技术造成的这一现象时说得很清楚：

> "电影从魔术师的道具发展为复制工具，很大程度上依赖于新的技术因素……'玩具'电影放映给个人看，这个人是通过独立的活动电影放映机来观看；但是'现实'电影是放映给很多观众看的，观众在聚众的剧院里观看现实的替代品。此外，大量观众与现实模仿物的联系也不是偶然的。对新奇事物的知觉从本质上说是主观的和个人的，与此相反，现实的知觉从根本上来说是客观的和群体的过程。"④

尽管这里进行的分析从具身关系和解释学关系进入到它异关系，但是插入电影的例子却很有启发性。电影技术处在解释学现象和它异现象之间。在首次引入解释学关系的概念时，我用了书写的例子，这可以被称为一种"静态"技术。历史悠久的书写技术孕育的结果就是固定的文本(例如书、手稿等，除了腐烂的或毁坏的，所有这些文本都是固定的)。电影作为"文本"，只有当它像书写的文本一样能够重

---

① Paul Levinson, "Toy, Mirror and Art: The Metamorphosis of Technological Culture," in *Philosophy Technology and Human Affairs*, ed. Larry Hickman (College Station: Ibis Press, 1985), p. 163. ——作者原注。

② 卢米埃尔(Lumieres, 1864—1948)，法国电影发明家、导演。1895年12月28日，他在巴黎大咖啡馆的印度厅第一次在公众场合放映了自己拍摄的影片《工厂大门》《火车到站》等，这一天被认为是电影的诞生日。

③ Paul Levinson, "Toy, Mirror and Art: The Metamorphosis of Technological Culture," p. 165. ——作者原注。

④ 同上，p. 167. ——作者原注。

复地看和重复地听时,它才是固定的。但是电影文本的呈现模式却有很大不同。电影文本的"字母"是充满生机和戏剧性的,而不像书写文本那样是固定的字母。电影文本的动态"世界"尽管保留了很多书写的功能特征,但是也捕捉到了实时、动作等方面的外表。它需要被"阅读"(看和听),但是相关对象必然比文本对象显得更加栩栩如生。如今一代看电视上瘾的人都对此有所体会,但这一因素无疑也是造成看电视习惯和阅读能力之间冲突的一个原因。詹姆斯·博克(James Burke)曾经指出,"发达国家的大部分人在工作之余,花更多的时间看电视而不是做其他事情。"[①]在对学生的调查中也显示了相同的时间分配比例。从全国范围来看,大学生花费在看电视上的时间,等同于或者超过他们花费在做作业或课外预习的时间。

在其解释学维度上,电影或电视能够以自己独特的方式指示"世界"。对越战的强烈抗议很大程度上是因为通过电视,在每个人的客厅里把战争不可避免地"呈现出来"。但是电影像可读的技术一样,也是一种呈现,是对知觉状态的最终目标的呈现。在这种呈现意义上,电影是知觉直接性的更生动的形式。在这种知觉直接性中,呈现具有传达准它异性的独特特征。但是看电影还不是与他者的接触。即使对平民的残暴行为引起的愤怒,或者看到非洲流行的饥荒所引起的悲怆,这些情绪都不是指向屏幕,而是间接地通过屏幕,期待一种更适当的政权形式或慈善行为。在这个意义上,存在一种指向别处而不是技术设备的解释学指示。这类媒体技术的准它异性也显现,但却不是关注的焦点。

然而,高技术失效的例子提供了它异现象出现的另一线索。文字处理软件现在已经成了非常熟悉的技术,深得用户的喜爱(包括很多哲学家,他们天真地为自己的选择辩护,声称机器和程序的能力只是相对的,等等)。然而一旦机器失效,这种准喜爱(quasi-love)的关系就揭示了隐藏着的准憎恨(quasi-hate)。不管发生什么形式的"崩溃",特别是如果涉及大量的文本,那么就会引起受挫的感觉甚至愤怒。程序具有自身的特性,允许或不允许一定的操作;另一种形式的"人—技术"竞争就会出现。(最高层次上的精通最有可能来自学会编程。"黑客入侵"[Hacking]成为像游戏一样的竞争,其中的整个系统都是与它异相关的。)它异关系可以在很多计算机技术中出现,尽管计算机技术还不能完全模仿身体的肉身性,但是却在语言的、特别是逻辑的行为限度内,展示了一种准它者性。当然,最终不管出现什么样的竞争,竞争的来源属于不明确的其他人,如同也属于已转化的技术事实(technofact)一样,而技术事实如今在整个关系网络中发挥了更明显的作用。

我已经指出,计算机是一个它异关系技术的很好例子。但是计算机的它者性是一种准它者性,它的真正用处还在于它的解释学能力。尽管如此,梦想着将这种准它者性转化为一种真正的它者性的趋势也相当普遍。对这种感情的浪漫化描

① James Burke, *Connections*, p. 5. ——作者原注。

绘，例如电影《2001：漫游太空》[1]中会说话的超级电脑 Hal，早就恐惧于计算机“脑力”将会很快取代人的思想，恐惧于政治或军事决策将不仅由计算机来传达而且由计算机来作出。所有这些都是将技术作为它者的征兆。

所有这些浪漫化都是前面提到的希冀完全具身的梦想在它异关系中的副本。如果技术事实成为真正的它者，那么它将既是技术又不是技术。但是甚至技术成为准它者，它也缺少这种总体性。技术将作为转化的媒介，在“人—技术”的连续统中处于独特的地位，但是这种转化的媒介却是一种可辨认出来的媒介。

由具身关系所引发的心满意足的欲望，希冀的是一种完全透明的技术。这种技术能够与我融合，同时又能赋予我充分使用技术的能力。在它异关系中，这种欲望具有一种相同的幻想，而这种幻想具有相同的内在矛盾：它既希望技术不是一种技术（在具身关系中，这种不可思议的转化就是与我融合；在它异关系中，就是成为它者），同时又希望技术跟我或他人又不完全相同。这种幻想是为了获得转化效应。实际上，所有这些幻想都否认了技术在“人—技术”的关系连续统中发挥的作用；然而，只有在相对性中有一些能够察觉出来的区别，技术转化人类经验的独特方式才能够出现。

尽管存在接受这种幻想的诱惑，但是它异关系的准它者性却表明，人可以正面地或在呈现的意义上与技术发生联系。从这方面来看和在这种程度上，技术可以作为有焦实体出现，它可以接受人赋予不同形式的它者的那种多重关注。正是因为这个原因，可以用第三种形式来突出这种关系：

人→技术—(……世界)

我这样来放置圆括号是为了指出，在它异关系中可以具有，但是并不必然具有通过技术指向世界的关系（尽管实际上任何技术的有用性都必然需要这种指示性）。在这种情况中，世界就成为情境和背景，技术就作为我随时打交道的前景和有焦的准它者出现。

技术从一般使用情境中的脱离也就使技术进入到各种自由的组合中，从而也就构成了像游戏、艺术或体育这样的活动。

借助直接的和聚焦的“人—技术”关系，第一个现象学之旅就可以认为完成了。我认为这三种可以区别开的关系构成一个连续统。在这个连续统的一端，是那些使技术接近准我的关系（具身关系）。我可以把这些技术融合在我的经验中，借助于它们的不完全的透明性，技术就能让世界直接呈现，并进入到生存关系中，而我本身就是由这种生存关系组成的。连续统的另一端是它异关系，技术在这种关系中成为准它者，或者技术“作为”它者与我发生关系。处在两端之间的是解释学关系。解释学关系既可以作为中介，也可以满足与技术的知觉和身体的关系。这些

[1] 《2001：漫游太空》(2001：A *Space Odyssey*)是1967年美国导演库布里克根据科幻作家阿瑟·克拉克的同名小说改编的科幻电影。

变项可以用下面的形式表示：

人—技术—世界关系

变项1，具身关系

（人—技术）→世界

变项2，解释学关系

人→（技术—世界）

变项3，它异关系

人→技术—（—世界）

尽管我描绘了属于同一个连续统的“人—技术”的三种类型的关系，但是我们也能感觉到，每一种关系中都还有一些不同的因素。处在应用情境中的技术的对象性和它的透明性之间还有一个比例（ratio）。在具身的最极端，依然能发现技术作为背景出现。与此类似，但是按照不同的比例，一旦技术作为准它者出现，它的它异性就处在人类发明的领域中，由此得以通向世界。在所有这些类型的关系中，技术都是人工的，但正是这种人工形式使得技术所带来的转化能够影响世界和我们自己。

目前所研究的所有关系同时也是有焦关系。这就是说，通过这些关系所实现的所有类型的行为都标识着一种相应的自我意识。具身、解释学、它异关系中的技术处于实践的中心位置。这里所强调的尽管是必需的，但并没有穷尽技术的作用，也没有穷尽对技术的经验。如果聚焦活动位于中心和前景，那么边缘和背景现象就像前景一样也不是中性的。正是因为这个原因，必须进行技术现象学的最后一步，这就是在“人—技术”关系的视野中研究处于背景中的技术。

4. 背景关系

在背景关系中（background relations），现象学的考察对象从前景中的技术转入到背景中的技术，或者考察接近技术环境的东西。当然，也存在一些废弃的或不再使用的技术，这就是极端意义上在人的经验中处于背景位置的垃圾。当然，有一些技术可能被重新回收，置于非应用的，但仍处在焦点的情境中，例如放在技术博物馆或转化为垃圾艺术。但是这里的分析对象是一些具有特殊功能的技术，它们通常处在背景或场域位置上。

首先，让我们看一下在背景中发挥作用的单个技术，例如我们今天比较熟悉的自动或半自动机器，这些技术都很适用于这里的分析。在日常家庭的情境中，照明、供热和众多半自动设备都是这方面的例子。这些技术都需要在某个时刻启动或使机器运转，或者为机器设定任务。我启动了自动调温器，而如果机器是高技术产品，加热或制冷系统就自动地持续运转下去。它也可能具备时间—温度调节功能，通过外在的感受器适应不断变化的天气，以及其他控制方面的操作。（尽管这一些功能可能在家庭环境中作用良好，但是在我学院的办公场所，我仍然喜欢处在比较原始的技术状态。空调系统需要两天的时间来适应秋天和春天突然变化的天气,因此,比较稀缺的能开窗的办公室就成了抢手货。)空调系统一旦开始运转,技术的功能就作为很少被注意到的背景来显现;例如,当温度变化时,以背景噪声的形式呈现。但是技术在运转中很少需要作为焦点来关注。

这种"人—技术"的关系有两点需要注意:首先,作为背景呈现的机器活动没有显示出我所说的透明性或不透明性。按照现象学的说法,这种技术功能的"抽身而去"叫做"不在场"(absent)。技术就好像"退到了一边"。然而技术作为一种不在场的出现,无疑成了人的经验领域的一部分,成了当下环境的组成部分。

一些比较高级的半自动技术是任务导向的设备,需要不断地重新设定。洗衣机、烘干机、微波炉、烤箱等等,都需要重复设定,然后机器才能处理加工的对象(需要洗的衣服、食品等等)。然而,半自动机器就像大部分自动系统一样,在运转时仍处在背景中。

然而,在所有的系统和设备中,我们也能发现背景关系构造当下环境的方式。在电器化的家庭里,总有持续的各式各样的嗡嗡声,这是技术结构的一部分。一般来说,我们注意不到这种"白色的噪声",尽管我总是确信它仍然是边缘意识的一部分,比如当客人拜访我在佛蒙特州(Vermont)山区的家时。客人们不可避免要谈到森林的寂静无声。这时,背景中的嗡嗡声的不在场就会被注意到。

当然,技术的结构要比背景噪声的层次还要复杂,而背景噪声标志着技术结构的不在场的出现。在做进一步分析之前,要避免只选择当代技术作为例子的诱惑。有一种想法认为,只有或主要是当代高技术世界把技术作为背景来使用或经验。事实不是这样,甚至对于自动或半自动技术来说也不是这样。

稻草人是古代的一种"自动化"装置。它模仿人,穿的衣服在微风中摆动。当人不在的时候,稻草人是设计用来吓唬乌鸦的自动化设施。与此类似,在古代日本有一种吓唬鹿的自动化设施,它是用竹筒做的,竹筒可以绕一中轴旋转,瀑布或流水可以缓慢充满竹筒。当竹筒中注满水时,设备就倾斜,它的另一端就敲击一块能发声的木板或鼓,发出的声音就会吓跑掠食的鹿。我们已经熟知自动机械装置在宗教仪式中发挥的作用(祈祷轮和崇拜对象被认为是不断发挥作用的)。

从技术上来解释,在古代宗教领域中,甚至可以发现很多"自动装置"的很滑稽的例子。当风吹动时,印度教的祈祷风车"自动地"召唤祈祷者;在古代苏美尔的寺庙里,祭坛上有大眼睛的崇拜偶像(神),在它们的前面有一些更小的、大眼睛的人的塑像,它们代表着祈祷者。这是古代形式的"自动"祈祷者。(它的当代形式是个笑话,教授在课堂上放一个录音机就走了,学生就可以"自动地"收听,然后学生用磁带录下教授的录音。)

尽管我们不是经常按照这种方式来解释这些古代的设施,但是生存分析的部分目的,恰恰是要考虑功能本身和所有这些生存关系的"源远流长"。这也绝不是否认当代自动化装置和古代自动化装置在情境或复杂程度上的区别。

背景关系的另一种形式与各种把人与外界环境隔离开的技术有关。衣服是一个简单的例子。衣服能把我们的身体从威胁生命的温度、风沙和其他外界天气现象中隔离开；但是穿衣服的经验处在具身关系的边界线上，因为我们通过衣服能够感觉到外界的环境，尽管是以特殊的包裹的方式感觉到的。在大部分情形中，衣服并不像前面说的工具例子那样，是设计成“透明的”，反而是在不使运动受到限制的情况下，具有一定的不透明性。然而，在我们的日常活动中，衣服却是边缘意识的一部分(我在这里有意没有讨论作为时尚的衣服)。

背景关系的一个很好的例子就是庇护技术。尽管庇护所可以找到(洞穴)，从而不经转化就能进入人的实践中，但是大部分庇护所必须建造，就像大部分技术产品一样；但是一旦建造起来，尽管它们是被设计来隔离或阻挡外界天气的影响，它们都成了一种更像场域的背景现象。关于这种形式的近背景(near-background)，人类文化再次展示了从最低限度策略到最高限度策略的一种有意思的连续统。

很多传统文化，特别是在南半球区域的，使用一种本质上敞开的庇护所技术，它们也许只要一个能遮风挡雨的棚屋。这些地区的人一般都很厌恶像窗户一样的设施，特别讨厌玻璃窗户。他们不希望从自然环境中孤立或脱离开来。另外一端是最高限度策略，最希望把所有的建筑技术整合为一个有效的生命维持系统，这样的系统是自动的和完全封闭的。我称这种系统为“技术蚕茧”(technological cocoon)。

当代最接近这种蚕茧的例子是核潜艇。核潜艇的成员在潜艇里面生活，潜艇是设计用来在海上停留很长时间，甚至要在水下停留相当长的时间。潜艇里有废物、水和空气的复杂循环系统。在这种情况下，与外界的联系就相当重要。这种联系主要是通过监控同样复杂的解释学设备(声呐、低频无线电等等)来进行的。所有日常的活动都是在像蚕茧一样的内室来完成的。花费数十亿美元、结构更复杂的蚕茧是目前仍在讨论中的要长期使用的太空站。

太空站的一个目的是尝试建造一个微型的自然环境或“人工”地球，这将完全是以技术为中介的。然而，当代郊区充斥着高技术设施的住宅也展示了相似的特征。完全自动调节温度和湿度，密不透风的结构，有一些还有过滤强光的玻璃，拥有这些设施的住宅都按照自我封闭的结构为设计方向。然而，尽管这些例子都是由独一无二的高技术构成的，但是与前面的讨论一样，在古代不同的情境中也有相似的例子。

完全封闭的空间经常与仪式和宗教实践有关。古代美洲西南部土著修建的大地穴[1]就是在地下深挖的洞穴，没有窗户，完全是封闭的。它是用于重要的入会和秘密活动的地方，这些人为了自己的目的，聚集在这种古代的蚕茧中。这种封闭物预示了不同类型的整体性。

① 大地穴(Kiva)是美国西部和墨西哥等地印第安人用作会堂的一种建筑。

这里提到的所有例子都有一个共同之处，那就是这些技术处在背景的位置上，这种位置是一种不在场的显现，它是直接感知技术的部分的或整体的场域。

在所有这些例子中，背景起到场域的作用，通常不在焦点位置，但是却调节着居民的生活情境。当然，背景技术发挥作用的不同情境之间，还存在很大的区别。在察觉这些区别时，失效又能发挥重要的索引作用。

当代高技术社会所包含的内涵很复杂，而且涉及到的问题都相互牵连，因此一旦背景技术失效，总是引起大的破坏。1985 年，格洛丽亚飓风（Hurricane Gloria）席卷了长岛（Long Island），引起了电力线路的大规模破坏。很多地区至少一个星期断电，有的地区甚至两个星期断电。照明被迫用古老的技术（提灯、蜡烛、煤油灯）来替代，这些技术产品的供应立即短缺。我猜想，如果看一看这种夜间习惯巨大变化之后出生人数的统计数字，就会明白早年纽约灯火管制期间出生率为什么会高。

与此类似，当冰箱失效时，饮食习惯就必须马上改变。这样的例子数不胜数；大学大规模购买大型发电机，使得明尼苏达的公司几个月满负荷生产，后来还继续生产，以便为“下一次停电”做准备。相反，1965 年的短期大规模灯火管制时，我当时在佛蒙特州的避暑别墅，家里是用煤油灯照明，甚至冰箱也是用煤油驱动的。在读了星期天的《时代周刊》（*Times*）后，我才知道灯火管制造成了这么大的问题。这就是古代松散结合的体系和当代紧密结合的体系之间的区别。

尽管技术处在场域或背景关系中，但是这种技术跟前面讨论的明显处在焦点关系中的技术具有同样的转化特征。不同的技术以不同的方式构造环境。技术通过与人的生活世界的不同结合方式，具备了特殊的非中立性的形式。正如处在焦点位置中的技术一样，背景技术也转化了人的经验的格式塔结构，而且恰恰因为背景技术是不在场的显现，它们可能对经验世界的方式产生更微妙的间接的影响。它们牵扯到的范围更广，同样具有放大/缩小的选择性，这些都可以在背景关系的作用中找到；最后，就像其他关系一样，“人—技术”关系的这一维度也具备从最低限度策略到最高限度策略的变化幅度。

鲍尔格曼

作者简介

阿尔伯特·鲍尔格曼(Albert Borgmann, 1937—),1937年生于德国弗赖堡,曾就读于弗赖堡大学,主修哲学、文学和语言学,之后转入美国得克萨斯大学奥斯汀分校和伊利诺伊大学厄尔班那分校,1961年获德国文学硕士学位,之后返回德国慕尼黑大学继续学习,1963年获博士学位。现任美国蒙塔拿大学哲学系教授,是美国著名的现象学技术哲学家。主要著作有《语言哲学》(*Philosophy of Language: Historical Foundations and Contemporary Issues*,1977),《技术与当代生活的特征:一个哲学的探讨》(*Technology and the Character of Contemporary Life: A Philosophical Inquiry*, 1984),《海德格尔问题与技术》(*The question of Heidegger and technology: A critical review of the literature*,1987),《跨越后现代的分界线》(*Crossing the Postmodern Divide*,1992),《抓住现实:千年之交信息的本质》(*Holding onto Reality: The Nature of Information at the Turn of the Millennium*,1999),《权力失败:技术文化中的基督教》(*Power Failure: Christianity in the Culture of Technology*,2003),《真实的美国伦理学:为我们的国家尽责》(Real *American Ethics: Taking Responsibility for Our Country*,2006)等。

文献出处

本文系《技术与当代生活的特征》第9章"设备范式"、第23章"焦点物与实践"以及第24章"财富与好的生活"之部分合成,标题为编者所拟。译自 Albert Borgmann, *Technology and the Character of Contemporary Life: A Philosophical inquiry*, Chicago: University of Chicago Press, 1984, pp. 40-44, 196-210,221-226. 邱慧译。

设备范式与焦点物

设备范式

我们现在必须就技术的模式或范式给出一个清楚的说明。我将从两个清晰的案例入手，通过直观的分析，给出范式的主要特征。在对前技术背景之概述的基础上，通过对反对意见——它们可能反对模式的独特性——的思考，我试图为这些特征给出更为清晰的全貌。

正如我们看到，技术允诺为我们带来受控制的自然和文化力量，把我们从穷困和劳苦中解放出来，使我们的生活丰富多彩。说技术做出了这样的允诺，暗示了一种本质主义的技术观，这是令人误解的。但是这个说法很方便，并且总可以被重新表述成下面的意思：在与世界交往的技术模式中暗含着这样的承诺，即通过对自然的统治，这一实在的进路将产生自由和丰富。谁对谁做出这样的承诺是一个政治责任的问题；谁是这个承诺的受益者是一个社会正义的问题。这些问题会在以后的章节中讨论。我们必须首先回答的问题是，关于自由和繁荣的承诺是如何被指定和给出一个明确的实现模式的。

首先，让我们注意到，自由和丰富的概念是和可用性(availability)的概念相联系的。对我们可用的(available)财产使我们的生活丰富，如果是技术上可用的，那么它们在丰富生活时并不给我们带来负担。在这个意义上，如果某物已经被呈现为即时出现的、到处存在的、安全的和容易的，那它就是可用的。[①]例如，现在暖气是可用的。当我们提醒自己暖气曾经不是可用的，例如在一百年前的蒙大拿州，这时我们就初步瞥见了可用性的特点了。当时，暖气不是即时出现的，因为每天早晨首先需要给炉子或壁炉生火。而在生火之前，必须要砍伐树木，圆木要锯断劈成柴，柴还要拖运和堆放起来。暖气不是普遍存在的，因为一些房间仍然没有供暖，并且没有一个房间是持续供暖的。长途汽车和雪橇没有供暖，散步道和店铺商场也没有供暖。暖气不是完全安全的，因为人可能被烧伤，屋子可能会着火。暖气不是容易得到的，因为生火和维持火不断要求劳作，要求具备某些技能和注意力。

然而，这样的考察并不足以确立可用性的特别之处。一般认为，技术的进步或

---

① 这一技术概念较早的运用可见于“Technology and Reality,”*Man and World* 4(1971)：59-69；“Orientation in Technology,”*Philosophy Today* 16(1972)：135-147；“The Explanation of Technology,”*Research in Philosophy and Technology* 1(1978)：99-118，Daniel J. Boorstin 根据可用性及其要素类似地描绘了美国日常生活的特点。参见他的 *Democracy and Its Discontents*(New York，1975).

多或少被视为通过更好的工具实现的较小的渐进和直接的继承过程。[1]烧木头的炉子让步于利用对流均匀分配热量的烧煤设备，再接着代之以天然气为燃料并利用鼓风加热的设备，等等。[2]为了使可用性的特征浮现出来，我们必须来探讨物(thing)和设备(device)的区别。物，在我此处使用该词所想表达的意义上，和它的与境(context)，也就是它的世界，不可分，也和我们与该物及其世界的交往，即参与(engagement)，不可分。关于一物的经验，总是既包含与该物之世界在物体上的参与，又包含社会的参与。在唤起多方面的参与时，一个物必然提供了不止一种用品(commodity)。因此，火炉在过去远不仅被用作取暖，而是被用作家具。它作为一个**焦点**，一个火炉，一个场所，会聚了全家的工作和休闲，并且为房屋赋予了一个中心。它的冷却意味着清晨，它散发温暖则表示一天的开始。它委派给不同的家庭成员以各自的任务，从而表明各人在家庭中的位置。母亲生火，孩子们添柴，父亲砍柴。火炉为整个家庭提供了一种同季节节律相应的、日常并切身的参与，这种参与同寒冷的威胁、温暖的慰藉、木头的烟味、锯材和搬运、技能的传授，以及每日的忠于职守交织在一起。身体参与和家庭关系的这些特征只是一物之世界的全部维度中的第一层指示。身体参与不是简单的物理性接触，而是通过身体的多方面感受而得出的关于该世界的经验。这种感受在技能中得到磨炼和加强。技能是深入而精致的参与。反过来，技能又与社会参与密切联系。它塑造了个人并赋予个人以特点。[3]技能的局限性将任何一个人与世界的原始参与都限制在一个狭小的领域。在其他领域里，一个人通过对其他技能的实践者之特征行为和习惯的熟识，立即参与进来。通过使用他们的产品和观察他们的劳作，这种熟识被极大地丰富。当然劳作也仅仅是社会与境的一个例子，这种与境维持着，并且在物中聚焦。如果我们扩大所关注的焦点，将其他的实践也包含进来，那么在娱乐、用餐，在出生、结婚和死亡这样重大事件的庆典中，我们都可以看到类似的社会与境。而在这些更宽广的社会参与视野中，我们能够看到世界的文化维度和自然维度是如何展开的。

如今我们已经勾勒出了一个背景，据此能够概述独特的设备概念。我们已经看到，像壁炉这样的一个物，它供暖，但它不可避免地提供了构成壁炉之世界的很多其他因素。我们倾向于认为这些附加的因素是负担(burdensome)，并且毫无疑问它们经常被如此经验。一个诸如中央供暖站的设备只提供暖气，让我们卸除了(disburden)所有其他因素的负担。这些其他因素都由该设备的机械接管了。机械对我们的技能、力量或者注意力都没有要求，并且它的要求越少，它所造成的被

---

① See Emmanuel G. Mesthene, *Technological Change*(New York,1970),p. 28.

② See Melvin M. Rotsch,"The Home Environment,"in *Technology in Western Civilization*, ed. Melvin Kranzberg and Carroll W. Pursell, Jr. (New York,1967),2: 226-228. 关于厨房炉子的发展(最初的壁炉或炉子发展出来的另一个分支)，参见 Siegfried Giedion, *Mechanization Takes Command*(New York,1969[first published in 1948]),527-547.

③ 参见乔治·斯图特对锯木匠的描述：George Sturt, *The Wheelwright's Shop*(Cambridge,1974[first published in 1923]),pp. 32-40.

感觉到的在场就越少。在技术的进步中,一设备的机械因此具有一种隐蔽和收缩的趋势。在一个设备的所有物理性质中,独独是那些附加的因素是关键和突出的,它们构成了该设备所实现的用品。不甚严谨地说,一设备的用品就是“一设备之为何”。在中央供暖站的例子中,用品就是暖气,在电话中它就是交流,汽车提供运输,速冻食品解决膳食,立体声装置播放音乐。暂时的“用品”是可变化的。要害在于设备使物品和服务可用的那种便利的方式。一开始,在设备和用品的概念中存在不可避免的含糊之处,这些含糊可以通过实质性分析和方法论反思逐渐澄清。[①]因而,我们权且认为,设备的那些方面或性质回答了“设备之为何”,规定了它的用品,并且它们保持相对的固定。其他的性质则是可变的且变化着的,通常这样的变化基于科学的洞见和工程的精巧,从而使用品更加可用。因此,每个设备都有功能上的等价物,等价设备可能在物理上和结构上彼此完全不同。

电视机的发展为这些观点提供了一个例证。第一台电视机的大体积机械与它所实现的用品相比,是极不相称的,它的动态二维黑白画面失真,屏幕尺寸和形状像靶心一样小。渐渐地,显示屏幕变得更大、更平直,画面变得更清晰,甚至出现了彩色。电视机体积相应地变小,在整个机械中更不显眼。这样的发展一直持续着,直到一个火柴盒大小的装置可以提供任意大小的而且颗粒最精细的动态彩色画面。这个例子也表明了,从电子管让位于晶体管,再到发展出硅片,机械上的根本变化如何等同于功能上的不断改进。电缆和人造卫星作为通信纽带被引进。画面不仅仅是传输形式,而是可以被录制的,并且可以用磁带或光盘进行录制。这些思考反过来表明了,一个设备的技术发展如何提高可用性。渐渐地,电视节目几乎在每个地方都能看到——在酒吧,汽车里,在家里的每个房间中。每部能够想到的电影都可以看到。在不方便收看的时间播出的节目,可以录下来,以后再放。时间和地点的限制逐渐被消除。这是一个有益的练习,从中我们看到,在日常围绕我们的用具中,机械如何变得越来越不显眼,功能如何越来越突出;机械中彻底的技术变迁如何只是用品的逐渐进步的积累;以及用品的可用性如何一直增长。

设备中的机械和功能的区分是一个手段和目的之区分的特例。与一般的区分相一致的是,机械或手段服从于功能或目的,并使之合法化。手段和目的的技术性

---

① 在经济学上,“用品”(商品,commodity)是指称可交易(通常也是可移动的)的有价物品的专业术语。在社会科学上,它是作为马克思的Ware(商品)一词之英译的专业术语。马克思的用法和我们在这里提出并发展的用法是一致的,因为两者都试图捕捉住传统(前技术的)现象的一种新颖但最终有害的转变。对马克思来说,负面特征的用品(商品)是社会关系具体化的结果,尤其是将工人的劳动力具体化的结果,这种具体化将用品变成了可交易和可交换的东西,于是被资本家不正当地占用并用来反对工人。这造成了对工人的剥削,以及工人对他们的工作的异化。最终导致了他们的贫困化。我不认为这种转变处在现代社会秩序的核心。毋宁说,这一关键性转变是在设备范式下,将前技术结构的生活割裂为机械和用品。尽管我在使用这一术语时,承认并强调用品的可交易和可交换特征,但是,这里所指的用品的主要特征是它们的便利性和可消费性。这种便利性和可消费性以技术机械为基础,以非参与和娱乐消遣为它们的新近结果。关于马克思的商品和商品拜物教概念,参见Paul M. Sweezy,*The Theory of Capitalist Development*(New York,1968),pp. 34-40.

区分在两个方面不同于一般概念。在一般情况下,手段和目的能在多大程度上被清晰而彻底地区分而不歪曲现象,这是非常值得怀疑的。[①] 然而,在技术性设备的情况下,机械可以被彻底改变,而不会威胁到该设备功能的同一性和熟悉性。当人们被邀请将一块由发条驱动、摆轮校时、通过刻度盘和指针来显示时间的手表,换成一块由电池驱动、石英振子校时、通过数字来显示时间的手表时,没有人会犯迷糊。手段的彻底可变性与目的的相对稳定性共存,这种共存关系是第一个重要特征。第二个特征与第一个特征紧密相连,即手段的隐蔽和陌生性,以及同时表现出来的目的的显著和可用性。[②]

机械的隐蔽性和设备的卸除负担之特征是相伴相随的。如果机械强有力地呈现,它就会对我们的技能提出要求。如果这样的要求被认为过于繁重,因而被卸除,那么机械也会被抛弃。当一件用品能够作为一个纯粹目的来享用,不受手段妨碍时,才是真正的可用。必须要指出的是,建立在领主家务之上的负担卸除永远都是不完全的。主人必然总是算计着仆人的情绪、反抗和弱点。[③]设备提供了社会性的负担卸除,即匿名(anonymity)。主仆关系的缺席当然只是社会匿名的一个例子而已。社会匿名在技术世界中的完全形态,只有在物之世界中的社会关系图景下才能作出判断。这样的图景也将表明,社会匿名必然隐藏于自然、文化和历史三者之一。

焦点物与实践

为了解人们在很多其他地方都会类似地遭遇自然之力,我们必须提出焦点物和实践的普遍概念。这是本章的第一要点。拉丁词"焦点"的意义和词源是我们达成这项任务的最佳向导。但是,一旦我们试探性地学习识别我们身边关于焦点物和实践的实例,我们也必须承认它们具有分散、不显眼的特点。当我们考察海德格尔对简单而醒目之物的反思时,它们那隐藏的光辉才会闪现出来。但是,海德格尔的论述总是带着一股不适宜的怀旧之情。所以,我将指出,当我们更充分地想起并意识到技术的环境增添了而非抹杀了真实的焦点物之光辉时,当我们学会理解焦点物要求一种实践,并使之在这实践中得以成功之时,这股怀旧之情就可以被驱散。我将在本章的后续部分,通过唤起对跑步和餐桌文化的焦点关注,给出这些观点的实质。

---

① See Morton Kaplan,"Means/Ends Rationality",*Ethics* 87(1976):61-65.

② 马丁·海德格尔在对实在的前技术性揭蔽中,详细说明了手段和目的的相互渗透。但是,当他转而讨论存在者的技术性揭蔽(das Gestell,座架)以及特定设备(das Gerät)时,他从未指出手段和目的的这种特有的技术性分裂,尽管他确实提及了技术范围内机器的不稳定性。海德格尔之所以强调这些,也许是他想要表明,技术作为一个整体,既非手段,也非器械。参见他的"The Question Concerning Technology,"in *The Question Concerning Technology and Other Essays*,trans. William Lovitt(New York,1977).

③ 这还带来一个结果:生活水平的普遍提高使得劳务费不成比例地增加。参见 Staffan B. Linder,*The Harried Leisure Class*(New York,1970),pp. 34-37.

拉丁文**焦点**的原意是火炉。我们在前面谈到过它,在第9章里,设备范式第一次得到描述,火炉或壁炉,即物,被看作类似于中央供暖站的东西,即设备。我曾指出,在前技术时代的屋子里,壁炉构建了一个温暖、光明和日常生活实践的中心。对于罗马人来说,**焦点**(火炉)是神圣的,是屋中神灵居住的场所。在古希腊,当婴儿被抱到火炉边,并放在前面时,他就算真正加入这个家庭和家族了。在火炉边举行的罗马婚礼聚会是神圣的。至少在早期,死者是由火炉火化的。一家人在火炉边用餐,并在餐前饭后为屋居神灵献祭。火炉维持、指示并会聚了房屋和家庭。① 如今在很多美国家庭的壁炉中仍然可以看到火炉之意义的折射。壁炉通常处于房屋的中心位置。它的火焰如今只是象征性的了,因为它很难提供足够的暖气。但是,那些被劈开、堆放、连同枝杈一起成为柴火的木头,在烈火中燃烧时闪耀的红色光辉、发出的声音以及散发的气味,仍然保持着它们的力量。火焰中不再有古老神灵的影像,但是经常在壁炉架上或上方位置放有所爱之人的画像,放有关于家族历史的珍品,或者一座计时的钟。②

鲍尔格曼

象征性的房屋中心,带壁炉的客厅,往往好像比不上有着诱人香味和声音的实际中心,厨房。鉴于此,建筑师耶利米·艾克(Jeremiah Eck)重新安排了房屋,还它们以火炉,它是"一个带来温暖和提供活动的场所",人们围着它烹饪、用餐和生活,它是房屋的中心,不论是否有一个真正的壁炉。③他说,这样我们才能满足"我们家庭生活中对焦点场所的需要。"④

在英语中,"焦点"如今是一个几何学和光学的技术术语。约翰尼斯·开普勒是第一个如此使用这个词的人,他很可能吸取了焦点一词在当时流行的意思,把它定义为"透镜或镜子的燃点。"⑤与此相对应,光学或几何学的焦点是指直线或光线在规则或规律的支配下所汇聚的点,或由此发散开来的点。因此,"聚焦"在光学中作动词使用,表示相对透镜移动物体,或者相对物体调整透镜组合,以便呈现一个清晰明确的图像。

"焦点"的这些技术含义恰好和日常语言中的原始意义吻合。在象征意义上,它们暗示一个焦点汇聚了它所在与境的诸多关联,并且发散和弥漫于其周围。聚焦某物,或者将某物置于焦点,就是令其成为中心,令其清楚明白。我正是想在"焦点"的这些历史和生活意义上论述焦点物和实践。如今出现的这片大陆上的荒野就是一个焦点物。它给出了一个方位的中心,当我们把周围的技术带进来时,我们

---

① See *Paulys Realencyclopädie der classischen Altertumswissenschaft* (Stuttgart, 1893—1963), 15: 615-617. See also Fustel de Coulanges, "The Sacred Fire," in *The Ancient City*, trans. Willard Small (Garden City, N. Y., n. d, [first published in 1864]), pp. 25-33.

② See Kent C. Bloomer and Charles W. Moore, *Body, Memory, and Architecture* (New Haven, 1977), pp. 2-3 and 50-51.

③ See Jeremiah Eck, "Home Is Where the Hearth Is," *Quest* 3 (April 1979): 12.

④ Ibid., p. 11.

⑤ See *The Oxford English Dictionary*.

与技术的关系就变得更加澄明。但是，它究竟有多大的汇聚力和辐射力还需要进一步的反思。当然，还将有其他的焦点物和实践，如音乐、园艺、餐桌文化或奔跑。

我们也许能够试着将这些物看作焦点物，而我们更清楚、更容易看到的是它们多么不显眼，多么平常，多么分散。与此形成鲜明对比的是前技术时代的焦点物，比如我们前面提到的希腊神殿或者中世纪的大教堂。马丁·海德格尔曾深深地被希腊神殿的导向力量所震撼，在他看来，神殿不仅为它的世界提供了意义的中心，而且在开创或构建世界的极端意义上，在揭示世界的基本维度和基本标准的极端意义上，具有一种导向力量。[①]无论这个如此极端的论题是否能够得到辩护，希腊神殿无疑不仅仅是一个独立的建筑作品，不仅仅是一个巧妙搭建的，各部分平衡和谐的珍宝，甚至不仅仅是供奉女神像或神像的圣地。正如文森特·斯库利(Vincent Scully)[②]指出，神殿或神殿区域集中并揭示了它所在的大地。大地和海洋之神性都聚焦于神殿。[③]

将艺术作品看作世界之意义的焦点和起源是海德格尔的一项关键性发现。他从西方哲学的近代传统出发，在这个传统中，实在(reality)的意义通过确定前提和控制所有的存在之条件来加以把握(正如康德的可能性条件[*Bedingungen der Möglichkeit*])。海德格尔想要以他对存在之根本条件的激进性研究来超越这个传统。也许正是他不懈地追求，才揭示出这个传统最终的无意义。无论如何，当普遍性条件通过一种恰当的全体和包含的方式得到说明时，真正的问题依然悬而未决，因为一切都依赖于条件如何实现以及如何得到证明。[④]对前提条件的执着不仅使这个问题没有答案，甚至由于留下了这样的印象——一旦那些普遍和基本的事实得到确定，就无需再考虑任何后果了——还可能会难以进入这个问题。不过，海德格尔的早期作品已经孕育了克服的种子。决心在具体中把握实在，海德格尔发现并强调了人类存在的不可阻挡和无法超越的给予性，他还对人类存在的前技术整体性及其技术化的娱乐做出了分析，尽管这些关于技术之描述的意义仍然对他隐藏。[⑤]接着他又发现，在非凡的艺术品中，在先知的宣告中，以及在政治行为中，意义的唯一性至关重要。这一洞见在他对艺术品的论述中详细提出。但是，在一篇提出此观点的文章的结语中，海德格尔承认这个洞见来得太迟了。我们的时代

---

① See Martin Heidegger, "The Origin of the Work of Art," in *Poetry, Language, Thought*, trans, Albert Hofstadter(New York, 1971), pp. 15-87.

② 文森特·斯库利(Vincent Scully, 1920—)，耶鲁大学建筑系名誉退休的艺术史资深教授。建筑师菲利普·约翰孙(Philip Johnson)曾称他为"迄今为止最有影响的建筑教授"。1999年，美国国家建筑博物馆(National Building Museum)设立了文森特·斯库利奖，以奖励那些在建筑、历史保护和城市设计方面展现突出的实践、研究或批判的个人。——译者注

③ See Vincent Scully, *The Earth, the Temple, and the Gods*(New Haven, 1962).

④ See my *The Philosophy of Language*(The Hague, 1974), pp. 126-131.

⑤ See Heidegger, *Being and Time*, trans. John Macquarrie and Edward Robinson(New York, 1962), pp. 95-107, 163-168, 210-224.

无疑创造了很多精妙的艺术作品。"但是,"海德格尔坚持道,"问题仍然存在:艺术是否仍然是发现真理的一种基本和必要的方式,对历史的存在起决定性作用,还是艺术已经不再具有这样的性质?"[①]

海德格尔开始把技术(在他的或多或少本质的意义上)看成是超越前技术时代汇聚力的一种力量。在他看来,技术是形而上学长远发展的最终形态。如今,对任何事物之可能性条件的哲学关注,本身都被看成使最终重要的东西走向遗忘。但是,当意义的伟大化身,即艺术作品,失去了它们的聚焦力量时,我们如何在这个使人遗忘和分心的技术时代中重新确定方向?在条件(*Bedingungen*)的复杂性中,我们必须揭开物(*Dinge*)的简单性。[②]一个酒壶,我们用来倒酒的陶制器皿,就是这样的物。它教给我们如何去把持,去供给,去倒,去给予。在它的黏土中,它为我们汇聚了地,正如在盛装来自土壤的酒时,同样汇聚了地。它汇聚了天,天空的雨水和阳光在酒中呈现。它在我们的必死性中振奋和鼓舞着我们。在祭酒仪式上,它感谢并邀请诸神。通过这些方式,该物(按照它在语源学上的原初意义)汇聚并揭示了海德格尔所称的四重性,即天、地、人、神这四个重要维度的相互影响。[③]在海德格尔著名的意义上,一物就是一焦点,谈论焦点物就是对这个中心点的双重强调。

然而,海德格尔的说明只是一个充满困难的建议。当海德格尔描述酒壶的聚焦力量时,他本应想象一幅乡村场景,在那里,酒壶在其质料、形式以及当地悠久的传统工艺中得到体现;在那里,中午的时候,人们走下酒窖取一壶佐餐酒,他们熟知这壶酒的产量和年份;在那里,午餐时酒被诚心地倒出、感激地接受。[④]在这样的情况下,也许存在这一四重性的汇聚和揭示,它就是最大限度的理解,进入背景之中,并且可以在喜庆场合中呈现出来。但是,所有这些似乎离我们大多数人都很遥远,似乎它的聚焦力量就像帕台农神庙或夏特伊大教堂那样沉默。一个像酒壶这么简单的物,如何能够提供海德格尔所期待的我们与技术之关系的那个转折点呢?同海德格尔对技术的分析相比,他对技术革新(reform)的建议甚至更加概括和简要。[⑤]不过,两者都能够得到富有成果的发展。[⑥]在海德格尔对技术转向的思考中,

---

① See Heidegger,"The Origin of the Work of Art,"p. 80.

② See Heidegger,"The Thing,"in *Poetry*, *Language*, *Though*, pp. 163-182. 海德格尔在原作"Das Ding,"in *Vorträge und Aufsätze*(Pfullingen,1959)第 179 页提到了从条件(*Bedingungen*)到物(*Dinge*)的转变。在"The Question Concerning Technology,"中,他提到了从技术到(焦点)物的转变。

③ See Heidegger,"The Thing."

④ See M. F. K. Fisher, *The Cooking of Provincial France*(New York,1968), p. 50.

⑤ 尽管正如我想要表明的那样,在海德格尔那里可以找到技术革新的种子,但是海德格尔坚持认为,"哲学将不可能实现当前世界状况的直接革新。只有神能够拯救我们。"参见"Only a God Can Save Us: Der Spiegel's Interview with Martin Heidegger,"trans. Maria P. Alter and John D. Caputo, *Philosophy Today* 20 (1976): 277.

⑥ 我并不是想证明或辩护我对海德格尔的讨论或我对他观点的阐发具有权威性。仅仅在这里向他致谢。

有两点必须特别注意。第一点用来提醒我们,如果我们要为焦点物和实践留有空间的话,就必须牢记已有的观点。海德格尔宽泛地解释说,只有当技术的规则从其隐匿中被提出时,只有当它作为迄今视为当然的正统被揭示出来,并且允许它保持隐形时,简单之物的导向力量才会呈现出来。[①] 只要我们忽略技术的这种严格模式化的特征,并且相信我们生活在一个无限开放和机会丰富的世界中,只要我们无视那些明确的方式——通过这些方式,我们技术化地作出技术的承诺,并且一直被这个承诺所迷惑——那么简单物和实践将会显得负担、约束和单调。但是,如果我们认可了先进技术根本上的贫乏,那么那种贫乏就能够成为焦点物的开端。这当然在两方面都起作用。当看到我们的一个焦点关注受到技术的威胁时,就会加深我们对成熟技术之责任的看法。

现在,我们必须提出海德格尔的第二个观点。海德格尔指出,汇聚了四重性的物是不显眼的、卑微的。当我们看到他对物的冗长描述时,我们也会看出它们是分散的、过去的：酒壶和长凳,人行桥和犁,树和池塘,小溪和山坡,苍鹭和鹿,马和公牛,镜子和扣子,书和画,皇冠和十字架。[②]焦点物和实践是不显眼的,这一点无疑是正确的;它们活跃在公众注意力的边缘。而且它们流离失所,这一点至少现在也必定得到认可。这不是说这些分散的焦点所隐藏的中心就不可能在某天显现出来,把它们联合起来,带回家园。但是,现在宣告这样一种结合显然将是被迫的增长。由焦点关注引发的技术革新将是激进的,这种激进并不在于把一个新的、统一的主要计划用于技术领域,而是在于揭示了那些将孕育出有原则的、有自信的开端和尺度的力量源泉,也就是说,它们将既不对抗技术,也不拒绝技术。

但是,我们必须在两条路上超越海德格尔。我们已经在第一个方向上迈出了一步。这让我们看到昨天的简单物在今天的技术与境中获得了新的光辉。在海德格尔的反思中提到,我们必须找出前技术的飞地才能与焦点物相遇,这个建议使人误解和沮丧。毋宁说,我们必须把任何这样的飞地本身都看成是通过其技术与境显现的焦点物。物的转变不能是一种取消,更不能是对技术的一种逃离,而是对它的一种肯定。超越海德格尔的第二条路是在实践方面,通向焦点物的社会境遇,以及后来的政治境遇。[③]尽管海德格尔在描述聚焦了四重性的酒壶描述时,在四重性中分配了人的位置,但是我们几乎看不到把持酒壶的手,更难看到倒酒动作发生时的社会背景。在对另一物,桥,的思考中,海德格尔注意到,人类的道路和劳作被桥所汇聚和指引。[④]但是,从这一焦点物出发来看,这些论述也呈现了实践。因此,必

---

① See Heidegger,"The Question Concerning Technology";兰登·温纳也提出了类似的观点：Langdon Winner,"The Political Philosophy of Alternative Technology,"in *Technology and Man's Future*,ed. Albert H. Teich,3d ed. (New York,1981),pp. 369-373.

② See Heidegger,"The Thing,"pp. 180-182.

③ 德雷弗斯的文章使我认识到需要将海德格尔关于物的概念与实践的概念进行互补,Huber L. Dreyfus,"Holism and Hermeneutics,"*Review of Metaphysics* 34(1980):22-23.

④ See Heidegger,"Building Dwelling Thinking,"in *Poetry,Language,Thought*,pp. 152-153.

须要证明的是，焦点物只有在人类实践中才能兴盛起来。海德格尔指出，在我们能够造桥之前，我们必须能够居住。[①]但这句话具体意味着什么呢？

对荒野的思考揭示了一个中心，这个中心对技术持一种有力的反对立场。荒野在技术获得之外，而且我们对它的反应使我们超越了消费。但是，它也教会我们接受并使用技术。我们现在必须试着去发现，在与技术化的日常生活的亲密接触中，能否找到这样的定位中心。我相信是可以找到这些定位中心的，只要我们循着那些来自和反对海德格尔的线索，只要我们贯彻这些建议，即焦点物看似卑微和分散，但是一旦我们恰当地掌握技术，它们会在技术中获得闪耀光辉；以及焦点物的兴盛需要实践。跑步和餐桌文化就是这样的焦点物和实践。我们都曾以这样或那样的方式接触过它们。即使我们不曾参加激烈的或竞技性的赛跑，我们肯定都曾散步；我们都体验过触摸大地、感受轻风、品味细雨，使血液在我们的身体中更稳定流淌的那份惊喜，或许是愉悦。在准备饭菜时，我们曾享受过洗菜和切面包的简单差事；感受过被赠予美酒和自制面包时的力量和慷慨。当我们在屋内经过许久的等待和张望之后，在暴食了一顿唾手可得的快餐和饮料之后偶然碰上这样的经验时，它们就会显得特别生动。遭遇一些简单物会令人感到解放和振奋。当诗云：

> 看那清澈的光芒闪亮，
> 桌上呈放着面包和佳酿。[②]

平常的喧闹和杂乱就会消退。

如果说这样的经验感人至深，那么它们也是稍纵即逝。似乎没有任何的思考和讨论能够遮蔽和培养这样的事件；政治上当然不可能，哲学上也同样如此，哲学中的流行术语都同等地认可并应用于闲荡和散步，应用于吞克斯蛋糕[③]以及面包和主食。但是，对美好生活的反思性关怀从未衰减。它远离了哲学的职业，在实践的人中生根发芽。事实上，这个国家有一个传统，人们为具体而简单的生活忙碌，他们如此满足于这种忙碌，以至于他们提笔变成了证人和教师，变成了直接论证的发言人。梅尔维尔和梭罗就是这个传统的伟大倡导者。如今的时代没有了无可比拟的英雄，只有许多各行各业的杰出实践者，当前的卫生保健和临时所有权令显然源于这一事实。这些实践者的工作包含了从现实指导到高瞻远瞩之间的连续谱。他们关注的范围和中心各个不同。但是，在对切实而有形的物与实践的关注中，他

---

① Ibid.，pp. 148-149.

② Georg Trakl，quoted by Heidegger in "Language，" in *Poetry*，*Language*，*Thought*，pp. 194-195(我冒昧采用了霍夫施塔特(Hofstadter)的翻译)。

③ Twinkies：一种内含白色奶油夹心的黄色蛋糕。因其含有高热量，多食易引起肥胖，故被很多人称为"垃圾食品"。美国国会众议院监督和政府改革委员会主席韦利·韦克斯曼在主持众议院吸烟听证会时曾说："至于吞克斯蛋糕，我宁可反对到底，也不会向其妥协。"但由于其又甜又轻，易于取食，因此自1930年问世以来，一直是备受美国消费者青睐的午餐甜点。1999年，美国总统克林顿挑选了一包吞克斯蛋糕作为"持久的美国标志"，将其放入美国的千禧年时光宝盒中。——译者注

们都有自己的精神支柱，而且他们富有热情的讲演都来自这些焦点关注的滋养。匹尔西格(Pirsig)的书是这个传统中的一个既令人印象深刻又身陷困境的杰出典范，该书在观察资料及教育方法的新颖性上令人印象深刻，在其雄心勃勃和无法处理的重大哲学问题上身陷困境。诺曼·麦克林(Norman Maclean)的《大河奔流》(*a river runs through it*)可以被看成一本飞鱼手册，这一点令作者非常高兴。[①]但是，它首先是一部文学作品，由于呈现了我们刚刚从中出现的既有光明又有黑暗的参与性生活，因而也是一部关于技术反思的作品。科林·福莱彻(Colin Fletcher)的作品《步行者大全》(*The Complete Walker*)是关于长途徒步旅行和背包徒步旅行最详尽的指南。[②]这些物的焦点意义是在装备和技术的间隙中发现的；而且当作者明确地进行直接讨论时，他在这一焦点意义上花了"一段令人无法容忍的时间"。[③]罗杰·斯韦恩(Roger B. Swain)在其作品《尘世的快乐》(*Earthly Pleasures*)中对园艺作出了深入研究，他以冷静优美的散文，启迪我们对花园中见证并从事的事业之科学基础和背景进行思考。[④] 哲学的意义不经邀请便轻易地进入我们对时间、目的性和熟悉之物的反思中。阅读这些书，我看到一片水域在我眼前延伸开来，消失于远方。但是，我能看到那是一条强大而坚定的河流，它的分支很可能比我所了解的更加宏伟。[⑤]

为了更清楚地揭示这一美国主流(其他都隐蔽了)的趋势和特征，我以两本书为证，书中的指南充满了热情，它们是罗伯特·法拉·卡朋(Robert Farrar Capon)的《羔羊的盛宴》(*The Supper of the Lamb*)和乔治·希汉(George Sheehan)的《跑步与存在》(*Running and Being*)。[⑥] 这两本书都集中于焦点事件，分别是长跑与盛宴。在长跑中，人们从身体的力量中获得乐趣，从步伐的轻盈和长度中获得乐趣；在长跑中，自然在山坡上，在风中，在热度里热烈地诉说；在长跑中，人们将耐力发挥到极致；在长跑中，人们最终被观众和跑步同伴们的美好祝愿淹没。[⑦]盛宴，正如卡朋所说，要持续很长时间，在盛宴中，客人们被周到地邀请，餐桌被精心地布置；在盛宴中，食物是传统、耐心和技巧的顶峰，呈现了世上最美味的材质和口感；

---

① 参见 Normal Maclean, *A River Runs through It and Other Stories* (Chicago, 1976)。在这三个故事中，只有第一个故事向读者讲授了飞鱼。

② See Colin Fletcher, *The Complete Walker* (New York, 1971).

③ Ibid., p. 9.

④ See Roger B. Swain, *Earthly Pleasures: Tales from a Biologist's Garden* (New York, 1981).

⑤ 还有一些书：Wendell Berry, *Farming: A Handbook* (New York, 1970); Stephen Kiesling, *The Shell Game: Reflections on Rowing and the Pursuit of Excellence* (New York, 1982); John Richard Young, *Schooling for Young Riders* (Norman, Okla., 1970); W. Timothy Gallwey, *The Inner Game of Tennis* (New York, 1974); Ruedi Bear, *Pianta Su: Ski Like the Best* (Boston, 1976). 这些书必须严格区别于那些承诺不费力气立刻学会技能的书。后一类书的目的是技术的，实际是骗人的。

⑥ See Robert Farrar Capon, *The Supper of the Lamb: A Culinary Reflection* (Garden City, N. Y., 1969); and George Sheehan, *Running and Being: The Total Experience* (New York, 1978).

⑦ See Sheehan, pp. 211-220 and elsewhere.

盛宴之初有一个对神的祷告，整个盛宴贯穿着令人难忘的交谈。[①]

这样的焦点事件是简洁的，如果只在当下的时空范围内看到它们的话，还非常容易被误解。当它们被认为是人们主观感觉的体验，是把人带入特定的精神状态或情感状态时才具有真正意义的事件时，它们被更进一步误解了。如此构想的焦点事件受技术规则的影响。因为当一种主观状态成为决定性状态时，人们便开始探究在功能上与该状态的传统规则相当的机械，人们还努力寻找一种机械，它们将更即时、更普遍、更确定无疑地达到那种状态。从另一方面来说，如果我们要捍卫焦点物的深刻性和完整性的话，那么，为了全面而真实地了解它们，我们必须在与境中理解它们。.剥离与境的物会变得不确定。[②] 字母"a"就其本身来说没有特定意义。在"table"的与境中，它传达了或有助于传达一个更加确定的意义。但是，"table"也可以意指很多物。当卡朋在他的书中提到"The Vesting of the Table"时，table 意指一些更有力的物。[③]但是，这段文字最终又必须在世界的与境和结构中来理解。说某物变得不确定就是指它可说的少了，或者没有了。因此，详细阐述焦点事件的与境就是认可了它们恰当的修辞。

希汉说，"长跑运动员在所有运动员中地位最低，他所从事的运动在所有运动中最不起眼。"[④]跑步就是简单地在时间和空间中一步一步地移动。但是，在这种简单性中却闪耀着光辉。我们乘坐汽车当然移动得更快、更远、更舒适。可我们却不是采用自己的力量、使用自己的权利在移动。我们只是把先前的劳动兑现为当下的运动。作为科学和工程的受益人，作为有能力购买汽车、支付汽油费以及道路费用的人，我们现在释放获取的和储存的东西，用它来做交通工具。但是，一旦这些过去的努力在我的驾驶中被消耗殆尽，我最多只能因所做之事得到好评。我现在所做之事——驾驶，不需要努力，只需要少许技巧或训练，甚至什么都不需要。我是一个分裂的人：我的成果在过去，我的享受在当下。但对一个奔跑者来说，付出与享受合一；手段与目的、劳动与休闲的分裂得到弥合。[⑤]当然，如果我受过良好的训练，那么我过去的付出将带来比赛的成果。但它们不是简单的兑现。在这场本身就是极大成果的比赛中，在这场为增强我的技能提供机会的比赛中，我的力量必定被孤注一掷。

成果和享受的统一，能力和实现的统一，这只是奔跑归还我们的所有主要部分的一个方面。好的跑步使心灵和身体都参与其中。心灵在这里远不只是恰好寓居身体之中的理智(intelligence)。毋宁说，心灵是身体的感受性和忍耐力。[⑥]因此，正

---

① See Capon, pp. 167-181.

② See my "Mind, Body, and World," *Philosophical Forum* 8(1976): 76-79.

③ See Capon, pp. 176-177.

④ See Sheehan, p. 127.

⑤ 关于成就与享受的统一，参见 Alasdair MacIntyre, *After Virtue* (Notre Dame, Ind., 1981), p, 184.

⑥ See my "Mind, Body, and World," pp. 68-86.

如希汉反复强调的那样，完全意义上的跑步与以获得身体健康为目的的锻炼有着原则上的区别。跑步和身体锻炼的区别在同一期《纽约时报杂志》(*New York Times Magazine*)上被醒目地提出。其中包括一篇彼得·伍德(Peter Wood)的自述，讲述了在纽约城市马拉松比赛中，他如何用身体和心灵来感受这个城市；还包括一篇亚历山德拉·佩恩尼(Alexandra Penney)关于集体健身项目的讲述，考虑到他们的冠心病风险因素的分布，项目实行者们不管到什么地方都步行或骑固定的自行车。[①] 在另外一期《杂志》中展示了实行者们边锻炼身体，边忙着用他们分离的心灵阅读。[②] 当然，除非一个跑步者全神贯注于身体的动作，这通常是在他努力跑出最好成绩时，否则心灵会随着身体的奔跑而游荡。但是，由于在自由联想中，我们把未来和过去、现实与可能排列在一起，因此，和我们的呼吸有节奏地将自身会聚于此时此地一样，我们的心灵将自身散播到遥远的时空之中。

从这些反思中可以清楚地看到，跑步者留心于身体，因为身体熟悉世界。当身体与世界的深度相分离时，即当世界被分裂为宽敞的表面和难以进入的机械时，心灵也相应变得空洞。因此，目的与手段的统一、心灵与身体的统一，以及身体与世界的统一，都是一回事。这种统一使自身感受到了跑步者用来体验实在的生动性。伍德说道："当你慢慢地跑过市内住宅群，慢到足以能够看到不堪的细节，并且意外地受到遗留在那里的居民们的鼓励时，不知为何，你会更加深切地体会到这一严重的市内住宅问题的现实性。"[③]正如最后这条评论指出，由跑步构建起来的整体也包含了人类家庭。那样一个简单事件的经验，表达了一种同样简单而深刻的同情。它是自然的善意，不需要药物的麻醉，也不依赖共同敌人的存在。它从被遗忘的心底最深处涌出，一次次使奔跑者沉浸其中。[④]当伍德叙述他从平时充满了犯罪和暴力的街道上跑过时，他评价道："但是，我们今天只能吃惊于那些以暴力犯罪闻名的街道所散发出来的温暖。"面对观众们的狂热，他的回答是："当我以每小时九英里的速度跑过人群时，我感觉他们非常的亲切；我非常地爱他们每一个人；为了感谢他们的支持，我尽我所能地去跑。"[⑤]对乔治·希汉来说，跑步最终打开了神启。当他跑步时，他在与上帝搏斗。[⑥]严肃的跑步引领我们达到我们存在的极限。我们跑进危险，跑进看似无法忍受的痛苦。当然，陷入那样的体验有时会引起野心和空虚。但是，它能进一步引领我们达到一点，在这一点上，我们在承受我们的极限时，也体验了我们的伟大。这无疑是一个逃避技术、形而上学和哲学家的上帝，

---

① See Peter Wood, "Seeing New York on the Run," *New York Times Magazine*, 7 October 1979; Alexandra Penny, "Health and Grooming: Shaping Up the Corporate Image," ibid.

② See *New York Times Magazine*, 3 August 1980, pp. 20-21.

③ See Wood, p. 112.

④ See Sheehan, pp. 211-217.

⑤ See Wood, p. 116.

⑥ See Sheehan, pp. 221-231 and passim.

并追寻亚伯拉罕、以撒和雅各的上帝的希望之所。[①]

如果说跑步令我们的生活通过理解世界——经由活力和简单性来理解世界——而会聚起来,那么餐桌文化则是通过结合简单性与极大的富有,来会聚我们的生活。人类是如此复杂而能干的存在者,以至于他们能够完全理解这个世界,包容它,并且凭借他们自身的能力构建了一个秩序(cosmos)。因为我们如此显赫地站在这个世界的对立面,所以,对我们来说,与这个世界有联系就成为一件极具挑战的重要事件。当然,在某种意义上,我们总是已经在这个世界之中,呼吸着空气,触摸着大地,感受着阳光。但是,在另一种意义上,由于我们能够从这个现实的和当下的世界中抽离出来,沉思什么是过去和未来,什么是可能的和虚渺的,因而,我们也相应地为自己和世界的亲密而庆贺。这一点我们在用餐时表现得最为根本,我们在摸得着的、色彩缤纷的、有营养的直接性中理解世界。真正的人类用餐是原始(the primal)与秩序(the cosmic)的统一。在面包和酒的简单性中,在肉和蔬菜的简单性中,世界被会聚起来。

一天中的正餐可以在中午也可以在晚上,它是最突出的焦点事件。它将分散的家人聚集在餐桌旁。它在餐桌上聚集了自然赐予的最美味的食物。但它也回忆并呈现了一个传统,即一个民族在鉴别与栽培庄稼,在驯养和屠宰动物上的古老经验;它带来了对民族习惯或地域习惯之间更紧密联系的关注,以及对更为私密的家庭菜谱和餐具之传统的关注。随着获取食物像获得用品一样,随着食品工业取代餐桌文化,这种生活结构正在被撕裂。一旦食物可以自由取用,与之相应的只能是用餐的会聚作用被打破,并蜕变为抓来便吃的快餐、电视便餐、点心;用餐本身被分散在了电视节目、早晚的会议、活动、加班以及其他事务之中。这正日益成为技术时代用餐的常态。但是,正是我们的内在力量在杂乱和分心之中清理出了一片中心位置。我们首先可以从一餐饭的简单性出发,它有开始、中间过程和结束,并且它以简单的步骤突破了便利食品的浅薄,从未加工的原料开始,到准备和加工,最后把它们端上餐桌。通过这种方式,我们又能够成为我们文化的持有者了。当我们吃的食物仅仅是用品的时候,我们被剥夺了世界公民的权利。它们是本质上不透明的表面,尽全力抵抗我们将敏感性和能力延伸到对世界更深层的理解之中。一个巨无霸汉堡和一杯可口可乐就可以征服我们的味觉,并解除我们的饥饿。

---

① 有一个重要的人类学证据表明,在特定的前技术文化中,奔跑曾经是一个深刻的焦点实践。我没有能力在这里进行讨论。我也没有在这里和其他地方讨论过关于技术与宗教的问题。我相信,目前的研究与那个问题有重要的关联,但是要把它们说清楚需要更多的篇幅和周密的研究,这是我现在无法达到的。我在下面两篇文章中曾试图给出阐述:in "Christianity and the Cultural Center of Gravity," *Listening* 18(1983):93-102; and in "Prospects for the Theology of Technology," *Theology and Technology*, ed. Carl Mitcham and Jim Grote(Lanham, Md., 1984), pp. 305-322.

技术毕竟不是童工圣战运动[①]，而是一项定义并满足人类需要的有原则、有技巧的事业。沉浸在消费的娱乐和忙碌中，我们也许无法意识到用品的浅薄所带来的局限。但是，在吃了一段时间的统一加工食品或便利食品之后，当我们走近一桌喜庆的家宴时，我们似乎茅塞顿开。食物显得更加醒目，香味更加浓郁，用餐再次成为一个参与的场合，一个我们完全被接受的场合。

要理解节日盛宴的光彩和丰饶，我们必须注意物与人、目的与手段的相互影响。首先，食物一旦摆放上餐桌，似乎就具有了用品的特征，因为它现在对我们来说是唾手可得的，随时可以大吃大喝而无需付出努力或代价。然而，虽然在任何的用餐过程中，总有一段时间是纯粹吃喝的，但在一个节日的盛宴中，用餐是在一定的秩序和规矩下进行的，这是对参与者的挑战，并使他们变得高贵。盛宴有自身的结构。它从一个反思的时刻开始，我们在反思中将自己置身于从第一道菜到最后一道菜的呈现之中。它有一个上菜的顺序；它要求并倡议进行难忘的交谈；所有这些都在一种被称之为餐桌礼仪的规矩下进行。当它们构成了对用餐中发生的重要之事的恭敬且富有技巧的回应时，这些礼仪便得到认可。我们可以看到吃巨无霸汉堡时，这样的秩序和规矩是如何瓦解的。在吃汉堡的过程中，存在着点状的、不合理的拼凑，即将一个非常局限的人类需求与同样没有与境的、紧密装配起来的用品拼凑在一起。在巨无霸汉堡中，一系列的菜肴被简化为一个对象，餐桌礼仪被削减为抓和吃；社会与境的影响不外乎那些发售快餐的人们的笑脸和快手。然而，在节日盛宴中，招待食物是人们能够做出的最慷慨的手势之一。一份食物与其装饰菜是一致的；在食物上加装饰菜是烹饪的最后一道工序，而烹饪与准备食物是一体的。如果我们有幸生活在乡村，那么食物的准备工作就会在附近菜园里的蔬菜临近成熟和收获的时候进行。这一行动与境在个人身上得到体现。饭菜和烹饪、蔬菜和菜园彼此呼应。尤其当我们是客人的时候，许多用餐的更深层的与境成为社会的和对话的媒介。但是，那种媒介有着半透明性和可理解性，因为它带着我们也曾上演或至少能直接证明的身体上的直接性，不间断地延伸到更加深远之处。看起来只是纯粹地接受和享用食物的行为，实际上是慷慨和感激的上演，是对相互的责任的肯定，或许是对宗教责任的肯定。因此，在一个焦点场景中用餐，完全不同于在一个隐匿了社会性和文化性的快餐销售点用餐。

前技术世界是反复参与的世界，而且它并不总是确定的。当然，上帝和国王的最终作品也存在无知，但即使无知者也通过神秘和敬畏参与其中。在这个参与的网络中，只要存在类似于餐桌文化的东西，用餐就已经具有了焦点特性。[②]然而，今

---

① 童工圣战运动(children's crusade)是美国工会运动的开路先锋琼斯夫人(Mother Jones)组织的一场相当大的游行，从宾州的坎辛顿镇一直北上到纽约州的牡蛎湾，也就是当时罗斯福总统的家。在这个游行当中，人人举着“我们想要自由地玩”和“我们想上学”的横幅以表示他们的决心。虽然罗斯福总统拒绝接见这些抗争者，但这开启了美国社会对于童工保护的公开探讨。——译者注

② See M. F. K. Fisher, pp. 9-31.

天,盛宴不再会聚和要求一个完全的参与关系网络;在这个技术环境下,它作为一个极为平静的场所脱颖而出,在这个场所中,我们可以抛开狭隘的专心和不公平的劳动负担,抛开消费中的疲惫和难懂的多样性。在这个技术环境下,餐桌文化不仅聚焦我们的生活,而且还以治疗场所著称,它使我们回归到这个世界的深处,回归我们作为存在之完整性。

如前所述,我们都有机会体验一次畅快的跑步或者一次节日盛宴带来的深切的快乐。并且在这样的场合下,我们可能会遗憾这样的事件太少了;我们也许准备让这样的事件更经常地出现在我们的生活中,成为我们生活的中心。但是,一般来说,这些事件具有偶然性,而且,我们可能实际上无法把握这些仍然为我们增色的事件。在第18章中,我们见过这种不适的各个方面,尤其是它与电视的联系。但是,为什么我们会违反我们更好的洞见和渴望呢?[①] 这初看起来非常令人费解,因为焦点活动中的参与对大多数技术社会的公民来说是一种即时出现的、无所不在的可能性。任何一天我都可以决定奔跑或者下班后做饭。每个人都有一些合适的装备。最差的情况也不过就是在回家的路上停下来挑这个买那个。这当然是因为技术才打开了这些可能性。但为什么它们在很大程度上停留在未开发的状态呢?这里面集中了几个因素。劳动令人疲惫不堪,尤其是分工之后的劳动。当我们回到家时,常常感到筋疲力尽。娱乐和愉快的消费似乎与这种无能相符。它们承诺消除紧张和缓解疼痛。因此,它们在我们生存的肤浅层面上起作用。无论如何,在这种情况下要求努力和参与似乎显得残酷而不公平。我们坐在安乐椅上,手持啤酒,看看电视;当我们感到情绪激动时,我们发现很容易忽视超我。[②]但是,当某个我们无法拒绝的人说服我们穿上外套,在寒风凛冽的天气里出去散步时,我们有时也会找借口反驳。一开始我们会愤愤不平。这种不舒服比我们想象的还要严重。但是,渐渐地,转变发生了。我们的步伐变得稳健,血液开始有力地流淌并带走了我们的压力,我们嗅着雨丝,开始语重心长地和同伴交谈,最后带着平静、愉快的心情,以及能使人安然入睡的疲惫回到家中。

但是,为什么这样的事件也仍然是插曲呢?原因在于这一错误的假定:对我们生活的塑造可以由一系列个人的决定来进行。不论生活中的目标是什么,我们实际上都听任腐蚀。这样的策略既忽略了人性的软弱,也忽略了人性的强大。当我们受到激励时,往往会将我们日常实践中所培养的东西付诸行动,因为它们是根据我们这个时代的规范塑造的。当我们坐在安乐椅上沉思做什么的时候,我们深深地陷入了这个带着我们身后的劳动,带着我们对劳动的祝福,带着消费的快乐和充实的技术框架之中。这一安排曾经包含着我们毕生的忠诚,我们了解它以获得同伴的认同和支持。它将采用超人的力量一次次地抵抗这一秩序。如果我们要挑

---

① 关于这个问题的社会基础和经验基础,请见第24章。

② 一些临床医学家建议躺下来,直到情绪不再激动。

战**技术的规则**，我们只有通过**参与的实践**来进行。

人类构建并致力于实践的能力反映了我们对世界的理解力，反映了我们在其广袤上将它作为一个与境——通过其焦点而定位的与境——来拥有的能力。找到一种实践就是捍卫一种焦点关注，就是保护它抵御命运的无常和我们的弱点。约翰·罗尔斯(John Rawls)曾经指出，对实践的辩护和对受该实践影响的特定行动的辩护有着明显区别。[①]类似地，赞成一个焦点实践和赞成一个似乎具有焦点特性的特定行动也是完全不同的两码事。[②]说得更清楚一些，我们必须承认，如果没有实践，一个参与的行动或事件能够短暂地照亮我们的生活，但却不能焦点性地指示并定位我们的生活。正如亚里士多德第一个发现的那样，能力、卓越或美德产生一种习惯(éthos)，一种固定的品性和一种生活方式。[③]阿拉斯代尔·麦金太尔(Alasdaire MacIntyre)于是说：通过实践，"人类达到优秀的力量，以及人类关于目的和善的观念，得到了系统性扩展。"[④]当针对一系列的个人决定和行为时，通过实践，我们能够完成那些难以做到之事。

今天，我们如何才能建构实践呢？在这里，在焦点物的案例下，考虑前技术实践的基础是很有帮助的。在神话时代，后者的构建常常通过对神力或虚构的祖先的创立和献祭。正如第22章所指出的，这种行为开辟了一片圣地和中心，从而为一个暴力和敌对的世界赋予秩序。于是，神圣实践存在于这种创建行动的定期重演之中，因而它重建并维持了这个世界的秩序。基督教就是这样产生的；圣餐，羔羊的盛宴，是其中心事件，在将它重演的指令下构建起来。显然，如今的焦点实践也应该具有会聚力和导向力。但是它在重要方面和它的伟大先驱不同。一个神圣的焦点实践从它的反对力量中汲取很多力量。对秩序(cosmos)的保存的另一个选择是混沌，是社会的和物理的无序和崩溃。将神圣实践仅仅看成对高级生存价值的应付行为，这是一种还原。神化不仅仅有助于生存，它还定义了什么是真正的人类生活。而且，正如前技术道德的情形中那样，经济和社会因素也交织在神圣实践之中。因此，肉体需要的力量支持着神圣的焦点实践，尽管并不定义这种实践。由于一个神圣的焦点实践本质上结合了社会、经济和秩序，它自然成为显著的和公共的事务，牢牢地停留在人们共同的记忆和期待之中。

当然，这一概述无法考虑许多其他类型的前技术实践。但是也确实呈现了它们的一个重要方面，更为重要的是，它为技术环境下的焦点实践提供了一个很好的背景。显然，技术本身就是一种实践，它创造了自己的秩序和保障。它的历史包含了伟大的革新时期，但它并非从带有焦点特征的创始事件中产生，正如第20章所

① See John Rawls, "Two Concepts of Rules," *Philosophical Review* 64(1955): 3-32.

② 反过来，中断一个实践和停止一个特定行动也是完全不同的两码事。因为我们在实践中定义自身和我们的生活，所以中断一个实践会危及我们的身份，而停止一个特定行动相对来说就不那么重要了。

③ See Aristotle's *Nicomachean Ethics*，尤见第二卷开头。

④ See MacIntyre, p. 175.

说，它也不曾制造过焦点物。因此，它不是一个**焦点**实践，而且，我曾极力地强调，它确实具有一种使人衰退的倾向，分散我们的注意力，搞乱我们的环境。再者，如今的焦点实践在其与境中并没有遇到切实的或公然敌视的反抗，从而也被剥夺了来自这种反抗的勃勃生机。不过，在更深刻、更微妙的层面上当然也有反抗。要感受这种反抗力量的支持，人们必须要体验技术的微妙的衰退特征，更重要的是，人们必须明白，无论明示还是暗示，技术的危险不在于它这样或那样的表现形式，而在于**其模式的普及性和连贯性**。很多情况下，一个巨无霸汉堡、一辆健身脚踏车或者一台电视节目无可非议且真正有益地满足了人类需求。这使得对技术的个案评估缺乏说服力。只有当我们试图从其一般总体来考量技术生活时，我们才会为它的肤浅而忧虑。我相信，我们越是深入地体会、越是清楚地理解技术的连贯性和特征，就越会明白，技术必定会受到同样模式的社会行动的反抗，即实践的反抗。

在这一层面上，对技术的反抗确实使得焦点实践变得富有成效。焦点实践现在可以被认为恢复了我们生活的深刻性和完整性，这种生活原则上被排除在技术范式之外。尽管麦金太尔烘托的是启蒙而不是技术，但他抓住了这一要点，他在对实践的定义中，把“内在于实践的善”[①]的概念也纳入其中。这些与实践是同一的，而且它们只有通过实践才能获得。手段与目的的分裂得到了弥合。相反，“有一些善外在地、偶然地附加于”实践；而且，在那种情况下，“达到那样的善总有几种可选方式，而且**只有**通过参与一些特定的实践**才**能达到。”[②]因此，服务于外在之善的实践(在更宽泛的意义上)可以被技术颠覆。但是，麦金太尔的观点需要得到澄清和扩展，它包括或强调的不仅是人类与特定行动的本质统一，还有一些世界在其中得以聚焦的切实之物。这一观点的重要性已经通过对跑步和餐桌文化的思考提出。对这个提法有一些反对意见。在这里，我想通过考察罗尔斯关于实践由规则定义的观点来推进这一问题。我们可以将一条规则作为特定的生活领域的指令，在指定的环境中以特定的方式实施。就这个规则的实际设定来说，其特性有多重要呢？尽管罗尔斯并没有直接提出这个问题，但他以棒球为例暗示道，只有在棒球规则的限定下，“一块形状特殊的木头”和一种垒包才能成为球棒和棒球。[③]类似于罗尔斯提出的规则及其定义的实践与特殊案例的关系，我们也许可以认为，规则及其定义的实践在逻辑上先于它们的现实结构。但是，与之对立的观点在我看来似乎更有力。显然，棒球的可能性和挑战性完全由场地的安排和地面、棒球的重量和弹性、球棒的形状和大小等等决定。人们当然可以回应说，是规则定义了这项运动的物理环境。但这是在更宽泛的意义上理解“规则”。而且，更确切地说，后一类规则反映并保护了这项运动兴起时最初的现实环境的特性。这些限制了参与者行为的规则也可以被看成是确保并要求有趣的挑战的方法，这种挑战来源于人类与实

---

① Ibid.，pp. 175-177.

② Ibid.，p. 176.

③ See Rawls，p. 25.

在的相互影响。诚然，在运动的装备方面存在着发展和革新。但是，它们要么像撑杆跳那样完全改变了运动的性质，要么像棒球那样限定并保留了运动的特性。

当然，焦点实践的目的就是在不降低其深刻性和一致性上保卫居于实践中心之物，就是保护它，使它免于被技术地分割为手段和目的。和价值一样，规则和实践是回忆、是预期，我们现在还可以说，是对最终有关系的具体之事和物的保护。实践不仅从技术性颠覆的方面保护焦点物，而且还从反对人类弱点的方面来保护它们。第21章强调，我们在指示话语中回应的那些最重要之物不能被占有或控制。因此，当我们追求它们时，我们偶尔错过了，有时很长一段时间都错过了。跑步成了单调的痛苦，烹饪则变成费力不讨好的家务。如果我们在技术模式下坚持确定的结果，或者更一般地说，如果我们以当前的经验为基础来评估将来的努力之价值，那么焦点物将从我们的生活中消失。实践则始终保持着对焦点物的信念，并为它们保全了我们生活中的开端。诚然，实践最终需要通过伟大之物的光辉重现而再次被赋予权力。没有经历如此重生的实践则退化为一个空洞的仪式，也许是没有生命的仪式。

我们现在可以对焦点实践的意义作一个总结，这样的一种实践要求在其模式化的普遍性上反对技术，要求在深刻性和完整性上保卫焦点物。通过实践来对抗技术，就是考虑到我们对技术干扰的敏感性，也是发挥特有的人类理解力，即在程度和重要性上理解这个世界的能力，通过持久的承诺做出回应的能力。实际上，焦点实践在坚定的信念下产生，它要么是一个外在的决定，人们发誓从今天起定期参与一个焦点行动，要么是更为内在的决心，它由焦点物在良好环境下培养而成，并成熟为一个固定的习惯。

在考虑这些实践的环境时，我们必须承认，今天的焦点实践和它们前技术时代杰出的先驱有着决定性的区别。后者是公共的、显赫的，它们要求精密复杂的社会和自然环境：等级制度、职能部门、礼仪和唱诗班；大型建筑物、祭坛、祭器和法衣。相比之下，我们的焦点实践是如此的寒酸和零散。由于它们的私人性和局限性，有时候几乎不能被称为实践。通常，它们一开始只是一种个人的生活方式，后来发展成一种常规，却从未获得区别于一种实践的社会富足。鉴于焦点实践常常具有不稳定和不成熟的性质，由于它们的简单性和富有成果性所带来的所有光辉都是技术的对立面，因此，如果它们将被看成技术革新的基础的话，那么焦点物和实践显然必须在与我们的日常世界的关系中进一步得到澄清。

财富与美好生活

我们已经就焦点物与实践提出了有力的主张。焦点关注据说允许我们聚焦我们的生活，发起技术革新，从而迎接那逃离了技术的美好生活。我们看到，如今的焦点实践有孤立和不完善的倾向。但这些只是由于不适宜的环境所带来的微不足道的缺陷。当然，不论焦点实践发展得多好，总会存在一些重要问题。在我们能够继续讨论应该如何进行技术革新，从而为美好生活留下空间之前，我们首先必须思考有关焦点实践最重要的障碍，革新的关键，如果可能的话，必须对其进行反驳。这些辩论并不是用来为焦点关注提供无可辩驳的论据，这既不可能，也不期望。本章的讨论在于努力使焦点实践的概念与主流的概念情境和社会情境更加密切地联系在一起，从而提高焦点关注在我们心中的声望。使善于接受焦点物的技术领域成为技术革新的核心。

现在，我来就这类革新的具体结果作一个简要说明。我从具体例子开始，进行更宽泛的考察。希汉的焦点关注是跑步，但他并不跑着去任何他想去的地方。他开车上班。他依赖那种技术设备以及与之完全关联的机械系统，包括产品、服务、资源和道路。显然，在希汉的立场上，人们希望汽车成为一个尽可能完美的技术设备：安全、可靠、易操作、无需维修。由于跑步者极为享受空气、树木以及为他们的跑步增色的开阔空间，又由于人的精力和健康对他们的事业来说至关重要，因此，想要一辆环保汽车的想法对他们来说是前后一致的，这种汽车没有污染，它的生产和运转只需要最少的资源。既然跑步者在奔跑中表达自身，他们也就不需要交通工具的炫目、型号和新颖款式了。[①]

在其焦点关注的开端，跑步者把技术丢在后面，技术也就是与世界打交道的方式。当然，技术的产品仍然无处不在：衣服、鞋子、手表和道路。但是，技术能够制造工具和设备，这些对象使得人们参与世界，并允许他们与世界进行更有技巧、更亲密的联系。[②]跑步者欣赏那些轻巧、结实、并减震的鞋子。它们使人跑得更快、更远、更流畅。但是，跑步者既不会想用摩托车来实现这样的运动，另一方面，他们也不会想从跑步这样的身体运动中获得纯粹生理上的好处。

焦点实践引发了对技术的理智而有选择性的态度。它在人们的焦点关注之背景下通向技术的简化和完善，在人们的实践中心通向对技术产品有辨别的使用。当然，我不是在描述一个明显的发展或事情的状况。从我们在统计上对这个国家的跑步者所做的零星了解就能看出这一点，例如，他们过着一种更具参与性、更有鉴赏力、且具有更深刻社会意义的生活。[③]我更关注的是自然地从焦点承诺中得出技术的结果，从对设备模式的认可中得出技术的结果。我怀疑，那些围绕着一个重大关切而生活，甚至工作的人，存在着很大的不自信。音乐当然是结果之一。但是，有时在我看来，音乐家限定了音乐的发音、节奏和顺序，以及要求随时随地表演的高贵能力。技术的确立可能使得想要过一种完全音乐化的生活，或是改变更大

---

① 关于汽车作为一个成功的象征的全面兴衰，参见 Daniel Yankelovich，*New Rules*：*Searching for Self-Fulfillment in a World Turned Upside Down*（Toronto，1982），pp. 36-39.

② 尽管这些技术工具相对于这个世界来说是半透明的，因而允许参与到这个世界之中，但是它们仍然支配着一个不透明的机器，这个机器是参与的媒介，但它本身却既没有被直接经验，也没有通过社会媒介被经验。也见本书第 429 页注释④。

③ See "Who Is the American Runner?" *Runner's World* 15(December 1980)：36-42.

的技术环境从而使其更适宜、更关心音乐，都成为一种唐吉诃德式的幻想。此外，作为社会动物，我们依据流行的标准来寻求同伴的认可。一个人也许是第一个并且最重要的奔跑者；但他也想证明自己在公认意义上是成功的。这种证明即使不需要消耗昂贵的用品，至少也需要展示一下。这样的前后矛盾是令人遗憾的，不是因为我们必须要有技术革新，而是因为这是对他的焦点关注的部分否定。使焦点物改革性地向其环境扩展，并不是为了从中索取某种服务，而是为了承认其恰当的说服力。

焦点承诺导致了对技术的理智的限制，这一论点当然有直观证据。[①] 有一些人被焦点关注所打动，将许多技术的杂物从自己的生活中清除出去。在幸福的情形下，从三个方向进行个人和私人化的改革。首先当然是为这一焦点物腾出一个中心位置，为跑步确定一段不受干扰的时间，或是为了餐桌文化而在家里建一个壁炉。正如刚才所说，这一重要的清除行为与对技术重新进行区别使用是一致的。[②] 第二个方向上的革新是对围绕并支持这一焦点区域的与境进行简化。接下来还有第三个方向上的努力，即尽可能地拓展参与范围。体验了物的深刻性之后，体验了对中心处强大能力的喜悦之后，人们试图将这样的优点扩展到生活的每个角落。"自己动手"是这一趋势的座右铭，"自给自足"是它的目标。但是，这些标题所代表的趋势也显示出第三个方向的革新存在着危险。不论多么富有技巧、训练有素的参与，当它在建造、重建、改进和维护的阶段筋疲力尽却毫无进展时，也会迷失方向。人们修整地下室，为草坪施肥，修理汽车。为了什么？外围的参与阻碍了中心的参与，欢乐、喜悦和幽默都消失了。类似的，自给自足的努力可以打开一个封闭的世界，揭示物与人的亲密关系。但是，对这个目标的要求也给那个世界划了一条狭窄的、不能穿越的界限。从而没有时间成为整个文化和政治世界的公民，也不可能设想在这个世界中的责任。对这种迷失和压抑的矫正方法就是适当地接受技术。在生活的某个领域，人们应该感激地接受技术把我们从日常琐事和耗时的事务中解放出来，使庆祝的典礼和世界公民的身份在节省下来的时间里更加成功。

这里呈现的是一个截然不同的美好生活的概念，或者更确切地说，是私人或个人方面的美好生活。显然，如果它不能在劳动的世界和公共领域展开，那么它将依然是残缺的。从闲暇与隐私方面出发，就是承认焦点力量在当下处于分散和有限的地位。它还利用一个人所具有的直接而强大的判断力来决定他的空余时间和私人领域。[③]即使在这些边界之内，以焦点关注为中心的好生活也足以与众不同。显然，它是一种受人喜爱的、欣欣向荣的生活。它拥有致力于伟大事业所必需的时间

---

① 统计的经验证据将在下一章中进行考察。

② 就技术的这种有差别的使用来说，卡朋的书给人留下了最为深刻的印象。

③ 三位作家强调了这一观点：E. F. Schumacher in *Small Is Beautiful*（New York，1973）and in *Good Work*（New York，1979）；Duane Elgin in *Voluntary Simplicity*（New York，1981）；and by Yankelovich in New *Rules*.

和用具。技术为我们提供了闲暇、空间、书本、器械、装备和指导说明，使我们与某个伟大之物变得平等，这个伟大之物曾经从远处召唤我们，或者通过一种传统走向我们。技术社会的公民已经从无边的苦难中解脱出来，这种苦难在于明知道自己能够优秀或成功，同时却被乏味而又干不完的工作所消耗，没有空余时间，也不可能得到自己想要的用具。当一个人有了一个有天分的孩子，这个孩子也同样受到剥夺时，就更加加重了这种苦难，而这种剥夺通过等级差别会被进一步放大，在这种等级差别中，人们看到，更有钱却没什么天分和奉献精神的人却被给予大把的好机会。当人们知道自己能够带着确定无疑的身体健康和经济安全参与焦点实践时，这也是一种幸福。人们可以相对肯定，从焦点物中得到的喜悦不会因为突然失去了分享喜悦的爱人而失色。人们不仅在参与一个深刻而生动的中心时感到幸福，也因在政治、文化和科学这些基本维度上纵观整个世界而幸福。当一个熟悉的世界向我们打开，在这个世界里，事物清晰而稳定地挺立；在这个世界里，生活富有节奏和深度；在这个世界里，我们遭遇才华横溢的人类同伴；在这个世界里，我们知道自己与那个世界拥有同样的深度和力量，这样的生活无疑是最幸福的生活。

这样的幸福通过技术成为可能，而且聚集于焦点关注之中。让我们称它为财富(wealth)，以区别于技术范畴的幸福，后者我想称之为富裕(affluence)。富裕在于占有和消费最大量、最精致、最多样的用品。这一极为明确的表述暴露出它的相关特征。"真正的"富裕是要生活在现在，并且靠近不平等的等级制度顶端。一个典型的技术社会中的所有公民都要比中世纪的人富裕。但是，当我们回过头来看时，会吃惊地发现，对于几乎所有或多或少享受过的人来说，这种富裕在任何一个时期都十分模糊，甚至是极其微弱的。严格意义上的富裕有着不可否认的魅力。它体现了技术所允诺的自由、富有和皇帝般的生活。所以，至少它的出现是自下往上的，大多数人都看得到。相比较而言，财富是家常的，不仅在朴素和简单的意义上是家常的，而且还使我们在我们的世界里和在家里一样，与伟大之物熟悉友好，与我们的人类同伴亲密接触。如前所述，这种简单性有它自身的光辉，与留给其受益人的富裕所具有的魅力相比，这种光辉更加持久，所以我们倾听、悲伤和无聊。[①] 财富也是一个浪漫的概念，在这个概念里，它延续并发展了一种关注中心和精英的传统，这种传统植根于现代性的分裂，即启蒙的分裂的另一方面。当然，当盲目拒绝现代，并构建一个乌托邦式的革新建议时，财富的生活并不浪漫。[②]

如何在政治和经济上保障和提升财富是下一章的话题。通过思考更窄的财富范围，通过将它与精英和家庭的传统概念相联系，我将得出结论。在第18章中，我提出，世界公民、勇敢、音乐修养和博爱这些美德仍然要求一种令人不安的忠诚，因此，用这些标准来衡量技术文化是十分自然的。也许人们遗憾地达成一致，准备接

① See Roger Rosenblatt,"The Sad Truth about Big Spenders,"*Time*,8 *December* 1980,pp. 84 and 89.

② 关于在对技术的反对中困扰了浪漫主义者的混淆，参见 Lewis Mumford,*Technics and civilization*(New York,1963),p. 285-303.

受这种衡量所带来的痛苦结果。但是，显然，对这些标准的接受，如果接受的话，并不足以产生传统精英所追求的革新。我相信，这是由于传统美德太长久地脱离了曾经滋养它们的土壤。我不断地强调，价值、标准和规则是对伟大的事和物的追忆和期待。它们为过去的伟大提供连续的纽带，并且使我们自己和我们的孩子对期待中的伟大之物做好准备。规则和价值在实践中被认识并得到体现。一种美德是一个熟练的、完成的能力，它使人与伟大之事平等。从这样的思考出发，显然，传统的价值、美德和规则过去所适应的真正的环境和力量几乎都无法追忆，在这个技术世界里，它们几乎没什么能够让我们期待和准备的。技术化实在的特征已经不再受到现代伦理学研究者的关注。

从某种意义上说，概述一个适合于技术的精英概念，就是呈现迄今已经发展的另一种技术革新。但是，正是由于揭示并加强了与传统的联系，现代才会忽视它的危险。今天的世界公民所面临的问题不在于信息和交流渠道的限制，而在于它们的不断增长。我们通过有效性和娱乐性的标准从大量唾手可得的信息中进行筛选。我们关注那些有助于保持和发展技术的信息，沉迷于那些供我们消遣的新闻。在信息和交流渠道不断增长的情况下，世界被撕裂为色彩斑斓的娱乐碎片，与这类信息相应的娱乐性知识完全对立于世界公民对世界的原则性占有。[①]技术上有用的信息领域也不能为成为世界公民提供通道。人们主要从工作中获得技术信息。由于技术中的大部分工作都不需要技术，对技术知识的要求很低，而且大多数人都几乎不懂科学、工程、经济和政治。所以，处于技术前沿的人难以吸收并整合属于他们领域的信息。[②]但是，即使技术信息的洪流得到恰当的引导——我认为这是可能的——对它的掌握仍然只是构成了关于社会机器的知识，构成了关于生活的手段而不是目的的知识。如果我们要把这个世界变得更加真实，并且最终再次成为我们的世界，我们需要恢复一个中心和一个立场，我们能够由此判别，哪些是世界中的重要之物，哪些只是散乱的堆积。焦点关注就是这个导向的中心。当我们把拥有修女特雷萨这样的人的简单而真实的世界，与有着无所不知的技术专家的浅薄而多变的世界进行比较，这里的分歧便昭然若揭了。

财富生活中的勇敢是人类身体对于世界之伟大性和有趣性的适应。因此，它具有传统勇敢所丧失的基础和尊贵，这种丧失使后者打破了完美身体的技术概念，在这个概念中，身体被某些科学手段根据流行时尚自恋地塑造出一种迷人的风格。在音乐领域，精英传统未受破坏，它发展了爵士乐和流行音乐。财富的概念能够对音乐的重要光辉和能力所起的作用是，它使我们能够明白音乐的限制和获得。获得和实现是同一现象的不同方面。如前所述，具有音乐特征的训练以及有节奏的装饰音和次序，常常被限制于正式表演，不允许被推广到更宽广的环境，这是由于

---

① See Daniel J. Boorstin, *Democracy and Its Discontents* (New York, 1975), pp. 12-25.

② See Elgin, pp. 251-271. 在我看来，由于相信大量复杂的技术信息给官僚政府造成了致命的威胁，埃尔金沉浸于乐观主义者的无根据的悲观主义之中。

技术世界未经革新的结构没有给这样的力量留下空间。因此，音乐被认为与技术相一致，并且作为一种被广泛而随意消费的用品而获得。于是，对音乐修养的焦点关注将减少音乐消费，并且保护一种更有影响的立场来全身心地投入音乐。

最后，人们也许希望焦点实践将引起一种更深刻的博爱和同情。焦点实践提供了与实在更加深刻的交流，使我们更靠近经验的张力，在这种经验的张力中，世界使人们痛苦地参与了饥饿、疾病和限制。焦点实践也更充分地揭示了人类同伴，而且可能使我们更加了解那些正直受到侵害和压迫之人的困境。总之，一种参与的生活可以驱散令人震惊的无情，这种无情将技术社会的公民与这个世界的许多地方存在的众所周知的苦难隔绝开来。杜安·埃尔金(Duane Elgin)已经充分阐明了这一重要观点：

> 当人们审慎地选择生活在越来越接近物质充裕的水平时，他们就越来越接近于这个星球上大多数人之物质存在的现实。每天都远离那种伴随着富裕文化催眠的物质贫乏是不可能的。①

最后，正如第18章所述，家庭的困境最终在于技术消化了家庭的任务和实质。家庭事务的减少和不断空虚的家庭生活使父母感到困惑，使孩子失去引导。由于家庭被托付的重要意义越来越少，父母便不再被赋予公正的权威和传统的能力，相应地，让孩子遵守某种纪律的正当理由也越来越少。父母之爱被剥夺了实现自我的真实而严酷的环境。焦点实践天然地居于家庭之中，父母应该发起并训练孩子进行焦点实践。诚然，父母之爱是最深刻的感情方式之一。但是，感情需要热情赋予其实质。通过更细致的观察，我发现，我们愿意用健康、亲密或温暖来形容的家庭都以焦点关注为中心。即使一些家庭表现出典型的松散结构，父母缺乏自信，孩子鲁莽无礼，但是我们仍然经常可以发现，在父母和年轻人之间有一条尊重和深沉之爱的纽带，这条纽带在诸如运动这样的共同关注中得到保护，从而使家庭不至于烟消云散。

---

① Ibid.，p. 71

斯蒂格勒

作者简介

贝尔纳·斯蒂格勒(Bernard Stiegler,1952—2020),1952年4月1日生,2020年8月5日去世。1978—1983年因持枪抢劫坐牢,在监狱中自学哲学。1987—1988年在乔治·蓬皮杜中心布展。1992年在德里达指导下于社会科学高级研究院获博士学位,学位论文《技术与时间》出版后引起强烈反响。曾任法国贡比涅工业大学教授、国家音像研究所所长,2006年开始任蓬皮杜中心文化发展部主任。主要著作有《技术与时间》第1卷(爱比米修斯的过失,*La technique et le temps. Tome 1: La faute d'Epiméthée*,1994),第2卷(迷失方向,*La technique et le temps. Tome 2; La désorientation*,1996),第3卷(电影时代与苦恼问题,*La technique et le temps. Tome 3: Le temps du cinéma et la question du mal-être*,2001)等。

文献出处

本文系《技术与时间》第1卷之"导论",标题为编者所拟,译文选自贝尔纳·斯蒂格勒《技术与时间:爱比米修斯的过失》,译林出版社2000年版,第1～21页,裴程译。

技术与时间

"你是否接受这样一个确凿的事实：我们正处于一个转折之中？"

"——如果它是确凿的，那就不成其为转折。因为置身于一个时代变迁的关头（假如确有变迁）的事实本身，就排斥企图定义变迁的确凿的知识，它意味着确凿性失去自身的意义，成为不确凿性。我们从来也没有像今天这样不能把握自己：转折首先就是这样一种含蓄的力量。"

莫里斯·布朗桥

哲学自其历史的初期，就将技术和知识这两个在荷马时代尚未被区分的范畴相互孤立。这种做法是由一定的政治背景决定的。当时哲学家们指控诡辩学派把逻格斯工具化，使它和修辞学、辩论术归为一类，成为权力的手段，而非知识的场所[①]。哲学的知识在和诡辩的技术的**冲突**中，贬低一切技术的知识的价值。正是在这样一种遗风的影响下，亚里士多德提出了关于技术物体的本质的一般性定义：

"每一个自然物体[……]都自身具有其运动或静止的法则，有些和位置相关，有些和增加或减少相关，还有的则和性质变异相关。[……然而]任何被制造之物都不自身具备其制造的法则。"[②]

技术物体自身不具备任何赋予其活力的因果性，技术就是在这样一种本体论的支配下，一直被放在目的和方法的范畴中来分析的。换言之，**技术物体没有任何自身的动力**。

很久以后，拉马尔克把物体分成两类：一类属于研究关于无机物的物理化学，另一类属于研究有机物的科学。世上有两类物体，"一类是无机物，它们没有生命，没有活力，是惰性的。另一类是有机物，它们呼吸，捕食，繁殖；这就是生命物体，而且它们'必然趋于死亡'[拉马尔克《动物哲学》第一卷，第106页]。有机意味着生命。生存物最终和东西区别开来"[③]。

同这两类物体对应的是两类不同的动力：第一种是机械的，第二种是生物的。在此二者之间，技术物体只不过是一种混杂物，它同在古典哲学那里一样，没有生存论意义上的地位。由于物质偶然地获得一种生命行为的记号，所以一个被制造物的系列可以在时间中印证着生命行为的进化。技术物体本质上属于机械运动的

① 弗朗索瓦·夏特莱：《柏拉图》，第60至61页，Gallimard，1965年版。

② 亚里士多德：《物理学》，第二卷。

③ 弗·雅各布：《生命逻辑》，第101页，Gallimard，1970年版。

范畴，它至多不过因为印证着生命行为而成为这种行为失去了厚度的纹迹[①]。

马克思曾尝试过建立关于技术的**进化理论**——技术学——的可能性，并因此描绘了一个崭新的观点。其后，恩格斯又提出了关于工具和手的辩证理论，从而动摇了被动物体和有机物体的划分。考古学发现了远古时代制造的物件，而且，自达尔文以后，人类起源的问题被真正提了出来。卡普展现了他的有机体投射的理论，19世纪末，埃斯比那思从中得到启示。就在历史学家们在工业革命的领域开始注视新技术所起作用的同时，人们也在民族学的领域中积累了大量关于原始工业的资料，它们表明：技术发展的问题不能被简单地归入社会学、人类学、普通历史学或心理学，它最终要被独立地提出来。在这样的基础上，吉尔、勒鲁瓦-古兰和西蒙栋明确地建立了技术体系、技术趋势和具体化过程等概念。

在机械物和生物之间，技术物体成为一种不同性质的力量交织的复合。就在工业发展打乱了知识和社会组织的秩序的同时，技术也在**哲学**研究的领域获得了新的地位。因为随着技术范围的扩展，科学本身受其调动，和器具领域的联系越来越紧密，它被迫服从于经济和战争冲突的需要，所以改变了它原有的知识范畴的意义，显得越来越依附于技术。这种新型关系产生的能量已在两次世界大战中爆发。在纳粹控制德国的时候，胡塞尔曾通过代数这门计算[②]的技术，分析了数学思维技术化的过程。这一过程始于伽利略：

他使几何学算术化，“从而在某种程度上使几何本身的意义淡化了。那些最初在几何思维中通常被称作‘纯粹直观’的现实的时空观念，由此被转化为单纯的数字形式和代数结构”[③]。

数字化的结果是丧失原始的意思和**视野**，丧失作为原本的科学性之基础的**原型目标**：

“显然，人们在代数计算中，把几何的意义退到第二位，甚或简单地把它遗弃；人们仅仅在计算之后才会记起，这些数字本应表示一定的形状。尽管如此，人们并不如同在通常的数字计算中那样作‘机械’运算，而是进行思想和发明，有时会有重大的发现——但是却伴随着难以察觉的意思的位移，以至使它成为一种‘符号’意思。”

科学的技术化就在于无视原型。正如建立**普遍的理性**原则的设想一样，由此而产生的意思的位移将会带来一个形而上学方法的程式。代数学从一开始就在系统地使自然程式化和器具化的同时，“自身卷入了[……]一种突变，它因此成为一

① 纹迹(trace)的通常意思是痕迹、踪迹等。这里译作“纹迹”，是为了突出燧石器具的加工纹理的字面含义。根据作者的理论，石器留下的加工“纹迹”和大脑皮层的纹理皱褶是对应的，它们之间构成了一对人类发展的相关差异因素。在本书中，应当把“trace”和“gramme”联系起来理解。和“trace”相比，“gramme”更突出痕迹的可重复性和程序性。而“trace”则是一种一次性的动作的随机的记录。——译者注

② 计算(calcul)一词在本书中已超出了纯粹的数字计算的范畴，它和预示、精确性一起代表着技术的本质特征。所以计算就不单单是一种度量方式，它从技术和代具的意义上构造时间。——译者注

③ 胡塞尔：《欧洲科学危机和先验现象学》，Gallimard，1968年版，第52页。

种单纯地[……]依靠遵循技术规则的计算技术来获取结果的艺术。[……]在此，**使这种技术行为具有一定的意义，并赋予其正确的结果以真理意义**[……]的原初思想却被搁置在外了"[①]。

技术化就是丧失记忆，这一点在柏拉图的《斐德罗斯篇》中已有所指：哲学家们在和诡辩家的争论中，指责文字记载的记忆威胁着知识回忆的记忆，记载记忆有玷污回忆记忆的危险，以至将它毁灭；计算决定了现代化的本质，随之而来的是人们对最初原型记忆——这个一切毋庸置疑的推理和意义的基石——的丧失。**计算**带来的技术化使西方的知识走上一条**遗忘**自身的起源、也即遗忘自身的**真理性**的道路。这就是所谓的"欧洲科学的危机"。如果不实行基础的重建，科学必将导致对世界实行失去科学对象的技术化。提出这种必要性的历史背景是："在30年代，像卡西勒和胡塞尔这样一些著名的人本主义哲学家[……]，力图以对现代理性哲学的不同形式的'更新'，来对抗日益嚣张的法西斯'野蛮'势力。"[②]

理性哲学的重建已不再成为生存论分析的目标；虽然知识的技术化仍然处于海德格尔关于存在的历史的沉思的中心地位，理性从本质上说归属计算，它就是使一切存在者理性化的技术化过程。然而更深层的意义在于，他是从原始的技术性出发来思考命运和历史性本身的，这个思考中，交织了他20年代末关于在世性的分析、控制论时代关于"时间和存在"的"另一种思想"的沉思，以及他在《形而上学导论》《世界图像的时代》和《同一与差异》等论著中对《安提戈涅》的解读。

遗忘的主题在海德格尔关于存在的思想中占有主导地位，存在是历史性的，存在的历史**就是**它对技术性的归属。他之所以从遗忘出发来思考真理本身，是因为就**去蔽**的意思而言，它对真理的定义是对柏拉图式的回忆的回应，这种回忆的意义取决于它和记载记忆的对立，而记载记忆作为存在的遗忘即是存在的命运。

把真理作为走出"退避"来思考，把存在的历史作为遗忘来思考，这实际上就是把处于原始技术性背景中的时间作为对起源的原始性遗忘来加以思考。这种原始性的遗忘体现在两个方面：

——此在的生存性构造，即此在的器具性或用具性以及由用具体现的**计算**。

——存在(在西方)的历史：在前苏格拉底时期，存在被认为是同一性；自柏拉图起，存在被认作是精确性(orthotès)确正[③]性)；到了笛卡儿和莱布尼茨，关于存

---

① 胡塞尔：《欧洲科学危机和先验现象学》，第54页。

② 热·格拉内尔：《欧洲科学危机和先验现象学》法译本"前言"。

③ 确正(orthothèse)是作者根据古希腊语中的"orthos"创造的一个概念，从词源上分析，它包含了两层意思：一是几何意义上的"直线""笔直"，另一是价值或哲学意义上的"正确""正直""精确"等。作者在运用这个概念时保存了这两个方面的含义，用他自己的话说就是这两个含义的相关差异。作者认为印欧语系的拼音文字是一种直线型的书写方式，这种直线型的文字在记载记忆或过去的"已经在此"的同时，造成了精确的思维方式和记录方式。换言之，精确性是直线性的必然结果。关于这个精确性和直线性的(相关差异)关系，作者在本书第二卷有专门论述。为了避免和"正确"一词的通常意思混淆，故将"orthothèse"译作"确正"。——译者注

在的思想的出发点则是确定以计算为本的普遍理念的理性原则。

海德格尔关于技术的沉思只有**同时从两方面**来理解，才会变得尽可能的明晰：一方面是此在的生存性结构，即由此在的**在时性**决定的此在和时间的关系；另一方面就是在整个哲学的“形而上学”历史中体现出来的存在在西方历史中的命运：存在就是在场，对时间的庸常的理解从**当下**出发来“理解”在时性，致使在时性取决于计算、以及用于度量时间的器具。当时思想领域的任务就是在重复形而上学的基础上“解构”形而上学的历史，并向存在的意思这一根本性问题回归。在现代技术被认为是对形而上学的切实的实现这个前提下，这种思想抱负就更显其对现代技术的“批判”色彩。

此在，“就是我们是我们自身”，它是存在在其时间性中的根本，作为存在的历史，它也是存在的真理。此在具有四个特征：时间性、历史性、自我理解、实际性[①]。

此在是时间性的：它**有**一个过去，并在以过去为起点的超前中存在。作为遗产，这个过去是“历史性”的：**我的**过去**并不**属于我，它首先是我的前辈们的过去，而我的过去则形成于我和先于我**已经在此**[②]的过去这份遗产的本质关系之中。所以自己没有经历的、历史的过去可以被不经证实地继承：历史性也就是一种实际性。过去隐含着此在可以不当作可能性继承的可能性，遗产包含的实际性为自我理解提供了两方面的可能性：此在总是可以从某个关于它的生存状态的庸常、附众趋势的理解——即普通的观念——出发自我理解；相反，此在也可以“调动”不属于自己的、继承的过去，如此，此在则是从**它的**过去赖以构成的可能性出发，继承**它的**实际的过去。根据这后一种可能性，此在处于“要存在”的范型，因为它总不能完全地存在，只要它生存着，就没有完结，所以它总是在“尚未存在”的范型上自我超前。在生和死之间，存在犹如**绵延**(Er-streckung)一样伸展于**已经**和**尚未**之间。这种外移建立在这样一种死亡的背景之上：自我超前所提前的，是此在自身的死亡(或终结)，此在的一切活动从本质上说总是受走向终结的超前支配的，这个超前是“终极的可能性”，并且构成生存的原始的时间性。

然而存在着两种超前的可能性：在它的活动中，此在可以不“调动”它的走向终结存在的本质，因而就不向原本**属于它的**未来展开，这个未来就像终结一样完全

---

① 实际性(Facticité)：从词源上说，“Facticité”是指“做”“制作”(拉丁语 facere)和“人为”“人造”“非自然”(拉丁语 facticus)。作者在此继承了海德格尔的“Faktizität”的概念，用它来表示人(即是“谁”)对在自己生存之前形成的技术(即是“什么”)条件的依赖。在“Facticité”中，作者强调的是“既成事实”“已经存在”的意思，它和海德格尔有关此在的历史性的思想是一致的。这个实际性非但不是强加的，而且是生存的基本特征。生存的实际性决定了“谁”从一开始就和“什么”相关，即在世和在时。所以实际性是和海德格尔的另外两个概念紧密相连的：在世性和在时性。——译者注

② 已经在此(Déjà-là)：这是作者根据海德格尔的“此在”引发的新概念。它表示人对其所在的世界的历史依赖性。在“我”之前，已经有一个时间，技术不仅是时间的载体，而且更重要的是它是时间构成的原始因素。所以对于我们每一个人来说，我们的存在都不可避免地包含了一个“已经在此”。正因为如此，时间性就不可能从当即出发来理解。任何时间形式都包含了一个“不依赖任何知觉而形成的已经在此”。——译者注

不确定，不知何时、因何、怎样来临；在这种情况下，此在就把自身所有的可能性下降为那些在“共同存在”的**公众性**中被分担和共认的可能性：也就是说它把自身的可能性下降成他人的可能性。或者此在就把自身的可能性作为一种不可公约的“自我个体”来承诺，那么它就要面对自己的终结的超前而导致的本质性的孤独。一方面，真实的生存根本**不能**由“他人”或“共同存在”的公众性**确定**；另一方面，只能属于此在自己的死亡之所以属于它，仅仅是因为死亡是**不确定**的，对于此在来说，死亡永远不可知。此在的死亡是它无法认识的，在这样的“尺度”下，死亡给**属我性**带来的是“无度”。死亡不是生存的一个环节，因为它是生存的可能性本身，然而它又本质地要和生存不断地保持一个时间差。这个原始的时间差也就是造成所有此在之间差异的因素。

拒斥真实可能性前景的可能本身性根源于烦忙，它处于这样一种和未来的关系：即未来本身在未来中使得走向一切真实的可能性变得渺茫。烦忙是一种超前，其实质就在于，作为预示，**确定真实的可能性——即确定非确定性**。烦忙的载体是用具，而用具即是世界的意义性的指引系统的载体，**技术**世界是烦忙的背景和一切在世性的原始结构：世界的技术性是使它“首先并最常见地”呈现于它的**实际性**中。实际性使确定非确定（逃避“最终极的可能性”）成为可能，它是一切计算的生存性根本。实际性为计算的生存性起源烙下了技术的本质印记，——这个技术也使一切继承成为可能，并从一开始就构成一切真实的时间化的原始背景——，所以计算就是生存的沉落。

海德格尔思想中的技术问题就建筑在这些时间性的深层之中。然而在《时间与存在》之后，即在所谓的“转折”之后的论著中，这个问题不再从此在分析的生存论角度，而是被作为解构形而上学历史的一切可能性的构造性动力提出来的。如果说哲学的形而上学特征集中体现于这样一种计划：建立一种使主体成为“自然界的主宰和占有者”的**普遍有效的理性原则**，而且在这个计划中，理性的本质就是计算，那么形而上学的转折就意味着哲学的思辨进入了技术时代，技术在实现现代化的同时，把主体性实现于客体性之中。时代的现代化从本质上说是技术的现代化。

海德格尔解释现代技术的意思的困难也体现了他整个思想的困境。他在一系列的论著中讨论过现代技术，但是看法并不完全一致。换言之，现代技术的意思在他的思想中是**含混不清的**。技术既被当作思想的障碍又被当作思想的最终的可能性。在把技术确定为障碍的论著中，最常被提到的是《技术的问题》和《世界图像的时代》。然而在诸如《时间和存在》《哲学和转折》等晚期著作中，他则认为，**另一种思想**的可能性就在于把存在和时间的共属性放在构架（Gestell）范畴中思考。在《同一性原则》一文中，他是这样描述构架的：

它是指“把人和存在相关地放置、从而使二者互相传呼这样一种强令聚合的模式。[……]构架模式告诉我们，在技术世界中，何为人和存在相互迎往的依据和出发点。在这种人和存在的互相传呼中，我们听到的是促成我们时代聚象的呼唤”[①]。

如果说现代技术是形而上学的完结，那只是构架的一面。在它的另一面，它确定存在和时间的**本成**，即存在和时间共在，这样就取消了时间的形而上学定义，同时，必须脱离存在者——也即脱离此在——来思考存在：

“构架不再如同一种已在场的事物和我们接触，我们首先会觉得它很离奇。之所以如此，尤其因为构架不是一种思想的结果，相反，它为我们提供了进入存在和人的聚象的决定因素的第一入口。”[②]

构架是**本成**的**前奏**：

“人和存在在本质上相互接触，并重新找到它们的存在，与此同时，它们失去了形而上学给它们的定义。”[③]

同一性首先是指存在和思想的同一，它是存在的根本特性。但是，同一性原则“对于我们而言成了一种跳跃：从作为存在者的基础的存在出发，跳进一个深渊，无底深渊。这个深渊并非空洞的虚无，更不是昏暗的混乱，而恰恰就是**本成**自身”[④]。

构架标志了现代技术的全球性发展，因而也就是形而上学的完结。

在《技术的问题》一文中，海德格尔提出的思想原则，与形而上学关于技术的本质的定义针锋相对，他从与一般技术的关系出发，来区分现代技术的特性。其基本论据就是，把技术视为手段的传统立场无法触及技术的本质。从某种意义上来说，与传统上所说的亚里士多德关于技术的解释相比较，这一批判是对技术作出的重新评价。海德格尔依据亚里士多德的《尼科马可伦理学》[⑤]，批驳了人们从目的和手段的范畴出发对《物理学》第二卷中的分析所作的解释。

“通常的解释把技术作为一种手段和人类的行为，这种解释可以[……]被称作关于技术的器具论和人类学的观念。”[⑥]他并补充道：“现在假定技术不再是一种简单的手段：那么主宰技术的意愿还有什么实现的可能性呢？”[⑦]

关于技术的器具论观念是精确的，但是它不能向我们提供任何关于技术的本质的认识，所以我们必须比这种精确的认识走得更远[⑧]。

用目的和手段的范畴来分析技术的根据是有关物质因、形式因、目的因和动力因的理论。在对技术的认识中，四因论的传统解释偏重于动力因：即操作的因

① 海德格尔：《问题Ⅰ》，第269页，Gallimard，1968年版。

② 海德格尔：《问题Ⅰ》，第269至270页。

③ 同上，第272页。

④ 同上，第273页。

⑤ 第六卷，第三、四章。

⑥ 海德格尔：《技术的问题》，《论文和讲座》，Gallimard版，第10页。

⑦ 海德格尔：《技术的问题》，《论文和讲座》，Gallimard版，第11页。

⑧ 这里值得一提的是精确性一词的贬义：它恰恰同计算互为根据，这种相互依赖构成了“确定非确定性”的意图。我们的研究中会常常回到这个问题上来。

素——在手工产品的生产中，即是生产者本身。动力因的这种特殊地位造成了技术的器具论观念。因为，技术的产品不是自然之物，它自身不具备它的目的因。这个在产品以外形成的目的因来自生产者，生产者作为动力因的同时也成为目的因的载体，并具有目的，而产品只是一种手段。

既然如此，技术作为生产行为是一种"去蔽的形式"。生产就是变不在为存在。亚里士多德在《尼科马可伦理学》中这样写道：

> "一切技术都具有这样的特点：促成某种作品的产生，寻找生产某种**属于可能性范畴**的事物的技术手段和理论方法，这些事物的原则依存于生产者而不是被生产的作品。"[①]

如果技术的产物自身不具有其运动原则，也即它的原则外在于自身，那么这也就是通常所说的：技术产物是实现一个外在目的的方法，但是，就技术生产把一个事物从隐蔽状态变成非隐蔽状态而言，它属于去蔽行为，是一种真理的形式。这就是说，目的因不是施动的操作者，而是增长和展现意义上的存在：在此，自然和存在同义，自然的展示从增长和生产的意义上说就是存在的真理；技术作为生产行为**通过**动力因从属于自然的目的因，而又不使动力因和目的因混同。

技术"把那些不能自身生产和尚未出现在我们面前的东西展现出来"[②]。

"技术的关键不在于操作行为，更不在于使用某个方法，而在于我们所说的去蔽。正是从去蔽、而非制造的意义上说，技术是一种生产。"[③]

相反，在技术的"人类学"观念中，动力因和目的因被混同了。和这种主体性的观念相反，我们只有在艺术——这个技术的最高形式——中，才能完全把握技术的意义。

到此尚未论及现代技术。现代技术也是一种去蔽，但是它"并非从生产的意义上展示自己。支配现代技术的去蔽是一种引发，它促使自然释放可以被提取和积聚的能量"[④]。

现代技术是对自然施加的暴力，而不是顺从作为自然的存在在其增长过程中的去蔽模式：技术进入现代化的标志就是，形而上学得到自我表现和自我实现，就像是计算理性完成了旨在占有和支配自然的计划，而这种被占有和支配的自然本身也就失去了自然本来的意义。但是我们作为自身的存在者，却远没有借助技术的方法成为自然的主宰，相反，我们自己作为自然的一部分也服从技术的要求。

如此定义的现代技术就是构架，即通过计算来一并检示自然和人。

如果说现代技术仍不失为一种去蔽的形式，那么它是最值得深思的：它是命

---

① 《尼科马可伦理学》，第六卷，第四章。

② 海德格尔：《技术的问题》，《论文和讲座》，Gallimard 版，第 18 页。

③ 同上，第 19 页。

④ 同上，第 20 页。

运的舞台，是存在本身的历史，构架“可以被当作一个中转站，它具有两面性，由此我们可以把它比作雅努斯[①]神之头”[②]。

也正是在这个意义上，雅克·塔米诺提出：“技术的装饰使得存在本身在向我们显现的同时又自行隐退。所谓技术的装饰是指，普遍的技术化已成为我们所在的世界的面貌，尼采和马克思都曾以他们各自的方式，道出了普遍的技术化的形而上学本质，[……]，然而把这一事实一语道破，认识这些不言而喻的现象，这恰恰是形而上学无法做到的。”[③]

这种思潮后来产生了一个马克思主义流派：海德格尔的学生马尔库塞在《单向人》中对技术问题提出一系列的讨论和观点，他的思想决定了哈贝马斯关于现代技术的立场；此外，阿道尔诺和霍克海默在继承本杰明时代有关技术的讨论的基础上，引入法兰克福学派的某些观点，也对这种立场起了很大的作用。

在《技术和作为“意识形态”的科学》一书中，哈贝马斯提出了和技术行为相对立的传播行为的概念，这个概念主导了他以后所有这方面的研究。哈贝马斯认为，随着现代技术的诞生，出现了技术力量的倒置：技术由本来在人和自然的关系中解放人类的力量，变成一种政治统制的手段。这种观点的基础是——在马克思的影响下——对马科斯·韦伯铸造的合理化概念的批判性接受。合理化代表了一个社会中服从理性决策标准的领域的不可抑制的扩张，以及与此相应的劳动的工业化现象。它标志着资本主义。马尔库塞则进而指出，合理化实际上就是政治统制的隐蔽系统。

哈贝马斯对这个概念做了变换和修改：合理化成为同科学技术发展的制度化密切相关的“合目的理性行为”的扩张。哈贝马斯根据自己的需要接受了马尔库塞的第一个论点：在韦伯所说的合理化现象中，占主导地位的不是理性，而是一种以理性为名义的新的政治统制形式，它不再被**认作**——这一点尤其重要——政治的统制，因为它借科学技术的理性的进步使自身合理化。这是去蔽意思的倒转，因为生产力本来是作为去伪存真的力量体现出来的。

马尔库塞的第二个论点是：必须发展一门新型的、可以直接和自然对话的、摆脱技术统制势力的科学(这与其说是受“海德格尔的启发”不如说是对海德格尔的误解)。哈贝马斯参照了格伦的观点，认为马尔库塞的设想是乌托邦式的虚构：技术的历史就是理性行为相对一个技术系统的目的逐渐地、不可避免地实现对象化的历史。他针对于作为合目的理性行为的劳动概念，提出了另一种替代性的新概念，即**交往行动**，它的特色是**以符号为媒介的互动**。交往行动指向那些和技术规范

---

① 雅努斯(Janus)是古罗马神话中最重要的神之一，它的地位甚至可以超过尤皮持(宙斯)。传说中的雅努斯的头有两个面孔，同时可以看到两个相反的方向：过去与未来、战争与和平、天与地、前后、左右等等。——译者注

② 海德格尔：《时间与存在》，《问题Ⅳ》，第98页，Gallimard，1976年版。

③ 雅克·塔米诺：《海德格尔》，第275页，Cahier de l'Herne，1981年版。

不同的社会规范：技术规范取决于经验，而社会规范则取决于主体间性。如此，整个人类历史，可以从交往行动与合目的理性行为之间的关系史的角度来分析。传统社会和现代社会之间的区别就在于：在传统社会中，交往行动是社会权威的基础（无论是神话权威、宗教权威还是形而上的政治权威），而在现代社会中，所有的合法性都被技术和科学的理性所支配，这种理性逐渐渗透到生活的各个领域，包括所谓的"交往"领域在内，以至交往**丧失**了自身的特性。这种现象的条件就是科学和技术变得不可分割，"科学代表了现今最重要的生产力"[①]。

专家统治由此而产生，这并不是指技术专家的权力，亦非指技术专家被权力所用，而是指技术作为动力因和合法性的根据可以产生权力，也就是说，技术一旦同科学不可分离，动力和目的也就合二为一了。专家统治的国家已不再把激发交往行动、与合目的理性行为保持距离作为目标。相反，它**管理**由合目的理性行为引起的功能障碍，以便削弱它们的影响、"避免有可能危害社会体系的僵化"[②]。专家统治的任务就是要给"技术性的问题寻找答案"，而这些答案是**公众讨论不可及的**。这样的境况就造成一种"系统循环"："社会的利益决定社会的体制，而作为一个整体，社会体制又使社会利益必须与之吻合并维护体制的利益"[③]。交往行动就这样逐渐地被合目的理性行为所取代，也就是说被以语言的科学技术化为标志的控制论科学模式所取代。其结果是："发达的工业社会似乎接近一种对由**外在刺激而非规范**控制的行为的调节模式"。[④] 这就构成了社会的非政治化，并产生了合目的理性行为的自治化趋势，这种发展"给语言带来危害"（让-弗・里奥达尔重新讨论了这个问题），也即给社会化、个体化和主体间化带来危害。这种现象可以造成严重后果，并导致被"心理—技术"的操纵（海尔曼・凯恩）。

哈贝马斯针对马尔库塞第二个论点而提出的新观点是建立在这样一个基础之上的：必须区分两种不同的合理化概念，"生产力发展的进程成为解放的潜力的条件是：它不取代必须在[……]体制范围内产生的合理化过程，而这个过程则由于交往行动的解放，在以语言为媒介的相关作用的内部实现"。[⑤]

这就意味着要把交往从它的技术化过程中解放出来：可见，哲学的基本立场是循环往复的。

海德格尔和哈贝马斯似乎都在技术的现代性中确认了同样的矛盾：技术从表面看是人类的力量，而实际上它似乎对它的力量（也可以是它的行为）自治，以至妨碍了人的行为，即妨碍传播、决策和个体化。但是他们并没有对这个矛盾做相同的

① 哈贝马斯：《技术和作为"意识形态"的科学》，第 36 页，Gallimard，1973 年版。马克思在《政治经济学基础》中对此已有所预言。

② 同上，第 36 页。

③ 同上，第 44 页。

④ 同上，第 48 页。

⑤ 同上引文。

分析。我们因此必须抓住海德格尔和哈贝马斯之间的异同之处。

共同点是：他们二人都把**语言的技术化**视为非自然化现象，犹如一种"人本"向另一种"人本"堕落。混淆这些不同的本质是有害的。

不同点在于：哈贝马斯仍然从方法范畴出发来分析技术，海德格尔则在技术中把握其形而上学的意义。然而，如果说技术不是一种方法，那么问题既不单单在于——通过被"解放"的交往——围绕技术展开一场"辩论"，也不在于确保"最低限度的主体性[或者最低限度的'意志'和'主宰'][……]，以便民主的思想能够通过主体间的公开讨论和论证"，给技术的扩展"划定界限"①。必须更加彻底地重新思考人、技术和语言之间最初形成的纽结，以便和技术建立另一种关系。

哈贝马斯和海德格尔都把语言的技术化视为一种堕落，就此而言，他们都还停留在最古老的哲学传统之中。我们在此则试图展开另一种完全不同的观点。我们可以举一个例子使这个观点更加形象化：比如，我们说古希腊智者的文辞同当时的誊抄匠的文辞是同等的，这些誊抄匠是古时的"教员"，在马卢和德田奈看来，没有他们，公民身份就不可能形成。但是还有更深层的问题。

这个更深层的问题，就是技术和时间的关系问题：如果说语言的作用在于实现个体化或"主体间化"(我们在此将要抛弃哈贝马斯和主体间性的概念，这个作为他一切分析的基石的概念是经不起推敲的)，那么语言带来的就是时间，因为时间"是个体化的真正原则"②。海德格尔之所以能把语言和器具化的技术相对立，是因为语言包含了时间的原始时间性，而技术和计算的器具性则相反，它隐匿于总是伴随着繁忙的在时性中。问题的关键在于弄清：**把技术置于一端**，使其本身不成为个体化的**构造因素**，这样的配置本身是否还是"形而上学"的。

虽然目前对技术的认识仍然主要受目的和方法的范畴支配，自工业革命、以及伴随而生的社会深层的变革以来，技术及其引起的突飞猛进获得了新的内容，对这些内容，现有的知识分类越来越难以把握。随着近几十年的"现代化"运动以及由科学技术的发展而直接引起的政治-经济的失调，这个疑难在社会的各个领域都变得十分敏感：技术和时间的关系这个深层的问题如今已成为社会生活中日常而普遍的问题，但它并不因此而失去其尖锐性。每一天都带来**新技术**，并不可避免地淘汰一批**老化**、**过时**的东西：现存的技术因被超越而变得老化，由它产生的社会环境也因此而过时——人、地区、职业、知识、财富等等一切，或是适应新技术，或是随旧技术而消亡，别无其他选择。这种现象对于经济和政治的宏观结构是如此，对于生命本身也是如此。"此在对于自身存在的理解"因此深深地——同时非常危险地——被弄混乱了。似乎出现了这样一种离异：一方是科学技术，另一方是产生了科学技术、但又被技术理论吞噬的文化：

① 吕克·弗里、阿兰·雷诺：《海德格尔和现代文人》，第42至45页，Grasset，1988年版。

② 海德格尔：《时间的概念》，第51页，Cahiers de l'Herne，1983年版。

“如果从某种角度看，作为一种特殊的表现系统的科学和作为一种特殊的行为系统的技术组成文化的一个部分，那么从另一个角度看，它们又脱离文化，构成完全独立的系统。它们和文化系统相互影响，并与之对立，正如普遍与特殊的对立，抽象与具体的对立，构造和现成的对立，未知与经验的对立，体制和生存的对立。正因为如此，考察科学技术和文化之间相互影响的模式就变得非常紧要，尤其是要考察科学技术将如何影响文化的未来：或者逐步地造成文化的解体，或者建立新的文化形式。”①

在近来地理政治理论的发展中，生态问题越来越占有举足轻重的位置，这一事实本身就充分表明，上述技术对文化可能发生的作用已是举世瞩目的问题。里约热内卢的世界高峰会议发表的《海德尔堡呼吁》，以及由此引起的“反呼吁”，都证实了这些问题已进入科学、技术、工业、经济、外交的最高层次。

贝特朗·吉尔在他的《技术史导论》一书的结论中不仅预见了这些困难，而且指出工业文明就是建立在日益频繁和强化的**持续革新**的基础上的。其结果就是造成文化和技术的离异，或者退一步说，造成文化进化节奏和技术进化节奏的离异。技术比文化进化得**更快**。这就产生了**超前**和**落后**，二者之间的张力就是构成时间的伸展的典型特征。如今发生的一切就好像时间跳出了它自身之外：不仅决策和超前的过程（被海德格尔称为“烦忙”的领域）无可抗拒地归向“机器”或技术的复合体，而且正如布朗桥引证庸格所断言的那样，时代超越了**时间之墙**。如果根据超越声音之墙的意义来理解超越时间之墙的话，这就是指**比时间走得更快**：一架比自己的声音飞得更快的超音速飞机，在达到声音之墙时，会引起一个剧烈的声音振荡。那么从比时间走得更快的意义上说，超越时间之墙又会产生什么效应呢？一架比“自己的时间”飞得更快的飞机又会引起什么振荡呢？这种振荡的意思是，速度先于时间而在。因为只有两种可能：或者说时间和空间确定了速度，从这个意义而言，超越时间之墙就是无稽之谈；或者说时间和空间只有通过速度来认识（速度则停留于不可知）。

诚然，这种形式的反思并不是由技术发展的整体引起的。它只有在认真考察了技术发展的某些效应之后才有意义。譬如：计算机界所说的**实时**、媒体界所说的“现场”等等效应都深刻地——同时也可能在根本上——改变了**事件化**的原义，改变了时间和空间的存在。如果说基因操作不仅有可能**显著地加速生命分化**，而且尤其会构成**无分化**的危险，那么速度问题也同样被包括其中。

海德格尔的生存论分析，把超前和落后问题归入时间性和实际性的原始生存的领域。换言之，此在来到世界的意义仅仅在于，世界作为实际性总是先于此在而在，它总是**已经**在此。此在总是后于它的已经在此，然而同时也正因为此在的时间性建立在对自己的终结的超越之上，所以它总是领先自身，并由此被卷入一种本质

① 让·拉德利尔：《理性的分量》，第18页，Aubier-Montaigne，1977年版。

性的超前。

所以,我们以下研究的基础就是:把生存论分析同有关普罗米修斯和爱比米修斯神话的最著名的讲述(赫西奥德、埃斯库罗斯、柏拉图的讲述)相对比。在古希腊文化中实际上有过关于技术的起源的神话,它同时也就是关于死亡的起源——死亡论——的神话。令人吃惊的是,哲学——尤其是海德格尔哲学——对这个神话的分析竟是一片空白,因为正如让-皮埃尔·范尔南曾卓越地指出的那样,普罗米修斯原则和爱比米修斯原则构成了时间的**不可分割**的两个方面。我们感兴趣的是:普罗米修斯代表的超前和爱比米修斯代表的落后(也即爱比米修斯的过失:遗忘),**共同**交织成以预示为核心的普罗米修斯原则和以无忧分心、事后方思的爱比米修斯原则。二者的不可分割性给人类带来了**期待**——既**希望**又**恐惧**,它使人类对自己的不可避免的死亡的意识得以平衡。但是这一切之所以可能,仅仅是因为爱比米修斯的过失给人类造成了一种**原始性的缺陷**[1],即原始的**技术性**,兼容了**愚蠢**和**智慧**的爱比米修斯原则由此而来。

本书的主要动机就是要阐明爱比米修斯的过失的意思。伴随这个动机,我们将重新解释生存论分析的一些主要范畴,并沿着以上关于哈贝马斯和海德格尔的简评的思路,对它们逐一评判。

但是我们同时也要从兄长普罗米修斯的角度,展示分析技术的**动力**的各种可能性,即技术的动力不能被归结于机械论、生物学或人类学的范畴。在第一部分中,我们将指出,关于技术进化的诸般理论促成了这样一个假说:在物理学的无机物和生物学的有机物之间有第三类存在者,即属于技术物体一类的**有机化的无机物**。这些有机化的无机物体贯穿着特有的动力,它既和物理动力相关又和生物动力相关,但不能被归结为二者的"总和"或"产物"。

当今技术的高速发展引起了时间化(事件化)内部的断裂,伴随而来的是非地域化过程,这就要求我们**重新认识技术性**问题,并使技术问题和时间问题的结合显得非常突出。这里我们试图论证:作为时间赖以产生的原始**缺陷**的标志,有机化的无机存在者在对速度的征服中是时间性和空间性的**构造因素**(即现象学意义上的构造),——其中速度"先于"时间和空间,时间和空间是速度的组成部分。生命就是赢得能动性。技术作为一种"外移的过程",就是运用生命以外的方式来寻求生命。本书将分别通过对海德格尔(第一卷)和胡塞尔(第二卷)有关学说的批判性分析指出:生命一旦成为技术,它也就成为**滞留的有限性**。正因为这个滞留是有

① 缺陷(Défaut):卢梭在《论人类不平等的起源》一书中假设人类最初具有一种完全自然的本质,即所谓自然状态的人,它没有缺陷,自给自足。技术使人类逐渐地远离自然状态,从而进入所谓的堕落或沉沦。但是本书作者根据普罗来修斯的神话的解释提出,人类和动物的根本区别就在于人类没有自身的属性,也就是没有纯粹自然的本质。这种本质的缺陷与其说是对人性的否定,不如说是人性的真正起源。所以作者提出,人是一种缺陷存在,换言之,人恰恰因为其本质的缺陷而存在。技术就是这种缺陷存在的根本意义。——译者注

限的，所以它取决于技术趋势确定的动力。尽管胡塞尔的现象学曾以其特有的术语，在文字问题的范围内对这个问题有所论及，但是他并没有给予足够的重视。同样，虽然生存论分析继承了胡塞尔在时间对象的分析中有关滞留的三个层次的划分（我们把胡塞尔所说的“图像意识”统称为第三滞留），但是它并没有给予《存在与时间》一书中提出的“世界历史之物”以时间性的构造意义，也就是说，没有把它置于真实的时间性和在时性的对立之上或之外。我们将指出，西蒙栋如何在分析心理个体和团体个体的研究中，借助传导的概念，为时间性的原始的技术逻辑构造说开了先河——当然，他本人并没有提出这个观点。由此我们将进而推翻“技术的本质不在于技术”这一论断。

第四编

工程—分析传统

卡普

作者简介

恩斯特·卡普(Ernst Kapp,1808—1896),1808年10月15日生于德国Oberfranken的路德维希城(Ludwigstadt),1896年1月30日于杜塞尔多夫去世。1824—1828年,在波恩大学学习文献学。1828—1830年,成为哈恩(Hamm)预科学校的教师。1830年获得历史学博士学位。1830—1849年,是明顿(Minden)预科学校教授。这期间他写作了《历史地理入门学习指南》(*Leitfaden beim ersten Schulunterricht in der Geschichte und Geographie*,1833),《哲学的或比较的地理学》(*Philosophische oder vergleichende Erdkunde*,1845)。由于反对专制坚持民主,1849年被迫离职,迁往美国得克萨斯,从此过着幸福的农庄生活。南北战争时期,他坚定地站在废奴主义者一边,因而处境艰难。1867年,回到德国探亲,由于身体不好,只好定居杜塞尔多夫。他的《技术哲学纲要》(*Grundlinien einer Philosophie der Technik*)于1877年出版。

文献出处

本文系《技术哲学纲要》第7章"蒸汽机与铁路",译自Ernst Kapp, *Grundlinien einer Philosophie der Technik*, Stern-Verlag Janssen & Co., 1978. S. 126-138,翟三江译。

蒸汽机与铁路

机器中的机器。通过蒸汽机与人类有机体的比较对能量守恒律的直观说明。关于人的机器化和机器的人化的倒退的机械论世界观。机械的逐步完善化实践符合有机生物的发展理论。在发明过程中无意识性和有意识性的彼此贯通。为蒸汽机车铺设铁路。火车机车与铁路。血管分布网成为铁道分布系统的有机构成榜样。

从本章起,我们抛开技术产品的领域——虽说它们已普遍常见,且不计其数地大量存在,但它们大多毕竟是零星分散的——我们现在来考察那些强劲的文明手段,它们就像铁路和电报那样,眼下正以某种不可阻断的联系把世界各地,甚至把整个地球环绕起来。它们已超出"器械"这种称谓,而是作为各种系统登场了。在我们能先就把铁路当作系统来讨论之前,我们需得关注铁路的一个要素本身,即蒸汽机;因为,一切有关后者的认识,也对后者之被使用的一种特殊形式有效,对火车机车有效。

蒸汽机,作为意义非同一般的机器,它是大工业殿堂里机器中的机器,这就像我们在器械的个别形态领域里,把手工工具当作所有其他工具中的工具来看待一样。工业行业从其起步开始并靠着它手工业的基础,在它借助风力和水力而逐渐显著地扩大规模后,其时人类便看到自己已处于这样一种水准,就是人已有能力来处置巨型的材料件,并且在整治和利用那些自然之力时反而可以节省自己以前直接消耗在劳动中的相当一部分体力。但是,风和水是有间歇性的;对它们的利用——即便船运亦概莫能外——受时间和地域的影响,至于人类,因为受制于天气和季候,虽然他们根据自己的目的借助河堤、水闸和齿轮机要预先驾驭自然,可还是只能处于这种自然辖治的下风,总体上说,人类只能顺从自然所欲,别无其他。

在此情况下,瓦特于距今一百年前最终完成了蒸汽机的建造。特别是像土、水、空气和火这样一些古老的元素被他集中于一封闭的单元里,听候调遣。人们因此获得了一种用途广泛的新型的发动机,而且这项奇特的发明步入了它的世界之旅。由蒸汽机始,大工业的纪元开始了。

蒸汽机成为一种兼有普遍适用性的机械力量,随着它赢得统治地位,一种新的劳动概念也出现了,这是自不待言的。大众劳动需要劳动大众。局部的集约化用几分审慎眼光看就是特选单列,于是,在一种长此以往的自成一体和同行一家的感觉下,"劳工者"要么认为自己相对于其他职业行当是受到歧视的,要么认为自己在所有其他劳动者前乃是一特殊阶层而必须得到优待。

对这一现象的深入讨论在此就不拟展开了。以上我们之所以只是数句带过,是因为在深刻触动全部既有文明方面，这一现象给我们提供了一个间接凭证，表明人类第一台遵循能量守恒观念建造起来的机器所具有的世界历史性意义，表明这架机器对人类未来起到的全部效用目前还超出我们所有的评估能力之外。

因为名扬四海，因为人人为之惊叹并且为人人所使用，蒸汽机成了真正的"万用机器"。它为所有的人类活动，为室内和庭院的，为林地和田野的，为水上和陆地的人类活动提供帮助，它被当作力畜和驮畜给人干活，它帮助我们铺设电缆和印刷书籍，而且就因为它性能的这种全能通用，它尤其能充当能量守恒律的直观说明。对照于血肉之躯的有机体，蒸汽机的使用因而也要有许多促成条件才可一再重复。奥托·李普曼(Otto Liebmann)就此告诉我们："事实上是有许多显而易见的相似性的。机器与有机体一样，都是由相互组合在一起并借助链接杆等彼此互动的部件组成的复杂系统；它们都能够完成一定类别的机械劳动。火车机车与役畜一样需要进食，然后才把由氧化过程的化学做功产生出的热能转化为动能，把它变换成某种运动系统。机车与牲口一样会分泌出废料，分泌出大体处于某种化合态下的燃烧物质。机器也像动物，要损耗和用坏机器部件，或者对自身器官造成伤害。在机器和在动物那里，一旦食物和热能原料的供给停顿，或是某个关键的机器部件或器官被损坏，就等于是全部功能的中止和死亡的到来。"(《柏拉图主义和达尔文主义》，哲学月刊第Ⅸ期，第 456 页。参见同一作者：《论对现实的分析》，第 297 页及以下。)

在一篇题为"论诸种自然力量间的相互作用"的报告里，赫尔姆霍茨(Helmholtz)详细地运用了这种比较："那么，如何来看待有机生物体的运动和劳作呢？过去，在上个世纪的自动机建造者看来，人和动物就是钟表机，就是一些从来未曾上过发条，且无从给自身寻得动力的钟表机；他们还不知道把已吃下去的食物与产生力量结合起来。但自从我们从蒸汽机上了解了工作动力的这种来源后，我们现在就必须问问：在人类身上事情也是类似的道理吗？其实，生命的延续有赖于对食物的不断摄取，食物是可燃的物质，它们在经过了充分的消化转入血液系统后，也就真的在肺腔里经受一次缓慢的燃烧过程，并且最终几乎全部与大气氧气产生类似于在自然火的燃烧过程中可能会出现的同样关系……因此，动物的身体在它获取热量和力量的方式上与蒸汽机没有区别，有区别的大概在动物的目的和方式，即它为什么和往哪里使用它所获得的力量。"(第 34 页)

罗伯特·迈尔(Robert Mayer)在一次演讲里以十分相似的方式讨论了食物摄取的问题。他在表明动物的取食方式不同于植物的取食方式以后，接着说道："此外，动物之区别于植物，根本上就在于前者具有产生任意运动的能力。但为完成这种机械做功所必需的物质原料却来自于植物王国，而后者所需的原料总是先前由太阳输送来的；可见，动物是把原先的太阳光转换成运动过程和热能。从这一点看，我是说在这一点上，不管对动物有机体的解剖分析可能有无限多样，我们总还是能够拿它与蒸汽机相比较的。进而，即便是蒸汽机，它为了产生它的功效，为了产出它的做功——即产生热能——也在消耗经植物世界储存下的阳光，所以，在论及动物和人类（后者在肉身躯体上与动物有着许多共同之处）的食物摄取时，我们常常就只能采取这样的比较方式了。”（《自然科学报告集》，第 66、67 页）

罗伯特·迈尔曾是热功的机械当量的发现者，赫尔姆霍茨又是把迈氏学说深化改造成能量守恒定律的人；我们对这些专家权威的引证省去了我们再去引用其他的支持论点，因为借助这些专家们的工作，我们做这种比较的贴切性，即在标准机器和一切机器的标准样板之间进行比较的贴切性已远远达到了。我们能够称某种比较是贴切的，只当该比较是完备充分的时候，而它之能够是完备充分的，除了指出所有的一致相同之处外，它还给我们突出表明一般的特征差别，正因为有这些特征差别，已被我们发现的一致相同之处才根本具有了意义和重要性。立足于这一关系，我们尤其注意到上文讲到的专家们是怎样坚持不懈地捍卫有机体这一概念的，以防它受到机械论杂质的污染。因为，R. 迈尔自己就觉得有必要着重补充一点，亦即他认为，比较乃是建立在发现相似点基础上的，但是，相似点远还不等于同一性。“动物绝不是纯粹的机器，它甚至比植物高级许多，因为动物具有意志。”赫尔姆霍茨明确指出在人类劳动和机器做功之间存在的区别：“如果我们谈论的是机器的劳动和自然力量的劳动，那么，我们在这一比喻里自然就不考虑所有那些由于智识行为而包含于人类劳动中的东西。但在机器的劳动里表现出的具有智能效用的东西，乃是属于机器建造者的智慧，而不能视它为属于机械工具的劳动……无疑，劳动的概念今天已被用于机器上，因为之前人们已把机器的做工与人类和动物的劳作相提并论，机器是被规定来替代人和动物的劳动的……也就是说，钟表的齿轮决不会产生根本就没有分派给它的工作力量，正相反，钟表是在把分派来的工作力量均匀地分配于一段较长的时间。”（《演讲文集》，第 142 页；《论诸种自然力量间的相互作用》，第 8、13 页）

奥托·李普曼在他对机器和人类生物作比较时，不无恰当地把容易注意到的相似之处与二者的相异之处彼此对等地来看待：“然而，请注意！机器就是一被外在地和武断地制造出的人工制品，有机生物则是 ex ovo（从一开始）就按某种内在的、隐蔽的法则发育生长起来的。机器的称霸地位（Hegemonicon）并不属于机器本身，并不蛰居于机器体内；倒是司炉工和火车司机坐在它上面操纵它，就像骑手操纵胯下的马一样。生命生物体的支配力（ηγεμονικόν），也就是智能和意志，属于生命生物体自身，它长居于生物自身体内，随它同生同行，构成它整体组织的一部分。相应地——若完全不考虑其物理功能的话——机器的部件都是一次成形到位的，它们始终都按自身材料的组织部件与自身保持同一，直至该机器外在地得到修理为止；有机生物体的器官所保持的仅只是形式上的相同一，在这同时他们的质料却不停地在交替变换，生物体的器官是自我再生或自我修复性的。”

以上这种性质的论说，从根本上预防成为一种倒退的机械论世界观，即一种关于人的机器化，以及关于机器的人化的落后的机械论世界观。赫尔姆霍茨曾认为，劳动概念之适用于机器乃源自拿后者与人类的对比，赫氏的这一说法本身就自带着一个明确的结论，这就是甚至机器本身，若要它能够替代人类劳动的话，也该是经由相应的设计而成的——相应的，即是说相应于其劳动要由机器取而代之的有机生命体。机器的工作效率，或者不如说，机器的可用性乃直接建立在它对于人，对于使用机器的人的关系中，并且也在它寻求这样一个目的的关系中，这个目的是，要使有机生命体特定的器官即便在没有机械力量的帮助下仍可以有所作为。

与讲求机器生产效率的同时，有机生命体的器官形态在单个的工具上也或多或少明显地得到表现。对于复杂的机器而言，它主要展示的是前一种特性，后一种则退居其次。蒸汽机的整体形式和人的身体形态在它们的外观上很少有，或绝没有彼此共同之处，倒是那些使得机器得以组装起来的不同的零部件与生命机体的单个器官常有几分相似。许多机器部件，原本都是孤立的作业工具，它们都被外在地集中于蒸汽机里，以达到某种机械上的总体功效，这就像动物类的那些个肢体内在地齐聚一堂，以形成一个最高级地业已在人类身上完成的有机生命单位。

因此，某种机械的逐步完善化实践符合有机生物的发展理论，这种完善实践从原初人类的凿石锤起步向前，中间经由所有构造较为简单的工具、器械和机器，最后到达那种复杂的机械系统，在这个系统中，人们看重并接受示范机器，这是因为示范机器被科学认为有资格担当工具和某种类型的物理仪器，用于破解自然力量和生物世界生命过程之间的相互作用。“火车机车的发明，确切地说应该追溯到人类首次熟练运用取火和存火艺术的那个时代；转轮的发明是人类早期就已经做到的另一项进步；后来逐渐地人们熟悉了其他的机械器物，金属以及制造金属的工艺也逐步被发明发现了，一架架自然动力机被应用于人类，直至人们发现，就连蒸汽也蕴藏着一种连续运动的力量于自身，并且在许多次失败的尝试后，人们最终还是掌握了正确使用蒸汽的方法——就这样，人类的步伐曾是如此之大，以致最后的一个或最后的几个尚待做出的发现就能由某个个人来承担了。”（惠特尼[Whitney]：《语言科学》，第601页；参见：F.罗列奥斯[F. Reuleaux]：《蒸汽机的历史》）

伟大的发明表明自己是向着某个最初无意识的目标连续不断地倾力探索的产物。在蒸汽机发明的漫长世界历史的接力赛道上站立着无数先驱奉献者，他们一方面清醒于达到自己眼前的单个目的，另一方面却不自觉地在为力求通过蒸汽机车表现出的远大的文明观念效劳。正像发现和发明常常彼此互为推动那样，有意识性和无意识性同样在彼此渗透，彼此不停地相互贯穿。然而，在一种设想变为现实的时刻到来之前，占上风的是有意识探索的躁动不安。通过一系列的个别发明恰恰剥去了层层外壳以后，这个设想便穿透剩下的最后掩盖使自己变得清晰鲜明起来，并且最终落实于某个人研究的持久性和认识的勇气上。瓦特(James Watt)就曾清楚且明确地知道他所寻求的东西，正因为此，在无意间预备的基础上，在众多常常越来越靠近目标的实验基础上，当那一刻来临之际，发明他所想要的东西便降临到他了。不过，即便是瓦特本人，有一件事也照样对他一再隐而不显，这就是：他的发明经史蒂芬森(Robert Stephenson)接手后会被引导到怎样的一个完善过程的新阶段上呢。

在一个很长时期内，铁轨道路和热蒸汽机曾是彼此陌生，互不相干的。史蒂芬森使热蒸汽机具有了稳定的运动推进性能，接着又因为给火车机车下面铺设上铁轨路而成为机车铁路的创建者。还在铁道和蒸汽机车各不相干、彼此单干的时候，前者最多不过就是旧式矿山里常见的狗槽道轨的翻版，后者也不外乎是可以随处放置的省了风力和水力的替代物；但因为它们的联袂形成铁路网，且通过把这种路网形式转移到江河湖海，成为轮船航运线，今天铁路和蒸汽机车已成为综合交通的承载体，是我们地球上人类全部当下生存的中介者。

陆路铁道和轮运航线组成了一个自成单位的整体，在这种联合中，使得人类的生存资源流通于其上的交通动脉网，便是有机生物体血管分布网的再版。关于血液循环的科学描述是能够从上述非同寻常的、借助热汽动力而完成的人类生存需求的流通机制里借鉴有益之处的，以便于解释这种有机组织的过程；但从我们的观点来看，这种科学描述竟然试图放弃这些好处，简直要叫人惊讶了。与此同时，我们也遇到某些言论，它们陈说的是相反的意见，结果反而使得事情看上去，人们在这种情况下绝少能不接受器官投射说的，就像这种投射说也表现在已完全被人们接纳的拿神经系统相比于电讯电报的例子里那样。

因此，根据这样的观点，以下这种比较值得我们称许，它是奥尔特曼博士(Dr. Oultmann)在他的一次公开演讲里为描述血液循环而提出的。根据《科隆报》的报道，"奥尔特曼博士成功地做了以下事情，他利用一张铁路网示图，上面画着双向轨道、交会车道口、停靠站以及正待进、出站的火车，向公众直观地展示了血液循环错综复杂的过程。"毋庸多言的是，在这里所谓"示图"并非指已被我们多次拒绝的对一种寓意的直观图解，因为面对这种图解，人们有许多对比性的暗示，或者说纯粹的比喻可供相当无限的选择；而是指投射过程的实事性和再现性，这种实事性和再现性绝对仅仅是唯一现场的。对此有着共识的 F. 佩洛(F. Perrot)在列举了现有的水路和陆路交通设施后，得出了如下结论："有一件事是不言而喻的，即：交通中介的不同分支并不是各自独立存在的，而是它们统统都犬牙交错、互为条件，且构成一个共属一处的整体，这个整体对一个国家来说，就是那个在人类身体里构成血液循环的同一个东西。(《关于改进德国交通事业必不可少的几个步骤的报告》)"同样，M. 皮尔思(M. Perls)也把"庞大的铁路线和血管的流通系统"并列起来看。(《关于病理解剖学的演讲》，第 10 页)

关于作为火车机车基本条件的蒸汽机和铁路，在此就讲这么多；这个话题我们以后在讨论国家的其他功能时还要再次提到。

在发明强而有力的工业杠杆过程中，无意识的作用在这方面也表现得非同一般。让詹姆斯·瓦特和罗伯特·史蒂芬森动了心思的一定不是别的，而曾是这样一个意图，就是要由他们自己的身体来确定适用其机器机械结构的法则和定理。可尽管这样，在身体与机械构造之间的协调一致还是如此得法到位，以致后来人文知识界最有声望的代表和宣讲者都无不欢迎由有机生物的样板和机械制造的仿制构成的这种亲和关系，视它们为著名的证据材料。是否就因为如此，才有科学不断的对于机械器械的装备和对于取自机械技术的话语资源的呼吁？我们不要忘了，假如在机械制造中无意识性对于技术操作的细节作用在消退，那么，我们会发觉，它在把器官的活动装置转化为在机械形式构造上的计算值方面就起着更大的作用。更高级的机械技术的进步并不在于它对有机体形式的无意识仿制，而恰恰在于对功能概念的投射，说到底，也就是对生命体以及对作为有机体能动着的智慧的投射。

在蒸汽机上能让我们高度赞叹的，其实并不是那些技术细节，比如把有机体的关节连合仿造成依靠油的润滑形成的金属旋转面，不是螺钉、手柄、锤子、操纵杆、活塞，相反，它是机器的馈赠（Speisung der Maschine），是从燃烧材料到热能和到运动的转换，简言之，是自身工作绩效的奇特魔幻式展现。这里传达出的是对一种更高级来源的牢记，这个来源也使得人类，使得曾用自己的手制造并使用了钢铁巨物以便能与风暴和狂风巨浪争夺生存的人类面对自己时惊讶不已，而在此刻，任何一种审视的目光都在帮助我们，让所有的人类学都明悟路德维希·费尔巴哈下面这句话里的真理：人类的对象不是别的，而正是他的对象性本质自身。

德绍尔

作者简介

弗里德里希·德绍尔(Friedrich Dessauer,1881—1963),1881年7月19日生于德国巴伐利亚州的阿沙芬堡,1963年2月16日于德国去世。青年时期他着迷于X射线的研究,并独自开发了一种强力X射线机,为此于1917年获得法兰克福歌德大学的应用物理学博士学位。1922年,他创办了生物物理研究所并担任所长。1924—1933年,他是德国议会成员,是活跃的政治家。纳粹上台后,他逃往伊斯坦布尔,并在那里创办了一个生物物理与放射学研究所。1937年,他成为瑞士弗雷堡大学的实验物理学教授。1953年返回德国,任马克斯·普朗克生物物理研究所所长,10年后死于放射线导致的癌症。他在技术哲学方面的著述影响很大,主要著作有《技术哲学》(*Philosophie der Technik*,1927),《人与宇宙》(*Mensch und Kosmos*,1949),《关于技术的争论》(*Streit um die Technik*,1956)等。

文献出处

本文系《技术哲学》第二部分第1~3章,译自Friedrich Dessauer,"Technology in its Proper Sphere",in Carl Mitcham and Robert Mackey,eds.,*Philosophy and Technology,Readings in the Philosophical Problems of Technology*,The Free Press,1972,pp. 317-334. 张东林译。

技术的恰当领域

1. 技术创造的要素——第四王国(Ⅰ)

本书第一部分应作为对技术的导论性和一般性描述。[①]接下来该走近技术的本质,探索技术是如何可能的。这是向可能性与力量的起源前进,向对于全部现象的统一理解和评估前进,将跨过感官知觉。这标志着朝批判的形而上学迈出的一步。

我们不能仅仅满足于研究数量庞大的技术结构,满足于永无止境的列举。这种方式无法剖析其支离破碎、形态多样的特征,也无法解释技术在当代人眼中呈现出的混乱、不光彩的狂暴野蛮。正是这种表面上的纷繁芜杂以及看似混乱的力量引发了对技术的怨恨,技术被视为所谓的肤浅文化的暴发户。

近几十年来,"形而上学"一词在自然科学家和工程师当中名声不太好。它之所以遭到拒斥是因为过去形而上学一再地发生堕落,企图靠演绎去洞察经验领域,挑战已被证明的结论(黑格尔、叔本华等)。

我们不去理会这种从先验概念构造出整个世界的方法,我们要关注的是批判的形而上学。拒斥这种形而上学就等于是否定人类精神的最佳力量的活动,因为人类的天性需要……一种从核心立场出发对事物整体的见解。要获得这种见解意味着要走近技术的本质,以便从本质这个制高点观察这看似无意义的过程所具有的多样性特征,它会立刻呈现出有秩序的样子。这种批判的形而上学不是用概念去建构不可经验、不可验证的东西——这是实验科学的捍卫者们自己所反对的。这种将发现整理[*Verarbeitung*]成核心统一体的过程是健全的哲学的基本任务。

迈向统一、秩序和阐释的这一步很自然地导致一种世界观,许多词汇的意义在其中发生了改变。因此作为范畴表述的"存在"[*Existenz*],在经验世界具有与超验世界不同的内容。这一点必须加以注意,不但是为了在运用上小心谨慎,也是为了防止那些仅当不小心搬用了其他领域(例如对自然的纯粹经验)中的定义时才会发生的反驳。陈旧而略显幼稚的原始唯物主义描述了一种适用于感觉经验世界的存在概念,然后就自然地论证说没有灵魂、精神、思想、道德这些东西,"它们不存在"。如果我们碰巧用了"王国"[*Reich*]一词来组成"第四王国"这个短语,这当然不是说它像地上的领土一样有着具体有形的特征和看得见的边界。事实上,我们

---

① 关于第一部分中的材料,一个简短的概述可参见导言,第22页及以下。——本文脚注除非注明均为原作者注,编者按。

也常说起美的王国和音乐的王国，那是什么意思？显然不是任何有形、具体的东西。但是难道因此它就只是某种虚幻的东西、一种纯粹的虚构、将想象的东西有意识地错误构筑而成？不。具体客观事物的反面不是虚幻，而是抽象。而抽象概念通常有其客体，是“必须视为拥有实在性”的。

在作者的《生命·自然·宗教》(*Leben*, *Natur*, *Religion*)[①]一书(本书经常引用的一部著作)中对实在性作了更为详尽的讨论。在此我们只需提及一点，自然律(如万有引力定律)的内容拥有等级很高的实在性。当然，它们本身是无法知觉到的，它们并非客观具体。但它们拥有实在性可以从以下事实得知：它们抗拒一切改变它们的企图，维持原状，而所谓的“真实事物”，即那些具体的客体却屈从于自身的本性，不断发生改变。因此，在上述的书里，高等级的实在性被赋予客观的自然律。所有的自然哲学都必须认同这一点。因为自然律在无限的空间和时间中一直发挥其效力(确定的效力也是判定实在性的一个不可撼动的标准)。自然的那些终极的、无法进一步还原为更一般的东西的特性——引力、电子及其能量、力学和电动力学的基本方程的内容——在时空之中包揽了自然的全部“事物”；实际上，是它们生成了这些事物，改变了它们，并相应地形成了最高等级的基本的科学实在。假如它们不真实，又怎能说出关于它们的正确的事情呢？自然律的实在性还留在感觉经验世界的框架之内。但是在它们的界限之外，我们也可以正当地谈论实在性。

至于“律法的王国”(“法律秩序”)、“美的王国”以及“意志的王国”，也都是一样，真实的就是真实的，不是幻象。尽管它们既非客观具体，又非纯粹现象，但它们仍然是真实的；并且只要依赖性、规律性、能动者(agencies)、价值在支配着这些王国并源于其中，那么这些王国就可以被正确地谈论，实际上还可以加以研究。这些王国使人和民族保持活力。事实上，在作为感觉经验被给予的东西构成的层面之外，还有一些层面或曰王国，由其他被给予的东西构成。当然，这种借助一般概念——即所谓的范畴如存在(在此存在[*Dasein*])、性质(如此存在[*Sosein*])、关系(依赖[*Abhangigkeit*])[②]——去整理经验的工作绝不可在缺乏警惕的情况下进行。因为范畴原本就是取自对经验世界的整理，经过改造应用于难以接近但却对人类及其文化无比重要的抽象领域。所以我们现在必须这样来提出关于技术本质与可能性的问题，使之与经验基础具有尽可能紧密的联系。

我们在何处遭遇其本质？在日常的谈话中“技术”指的是工业生产和技术商品——即其可见的表现。为了遇见其本质，我们必须前往新的形式头一次被创造

---

① Friedrich Dessauer, *Leben*, *Nature Religion*; *Das Problem der transzendenten Wirklichkeit* (Bonn: F. Cohen, 1924).

② Sosefn 和 *Dasein* 的区别相当于传统上本质(what a thing is)和存在(that it is)之间的哲学区分。翻译成“being-such”和“being present”尽管在英文上有些别扭，但已经被采纳，以维持这种平行关系。若非如此，这种平行性就不明显了，而它在德绍尔这里是很重要的。——英译者注

出来的地方。工业的批量生产可类比于诗歌和乐曲的抄写复制，而我们可随着艺术家的创造活动接近诗与音乐的本质。技术的核心是发明。所有的一切，即使不能归结为发明，至少也是从根本上包含于其中。

在第一部分第一章中提到，技术物的外部特征包括：①服务于某一目的，②符合自然律，③实现[*Bearbeitung*]，分别对应于技术创造的内在组成部分。[①]

(1)技术工作的目标或目的来自人类领域，即个人或社会。历史经验(本身包含了自然因果关系的成分)显示了普遍需求和个别必需。

但目的也会来自个别人的构思——没有明显的外部需求。有时候是为了满足人类自远古以来一直怀抱的隐秘梦想，例如人类飞行的例子。当然，这样一个梦想是太普通，太不明确了，它是发明的预备，而不是发明的开端。发明的开端是某个人物从个人知识或通过交流构想出一种观念、一种思想结构，同时致力于它。在某些情况下，这已经意味着伟大的成就。在过去，连研究技术构造都是被鄙视的，因为这跟时代的观念相冲突。丝杠车床的发明者就因其发明而被关进纽伦堡的一座塔中，他的成果也被毁，直到他死后200年才获准公开。这种例子数以千计。古代世界常常令技术思想的创始人成为殉道者，因为追求可见世界中的这种结构——在其中"可以做"的事情多于目前可以做到的事情——即使不被视为有罪的，也被视为危险的。人类曾经而且仍旧专门跟那些违背精神惯性定律的人作对。当然，现在技术——即它的外在面——已经如此大众化，许多人随随便便地就说："该有人发明一种机器来……"。这种努力已经不再被视为罪恶了。然而即使是今天，在许许多多情形下，成功仍然是一条殉道之路。发明家们的人生可证明这一点：慕尼黑的德意志博物馆(Deutsches Museum)[②]中满是他们的遗迹。

因此发明的原动力，技术创造中的意志成分，可以是一种道德成就。我从个人经历中得知一些例子，当面对庞大的经济势力时，有勇气去运用一种有助于人类却不利于那股势力的发明，的确是一件值得尊敬的事；我还知道一些例子，当人们忘本地享用那些通过牺牲生命换来的成果时，这种勇气，就像战争中的个人勇气一样，走向衰败。

当发明有了新的目标，发明的眼光，即对问题的详细描述，就可以是一项成就，甚至是一件创造性的功绩。天才的判断力在蓝图阶段就已经知道事物的内在联系，这使得(例如)爱迪生能够用一块振动薄膜记录人声，用针刻在蜡上，之后复原出来。发明问题——在爱迪生是捕捉并保存说出的话(留声机)，记录已完成的运动(电影)——对于发明活动来说即使不是必要的，至少也是一种常见的成分。这种情形比表面上看起来的还要多。就连用新的手段去解决老问题的例子，若仔细观察也会发现它与其前身不尽相同。通常这种不一致性已经包含了一种不同的，

---

① 我们改变了这些特征的顺序。我们首先讨论了在与技术物的遭遇中发现的顺序，现在才轮到在其起源中发现的顺序。

② 参见前面第22章注6。

甚至崭新的阐述方式的根源,使解决方案具有了发明的特征。为了说得更清楚些,借用一个粗略的例子:插图的印刷。其工序有很多种,如铅版、照相凹版、胶印等,但总是会有新的发明。每一种工序看问题的方式都不同,因此解决办法也不同,从而产生不同的效果。用"插图"来称呼这个问题实在是太模糊了。更精确地阐述问题、仔细地考察通常会揭示出,独立发现的解决方案在评估问题的方式上就已经如此不同。

这是因为两个独立的领域在人类发明家这个不可分割的整体中相遇。……人类的心愿、需求、计划和希望形成了它们自己的世界,而可以被人类当作手段加以支配的自然律也同样构成了它们自己的世界。二者在发明家这个人身上相遇。实际上,仔细观察此现象会看到,相遇经常发生在最初的计划中,就在发明的萌芽之中。

但正是这一人类的领域——追寻一个问题并深思熟虑地予以确认——同时也是发明家在其中享受创造自由的一个领域。他在判断力的领域里活动,天才通常在这个阶段就已经表露出来。在另一个领域,即自然律的领域(后面会讨论)里,不存在创造自由。自由终结于对问题的精确的理智知觉(intellectual perception)。

这是否意味着发明家的原创性是在关于自然律之网的知识以外活动?不是,因为关于手段、关于何者可能的知识也协助了问题的形成。在自然律的可能性之内拥有最高的可操作性是许多发明家的特征。这意味着他们以一种特殊的方式看待他们的问题,这种方式只有通过掌握自然律才有可能。这标记出发明中特殊的一类,即掌握手段后再去发现目的。例如在化工技术中,一种新物质产生时可能只是废料,经过研究发现它有一些确切的性质,一个创造性的头脑认识到这种本来无用的物质却对某个不太相关的技术领域至关重要,于是这个发现就被大众当作是为了满足某一需求而找到合适的物质,但实际上却是为了给原本无用的物质找到一项需求。在实践中,答案隐藏得更深,常常要逆转问题,修改手段。只要这种双向的途径仍然属于"发明的眼光"本身,那就仍然是在第一个领域的自由之内活动。不过一旦"隐藏的"答案必须系统地获得,第二个领域的青铜链条就开始侵入。

(2) 发明的手段——即用于技术工作的初始构造的手段——是从自然律推导出来的。但"推导"一词必须立即加上限制,因为仅有自然律是不够的。

技术工作只有与自然律相协调才是可能的,抵触任何一条自然律都会表现出缺陷。[①] 然而技术肯定标志着克服自然律的限制,从自然律的束缚中解放出来。所以人类能够飞行不是因为他让重力消失或暂停,而是因为他通过智力的过程洞察了重力,达到了(形象地说)事情的另一面。在这一面,他是奴隶;在另一面,他是主人。这种智力的洞察——即认识重力的本性——揭示出无法通过做功使重力

① 在这里,自然律一词总是在客观的意义上使用,所以它指的不是人类的表述,而是所"期望"的内容,即使人类并不存在也依然有效。参见 Dessauer, *Leben, Natur, Religion*, pp. 65f., 120ff。

消失或暂停，然而其作用可以被克服，从而与重力方向相反的运动成为可能。在空中被释放的人会下落，但是做功，即发动机输出的能量，可以逆着重力的拉拽将他带往高处。这之所以可能，是因为重力与机械做功具有深邃的内在相似。如果它们不是从本质上属于同一类事物，如果它们的实在性不是源于同一王国，那么人类就不可能通过机械做功向重力的反方向运动，正如他无法通过音乐做到这一点。重力和飞行的基本手段之间这种深远的联系隐藏在力的物理概念背后。力可以将动量和方向赋予一块物质。在机械功的帮助下可以制造并维持一个反方向的力场，重物将顺从两个力场的合力方向。于是重力的作用被克服了但没有被取消；而从关于重力的知识以及与其本性的协调中得出了飞行的可能性。

基本上，发明中所有问题的解决都是通过这种方式。发明的诸手段的特征是将自然律概念化、全面肯定所有自然律以及坚定地固守在自然律的框架之内。但是当然不应该断言自然本身足以产生技术。仅有自然确实非常不够。自然从未造出一台缝纫机，甚至一个轮子。还需要别的东西。没有什么发明光是目的碰上自然律就产生了。实际上自然律在发明中的秩序与其天然秩序完全不同。人类飞行完全不同于鸟类飞行，是放弃了翅膀的运动才成功的。缝纫机的缝纫跟人不一样，磨的碾压跟牙齿不一样，运输是依靠轮子而不是腿的杠杆作用。技术的许多成果都不是模拟自然而造，而是依照迥异于自然的一种秩序。当自然作为发明家进入有机生命的王国，造出全新的形态，它遵循的也是一种完全不适合于技术的秩序……

这样，即使目的与自然律的运作相反，手段还是取自自然律的王国。**但是手段的秩序不同于自然**。而且结果也远远超出了自然律的范围。以下例子可以证明：如果不考虑人声，那么音乐及其在人类文化历史中的发展、显示和现实化就是从技术发明开始的。音乐可能始于笛和琴的诞生。发明它们所用的手段是内在于物理的。声音振动在给定的条件下发生。但是一旦发生，一旦笛子存在并且依纯粹物理定律产生音调，就会发生很不一样的事情：一扇大门意外地开启，通向一个新王国，那里是人类业已存在的意向和预感，而非一种可能性。不止在这里是如此，在其他领域，只要是由于技术的出现而开启或更新的地方，就会创造出一个不能通过自然律去理解的新的世界。当然，这并不违背自然，但要比自然多得多。上述考虑的结果大概可以表述如下：技术工作的次级组成部分包括了发明家所知的自然律，只有在这里他才能找到其手段，但应用的秩序和效力的可能性却不是自然本身固有的。

(3) 因此，没有什么发明是源自孤立的问题创意或自然科学。在手段和目的之间还有一个**内在实现**和充实［*Erfüllung*］的过程。发明家的工作包括把自然律认为可能的东西概念化、挑选、组合与排序。这种先于外部的内在实现具有双重的特征：潜意识参与到发明课题之中，遇到一股外部力量，后者要求全面征服并如愿以偿，于是通向解决方案的途径表现为将个人的想象嵌入到这股力量之中。

可能所有研究过自己如何获得成果的发明家都能说出潜意识的参与，或精神感知与精神活动的领域在不被察觉的情况下运作。发明的天才，正如所有创造性的天才一样，有一个要素就是多向联系的能力。灵魂的这种能力将它积累的大量资源——即所有记录和保存下来的知觉与结构——连接和联系起来，不管从什么兴趣或关注点的视角来看，承载联系的不论是什么都存在于潜意识之中。当然，并不是注意力把事物捆在一起，因为它只存在于有意识的情况下。这种行动在潜意识中被执行之前，发明家——通常是高度专心的——必须已经根据其目标清点过他的知识储备，并且已经反复检查过其任务的本质。这种专注的某些东西就留在了潜意识里——高度的准备甚至重点。潜意识的活动继续实验，意识仿佛突然收到讯息："这就是答案。"经过检验常常会发现它并不可行，但有时也会成功。不论如何，伴随着"这就是答案"而从潜意识中浮现出资源的联系，这标志着注意力尝试的次数之多，强化了潜意识中一直追寻的联系。

发明家的报告和自我检测可以用这种方法来解释。可以这样说，一个被强烈体验到的问题留下了自己深深的印迹，并且夜以继日地持续。亥姆霍兹(Helmholtz)、马克斯・埃特(Max Eyth)等人都给我们留下了这类报告。[①] 当心理学本身进入心灵的潜意识活动的暗箱，我们会了解得更多。但即使一个人在极度清醒的思考中找到成功的解决方案，他还是会有这样的印象：答案是钻出来、冒出来、被捕捉到的，从来不觉得是他自己创造和提出的。

在对一种"内部建议"即一种对可能性的洞察的检验中，伴随着不断重复的意识与潜意识的心理过程；在研制发明的整个过程中，伴随着对材料的每一次挑选和排列。发明家意识到他渐进地接近理想的解决方案。如果问题表述得足够清楚，可能需要几年或几十年时间让内在实现向着一定的形式前进——就好像朝着曲线与其渐进线在无穷远处的交点前进一样。这个点确实存在。可以通过曲线的延伸完全确定地予以证实。这个终点的存在决定了曲线上发生和做出的一切事情。但是，尽管这个点具有确实的实在性，它却不能被具体化，也就是无法转换成可见的东西。在这样一条曲线上，通过内在实现的方式，可以让解决方案任意地接近这个交点即理想的解决方案。

要证明这个事实，即对于确定的问题只有一个理想的解决方案，且永远无法完全达到……可以先引用极简单的技术问题的例子，然后再扩展到复杂的情形。如果要为了非常简单而确定的目的去制造一件设备——开头总是意味着"去发

---

① 路德维希・冯・亥姆霍兹(Ludwig von Helmholtz，1821—1894)首先是一位物理学家和生理学家。他的主要著作包括《论力的守恒》(*On the Conservation of Force*，1847)和《对音调的感觉》(*The Sensations of Tones*，1847)。不过他也是许多项发明之父，包括检眼镜，一种用于照亮视网膜的仪器。马克斯・埃特(Max Eyth，1836—1906)主要是位学者而非科学家或发明家，虽然德绍尔的说法不同。不过他的最后一本书《活力：技术领域的七篇演讲》(*Lebendige Kräfte；Sieben Vorträge aus dem Gebiete der Technik*，1906)是关于技术主题的一部重要早期著作；尤其可以参见最后一篇文章"论发明的哲学"("*On the Philosophy of Invention*")。——英译者注

明”——那么绝不会存在两种材料完全同等地适合这一确定目的。对材料适用性的研究越精细，我们找到的差别就越具有判决性，只有一种材料是最佳的。对于形式也是如此。如果目的变得足够具体，就不存在绝对的等价性。使目的具体化的过程自然意味着它要相对于所有次要目的而确立。例如，经济目的告诉我们不要采用不合适的手段，并且要考虑使用条件。这与其他的次要目的一起包含在最终目的之中。

技术的历史证实了确定目的的解决方案也具有确定性。为同一目的作出的设计与模型的多样性会随着技术的进展而消失。我在年青时还见过千姿百态的自行车，它们的骨架、轮轴、车轮尺寸和轮圈——简言之，结构的所有细节——都不相同。每一种形式的长处都被热烈地讨论。但是出于确定的目的，即自行车要适应于特定的重量、适合于一定的地形、尽可能低价以符合大众的需要，技术显然已经接近了一种统一的模型。经济定律也可以包含在理想解决方案的确定性定律之中，因为在对于待解问题的确切观点当中也可以包括经济的观点。这条定律在规范化和标准化的努力中，在差异最大的设计领域产生的惊人相似的技术形式中都可以体会得到。我记得X射线管、X射线仪、发电机、变压器和白炽灯在发展初期的多样性。但到了它们更加接近完美的时候，就都接近了唯一的理想解决方案。

内在实现必须进入解决方案之中。只有到那时我们才可以谈及发明；只有到那时才会轮到外部实现，后者作为技术物的特征，我们已经遇到过大概上千次了。如果实现是成功的，如果它渐近地趋向一个解决方案，那么在足够接近“渐近线”的某个时候，解决方案就会突然出现——反正是个特殊事件。实现的意思就是机器开始运转了。人类头一次看到行星被放大(天文望远镜)，热病被药物征服，金属被电子轰击放出一种新的光线(X射线)，细金属丝在有电流通过时发光而无需外部加热(白炽灯)，一组机械装置在蒸汽的压力下做功推动车厢(蒸汽机、机车)！

显然这类实现是人类努力的结果。但这结果并非来自人类自身，相反，对他的努力的肯定回应是来自外部。那么是来自自然吗？是又不是。经验的自然及其终极定律并不能自行作出肯定。当然，这种肯定只有在自然律受到充分考虑的时候才会出现。我可以造一台机器，按照预想的目的，它应该是一台自我驱动的车辆，其中所有东西都按照自然律完成了，但它不一定能运转。因为实际上在违背手段和违背目的之间是有差别的。违背手段的人也就背离了自然律；违背目的的人会宣称，发明的实现过程即通向目的的可能手段的排列，未能成功或碰巧出了错。

所以——这是出了错。自然律也遵守了，目标也预想过了，[①]但是尽管如此，

---

① 用一个例子(当然不是完美的，因为所有的例子都是如此)可以说得更清楚。一名画家拥有了所有能想象到的颜料、画布、画笔和画架，但他的画作却失败了。这可能是因为有些颜料不好——手段失误；但也可能是因为目的的定位，即可能性的排列不成功——违背目的。最后，结果是决定性的。颜料代表自然律，即使没有违背它们，发明也不一定成功。秩序和性质超越于自然律。若非如此，一名拥有“拉普拉斯灵魂”的数学家就必然能够预先计算出全部发明了。(参见 Dessauer, *Leben, Natur, Religion*, pp. 122ff.)

发明家还是不得不收回他的想法，或收回一部分，重新组合、调整它们，按照——呃，按照什么呢？按照证实性的肯定："它运转了""它解决了""热病消失了""感染被这种胶体合金清除了""这个装置放出射线了"等等，这些都是试验的最终经验结果。因此我们认识到，当关于目的的确定概念同自然律相协调，再加上选择性的实现，就把意图引向对实现的最终肯定——也就是达到了对先在的理想解决方案的充分近似。不过我们也认识到，这种肯定仅仅来自外部经验，包含在一种近似之中，包含在一种更大的服从之中，即知觉过程服从于先在的潜在解决方案。

潜在解决方案。毋庸置疑，理想上它是确定的。经验首先提供了实现的标志。然而，实现却超出了人类构造活动的边界，也超出了自然律许可的事物的边界。完成的发明实实在在是一件特殊的东西。

(4) 发明所代表的技术不仅仅源于人类目的和人类努力的领域跟自然律中的可能性领域的接触。用一个例子会更容易理解。考虑音乐的例子。它也是在两个领域相交的地方出现：听觉的生理学要素，这是动物也拥有的，属于动物生命的领域，而音调则属于物理的领域。音乐就在它们相接触的区域。但光是接触还不是音乐，还需要别的，需要第三个独立的因素才能产生音乐。在此我们不去关心这第三个因素是什么，只需说它是偶然出现的另外的独立的东西，具有自己的性质和力量。

因此随着发明的实现，某种新东西进入了经验世界，它是以前从未出现过的，具有自己的性质和力量。

发明家与最初从他自身之中"成为存在"的东西再次相聚，这是一次跟空前的经验力量和强烈显现的相遇。世俗心理会忽略这些。发明家看着从他的创造中得到的东西（尽管并不仅仅来自创造），他并不觉得是"我造出了你"——而更像是"我发现了你，你已经存在于某个地方，我花了很长时间才找到你。假如我能独自造出你来，那你为什么要躲着我长达数十年——你这最终的发现物？你直到现在才存在是因为我直到现在才发现你是这副样子。你无法更早出现，实现你的目的，真正开始运作，直到你以本来面目进入我的视野，因为那是你唯一可能的样子！当然，你现在是处在可见世界中了，但我是在另一个世界找到你的，而且你拒绝跨入可见王国，直到我正确地窥见你在那个王国里的真实形式。"

在这种相遇中，发明家开始明白他之前的奋斗是一趟通向预先给定的解决方案的旅程，他只会认识到与这个给定的解决方案充分一致的东西，其余的所有尝试都是徒劳。因此，技术的本质呈现为某种特殊的东西：它使我们瞥见紧闭的存在深处。因为所有需要经验的知识领域都包含其对象物质之间性质上的关系。简单地说，他们考虑的是相关性或相互关系。科学研究是关于存在着的事物之间相互关系的特定学说。物体的长度与热之间有什么关系或相关性？压力与温度有何关系？这些才是问题。他们不能把握存在[*Dasein*]本身。电子根本上是什么，重力根本上是什么，物质根本上是什么，其存在基础是什么——这都超越了经验，具体科学本身不去考虑它。但是发明技术专家却有这样的经验：创造物的一种新形式，从未包含在创造物中的东西，一个具有单一本性、单一本质的客体，从来没有过的，现在化为存在了。他确知这不是他作为创造者制造出来的，而是发现的。但他能够控制(而且我们都能看到他控制)事物以怎样的方式，经过一个借助人类而发生的过程，从人类的渴望中，从纯粹观念中化为存在。它不是单纯改变自身，而是首次成为存在——而且实际上是就感官知觉的王国而言成为存在。因为一台机器如同一棵树或一座山那样是具体的、有形的。但机器曾经不存在。就机器而言，曾经所是的东西，只是完全的混沌。而现在它存在了。

梅辛格(K. A. Meissinger)在他论康德的书中①引用了席勒的名句。"先验哲学，"诗人说，"并不宣称要解释事物的可能性，而是满足于建立规则，据此理解经验的可能性。"实际上，康德对知识的批判只针对解释关于自然的经验如何可能。更进一步的研究对康德来说似乎不可能。经验科学的方法不能使我们接近自在自为的事物。但技术为人类开启了一个研究领域，能够提供更多信息。世界中找到的技术客体被当作自然客体交付给我们的经验。但是我们在它们身上遇到了合目的性，这是其本质的一个决定性的部分，能避过康德的属于判断力(康德的第三王国)的范畴适配(categorical adaptation)。

但是在技术的王国里我们还遇到另一个不属于任何康德式王国的要素：对技术物而言关于事物自身的可能性的问题是允许的，因为它们就在我们眼前诞生。

2. 第四王国②(Ⅱ)

预成的确定形式从可用性的王国转移到我们生活的感官知觉的王国，这是真正的技术创造。所有可用的解决方案之形式的总和可以称为一个王国，它不是发明家造就的——正如人类心灵并未生出自己，而是领会自己。它具有庞大的规模，可以称为第四王国。

第四王国诸结构的重要特征是力量(power)充沛。一旦人类将第四王国中的形式挪到可见世界，他就敞开了力量流出大门，力量随之通过不可动摇的自然律继续起作用。假如发现第四王国中一种预成的形式可以用泥土和空气为人类合成一

---

① *Kant und die deutsche Aufgabe*(Frankfurt a/M：Verlag Englert&Schlosser，1924).

② 谈到第四王国的观念(即技术上可实现的、在等待其发现者的绝对预成观念)时，我们在讨论过程中提到"被给予存在"[*Gegebensein*]、"在此存在"[*Dasein*]和"存在"[*Existenz*]。第一个谓词无法被反驳，另外两个则需要辩护。将关于存在的谓词，也即关于现实性(按照我的《生命·自然·宗教》一书中描述的含义)的谓词赋予这些观念，是因为一旦它们进入现实化的过程并由此生效，我们就会与之相遇。无论它们之前的存在方式如何，从这一刻起，发明家的概念将由它们的特征来决定，直至它们变成感觉经验的对象。据此，我们恰当地将存在归诸于处在自身的原因之外的那些事物，虽然不是按照严格的康德意义。康德并未研究过心灵与观念的这种导致向经验现实化的相遇。在它们进入现实化之前，我们谈论它们的潜在在场、如在，以及它们可行的内在力量；我们还谈论它们的存在，因为在它们的现实化之中，我们所遇见的它们不仅仅是潜能。

种满意、健康的浓缩食物，那么地上生命的结构将发生改变：我们跟动植物生命的关系、国家间的关系、殖民秩序，还有，不可避免地，个人的日常生活、家庭和工作性质，都将发生改变。任何法律或暴君都无法阻止。我们称为文艺复兴时期的那几个世纪，以及随后至今的时期，其重要特征就包含在第四王国的力量穿过发明所开启的通道这个转换过程之中。当我们说人类，特别是欧洲人，是文艺复兴所有时期的经验的制造者时，我们错了。不可否认，他们参与其中——但大概只是像孩子一样摆弄命运的庞大控制面板，从而开启了一条道路，通向可用的建造与摧毁的力量。这一事件——其秩序、兴起、成熟和发展——大体上是重要的，但这并非出自人类的计划。如果它是产生自一项计划（这也很难否认），那也不是人类，而是与第四王国密切相关，蒸汽机、电灯、电报、消毒剂、纸张、轮转印刷机、起重机、飞机和自动车床全都从中产生。拥有这一切以及千百种其他形式……构成了地球上一小部分居民对其他居民和对过去的优越感。

就这样，通过上千条通道流进可见世界，创造每天都在发生。我们身在其中，我们随之转变。我们看着地球的表面如何日渐充满新的形式，旧的形式被抛弃，一去不返。我们正处在创造的时代。我们自己被卷入其中，在观察、参与或受苦中被更新。变化的现实日夜主宰着我们的工作，它所教给我们的进入了我们的思想，教育了我们，塑造了智力与性格。这怎么可能不发生？国家因日光、气候、环境、饮食而变。几个世纪的技术创新改变了所有生活条件，又怎么可能不改变人类这个种族？人类已经改变。假如在活着的和过去的世代之间作比较不那么困难的话，这变化就会显而易见。但这样的比较太困难。一代人能够意识到自身、自己的状况和力量，但是对过去的一代全无感觉。学校教育教导人们尊重过去，尊崇古人和他们的成就。尽管这在教育学上是合理的，它却歪曲了所有比较。

事实上，我们发现自己错误地看待了过去。情愿轻视用于在竞争中衡量自己的现在，赞美不会危害我们的过去，我们必然地低估了人类的进步。然而我们持有的大部分知识增加了，能力提升了，语言不可估量地精细化和多样化了，道德敏感性也加深了。我们习惯于只用过去最杰出的成就来跟现在相比，从而夸大了过去，因为我们不自觉地将过去的成就看成和那时的条件相关。要在人类的教育中——像学生一样，人类不仅从中学到新东西，而且使能力得到增长——理解进步，在比较时必须不作这种历史相对化。高级班学生不仅比低级班知道得多，而且具备更高、更发达、更精纯的能力，否则教育就没有意义了。因此，以年龄能力而论，年少学生的较少成就可以跟年长学生的成就相当——甚至在某些方面更胜一筹。但是这一直没有纳入我们的考虑。来自第四王国的力量和形式不断地用于再创造和丰富整个世界，这就是"人类的教育"所代表的——它由此向前，被新的更高的能力所转化。

什么是第四王国？我们不能在具体客体的存在这个意义上谈论它的存在。这个问题要延后一阵子，不过谈论第四王国是允许的。自从人类发现了打开它的钥匙——发明——人类生活便开始了无法避免的转变，任何人都躲不过，它每时每刻都占有我们每个人。可能已经有人问：这种发展的影响有多远？第四王国的储备是不是永远都像一个永不枯竭的海洋，顺着发明的步伐朝我们喷涌过来？这股浪潮将把我们带向何方——星辰还是死亡？中世纪倾向于拒绝、阻碍和禁止发明，这是我们无法想象的，因为我们已经经历了精神上的转变。非常明显，如今已开化的人都采取肯定的姿态看待事物的发明，例如电报或液化空气。我们的同代人抱怨“技术进步”，但是实际上没有人反对这种力量，因为已经没有希望了。于是第四王国的力量得到人类的许可——甚至要求——继续滚滚向前，可能会在一个又一个世纪中得到加强；它将继续改变地球，令所有科幻小说和乌托邦幻象相形见绌。在我们祖父的时代，书法和良好的初等算术还被视为艰深教育；如今成群的年轻人成长起来，对他们来说（相当高水平的）数学都不算太困难。抽象的东西变得可见，视力增强了；再过几十年，爱因斯坦的相对论就会像哥白尼天文学一样初等。与其他世界的通信（先通过信号）也没有真正的困难，而只是时间的问题。这种力量延伸到了星际。

康德综观心灵的世界，区分了三个王国。第一个是自然科学的王国，他把描绘这个王国的著作称为《纯粹理性批判》——但他自己并不认为这个名字是十分贴切的选择。关键问题“自然科学如何可能”开启了通向这一批判的大门。他的回答是：通过直观形式，时间和空间，这先天（先于经验）地属于能直观的人类心灵，以及类似地通过先天纯形式或知性概念，即范畴，它对经验进行整理。康德的范畴（如可能、存在、因果、实在）只对整理感官知觉有效。它们使得自然科学——即现象的科学——成为可能。还有，这些现象不仅仅是表象，它们具有实体的实在性；但它们也不是物自体，科学无法就物自体断言任何事情。因此康德最终被迫抛弃形而上学。灵魂、世界、上帝都是纯粹理性的“理念”。据康德说，它们不是源自科学经验，它们超出范畴的运用范围。但他也说有比经验知识更多的东西。按照他的说法，这些纯粹理性的理念是先于任何经验的。

康德的批判想要达到一种正面的成就，一种赋予。他并不忽视人类拥有的东西比经验王国所带给他的更多这一事实。但这“多出来的”是在另外两个王国中找到的。

他在关于道德律的经验中发现第二王国。普遍的、无条件的（绝对的）律令指导着意志。道德律不关注可能的经验、自然科学的世界，也不是源自这个世界。这种关于无条件的“应当”的知识在经验开始的时候就已经存在（先天的）。范畴在此无效；因果性无权干预。因此，意志之所以自由是因为它没有原因。但这种自由不像自然律，它不是经验知识的一部分，而是一种信念。这种信念导致宗教、上帝和不朽，因为它需要它们的承认。第一王国的理论理性无法进入这个王国；这里是更高的实践理性的地盘，它使超感觉的世界向意志的生命敞开。所以实践理性的第二个层面提升到经验的理论知识的层面之上，“应当”的王国在现象的王国之上。人类在此遇见绝对的东西，遇见物自体。“有两件事情使心灵充满不断增长的景仰和敬畏：头顶上的星空和心中的道德律。”[①]灵魂中让我们这样做而不那样做的命令不是感觉经验的客体，但它存在，它发生作用并改变人和国家的命运。

康德的计划彻底封锁了第一和第二王国之间的边界。但是能够容忍这样的分离吗？康德本人强行打开了一道门。第三王国是关于“感受”，关于判断力使经验从属于目的。它涉及美的和合目的的王国，在其中，感觉世界的客体遇到了心灵的判断力，又一种先天能力。美就是某种无目的的目的性；它是“表象世界中的自由”。但是“目的性的”东西在自然中也强加于我们身上，而关于它的知识却被保留给第一王国，在那里目的没有地位。康德说在作为整体的表象世界中，目的论的观点受到必然性的确认，意识必须把它看作合目的的。他说合目的性跟科学、第一王国毫无关系——但它却强加在我们身上。

在此介绍三个王国的区分并不是想表明我们与康德一致[②]，而是为了下面解释第四王国的含义时更容易些。现代人徒劳地在康德那里寻找涉及人类的有目的活动，导向现实化并属于技术的东西。他的思想还没有认识到这将开启一条理解世界的新途径。即使扩展他的第三批判也还不够。康德将世界分为三部分是不充分的。在第四王国里，我们进入了由技术开拓的新版图。……我们自觉地依附于康德的区分是因为在当代思想中一般说来它是最具活力的，从而也正是这种哲学直至今天仍可描绘精确科学。[③]

第四王国不包含在其他三个王国之中。已完成的创造物的确定的、先在的形式是处在另一层面上。人类跟“物自体”的关系在这里也不一样，他能够创造性地将一个潜在形式转移到感觉世界。

在本书中我们常常谈到惊奇，这有两重意义：对技术产物的幼稚崇拜和经历长期努力后发明“出现”时发明家的狂喜，例如当测光表确实发生预期的移动或飞机真的离开地面的时候。当然，发明家有这样的信念：“它必定成功，如果正确的

---

① Immanuel Kant,“Conclusion”, *Critique of Practical Reason*; Prussian Academy edition of Kant's Works, V, 161. 德绍尔略微缩写了引文。——英译者注

② 哲学中也已经在另一种意义上谈论过“第三王国”，将它理解为独立于特定思考的诸关系——即思想的客观内容。在这种情况下，自然的王国落入第一王国，精神过程的全体落入第二王国。与这些王国相区分的是第四王国，这是人类历史的源头，从中不断喷涌出造就我们的命运的东西。我们已经遇见过这个王国的如下特征：它所包含的、也是组成它的作为理想解决方案的“形式”没有含糊之处，没有受到人类的影响，同时与自然律保持着完好无损的和谐，不管是已知的还是有待发现的甚至可能永远隐藏着的自然律。而且，这些形式能够转移到可感实在的世界中，与此同时，它们属于这样一种类型：自然本身不足以诞生它们。因此，当它们从第四王国转移到第一王国时，它们表现为创造的延伸。第四王国中的形式与第二、第三王国不但处于一种非矛盾的关系，而且还是一种选择性的关系。第二、第三王国从第四王国的可能结构中确定出必需的那一些。第二王国将时间带给从第四王国到第一王国的移动过程——这一转移我们可以称之为发明、发现或别的什么。时间在第四王国中并不出现。

③ 实际上，今天看来（不同于以往），很明显康德在他的批判中并不打算否定宗教——相反，他试图保护宗教免遭来自经验科学领域的他认为不合格的攻击。他希望——可能是受休谟的影响，休谟已经走到否认因果性的地步——从经验论者手中一劳永逸地夺走两个较高的王国，包括宗教。

话”。然而在它“应验”的时候还是会深深地惊奇……应验什么呢？这就是相遇的地方。

已完成的发明被人类当作自然物一样感知——例如就像一棵树。人只能获得树的表象，发明也一样——并期待树会开花，发明会“工作”。但是有一个巨大的差别：人无法洞察会开花的树的本质。但是对于发明的本质，它能运转——这又该如何？在第四王国的客体中有某种性质已被人类行动传递出去。在外部世界像一棵树一样被感知的技术物或发明物因此暗示了一种相遇，不同于跟自然物的相遇。这是一种再度观看，更甚于此，一种再度发现——关于第三种东西。

再度观看是基于这样一个事实：该客体的构建是通过我的、发明家的或建造者的活动发生的——通过智力和双手。现在我看见这个客体，可感知地拥有它；但是过去我已经拥有过它，而现在就跟我过去在想象中拥有它完全一样。因此，我再次看见了它，而对于自然物我不可能有这种再度观看，因为它不是在我之中构建的，不是由我形成的。

如果说我还是找到了什么，那就是我遇到了第三种东西。正如我在自己发明制造的机器中辨认出我自己的活跃想象一样确切，同样，我还确切地知道这第三种东西是外来的，不是来自我，也不在我之中。这第三种东西导致了惊奇：机器真的运转了，所寻求的东西实现了，新的性质诞生了；一种过去从未在手的新能力和力量使外部世界丰富起来。可以说这种新获得的性质现在存在，但以前并不存在。在发明过程中，我们心灵的概念依照心灵的定律被塑造和修改，与实现的目标相一致。但这种实现——从观念开始，在一生中经历大概有上千次的修改，最终提出“这就是可行的途径”——并不是来自我们心灵的定律，而是与外来的引起惊奇的第三种东西相遇。但这带来实现的“第三种东西”并不是像它进入树之中，使树真的成长开花一样单单从自然进入发明，而是通过我们的心灵。因此这第三种东西，这“实现”树的本质使树开花变绿的东西在第四王国中有一条不同的途径：通过我的心灵——它必须经过我的智识。

这第三种东西是什么？它包含[1]自然律，包含自然科学的终极元素，它标志出自然哲学中什么是首要的，还包含最终极的、被绝对给予的物自体。关于自然客体的知识不能使我们达到物自体；它总是“缺席”，而我们也被封闭在现象之中。然而在这里物自体不再缺席，因为发明并不是在缺席的情况下诞生。但尽管如此，现在发明像树一样是我知觉的客体，也像树开花一样起作用。但是它不像树那样是由某种我们达不到的、一直缺席的东西驱动，而是靠一种经过我们智识的东西——确实，它是某种外来的东西，反抗并克服了范畴，但是它只有通过我们的心灵才能到达它现在所在的地方，进入已完成的发明，赋予它实现，赐予它翻天覆地的力量，这力量不是来自我。

---

① 这第三种东西不仅仅是自然律；除此之外还有另一种秩序在场——以及一种力量。

于是,我们在第四王国中以一种特殊的方式与物自体相遇;它不再超出知觉的范围,像在自然经验的领域中那样。但是这种相遇的形成也跟康德第二王国中的不同,它与我们的智力活动联系更紧密。它是发明,更一般地是作为行动的技术:一种让范畴符合物自体的努力。

因此发明家面对他的作品时就产生出对同一事件的三方面解释:这是从非存在转化为经验世界中的存在,从而不是一个改变的过程而是实质的生成过程;与物自体的相遇不是知觉将某物由外面带给我们,而是内里摆置,然后根据观念由内部放入与自然物相伴的外部世界;最后,目的在这里并不与经验知识相左。

有一组发明很像发现,就我所知,其独特性在文献中还没有被注意到。实际上,自然科学王国中的发现目的在于所发现的东西。它并不丰富可见世界,而是研究其联接方式、其如此存在(being-such)。例子有伽桑狄(Gassendi)和玻耳兹曼(Boltzmann)发现光的波动理论,木星卫星的发现,新元素和放射性的发现等。一般都同意自然科学领域的发现只能瞄准经验世界中在手的东西,只不过迄今还隐藏着——不管是一个新的事实、相互关系还是物质。换言之,这些"新"事实、相互关系和物质只有作为发现才是新的。它们以前就在自然之中,直到现在才被认识到。

相对地,发明总是关于可见世界中还没有的东西,作为新的性质首次进入经验世界的东西。我们不能发明已有的东西。它必须在至少某个特定的性质、过程或物质方面是新的。我们可以正当地忽略重复发明[①]或被遗忘又重新发现的发明。

不过,有些特殊的发明既有发明的特征又有发现的特征。它们是发明,因为它们以过去世上并不在手的东西丰富了自然。它们又是发现,因为它们的特征没有被概念化,没有从人类中经过——它们的如此存在(being-such)只有在它们本身,即它们的实际存在被创造出来,也就是被发明出来以后才能被发现。很容易给出例子。高频高密电流先被尼古拉·特斯拉(Nicola Tesla)制造出来,然后才被其他研究者研究,这标志着地上的现象世界更丰富了。但其发现者,其最早的制造者并不是想象出它们,而是造出它们,造出它们之后又发现了它们,好像它们过去就存在一样。一个更强的例子是X射线。世上从来没有X射线类型的以太波,而现在它们就在这里,每天都在无数场合被制造和利用。这就有了新的能量形式,正如可见光、声音和热都是能量形式一样。我们可以从中汲取,而不必考虑它们可以说在创造万物时就已在手这个事实(尽管它们的本性确实是后来才发现的)。所以X射线当然不是过去世上在手之物,这种能量形式过去并不存在。为地球增添过去不存在的能量形式,这能够而且还将再发生。

是人类创造了X射线吗?这个问题更加迫切地凸现出来。在某种意义上他是使它们存在于地球上的始作俑者。如果我们研究考察它们的定律,那么我们对待

① 即主观上确实是一项发明,但却不具备替可感世界增加新性质的客观特征。

X射线和高频电流就可以和我们利用那些一直存在于我们身边的能量形式一样了。这些由人类带到地球上从而丰富了地球的那些客体所具有的存在类别并没有人的印记,并不更加人性,不是根据人的形象或外表造出来的,尽管它是通过人才成为创造物。使丰富性客体化(objective enrichment)的那种创造能力实在深不可测。重要的不是飞机、无线传输新闻以及今后可能征服星际空间,重要的是新的能量形式的引入。我们不能排除有朝一日构造出新原子的可能性。但是当人类为地球引入这类新客体时,其做法显然不同于他们向自己提出问题的方式——并不是他们意图如此,而像是他们偶然碰上了这些新客体。

这个对被发明的发现——以后将称为"发明—发现"——的讨论,更清楚的表明了,关于在发明的实现过程中的确定性我们已经说了些什么。在这里,完全的确定性,即如此存在(being-such),从一开始就是确凿无疑的,确定性不必渐近地达到,这跟解决规定问题的发明不同。

在发明—发现中,人类构想确定表述的问题的自由不再存在。不过这类发明还是可以称作发明,因为它处理的不是在手的发现,而是过去并不在手的新东西。它留给人类的自由就只有用智力制定方法,而没有实际构造技术物的自由。这里比前面讨论的情形更加分明地显现出第四王国中预成的确定性,如此存在已被包含于其中并作为潜能停留。有关事实可以简单表述如下:作为发明家的人类在问题的构造上拥有创造自由;在发明—发现的情形中,他在制定方法上拥有创造自由。除此之外他不再是发明家。

让我们假定一个造物主,但不就其本质作任何断言。那么有关事实可以(用人类的语言)表述为如下形式:造物主包含在他的创造成果中。但是对于我们的地球来说,造物主的干预无法直接在自然——也就是可感的经验世界——中找到。但这种干预无疑每天都在通过人类中介悄悄地发生。人类无法对发明—发现的如此存在作任何更改。他可以引发它们或把它们留在未完成的状态,但他只能像遵循命令一样去完成它们。

客体的发明使他能够影响问题的提出,但无法影响实现的方式。不过即使是这种新东西的创造也不能离开人类而发生,所以它是产生于三个领域的相遇。①新的结构,包括发明—发现的结构,对应于自然律的领域。因为即使是X射线中的新能量形式也要遵从能量守恒定律。自然律不会因发明—发现而中止,最多是更加严格地定义其有效范围。自然的王国同样有份,在它们之中有它的最高代表,最高阶的实在性,最高的自然律。②第二股溪流从人的领域涌出。创造增加的东西都是通过他发生。第四王国的预先确切给定的结构、它们的如此存在中的潜能、物的发明和发明—发现都是通过人类的能力进入现象世界。在客体的发明中,这种能力包括将观念和概念形式通过前面探讨的过程翻译成感官可知觉到的形式。人类在这里的贡献包括提出问题的方式、选择问题以及它们的实现程度和时机。对于发明—发现,人类仅在方法的概念上拥有自由。当然,如果概念不适合开启大门，新的表象就无法进入地上世界。但是，③实现(fulfillment)的如此存在并不像在客体的发明中那样依赖于提出问题的方式。

实现的方式起源于技术创造工作的第三个领域，我们称之为第四王国。换言之，自然为进一步的创造提供来源和可能性的王国；人类是使之完成的中介，并负责决定是否让这客体出现；而创造成果的如此存在和它的充沛力量则是来自第四王国。

这种充沛的力量转变了世界，控制了人类、动物、植物和岩石，正是它迫使我们设法从哲学上处理技术现象。它如何运作呢？在驱使发明家去发明，单纯的情况下甚至变成一种对发明的迷恋的命令与它之间有关联吗？当然，发明也会来自需求和图利，但几乎总是会同时具有明确的内心呼唤。

在面向技术的内在命令和技术力量的外部展开之间，在世界转变和专制强权之间的关联，可以类比音乐作曲和它对人的影响之间的关联来理解。显而易见，在作曲家灵魂中创造性地引发作曲的力量和活跃在表演艺术家与聆听者心中的力量之间确实存在一种联系。以下事实可以证明这一点：音乐对没有乐感的人就是不起作用，从而他完全落在音乐力量的领域之外。技术的情况是否也像这样呢？是否技术设想、发明、构建和创造的技术展开都类似于音乐，只有在重复经验和复制的意愿或能力在手的情况下，才会以支配性或排他性的方式运作呢？

这类事情在技术领域同样存在，但这不是我们要找的。技术转变世界的力量的特征——与诗歌音乐的力量相反——跟参与者是否受到技术的影响无关。几年前在纽约，每见到上千匹马才会见到一辆汽车，而今天[1927]上千辆汽车才有一匹马。汽车的发明赶走了马匹。马没有得到“技术的赐予”。对马的影响是从外部达成的，走了一条不同于重复经验的因果路线。但是人跟技术发生关系的方式与纽约的马完全一样。在欧洲，蒸汽机让更多人得以生存，比过去多了两到三倍——跟这些人能不能接触到技术的思考方式完全没关系。

技术施加于人类的力量从这方面讲就像某些自然力量一样，例如山脉或湾流。这些东西从外部改造人类，人类必须回应。不管谁住在山里都要依照山的方式生活。步行上山下山，使自己适应气候，建造房屋，从事职业，都要按照山的要求。技术的力量也是以同样的方式构成，所以技术发明一直在改变人类的存在。新的技术结构的力量是自主的，就好像大陆使生物增加一样。此外，对技术产品确实有一种精神上的态度。一个人可以喜欢一件技术物，也可以拒绝它、觉得它漂亮、反抗它或屈服于它，可以理解它或误解它。但这同样也是人对自然物如山岳、风景和天气的态度。

我们认识到的是：技术产品改变世界的力量跟使人去发明、去追求技术创造的命令是不一样的。它的效力不同于诗歌音乐作品，相反，新创造出的技术形式根本上同山脉、河流、冰河时期以及行星的诞生一样是自主的。通过这个过程，进行中的创造的惊人范围得到了加强——这是我们见证，不，参与协作的创造。这是个宏大的命运,积极参与创造,让我们造出的东西留在可见世界中,以不可思议的自主力量持续运转下去。这是凡人在尘世中最伟大的体验。

3. 技术作为哲学的基础

如果哲学被称为普遍科学,以世界观为目标,要求通过基本原则达到一个体系——即一种统一的、内在融贯的、环环相扣的知识整体—如果这就是哲学的样子,那么必定所有领域都有道路通向这个统一体的中心。实际上,哲学史表明所有领域都尝试过这种道路,每次尝试、每个"体系",作为一种重要的实验都多多少少有些价值,检验了通过仔细处理起始领域的资料能够推进多远。哲学曾经被建立在某些真的或预设的公理之上,建立在认识论、逻辑、心理学、自觉的自我之上,建立在外部世界之上。大量的体系都是撇开经验、作为一种概念机制建立的。不过,在许多尝试当中,所谓的"还原论"[①]限制了,且实际上摧毁了这计划本身。

不太久以前,曾经有尝试在还原论的限制下将整个哲学建立在对自然的经验之上。这被称为"唯物主义";这一努力很有活力地维持了几十年。这样的努力有很大的积极意义。无疑,自然科学是这样一个领域:在这里面它的如此存在的条件——即经验客体的条件和联系——以格外可靠的秩序被发现。建立在这个人类能拥有的最牢固的基础之上的大量经验是广泛可靠的,尤其是在经验验证仍然可能的情况下。但这个结构有它无法逾越的界限。在这个基础上建构的还原论不容许界限之外的知识,导致要么全面抛弃形而上学论断,要么抛弃其中最基本的类别——诸如精神也是物质,物质会思考,以及物质的多样性是通过其自身的定律从一种原始物质演化而来。这些论点不具有科学知识的确定性,完全处在我们能够从自然科学的基础推出的所有论断之外。事实上,唯物主义的力量从多方面否定了自身,因为它摒弃了从先天或自明的前提出发进行概念建构,而这些前提已经深入关于自然的可验证经验知识的领域。一个典型例子是,我们已经确认生物学过程的自然发展与物理和化学的自然定律协调一致,并淘汰了认为生命与物理和化学无关的陈旧、根深蒂固的学说。但另一方面,唯物主义的自然哲学断言生命不是别的,就是物理和化学。这是个不能被容许的形而上的(元物理的)论断,不对应于经验世界的任何东西,也不太可能从经验本身得到证明。……

此外,如果思考一下唯物主义哲学最终包含的是何种世界观,就会发现这种世界观真是悲观得无法形容。因为如果除了自然律之外没有什么东西能够支配、能够行动,如果我们称为精神和生命的东西都封闭在守恒与熵的定律之中而无法脱离或超越这些定律铁一般的节奏,那么个体的死亡就是精神的终结,必将发生的热

---

① 还原论涵盖了一种在它之内有效的情形,以至于它希望排斥其他因素的参与,除了它规定的以外。例如:所有"精神性"的东西都与(大脑中的)物质变化相关联,因此,只有物质,精神只不过是它的特定表现(唯物主义)。所有经验都经过感官知觉的处理,因此,除了知觉的要素以外别无其他,没有物自体。世界,连同自我,只不过是知觉的聚合(实证主义)。

寂和地球的冷却就是生命的终结。存在[*Dasein*]从根本上变得毫无意义,因为物理定律本身不包含拯救,不然它们就会自动中止或打破自身的因果性,它们就不是定律了。但是如果因为一个哲学体系的基础仅局限在自然科学就认为它没有价值,那也是不对的。有一条道路从自然科学通往世界观的中心,通往对整体的理解。但这个基础就像所有其他的哲学体系一样仅靠本身是不充分的。它有价值但不充分。不过对人类的哲学来说,即使这种片面性也曾是有价值的。

在自然环境的世界旁边,一个力量激荡的超宇宙——技术世界——在吞没一切的尺度上闯入我们的时代。树木和森林旁边竖起了人类的房屋。空气被机械飞鸟劈开,交通工具飞速滑过陆地和海洋。人类的声音不再有空间限制。能量形式被拽落到我们的存在领域。从地球饱满的胸膛里榨取了无法想象的丰富乳汁,从山里的矿井中得到了空前的治愈力量。而且这个世界拥有自然科学的它世界的精确性。它的如此存在的条件展现出和自然律一样的确定性。但这个世界是哲学的一个丰富得多的基础,因为它所包含的比自然律的特征多得多。

多出来的部分首先包括这样一个事实:在这些如此存在的条件之外,在这些可靠的相互依赖关系之外,还有一些不同的东西被提供了。关于自然的终极条件,我们可以只说它们就是我们所发现的样子,没有什么自然科学的基础,没有办法将它们的存在还原到一个存在的基础上。存在一种原初物质的断言不是自然科学而是坏的形而上学。关于自然存在(being of nature)的问题超出了所有经验。但是关于技术本质存在的问题却并不超出所有经验,相反,我们积极参与了它的创造,并在寻找我们自身之外的解决方案时充当了在我们之内的定律的执行者。这是具有空前重要性的事情。阿司匹林在它的实质中具有力量和潜能,可以因果地介入物质过程,其特征来自物质结构和所承载的潜在能量。但阿司匹林不是从终极意义上被给予的东西,相反,它被创造和生产、被赋予力量、成为存在、它的本质的起源全都可以被观察到,它完全通过我们、在我们之中展开它自己。技术物为哲学研究提供了新的元素——它能够导致比条件和联系、比作为整体的存在方式更深层的知识。

由于我们在经验中拥有一切——概念化及其发生、经由终极因果性的现实化过程、在现实化过程中与物自体的相遇、向实现的预成形式的逼近、外部现实化以及外在于我们的法庭的裁决——我们看到,从这个过程中浮现出来的不是一堆物质或物质特性或它们的组合,而是某种完全超越它们的东西,一种全新的本质。在这个客体中我们经验到有关存在的秘密的东西。这根本不是关于单纯改变的问题,而是关于起源的问题,涉及"来自观念的存在"——用经验科学的话说,比树的生长和山脉的摧毁还要多得多。

这样一种哲学的超结构建立在以技术方式经验到的世界上,它在另一个方面也比自然科学更加丰富。由于它涵盖了外在于自然王国的领域,又保留了作为自然科学特色的经验验证的不可估量的益处,因此这座大厦地基更宽,立得更高,局限更少，离世界观的中心更近。而且，因为这个基础暗含了观念的可验证的物质化，一直梦想、渴望、寻求、想象的东西的现实化——换句话说，对人类奋斗的肯定——所以这种哲学的基调从起源以来都是豪迈的和乐观的。实际上，这里是曾经渴望的东西历经艰苦努力和自律以及悲剧性的牺牲之后最终实现的地方。我们现在拥有无数种能力去实现人类最深的渴望、最高贵的心愿，去满足最真切的需求——这是我们的祖先从未拥有过的能力，这个事实是空前的，足以感动最公正的人的最后一根神经。这些能力的数量还在迅速增长。我们将征服肺结核、癌症和人类的其他敌人。谁会真的怀疑这件事？这只是个时间问题，而没有理由怀疑这些困难的可解决性。从内心里我们完全确定，第四王国中的结构也就是这些难题的解决方案，现在已经准备就绪，只是在等待发现者。

建立在技术之上的哲学将给观念论的问题带来新的见解，这种形而上学世界观（不是知识论问题）自从希腊时代以来持续撼动着人类心灵。问题的核心在于柏拉图跟他的学生亚里士多德之间的对立论点。什么是观念（理念）？柏拉图认为它们不但是真的，而且是存在的。对他而言，理念在一个“天国之上的王国”（按他的描述）中依照其价值排列作为事物的原型实质存在；在它们之上是至高的理念：真、善、美和上帝。它们下降到物质世界中，在这里我们发现它们在世俗事物中变得微弱暗淡。

亚里士多德拒斥这种看法。对他来说，最高的力量在于推论方法而不是直观，理念并不在事物之外独立存在。普遍性内在于事物，人类心灵从中将它抽象出来。他认为他的老师的理论是无意义的重复。

从那时起，争论就没有停止过。古代、中世纪、近代直至我们的时代都在跟这个问题较劲。早在我们之前，斐洛说理念是上帝用来构成物质的精神力量；精神上与柏拉图相似的奥古斯丁认为它们是范型性的存在；托马斯·阿奎那将它们解释为 *rationes rerum* 和 *formae exemplares*/即存在的原则和典范性的形式。德国唯心论者谈论观念的形式性存在；伟大的体系建构者康德称它们为知性概念，不具有经验对应物，它们不是来自经验科学的世界，而是来自实践理性的王国，它们是先天的——也就是先于任何经验的。

亚里士多德在这一点上是对的：人类获得观念（关于植物、动物、人、美的观念）的途径开始于客体。人类看到个别的蔬菜、个别的会动的活物、个别的人、个别的美丽事物，从它们当中抽象出对这些个别例子多少具有共性的东西：植物。这样他就达到了观念。但是“何为观念”这个问题仍然悬而未决。是他发现了它们，还是他造出了它们？它们是否只存在于他的心灵之中？它们具有哪一种存在性？

在技术中我们发现以下事态：功的必要性导致一种产生功的机器的观念（发动机）。飞行的需求导致作为目标的一种飞行设备的技术观念。这些观念被人类心灵构想了几个世纪，后来表明它们是可现实化的。因此有可现实化的观念——也就是后来被设定为经验客体的那种。我们可以问，这些观念从何而来，或更准确地说：人类如何达到这种“飞行设备的观念”？显然，他最初是以亚里士多德的方式，在渴望的驱动下从鸟类的飞行中进行抽象。但这并不导致设备的观念。现实化的过程教给我们更多东西。对我们而言这持续了几个世纪，在李林塔尔(Lilienthal)和莱特兄弟手中成形；发展实际上发生在发明家靠近一个确定的标准形式的时候，我们更清楚地看到这形式是不变的，永恒地位于自身之中，是“绝对的”，即脱离于人类的。

或者把事情反过来说，绝对的、预成的理想解决方案，在人类努力去获得它的过程中越来越强烈地将自己印在人类的想象中。事情还可以这么说——主观模糊的“亚里士多德式”观念从经验中抽象出来，接近作为“绝对”(柏拉图—奥古斯丁式)观念、永远在第四王国中准备就绪的理想解决方案形式，在接近的过程中越来越清晰。这也可以反过来说：柏拉图式的观念下降到想象中，重塑想象。因此对现实化的规定就在于客观的观念。它跟物自体紧密联系在一起。飞机作为物自体固定在绝对观念中，并且当发明家的主观观念足够逼近绝对观念中的东西的如此存在时，它就作为一种新的、自主的本质进入到经验世界，于是那个东西就头一次运转起来。正是以这种方式，发明家在尝试通过修正自己的眼光和思想去“达到”本质的时候，就在一个内在的、实验性的发展过程中面对了本质，即物自体。这不仅在判断力中发生，也在科学方法中发生。物自体因而可以说在(柏拉图式的)观念中被发现了。于是——这是一个强有力的进步——就有可能在某种程度上验证物自体或本质是否已被保存在技术物中。如果是，那么这东西就能运转，否则就不能。

因此通过技术来研究关于观念的学说就具有了明显的可能性。柏拉图式的概念和亚里士多德式的概念被证明是有效的和互补的。对那些可以转移到经验世界，即康德第一王国中去的观念也是如此。是否有可能从这个区域推及其他？还有其他类型的观念也承认“一种现实化”——但不像发明那样是在自然科学世界中。例如，有正义、美和真理的观念。我们能学习这些及其他观念吗？有关生命和它如何进入物质的问题我们能达到任何结论吗？我相信我们能。技术作为观念的现实化正是对现实化作一般性研究的场所。在这里它伸手可及；最终结果包含物质实验的认知价值。起源、抵抗和附加因素出现在研究中。技术是一个学校，人类可以在这里通过例子学到，另一种类的实在性如何在不干扰自然律的情况下强有力地占领研究领域并扩展它、提升它。……在这时我们感觉到秩序、交互性和统一性不仅是连接着实在性的王国，而且发生了一次完成，因为来自其他王国的力量移到了经验世界，没有干扰自然律，反而实现了它们。实际上这一发展完全不会阻碍研究。其他王国的这些力量跨过了自然经验王国的边界，从这种跨越的规模中，我们感觉到时间也取得了它的重要性。但我们因此放弃为当前的工作所设置的任务，包括铺设一个基础。……

邦格

作者简介

邦格(Mario Bunge,1919—2020),1919年9月21日生于阿根廷的布宜诺斯艾利斯,2020年2月24日在加拿大蒙特利尔去世。就读于拉普拉塔国立大学,1952年获得数理科学博士,1956—1966年间,先后在拉普拉塔大学和布宜诺斯艾利斯大学担任理论物理学教授。因不满阿根廷的政治环境,出走美国、墨西哥和德国等地教书。1966年之后,就任加拿大蒙特利尔的麦克基尔大学的哲学教授。他的研究涉及语言学、本体论、知识论、科学哲学和伦理学等领域,创立了科学唯物主义的思想体系。主要著作有《直观与科学》(*Intuition and Science*,1962),《科学研究》(*Scientific Research*,1967),《物理学哲学》(*Philosophy of Physics*,1973),《心身问题》(*The Mind-Body Problem*,1980),《发现社会科学中的哲学》(*Finding Philosophy in Social Science*,1996),《联结社会学与哲学》(The *Sociology-Philosophy Connection*,1999),《危机中的哲学》(*Philosophy in Crisis*,2001),《突现与收敛》(*Emergence and Convergence*,2003),《追寻实在》(*Chasing Reality*,2006)等。

文献出处

本文系一篇独立论文,原载 *Technology and Culture* 7(1966),后被编入 F. Rapp, ed., *Contributions to a Philosophy of Technology*, *Studies in the Structure of Thinking in the Technological Sciences*, D. Reidel Publishing Company,1974. 译文选自拉普编《技术科学的思维结构》,吉林人民出版社1988年版,第28~50页,刘武译,李承仁校。

作为应用科学的技术

运用科学方法和科学理论来达到实用的目标，这向哲学提出了一系列有趣的问题，例如，技术知识的本质，行动的所谓证实力量，技术规则同科学定律的关系，以及技术预测对人类行为的影响，等等。多数哲学家从未注意过这些问题，这也许是因为人们常常没有认识到现代技术的特殊性，尤其是它与纯粹科学的区别。而且只要错误地认为技术不过是手艺，没有理论的东西，人们就无法认识到现代技术的特点。本文将讨论上面提到的那些问题，所以可以说是一篇关于几乎不存在的技术哲学的论文。

一、纯粹科学和应用科学

在这里，我将把“技术”和“应用科学”当作同义词来使用，当然这两个词的涵义是有区别的，“技术”是指关于实践技巧的学问而不是科学学科，而“应用科学”则是指科学思想的应用，而不是科学方法的运用。既然“技法”(techniqe)的涵义模糊而“认识技术”(epistechque)又还没诞生，我们姑且迁就一下这种语源学上的缺陷，把注意力放到更重要的问题上。

科学方法和科学理论既可以用来丰富我们关于外部和内部世界的知识，也可以用来增加我们的物质财富，加强我们的力量。如果目的只是认识世界，这就是纯粹科学的事情，如果主要是为了实用，那就是应用科学的任务。例如尽管细胞学是一门纯粹科学，但癌症研究却是一项应用研究。目前，应用科学的主要分支有物理技术(如机械工程学)、生物技术(如药理学)、社会技术(如运筹学)和思维技术(如计算机科学)。技术一般总是在手艺之后出现：它通过科学地探讨手艺当中的一些问题来解决它们。在另一些情况下，尤其是对社会技术和思维技术来说，由于问题本身就是新的，所以在技术出现之前并没有前科学的技巧。不过，在任何情况下，都应当把工匠知识同科学知识区分开来，正像把纯粹研究、应用研究同这两者在实践上的应用区分开来一样。

人们常常以一切研究最终都要为满足这种或那种需要服务这一点为根据，对纯粹科学和应用科学的这种划分提出质疑。但是，如果要说明下面这两种研究者在态度和动机上的区别，就必须坚持这种划分。一种研究者是为了发现新的自然规律而进行探索；另一种研究者是利用已知的规律设计有用的器具。前者想更好地理解事物，而后者则是要使我们更好地控制它们。有时人们承认这种区别，但声称应用科学是纯粹科学的来源，而不是相反。不过，在运用知识之前显然首先必须具备某些知识，除非它是技巧或诀窍而不是理性知识。

不错，工业、行政、战争、教育等活动确实经常提出一些只有纯粹科学才能解决的问题。如果纯粹科学以其自由而高尚的风格解决了这些问题，那它们终究总会用于实用目的的。总之，实践是科学问题的一个源泉，而对于知识的彻底追求则是另一个源泉。但是生育不等于抚养，只有经过实践——科学问题——科学研究（提出和检验假说）——合理的行动的整个循环过程，才能取得实际成果。当然，这远远不是科学研究与实践活动相结合的唯一方式。自从18世纪理论力学开始影响机器制造工业的发展以来，科学思想始终是主要动力，而技术则是它的受益者。从那时起，对于知识的追求一直是科研课题的主要来源，技术则始终尾随纯粹研究之后，只不过滞后的时间间隔越来越短。

这样讲，并不是想贬低应用科学，而是要提醒人们注意它有着多么雄厚的理论基础。在应用科学中，理论不仅是研究过程的总结和进一步研究的指南，也是规定最佳实践活动方式的一整套规则的理论根据。而另一方面，在手艺和技巧当中，或者缺乏理论，或者仅仅有活动工具。过去，假如一个人在行动中很少注意或根本不理会理论，假如他把陈腐不堪的理论和起码的常识作为行动的依据，人们就认为他是个实干家。而在今天，那些根据最先进的技术知识——不是纯粹科学知识，因为它距离具体实践太远——作出决定并付诸行动的人才是真正的实干家。而这种包括理论、基本规则和数据在内的技术知识又是运用科学方法解决实际问题的结果。

既然技术同纯粹科学一样渗透着理论，而且对这一点，多数哲学家既没有忽视也没有明确否认，我们就必须对技术理论及其应用进行更深入的考察。

二、技术理论：实体性的和操作性的

理论之所以与行动有关，或者是因为它提供了关于行动对象的知识，如关于机械的知识；或者是因为它提供了关于行动本身的知识，如关于在制造和使用机械之前和之中的决策活动的知识。飞行理论属于前一种理论，而关于在一个区域配置飞机的最佳决策的理论则属于后一种理论。这两者都是技术理论，不过前者是实体性理论，后者是操作性理论。实体性技术理论基本上是科学理论在接近实际情况下的应用，飞行理论基本上是流体动力学的应用。而操作性技术理论从一开始就与接近实际条件下的人和人机系统的操作问题有关，例如航线管理理论并不涉及飞机，而是探讨有关人员的某些操作问题。实体性技术理论总是在科学理论之后产生，而操作性技术理论则产生于应用研究之中，并且同实体性理论没有什么关系——这就是缺乏有关学科素养的数学家和逻辑学家所以能对操作性理论作出重大贡献的原因。用几个例子可以更清楚地说明实体性理论和操作性理论的这种区别。

相对论引力理论可以应用于反引力场（即抵抗地球引力场的局部引力场）发动机的设计，这种发动机可以用来作宇宙飞船的发射装置。但是，相对论当然并不仅仅适用于发动机设计和航天学，它不过为反引力发动机的设计和制造提供一些知识。应用地质学家进行石油勘探要应用古生物学，而石油勘探的结果是决定钻井的依据。但是古生物学和地质学并不仅仅与石油工业有关。工业心理学家可以运用心理学理论探讨生产问题，但是心理学基本上与生产无关。这三个例子都是应用科学（或半科学）理论去解决行动中提出的问题的。

另一方面，价值理论、决策论、对策论和运筹学主要探讨评价、决策、规则和行动等问题；如果把科学研究看作是一种活动，为了使科研活动最优化，也可以用这些理论来指导（它们虽然不能告诉人们用什么取代人的才能，但是可以说明如何最佳地使用人才）。这些理论都是操作性理论，它们几乎不利用物理科学、生物科学和社会科学提供的实体性知识（包括常规知识、非科学的专门知识，如关于发明活动的知识），一般说来，形式科学对它们就足够用了。请想一想，应用于作战的战略运动学和排队论模型，它们都不是纯粹科学理论的应用，而是独立的理论。

这些操作性理论或者说非实体性理论所运用的并不是实体性科学知识而是科学的方法。事实上，可以把它们看作关于行动的科学理论，即行动理论。就其目标来说，这些理论是技术理论，因为它们的目的不是认识而是实践，不过除此而外，它们与科学理论并无多大差别。实际上，一个好的操作性理论至少具有科学理论的下列特征：①它们并不直接探讨大量实际问题，而是研究这些实际问题的多少理想化了的模型（如完全有理智、消息绝对灵通的竞争者，连续不断的订货和交货等）；②这样一来，它们就要使用理论概念（如概率）；③它们能吸收经验材料，又能通过预测和追溯来丰富经验知识；④所以，它们是可以用经验来检验的，不过不像科学理论的经验检验那样严格罢了。

从实践的角度来看，技术理论比科学理论内容更丰富，因为它远远不是仅限于说明现在、过去和将来发生的事情或者可能发生的事情，却不考虑决策人做些什么，而是要寻求为了按预定方式引起、防止或仅仅改变事件发生的过程，应当做些什么。但是从理论角度来看，技术理论确实比纯粹科学的理论贫乏一些。它们肯定是比较肤浅，这是由于实干家主要对出现的并能由人类控制的良好后果感兴趣；他想知道如何使在他力所能及范围内的事物为他所用，而不想了解随便什么东西实际上是怎样的。例如，电子学专家不会因量子电子理论遇到难题而烦恼，效用理论的研究者关心的是比较人们的喜好，他不必去探讨喜好方式的根源这个心理学理论问题。

所以，只要有可能，应用研究人员就要把他的问题简化为黑箱问题；他主要研究外部变量（输入和输出），而把其余的一切看成是没有实质意义的干扰变量，并且不考虑相邻的层次。由于他的假说是肤浅的，所以他的过分简单化和错误常常无妨大局（只有把这种外在论方法用到科学研究上才是有害的）。不过，有时候情况也会迫使技术专家接受较深刻的描述性观点。比如分子工程师根据要求设计具有预定宏观性质的新材料，就必须利用原子理论和分子理论的一些零碎知识，但是他不会注意那些在宏观水平上并不明显的微观性质。他不过是把原子理论和分子理论当作工具来使用,这种情况致使某些哲学家错误地认为科学理论只是工具而已。

如果把科学理论仅仅当作服务于实用目的的手段,那么它的内容就会受到极其严重的限制。比如,应用物理学家设计光学仪器时差不多只用到几何光学,而从历史上说,早在17世纪中期人们就知道几何光学了。只是在为了大致地而不是详细地解释某些不合意的效应,如透镜边缘出现的色彩现象时,应用物理学家,才会用到波动光学,但他很少(如果有的话)会用各种光的波动理论来计算这些效应。他完全可以在自己的大多数专业实践中不注意这些理论,这是因为:第一,几何光学足以说明与制造光学仪器有关的光学现象的主要特点,而少数用几何光学解释不了的现象,只要用光是由波组成而且这些波是可以重叠的这个假说(而不是整个波动光学)就可以解释清楚;第二,除了最简单的情况以外,波动方程是极难求解的,而且大多只有纯学术意义(即它们基本上是用来解释或验证理论的),例如求解表示照相机活动光阀的具有随时间变化的边界条件的波动方程就是一个明显的例证。波动光学在科学上有着重要的意义,因为它比几何光学更正确。但是,对当前的技术来说,它并不比几何光学重要,而且用它来具体解决光学工业的实践问题是不切实际的。其他纯粹科学与技术的关系也是如此。问题在于,如果科学研究仅仅是顺应生产的直接需要,就不会有纯粹科学,当然也就不可能有应用科学了。

三、实践能证实理论吗?

一个理论,如果是正确的,运用到应用研究(技术研究)和实践上就会取得成功,只要这个理论与这两方面有关(基础理论由于它们探讨的问题与实践距离太大,所以不能这样应用。比如用量子散射理论解决汽车防撞问题就不行)。但是,反过来说就不对了,就是说,一个科学理论在实践上成功与否并不是检验其真理性的客观标准。事实上,一个理论可能既是成功的但同时又是错误的。反过来,它在实践中可能是失败的而实际上却基本正确。错误的理论之所以会有效,可能有下面两个原因:首先,这个理论可能包含一些正确的东西,而应用到实践中去的又恰好是这些正确的内容。理论实际上是由许多假说组成的体系,假如不用其中错误的假说进行演绎或它们在实践上并无妨害,那么为了得到成功的结果,理论中只需有几个假说是正确或基本正确的就可以了。例如,直到19世纪初期,人们一直是把工匠规定的操作方法和巫师的驱魔仪式混杂在一起来炼钢,而且也能炼出好钢。萨满教仪式、精神分析只要同建议、调治和镇静剂等有效手段结合起来,同样能治疗神经病。

错误理论可以在实践上取得成功的第二个原因是,应用科学和实践所要求的精确度比纯粹研究低得多,所以,在实践上能迅速正确地估算数量级的简便而粗略的理论就够用了。安全系数掩盖了深刻、准确的理论所预言的详细数据,但是这些系数正是技术理论特有的东西,因为技术理论必须适应于变化范围很大的条件。比如,一座桥梁所承受的大小不同的荷载,服用同一种药物的各种患者。工程师和医生感兴趣的是以典型数值为中心的较大的安全范围，而不是一个一个的精确值。他们不是要检验理论是否正确，精确数值对他们毫无意义。而且精确度太高反而会把事情搞得过分复杂，结果是大量细节掩盖了行动的目标，从而造成混乱。极端的精确性是科学研究的目标之一，不过，在多数情况下它不仅在实践上毫无意义，甚至有害，就是在科学研究的最初阶段也可能妨碍工作的进展。由于在实践上人们只利用部分理论依据和只要求较低的精确度这两个原因，所以无数相互对立的理论可以得出“实践上同样的结果”。工艺学家尤其是技师偏爱这些理论中最简便的一个是不无道理的：他们主要感兴趣的毕竟是效率而不是真理，是把事情做好而不是更深刻地理解它们。同样，深刻准确的理论可能并不符合实践要求，用它们解决实际问题好比是用原子弹打臭虫——大材小用。这和在纯粹科学上鼓吹简单性和有效性一样荒唐，不过不那么危险罢了。

大多数基础理论不适用于实践的第三个原因，与实践所要求的简便和实用无关，而是有其深刻的本体论根源。人们的实践活动大多是在其自身的物质层次上进行的，同其他层次一样，这个层次是以下一级层次为基础的，但又有自己的独立性。也就是说，下一层次的一切变化并不都对更高层次有显著影响。这就使我们能够在本身的层次上与大多数事物打交道，至多不过涉及到最邻近的层次。简言之，这些层次是相对稳定的，各层次之间有一定的相互作用，而这就是偶然性（由于独立性而产生的随机性）和自由（在某些方面自我运动）的根据。因此对大多数实践活动来说，只要有关于一个物质层次的理论就足够了。只有进行“遥控”，需要了解各个层次之间的关系时，才会用到多层次理论。在这方面，心理化学的成就是最惊人的，它的目标，精确地说，是通过改变生物化学层次上的因素来控制生物行为。

实践不能证实理论（即使是关于行动的操作性理论）的第四个原因是，在实际情况下，很难完全掌握和严密控制一切有关的变量。实际情况太复杂，对行动的有效性要求太强烈，以至不允许人们把一个个因素抽取出来，然后再把其中的一些变量结合起来形成理论模型，进行细致的研究。具体行动的迫切要求是最大限度的有效性而不是真理性。为了达到这个要求，人们往往同时采取许多实际措施：为了打胜仗，战略家会建议同时使用好几种武器；为了治好病，医生可能提出一系列常用的处置办法；为了获得政治上的成功，政治家常常是承诺和恐吓齐用，恩威并施。假如行动结果是满意的，实干家们怎么能知道哪种措施是有效的，哪个假说是正确的呢？倘若结果不令人满意，他们又怎么能抛弃无效的措施和错误的假说呢？

在杀戮人民，治疗患者，劝说民众乃至制造物品的时候，人们并不能细致地鉴别和控制有关因素，也不能批判地评价关于这些因素之间关系的假说，这些事情只有在从容不迫、有条不紊地进行理论思考和科学实验时才能做到。只有在这种时刻，我们才能鉴别各种变量，权衡它们的相对重要性，才能通过处置和测量来控制它们，才能对科学假说及其推论进行检验。这就是真正的理论——不论是科学理论还是技术理论，也不论是实体性理论还是操作性理论——只有在实验室，而不是在战场、会诊室和市场，才能进行经验检验的原因所在(这里的“实验室”是广义的，包括一切可对有关变量进行合理控制的场合，如军事演习)。这也是工厂、医院和社会机构所实行的规章，只有在人为控制的条件下才能确定它们是否有效的原因所在。

总之，实践并没有检验理论的力量，只有纯粹研究和应用研究才能对科学理论的真理性和技术规则的有效性作出评价。技术人员和实干家的所作所为，正好与科学家相反，他们不是去检验理论，而是出于非认识的目的运用这些理论。(除特殊情况外，实际工作者甚至不检验工具、药品这类东西，而仅仅使用它们；这些物品的性质、效能同样要由应用科学家在实验室里进行鉴定。)认为实践是理论的试金石的学说，并没有正确地理解实践和理论，它把实践和实验混为一谈，把技术规则和科学理论混为一谈。“是否有效”这个问题对物品和规则来说是合适的，而对理论来说则恰恰相反。

有人还会说，假如一个人知道如何去做一件事情，就说明他了解这件事情。我们来考察一下这种观点的三种可能的说法。第一种说法可以概括为“如果 X 知道如何去作(或做)Y，那么 X 了解 Y。”只需提一下将近一百万年以来，人类就知道怎样生孩子，可是对生育过程却毫无所知这个事实，就足以推翻上述命题。第二种说法是相反的条件语句，即“如果 X 了解 Y，那么 X 知道如何去作(或做)Y。”相反的例证是，我们了解星体的某些情况，但不能制造它们；我们了解过去的一些事情，但无法改变它们。这两个条件语句是错的，所以双条件语句“X 了解 Y，尚且仅当 X 知道如何去作(或做)Y”，自然也是错误的。总之，把知识和知道如何去做即诀窍(Know—how)等同起来是错误的。正确的说法是：知识使人产生正确的行动，而行动使人知道得更多(因为我们已经知道知识的价值)。这不是因为行动就是知识，而是因为行动会向好奇的人们提出许多问题。

只有区分科学知识和工具性知识即诀窍，我们才能说明实践知识与理论上的无知并存和理论知识与实践上无能并存这两种现象。如果不是这样的话，历史上就不会出现：①离开相应技术的科学(如古希腊的物理学)；②缺乏科学基础的技能和技艺(如古罗马的工程和当代的智力测验)。为了说明科学、技术和技能、技艺的相互促进，相得益彰，为了说明认识过程的渐进性，也必须进行这种区分。假如只要把一种事物生产或再生产出来，就可以彻底认识它的话，那么技术上的成就就会使相应的应用研究课题彻底告终。合成橡胶、塑料和合成纤维的生产就会穷尽高分子化学的全部内容；癌症的实验诱发就会使癌症研究停滞不前；精神病学就会因神经官能症和精神病的实验诱发而停止发展。但实际上，人们一直在做着许多事情而并不了解做的方法，人们也了解许多还无法控制的过程(如氢引起的氦聚变)，这里部分原因是我们太急于实现目标而没有去进一步发展实现目标的手段。不过，科学知识和实践知识，纯粹研究和应用研究的界限正日益模糊起来，但这并不能消除它们之间的差别。这个过程完全是科学方法日益应用于实践的问题，也就是科学方法日益普及的结果。

把认识和实践相等同，不仅是因为未能对它们加以分析，而且是出于一种想避免思辨的理论和盲目的实践这两个极端的良好愿望。但是，抹煞理论思维和实践的区别和断言行动能检验理论，并不能论证理论的可检验性和行动的可能合理性。因为这两种说法都是错误的，而从明显错误的前提出发是无法论证任何观点的。理论和实践的相互作用，技艺和技能与技术和科学的结合，如果只在口头上宣称它们是统一的，那是无法实现的，而只有通过增加它们的相互接触，为技艺提供技术基础，并使技术完全转变为应用科学才能达到。这里包括把工匠们的实际经验转变为以科学定律为依据的技术规则，这就是我们下一步准备讨论的问题。

四、科学定律和技术规则

正如纯粹科学集中研究客观世界的模式或规律那样，以行动为目标的研究在于建立成功的人类行为的稳定规范，即应用科学的有根据的规则。对规则的研究自然是技术哲学的中心问题。

规则是对行动方式的规定，它说明要实现预定的目标应当如何去做。更明确地说，规则就是一种要求按一定顺序采取一系列行动以达到既定目标的说明。规则的格式可以用一串符号，如 1—2—3…—n 来表示。每个号码代表一项相应的行动；最后一项活动 n 是把完成除 n 以外的一切行动的行动者与其目标分隔开的唯一的东西。与说明可能事件的定律公式相反，规则是行动的规范。定律的适用范围是包括规则制定者在内的整个现实世界；而规则只对人类有效，只有人才能遵守或违反规则、制定和修改规则。定律是描述性和解释性的，而规则则是规范性的。所以定律有正确程度的区别，而规则只有有效程度之分。

规则一共分以下几种：①行为规则（社会规则、道德规则和法律规范）；②前科学劳动规则（艺术、手艺和生产中的经验规则）；③符号规则（句法和语义规则）；④科学和技术规则（研究和行动的有根据的规则）。行为规则使社会生活得以进行（或难以进行）。则科学劳动规则在技术上还不能控制的实践知识领域内起主导作用。符号规则告诉人们如何处理符号，即如何形成、变换和解释符号。科学和技术规则是总结纯粹科学研究和应用科学研究中的具体方法（如随机抽样方法）和先进的现代化生产的具体技术（如红外线焊接技术）的规范。

行为、劳动和符号的许多规则是约定形成的，即采用它们没有一定的理由，换成别的规则也不会或很少会造成不同的后果。由于它们的制定和采用应当从心理学和社会学上得到解释，所以它们并不都是人们任意制定的，但并不一定非得有心理学和社会学的解释不可。各种文化间的差别基本上就是这类规则体系上的差别。对这类无根据的、约定俗成的规则我们不感兴趣，这里要探讨的是有根据的规则，即符合以下定义的规则：一项规则是有根据的，当且仅当它是以一组能说明其有效性的定律公式的基础的。先生们在向女士们致意时要脱帽这条规则，并没有什么科学根据，它是约定俗成的，因此是无根据的。而要求人们定期给汽车上润滑油的规则则是依据润滑剂可以减轻机件磨损这条规律制定的。这既不是一种约定，也不是烹调和政治活动的经验之谈——它是一条有充分根据的规则。

要判定一项规则是有效的，就必须说明它在大多数场合是成功的，当然这还不是充分条件。这些场合有时可能是一种巧合，如原始人狩猎时作了各种宗教仪式，结果打到了猎物。在采用一项经验上有效的规则之前，我们应当知道它为什么有效，应当对它进行剖析，了解它的运用方法。这种对规则基础的要求，标志言前科学的技能和技艺与现代技术的区别。由于只有科学定律体系才能正确地说明事实，例如某一规则的有效性，所以它们才是规则的真正基础。这并不是说，一条规则是否有效取决于它是否有根据，而只是说，要想判明一条规则是否有效，要想改进它乃至用更有效的规则取代它，就必须揭示它背后的科学定律。进一步说，盲目地运用经验规则，从长远来看，并不合算。最好的办法，首先是找出这些经验规则的科学根据，其次是把一些科学定律转换成有效的技术规则。现代技术的产生和发展正是这两种活动的结果。

强调规则要有根据，当然比确切说明这些根据究竟是什么更容易做到。我们来进行一次开辟通向这块处女地——技术哲学的核心——的道路的尝试吧。一般说来，在研究一个新题目时，最好从分析典型事例入手。下面我们考察一下在居里温度以上磁性消失（如铁的居里温度是770°C）这条定律。从我们分析问题的目的出发，最好用明确的条件语句来表述这条定律："如果磁体的温度高于居里点，它便失去磁性"（当然，同任何用日常语表述的科学定律一样，这是一种过分简单的说法。其实，磁体达到居里点并不是一切磁性都消失了，而是铁磁性转变为顺磁性，反之亦然。不过这样咬文嚼字没有多大技术意义）。根据上述法则学陈述（nomological statement）[①]，我们可以写出法则学实用语句（nomo-pragmatic statement）："如果把磁体加热到居里点以上，它就会消磁"（实际的谓词自然就是"加热"）。而根据它又可以得出两项不同的规则：①"要使磁体去磁，就要把它加热到居里点以上"；②"为了防止磁体去磁，就不要让它的温度超过居里点。"这两项规则的基础是相同的，也就是说，都来源于同一个法则学实用语句，而它又以描述一定的客观模式的定律为根据。另外，这两项规则虽然条件（目的和手段）不同，但是同样有效。不过，要注意：第一，规则与定律不同，它既不真也不假，但可以是有效的或者无效的。第二，一条定律可以与一条以上的规则相容。第三，定律正确并不能保证有关的规则有效；其实前者只适用于日常实践中碰不到的理想状况。第四，虽然有了定律我们就可以制定出相应的规则，但是给定一条规则，我们却无法找出它蕴涵的定律。"为了实现目标G要采用手段M"这种形式的规则，实际上

① 法则学（nomology）是一门关于自然规律和逻辑规则的科学，主要研究基本的自然规律和推理规则的表述问题。——译者注

与“如果 M,那么 G”“M 和 G”“M 或 G”以及无数其他种形式的定律都是相容的。

上面这些内容对规则的方法论和纯粹科学与应用科学之间的关系问题都有重要的意义。可以看出,从实践到认识,从成功到真理并非只有一条道路可走;成功并不能保证我们从规则推导出定律,而是向我们提出了解释规则的明显有效性的问题。换句话说,从成功到真理的道路是无限多的,因此在理论上是无用的或近乎无用的,就是说,没有哪一组有效的规则能向人们提供一个正确的理论。而从真理到成功的道路数量有限,因此是可行的。这也就是实践上的成功,不管是医疗上的还是行政上的成功,都不是它们所蕴涵的假说的真理性标准的一个原因。同样,这也是技术——与前科学的技能和技艺相反——并不从规则开始发展到理论为止,而是按相反的方式发展的原因。简而言之,这也正是技术是应用的科学而科学却不是纯化的技术的原因。

科学家和工艺学家,在包含着定律和辅助假设的理论基础上制定出规则,技师又把这些规则与无根据的(前科学的)规则结合在一起运用。在这两种情况下,规则的运用都离不开特定的假说,这些假说大体上是说,在所考虑的情况下,因为确实存在着规则所叙述的这样和那样的变量,所以这条规则是切实可行的。在科学上,不论是纯粹研究还是应用研究,这些假说都是可以检验的。但是在技术实践中,除了应用这些假说所论证的规则以外,未必有机会用某种方式检验它们。而这种应用只能是很成问题的检验,因为应用上的失败,既可归咎于假说,也可归因于规则,或变化无常的应用条件。

五、科学预见和技术预测

技术知识主要是达到一定实践目的的手段,技术的目标是成功的行动,而不是纯粹的知识。因此,技术专家在运用他的技术知识时,态度是积极主动的,他既不是好奇的旁观者,也不是勤奋的探索者,而是事件的主动参与者。技术专家和纯粹科学、应用科学的研究者在行动中的这两种不同的态度,就使得技术预测与科学预见有所区别。

首先,科学预见说的是,如果有了一定的条件,就会出现或可能出现某种现象,而技术预测则指出如何改变条件以便造成或避免那些不常发生的情况;预见彗星的轨道是一回事,计划和预测人造卫星的轨道则是另一回事。后者要在各种可能的目标中作出选择,而这种选择又以对各种可能性的预测和按照各种迫切的需要对它们进行评价为前提。事实上,技术专家是根据他本人(或他的雇主)对如果要满足一定需求,将来应当出现什么情况这类问题的估计进行预测的;与纯粹科学家相反,技术专家对可能出现什么情况几乎不感兴趣;对科学家来说是过程的最终状态的东西,对技术专家来说不过是要达到(或要避免)的有利(或不利)的目标。科学预见的典型形式是,“如果 X 在时间 t 发生,那么 Y 就会以概率 P 在时间 t′发生。”相反,技术预测的典型形式是,“如果要以概率 P 在时间 t′实现 Y,那么在时间

t 就要做 X。”目标确定后，技术专家要说明适用的手段，他的预测说明的不是初始状态和最终状态的关系，而是目的和手段的关系。此外，这些手段是由一系列特定的行动来实现的，其中包括技术专家本人的行动。

这就引出了技术预测的第二个特点：科学家的成功取决于他把自己同研究对象分离开来的能力，也就是自身摆脱能力（特别是当他的对象是心理上的东西时，更是如此）。而技术专家的能力就在于他能把自己摆到有关系统的首要位置上。由于他利用的毕竟是科学提供的客观知识，所以他这样做并不带有主观性，不过却多少带有一种纯粹研究者所没有的先入之见。工程师是人—机系统的一部分，工业心理学家是组织的一部分，他们的责任是设计并提供最佳手段以满足那些通常并不由他们选择的迫切需要。他们是作出决定的人，而不是制定方针的人。

预测一个不在我们控制之下的事件或过程，并不会使它本身有所改变。比如，不管天文学家对两个星体发生碰撞预言得多么准确，这件事情照样要发生。但如果应用地质学家能预报一次大塌方，就会避免它将造成的某些后果。另外，工程师合理地筹划预防工作并进行有效的监督，就可能防止这场塌方。他可能设想出一连串的行动来推翻原预测的行动结果。同样，一家工业公司根据某种经济状况，比如说繁荣景象仍会持续下去这个靠不住的假设可以预测近期的产品销路。但是如果这个假设被经济衰退所否证，而这家公司又积压了大批物资需要脱手，在这种情况下，企业管理部门不会（像纯粹科学要做的那样）进行新的销路预测，而是大作广告，降低售价，极力使原预测成为现实。在这种生死攸关的情况下，为了达到既定的目标，人们会千方百计地施展各种手段。为了实现这个目标，不管有多少原初的假设都可能忍痛舍弃：在塌方一例中，要舍弃没有什么外部力量能干扰塌方的自然过程这个假设；在商品销售一例中，要舍弃经济繁荣会持续下去的假设。所以不论实际结果是否有力地否证（如塌方的例子）或证实（如市场预测的例子）了最初的预测，都不能认为这些事实检验了有关假设的真理性，只能认为它们验证了所应用的规则的有效性。相反，由于纯粹科学没有在它之外的目标，纯粹科学家则不必因改变达到预期目标的手段而有所顾忌。

总之，不能用技术预测通过改变事件过程甚至使之完全停止来控制人和物，也不能用技术预测来加快所预测的事件进程而不顾预料之外事件的干扰。一项预测（推测、粗略预测或正式预测）的内容，如果让决策者得知，他就会利用它来控制事件过程，因此造成与原预测不同的结果，在工程学、医学、经济学、应用社会学、政治学和其他技术领域中情况都是如此。这种由于得知了预测内容所引起的变化，既可以促成证实这些预测（自我实现的预测），又可以促成推翻这些预测（自我推翻的预测）。技术预测的这种特点是由于它本身不具有逻辑性质而产生的，它是包含有预测知识的一种社会活动方式，所以在现代社会中十分引人注目。因此我们先不要对因果效应的预测进行逻辑分析，而首先应当区分预测的三个层次。这三个层次是，①概念层次，即预测 P 本身所处的层次；②心理层次，即关于 P 的知识和这一知识所引起的心理反应；③社会层次，即根据关于 P 的知识采取的为科学以外的目标服务的实际行动。这第三个层次是技术预测所特有的。

技术预测的这个特点，使文明人与其他一切系统相区别。非预测系统，不论是自动电唱机还是青蛙，在接到它能领会的信息后能进行信息处理，并随后把它转化为行动。但这种系统不能有目的地创造大多数信息，也不能作出可影响它未来行为的预测。而预测系统——有理性的人，技术专家小组，相当高级的自动机——的行为方式则完全不同。当它在时间 t 接到有关的信息 I_t 时，它可以借助于有用的知识(或指令)处理这些信息，然后在时间 t′作出预测 P'_t这个预测又反馈到系统中与控制整个过程的预定目标相比较。如果两者相符，系统就作出决定，以便因势利导，利用事件过程进行活动。如果预测 P'_t与目标差异很大，这种差异又会激活智能机构，周密地作出新的决策：在时间 t″作出新的预测 P'_t，这个预测考虑到系统本身在事件中的作用。这个新的预测又被反馈到系统中，如果仍与目标不符，再进一步修正……直到预测与目标大体相符为止。这时预测机构就停止工作了。在此之后，系统就收集关于当前状况的新信息，并按自己提出的决策行事。实行这个决策可能不仅需要关于外部世界的新信息(包括有关人员的态度和能力)，而且需要预测者原来收到的指令中不曾有过的新假说、新理论。如果预测者不能理解、获得和利用这些新知识，那么他(或者它)的行动就一定没有成效。

六、技术预测和专家推测

以上所说的技术预测，前提是假定这种预测要依据某种理论，不管该理论是实体性理论还是操作性理论。如果有人注意到医学家、金融家和政治家们作出的预测往往很灵验，但并没有多少理论根据，就能发现上述假定不无缺陷。确实，这些人常常靠归纳(经验)概括进行所谓专家推测，这些概括往往采取下列形式：“A 和 B 以观察到的频率 f 同时发生”，或者恰好“A 和 B 在大多数场合一同发生”，或者“通常只要 A 发生，B 就会发生”。观察到一个个体，如一个人或一种经济状况具有性质 A，根据这个观察就可以推测到它具有或将要具有性质 B。在日常生活中，我们都作过这种推测，大多数专家推测也是这样进行的。根据日常知识或专门的非科学知识所作的这种推测有时会比根据成形的、但是错误和粗糙的理论所作的预见更准确。但在许多情况下，这种推测猜对的频率不会高于抛掷硬币碰对的次数。问题在于，专家推测所利用的不是科学理论，就“科学预见”的本来意义而言，这种推测并不是一种科学研究活动。

不过，如果认为专家们不利用科学理论也就不利用专门知识，那就错了。专家们常常是根据这类专门知识作出判断的。只是这些专门知识并不都十分明确清晰，所以很难掌握。它不易从失败的教训中学到，也很难用实践来验证。对科学的发展来说，一个失败的科学预见远远比一个成功的专家推测有更大的推动作用，因为科学预见的失误可以使我们检查得出这个推论的科学理论从而进一步改进它。

而对专家知识来说，则没有相应的理论可供检查。只是对直接实用的目的来说，根据肤浅但充分证实了的概括所作的专家推测才比冒风险的科学预见更好。

专家推测与严格意义上的技术预测的另一点区别似乎是：前者要比科学预见更加依赖于直觉。然而，这种区别是程度上的区别，而不是性质上的区别。不论在纯粹科学、应用科学还是在技能和技艺上，判断和预测均包含着多种多样的直觉：迅速识别一个事物、事件或符号；明晰地但未必是深刻地把握一组符号（文章、图表等）的意义和相互关系；解释符号的能力；形成空间形象的能力；进行类比的技巧；创造性想象；敏捷的推理能力，即跳过中间步骤，迅速从前提过渡到结论的能力；综合概括能力；常识（乃至有节制的狂想）和良好的判断能力等等。这些能力与科学的或非科学的专门知识交织在一起，并且在实践中得到锻炼。

离开这些能力，人们既不能发明理论，也不能应用它们。但是这些能力绝不是超理性的东西。只要以理性和实验为根据，直觉是很有用处的；只有用直觉取代理论思维和实验才是危险的。

另一种与比相关的危险是由伪科学预测手段带来的，这在应用心理学和社会学中十分常见。为了预测成人、学生乃至心理学家本人的表现，人们提出了许多办法。有些客观的测验是较为可靠的，如智力和技能的测验方法。但多数测验，尤其是那些主观的测验方法（通过交谈、主题理解测验、罗夏测验等方法来“综合评价”性格），最好的情况是效果不佳，最坏的后果则是使人误入迷途。当检验其预言的结果，也就是用被试者的实际表现来检验它们的结论时，它们就失败了。大多数个人心理测验尤其是那些主观测验的失败，并不是一般的心理测验的失败，而是由于完全缺乏心理学的理论根据或对心理学理论的滥用。不先确定关于人的能力和性格特征的客观指标的定律，就要测定人的能力，这同请原始部落的居民检验飞机一样荒唐。只要心理测验没有理论基础作保证，用它们进行预测，其效果不会比水晶球占卜术和掷硬币更好。它们在实践上是无效的，即便取得成功，它们对心理学也毫无贡献可言，因为它们与理论毫无关系。心理测验的成功率这样低，使许多人对能否找到研究人类行为的科学方法感到绝望。但是正确的看法应当是，只有尝试过大量的所谓测验方法以后，才有条件提出这样的任务。大多数应用（教育的、工业的等等）心理学的弊端在于它们根本不是科学心理学的应用。关键是人员的训练和选拔等实际需要绝不应当强制人们离开科学基础去搞所谓的技术。

技术预测应当是最可靠的。这个条件把未经充分验证的理论从技术实践中——但不是从技术研究中——排除出去。换句话说，在技术上更需要那种在有限范围内很有成效而其不精确性又为人所知的旧理论，而不太需要允许作出前所未闻的预测，并且多半更复杂因而不大容易检验的大胆的新理论。一位专家未经在控制条件下检验就把一个新设想应用于实践，这是不负责任的（但在制药学上仍有人这样干，如60年代的诱变剂事件）。实践乃至技术一定要比科学更保守一些。可见，纯粹研究与应用研究、应用研究与生产的紧密联系并非对三者都有好处。虽然技术确实能向科学提出新课题，为科学准备收集和处理数据的新设备，但是由于技术强调可靠性、标准化（常规化）和速度而牺牲了深度、广度、精确度和发现的良机，这就会延迟科学的发展，这也并非不是事实。

七、其他问题

我们考察了技术哲学的几个问题，但还有许多重大问题没有来得及讨论，如技术规则的逻辑，技术理论的检验，技术发明的模式，纺织、飞机和其他工业仍然以技艺为基础的原因，技术把原已分化的领域统一起来的力量（如控制论、核工程学、计算机科学、空间科学和生物工程学）等等。这些问题以及其他许多问题都有待于关心我们这个时代的哲学家去发现、去解决。难道我们还应当等待很久吗？

第五编

人类学—文化批判传统

芒福德

作者简介

芒福德(Lewis Mumford,1895—1990),1895年10月19日生于美国纽约皇后区的法拉盛,1990年1月26日在纽约阿美尼亚家中去世。1912年中学毕业后先后就读于纽约城市学院和社会研究新学院,因患肺结核未能完成学业取得学位。1919年进入报界,为《纽约客》杂志写作建筑和城市问题评论达30多年。除了短暂地在大学里担任教职,他一生主要工作是写作。他关于文艺批评、建筑评论、美国研究、城市史与城市规划、技术史与技术哲学等方面的评论和著述,有着国际性的影响,是20世纪最有影响的大众思想家之一。1964年获得总统自由奖章。他的数十种著作中包括:《乌托邦的故事》(*The Story of Utopias*,1922),《棍子和石头》(*Sticks and Stones*,1924),《黄金时代》(*The Golden Day*,1926),《技术与文明》(*Technics and Civilization*,1934),《城市文化》(*The Culture of Cities*,1938),《艺术与技术》(*Art and Technics*,1952),《历史上的城市》(*The City in History*,1961),《机器的神话(第一卷):技术与人类发展》(*The Myth of the Machine*,*vol. 1*,*Technics and Human Development*,1967),《机器的神话(第二卷):权力的五角形》(*The Myth of the Machine*,*vol. 2*,*The Pentagon of Power*,1970)等。

文献出处

本文译自 Lewis Mumford,"Technics and the Nature of Man", in Carl Mitcham and Robert Mackey, eds.,*Philosophy and Technology*,*Readings in the Philosophical Problems of Technology*, The Free Press, 1972, pp. 77-85,韩连庆译。

技术与人的本性

众所周知,人类的整个生存环境在上个世纪发生了根本性的转变,这主要是由于数学和物理科学对技术的影响所造成的。从经验的、传统的技术向实验科学的技术的转变,开启了一些新的领域,例如核能、超音速运输工具、计算机智能和全球即时通信。

按照通常描绘的人与技术的关系,我们的时代已经从人的原始状态过渡到一种完全不同的状态。原始状态的标志是人类利用工具的发明和武器来达到控制自然力量的目的,而在新的状态中,人类不仅征服了自然,而且完全脱离了有机环境。人类将利用这种新的巨技术(megatechnology)建造一个统一的、全封闭的架构,而这种架构的设计初衷就是实现自动化。人类不再是作为使用工具的动物来主动地发挥作用,而是成为被动的、为机器服务的动物。如果这种过程持续下去,人的固有功能或者将与机器相融合,或者为了非人性化的集体组织的利益而受到严格的限制和控制。这种发展的最终趋势已经由一个多世纪前的讽刺作家塞缪尔·巴特勒①恰当地预见到。但是只有到了现在,他的玩笑话才逐步变成了现实。

我这篇文章的目的,就是质疑目前我们所信奉的技术和科学进步模式得以建立的假设和预言。这些假设和预言认为技术和科学进步本身就是目的。在某些特殊的情形中,我认为有必要质疑通常持有的关于人的本质的理论。在过去的许多世纪里,这些理论隐含在过高估计工具和机器在人类经济中作用的各种说法中。我将指出,马克思在关于人类发展的理论中赋予生产工具以核心地位和主导功能的论断是错误的。德日进对人类发展的解释虽然稍微合理些,但这种解释依然是错误的。德日进不仅用当今狭隘的技术理性来解读整个人类历史,而且由此错误地描绘出未来的最终结局。在他所描绘的这种最终结局中,人类发展的进一步可能性都将会终结,因为人的最初本质已没有立足之地。人的最初本质如果没有受到压制,也很难融入到智能的技术化组织中,不能被统一的、全能的智能结构所吸收。

要得出我所说的结论,需要大量的证据。我也很清楚,由于下面的总结很简短,它们显得略微有些肤浅和不能令人信服。②我至少希望能够表明,有很多重要的理由促使我们重新思考人类和技术发展的整个图景,而目前西方社会的组织就

---

① Samuel Butler,"Darwin among the Machines"(1863),*The Notebooks of Samuel Butler*,ed.,H. F. Jones(London: A. C,Fifield,1912),pp. 39-47.

② 关于这个主题的一个完整篇幅的文本可参见 Lewin Mumford,*The Myth of the Machine*,特别是第1卷 *Technics and Human Development*(New York: Harcourt Brace Jovanovich,1968).

建立在这一图景之上。

如果不能深入洞察人的本质,我们就不可能理解技术在人类发展中所发挥的作用。然而在上个世纪,对人的本质的洞察却被遮蔽了,因为对人的本质的洞察受制于社会环境。在现有的社会环境中,由于大量新的机械发明突然涌现,淘汰了很多古代的方法和制度,改变了我们有关人类限度和技术可能性的概念。

很长时间以来,人们习惯于将人定义为使用工具的动物。这种定义对于柏拉图来说是陌生的。柏拉图既把人类脱离原始状态归功于马西亚斯(Marsyas)和俄耳甫斯(Orpheus),也归功于普罗米修斯(Prometheus)和海菲斯特斯(Hephaestos),而海菲斯特斯是铁匠之神。但是,由于把人描述为本质上是使用工具和制造工具的动物,而这种观点又被广为接受,因此,只要是在头盖骨的碎片(例如利基[L. S. B. Leakey]博士发现的南方古猿[Australopithecines])旁边有一些略微磨制过的石头,人们认为这就足以把这种动物视为原人(Protohuman),全然不顾早期猿猴和人在解剖学上的明显差别,也全然不顾一百万年之后石器没有明显改进这一更具负面意义的事实。

很多人类学家关注保存下来的石器物品,无端地将制造和使用工具看作是人类高级智能发展的原因,没有看到这种初级制造活动中的运动感觉协调并不需要或导致任何明显的大脑发育。南非人猿(the Subhominids of South Africa)的脑容量只有智人(homo sapiens)的三分之一,实际上还不如很多猿猴。正如恩斯特·迈尔博士最近指出的那样[①],制造工具的能力既并不需要早期人类丰富的大脑容量,也不会导致早期人类大脑容量的增长。

在解释人类本质时犯的第二个错误更加难以宽恕,那就是目前流行的用现代人对工具、机器和技术掌控的过度关注,来解读史前史的阶段。其他灵长目动物也拥有早期人类的工具和武器,例如牙齿、指甲和拳头。在人类能够制造出比这些器官更有效的石器之前,还延续了相当长的时间。我个人认为,人类在没有外在工具的情况下能够生存下去的可能性,赋予了人类充裕的时间来发展文化中的非物质成分,而文化中的这些非物质成分最终极大地丰富了人类的技术。

人类学家由于从一开始就把工具制造作为旧石器时期人类生存发展的中心,所以他们就贬低或忽视了一大批器械,这些器械虽然较少冲击性,但在精巧和机敏上毫不逊色。在这些方面,许多其他物种很久以来都比人类拥有更多资源。尽管塞斯(R. U. Sayce)[②]、D·福德(C. Daryll Forde)[③]、勒鲁瓦-古朗[④]都提供了相反的证据,但是仍然有一种保守的趋势特别关注技术中的工具和机器,完全忽视了同样

---

① Ernst Mayr, *Animal Species and Evolution* (Cambridge: Belknap Press of Harvard University Press, 1963).

② R. U. Sayce, *Primitive Arts arid Crafts* (Cambridge, England: Cambridge University Press, 1933).

③ C. Daryll Forde, *Habitats Economy and Society* (London: Methuen, 1934).

④ Andre Leroi-Gourhan, *Milieu et techniques*, II, *Evolution et techniques* (Paris: A. Michel, 1945).

重要的器具。这种观点没有注意到容器的作用，这些容器包括：炉膛、贮藏地窖、棚屋、罐壶、陷阱、篮子、箱柜、牛栏以及随后发明的沟渠、蓄水池、运河和城市。这些静态的成分在每一种技术中都发挥着重要的作用，而不仅仅是在今天的高压变压器、大型化学蒸储器和原子反应堆中发挥作用。

以任何对技术的较全面的定义而论，都应该清楚地看出，一直到智人（homo sapiens）出现为止，许多昆虫、鸟和哺乳动物在构造容器方面比人类的祖先在制造工具方面，做出了远为彻底的创新。想一想这些动物建造的复杂的巢穴和凉亭、海狸的水坝、符合几何学规律的蜂巢、具有大城市特点的蚁丘和白蚁窝吧。总而言之，如果单凭技术的熟练程度就足以识别人类活跃的智能，那么与其他物种相比，人类就得一直被责骂为一个毫无希望的笨蛋了。由此就很容易看出，在早期技术上人类并没有独特的优势，只有考虑到语言符号、社会组织和审美设计之后，人类的优势才体现出来。正是在这一点上，符号制造远远超越了工具制造，而这反过来又孕育了更精巧的技术工具。

在文章的开始，我已经指出，人类在制造工具或使用工具方面并没有特殊的优势。或者甚至可以说，人类拥有一种更重要的多用途工具，这要比此后任何其他的工具组合更重要，这就是由大脑驱动的整个身体，这包括身体的每个部分，而不仅仅是那些用于制造手斧和木质梭镖的感觉运动行为。为了弥补人类极端落后的功能，早期人类拥有一种更重要的财富，这扩大了人类的整个技术视野：人的身体没有用于任何特定的单一活动，而恰恰因为人的身体是易变的和可塑的，因此就更能充分有效地利用更多的外在环境和同样丰富的内在心理资源。

借助于高度发达的、持续活动的大脑，人类获取了比单纯动物生存层次更多的心理能量。与此相应，出于疏导这些能量的需要，人类就不仅局限于寻找食物和繁殖，而是寻找能够将这种能量更直接地和更建设性地转换成恰当的文化（即符号）形式的生存模式。提高生活质量的文化“工作”必然先于实用的手工工作。这一更丰富的领域所涉及到的远非制造和使用工具中手、肌肉和眼睛的训练，它同样需要对所有人类生物功能的控制，其中包括人类的食欲、排泄器官、亢奋的情绪、普遍的性活动、痛苦和美梦。即使是手也不仅仅是粗糙的劳动工具，它要抚摸爱人的身体、使婴儿靠近乳房、做出有意义的手势，或者在规整的舞蹈和共享的仪式上表达对生命或死亡、沉积的过去或不可知未来的不可言传的情绪。工具技术和由此发展起来的机械技术仅仅是生命技术（biotechnics）的特定片断，而生命技术指的是人的生活所需要的全部装备。

按照这种解释，人们就可以提出这样的问题，正如罗伯特·布雷伍德所指出的那样，在人类早期工具发展中发挥重要作用的标准化模式和重复规律是否只是来自于工具制造[1]。是不是这些标准化模式和重复规律也来自于,甚至更多地来自于仪式、歌唱和舞蹈等形式?这些形式在原始人类中已经很完善,与他们的工具相比,这些形式远为精巧。事实上,从霍卡特[2]开始,就有大量证据表明,仪式中的中规中矩先于劳动中的机械形式。即使是劳动的严格分工也是来自于仪式流程中的职责划分。这些事实有助于解释为什么一般人很容易对提高生活质量的单纯机械劳动感到厌烦,但是却很愿意不断重复一些有意义的仪式,直至筋疲力尽。我在《技术与文明》[3]中已经指出,技术受益于游戏、玩玩具、神话、幻想、巫术和宗教仪式,这一点已经得到了足够认同。赫伊津哈(Johann Huizinga)在《游戏的人》(*Homo Ludens*)中走得更远,将游戏本身当作影响所有文化的基本因素。

狭义技术意义上的工具制造确实可以追溯到我们非洲的原始祖先。但是,旧石器时代文化(Clactonian)和欧洲石器时代早期文化(Acheulian)中的技术设施还非常有限,直到神经系统接近智人而不是远古人类的更聪明的物种出现,这种状况才得以改变。这类更聪明的物种不仅使用他们的手和腿,而且使用了他们的整个身体和大脑,不仅将身体和大脑投射到物质设备中,而且还投射到更加符号化的非实用形式中。

在对老生常谈的技术观的这场修订中,我将进一步地提出,在人类发展的每一阶段,技术的扩展和转化较少用于直接提高食物供给或征服自然的目的,而较多用于利用自身内在丰富的资源,以及表达潜在的超机体的潜能。在不受到恶劣环境的威胁时,人类异常丰富的、极端活跃的神经组织尽管总是非理性的和无法控制的,但是对于人类的生存来说,这可能是一种障碍而不是帮助。如果真是这样,那么与控制外在环境相比,人类通过编织一种共同的符号文化来控制他的心理状态,就成了一种更迫切的需要。就像有人就此推断的那样,这是更需要做的事情。

语言是人类表述和传达意义的更为基本的形式的最终交会点。按照上面的解释,对于人类的进一步发展来说,语言的出现无疑要比用石头磨制手斧更为重要。与使用工具所需要的相对简单的协调相比,完成有声言语所需要的多种器官的密切配合是一种更大的进步,并且肯定占用了早期人类大部分的时间、能量和精力。因为在文明初露端倪时,语言作为一种集体的产物,与古代非洲或美索不达米亚文明中的各种工具相比,无疑要更加复杂和精密。只有当知识和实践能够以符号的形式保存下来,并能一代代口头相传时,才能使每一种鲜活的文化成就不至于随着时间的流逝或上一代人的去世而消亡。也只有这样,动植物的驯养才成为可能。还需要我提醒诸位,后来的技术转化几乎是借助于挖掘棍、斧头和鹤嘴锄来完成的吗?就像手推车轮一样,犁也是后来出现的,并对大面积的谷物耕种做出了特殊的

① Robert John Braidwood, *Prehistoric Men*, 5th ed. (Chicago: Chicago Natural History Museum, 1961).

② Arthur Maurice Hocart, *Social Origins* (London: Watts, 1954).

③ Lewis Mumford, *Technics and Civilization* (New York: Harcourt Brace, 1934).

贡献。

将人首先视为制造工具的动物就错失了人类史前史的重要篇章,而人类决定性的发展实际上就是在这时候发生的。不同于这种以工具为主导的解释模式,如今的观点认为,人是卓越的使用头脑、创造符号和自我控制的动物;人类所有活动主要发生在他的有机体中。人只有首先对自己做些什么,才能对周围的世界做点什么。

当然,在这种自我发现和自我转化的过程中,狭义意义上的技术是人类的辅助性工具,但不是人类发展的主要驱动者;因为技术至今也没有脱离更大的文化整体,技术也没有主导所有其他的制度。早期人类最重要的发展是建立在安德烈·瓦兰纳卡(Andre Varagnac)[①]恰当地称作"身体技术"的东西之上:在头脑还没有借助于符号和意象的发展来制造出更灵巧的技术工具之前,人类就利用他高度可塑性的身体能力,来表达头脑中还没有成形和没有统一的思想。从人类起源的开端处,不是更有效的工具,而是符号表达的意义模式的建立,才是智人进一步发展的基础。

但是很遗憾,19 世纪流行的关于人的观念是将人视为重要的工具制造者(homo faber),而不是使用头脑的智人。众所周知,阿尔塔米拉(Altamira)洞穴中首次发现的艺术作品被当作骗局而遭到废弃,因为最重要的古人种学者最近发现了冰河时期猎人的武器和工具,他们不承认那时候的人类还有闲暇或想法去从事艺术创作——不光是不能创作一些粗糙的图画,而且也没有高级的观察和抽象能力。

但是,当我们将奥瑞纳文化(Aurignacian)和马格德林文化(Magdalenian)的雕刻和绘画,与这些文化中留存下来的技术设备相比较时,谁能分得清到底是艺术还是技术表征着这些文化的更高级的发展?索鲁特文化(Solutrean)时期精雕细琢的桂冠(laurel-leaf points)也是由具备审美情趣的工匠所制造的。古希腊在使用"技术"(technics)一词时,没有在工业生产和艺术之间做出区分;在人类历史的大部分时期中,生产和艺术是密不可分的,一方面尊重客观条件和功能,另一方面对主观的需要做出反应,表达共同的情感和意义。[②]

我们的时代还没有克服一种特殊的功利主义的偏见,这种偏见把技术发明作为第一需求,将审美表达作为第二需求,甚至是可有可无的需求;这意味着我们仍不得不承认,直到我们的时代,技术起源于完整的人与环境每一部分之间的相互作用,利用了人的各种聪明才智,实现了人的大部分生物学的、生态学的和社会心理的潜能。

即使在最早的阶段,狩猎和觅食也不需要太多工具,而是需要对动物的习性和

---

① Andre Varagnac, *Civilisation traditionnelle et genres de vie*(Paris: A. Michel, 1948).

② Lewis Mumford, *Art and Technics*(London: Oxford University Press, 1952).

栖息地有很好的了解，并且还要广泛尝试各种植物和精确解释各种食物、药物和毒药对人类有机体的影响。如果欧凯斯·艾姆斯(Oakes Ames)[1]的说法是正确的，那么园艺肯定要早于稼穑数千年，味道和形态美跟食物的价值同样重要；因此，除了谷物以外，最早的种植是根据花朵的颜色和形态，以及花朵的香味、纹理和香馥来衡量的，而不仅仅是根据营养来衡量的。埃德加·安德森(Edgar Anderson)指出，新石器时代的花园就像今天很多素朴文化中的花园一样，也许混杂着能吃的植物、当作染料的植物、药用植物和观赏植物。所有这些植物对生活来说都是同样重要的。[2]

与此类似，早期人类的很多大胆技术实验都不是出于控制外在环境的目的：他们关注的是对身体构造的改变和身体表面的修饰，以便强调性的成分、自我表达或群体认同。布鲁耶(Abbe BreuiD)[3]在莫斯特文化(Mousterian)中就已经发现了这些实践的证据，这些证据也适用于装饰品和外科学的发展。

坦率地说，石器物品很容易表明工具和武器主导了人类的技术装备，但是实际上，它们只是构成了生命技术之装配的一小部分；生存斗争尽管有时候很艰苦，但是却没有耗尽早期人类的能量和活力，也没有消除赋予生活以秩序和意义的更高需求。在这种更进一步的努力中，仪式、舞蹈、唱歌、绘画、雕刻以及最重要的语言，都长期发挥着重要的作用。

因此，从起源上来说，技术与整个人类的本质有关。最初的技术是以生活为中心的，而不仅仅局限于劳动，也很少是以生产为中心或者以力量为中心的。就像在所有的生态复合体中一样，人类的各种兴趣和目的，连同有机的需求一起，抑制了任何单一成分的过度发展。至于驯化动植物这种早期最伟大的技术成就，它的进步基本上不归功于新的工具，尽管驯化动植物肯定促进了陶器的发展、保持了农业的繁荣。但是，从哈恩(Eduard Hahn)和列维(Levy)[4]之后，我们现在逐渐认识到，新石器时代的驯化主要归功于在所有言行中对性特征的强烈关注，这一点最开始表现在宗教和仪式中，如今在一些崇拜物和象征艺术中仍然大量存在。植物选种、杂交、受精、施肥、播种、阉割都是想象中性意识的产物，这方面的第一个证据就是几万年前旧石器时代充满性象征的女性雕像，即所说的维纳斯(Venuses)雕像。[5]

但是，从有文字记载的历史开始，以生活为中心的经济，也就是一种真正的生

---

① Oakes Ames, *Economic Annuals and Human Cultures*(Cambridge: Botanical Museum of Harvard University, 1939).

② Edgar Anderson, *Plants, Man and Life*(Boston: Little, Brown, 1952).

③ Henri Breuil and Raymond Lantier, *Les Hommes de la pierre ancienne*(Paris: Payot, 1951).

④ Gertrude Rachel Levy, *The Gate of Horn: A Study of the Religious Conceptions of the Stone Age and Their Influence upon European Thought*(London: Faber&Faber, 1948).

⑤ Erich Isaac, "Myths, Cults and Livestock Breeding," *Diogenes*, No. 41(Spring 1963), pp. 70-93; Carol Ortwin Sauer, *Agricultural Origins and Dispersals*(New York: American Geographical Society, 1952).

命技术，在一系列激进的技术和社会变革中受到了挑战，而且部分被取代。大约五千年前，一种单一的技术(monotechnics)开始出现，这种技术在一种严格的机械模式中，通过对日常工作活动的有系统的组织，致力于增加权力和财富。由此也就出现了一种关于人的本性的新概念，在这种新概念中，强调的是对自然能量、宇宙和人的开发，而脱离了发展和繁殖的过程。在埃及，奥西里斯(Osiris)象征着古老的、多产的、以生活为指向的技术；太阳神(Atum-Re)则不用交媾就从自己的精液中创造了世界，他代表了以机械为中心的技术。通过人的无情统治和机械组织，权力的扩张优先于生活质量的升华和提高。

这一变化的主要标志就是第一个复杂的、高权能的机器的建立。于是就开始了一种新的政权，并为随后所有的文明社会予以采纳——尽管一些更古老的文明是不情愿的。在这种新的政权中，工作只专注于单一的特定任务，脱离了其他生物的和社会的活动。这种工作不仅占据了日常的全部劳动，而且逐步垄断了整个生活。在随后的几个世纪中，从这一基点出发，导致了所有生产的逐步机械化和自动化。随着第一台复合机器的装配，工作有意识地脱离了生活的其他方面，成了一种诅咒、负担、牺牲和惩罚形式；作为对此的补偿，这种新的政权随之唤醒了不劳而获的美梦，不仅希图脱离奴役，而且脱离工作本身。这些古老的梦想首先表现在神话中，却迟迟未能实现，但是现在却主导了我们的时代。

我这里所说的机器从来没有在任何考古学的挖掘中发现，原因很简单：它几乎完全是由不同的人所组成的。这些人聚合在一种等级组织中，由一个独裁的君主所统治。君主的命令由僧侣联盟、武装军队和官僚体制所支撑，保障机器的所有成分服从统一的命令。让我们称这种原型的集合机器为巨机器(Megamachine)，这是人类为以后所有的特定机器所建立的模型。这种新型机器远远比如今陶工所使用的转轮或弓钻还复杂，在14世纪机械钟发明之前，它一直都是最先进的机器。

只有借助这种高性能机器的精心发明，埃及和美索不达米亚(Mesopotamia)金字塔时代的巨大工程才会产生，而且通常经过一代人的努力就能完成。这种新的技术在胡夫金字塔的建造中达到了第一个高峰：正如布雷斯特德(J. H. Breasted)①所指出的，胡夫金字塔的结构达到了钟表制造的精确标准。专业化的、分工协作的劳动小组通过作为统一的机械组织来运作，十万个在金字塔上劳动的工人就能产生一万马力的能量。单单凭借这种人的机制，仅仅用最简单的石制工具和铜制工具，无需借助于像轮子、马车、滑轮、起重机或绞车等其他可有可无的机器，就能建造起这种巨大的结构。

对于这种权力机器，有两个特点需要注意，因为这两个特点到人类发展的今天也一直存在。第一个特点是，机器组织者的权力和权威来源于宇宙。这种劳动机器的测量中的精确性、抽象的机械秩序、强制的规律性，都直接来自于天文学的观

① James Henry Breasted, *The Conquest of Civilization* (New York: Harper, 1926).

测和抽象的数学计算；这种表现在历法中的不变的、可预测的秩序，随后转化为对人的严格控制。通过神圣统治和残暴的军事统治的结合，大部分人都要在刻板的重复劳动中忍受贫穷的煎熬和劳动强迫，以便保障神圣或半神圣的统治者和随从人员的“生活、奢侈和健康”。

第二个特点是，由人组成的机器所存在的严重的社会缺陷，在一定程度上由机器在洪水疏导、农作物生产和城市建设等方面所取得的出色成就所弥补，而这些成就实际上使整个社会都受益。这就为所有人类文化领域的扩张建立了基础。这些领域包括碑刻艺术、编纂法律条文以及有系统的从事思想研究和将这些思想永久记录下来。巨机器以新的形式在我们的时代被重新建立起来之前，那种在美索不达米亚和埃及，以及在随后的印度、中国、安第斯山脉和玛雅文化中所实现的秩序、集体保障和丰裕都没有被超越过。但是从本质上来说，机器已经脱离了人类的其他功能和目的，转向了提高机械权力和秩序。具有讽刺意味的是，巨机器在埃及留下的最终产物是坟墓、墓地和木乃伊，后来的亚述和其他地方的丧失人性的效率所遗留下来的主要证据是城市废墟和土壤污染，这一点很具有代表性。

总之，现代经济学家最近所说的“机器时代”(Machine Age)不是起源于 18 世纪，而恰恰在文明的开端处。机器时代的所有突出特征从一开始就存在于集成机器的手段和目的中。凯恩斯(Keynes)曾经敏锐地指出，“建造金字塔”是对抗高度机械化技术的盲目生产力的有效手段，这一观点不仅适用于古代社会，也适用于现代社会；从今天的神学和宇宙学的观点来看，太空火箭不正是静止不动的埃及金字塔的翻版吗？两者都是耗费巨资来保障少数受益人通向天国道路的设备，同时附带地保持着受自身过度生产力威胁的经济结构的平衡。

令人遗憾的是，尽管劳动机器有助于大型设施的建设，但是小规模的社区根本无法企及这类设施，更不用说建设了，因此，最惹人注目的结果都是由军事机器，在大规模的破坏和人类毁灭的活动中实现的。从对苏美尔(Sumer)的掠夺到华沙和广岛的爆炸，人类历史的每一篇章都充斥着此类活动。我认为迟早我们会有勇气问我们自己：过度的权力和生产力，与同样过度的暴力和破坏之间的联姻，难道纯粹是一种偶然现象吗？

如果巨机器不能通过提升人类的成就和志向来给整个共同体带来真正的利益，那么今天对巨机器的滥用就将是不能容忍的。从人类的角度来说，也许这些收益中最值得怀疑的就是效率中的利益，这种利益是通过在工作中一味重复刻板的动作来实现的，这实际上在新石器时代工具制造时的磨制和抛光中就已经出现。这就使文明人习惯了长期的有规律的工作，从而也就提高了每个人的生产效率。但是这种新的规训的社会后果也许更有意义；因为以前一些从宗教仪式中获得的心理安慰现在只能从工作中寻找。从病理学上来讲，我们会把巨机器所施加的单调的重复劳动与一种强迫性神经症(compulsion neurosis)联系起来。然而我觉得，这些重复性劳动就像所有的仪式和限制性的规则一样，是用来减少焦虑和使工人免于潜意识的干扰，不再受新石器时代农村的传统和习惯的限制。

总之，通过劳动大军、军队并最终通过工业和官僚组织这种衍生模式，机械化和严格控制补充并逐渐取代了宗教仪式，成了在大规模人群中应对焦虑和促进心理稳定的手段。重复性劳动进而提供了自我控制的日常手段：一个道德化的工具(agent)要比仪式或法律更有说服力、更有效和更普遍。这种迄今为止还没有被注意到的心理上的成就，也许比生产效率中数量化的收益更重要，因为后者通常会被战争和侵略造成的绝对损失所抵消。遗憾的是，统治阶级不从事手工劳动，不受这一规训的支配；因此，就像历史记载所证实的那样，统治阶级杂乱无章的幻想要在现实中寻找发泄的途径，由此就导致了那些破坏性的和毁灭性的野蛮活动。

既然指出了这一过程已经开始，那么很遗憾，我必须忽略过去五千年间一直在发挥作用的实际的制度力量，转而分析当今时代。如今，古代生命技术的模式或者受到压制，或者被取代，巨机器本身的过度扩张以逐步强制的形式，成为了科学和技术不断进步的条件。这种对巨机器的无条件的信奉被很多人认为是人类生存的主要目的。

但是，如果我试图展示的这些线索是有用的，那么过去三个世纪中科学和技术变革的很多方面就需要进一步地重新解释和慎重考虑。因为至少我们需要解释，为什么技术发展的整个过程变得越来越具有强制性和极权主义色彩，而且从人的角度来看，变得具有压迫性和可怕的非理性，并且对不能纳入到机器中的生活的更自发的表现形式怀有深深的敌意。

在接受所有的有机过程、生物功能和人类智能最终转化为一种外在控制的、逐步自动化和自我扩展的机械系统之前，我们最好来重新研究一下整个系统的意识形态基础。这一系统过度偏重于集权化的权力和外在控制。事实上，难道我们不需要问问我们自己，这一系统所可能导致的结果是否与人类特殊潜能的进一步发展相一致？

现在考虑一下在我们面前的另一种选择。如果像现在的理论所假设的那样，人实际上是产品制造和工具使用主导了自身发展的动物，那么我们有什么正当的理由剥夺历史上与农业和制造有关的人类各种自发的活动，让剩余的大部分工人只从事看管按钮和表盘的琐碎工作，只对单向的交流和远程控制做出反应？如果人类的智能确实主要来自于制造工具和使用工具的习性，那么我们按照什么逻辑剥夺人类的工具，使他们只接受巨机器赋予他们的功能，变成了不具备任何功能和没有工作的存在者：成为一个机器人大系统中的机器人，注定要被强制消费，就像他以前注定要被强制劳动一样？如果一个个自发的功能或者被机器所接管，或者像做外科手术一样被移除，甚至从遗传上被改变，那么实际上人的生活中还剩下什么来适应巨机器？

但是，如果现在这种根据与技术的关系对人类发展所做的分析是合理的，那么就还需要进行一种更根本的批判。因为我们必须接着质疑现有的科学和教育意识形态的基础合理性。这种意识形态正在迫使人类活动的领域从有机环境、社会群体和人的个性转向巨机器。巨机器脱离了有机存在的限度和限制，成了人类智力的最终代表。这种以机器为中心的形而上学欢迎这种替换；从古代金字塔时代到核能时代都是如此。上个世纪取得的关于人的生物学起源和历史发展的巨大知识进步，质疑了这一不可靠的和不充分的(underdimensioned)的意识形态，一起遭到质疑的还有这种意识形态的似是而非的社会假设和“道德”律令，而 17 世纪以来科学和技术的宏大结构就是建立在此基础之上。

从我们如今的优势观点来看，从金字塔时代之前开始，巨机器的发明者和控制者实际上都被全知和全能的错觉所困扰，不管这些错觉是直接显示出来的还是想象中的。这些最初的错觉并没有变得更理性，如今依然还是精确科学和高能量技术的巨大动力。原子能时代关于绝对权力、绝对可靠的计算机智能和无限扩张的生产力的概念，在一种全面控制的系统中达到了顶峰。这种全面控制的系统是由军事—科学—工业精英们实施的，与青铜时代(Bronze Age)的神圣王权概念相对应。这种权力根据自身的逻辑取得成功，必然会破坏所有物种和群落之间的共生合作，而这种共生合作对于人的生存和发展来说是非常重要的。所有这些意识形态都隶属于早期以人作为祭品的巫术—宗教图式。就像亚哈船长对白鲸的追杀一样，科学和技术的手段完全是理性的，但是最终的结果却是疯狂的。

我们现在知道，活生生的有机体只能应用有限的能量，就像活生生的人只能使用有限的知识和经验一样。“过多”或“过少”对于有机生存来说都同样具有毁灭性。如果过多复杂抽象的知识脱离了感情、道德评价、历史经验和有责任有目的的活动，也会在个人和群体中产生严重的不均衡。有机体、社会和个人无异于是调节能量和服务于生活的精巧设备。

就我们的巨技术在对所有活生生的有机体的本质的理解中忽视了这些最根本的洞察而言，即使它不是非理性的，它实际上还是前科学的：一种延滞和退化的活生生的代表。当理解了这一弱点的含义，一种对巨机器的有意识的、大范围的瓦解就必然会在所有制度层面上发生，重新将权力和权威分配给更小的单位，更加有利于人的直接控制。

如果技术重新用于人类的发展，那么前进的道路就不会导向巨机器的进一步扩张，而是导向对有机环境和个人的精心呵护，而在此之前，为了扩张巨机器的统治，有机环境和个人都受到了压制。

人类潜能的有意识表达和满足需要一种完全不同的方式，这种方式不是将重点只放在对自然力量的控制和人的能力的改变上，以达到促进和扩张控制体系的目的。我们现在知道，游戏、体育运动、宗教仪式和梦想，跟有组织的劳动一样，不光对技术，而且对人类文化都产生了决定性的影响。但是幻想不能长期作为生产劳动的有效替代品：就像托尔斯泰在《安娜·卡列尼娜》描写的“割草问题”一样，只有当游戏和劳动都成为有机文化整体的部分时，人类全面发展的各方面要求才能得到满足。没有严肃负责任的劳动,人就会逐步失去对现实的掌控。

巨机器和自动化的主要贡献是从工作中解放出来,但我认为,不是从工作中解放出来,而是为了工作而解放,为自愿基础上更富教育性、更依赖于头脑和更使自己受益的工作而解放,可能成为以生活为中心的技术的最有益的贡献。这被证明是对普遍自动化的必不可少的平衡:这部分是通过保护失业工人免于厌烦和绝望来实现的,要不然他们只能服用麻醉剂、镇定剂和迷幻药来临时减轻痛苦;部分是通过使建设性的激励、自治的功能和有意义的活动发挥更大作用来实现的。

通过解除对巨机器的盲目依赖,整个生命技术领域将变得对人更加开放;人性中那些因为没有得到充分应用而残缺或退化的部分,将比以前发挥更有效的作用。自动化确实是纯粹机械系统的必然结果;这些精巧的机械装置一旦物尽其用,服从于人类的其他目的,就会像反射、荷尔蒙和自主的神经系统(这是自然界在自动化上的最早实验)服务于人的身体一样,有效地服务于人类群体。但是自主性、自我定向和自我满足是有机体的恰当目标;技术的进一步发展必须在人类发展的每一阶段中,发挥人类个性的每一方面的作用,而不是仅仅发挥那些服务于巨机器的科学和技术所要求的功能作用,来重新建立这一至关重要的协调。

我深知,在提出了这些困难的问题之后,我也没有能力给出现成的答案,也不意味着很快能找到这些答案。我们如今对机器的彻底依赖,大部分原因是我们对早期技术发展的单向度的解释,现在应该改变这种态度,更充分地解释人的本性和技术环境之间的关系,因为两者是共同进化的。这只是朝向多方面转化人的自我意识、工作和生活环境的第一步——即使现在占主导的惰性力量被克服以后,也许还需要经过很多世纪的努力才能实现。

盖伦

作者简介

阿诺德·盖伦(Arnold Gehlen,1904—1976),1904年1月29日生于德国莱比锡,1976年1月30日于汉堡去世。1924年入莱比锡大学,1927年获博士学位,之后相继在法兰克福大学(1933—1938)、柯尼斯堡大学(1938—1940)、维也纳大学(1940—1943)、亚琛工业大学(1962—1969)任教。他是哲学人类学的重要代表人物,主要著作有《人:他的本性和他在世界中的地位》(*Der Mensch. Seine Natur und seine Stellung in der Welt*,1940),《原始人与晚期文化》(*Urmensch und Spätkultur*,1956),《技术时代的人类心灵》(*Die Seele im technischen Zeitalter*,1957),《人类学研究》(*Anthropologische Forschung*,1961),《道德与超道德》(*Moral und Hypermoral*,1969)等。

文献出处

本文系《技术时代的人类心灵》第一章"人与技术",译文选自盖伦《技术时代的人类心灵》,上海科技教育出版社2003年版,第1～20页,何兆武、何冰译。

人与技术

有机物及其代替品

自从尼采和斯宾格勒的时代以来,与批判当代社会和文化有关的文献就一直在德国流行,其中一个持久的主题就是反对技术[①]的论战。这一点正是我们自己的社会并未结束它对于与工业化的进展相联系的根本性质变化所进行的那种内部争论的一个征兆。在德国,公众的讨论往往引出对未来的国家可能有似于一座蚁丘、对被编排好的头脑的操纵问题、个人的惶惑和文化的衰颓的焦虑。在这种思路上,技术往往是在扮演着一个被告(defendant)的角色;然而它在美国和苏联,却似乎引人瞩目地风行一时。美国人有广泛流传的科学幻想文学,它们热心地勾画着技术的乌托邦,它们喜欢构想各种狂幻出奇的概念,诸如驾驭了时间,能使人像旅客一样地漫游到各个过去时代的社会里去。

现在还一点也不明白,为什么在德国我们始终迟迟不肯对于技术也像对于其他的文化领域那样,认可它那同等的公民权,尽管我们在技术创新上有许多成就。其原因可能部分地在于人们坚持理论优于实际、纯粹科学优于应用科学的传统观点。也或许是这一古老的观念依然活跃着,即唯心主义的思想力量可以和人类所有的问题达成协议;然而事实上,它们面临技术时,却是茫然失措的。的确,我们的哲学概念整个说起来一点都不适合于我们的时代。然而我们的工作并不是一项巨大的、要弥补这种事物状态的工作,而只是一项较为平凡的、要在哲学人类学之内进行的工作。我们将探求可以使人类心灵的这一惊人的领域——亦即技术——对于我们理解自己能起什么作用的那些客观观点。

技术和人类自身是同样古老,因为在我们研究化石遗迹时,只有当我们遇到使用过被制造的工具的痕迹时,我们才能肯定我们是在研究人类。的确,燧石磨出的最粗糙的棱角,也同样体现了今天的原子能所赋有的那种双重性:它既是一种有用的工具,同时又是一种致人死命的武器。改造原来在自然界中所发现的事物的目的,从一开始就是和人类对自己同胞的斗争活动联系在一起的;只是到了晚近,我们才力图消除这种致命的联系。如果这种企图要得到成功并且产生永久和平,它就必须预先假定能达到一种很高的技术水准,否则就不可能达到任何有效的相互间的军备控制。

---

① Technique 一词在英文中的这一意义远不如 technology 一词那么通用;但是与后一词相联系着的意义,就德文中的 Technik(技术)一词而言,则是过于狭隘了。——英译者注

进一步的思考可以说明人与技术的这种关联。舍勒的著作[①]中的近代人类学指明,人类既然缺乏专门化的器官和本能,自然就不能适应他自身的特殊环境,因此就只好把自己的能力投向明智地改造任何预先构成的自然条件。因为像人那样,感官仪器装备得那么差,自然而然是无力进行防御的,他是赤裸裸的,在体质上是彻头彻尾处于胚胎状态的[②],只拥有不充分的本能;所以就是一种其生存必须有赖于行动的生物。[③]像松巴特(W. Sombart)[④]、阿尔斯贝格(P. Alsberg)和加塞特(J. Ortega y Gasset)[⑤]以及其他的作家们,就是根据这种考虑而从人类身体潜力的限度之中,推导出技术的必要性的。[⑥]

于是在最古老的人工制品中,我们看到了武器,而武器并不是以器官的形式赋予人类的;就这方面而言,也应该想到火,火被人使用既是为了安全,也是为了取暖。从一开始"器官代替"(organ substitution)这一原则就和"器官强化"(organ strengthening)这一原则是共同协作的;抓起石头打人,要比赤手空拳更有效得多。因此,随着能使我们完成超乎我们器官潜力之外的事情的代替技术之后,我们就发现了能扩大我们身体配备的工作能力的强化技术——锤子、显微镜、电话就加强了天赋的能力。最后则是省力技术[⑦],它的作用是减轻对器官的负担,摆脱它们,最后是节省劳力,例如,用一辆配有轮子的车来代替用手牵引重量。如果我们乘坐飞机,则所有这三项原则都在起作用——飞机向我们提供了我们所没有的飞翼,超过了一切动物飞翔的本领,免除了我们自身对于远距离运动所能作出的任何劳苦。

说到最后,人类心灵(human mind)所有的成就始终是个谜,但如果不从人类机体和本能的缺陷方面来看,则这个谜就更加猜不透了;因为他的智力使他避免了动物所必须经历的那种有机体的适应性,而相反地却允许他改变他原来的境遇来适合他自己。假如我们把技术理解为人类由于认出自然的性质和规律,以便利用它们与控制它们,从而使得自然能为人类自身服务而具有的各种能力和手段;那么技术在这种高度普遍的意义上,就是人类自身本质的最重要的部分。它真正

---

① 舍勒,《人在宇宙中的地位》(*Die Stellung des Menschen in Kosmos*);盖伦,《人》(*Der Mensch*)。

② 盖伦在 *Der Mensch*(《人》)一书中论证说,根据比较胚胎学的证据,人类的妊娠期是太短了(为期仅几个月),而无法使人类的胎儿诞生时就达到与之密切相关的其他物种的胎儿那种同等成熟的水平。——英译者注

③ 见注1;又,盖伦,《原始人与晚期文化》(*Urmensch und Spatkultur*)。

④ 松巴特(1863—1941),德国经济学家和社会学家。——中译者注

⑤ 加塞特(1883—1955),西班牙哲学家。——中译者注

⑥ 松巴特,《近代资本主义》(*Der moderne Kapitalismus*);阿尔斯贝格,《人类之谜》(*Das Menschheitsrätsel*);加塞特,《思想与信仰》(*Ideas y creencias*)。

⑦ 我们把德文 Entlastung 译为"省力"(facilitation)。此词为盖伦人类学中的一个关键名词。它特别指人类与其他动物相比较时,由于人的体质配备与环境之间不能充分严密地相适合,而要"负担着"(belasten)安排其自身存活之所需。因而这里安排的任务,就是要松缓人类的生存或使之省力(entlasten)。——英译者注

反映了人类：它和人自身是一样的聪明，它代表着本能上不可能的某些东西，它对自然界具有一种复杂的、扭曲的关系。

这些特征可以由这一事实加以阐明：即最初和最基本的技术成就，都不是由于参考自然界中所既定的模型而得出来的。如钻木取火、发明弓矢，尤其是使用轮子，即围绕着一个轴而作旋转运动——这都是真确的。后一种发明是如此之抽象，甚至于在许多高等文明中都不曾达到过；例如在哥伦布以前的(pre-Columbian)南美洲文化中，他们有着精美的文学、复杂的国家机构和高度发达的宗教，却是在既没有车又没有制陶器的轮子中勉强度日。同样在自然界中没有前例的是用爆炸得到的推动力，它是最古老的发明之一——即燧石刀的发明，这就要上溯到50万年以前的贡兹—民德间冰期(Günz-Mindel interglaciation)。克拉夫特(G. Kraft)曾经指出，在自然界无论哪里我们都找不到任何一个像锋利刀刃那样的东西，它以一个固定的方向转动起来就可以得出直线的或曲线的切割。[①]

所以技术世界就体现出和我们对"伟人"(great man)的形象相联系着的那些特征。也像伟人一样，它是创造性的、精力旺盛的，同时既是培养生命的又是毁灭生命的，它和原始形态的自然界结合成一种复杂的关系。技术正像人本身一样形成了一种人为的性质(nature artificielle)。

许多世代以来，那种要求取代消逝之中的器官的倾向已经超乎身体的范围之外，越来越深入到有机的层次里去。以无机代替有机，就成为文化发展的最重大的后果之一。这一倾向有着两个方面：即以人造物质取代有机生成的物质；以非有机的能源取代有机的能源。就前者而论，冶金学的发展就构成为具有头等重要性的一座文化门槛；我们谈论铜器时代、铁器时代等等，各种金属代替并超过了周围环境中直接可用的材料，特别是木和石。迟至中世纪，船舶、桥梁、车辆和各种工具大部分还是木制的，人们也还不知道有别的燃料。今天，水泥、金属、焦炭、煤，以及数不清的合成材料已经大量代替了木材，塑料制成的汽车车身可能很快就会取代钢铁制造的车身。皮和麻已经被钢缆所取代，蜡烛已经被煤气和电所取代，靛青和紫染料已经被苯胺染料所取代，几乎所有的天然药品和草药都已被合成产品所取代。正像弗赖尔(Freyer)所论断的，最终目标似乎就是要制造出某些特种性能的材料。[②]因此，化学家说："我要制造出一种物质来，它开始是可以铸造的，然后就自行硬化；再一种物质则不管在什么温度下始终都是可塑的；第三种物质可以任意切割；第四种物质则可以拉成极细的丝。"

这一倾向的另一个方面，则是在无机能源代替有机能源的同时，文明已经随着蒸汽机和内燃机而变得有赖于地下的煤炭和石油的供应了。这些终究都是过去有机生命的遗物，然而它们却要求一场关键性的转变：就能源而言，人类已经使自己

---

① 克拉夫特，《作为创造者的原始人》(*Der Urmensch als Schöpfer*)。

② 弗赖尔，《当代理论》(*Theorie des gegemuärtigen Zeitalters*)，第27页。

不再依靠年年在更新的那类能源了。只要木材是最主要的燃料，只要家畜做工是最重要的能源，那么物质文化的进步，从而最终是人口的增长，就要受到基于有机生命之生长和繁殖的缓慢节奏的一种非技术性的限制。由于建设了水力发电站和掌握了对核能的控制，人类已经使自己的能源供应摆脱了有机物质的再生这一限制。

从对器官的取代到对整个有机物的取代，构成这一技术进步的特征倾向，最终却是植根于心灵领域中的一条神秘的法则。简单说来，这条法则就是：无机自然要比有机自然更加为人所知。柏格森(Bergson)曾经恰当地强调过这一点。[①]我们理性思维的能力及其所产生的抽象模型和数学概念，以惊人的精确度接近于无机性质的给定物；然而尽管有机化学有其一切的进展，我们对于生命的真正性质却并不比古希腊最早的哲学家们知道得更多。按照柏格森的说法，智力只能是就行动加以判断，而它首要的目的就是要制造出人工制品："所以……我们就可以期待着看到，凡是实际上流动的东西，就都会部分地躲避开(智力)。我们的智力，当其离开自然界之时，就是以无组织的固体作为其主要对象的。"[②]

无机自然的基本可知性和有机自然的顽强不合理性，其本身都是令人瞩目的事实；但是更加令人瞩目的则是，在不久之前，人们才学会把自然事件的历程表现为一幕死的、全然物质的而又一致的过程。我们可以把自然界设想为是"各种事实的一个外在世界"，是包含各种事物、各种特性和影响着它们的各种经常性的转变的一个领域，是全然由于它的存在并以某种方式呈现出来而成为合法化的一个领域。[③]这个饱含着各种事实并根据同样的理由而被认可的世界，就构成为一个单一的复合体，其本身是自足的，并且是由于其本身的存在及事实上的特性而成为合法化的。这样一种概念，早期希腊的哲学家们就已不时地提出过了，它到了17世纪又随着精确的、实验的自然科学的兴起而重新出现。这种看法被说成是一种清晰的哲学理论(这种理论接近于实证主义或唯物主义)；更精确地说，它概括了从一开始就是作为一种鲜明的活动而被人从事着的科学研究与技术实践的固有态度。(成为人们实际行动的基础但并未加以明确表达的前提、假设与人们有意识地加以发挥的确切的理论观点之间是有区别的。)

下面的这些考虑，对于如下这一论证有着根本的意义：通过技术的发达而以无机的材料和能源来代替有机的材料和能源，乃是基于一项事实，即无机自然的领域最容易把自己呈献给有条理的、理性的分析以及相关实验的实践。而生物学的领域和心灵的领域却无可比拟地更加非理性。技术家和自然科学家倾向于按照上述的实证主义来形成他们自己的世界观。那些更成功的科学和技术，就对我们的世界图像施加了一种辐射性的效果。

---

① 柏格森，《创造进化论》(*Creative Evolution*)。

② 同上书，第169页。

③ 盖伦，《原始人与晚期文化》，第22章。

尽管如此，这种世界观却只是最近3个世纪里才流行起来的，虽说人类差不多是50万年以前就开始使用技术进行生产了。

近代：它的上层建筑

我们大家都感到，自从石器和弓矢时代以来，在我们所谓的技术中已经出现了一种质的转变。但是这一变化却不应该像通常的情形那样，被认为只是由简单的工具过渡到机器。如果我们把任何传送能量并完成工作的物质装置都叫做“机器”，那么我们就可以把这个名词用之于猎人们具有触发机制的陷阱了，那是自从石器时代以来就有了的。甚至于在石器时代的拉绳索之中，我们就能发现有往复的旋转运动，而工作着的机械之连续不断的转动（水车），则可以上溯到罗马时代。因此，工具与机器之间的不同，并不是由近代以前的技术过渡到近代技术之关键性的质的不同之所在。

如果我们不去考察个别的机器、用具或发现，而是考虑一下整个文化领域内的结构变化，那么我们就更加接近真理了。在17世纪和18世纪，自然科学获得了它的近代形态，那就是说，科学变成分析性—实验性的了。简单地说，一个实验就在于把自然过程以这种方式孤立出来，使它们可供观察和测量。这就使得自然科学——而在此前只是有赖于偶尔的观察和思辨——在两种意义上类似于技术的实践。首先，物理实验的器具可以比之于机器，尽管它们并不用于产生有用的效果，而是要造成纯粹的、孤立的自然现象。即使是伽利略（Galileo）用以研究落体的斜面，也是这类性质的一个“简单的机器”。其次，依靠实验的逻辑手段，我们就孤立出来了（我们在变化着的条件之下所观察到的）一种自然过程，而这一实验就成为技术上运用这一过程的第一步。通过这种方式，以前只是在很少的领域里（特别是在建造航海装置、光学仪器和精密武器方面）才会结合在一起，而在其他方面则根本是互不相干的两个文化圈，现在则被带进了最密切的方法论方面的联系之中。技术从新的自然科学中引出来了它那惊心动魄的进步节奏，而科学则从技术中获得了实用的、建设性的、非思辨的倾向。

然而近代惊人的成就，如果没有第三种因素的干预，也会无法达到，那就是资本主义生产方式的同时诞生；正如韦伯所指明的，那种精神乃是17世纪进一步的产物。[①]瓦特（James Watt）发明的或者不如说是他彻底改进了的蒸汽机，是得到了一位对它在工业上的应用深感兴趣的资本家的资助的。企业家们或者对作战技术深感兴趣的各个国家（例如，舰队对无线电报的早期应用），就使得实验性的发现及其实际应用成为了可能。

今天，至关重要的就是要了解自然科学、技术和工业体系三者之间在功能上的联系。科学研究在运用日新月异的技术设计；自然则由于技术而被迫敞开了大

---

① 韦伯，《新教伦理与资本主义精神》（*The Protestant Ethic and the Spirit of Capitalisin*）。

门。科学家必须与技术家达成谅解,因为每一个问题都需要用解决这一问题但尚未能利用的装置来阐明。例如,理论物理学的进展之有赖电子计算机,并不亚于有赖物理学家的头脑。用几百万电子伏能量的回旋加速器所进行的测定,也就参与了所计算的值,从而参与了有关的理论。另一方面,较大的工业公司都有它们自己的研究机构。自然科学已不再是大学的专利了;的确,有时候只有靠工业方面的资助,才能使资金不足的工业大学的实验室继续进行工作。技术构成为"应用科学"这一观念,已经陈旧过时了。今天这三种配置,即工业、技术和自然科学,是彼此互为前提的。药物化学的最终基础是什么?是生物化学的研究,是委托它的厂商,还是这些厂商的生产和销售机构?以这种方式来提问题,已不再有意义了。

超自然的技术:巫术

近代技术的迅速进展,是在与自然科学和资本主义生产方式——它们以同样速度在扩大它们的威力——的紧密联盟之中进行着的。所有这些因素在互相助长着。我们不可能期待这场历史上独一无二的急剧进程,对其中所涉及的人们的意识没有影响。这种"工业体系"特征之实用—实证的态度,已经决定性地扩展到这个体系原来的那个范围之外了。例如,它已经影响到了政治领域,尤其是人际关系的领域。我们在后面必须讨论这些现象,因为它们形成了工业社会的各种社会心理问题。然而目前,我们却要阐发另一种观念,它将有助于说明人类的处境。这涉及在技术领域中起作用的人的各种冲动。

我们已经看到,人类在其绝大部分的历史中,是靠相当微弱的技术能力勉为其难地在度日的,不管那些早期的发现可能是多么巧妙。这些基本上都是简单的工具和制成品,诸如战车、火器或犁,可能产生极其重大的历史社会后果。即使如此,技术并未占据人类展望世界的中心,也没有占据对他自己的看法的中心地位。但这却是今天正在发生的事,例如,当我们向控制论、向这个调节技术的理论来探求我们大脑和神经系统的作用的线索时。[①]

如果我们问:"为什么这在以前没有发生?"我们就会得到一个令人惊讶的答案。几千年以来,在一切原始文化以及较高的文化(埃及的、古典的等等)中,人们都相信"超自然的技术"(supernatural technique)——我们今天所称的巫术(magic)——可能性。从史前时期起,巫术就在人对世界以及对他自身的概念之中占有着中心的地位。即使在不承认有巫术的可能性的各种一神教文化中,巫术也在社会边缘上保有一个据点——正如中世纪审判巫师和魔法师时所表明的——只有近代技术—科学的文化才给了它致命的一击。

普拉迪纳(Maurice Pradines)把巫术叫做"使事物脱离其本身的道路转而为我

① 维纳,《人有人的用处》(*The Human Use of Human Beings*)。

们自身服务时，所要实现的各种有利于人类之转变的一种企图。”[①]很容易看出，这个定义可以既包括巫术又包括技术本身，因此就既包括超自然的技术又包括自然的技术。

这里，我们无法详细分析巫术，[②]但是我们必须强调它在时间上和空间上极为广泛的传播。如果我们考虑在各个民族和文明的巫术实践中所发现的惊人相似之处时，就可以看出巫术必定包含有某种在人类学上乃是根本性的东西。例如“求雨”在古典的古代是通行的；据第欧根尼·拉尔修(Diogenes Laertius)[③]说，恩培多克勒(Empedocles)[④]就掌握有这种技术。《对付巫人之锤》(1487)一书就对反对巫术所导致的恶劣气候的反巫术指示过各种明确的方法。新几内亚的土著居民进行求雨，正如奥马哈印第安人、德拉瓜湾的班图人以及中国人一样。

如果我们更详细地去考察无数的记载和文献，各种巫“术”的中心关注点就会明显了：它需要确保“自然过程的规则性”，并且以抚平不规则性以及例外现象来“稳定”世界的节奏。因此当生育畸形、日月有蚀或其他怪异事件表现出不吉利的“迹象”而巫术必须进行干预的时候，人们所追求的便是要恢复自然界通常的整齐性，正如要用巫术来呼唤未能及时出现的风雨那样。这对用于保障植物生命的循环或增进动植物数量的那些不计其数的“繁殖巫术”的例子而言，也是真确的。在繁殖巫术中，最重要的就是要严格尊重固定的日期、季节或时辰，或许还有各种重复出现的阶段，诸如耕耘、播种或收获的开始，等等。

原始人类对自然过程之规则性的这种兴趣，是值得强调的，它表现出一种半本能的对于环境稳定性的需要。既然现实无可避免地要服从时间与变化，所以人们所希望的最大稳定性就在于：同样的效应要自动而周期地重复它们自身，正如它们在自然界中确实有此倾向那样。这种还不曾受到科学影响的、原始的“先天”世界观，把世界以及构成为世界一部分的人类看成是卷入了一场有节奏的、自我维持的、周而复始的运动过程之中，从而就构成为一种生气勃勃的自动作用(automatism)。再者，世界上所充斥的各种魔力，既不是任意的，也不是自发的；人们可以用适当的、严格重复的公式使它们运动起来，然后它们就在自身的冲动之下必然地而又自动地进行运作。

这种原始的、天生的观点在占星术中仍有相当的残余，虽说新的、科学的世界图像也有其种种“理性化”的效果。我们大多数人都会惊讶于有那么多的企业家和政治家，相信星球广大无垠的旋转机制和个人的命运之间有着不可避免的联系，而这种联系却是被原始民族的形而上学看作既是精神的愿望而又是必然的。显然必定是有某种抗拒着一切被侵犯了的理性的东西，深深植根于人类的心灵之中。

---

① 普拉迪纳，《宗教的精神》(*L'esprit de la religion*)。

② 见盖伦，《原始人与晚期文化》，第43～45章。

③ 第欧根尼·拉尔修(约200—约250)，3世纪前半叶希腊哲学史家。——中译者注

④ 恩培多克勒(公元前495？—前435?)，希腊哲学家。——中译者注

对自动作用的迷恋是前理性阶段的、超实用的一种冲动，它几千年来先是表现为巫术——即针对我们感官之外的各种事物与过程的技术——而最近则充分体现于钟表、机器和各式各样的转动机械。凡是从心理学观点来考虑汽车对今天青年的魅力的，都不会怀疑它所诉诸的兴趣要比理性的和实用性质的兴趣来得更大。如果这一点看来不大可能，那么我们就应该考虑一下这个事实：一架机器的自动作用所施加的魅力，是与它的实际用途全然无关的，那种魅力就体现在一架永动机(perpetual-motion machine)之中，永动机的唯一目标和活动就在于它永远地重新产生同样的循环运动。多少世纪里曾经有无数的人一直在钻研永恒的运动这个不可解决的问题，他们没有一个人是从任何实用效果的观点来做的。反之，他们全都为一架可以自行运转的机器、一架可以自己上弦的钟的独特吸引力而着了迷。这种吸引力，其性质就不单纯是智性的，而是有着更深刻的根源。

这一吸引力包含有一种我们称之为共鸣现象(resonance phenomenon)的东西。人被他自己的存在和他自身的性质之谜弄得惶然失措，就只好参考他本身之外的东西、人类之外的东西来界定他自己了。人对自己的觉察是间接的，他所追求的自我界定(self-definition)总是要靠自己来和某种非人的东西进行比较，然后再把自己从那里面分离出来。[1]参照较高级的一神教或多神教的神祇观念，或者是反过来参照更古老而又更广为传播的关于人类是从动物妖精而诞生的那种神话来确定这一点，并不困难。人类在解释自己的心灵时，也大部分是参照外部世界的现象；他自己利用阴影、血液、镜像和其他的视觉现象，以便深入到自己内在的性质中去。对于人自己的本质这个问题，原始宗教在全部自然界中所找到的，只是沉默的答复。

然而在这一倾向中，会给人留下最深刻印象的便是这一事实：各种自然过程是有节奏并周期地在进行着，并以其冷静沉着表明了一种"逻辑"，不管我们把注意力是放在星辰重复出现的运动之令人困惑的精确性上，还是放在动物的顽固、僵化而不可改变的习惯上。事实上，在他自身性质的许多核心方面，人本身就是一种自动作用；他有着心搏和呼吸，他靠着许多有意义的、起作用的、有节奏的自动作用而生活，并且生活于其中——让我们想一下行走的动作，尤其是想一下手起作用的方式。让我们想一下"行动循环"，这一行动循环要经过物体、眼睛和手，并在回到物体时就告结束而又重新开始。外部世界的类似过程所施加的这种魅力，就表明了一种"共鸣"，这种共鸣由于把焦点集中在外部世界所反映出他的本性，便传达给了人类一种对自己本性的亲切感。如果我们今天仍然谈论星辰的"历程"或机器的"运转"，那么所唤起的相似点便绝不是什么肤浅的了；它们传达了人们基于"共鸣"而对照人类自身本质心性的某些明确概念。通过这些类似之点，人类就根据自己的形象而解释了世界；并且反之亦然，即根据他对世界的形象而解释了自己。

---

① 见盖伦，《原始人与晚期文化》，第24，48章。

客体化和省力化

于是我们就到达了要决定人与技术之间的关系这样一个具有重大意义之点。因为在人和外部世界那些有节奏地、周期地在其自身的动力之下前进着的过程之间，如果有着根深蒂固的联系，那就会使得技术中所隐含着的驱动成分(Triebkomponente)更加可以被理解了。有一种广泛流行的偏见——大抵上来自学院——是说，技术行为是“纯理性的”，而且是“全然朝着某个目标定向的”。然而如施密特(Hermann Schmidt)所强调的，技术现象中所包含的劳动的客体化(objectification of labor)乃是人类所特有的那种过程的结果。但是，我们个人并没有意识到它，而它那动机却是出自“我们人性的感官方面”。“任何一群人被置于相同的条件之下，总是要进行对劳动的客体化，作为对于某种驱动力的反应。”在这方面，施密特引了拉特瑙(Walter Rathenau)[①]的一段引人瞩目的言论：“机械化并不是表达人类伦理意志的自由而又自觉思考的结果，倒不如说，它并不是有意成长的，甚至于是不知不觉的。尽管它有着理性的和决疑的结构，它却是自然界的一种沉默无言的过程，而不是一种出自抉择的过程。”[②]

这个过程，也可以用不同的方式加以解说。人——正如我在别处已详加阐明的——生来就是一种要行动的动物，是要改造外在世界的各种事实的动物。[③]他的最根本的特点之一就是行动循环(Handlungskreis)——它是一种可调整的、有方向的运动，能够视其结果如何而加以改正，并且终于可以变成自动化的和完全习惯性的。[④] 施密特写道：“我们每一桩有意义的活动都必然采取这样一种自我包容式的行动循环的形式，在他行动的先前结果的基础之上，反馈(feedback)就把主体与他本身连结在一起。”每一桩，这说得很好，因为即使是“说—听循环”也构成为这样一种行动循环——而语言则是一切心灵活动的载运工具。“行动循环是人类有意义的表现的普遍形式。”[⑤]与此相应，维纳(Norbert Wiener)[⑥]就把反馈称为各种行为形式的普遍特征：“反馈原则就其最简单的形式而言，就是指行为是要以其结果来加以检查的。这一结果的成功或失败就调整了未来的行为。”[⑦]

在技术内部起作用的非理性冲动，则不太容易理解。人把自己理解为自然，然后又以自然来解释自己(这一需要是全世界上到处可见的，并且保留在宗教的核心之内)——这是根本的需要。一切周期性的、循环的过程都在人身上唤起一种近乎

---

① 拉特瑙(1867—1922)，德国企业家、政治家、著述家。——中译者注

② 施密特，《技术发展史》(*Die Entivicklung der Technik*)，第119页以下。

③ 盖伦，《人》，序论及第二部。

④ 同上书，第13章以下。

⑤ 施密特，《技术发展史》，第121页。

⑥ 维纳(1894—1964)，美国数学家，控制论创始人。——中译者注

⑦ 维纳，《人有人的用处》，第68页。

本能的共鸣；从一开始，他就把自己看作是卷入了一场再生的循环。他把自己结合于世界，他和世界的联系主要地就是通过他自身的行动能力。巫术作为超自然的技术，把外部世界的整体引入了行动循环，就有可能呼风唤雨，驱遣季节，把人的疾病转移到动物的身上。施行巫术背后的基本需要——即需要稳定世界的行程，使它免受干扰——乃是行动着的动物的一种需要。

然而这也同样是一件原始的事实：人也要把自己的物质行动客体化，并且通过它而对世界施加影响；把他的行动看作是世界的一部分，允许后者扩大并加强他自己的行动；他"客体化了"他自己的劳动，因此便有了工具。石头就是拳头的"代表"，它代替了拳头，确实是扩大了它的效果。于是一个人实际控制的狭小范围，就变成了可以通过想象来控制的更广阔的范围。事实上，一个人身体能量的消耗，是随着投入运动中的量而在减少的。使用工具劳作有些苛求，但巫术符咒却足以稳定天气或保证春天的回归。

这里我们在操作之中看到了一种进步的、基本上是人文的法则：趋向于省力化(facilitation)。正如我们在另一处已经说明了的，这里涉及的原则是具有普遍人类学意义的原则。[①]与此处有关的仅仅是它的技术涵义：巫术的"较大的行动循环"由于省力地把世界归结到人类方面来，而解除了一个人面对自然界威力时所感到的那种软弱无告的重负。至于较小的循环那类麻烦的工作，则在实际的、物理的意义上节省了力。"人的劳动之客体化"成为工具，显然就表明了更小的劳动可以获致更大的结果；由于这个原因，我们已经讨论过的使用工具实际上就是一个器官省力化的问题。

我们不可忘记省力化的第三个过程：两种技术都在分享着同一个隐然的目的，或者至少是倾向于要确立各种习惯，要奠定各种常规，要使许多行动成为理所当然的事。瓦格纳(R. Wagner)[②]把这第三种省力化的倾向表述如下："最高法庭，即大脑皮质，就以这种方式一度又一度地解除了自己身上已成为高度或然的一切日常琐碎的事务，而使自己得以对付非常的和更加动人心弦的行为。"[③]

我们现在可以理解，为什么技术从一开始就是根据巨大的、无意识的冲动的动机在运作着的。人类在行动循环和省力化上的基本特点，乃是一切技术发展的最后决定因素。这并不是说，参考了这些决定因素，我们就可以预言某项发明的内容了；显然，一架机器的运作是要根据物理的和技术的考虑来理解的，而不能参考导致建造这架机器的动机。然而，假若我们考虑到技术发展的整体，我们就会遇到一条比这些考虑更为根本的法则；这条不为人自觉而又持续遵循着的法则，只有以不断精进的客体化作为概念基础，才能被鉴别出来，而这一概念不仅见诸于人类的劳动和表现，也见之于日益增长的省力化。

---

① 盖伦，《人》，第6章。

② 瓦格纳(1805—1864)，德国生物学家、解剖学家。——中译者注

③ 瓦格纳，《生物学的调节机制》(*Biologische Reglermechanismen*)，第127页。

> 这一过程展开为三个阶段。首先是工具(tool)的阶段,即劳动所必要的物理能量和所必需的智力投入,都还有赖于主体。其次是机器(machine)的阶段,即物理能量被技术手段客体化了。最后第三个阶段则是自动机(automata)的阶段,即技术手段使得主体的智力投入成为了不必要。随着这些步骤的每一步,以技术手段来获得目标的客体化过程都在前进着,直到我们为自己所规定的目标得以完成为止;而在自动机的情况下,便无需我们体力或智力的参与了。在自动化(automation)中,技术达到了它在方法上的尽美尽善;而早在史前时期所开始的这种劳动在技术上客体化的发展结果,则是我们当代最鲜明的一个特色。①

在这一伴随着,而且大体上也决定了人类历史的发展过程中,直到最近,技术才占据了几十万年以来——当时人们还只知道原始的工具——巫术(即"超自然的技术")所占有的位置。但巫术也是意图(用普拉迪纳的话来说)"使事物脱离其本身的道路转而为我们自身服务",它无意识地在追求着有效性,在扩大人类行动的领域;它设想着某种似乎有"巨大的自动作用"之类的东西,而它的运作则是由可能受干扰的区域里反馈而来的信息进行调节的。

自动化

施密特的三阶段法则提示说,就人类的立场而言,行动与能力客体化为外部世界的过程,仿佛是由外部向着内部而展开的。起初,它表现于被加强了的、改善了的和省力化的器官。然后则是物理能量的投入也发生了同样的事:能量消耗原来是以有机的方式(由动物或人)来实现的,现在则被无生命的物质取而代之。在第三阶段中,我们发现了我们自身,这时被客体化的就是行动循环本身,包括它的控制和方向。同时,通过循环的感觉驱动过程而在运作的那部分生理生命就被客体化了——正如调节作用是以完全自动的方式在进行的那样,例如由化学方式来传递信息的办法。最后,自动计算机可以比人更快而又更有效地解决微分方程和积分方程,并成为"数学知识的一种新来源"。②

这些被赋予了反馈的现代调节装置,全都以如下原则为基础:与汽车不同,这个系统并不按照外来的指令改变其运作,而是处于这些运作本身结果的影响之下。为了这个目的,就必须把感应装置放进这种自动机里去,诸如热水槽中的热感应器就是随着温度而开关电流的。这里,热量是受到调节的,但是各种力学的和电学的量也可以受到类似的调节。"根本的一点是,这种机制应该连续不断地通过一个闭

---

① 施密特,《技术发展史》,第119页。

② 瓦尔特(A. Walther)《变化交替的问题》(*Probleme im Wechselspiel*),第139页。瓦尔特所引的《德国工程师学会杂志》(*Zeitschrift des Vereins der deutschen Ingenieure*)该期(1953年3月)报导说,德国工程师特别会议的议程是专门讨论"技术所引起的转变"。

路循环而反作用于自身。或者,我们也可以说:这些装置使得通过这个系统的能量流有很小的一部分是用之于调节能量流本身的。"①

调节循环②首先可以看作是行动循环的一个"摹本";事实上,要制造一辆汽车而取消驾驶人的驾驶负担,改由自动控制来承当,这在技术上是可能的。但是除了行动循环之外,同样的结构原则也可以在许多生理调节的过程中被发现。例如,血压的调节就是通过一个先天具有反馈的自我封闭的运作循环在进行的。③ 在较大的血管(例如主动脉)壁之内,感觉神经就向延髓中的脉管壁神经中枢报告血压升高的信息,于是就促成了一种反效应。外周血管壁的张力被减弱了;它们就扩张并容许主动脉有更大的流量,而其后果则是血压降低。但是这又促进了相反的过程,于是血压就像钟摆一样围绕着一个中心值而反复摆动。无数的生理状态,诸如呼吸的规则性、血液的含盐度和含糖量以及体温等等,都是以这种方式进行调节的,就像是(例如)前庭器官在控制着平衡。生理学家也使用反馈自动机领域中的各种概念,诸如"再传入"(reafference)的概念,以便更有效地描述随意运动和不随意运动。④

对这些问题要作出哲学的评估,时机还不成熟,并且最好是避免匆促就作出机械论的解说,诸如专门的调节循环向我们提供了对于"生命"的洞见,该洞见现在已经使得生命本身的机械性质明白无遗了。我们所能说的一切只是就运作的综合体来看,调节循环看来是在分享着人类的行动循环和许多生理调节机制的同样形式;但这却允许那一形式的各种成分有着根本的不同。因此,我们所有的就只是一种"同型"(isomorphism),一种形态的相似性,⑤而非性质的相似性;我们今天并不比从前更加接近于生命的"综合"。这就开辟了一种可能性,即可以采取某些生命过程(包括某些最重要的生命过程),把它们当作是外部世界的无生命的客体,仿佛它们是被"异化了"。但也还有其他同样重要的过程,是还不能应用这一点的;虽说细胞分裂已经可以参考调节过程而加以分析了。

因此,技术的进步就使人能够把在生物中各个不同之点上运作着的组织原则转移到无生命的自然里去。我们已经谈到过无生命的自然,那指的并不是未经程序化的、朴素的、没有生命的自然,而是指由人类本身所产生的技术装置。史前人类赋予了朴素的自然界以一种组织原则,尽管是以幻想的形式;那时候人们运用巫术在呼风唤雨,仿佛风云都在听命于他们。

然而现代的技术家已经发展出了他们的调节装置,但并未察觉到它们与生物

---

① 瓦格纳,《生物学的调节机制》,第129页。

② 调节循环(Regelkreis):本文中所采用的此词,是就字面翻译的一个德文术语,其意义和"反馈"没有什么区别。——英译者注

③ 同上书,第124页以下。

④ 霍尔斯特(E. Holst)和密特尔施塔德(H. Mittelstaedt),《再传入原则》(*Das Reafferenzprinzip*),第37页。

⑤ 施密特,《技术发展史》,第121页。

过程是同型的,那是后来才变得明显的;他们多少是无意识地和半本能地做出了可以应用于某些生命过程的各种模型。对于这一点,现在可以预言的结果是,丰富的经验领域,诸如技术、生理学、生物学和心理学等等,都将发生更密切和更频繁的接触,彼此互相交换各种问题和理论。现在还为时尚早,不能把控制论当作是一门独特的、自立的、普遍的学科。就目前而论,它只构成为要联合考察好几门学科并使它们互相丰富的一种企图。在上述这几门学科之中还必须加入社会学,因为"发回信号"这个概念提出了不仅是机器(诸如计算机)中的,而且也还是生物中的沟通问题,或者说信息传递的问题。

麦克卢汉

作者简介

麦克卢汉(Herbert M. McLuhan,1911—1980),1911年7月21日生于加拿大艾伯塔省的埃德蒙顿,1980年12月31日在多伦多家中去世。1928年入曼尼托巴(Manitoba)大学,1933年获学士学位,1934年获英语硕士学位,同年进入剑桥大学学习英国文学,1936年再获剑桥学士学位,1940年获硕士学位,1943年获博士学位。1946年来到多伦多,进入多伦多大学天主教学院。1963年多伦多大学专门为他设立文化与技术中心,并由他担任中心主任直到去世。他在传媒文化方面的著作影响极大,被认为是20世纪最重要的媒体思想家。主要著作有《机器新娘》(*The Mechanical Bride*,1951),《古登堡星系》(*The Gutenberg Galaxy*,1962),《理解媒介》(*Understanding Media*,1964),《媒介即讯息》(*The Medium is the Massage: An Inventory of Effects*,1967),《地球村的战争与和平》(*War and Peace in the Global Village*,1968)等。

文献出处

本文系《理解媒介》第一部分第1章,译文选自马歇尔·麦克卢汉《理解媒介——论人的延伸》,商务印书馆2000年版,第33~50页,何道宽译。

媒介即是讯息

我们这样的文化,长期习惯于将一切事物分裂和切割,以此作为控制事物的手段。如果有人提醒我们说,在事物运转的实际过程中,媒介即是讯息,我们难免会感到有点吃惊。所谓媒介即是讯息只不过是说:任何媒介(即人的任何延伸)对个人和社会的任何影响,都是由于新的尺度产生的;我们的任何一种延伸(或曰任何一种新的技术),都要在我们的事务中引进一种新的尺度。比如说,由于自动化这一媒介的诞生,人的组合的新型模式往往要淘汰一些就业机会,这是事实,是其消极后果。从其积极因素来说,自动化为人们创造了新的角色;换言之,它使人深深卷入自己的工作和人际组合之中——以前的机械技术却把这样的角色摧毁殆尽。许多人会说,机器的意义不是机器本身,而是人们用机器所做的事情。但是,如果从机器如何改变人际关系和人与自身的关系来看,无论机器生产的是玉米片还是凯迪拉克高级轿车,那都是无关紧要的。人的工作的结构改革,是由切割肢解的技术塑造的,这种技术正是机械技术的实质。自动化技术的实质则与之截然相反。正如机器在塑造人际关系中的作用是分割肢解的、集中制的、肤浅的一样,自动化的实质是整体化的、非集中制的、有深度的。

电光源的例子在这方面可以给人以启示。电光是单纯的信息。它是一种不带讯息(message)的媒介。除非它是用来打文字广告或拼写姓名。这是一切媒介的特征。这一事实说明,任何媒介的"内容"都是另一种媒介。文字的内容是言语,正如文字是印刷的内容,印刷又是电报的内容一样。如果要问"言语的内容是什么?",那就需要这样回答:是实际的思维过程,而这一过程本身却又是非言语的(nonverbal)东西。抽象画表现的是创造性思维的直接显示,就像它们在电脑制图中出现的情况一样。然而,我们在此考虑的,是设计或模式所产生的心理影响和社会影响,因为设计或模式扩大并加速了现有的运作过程。任何媒介或技术的"讯息",是由它引入的人间事物的尺度变化、速度变化和模式变化。铁路的作用,并不是把运动、运输、轮子或道路引入人类社会,而是加速并扩大人们过去的功能,创造新型的城市、新型的工作、新型的闲暇。无论铁路是在热带还是在北方寒冷的环境中运转,都发生了这样的变化。这样的变化与铁路媒介所运输的货物或内容是毫无关系的。另一方面,由于飞机加快了运输的速度,它又使铁路塑造的城市、政治和社团的形态趋于瓦解,这个功能与飞机所运载的东西是毫无关系的。

我们再回头说说电光源。无论它是用于脑外科手术还是晚上的棒球赛,都没有区别。可以说,这些活动是电灯光的"内容",因为没有电灯光就没有它们的存在。这一事实只能突出说明一点:"媒介即是讯息",因为对人的组合与行动的尺度和形态,媒介正是发挥着塑造和控制的作用。然而,媒介的内容或用途却是五花八门的，媒介的内容对塑造人际组合的形态也是无能为力的。实际上，任何媒介的“内容”都使我们对媒介的性质熟视无睹，这种情况非常典型。只是到了今天，产业界才意识到自己所从事的是什么业务。国际商用机器公司发现，它的业务不是制造办公室设备或商用机器，而是加工信息；此后，它才以清楚的视野开辟新的航程。通用电气公司获取的利润，很大一部分靠的是制造灯泡和照明系统，它还没有发现，正如美国电话电报公司一样，它的业务也是传输信息。

电光这个传播媒介之所以未引起人们的注意，正是因为它没有“内容”。这使它成为一个非常珍贵的例子，我们可以用它来说明，人们过去为何没有研究媒介。直到电光被用来打出商标广告，人们才注意到它是一种媒介。可是，人们所注意的并不是电光本身，而是其“内容”（实际上是另一种媒介）。电光的讯息正像是工业中电能的讯息，它全然是固有的、弥散的、非集中化的。电光和电能与其用途是分离开来的，但是它们却消除了人际组合时的时间差异和空间差异，正如广播、电报、电话和电视一样，它们消除时空差异的功能是完全一致的，它们使人深深卷入自己所从事的活动之中。

如果摘录莎士比亚的著作，我们可以编写一本相当完整的研究人的延伸的手册。有人会说，莎士比亚在《罗密欧与朱丽叶》的几句广为人知的台词中，是不是在指电视：

> 轻声！那边窗子里亮起来的是什么光？它欲言又止。①

和《李尔王》一样，《奥赛罗》与幻觉改变了的人的痛苦有关。《奥赛罗》的几句台词，说明莎士比亚对媒介改变事物的力量有一种直观的把握：

> 世上有没有一种引诱青年和少女失去贞操的邪术？罗德利哥，你有没有在书上读到过这一类的事情？②

《特罗伊罗斯与克瑞西达》几乎全部用来对传播进行心理和社会研究。莎士比亚在此表明他的认识：正确的社会和政治导航，有赖于能否预见革新产生的后果。他写了以下的台词：

> 什么事情都逃不过旁观者的冷眼，渊深没测的海底也可以量度得到，潜藏在心头的思想也会被人猜中。③

对媒介作用日益增长的认识——不论其“内容”或程序如何——在下面这一节表现烦恼的无名氏的诗歌中显露出来：

> 在现代思潮里，（即使事实并非如此）

① 《罗密欧与朱丽叶》第二幕第二场，第三句话为著者所加。

② 《奥赛罗》第一幕第一场。

③ 《特罗伊罗斯与克瑞西达》第三幕第三场。

不起作用的东西，确确实实存在；

只写隔靴搔痒的东西，也被看作是睿智有才。

与此相同的完整的轮廓意识，能揭示为何媒介是社会交往的讯息，这一认识在最新、最基础的医学理论中也出现了。汉斯·塞尔耶在《生活之压力》[①]中，述及同事听见他最新理论时的沮丧情绪：

我用这种那种不纯净的或有毒的物质做动物实验，以观察结果。当他看见我如痴如狂地描绘实验情况时，他用极其悲伤的眼神看着我，显然带着绝望的神情说："可是塞尔耶，你应该知道自己在干什么，否则后悔就来不及了！你做的决定，是搞那些脏东西的药理学，这要耗掉你的生命！"

塞尔耶在他的疾病的"压力"理论中研究的是整个环境。同样，媒介研究的最新方法也不光是考虑"内容"，而且还考虑媒介及其赖以运转的文化母体。过去人们对媒介的心理和社会后果意识不到，几乎任何一种传统的言论都可以说明这一点。

几年前在圣母大学[②]接受荣誉学位时，萨诺夫(David Sarnoff)将军在演说中说："我们很容易把技术工具作为那些使用者所犯罪孽的替罪羊。现代科学的产品本身无所谓好坏，决定它们价值的是它们的使用方式。"这是流行的梦游症的声音。假定我们说："苹果馅饼无所谓好坏；决定它们价值的是如何吃。"或者说："天花病毒无所谓好坏；决定其价值的是如何使用它。"又比如说："火器本身无所谓好坏；决定火器价值的是使用火器的方法。"换言之，如果子弹落在好人手里，火器就是好的东西。如果电视显像管里用适当的武器向适当的人开火，武器技术就是好的东西。我这样说并不是刚愎自用。萨诺夫的话里，根本没有什么东西，因为它忽视了媒介的性质，包括任何媒介和一切媒介的性质。它表现了人在新技术形态中受到的肢解和延伸，以及由此而进入的催眠状态和自恋情绪。萨诺夫将军接下来解释了他对印刷术的态度。他说，印刷术固然使一些垃圾得以流通，但是它同时又传播了《圣经》，宣传了先知和哲人的思想。萨诺夫将军从未想到，任何技术都不能给我们自身的价值增加什么是和非的东西。

希奥波尔德、罗斯托(W. W Rostow)和加尔布雷思(Kenneth Galbraith)之类的经济学家多年来试图解释，古典经济学何以不能说明变革和增长。机械化自身有一个矛盾：虽然它是最大限度增长和变革的原因，可是机械化的原则又使增长不可能，又排除了理解变革的可能性。因为机械化的实现，靠的是将任何一个过程加以切分，并把切分的各部分排成一个序列。然而正如休姆[③]在18世纪里就证明的那样，单纯的序列中不存在因果原理。一事物紧随另一事物出现时，并不能说明

① 《特罗伊罗斯与克瑞西达》第三幕第三场。

② 圣母大学——即诺特丹大学，美国著名学府，天主教会办，位于印第安纳州北部。

③ 休姆(David Hume，1711—1776)——苏格兰哲学家、史学家。

任何因果关系。紧随其后的关系，除了带来变化之外，并不能产生任何东西。所以，最大的逆转与电能的问世同时发生，电能打破了事物的序列，它使事物倏忽而来，转瞬即去。由于瞬息万变的速度，事物的原因又开始进入人们的知觉，正如过去它们在序列和连续之中出现时不曾被人觉察一样。人们不再问先有鸡还是先有蛋；突然之间，人们似乎觉得，鸡成了蛋想多产蛋的念头（A chicken is an egg's idea for getting more eggs）。

飞机速度接近音障的临界点时，机翼上的声波变成了可见波。声音行将消逝时突然出现的可见性足以说明存在所具有的美妙的模式。这一模式显示，早先形式的性能达到巅峰状态时，就会出现新颖的对立形式。机械化的切分性和序列性，在电影的诞生中得到了最生动的说明。电影的诞生使我们超越了机械论，转入了发展和有机联系的世界。仅仅靠加快机械的速度，电影把我们带入了创新的外形和结构的世界。电影媒介的讯息，是从线形连接过渡到外形轮廓。正是这一过渡产生了现已证明为十分正确的思想："如其运转，则已过时。"（If it works, it's obsolete.）当电的速度进一步取代机械的电影序列时，结构和媒介的力的线条变得鲜明和清晰。我们又回到无所不包的整体形象。

对于高度偏重文字和高度机械化的文化来说，电影看上去是一个金钱可以买到的使人得意洋洋的幻影和梦幻的世界。在电影出现的时刻，立体派艺术出现了。戈姆布里克（E. H. Gombrich）在《艺术与幻觉》中，把立体派说成是"根绝含糊歧义，强加一种解读方式去理解绘画的、最极端的企图，而绘画则是一种人造的构图，一种有色彩的画布"。因为立体派用物体的各个侧面同时取代所谓的"视点"，或者说取代透视幻象的一个侧面。立体派不表现画布上的第三维这一专门的幻象，而是表现各种平面的相互作用，表现各种模式、光线、质感的矛盾或剧烈冲突。它使观画者身临其境，从而充分把握作品传达的讯息。许多人认为这是绘画的操练，而不是幻觉的运用。

换言之，立体派在两维平面上画出客体的里、外、上、下、前、后等各个侧面。它放弃了透视的幻觉，偏好对整体的迅疾的感性知觉。它抓住迅疾的整体知觉，猛然宣告：媒介即是讯息。一旦序列让位于同步（sequence yields to the simultaneous），人就进入了外形和结构的世界，这一点还不清楚吗？这一现象在物理学中发生过，正如在绘画、诗歌和信息传播中发生过一样，这一点难道不是显而易见吗？对专门片断的注意转移到了对整体场的注意。现在可以非常自然地说：媒介即是讯息。在电的速度和整体场出现之前，媒介即是讯息这一现象并不显著。那时的讯息似乎是其"内容"，因为人们总是爱问，画表现的是什么内容。然而，人们从来不想问，音乐的旋律表现的是什么内容；也不会想问，房子和衣服表现的是什么内容。在这样的东西中，人们保留着整体的模式感，保留着形式和功能是一个统一体的感觉。但是，在进入了电力时代之后，结构和外形这个观念已经变得非常盛行，以至于教育理论也接过了这个观念。结构主义的教育方法不再处理算术中专门的“问题”，而是遵循数字场的力的外形，周旋于数论和“集合”之间。

红衣主教纽曼(Cardinal Newman)评价拿破仑时说：“他深谙火药的语法。”(He understood the grammar of gunpowder.)拿破仑还重视别的媒介，尤其重视旗语，这使他占了敌人的上风。据载他曾经说过：“三张敌对的报纸比一千把刺刀更可怕。”

托克维尔[1]是第一位深明印刷术和印刷品精义的人物，所以他才能解读出美国和法国即将发生的变革，仿佛他正在朗读一篇递到他手上的文章。事实上，法国和美国的19世纪对他来说正是一本打开的书，因为他懂得印刷术的语法。所以他也知道印刷术的语法何时行不通。有人问他既然谙熟英国、钦慕英国，为何不写一本有关英国的书。他回答道：

> 谁要是相信自己能在6个月之内对英国作出判断，那么他在哲理上一定是非常愚蠢的。要恰如其分地评价美国，一年的时间总是嫌短。获取对美国清晰而准确的观念比清楚而准确地了解英国，要容易得多。从某种意义上说，美国的一切法律都是从同一思想脉络中衍生出来的。可以说，整个社会只建立在一个单一的事实上；一切东西都导源于一个简单的原则。你可以把美国比作一片森林，许多道路贯穿其间，可是所有的道路都在同一点交会。你只要找到这个交会的中心，森林中的一切道路全都会一目了然。然而，英国的道路却纵横交错。你只有亲自踏勘过它的每一条道路之后，才能构建出一幅整体的地图。

托克维尔在较早一些的有关法国革命的著作中曾经说明，18世纪达到饱和的出版物，如何使法国实现了民族的同一性。法国人从北到南成了相同的人。印刷术的同一性、连续性和线条性原则，压倒了封建的、口耳相传文化的社会的纷繁复杂性。法国革命是由新兴的文人学士和法律人士完成的。

然而，英国古老的习惯法的口头文化传统却是非常强大的，而且中世纪的议会制还为习惯法撑腰打气，所以新兴的视觉印刷文化的同一性也好，连续性也好，都不能完全扎根。结果，英国历史上最重要的事情就没有发生。换言之，根据法国革命的路线方针而组织的那种英国革命就没有发生。美国革命需要抛弃的，除了君主专制之外，还有中世纪的法律制度。许多人认为，美国的总统制已经变得比欧洲的任何君主制更加富有个人的色彩，已经比欧洲的君主制还要更加君主制了。

托克维尔就英美两国所做的对比，显然是建立在印刷术和印刷文化基础上的，印刷术和印刷文化创造了同一性和连续性。他说英国拒绝了这一原则，坚守住了动态的或口头的习惯法传统，因此而产生了英国文化的非连续性和不可预测性。印刷文化的语法无助于解读口头的、非书面的文化和制度的讯息。英国贵族被阿

---

① 托克维尔(Alexis de Tocqueville，1805—1859)——法国政治家、旅行家、史学家。

诺德[①]可怜巴巴地归入未开化的野蛮人，因为他们的权势地位与文化程度无关，与印刷术的文化形态无关。格罗切斯特郡的公爵在吉本[②]的《罗马帝国衰亡史》出版时对他说：“又一本该死的大部头的书，唉，吉本先生？乱画一气、乱写一通、胡乱拼凑，唉，吉本先生？”托克维尔是精通文墨的贵族，他可以对印刷品的价值和假设抱一种超脱的态度。只有在这样的条件下，站在与任何结构或媒介保持一定距离的地方，才可以看清其原理和力的轮廓。因为任何媒介都有力量将其假设强加在没有警觉的人的身上。预见和控制媒介的能力主要在于避免潜在的自恋昏迷状态。为此目的，唯一最有效的办法是懂得以下事实：媒介的魔力在人们接触媒介的瞬间就会产生，正如旋律的魔力在旋律的头几节就会施放出来一样。

福斯特[③](E. M. Foster)在《印度之旅》中用戏剧手法表现东西方文化的差异，揭示了口头的直观的东方文化和理性的、视觉的西方经验模式遭遇时那种无能为力的情况。当然，理性对西方来说一向意味着“同一性、连续性和序列性”。换言之，我们把理性和文墨、理性主义和某种特定的技术联系起来了。因此，对传统的西方人来说，电力时代的人似乎变成了非理性的。在福斯特这部小说中，男女主人公到达巴达巴尔山洞的时刻，正是西方印刷文化痴迷状态的真相和不合时宜暴露出来的时刻。亚德拉·奎斯特德的推理能力对付不了印度文化整个的无所不包的共鸣场。在山洞的经历之后，小说写道：“生活一如既往，可是没有任何影响。换句话说，声音不再回响，思想也不再发展。一切东西似乎都被连根切断，因而受到了幻觉的侵染。”

《印度之旅》(书名取材于惠特曼[④]，他认为美国正在走向东方)的寓意所指，视觉和声音之间，感知和经验组织的书面形式和口头形式之间的最后冲突，业已降临到我们头上。正如尼采所言，既然理解能阻止行动，那么借助弄懂媒介——媒介使我们延伸，挑起我们里里外外的战争——我们就可以节制这场冲突的激烈程度。

读书识字所引起的非部落化进程及其对部落人所造成的创伤，是精神病学家J.C.加罗瑟斯一本书的主题，书名是《非洲人的精神健康与病变》(世界卫生组织，日内瓦，1953年版)。本书的许多材料见他发表在1959年11月号《精神病学》上的文章，题为“文化，精神病和书面语”。这篇文章揭示了同样的情况：从西方输入的技术力量如何在偏远的丛林、草原和沙漠中起作用。有一个例子是贝都因人[⑤]骑着骆驼听半导体收音机的现象。洪水般滚滚而来的观念使土著人面临灭顶之灾，没有任何东西使他们做好准备去对付汹涌而来的各种观念。这就是我们的技术通

---

① 阿诺德(Mathew Arnold,1822—1888)——英国诗人、批评家、教育家。

② 吉本(Edward Gibbon,1737—1794)——英国著名史学家，《罗马帝国衰亡史》是启蒙时期代表作，在近代史学中占重要地位。

③ 福斯特(Edward Morgan Foster,1879—1970)——英国小说家、散文家，《印度之旅》是他最重要的小说，含重要社会主题，被称为现实主义和象征主义的杰作。

④ 惠特曼(Walt Whitman,1819—1892)——美国诗人。

⑤ 贝都因人——沙漠地区从事游牧的阿拉伯部族，住阿拉伯半岛、叙利亚、非洲。

常所发挥的作用。我们在读书识字的环境中遭遇收音机和电视机时所做的准备，并不比加纳土著人对付文字时的本领高强。文字环境把加纳土著拽出集体的部落社会，使他搁浅在个体孤立的沙滩上。我们在新鲜的电子世界中的麻木状态，与土著人卷入我们的文字和机械文化时所表现出来的麻木状态，实际上是一样的。

电的速度把史前文化和工业时代商人中的渣滓混杂在一起，使文字阶段的东西、半文字阶段的东西和后文字阶段的东西混杂在一起。失去根基，信息泛滥，无穷无尽的新信息模式的泛滥，是各种程度的精神病最常见的原因。温德汉姆·刘易斯（Wyndham Lewis）的系列小说《人的时代》所写的就是这一主题。其中的第一卷《儿童的屠场》所表现的正是作加速运动的媒介变革，表现它如何屠杀天真无邪的人们。在我们的世界里，因为能更好地觉察技术对心理形成和变化的影响，所以我们对正确判定愧疚的信心正在丧失殆尽。古代的史前社会把暴力犯罪看作是可怜。杀人者在古人的心目中就像今天的癌症患者一样可怜。“他那样做内心一定感到很痛苦吧。”辛格①在剧本《西部世界的花花公子》卓有成效地继承了古人这一思想。

如果说古时候的罪犯是不遵守传统规范的人，他们不能适应技术的要求，而我们的行为则是遵照相同而连续的模式，那么我们很容易把不顺应传统的人看成是可怜的人。尤其是儿童、伤残人、妇女和有色人更是可怜。在一个视觉和印刷技术的时代，他们看上去是不公平待遇的受害者。如果从相反的角度来看问题，如果一种文化给人们分配的是角色而不是各种工作，那么侏儒、驼背和儿童就能够开辟自己的天地。不应该把他们塞入格格不入的整齐划一的、可以重复的框框之中。想想这句话：“这是一个男人的世界。”作为来自一种同质文化内部的无限重复的经验之谈，这句话指的是，男人在这样的世界中若要找到归属，就不得不像山茱萸一样地整齐划一。我们在智商测试中搞出来的那些不恰当的标准真是泛滥成灾。我们的测试者没有意识到自己文化的偏颇，他们想当然地认为，统一而连续的习惯是智慧的表征，因而就淘汰了听觉和触觉发达的人。

C. P. 斯诺②在评论 A. L. 罗斯的书《绥靖和通向慕尼黑的道路》时（见《纽约时报书评》1961 年 12 月 24 日），描绘了 20 世纪英国最高层的智囊和经验。他说：“这些人物的智商大大高于一般的政治领袖。为什么他们竟然带来了一场浩劫？”斯诺赞成罗斯的观点：“他们不倾听别人的警告，因为他们不愿意听。”由于他们反对红色苏俄，他们就不能解读希特勒的信号。但是，他们的失败与我们现在的失败相比，真可谓小巫见大巫。美国人把读书识字当做技术所下的赌注，在教育、政治、工业和社会生活各层次上的整齐划一性，全都受到电力技术的威胁。斯大林或希特勒的威胁来自外部，而电力技术就在大门之内。然而，我们对电力技术与谷登堡

---

① 辛格（J. M. Synge，1871—1909）——爱尔兰剧作家。

② 斯诺（Charles Percy Snow，1905—1980）——英国小说家、科学家和政府官员，《两种文化与科学革命》是其最著名亦最有争议的作品。

技术遭遇时所产生的威胁却麻木不仁，真可谓又聋又瞎又哑。美国生活方式的形成，既要以谷登堡技术为基础，又要凭借于它的这个渠道。但是，现在来提出救世的策略，还不是时候，因为世人连这种威胁是否存在都尚未公认。我的处境与巴斯德[①]的处境十分相似。他告诉医生们说：医生的敌人是完全看不见的，而且他们完全没有认识到自己的敌人。我们对所有媒介的传统反应是，如何使用媒介才至关重要。这就是技术白痴的麻木态度。因为媒介的"内容"好比是一片滋味鲜美的肉，破门而入的窃贼用它来涣散思想看门狗的注意力。媒介的影响之所以非常强烈，恰恰是另一种媒介变成了它的"内容"。一部电影的内容是一本小说、一个剧本或一场歌剧。电影这个形式与它的节目内容没有关系。文字或印刷的"内容"是言语，但是读者几乎完全没有意识到印刷这个媒介形式，也没有意识到言语这个媒介。

阿诺德·汤因比[②]一点不了解媒介是如何塑造历史的。不过他的著作里这一类的例子可真是俯拾即是，研究媒介的学者可以引用。有一个时期，他认真地指出，成人教育，比如英国工人教育协会所从事的成人教育，对于流行的出版物是一个有用的反击力量。他认为，虽然所有的东方社会都已经接受了工业技术及其社会后果，"但是在文化这个层面上，并没有出现与此相应的整齐划一的倾向"(《萨默威尔》第一卷第 267 页)。这像是文人在广告环境中苦苦挣扎时夸下的海口："就我个人而言，我根本不理睬广告。"东方各国人民对我们的技术可能抱有精神上和文化上的保留态度，这对他们自己是一无好处的。技术的影响不是发生在意见和观念的层面上，而是要坚定不移、不可抗拒地改变人的感觉比率和感知模式。只有能泰然自若地对待技术的人，才是严肃的艺术家，因为他在觉察感知的变化方面，够得上专家。

17 世纪货币媒介在日本的运作所产生的结果，与印刷术在西方的运作，不无相同之处。桑塞姆(G. B. Sansom)认为，货币经济渗入日本，"引起了一场缓慢的、然而是不可抗拒的革命，终于导致封建社会的瓦解。日本在二百多年的闭关锁国之后，终于又恢复了与外国的交往。"(引自《日本》，克雷西特出版社，1931 年，伦敦。)货币重新组织了各国人民的感性生活，正是因为它使我们的感性生活产生了延伸。这一变革并不取决于社会中生活的人赞同与否。

阿诺德·汤因比从一个角度去研究媒介的改造力量，反映在他的"以太化"(etherization)概念之中。他所谓以太化，是组织或技术中递进简化和递增效率的原理。这是一个典型的例子，说明他忽视这些媒介形式的挑战对我们的感性反映所产生的影响。他想，与社会中的媒介或技术相关联的，是我们的意见。显然，这

① 巴斯德(Louis Pasteur，1822—1895)——法国生物学家、化学家、免疫学家，近代微生物学创始人，发明消毒素等，对近代医学作出了杰出贡献。

② 阿诺德·汤因比(Arnold Toynbee，1832—1883)——英国社会学家、经济学家。遗稿《英国 18 世纪产业革命讲稿》1884 年出版。其侄阿诺德·约瑟夫·汤因比著《历史研究》，比他更有名气。

个“观点”是中了魔，是被印刷技术迷住了的。因为在一个有文字的、形态同一的社会中，人对多种多样的、非连续性的力量，已经丧失了敏锐的感觉。人获得了第三向度和“个人观点”的幻觉。这是他自恋固着(Narcissus fixation)的组成部分。他完全和布莱克或大卫王[①]敏锐的知觉隔绝起来了。我们自身变成我们观察的东西。

今天，我们想在自己的文化中认清方向，而且有必要与某一种技术形式所产生的偏颇和压力保持距离。要做到这一点，只需要看一看这种技术存在的一个社会，或者它尚不为人所知的一个历史时期就足够了。施拉姆[②]教授在其大作《电视对儿童生活的影响》中，就使用了这种策略。他寻找电视尚未渗入的领域，进行了一些测试。但是，因为他没有研究电视形象的具体性质，所以他的测试偏重电视的“内容”、收看时间和词汇频率。总之，他研究电视的方法用的是研究文献的方法，尽管他并未意识到。因此他不可能提出任何报告。即使回到公元1500年，用这样的方法去研究印刷书籍对儿童或成人生活的影响，他也不可能发现印刷术给个人心理和社会心理带来的变化。印刷术在16世纪造就个人主义和民族主义(Print created individualism and nationalism in the sixteenth century)。程序分析和“内容”分析在弄清这些媒介的魔力或潜在威力方面，都不可能提供任何线索。

列昂纳德·杜布(Leonard Doob)在报告《非洲的信息传播》中，谈到一位非洲人。这个人费尽心思每晚必听BBC的新闻节目，虽然一句话也听不懂。每晚7点准时听见那些声音，对他是至关重要的。他对言语的态度，正像我们对旋律的态度——铿锵悦耳的语调本身就很有意思。17世纪时，我们的先人对媒介的形式所抱的态度，仍然与这位非洲土著人的态度相同。这一点在下文所表现的情感中是显而易见的。法国人贝尔纳·拉姆(Bernard Lam)在《说话之艺术》(1696年，伦敦)中写道：

> 此乃上帝智慧所赐之果。上帝造人，意在使之幸福。凡有益于人之会话(会话乃人之生活方式)者，均于人相宜……因为凡食物者，倘有营养，均宜品味；反之，其他食物，若不能为我吸收、不能成为我血肉之躯者，则索然无味、味同嚼蜡也。说话者难以应付之谈话，不能使听话者感到愉悦；听话者不感到高兴之谈话，说话人也难以做到伶牙俐齿。

这是关于人的食物和言语表达的一种平衡理论。经过几个世纪的分割肢解和专业分工之后，我们才开始寻求一种关于媒介的平衡理论。

教皇庇护十二世(Pope Pius Ⅻ)主张认真研究媒介，他对此深表关注。1950年2月17日，他曾经说：

> 可以毫不夸张地说，现代社会的未来及精神生活是否安定，在很大程度上

---

① 大卫王——《圣经》中《诗篇》的作者，古代以色列国王。

② 施拉姆(Wilbur Schramm)——美国当代著名学者，信息论、传播学创始人之一。

取决于在传播技术和个人的回应能力之间，是否能维持平衡。

数百年来，人类在这方面的失败具有典型的意义，这是完完全全的失败。对媒介影响潜意识的温顺的接受，使媒介成为囚禁其使用者的无墙的监狱。正如利布林[①]在《出版业》一书中所云，倘使人看不见他所走的方向，他就不可能自由，即使他携枪去达到目的地，他也不能获得自由。因为每一种媒介同时又是一件强大的武器，它可以用来打垮别的媒介，也可以用来打垮别的群体。结果就使当代成为内战频仍的时代。这些内战并不仅限于艺术界和娱乐界。在《战争与人类进步》中，内夫[②]断言："我们时代的战争都是一系列聪明错误的结果……"

倘若媒介的塑造力正是媒介自身，那就提出了许许多多的大问题。可惜我们只能在此一笔带过，虽然它们值得用浩繁的卷帙大书特书。换句话说，技术媒介就是大宗商品或自然资源，酷似煤炭、棉花和石油。任何人都会承认，如果社会经济依赖一两种粮食、棉花、木材、鱼或牲畜之类的大宗产品，结果就会产生一些显而易见的组织模式。太强调几种大宗产品，就会使经济极不稳定，但是它又造就人们极大的忍受能力。美国南部的怜悯和幽默，扎根于有限产品的经济之中。依靠几种产品而形成的社会，把这些商品当做社会纽带来接受，很像大城市把新闻当做社会纽带一样。棉花和石油，如同收音机和电视机一样，在人民的整个精神生活中变成了"固持的电荷"(fixed charges)。这一普遍的事实造成了一切社会的独特文化境观。每一种塑造社会生活的产品，都使社会付出沉重的代价。

人的感觉——一切媒介均是其延伸——同样是我们身体能量上"固持的电荷"。人的感觉也形成了每个人的知觉和经验。这两点可以从另一个方面体会出来。心理学家荣格[③]论及此时写道：

> 每一位罗马人都生活在奴隶的包围之中。奴隶及其心态在古代意大利泛滥成灾，每一位罗马人在心理上——当然是不知不觉地——变成了奴隶。因为他经常不断生活在奴隶的氛围之中，所以他也透过潜意识受到了奴隶心理的侵染。谁也无法保护自己不受这样的影响。(《分析心理学论文集》，伦敦，1928年。)

---

① 利布林(Abbott Joseph Liebling，1904—1963)——美国记者，《纽约客》周刊评论员，以其幽默和广泛的兴趣而闻名。

② 内夫(John Ulric Nef，1862—1915)——美国化学家，美国建立研究生制度的领导人。

③ 荣格(Carl Gustav Jung，1875—1961)——瑞士心理学家、精神病学家、分析心理学创始人之一，弗洛伊德最亲密的同事。